U1074962

注册消防工程师资格考试配套用书

消防安全技术实务

李永康　马国祝　编著

机械工业出版社

本书依据《注册消防工程师资格考试大纲》规定的考试要求，按照新版《注册消防工程师资格考试辅导用书》内容，在前3版的基础上，综合读者的反馈信息和考试需要，经全面修订、推敲、提炼而成。全书紧扣考试大纲，结合考试教材内容和考试涉及的规范条文，根据内容需要，基本按照助考知识要点、记忆思维导图、内容归纳解剖、规范条文链接、历年真题研究和联想记忆口诀六大模块进行编排。内容包括了第1篇消防基础知识，第2篇建筑防火，第3篇建筑消防设施，第4篇其他建筑、场所防火和第5篇消防安全评估。本书全面系统地对考试内容进行了归纳总结和阐释，以方便考生在尽可能短的时间内掌握消防专业知识及考试要点，顺利通过考试。

本书可供参加一二级注册消防工程师考试的考生考前复习使用，同时应与《注册消防工程师资格考试辅导用书》和《注册消防工程师考试真题分析与全真模拟》配套使用。

图书在版编目（CIP）数据

消防安全技术实务/李永康，马国祝编著. —4版.
—北京：机械工业出版社，2019.6
注册消防工程师资格考试配套用书
ISBN 978-7-111-62504-9

Ⅰ.①消… Ⅱ.①李…②马… Ⅲ.①消防-安全技术-资格考试-自学参考资料 Ⅳ.①TU998.1

中国版本图书馆CIP数据核字（2019）第068603号

机械工业出版社（北京市百万庄大街22号 邮政编码100037）
策划编辑：薛俊高 责任编辑：薛俊高
责任校对：刘丽华 李锦莉
责任印制：李 昂
北京京丰印刷厂印刷
2019年5月第4版·第1次印刷
184mm×260mm·30.5印张·752千字
标准书号：ISBN 978-7-111-62504-9
定价：85.00元

凡购本书，如有缺页、倒页、脱页，由本社发行部调换

电话服务	网络服务
服务咨询热线：010-88361066	机 工 官 网：www.cmpbook.com
读者购书热线：010-68326294	机 工 官 博：weibo.com/cmp1952
	教育服务网：www.cmpedu.com
封面无防伪标均为盗版	金 书 网：www.golden-book.com

前　言

2015 年 12 月 19 日进行的注册消防工程师资格考试，是我国消防发展史上具有重要意义的一件大事，也是首次注册消防工程师资格考试，参加考试的人数达到了 44 万，报考人数更是超过了 58 万。编者通过对近四年来的注册考试全过程的参与，获得的最深刻的体会是：若要顺利通过注册考试，教材是基础，规范是关键，合理的复习方法是保障。命题专家以规范为依据出题，而大部分题目在规范中都可以找到答案。这表明考前必须以规范为中心来展开复习才能取得更好的效果。为适应这种需要，机械工业出版社决定配合《注册消防工程师资格考试大纲》和中国消防协会组织专家编写的辅导教材，出版一套《注册消防工程师资格考试配套用书》（简称配套用书）。本配套用书紧扣规范和教材，对教材每章的知识点进行提炼，对内容进行归纳，并对真题结合规范和教材进行了分析与解答。本配套用书与考试教材、真题分析和全真模拟相辅相成，考生通过对考试教材的学习，有了一定的基础，再通过配套用书加深对规范的理解，从而掌握应用规范解题的能力，最后通过真题分析与全真模拟进行深度强化训练。本书的编排特点如下：

（1）总结考试要点，构建思维导图

注册考试的考题量大面广，相关规范条文纷繁庞杂，本书对每章需重点掌握的内容进行了提炼，然后通过构建思维导图，加深考生对考点的形象记忆。虽然本书对重点内容进行了高度概括，但最终目的是使考生熟悉、理解教材和规范内容，因此在复习过程中考生切勿脱离教材和规范。对本书点到为止的内容，要自行参阅相关规范进行理解。本书对一些重要知识点提供了思维导图，读者可结合自己的理解触类旁通。

（2）内容归纳解析，图示理解记忆

参加消防考试的考生来自于不同行业，受工作经历的限制，对有关消防的整套规范未能完整地掌握，加之消防规范的大部分内容学习起来十分枯燥，成为考生在复习中普遍感到头痛的一个难题。本书力求通过对每章内容的归纳，形成一套完整的知识体系，并辅以大量的图示和表格帮助考生对规范条文进行理解记忆，以达到事半功倍的效果。

（3）规范条文链接，联想记忆口诀

注册考试大部分试题都是直接从规范条文中摘录出来的。考生必须对常用的规范条文熟练掌握，本书每章中对引用的大部分条文都给出了链接，便于考生复习，同时对一些比较难记和容易混淆的内容采用联想记忆口诀法，以加深考生对重点内容的记忆。

（4）历年真题研究，把握出题思路

真题是考试大纲最直接的反应，是考生复习的宝典。对历年真题的详细分析研究，便于考生深入了解命题专家的出题思路和考核目的，同时结合真题的练习，加强对规范条文的理解，做到有的放矢，才是成功通过注册考试的必经之路。

（5）踏实认真复习，提高专业技能

本书并不适合于所有考生，也无能力帮助每位考生都通过注册考试，因为本书的编写可以说走的是一条最笨的路，就是花苦功夫从根本上真正提高考生的技术水平。消防行业是高风险的行业，涉及的都是人命关天的大事，这个行业特点决定了从业人士必须具有真才实学，来不得半点虚假。

本书是以《消防安全技术实务》（2018年版）教材为基础进行编写的，共5篇43章。第1篇消防基础知识，主要包括燃烧、火灾、爆炸的基础知识以及易燃易爆危险品消防安全知识；第2篇建筑防火，主要包括生产和储存物品的火灾危险性分类、建筑的分类和耐火等级、总平面布局和平面布置、防火防烟分区与分隔、建筑安全疏散、建筑电气防火、建筑防爆、建筑设备防火防爆、建筑装修和保温材料防火及灭火救援设施等设计要求。第3篇建筑消防设施，主要包括建筑室内外消防给水及消火栓系统、自动喷水灭火系统、水喷雾灭火系统、细水雾灭火系统、气体灭火系统、泡沫灭火系统、干粉灭火系统、火灾自动报警系统、防烟排烟系统、消防应急照明和疏散指示系统、城市消防远程监控系统、建筑灭火器配置及消防供配电的配置要求及配置技术；第4篇其他建筑、场所防火，主要包括石油化工、地铁、城市交通隧道、加油加气站、发电厂与变电站、飞机库、汽车库与修车库、洁净厂房、信息机房、古建筑和人民防空工程等建筑的防火技术；第5篇消防安全评估，主要包括火灾风险识别、火灾风险评估方法和建筑性能化防火设计评估的方法与技术。

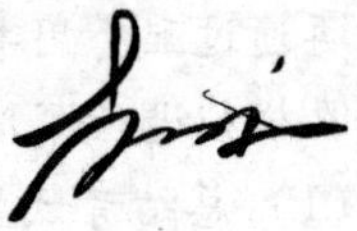

目　录

第 1 篇　消防基础知识

第 1 章　燃烧基础知识

助考知识要点

◆燃烧的条件：可燃物、助燃物、引火源、链式反应自由基
◆燃烧的类型：闪点、燃点、自燃点概念
◆燃烧的方式：气体燃烧、液体燃烧、固体燃烧

记忆思维导图

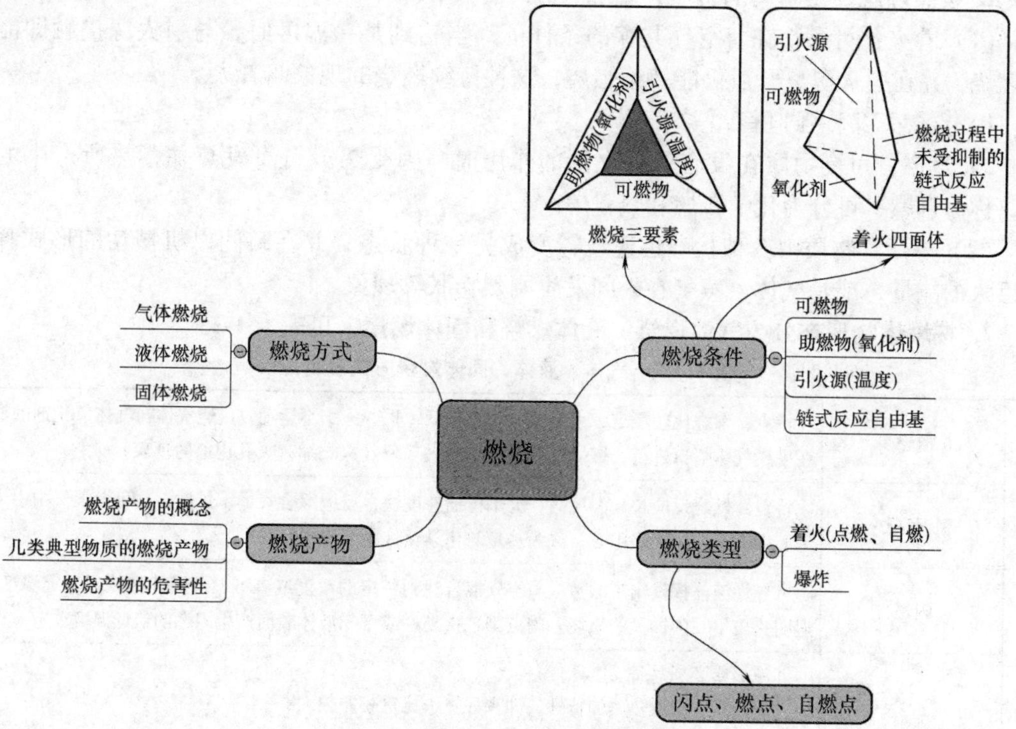

图 1.1-1　燃烧基础知识记忆思维导图

1.1　燃烧的条件

（1）燃烧是指可燃物与氧化剂作用发生的放热反应，通常伴有火焰、发光和（或）发烟现象。燃烧可分为有焰燃烧和无焰燃烧。

（2）燃烧的发生和发展，必须具备三个必要条件，即可燃物、助燃物和引火源，通常称为燃烧三要素。大部分燃烧的发生和发展除了具备上述三个必要条件以外，其燃烧过程中还存在未受抑制的自由基作中间体，自由基的链式反应是这些燃烧反应的实质。因此，大部分燃烧发生和发展需要四个必要条件，即可燃物、助燃物、引火源和链式反应自由基，见图1.1-1。

（3）燃烧的必要条件见表1.1-1。

表1.1-1 燃烧的必要条件

可燃物	化学组成	无机可燃物和有机可燃物
	状态	可燃固体、可燃液体和可燃气体
助燃物		氧气
引火源		①明火。②电弧、电火花。③雷击。④高温
链式反应自由基		

1.2 燃烧的类型

1. 按照燃烧发生瞬间的特点，燃烧可分为着火和爆炸

（1）着火：可燃物在与空气共存的条件下，当达到某一温度时，与引火源接触即能引起燃烧，并在引火源离开后仍能持续燃烧，这种持续燃烧的现象叫着火。

1）点燃，又称强迫着火。

2）自燃：可燃物质在没有外部火源的作用时，因受热或自身发热并蓄热所产生的燃烧，称为自燃，可分为化学自燃和热自燃。

（2）爆炸：物质由一种状态迅速地转变成另一种状态，并在瞬间以机械功的形式释放出巨大的能量，或是气体、蒸气在瞬间发生剧烈膨胀等现象。

2. 按燃烧物形态分为气体燃烧、液体燃烧和固体燃烧，见表1.1-2

表1.1-2 气体、液体、固体燃烧方式及特点

气体燃烧	扩散燃烧	特点：燃烧比较稳定，火焰温度相对较低，扩散火焰不运动，可燃气体与气体氧化剂的混合在可燃气体喷口进行，燃烧过程不发生回火现象（火焰缩入火孔内部的现象）
	预混燃烧	特点：燃烧反应快，温度高，火焰传播速度快，反应混合气体不扩散，在可燃混气中引入一火源即产生一个火焰中心，成为热量与化学活性粒子集中源
液体燃烧	闪燃	可燃性液体挥发出来的蒸气与空气混合达到一定的浓度或者可燃性固体加热到一定温度后，遇明火发生一闪即灭的燃烧。闪点则是指易燃或可燃液体表面产生闪燃的最低温度
	沸溢	沸溢形成必须具备三个条件： ①原油具有形成热波的特性，即沸程宽，比重相差较大； ②原油中含有乳化水，水遇热波变成蒸汽； ③原油黏度较大，使水蒸气不容易从下向上穿过油层
	喷溅	在重质油品燃烧过程中，随着热波温度的逐渐升高，热波向下传播的距离也不断加大。当热波达到水垫时，水垫的水大量蒸发，蒸汽体积迅速膨胀，以至把水垫上面的液体层抛向空中，向罐外喷射，这种现象叫喷溅
	液体能否发生燃烧、燃烧速率高低，与液体的蒸气压、闪点、沸点和蒸发速率等性质密切相关	

（续）

固体燃烧	蒸发燃烧	硫、磷、钾、钠、蜡烛、松香等可燃固体，在受到火源加热时，先熔融蒸发，随后蒸气与氧气发生燃烧反应，称为蒸发燃烧。樟脑、萘等在燃烧时不经过熔融过程，但其燃烧现象也是一种蒸发燃烧
	表面燃烧	可燃固体（如木炭、焦炭、铁、铜等）的燃烧反应是在其表面由氧和物质直接作用而发生的，称为表面燃烧。这是一种无火焰的燃烧，又称为异相燃烧
	分解燃烧	可燃固体（如木材、煤、合成塑料、钙塑材料等）在受到火源加热时，先发生热分解，随后分解出的可燃挥发成分与氧发生燃烧反应，称为分解燃烧
	熏烟燃烧（阴燃）	固体可燃物在空气不流通、加热温度较低，分解出的气体量较少或逸散较快，含水分较多等条件下，发生只冒烟而无火焰的燃烧现象。阴燃是固体材料特有的燃烧形式，很多固体材料（如纸张、锯末、纤维织物、乳胶橡胶等）都能发生阴燃。有些可燃固体的燃烧包含两种或两种以上的形式，如木材、棉、麻、纸张等在适当的外界条件下，燃烧会明显地存在分解燃烧、阴燃、表面燃烧等形式

1.3　闪点、燃点、自燃点的概念

1. 闪点▲

（1）闪点是指在规定的试验条件下，可燃性液体或固体表面产生的蒸气在试验火焰作用下发生闪燃的最低温度。

（2）闪点是衡量易燃液体火灾危险性大小的主要特性。闪点越低，火灾危险性越大，按闪点的高低，易燃液体的分级如下：

1）闪点<28℃的为甲类易燃液体，如汽油、酒精。

2）28℃≤闪点<60℃的为乙类易燃液体，如煤油，松节油。

3）闪点≥60℃的为丙类易燃液体，如柴油。

2. 燃点

（1）在规定的试验条件下，物质在外部引火源作用下表面起火并持续燃烧一定时间所需的最低温度，称为燃点。

（2）在一定条件下，物质的燃点越低，越易着火。

（3）燃点与闪点的关系。易燃液体的燃点一般高出其闪点1~5℃，且闪点越低，这一差值越小。因此一般用闪点评定易燃液体火灾危险性大小，用燃点衡量固体的火灾危险性大小。

3. 自燃点

（1）在规定的条件下，可燃物质产生自燃的最低温度称为自燃点。

（2）自燃点是衡量可燃物质受热升温导致自燃危险的依据。可燃物的自燃点越低，发生自燃的危险性就越大。

1.4　高聚物的燃烧产物

塑料、橡胶和合成纤维是人们熟知的三大合成有机高分子化合物，其应用广泛且容易燃烧。高聚物的燃烧包括一系列的物理和化学变化，在燃烧（或分解）过程中产生 CO、NO（氮氧化物）、HCl、HF、SO_2 及 $COCl_2$（光气）等有害气体。不同类型的高聚物在燃烧（或分解）过程中会产生不同类别的产物。只含碳和氢的高聚物，如聚乙烯、聚丙烯、聚苯乙烯燃烧时有熔滴，易产生 CO 气体。含有氧的高聚物，如有机玻璃、赛璐珞等，燃烧时变软，无熔滴，同样产生 CO 气体。含有氮的高聚物，如三聚氰胺甲醛树脂、尼龙等，燃烧时有熔滴，会产生 CO、NO、HCN 等有毒气体。含有氯的高聚物，如聚氯乙烯等，燃烧时无熔滴，有炭瘤，并产生 HCl 气体，有毒且溶于水后有腐蚀性。有木粉填料的酚醛树脂燃烧时会放出有毒的酚蒸气。

历年真题研究

【2015-1】用着火四面体来表示燃烧发生和发展的必要条件时，“四面体”是指可燃物、氧化剂、引火源和（　　）。

A. 氧化反应　　B. 热分解反应　　C. 热传递　　D. 链式反应自由基

【答案】D

【解析】大部分燃烧发生和发展需要四个必要条件，即可燃物、助燃物、引火源和链式反应自由基。

【2016-1】对于原油储罐，当罐内原油发生燃烧时，不会产生（　　）。

A. 闪燃　　B. 热波　　C. 蒸发燃烧　　D. 阴燃

【答案】D

【解析】闪燃、沸溢、喷溅都是液体燃烧的形式，沸溢和喷溅过程中都会出现热波，A 和 B 正确；易燃、可燃液体在燃烧过程中，并不是液体本身在燃烧，而是液体受热时蒸发出来的液体蒸气被分解、氧化达到燃点而燃烧，即蒸发燃烧，C 正确；阴燃是固体材料特有的燃烧形式，D 错误。本题要求选不会产生的，故选 D。

【2016-2】汽油闪点低，易挥发，流动性好，存有汽油的储罐受热不会发生（　　）现象。

A. 蒸汽燃烧及爆炸　　B. 容器爆炸　　C. 泄漏产生流淌火　　D. 沸溢和喷溅

【答案】D

【解析】储罐受热后，易造成汽油泄漏。汽油闪点低、易挥发，故泄漏造成的汽油挥发成油雾，空气中含量为 $74\sim123g/m^3$ 时遇火爆炸，进而引发容器爆炸，导致泄漏产生流淌火。沸溢和喷溅一般是重质油品达到一定条件时发生，汽油属于轻油，不属于重质油品。

【2018-1】木制桌椅燃烧时不会出现的燃烧形式是（　　）。

A. 表面燃烧　　B. 分解燃烧　　C. 熏烟燃烧　　D. 蒸发燃烧

【答案】D

【解析】木材、棉、麻、纸张等燃烧存在分解燃烧、熏烟燃烧、表面燃烧等形式。硫、磷、钾、钠、蜡烛、松香等可燃固体，在受到火源加热时，先熔融蒸发，随后蒸气与氧气发生燃烧反应，这种形式的燃烧一般称为蒸发燃烧。樟脑、萘等易升华物质，在燃烧时不经过熔融过程，但其燃烧现象也可看作是一种蒸发燃烧。显然木制桌椅不会出现蒸发燃烧方式。

【2018-84】聚氯乙烯电缆燃烧产物有（　　）。

A. 炭瘤　　B. 氮氧化物　　C. 水蒸气　　D. 腐蚀性气体　　E. 熔滴

【答案】ACD

【解析】聚氯乙烯燃烧时无熔滴，有炭瘤，并产生 HCl 气体，有毒且溶于水后有腐蚀性。

联想记忆口诀

1. 燃烧发生条件：可燃物、助燃物、引火源和链式反应自由基（可燃火链）

2. 液体燃烧方式：闪燃、沸溢、喷溅（闪沸溅）

3. 固体燃烧方式：表面燃烧、分解燃烧、熏烟燃烧（阴燃）、蒸发燃烧（表分熏蒸）

第 2 章　火灾基础知识

助考知识要点

◆火灾分类：A、B、C、D、E、F 六类

◆火灾原因：电气，吸烟，生活用火不慎，生产作业不慎，玩火，放火，雷击

◆火灾蔓延：热传导，热对流，热辐射

◆灭火方法：冷却灭火，隔离灭火，窒息灭火，化学抑制灭火

记忆思维导图（图 1. 2-1）

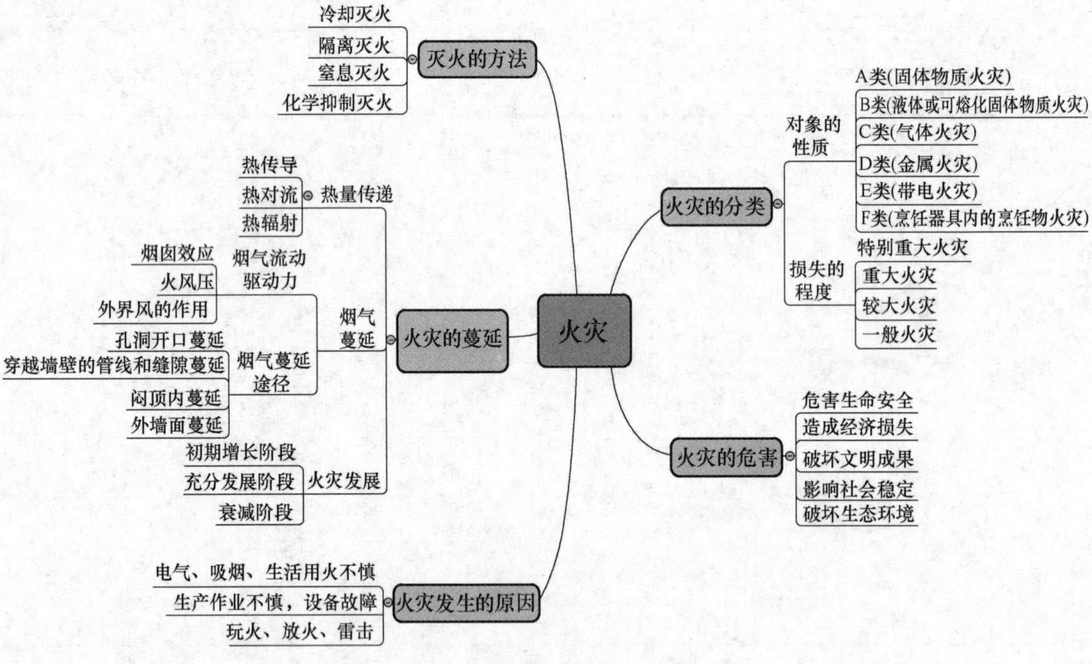

图 1. 2-1　火灾基础知识记忆思维导图

内容归纳解析

2. 1　火灾的分类

1. 火灾按照燃烧对象的性质分类，见表 1. 2-1

表 1. 2-1　火灾按照燃烧对象的性质分类

火灾分类		燃烧对象
A 类火灾	固体物质火灾	木材、棉、毛、麻、纸张等

（续）

火灾分类		燃烧对象
B 类火灾	液体或可熔化固体物质火灾	汽油、煤油、原油、甲醇、乙醇、沥青、石蜡等
C 类火灾	气体火灾	煤气、天然气、甲烷、乙烷、氢气、乙炔
D 类火灾	金属火灾	钾、钠、镁、钛、锆、锂等
E 类火灾	带电火灾	变压器等设备的电气火灾
F 类火灾	烹饪器具内的烹饪物火灾	动植物油脂

2. 火灾按照损失程度分类，见表 1.2-2、图 1.2-2 所示

表 1.2-2　火灾按照损失程度分类

火灾分类	死亡人数 N	重伤人数 N	直接财产损失 D
特别重大火灾	$N \geqslant 30$	$N \geqslant 100$	$D \geqslant 1$ 亿
重大火灾	$10 \leqslant N < 30$	$50 \leqslant N < 100$	5000 万 $\leqslant D < 1$ 亿
较大火灾	$3 \leqslant N < 10$	$10 \leqslant N < 50$	1000 万 $\leqslant D <$ 5000 万
一般火灾	$N < 3$	$N < 10$	$D <$ 1000 万

注：火灾事故自发生之日起 7 日内，事故造成的伤亡人数发生变化的，应当及时补报。

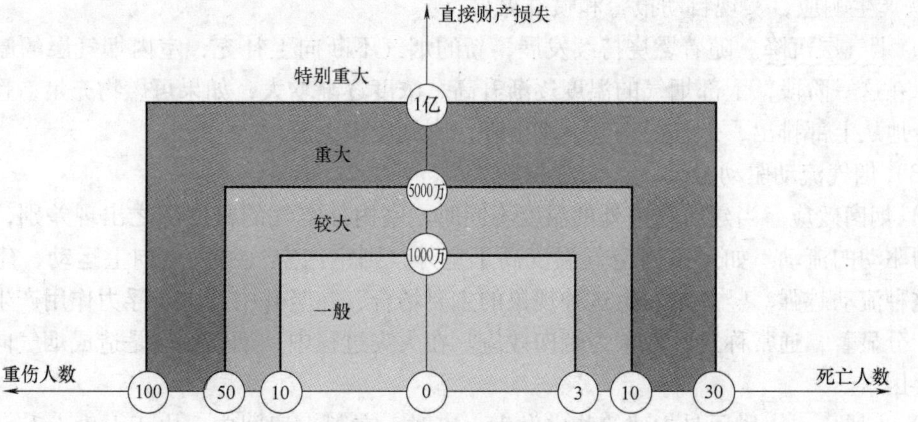

图 1.2-2　火灾按照损失程度分类

2.2　建筑火灾蔓延的机理与途径

1. 建筑火灾蔓延的热量传热方式

（1）热传导：属于接触传热，是连续介质就地传递热量而又没有各部分之间相对的宏观位移的一种传热方式。对于起火的场所，热导率大的物体，利于火势传播和蔓延。

（2）热对流：指流体各部分之间发生相对位移，冷热流体相互掺混引起热量传递的方式。建筑发生火灾过程中，通风孔洞面积越大，热对流的速度越快；通风孔洞所处位置越高，对流速度越快。热对流对初期火灾的发展起重要作用。

（3）热辐射：热辐射是因热的原因而发出辐射能的现象。辐射换热是物体间以辐射的方式进行的热量传递。与导热和对流不同的是，热辐射在传递能量时，不需要互相接触即可进行，所以它是一种非接触传递能量的方式。

2. 建筑火灾烟气的流动过程

（1）烟气流动三条路线

第一条（也是最主要的一条）：着火房间→走廊→楼梯间→上部各楼层→室外。

第二条：着火房间→室外。

第三条：着火房间→相邻上层房间→室外。

（2）着火房间内的烟气流动

1）烟气羽流。在一般的建筑房间内，内部物品多为固体。当可燃固体受到外界条件的影响开始燃烧时，首先发生阴燃。当达到一定温度并且有适合的通风条件时，阴燃便转变为明火燃烧。明火出现后，可燃物迅速燃烧。燃烧中，火源上方的火焰及燃烧生成的流动烟气通常称为火羽流。在燃烧表面上方附近为火焰区，它又可以分为连续火焰区和间歇火焰区。而火焰区上方为燃烧产物即烟气的羽流区，其流动完全由浮力效应控制，一般称其为烟气羽流或浮力羽流。由于浮力作用，烟气流会形成一个热烟气团，在浮力的作用下向上运动，在上升过程中卷吸周围新鲜空气与原有的烟气发生掺混。

2）顶棚射流。当烟气羽流撞击到房间的顶棚后，沿顶棚水平运动，形成一个较薄的顶棚射流层，称为顶棚射流。由于它的作用，使安装在顶棚上的感烟探测器、感温探测器和洒水喷 头产生响应，实现自动报警和喷淋灭火。

3）烟气层沉降。随着燃烧持续发展，新的烟气不断向上补充，室内烟气层的厚度逐渐增加。在这一阶段，上部烟气的温度逐渐升高、浓度逐渐增大，如果可燃物充足，且烟气不能充分地从上部排出，烟气层将会一直下降，直到浸没火源。

（3）烟气流动驱动力

1）烟囱效应。当建筑物内外的温度不同时，室内外空气的密度随之出现差别，这将引发浮力驱动的流动。如果室内空气温度高于室外，则室内空气将发生向上运动，建筑物越高，这种流动越强。竖井是发生这种现象的主要场合，在竖井中，由于浮力作用产生的气体运动十分显著，通常称这种现象为烟囱效应。在火灾过程中，烟囱效应是造成烟气向上蔓延的主要因素。

2）火风压。火风压是指建筑物内发生火灾时，在起火房间内，由于温度上升，气体迅速膨胀，对楼板和四壁形成的压力。火风压的影响主要在起火房间，如果火风压大于进风口的压力，则大量的烟火将通过外墙窗口，由室外向上蔓延；若火风压等于或小于进风口的压力，则烟火便全部从内部蔓延，当它进入楼梯间、电梯井、管道井、电缆井等竖向孔道以后，会大大加强烟囱效应。

3）外界风的作用。风的存在可在建筑物的周围产生压力分布，而这种压力分布能够影响建筑物内的烟气流动。烟气在水平方向的扩散流动速度较小，在火灾初期为0.1～0.3m/s，在火灾中期为0.5～0.8m/s。烟气在垂直方向的扩散流动速度通常为1～5m/s。在楼梯间，烟气上升流动速度可达6～8m/s。

3. 建筑室内火灾发展阶段

建筑室内火灾发展分为三个阶段，如图1.2-3所示。

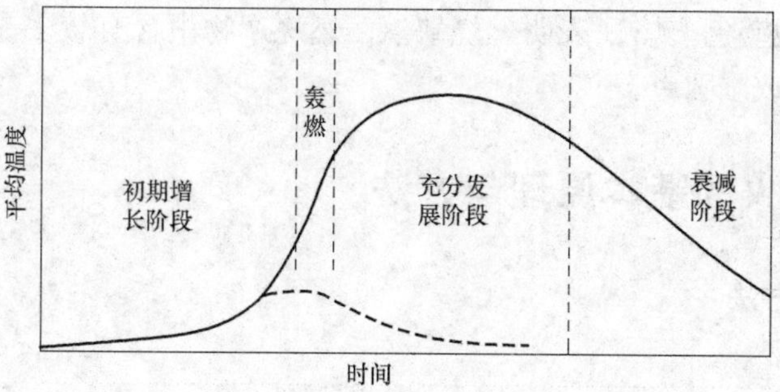

图 1. 2-3　建筑室内火灾温度-时间曲线

(1) 初期增长阶段：初期增长阶段从室内出现明火算起。此阶段的火灾属于燃料控制型火灾。

(2) 充分发展阶段：室内燃烧持续一定时间后，室内温度不断上升，当室内温度继续上升到一定程度时，会出现燃烧面积和燃烧速率瞬间迅速增大，室内温度突增的现象，即轰燃，标志着室内火灾由初期增长阶段转变为充分发展阶段。

(3) 衰减阶段：在火灾全面发展阶段的后期，随着室内可燃物数量的减少，燃烧速度减慢，燃烧强度减弱，温度逐渐下降，当室内平均温度下降到其峰值的 80% 时，火灾进入衰减阶段。

4. 轰燃和回燃的概念

(1) 轰燃。轰燃是指室内火灾由局部燃烧向所有可燃物表面都燃烧的突然转变，室内轰燃是一种瞬态过程。当建筑室内火灾出现以下三种情况，即可判断发生了轰燃：

1) 顶棚附近的气体温度超过某一特定值（约 600℃）。

2) 地面的辐射热通量超过某一特定值（约 $20kW/m^2$）。

3) 火焰从通风开口喷出。影响轰燃发生的重要因素包括室内可燃物的数量、燃烧特性与布局、房间的大小与形状、开口的大小、位置与形状、室内装修装饰材料热惯性（即导热系数、密度和比热组合成的一个参数，决定热量吸收的多少）等。

(2) 轰燃发生之前征兆：

1) 屋顶的热烟气层开始出现火焰。

2) 出现滚燃现象。

3) 热烟气层突然下降。

4) 温度突然增加。

(3) 回燃。回燃是指当室内通风不良、燃烧处于缺氧状态时，由于氧气的引入导致热烟气发生的爆炸性或快速的燃烧现象。室内发生火灾时，处于气相的可燃混合物浓度和室内的氧浓度是回燃发生的决定性因素。回燃的剧烈程度随室内可燃气相混合物浓度的增加而增大。室内火灾中可燃气相混合物浓度的大小，主要取决于室内可燃物的类型、火灾荷载密度（单位建筑面积上的火灾荷载）、通风条件以及燃烧时间等。

(4) 回燃发生之前征兆。如果身处室外，观察到的征兆包括：着火房间开口较少，通风不良，蓄积大量烟气；着火房间的门或窗户上有油状沉积物；门、窗及其把手温度高；开口处流出脉动式热烟气；有烟气被倒吸入室内的现象。如果身处室内，观察到的征兆包括：

室内热烟气层中出现蓝色火焰（表明燃烧缺氧，燃烧产物中含有较多一氧化碳，其燃烧呈蓝色）；听到吸气声或呼啸声。

2.3　防火和灭火的基本原理与方法

1. 防火的基本方法

（1）控制可燃物。

（2）隔绝助燃物。

（3）控制引火源

2. 灭火的基本原理与方法

（1）冷却灭火。在用水灭火的过程中，水大量地吸收热量，使燃烧物的温度迅速降低，火焰熄灭，火势得到控制、火灾终止。

（2）隔离灭火。将可燃物与氧气、火焰隔离，就可以中止燃烧、扑灭火灾。如自动喷水-泡沫联用系统在喷水的同时喷出泡沫，泡沫覆盖于燃烧液体或固体的表面，在发挥冷却作用的同时，将可燃物与空气隔开。

（3）窒息灭火。可燃物的燃烧是氧化作用，需要在最低氧浓度以上才能进行，低于最低氧浓度，燃烧不能进行，火灾即被扑灭。一般氧浓度低于15%时，就不能维持燃烧。在着火场所内，可以通过灌注非助燃气体，如二氧化碳、氮气、蒸汽等，来降低空间的氧浓度，从而达到窒息灭火。此外，水喷雾灭火系统工作时，喷出的水滴吸收热气流热量而转化成蒸汽，当空气中水蒸气浓度达到35%时，燃烧即停止，这也是窒息灭火。

（4）化学抑制。由于有焰燃烧是通过链式反应进行的，如果能有效地抑制自由基的产生或降低火焰中的自由基浓度，即可使燃烧中止。化学抑制灭火的常见灭火剂有干粉灭火剂和七氟丙烷灭火剂。

规范条文链接

《生产安全事故报告和调查处理条例》（国务院令第493号）

第十三条　事故报告后出现新情况的，应当及时补报。

火灾事故自发生之日起7日内，事故造成的伤亡人数发生变化的，应当及时补报。

历年真题研究

【2015-81】下列灭火剂中，在灭火过程中含有窒息灭火机理的有（　　）。

A. 二氧化碳　B. 泡沫　C. 直流水　D. 水喷雾　E. 氮气

【答案】ABDE

【解析】窒息灭火就是通过采取措施降低火灾现场空间内氧的浓度，使燃烧因缺少氧气而停止。窒息灭火常采用的灭火剂一般有二氧化碳、氮气、水蒸气等。此外，水喷雾灭火系统实施动作时，喷出的水滴吸收热气流热量而转化成蒸汽，当空气中水蒸气浓度达到35%时，燃烧即停止，这也是窒息灭火的应用。

【2016-96】导致高层建筑火灾烟气快速蔓延的主要因素包括（　　）。

A. 热浮力　B. 建筑物的高度　C. 风压　D. 建筑物的楼层面积　E. 建筑的室内外温度

【答案】ACE

【解析】烟气流动的驱动力主要包括：烟囱效应、火风压和外部风的作用。在火灾过程中，烟囱效应是造成烟气向上蔓延的主要因素。当建筑物内外的温度不同时，室内外空气的密度随之出现差别，这将引发浮力驱动的流动。在竖井中，由于浮力作用产生的气体运动十分显著，通常称这种现象为烟囱效应。

【2017-57】建筑保温材料内部传热的主要方式是（　　）。

A. 绝热　B. 热传导　C. 热对流　D. 热辐射

【答案】B

【解析】热传导属接触传热，是连续介质就地传热而相对又没有宏观位移的一种传热方式；热对流是指冷热流体之间发生相对位移，相互掺混引起热量传递，其特点是热量传递与流体流动关系密切；热辐射是因热的原因而发出辐射，通过辐射进行热传递，其特点是不需要接触即可进行。

【2017-78】关于火灾类别的下列说法，错误的是（　　）。

A. D类火灾是物体带电燃烧的火灾　B. A类火灾是固体物质火灾

C. B类火灾是液体火灾或可熔化固体物质火灾　D. C类火灾是气体火灾

【答案】A

【解析】D类火灾是金属火灾。

联想记忆口诀

（1）依据《生产安全事故报告和调查处理条例》中规定的生产安全事故等级标准，消防部门将火灾分为四个等级：特别重大火灾、重大火灾、较大火灾、一般火灾。

1）联想记忆：[特重较一]→[特种交易]

2）数字记忆：死313（3-10-30），伤151（10-50-100），财（千万）151（1-5-10），[特种交易账号313-151]

3）热量传递方式：热传导、热对流、热辐射[传对辐]→[穿队服]

（2）灭火的四种方法：化学抑制灭火、窒息灭火、隔离灭火、冷却灭火[冷窒息，化隔离]

第 3 章　爆炸基础知识

助考知识要点

◆爆炸的分类：物理爆炸、化学爆炸和核爆炸

◆爆炸下限<10%气体：甲类气体（乙炔、氢、甲烷、乙烯、丙烯、水煤气、硫化氢）

◆爆炸下限≥10%气体：乙类气体（氨气、一氧化碳）

◆爆炸下限≤$20g/m^3$ 粉尘：镁、砂糖、环氧树脂、聚丙烯树脂、聚苯乙烯制品、硬脂酸铝

记忆思维导图（图 1. 3-1）

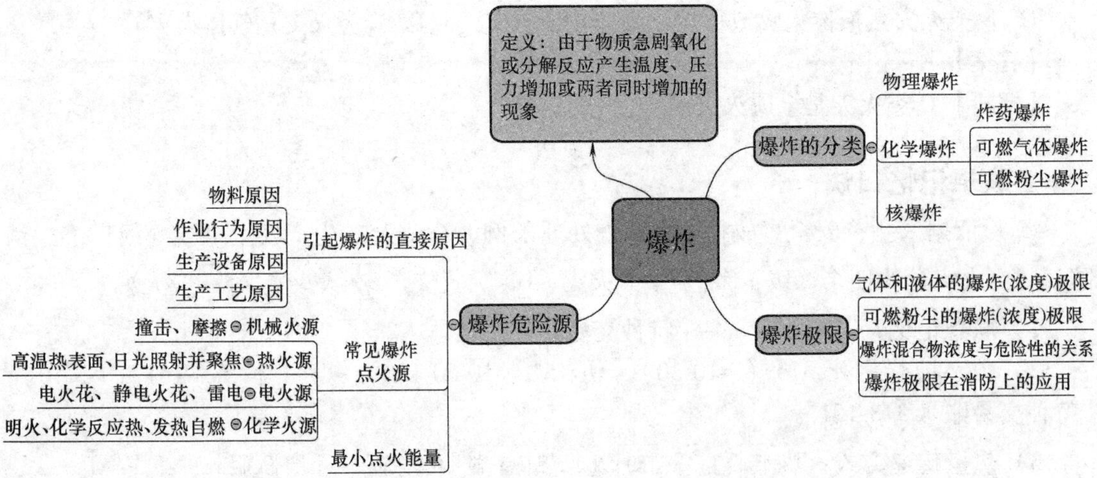

图 1. 3-1　爆炸基础知识记忆思维导图

3. 1　爆炸的概念及分类

1. 爆炸的定义：爆炸指在周围介质中瞬间形成高压的化学反应或状态变化，通常伴有强烈放热、发光和声响。

2. 爆炸的分类：物理爆炸、化学爆炸和核爆炸三种。

（1）物理爆炸

物质因状态或压力发生突变而形成的爆炸称为物理爆炸。物理爆炸的特点是前后物质的化学成分均不改变。如蒸汽锅炉爆炸，压缩气体或液化气钢瓶、油桶受热爆炸等。

（2）化学爆炸

化学爆炸是指由于物质急剧氧化或分解产生温度、压力增加或两者同时增加而形成的爆炸现象。化学爆炸前后，物质的化学成分和性质均发生了根本的变化。

可燃粉尘爆炸，可燃粉尘爆炸应具备三个条件：

1）粉尘本身具有爆炸性。

2）粉尘必须悬浮在空气中并与空气混合到爆炸浓度。

3）有足以引起粉尘爆炸的火源。

影响粉尘爆炸的因素有：粉尘本身的物理化学性质、粉尘颗粒的尺寸、粉尘浓度、环境条件、可燃气体和惰性气体的含量等。

3.2　爆炸极限

可燃的气体、蒸气或粉尘与空气混合后，遇火会发生爆炸的最高或最低的浓度，简称爆炸极限。能引起爆炸的最高浓度称为爆炸上限，能引起爆炸的最低浓度称为爆炸下限，上限和下限之间的范围称为爆炸范围。

1. 气体和液体的爆炸极限

气体和液体的爆炸极限通常用体积分数（%）表示。除助燃物条件外，对于同种可燃气体，其爆炸极限受以下四个方面的影响：

1）火源能量。引燃混合气体的火源能量越大，可燃混合气体的爆炸极限范围越宽，爆炸危险性就越大。

2）初始压力。可燃混合气体初始压力增加，爆炸范围增大，爆炸危险性增加。干燥的一氧化碳和空气的混合气体，压力上升，其爆炸极限范围缩小。

3）初温。混合气体初温越高，混合气体的爆炸极限范围越宽，爆炸危险性就越大。

4）惰性气体。可燃混合气体中加入惰性气体，会使爆炸极限范围变窄，一般上限降低，下限变化比较复杂。当加入的惰性气体超过一定量以后，任何比例的混合气体均不能发生爆炸。

2. 可燃粉尘的爆炸极限

粉尘爆炸极限是粉尘和空气混合物，遇火源能发生爆炸的最低浓度（下限）和最高浓度（上限），通常用单位体积中所含粉尘的质量（g/m^3）表示。粉尘的爆炸通常只应用粉尘的爆炸下限。爆炸下限越低的粉尘，爆炸的危险性越大。此外，爆炸压力、悬浮状态下的粉尘自燃点等也是衡量粉尘爆炸危险性大小的重要参数。

3. 爆炸极限应用

（1）爆炸极限是评定可燃气体火灾危险性大小的依据，爆炸范围越大，下限越低，火灾危险性就越大。

（2）爆炸极限是评定气体生产、储存场所火险类别的依据，也是选择电气防爆形式的依据：生产、储存爆炸下限小于10%的可燃气体的工业场所，应选用隔爆型防爆电气设备；生产、储存爆炸下限不小于10%的可燃气体的工业场所，可选用任一款防爆型电气设备。

（3）根据爆炸极限可以确定建筑物耐火等级、层数、面积、防火墙占地面积、安全疏散距离和灭火设施。

（4）根据爆炸极限，确定安全操作规程。

4. 爆炸危险源

（1）引起爆炸的直接原因有物料原因、作业行为原因、生产设备原因、生产工艺原因。

此外，还有人为的故意破坏，如放火、停水停电、毁坏设备及地震、台风、雷击等自然灾害也同样可能会引发爆炸。

（2）常见爆炸引火源

1）机械火源（撞击、摩擦）

2）热火源（高温热表面、日光照射并聚焦）

3）电火源（电火花、静电火花、雷电）

4）化学火源（明火、化学反应热、发热自燃）

历年真题研究

【2017-40】下列初始条件中，可使甲烷爆炸极限范围变窄的是（　　）。

A. 注入氮气　　B. 提高温度　　C. 增大压力　　D. 增大点火能量

【答案】A

【解析】可燃混合气体中加入惰性气体，会使爆炸极限范围变窄，其他三个选项都会使爆炸极限范围变宽。

第 4 章　易燃易爆危险品基础知识

助考知识要点

◆爆炸品的分类：爆炸品按其爆炸危险性的大小分为六项。

◆易燃气体分级：Ⅰ级、Ⅱ级。爆炸下限 < 10% 的为甲类气体，爆炸下限 ≥ 10% 为乙类气体。

◆易燃液体分级：Ⅰ级、Ⅱ级、Ⅲ级。闪点 < 28℃的为甲类液体；28℃ ≤ 闪点 < 60℃的为乙类液体；闪点 ≥ 60℃的为丙类液体。

◆易燃固体分级：一级（甲）、二级（乙）

◆自燃物质分类：发火物质（白磷、三氯化钛）；自热物质（赛璐珞碎屑、油纸、潮湿棉花）

记忆思维导图（图 1.4-1）

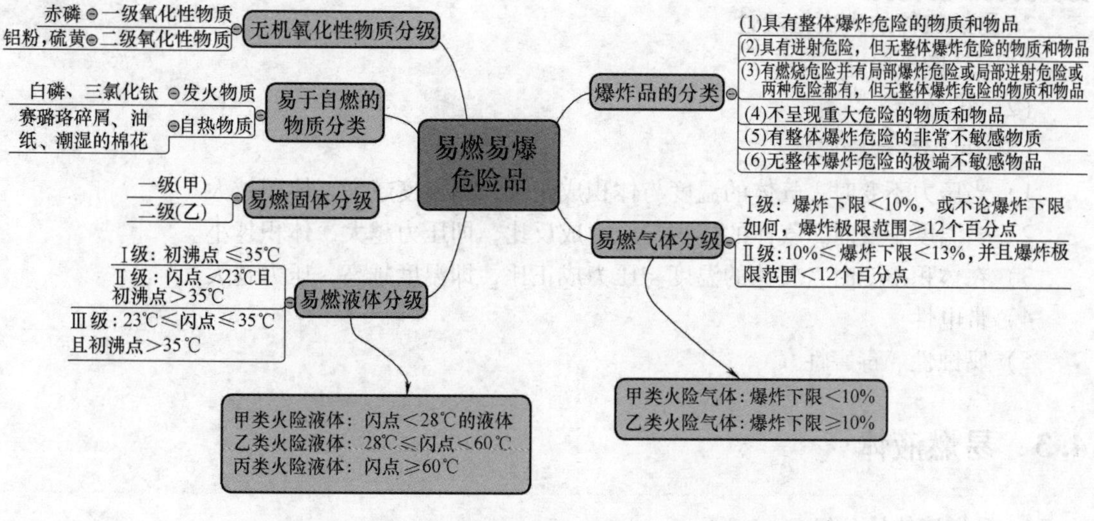

图 1.4-1　易燃易爆危险品消防安全知识记忆思维导图

4.1　爆炸品

1. 爆炸品的分类

爆炸品按其爆炸危险性的大小分为以下六项：

（1）具有整体爆炸危险的物质和物品（整体爆炸是指瞬间能影响到几乎全部载荷的爆炸），如电雷管、三硝基甲苯（TNT）、硝化棉、硝化淀粉、硝化甘油等。

（2）具有迸射危险，但无整体爆炸危险的物质和物品，如带有炸药或抛射药的火箭等。

（3）有燃烧危险并有局部爆炸危险或局部迸射危险或两种危险都有，但无整体爆炸危险的物质和物品，如速燃导火索、礼花炮等。

（4）不呈现重大危险的物质和物品，如导火索、烟花爆竹等。

（5）有整体爆炸危险的非常不敏感物质，如铵油炸药、铵沥蜡炸药等。

（6）无整体爆炸危险的极端不敏感物品。

2. 爆炸品的特性

（1）爆炸性

（2）敏感度

4.2　易燃气体

易燃气体是指温度在20℃、标准大气压101.3kPa时，与空气混合，爆炸下限≤13%（体积分数），或者燃烧范围≥12%（爆炸浓度极限的上限与下限之差）的气体。

1. 易燃气体的分级

（1）Ⅰ级：爆炸下限 <10%；或爆炸极限范围≥12%（不论爆炸下限如何）。

（2）Ⅱ级：10%≤爆炸下限<13%，并且爆炸极限范围<12%。

通常将爆炸下限<10%的气体归为甲类火灾危险性物质，爆炸下限≥10%的气体归为乙类火灾危险性物质。

2. 易燃气体的火灾危险性

（1）易燃易爆性

（2）扩散性

（3）可缩性和膨胀性

1）当压力不变时，气体的温度与体积成正比，即温度越高，体积越大。

2）当温度不变时，气体的体积与压力成反比，即压力越大，体积越小。

3）在体积不变时，气体的温度与压力成正比，即温度越高，压力越大。

4）带电性

5）腐蚀性、毒害性

4.3　易燃液体

1. 易燃液体的分级

易燃液体分为以下三类：

（1）Ⅰ级：初沸点≤35℃

（2）Ⅱ级：闪点<23℃且初沸点>35℃。

（3）Ⅲ级：23℃≤闪点<60℃且初沸点>35℃。

通常将闪点<28℃的液体归为甲类火灾危险性物质，将28℃≤闪点<60℃的液体归为乙类火灾危险性物质，将闪点≥60℃的液体归为丙类火灾危险性物质。

2. 易燃液体的火灾危险性

（1）易燃性

（2）爆炸性

(3) 受热膨胀性

(4) 流动性

(5) 带电性

(6) 毒害性

4.4 易燃固体、易于自燃的物质、遇水放出易燃气体的物质

1. 易燃固体

(1) 易燃固体的分类与分级。根据燃点的高低，燃烧物质可分为易燃固体和可燃固体，燃点高于300℃的为可燃固体，燃点低于300℃的为易燃固体（燃点在300℃以下的天然纤维如棉、麻纸张、谷草等归属丙类易燃固体）。易燃固体按其燃点的高低、燃烧速度的快慢、放出气体的毒害性的大小通常还分成两级，见表1.4-1。

1) 一级（甲），燃点低、易燃烧、燃烧迅速和猛烈，并放出有毒气体。

2) 二级（乙），燃点较高、燃烧较慢、燃烧产物毒性也较小。

表1.4-1 易燃固体的分级分类

级别	特点	分类	举例
一级（甲）	燃点低、易燃烧、燃烧迅速和猛烈，并放出有毒气体	赤磷及含磷化合物	赤磷、三硫化四磷、五硫化二磷
		硝基化合物	二硝基甲苯、二硝基萘、硝化棉
		其他	闪光粉、氨基化钠、重氮氨基苯
二级（乙）	燃点较高、燃烧较慢、燃烧产物毒性也较小	硝基化合物	硝基芳烃、二硝基丙烷
		易燃金属粉	铝粉、镁粉、锰粉
		萘及其衍生物	萘、甲基萘
		碱金属氨基化合物	氨基化钠、氨基化钙
		硝化棉制品	硝化纤维漆布、赛璐珞板
		其他	硫黄、生松香、聚甲醛

(2) 易燃固体的火灾危险性

1) 燃点低、易点燃。

2) 遇酸、氧化剂易燃易爆。

3) 本身或燃烧产物有毒

2. 易于自燃的物质

(1) 分类

1) 发火物质：如白磷、三氯化钛等。

2) 自热物质：如赛璐珞碎屑、油纸、潮湿的棉花等。

(2) 火灾危险特性

1) 遇空气自燃性。如白磷遇空气即自燃起火，生成有毒的五氧化二磷，故需存放于水中。

2) 遇湿易燃性。如硼、锌、锑、铝的烷基化合物类自燃物品，遇水或受潮还能分解自

燃或爆炸。故起火时不可用水或泡沫扑救。

3）积热自燃性。如硝化纤维胶片、废影片、X 光片等。

3. 遇水放出易燃气体的物质火灾危险性

（1）遇水或遇酸燃烧性。遇水或遇酸燃烧性是此类物质的共同危险性，着火时，不能用水及泡沫灭火剂扑救，应用干沙、干粉灭火剂、二氧化碳灭火剂等进行扑救。其中的一些物质与酸或氧化剂反应时，比遇水反应更剧烈，着火爆炸危险性更大。

（2）自燃性。有些遇水放出易燃气体的物质（如金属碳化物、硼氢化合物）放置于空气中即具有自燃性，有的（如氢化钾）遇水能生成可燃气体放出热量而具有自燃性。因此，这类物质储存时必须与水及潮气隔离。

（3）爆炸性。一些遇水放出易燃气体的物质（如碳化钙等）与水作用生成可燃气体，并与空气形成爆炸性混合物。

4.5　氧化性物质和有机过氧化物

1. 氧化性物质的分级

（1）一级氧化性物质，主要是碱金属或碱土金属的过氧化物和盐类，如过氧化钠、高氯酸钠、硝酸钾、高锰酸钾等。

（2）二级氧化性物质，是较强的氧化剂，容易分解，但较一级稳定，能引起燃烧，如亚硝酸钠、亚氯酸钠、连二硫酸钠，重铬酸钠、氧化银等。

2. 氧化性物质的火灾危险性

（1）受热、被撞分解性。

（2）可燃性。

（3）与可燃液体作用自燃性。

（4）与酸作用分解性。

（5）与水作用分解性。

（6）强氧化性物质与弱氧化性物质作用分解性。

（7）腐蚀毒害性。

3. 有机过氧化物火灾危险性

（1）分解爆炸性。有机过氧化物对温度和外力作用是十分敏感的，其危险性和危害性比其他氧化剂更大。

（2）易燃性。有机过氧化物不仅极易分解爆炸，有的非常易燃。所以扑救有机过氧化物火灾时应特别注意爆炸的危险性。

历年真题研究

【2017-59】下列易燃固体中，燃点低、易燃烧并能释放出有毒气体的是（　　）。

A. 萘　　B. 赤磷　　C. 硫黄　　D. 镁粉

【答案】B

【解析】赤磷及含磷化合物燃点低、易燃烧、燃烧迅速和猛烈，同时放出有毒气体。

第2篇　建筑防火

第1章　概　　述

助考知识要点

◆被动防火措施：防火间距、耐火等级、防火构造、防火分区分隔、安全疏散设施等。

◆主动防火措施：火灾自动报警系统、自动灭火系统、防烟排烟系统等。

◆防火技术方法：总平面布局、建筑结构防火、建筑材料防火、防火分区分隔、安全疏散、防烟排烟、建筑防爆和电气防火。

记忆思维导图（图2.1-1）

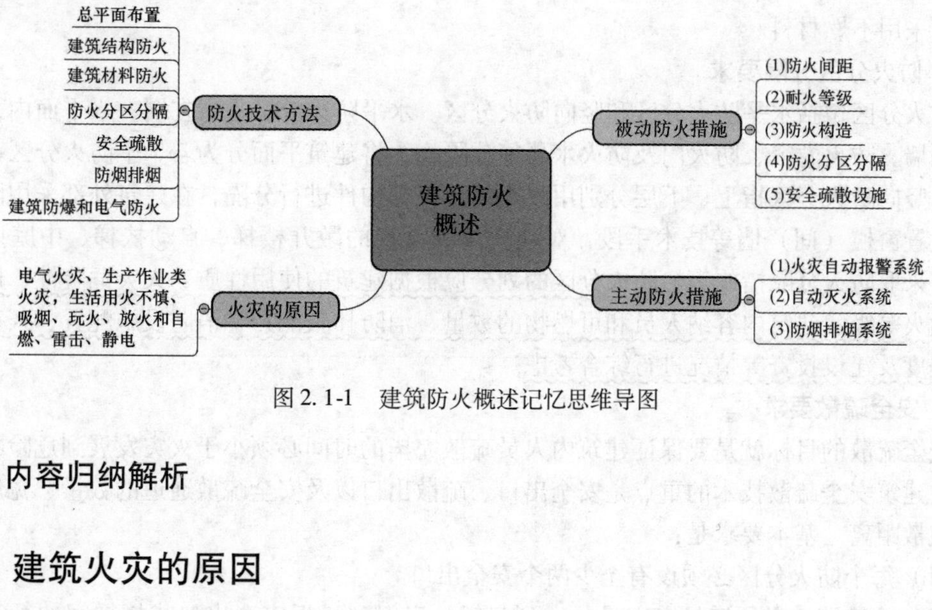

图2.1-1　建筑防火概述记忆思维导图

内容归纳解析

1.1　建筑火灾的原因

建筑起火的原因主要有：电气火灾、生产作业类火灾、生活用火不慎、吸烟、玩火、放火和自燃、雷击、静电等其他原因引起的火灾等。

1.2　建筑防火技术方法

1. 总平面布局要求

（1）根据建筑物的使用性质、生产经营规模、建筑高度、建筑体积及火灾危险性等，从周围环境、地势条件、主导风向等方面综合考虑，合理选择建筑物位置。

（2）合理划分生产区、存储区（包括露天存储区）、生产辅助设施区、行政办公和生活福利区等。同一企业内，若有不同火灾危险的生产建筑，则应尽量将火灾危险性相同或相近的建筑集中布置，以利于采取防火防爆措施，便于安全管理。

（3）合理确定各类建（构）筑物、堆场、储罐、电力设施及电力线路之间的防火安全距离。

（4）根据各建筑物的使用性质、规模、火灾危险性，考虑扑救火灾时所必需的消防车通道、消防水源和消防扑救面。

2. 建筑结构防火要求

（1）根据建筑物的使用性质和规模及其在使用中的火灾危险性来确定建筑的耐火等级。

（2）建筑构件的耐火极限和燃烧性能达不到规范要求时，常采取的解决办法主要有：适当增加构件的截面积，对钢筋混凝土构件增加保护层厚度，在构件表面涂覆防火涂料做耐火保护层，对钢梁、钢屋架及木结构做耐火吊顶和防火保护层包敷等。

3. 建筑材料防火要求

建筑材料防火应当遵循的原则主要是：控制建筑材料中可燃材料的数量，受条件限制或装修特殊要求必须使用可燃材料的，应当对材料进行阻燃处理；与电气线路或发热物体接触的材料应采用不燃材料或进行阻燃处理；在楼梯间、管道井等竖向通道和供人员疏散的走道内应当采用不燃材料。

4. 防火分区分隔要求

防火分区包括水平防火分区和竖向防火分区。水平防火分区是指在同一水平面内，利用防火隔墙、防火卷帘、防火门及防火水幕等分隔物，将建筑平面分为若干个防火分区、防火单元；竖向防火分区指上、下层分别用耐火的楼板等构件进行分隔，在建筑外部采用防火挑檐、设置窗槛（间）墙等技术手段，对建筑内部设置的敞开楼梯、自动扶梯、中庭以及管道井等采取防火分隔措施等。防火分区的划分应根据建筑的使用性质、火灾危险性，以及建筑的耐火等级、建筑内容纳人员和可燃物的数量、消防扑救能力和消防设施配置、人员疏散难易程度及建设投资等情况进行综合考虑。

5. 安全疏散要求

安全疏散的目标就是要保证建筑内人员疏散完毕的时间必须小于火灾发展到危险状态的时间。建筑安全疏散技术的重点是安全出口、疏散出口以及安全疏散通道的数量、宽度、位置和疏散距离。基本要求是：

（1）每个防火分区必须设有至少两个安全出口。

（2）疏散路线必须满足室内最远点到房门，房门到最近安全出口或楼梯间的行走距离限值。

（3）疏散方向应尽量为双向疏散，疏散出口应分散布置，减少袋形走道的设置。

（4）选用合适的疏散楼梯形式，楼梯间应为安全的区域，不受烟火的侵袭，楼梯间入口应设置可自行关闭的防火门保护。

（5）通向地下室的楼梯间不得与地上楼梯相连，如必须相连时应采用防火墙分隔，通过防火门出入。

（6）疏散宽度应保证不出现拥堵现象，并采取有效措施在清晰的空间高度内为人员疏散提供引导。

6. 防烟排烟要求

烟气控制的方法包括合理划分防烟分区和选择合适的防烟、排烟方式。防烟排烟系统可分为防烟系统和排烟系统。防烟系统是指采用机械加压送风方式或自然通风方式，防止烟气进入疏散通道、防烟楼梯间及其前室或消防电梯前室的系统。排烟系统是指采用机械排烟方式或自然通风方式将烟气排至建筑外，控制建筑内的有烟区域保持一定能见度的系统。

7. 建筑防爆和电气防火要求

（1）在进行建筑防火设计时，应根据爆炸规律与爆炸效应，对有爆炸可能的建筑配备相应的防止爆炸危险的区域，合理设计防爆结构和泄爆面积，准确选用防爆设备。

（2）为有效防止电气火灾事故的发生，同时为保证建筑内消防设施正常供电运行，对建筑的用电负荷、供配电源、电气设备、电气线路及其安装敷设等应当采取安全可靠、经济合理的防火技术措施。

第 2 章　生产和储存物品的火灾危险性分类

助考知识要点

◆生产（储存）火灾危险性分类：甲、乙、丙、丁、戊类
◆气体火灾危险性评定指标：爆炸极限和自燃点
◆液体火灾危险性评定指标：闪点
◆固体火灾危险性评定指标：熔点和燃点

记忆思维导图（图 2. 2-1）

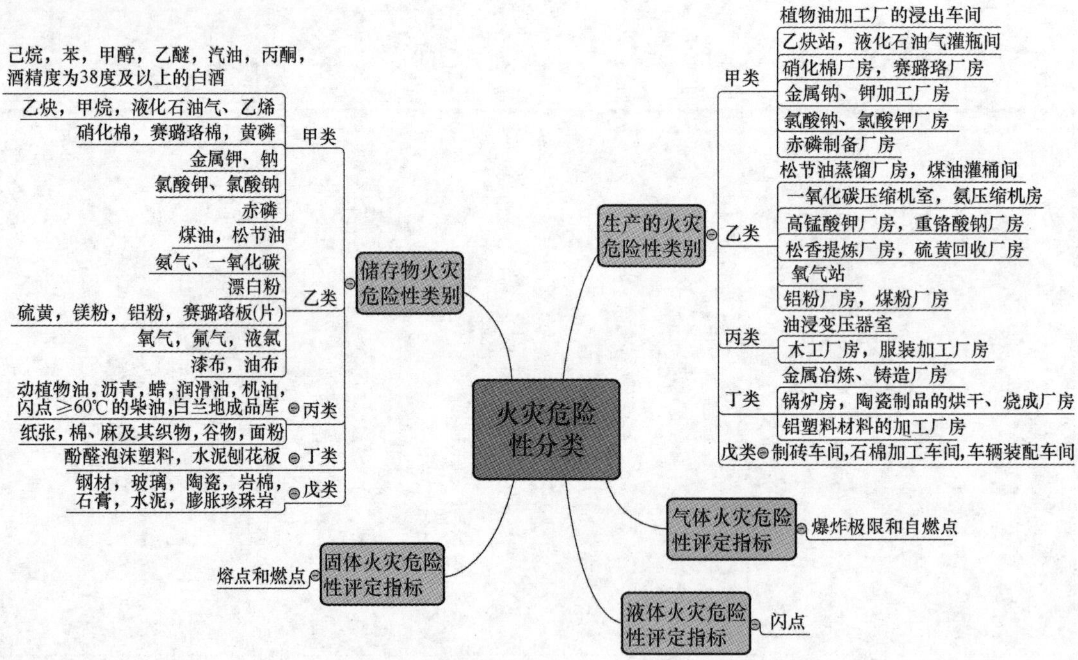

图 2. 2-1　火灾危险性分类记忆思维导图

内容归纳解析

2. 1　生产的火险性分类

1. 评定物质火险性的主要指标

（1）气体：爆炸极限和自燃点

可燃气体的爆炸浓度极限范围越大，爆炸下限越低，其火灾爆炸危险性越大。可燃气体的自燃点越低，火灾爆炸的危险性越大。另外，气体化学活泼性越强，发生火灾爆炸的危险

性越大；气体在空气中的扩散速度越快，火灾蔓延扩展的危险性越大；相对密度大的气体易聚集不散，遇明火容易造成火灾爆炸事故；易压缩液化的气体遇热后体积膨胀，容易发生火灾爆炸事故。

（2）液体：闪点

闪点越低的液体，越易挥发而形成爆炸性气体混合物，引燃也越容易。评定可燃液体火灾危险性最直接的指标是蒸气压，蒸气压越高，越易挥发，闪点也越低，由于蒸气压很难测量，一般采用闪点来确定其危险性。对于可燃液体，还用自燃点作为评定火灾危险性的标志，自燃点越低的液体，越易发生自燃。此外，液体的爆炸温度极限、受热蒸发性、流动扩散性和带电性也是衡量液体火灾危险性的标志。

（3）固体：熔点和燃点

熔点低的固体，燃点也较低，燃烧速度也较快。许多低熔点的易燃固体还有闪燃现象。粉状可燃固体是以爆炸浓度下限作为标志的；遇水燃烧的固体是以与水反应速度快慢和放热量的大小为标志；自燃性固体物质是以其自燃点作为标志；受热分解可燃固体是以其分解温度作为评定标志。

2. 生产火险性分类方法

生产的火灾危险性应根据生产中使用或产生的物质性质及其数量等因素划分，可分为甲、乙、丙、丁、戊类，见表2.2-1。

表2.2-1 生产的火灾危险性分类及举例

生产类别	特征	举例
甲	1. 闪点<28℃的液体 2. 爆炸下限<10%的气体 3. 常温下能自行分解或在空气中氧化即能导致迅速自燃或爆炸的物质 4. 常温下受到水或空气中水蒸气的作用，能产生可燃气体并引起燃烧或爆炸的物质 5. 遇酸、受热、撞击、摩擦、催化以及遇有机物或硫黄等易燃的无机物，极易引起燃烧或爆炸的强氧化剂 6. 受撞击、摩擦或与氧化剂、有机物接触时能引起燃烧或爆炸的物质 7. 在密闭设备内操作温度不小于物质本身自燃点的生产	1. 甲醇、乙醇、苯等的合成或精制厂房，植物油加工厂的浸出车间；酒精度为38度及以上的勾兑车间 2. 乙炔站，氢气站，氯乙烯厂房，乙烯聚合厂房，液化石油气灌瓶间，醋酸乙烯厂房，电解水或电解食盐厂房，化肥厂的氢氮气压缩厂房 3. 硝化棉厂房，赛璐珞厂房，黄磷制备厂房 4. 金属钠、钾加工厂房 5. 氯酸钠、氯酸钾厂房，过氧化氢厂房，过氧化钠、过氧化钾厂房 6. 赤磷制备厂房 7. 洗涤剂厂房石蜡裂解部位，冰醋酸裂解厂房
乙	1. 28℃≤闪点<60℃的液体 2. 爆炸下限≥10%的气体 3. 不属于甲类的氧化剂 4. 不属于甲类的易燃固体 5. 助燃气体 6. 能与空气形成爆炸性混合物的浮游状态的粉尘、纤维、闪点≥60℃的液体雾滴	1. 松节油或松香蒸馏厂房，己内酰胺厂房，甲酚厂房，环氧氯丙烷厂房，煤油灌桶间 2. 一氧化碳压缩机室，氨压缩机房 3. 发烟硫酸或发烟硝酸浓缩部位，高锰酸钾厂房，重铬酸钠厂房 4. 樟脑或松香提炼厂房，硫黄回收厂房，焦化厂精萘厂房 5. 氧气站，空分厂房 6. 铝粉或镁粉厂房，金属制品抛光部位，煤粉厂房、面粉厂的碾磨部位、活性炭制造及再生厂房

（续）

生产类别	特　征	举　例
丙	1. 闪点≥60℃的液体 2. 可燃固体	1. 焦化厂焦油厂房，油浸变压器室，配电室（每台装油量大于60kg的设备），沥青加工厂房，植物油加工厂的精炼部位 2. 木工厂房，竹、藤加工厂房，针织品厂房，服装加工厂房，棉花加工和打包厂房，麻纺厂粗加工车间，谷物加工房，卷烟厂的包装车间，印刷车间，电视机装配厂房，饲料加工厂房，屠宰加工车间、鱼加工车间
丁	1. 对不燃烧物质进行加工，并在高温或熔化状态下经常产生强辐射热、火花或火焰的生产 2. 利用气体、液体、固体作为燃料或将气体、液体进行燃烧作其他用的各种生产 3. 常温下使用或加工难燃烧物质的生产	1. 金属冶炼、锻造、铆焊、热轧、铸造、热处理厂房 2. 锅炉房，陶瓷制品的烘干、烧成厂房，石灰焙烧厂房，转炉厂房 3. 铝塑料材料的加工厂房，酚醛泡沫塑料的加工厂房
戊	常温下使用或加工不燃烧物质的生产	制砖车间，石棉加工车间，金属（镁合金除外）冷加工车间，电动车库，车辆装配车间，加气混凝土厂的构件制作厂房

2.2　储存物品的火险性分类

储存物品的火灾危险性应根据储存物品的性质和储存物品中的可燃物数量等因素划分，分为甲、乙、丙、丁、戊类，见表2.2-2。

表2.2-2　储存物品的火灾危险性分类及举例

类别	火灾危险性特征	举　例
甲	1. 闪点<28℃的液体 2. 爆炸下限<10%的气体，受到水或空气中水蒸气的作用能产生爆炸下限<10%气体的固体物质 3. 常温下能自行分解或在空气中氧化能导致迅速自燃或爆炸的物质 4. 常温下受到水或空气中水蒸气的作用能产生可燃气体并引起燃烧或爆炸的物质 5. 遇酸、受热、撞击、摩擦以及遇有机物或硫黄等易燃的无机物，极易引起燃烧或爆炸的强氧化剂 6. 受撞击、摩擦或与氧化剂、有机物接触时能引起燃烧或爆炸的物质	1. 己烷，戊烷，环戊烷，石脑油，二硫化碳，苯、甲苯，甲醇、乙醇，乙醚，蚁酸甲酯、醋酸甲酯、硝酸乙酯，汽油，丙酮，丙烯，酒精度为38度及以上的白酒 2. 乙炔，氢，甲烷，环氧乙烷，水煤气，液化石油气，乙烯、丙烯、丁二烯，硫化氢，氯乙烯，电石，碳化铝 3. 硝化棉，硝化纤维胶片，喷漆棉，火胶棉，赛璐珞棉，黄磷 4. 金属钾、钠、锂、钙、锶，氢化锂、氢化钠，四氢化锂铝 5. 氯酸钾、氯酸钠，过氧化钾、过氧化钠，硝酸铵 6. 赤磷，五硫化二磷，三硫化二磷
乙	1. 闪点≥28℃及<60℃的液体 2. 爆炸下限≥10%的气体 3. 不属于甲类的氧化剂 4. 不属于甲类的易燃固体 5. 助燃气体 6. 常温下与空气接触能缓慢氧化，积热不散引起自燃的物品	1. 煤油，松节油，丁烯醇、异戊醇，丁醚，醋酸丁酯、硝酸戊酯，乙酰丙酮，环己胺，溶剂油，冰醋酸，樟脑油，蚁酸 2. 氨气、一氧化碳 3. 硝酸铜，铬酸，亚硝酸钾，重铬酸钠，铬酸钾，硝酸，硝酸汞、硝酸钴，发烟硫酸，漂白粉 4. 硫黄，镁粉，铝粉，赛璐珞板（片），樟脑，萘，生松香，硝化纤维漆布，硝化纤维色片 5. 氧气，氟气，液氯 6. 漆布及其制品，油布及其制品，油纸及其制品，油绸及其制品

（续）

类别	火灾危险性特征	举　例
丙	1. 闪点≥60℃的液体 2. 可燃固体	1. 动物油，植物油，沥青，蜡，润滑油，机油，重油，闪点≥60℃的柴油，糖醛，白兰地成品库 2. 化学、人造纤维及其织物，纸张，棉、毛、丝、麻及其织物，谷物，面粉，粒径大于等于2mm的工业成型硫黄，天然橡胶及其制品，竹、木及其制品，中药材，电视机、收录机等电子产品，计算机房已录数据的磁盘储存间，冷库中的鱼、冻肉间
丁	难燃烧物品	自熄性塑料及其制品，酚醛泡沫塑料及其制品，水泥刨花板
戊	不燃烧物品	钢材，铝材，玻璃及其制品，搪瓷制品，陶瓷制品，不燃气体，玻璃棉，岩棉，陶瓷棉，硅酸铝纤维，矿棉，石膏及其无纸制品，水泥，石，膨胀珍珠岩

规范条文链接

《建规》[㊀]第3.1.2条：同一座厂房或厂房的任一防火分区内有不同火灾危险性生产时，厂房或防火分区内的生产火灾危险性类别应按火灾危险性较大的部分确定。当生产过程中使用或产生易燃、可燃物的量较少，不足以构成爆炸或火灾危险时，可按实际情况确定；当符合下述条件之一时，可按火灾危险性较小的部分确定：

（1）火灾危险性较大的生产部分占本层或本防火分区面积的比例<5%或丁、戊类厂房内的油漆工段<10%，且发生火灾事故时不足以蔓延到其他部位或火灾危险性较大的生产部分采取了有效的防火措施。

（2）丁、戊类厂房内的油漆工段，当采用封闭喷漆工艺，封闭喷漆空间内保持负压、油漆工段设置可燃气体探测报警系统或自动抑爆系统，且油漆工段占其所在防火分区面积的比例≤20%。

《建规》第3.1.4条：同一座仓库或仓库的任一防火分区内储存不同火灾危险性物品时，仓库或防火分区的火灾危险性应按火灾危险性最大的物品确定。

《建规》第3.1.5条：丁、戊类储存物品仓库的火灾危险性，当可燃包装重量大于物品本身重量1/4或可燃包装体积大于物品本身体积的1/2时，应按丙类确定。

历年真题研究

【2015-4】某面粉加工厂的面粉碾磨车间为3层钢筋混凝土结构建筑，建筑高度为25m，建筑面积3600m^2。根据生产的火灾危险性分类标准，该面粉碾磨车间的火灾危险性类别应确定为（　　）。

A. 甲类　　B. 乙类　　C. 丙类　　D. 丁类

【答案】B

【解析】面粉碾磨车间属于能与空气形成爆炸性混合物的浮游状态的粉尘，所以应为乙类厂房。

㊀《建筑设计防火规范（2018年版）》GB 50016—2014的简称，本书余同。其他标准规范简称见本书附录。

【2015-5】某百货仓库，储存陶瓷器具、玻璃制品、塑料玩具、自行车，仓库的火灾危险性类别应确定为（ ）。

A. 甲类 B. 乙类 C. 丙类 D. 丁类

【答案】C

【解析】同一座仓库或仓库的任一防火分区内储存不同火灾危险性物品时，仓库或防火分区的火灾危险性应按火灾危险性最大的物品确定。塑料玩具属于丙类。

【2016-81】下列储存物品中，属于乙类火灾危险性分类的有（ ）。

A. 煤油 B. 乙烯 C. 油布 D. 赤磷 E. 硝酸铜

【答案】ACE

【解析】乙烯、赤磷火灾危险性为甲类，煤油、油布、硝酸铜火灾危险性为乙类。

【2017-55】下列物质中，火灾分类属于 A 类火灾的是（ ）。

A. 石蜡 B. 沥青 C. 钾 D. 棉布

【答案】D

【解析】A 类火灾指固体物质火灾，如木材、棉、毛、麻、纸张及其制品等燃烧的火灾。

【2017-81】下列物品中，储存与生产中火灾危险性类别不同的有（ ）。

A. 铝粉 B. 竹藤家具 C. 漆布 D. 桐油织布 E. 谷物面粉

【答案】CDE

【解析】铝粉均为乙类，竹藤家具均为丙类。漆布、桐油织物储存火灾危险性为乙类，印染厂成品厂房为丙类，谷物面粉储存火灾危险性为丙类，面粉厂的碾磨部位为乙类。

【2017-96】下列储存物品中，火灾危险性类别属于甲类的有（ ）。

A. 樟脑油 B. 石脑油 C. 汽油 D. 润滑油 E. 煤油

【答案】BC

【解析】樟脑油、煤油属于乙类；石脑油、汽油属于甲类，润滑油属于丙类。

【2018-3】下列气体中，爆炸下限大于 10% 的是（ ）。

A. 一氧化碳 B. 丙烷 C. 乙炔 D. 丙烯

【答案】A

【解析】爆炸下限大于 10% 的气体为乙类气体，B、C、D 选项属于甲类，一氧化碳属于乙类气体。

【2018-4】下列可燃液体中，火灾危险性为甲类的是（ ）。

A. 戊醇 B. 氯乙醇 C. 异丙醇 D. 乙二醇

【答案】C

【解析】见本章内容。

【2018-5】下列储存物品仓库中，火灾危险性为戊类的是（ ）。

A. 陶瓷制品仓库（制品可燃包装与物品本身重量比为 1∶3）

B. 玻璃制品仓库（制品可燃包装与制品本身体积比为 3∶5）

C. 水泥刨花板制品仓库（制品无可燃包装）

D. 硅酸铝纤维制品仓库（制品无可燃包装）

【答案】D

【解析】见本章内容。

联想记忆口诀

(1) 甲类厂房

甲醇乙醇苯合成，酒精勾兑38间；
植物油浸乙炔站，液化石油气瓶间；
硝化棉厂赛璐珞，金属钠钾赤黄磷；
石蜡裂解冰醋酸，过氧化物电解盐。

(2) 丙类厂房

焦油油浸变配电，沥青加工油精炼；
木工竹藤针织品，服装棉麻谷加工；
卷烟包装电视机，印刷饲料屠宰鱼。

(3) 甲类仓库

烷醇甲酯苯丙烯，乙炔电石水煤气；
酒精38硝化棉，喷漆火胶赛璐珞；
金属钠钾锂钙锶，赤磷黄磷化二磷。

(4) 丙类仓库

动物植物润滑油，柴油沥青冻鱼肉；
棉毛丝麻纸木竹，谷物面粉白兰地；
天然橡胶中药材，人造纤维电收机。

第 3 章　建筑分类与耐火等级

助考知识要点

- ◆高层民用建筑分类：一类和二类
- ◆材料燃烧性能分级：A、B_1、B_2、B_3
- ◆民用建筑耐火等级：一级、二级、三级、四级
- ◆厂房（仓库）耐火等级：一级、二级、三级、四级

记忆思维导图（图 2.3-1）

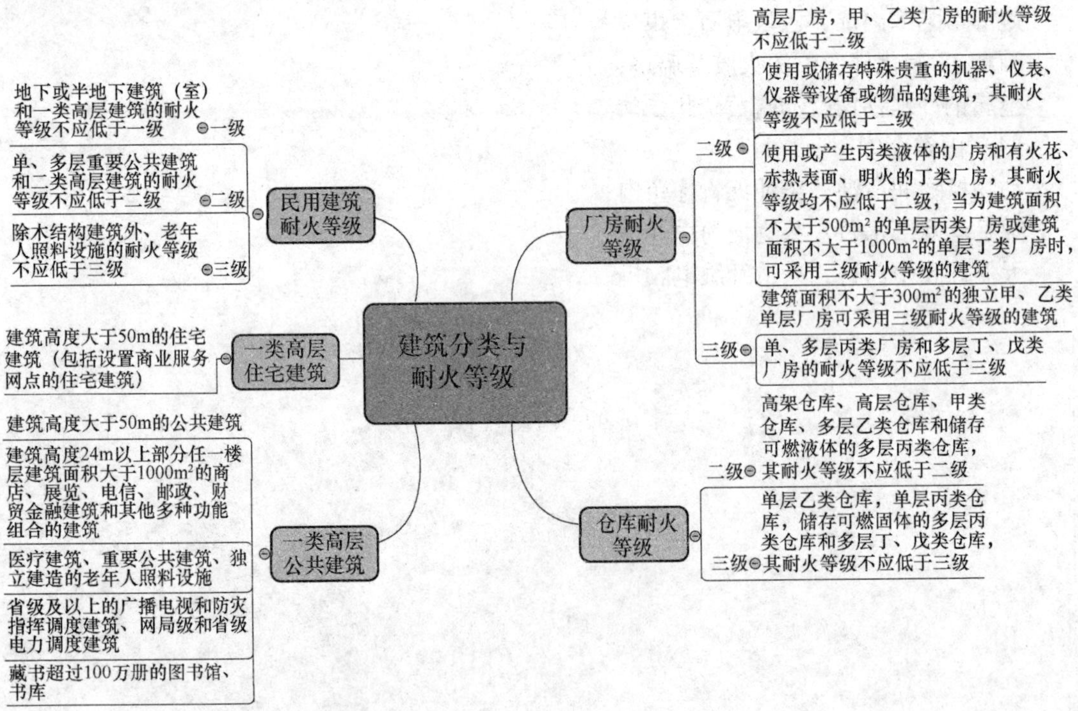

图 2.3-1　建筑分类与耐火等级记忆思维导图

3.1　建筑材料燃烧性能及分级

1. 建筑材料燃烧性能分级

（1）A（不燃材料）

（2）B_1（难燃材料）

（3）B_2（可燃材料）

（4）B_3（易燃材料）

2. 建筑材料燃烧性能等级的附加信息和标识

（1）建筑材料及制品燃烧性能等级附加信息包括产烟特性、燃烧滴落物、微粒等级和烟气毒性等级。

（2）燃烧性能等级标识示例：GB 8624 B_1（B-s1，d0，t1），表示属于难燃 B_1 级建筑材料及制品，燃烧性能细化分级为B级，产烟特性等级为s1级，燃烧滴落物/微粒等级为d0级，烟气毒性等级为t1级。

3.2　建筑构件的燃烧性能和耐火极限

1. 建筑构件的燃烧性能

建筑构件按其燃烧性能分为三类，即不燃性、难燃性和可燃性。

（1）不燃性：不起火，不微燃，不炭化，如钢材、混凝土、砖、石、砌块、石膏板等。

（2）难燃性：难起火、难微燃、难碳化，如沥青混凝土、经阻燃处理后的木材、塑料、水泥、刨花板、板条抹灰墙等。

（3）可燃性：如木材、竹子、刨花板、保丽板、塑料等。

2. 建筑构件的耐火极限

（1）耐火极限的定义：在标准耐火试验条件下，建筑构件、配件或结构从受到火的作用时起，至失去承载能力、完整性或隔热性时止所用时间，用小时（h）表示。承载能力是指在标准耐火试验条件下，承重或非承重建筑构件在一定时间内抵抗垮塌的能力；耐火完整性是指在标准耐火试验条件下，当建筑分隔构件某一面受火时，能在一定时间内防止火焰和热气穿透或在背火面出现火焰的能力；耐火隔热性是指在标准耐火试验条件下，当建筑分隔构件某一面受火时，能在一定时间内使其背火面温度不超过规定值的能力。

（2）影响耐火极限的要素

1）材料本身的属性

2）建筑构配件的结构特性

3）材料与结构间的构造方式

4）标准所规定的试验条件

5）材料的老化性能

6）火灾种类和使用环境要求等

3.3　建筑分类

民用建筑的分类见表2.3-1的规定。

表2.3-1　民用建筑的分类

名称	高层		单（多）层	备　注
	一类	二类		
住宅建筑	$H>54$m	$27\text{m}<H\leqslant54$m	$H\leqslant27$m	包括设置商业服务网点的住宅

（续）

名称	高层		单（多）层	备　注
	一类	二类		
公共建筑	（1）建筑高度大于 50m 的公共建筑 （2）建筑高度 24m 以上部分任一楼层建筑面积大于 $1000m^2$ 的商店、展览、电信、邮政、财贸金融建筑和其他多种功能组合的建筑 （3）医疗建筑、重要公共建筑、独立建造的老年人照料设施 （4）省级及以上的广播电视和防灾指挥调度建筑、网局级和省级电力调度建筑 （5）藏书超过 100 万册的图书馆、书库	除一类外的高层公共建筑	（1）$H>24m$（仅适用于单层） （2）$H\leqslant 24m$	（1）宿舍、公寓的防火要求应符合公共建筑的规定 （2）裙房的防火要求应符合高层民用建筑的规定

3.4　建筑耐火等级

3.4.1　工业建筑耐火等级

1. 厂房耐火等级

厂房的最低耐火等级要求如图 2.3-2 所示。

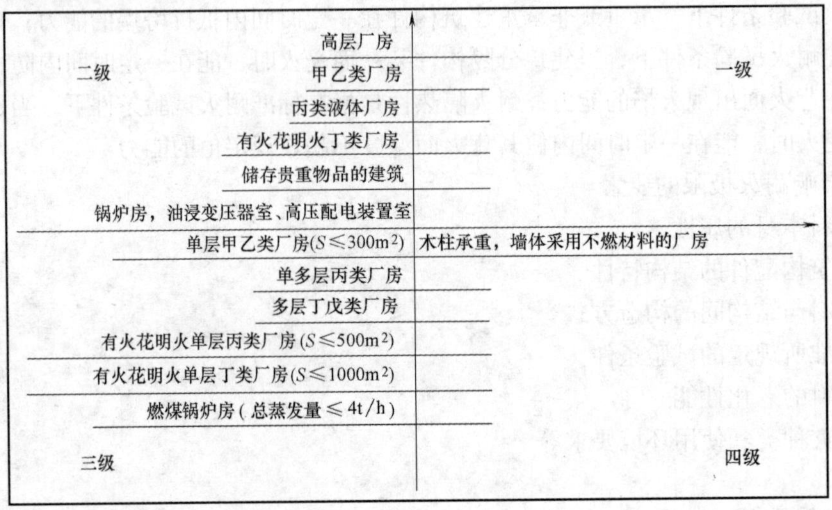

图 2.3-2　厂房的最低耐火等级要求

2. 仓库耐火等级

仓库的最低耐火等级要求见图 2.3-3 所示。

3. 规范对工业建筑耐火等级的规定

《建规》第 3.2.2 条：高层厂房，甲、乙类厂房的耐火等级不应低于二级，建筑面积不大于 $300m^2$ 的独立甲、乙类单层厂房可采用三级耐火等级的建筑。

《建规》第 3.2.3 条：单、多层丙类厂房和多层丁、戊类厂房的耐火等级不应低于三级。使用或产生丙类液体的厂房和有火花、赤热表面、明火的丁类厂房，其耐火等级均不应低于二级，当为建筑面积不大于500m^{2}的单层丙类厂房或建筑面积不大于1000m^{2}的单层丁类厂房时，可采用三级耐火等级的建筑。

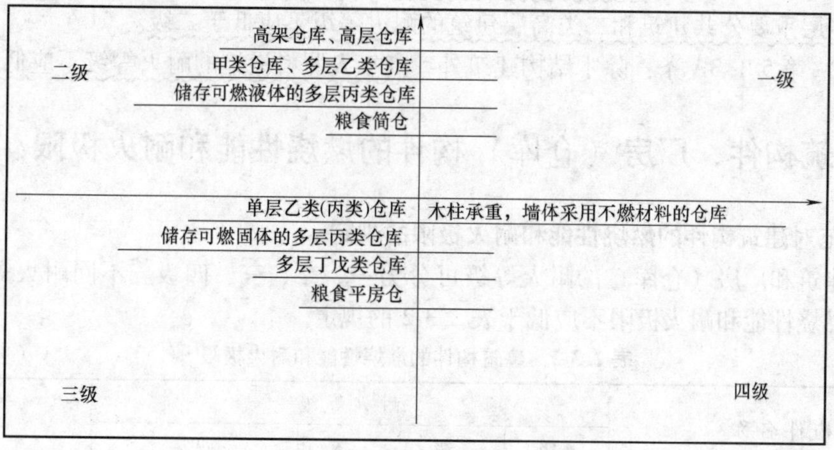

图 2.3-3　仓库的最低耐火等级要求

《建规》第3.2.4条：使用或储存特殊贵重的机器、仪表、仪器等设备或物品的建筑，其耐火等级不应低于二级。

《建规》第3.2.5条：锅炉房的耐火等级不应低于二级，当为燃煤锅炉房且锅炉的总蒸发量不大于4t/h时，可采用三级耐火等级的建筑。

《建规》第3.2.6条：油浸变压器室、高压配电装置室的耐火等级不应低于二级，其他防火设计应符合现行国家标准《火力发电厂与变电站设计防火规范》等标准的规定。

《建规》第3.2.7条：高架仓库、高层仓库、甲类仓库、多层乙类仓库和储存可燃液体的多层丙类仓库，其耐火等级不应低于二级。单层乙类仓库，单层丙类仓库，储存可燃固体的多层丙类仓库和多层丁、戊类仓库，其耐火等级不应低于三级。

《建规》第3.2.8条：粮食筒仓的耐火等级不应低于二级；二级耐火等级的粮食筒仓可采用钢板仓。粮食平房仓的耐火等级不应低于三级；二级耐火等级的散装粮食平房仓可采用无防火保护的金属承重构件。

3.4.2　民用建筑耐火等级

1. 民用建筑的最低耐火等级

其要求如图2.3-4所示。

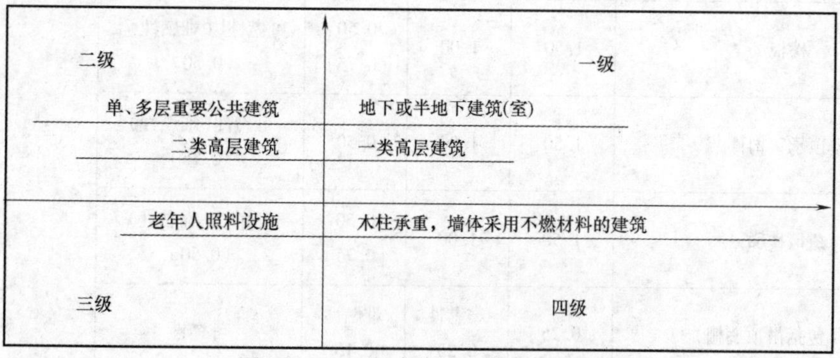

图 2.3-4　民用建筑的最低耐火等级

2. 规范对民用建筑耐火等级的规定

《建规》第 5.1.3 条：地下或半地下建筑（室）和一类高层建筑的耐火等级不应低于一级；单、多层重要公共建筑和二类高层建筑的耐火等级不应低于二级。

《建规》第 5.1.3A 条：除木结构建筑外，老年人照料设施的耐火等级不应低于三级。

3.5 建筑构件、厂房（仓库）构件的燃烧性能和耐火极限

1. 规范对建筑构件的燃烧性能和耐火极限的规定

民用建筑和厂房（仓库）的耐火等级可分为一、二、三、四级。不同耐火等级建筑相应构件的燃烧性能和耐火极限不应低于表 2.3-2 的规定。

表 2.3-2 建筑构件的燃烧性能和耐火极限 （单位：h）

构件名称		耐火等级				备注
		一级	二级	三级	四级	
墙	防火墙	3.00	3.00	3.00	3.00	1. 以木柱承重且墙体采用不燃材料的建筑，其耐火等级应按四级确定 2. (---)内数字只用于住宅建筑，[---]内数字用于厂房(仓库) 3. 未标记的为不燃性
	承重墙	3.00 (2.00)	2.50 (2.00)	2.00 (1.50)	难燃性 0.50 (1.00)	
	非承重外墙	1.00 [0.75]	1.00 [0.50]	0.50 (0.75)	可燃性[(难燃性)] (0.75)[0.25]	
	楼梯间和前室的墙 电梯井的墙 住宅建筑单元之间的墙和分户墙	2.00	2.00	1.50	难燃性 0.50 (1.00)	
	疏散走道两侧的隔墙	1.00	1.00	0.50 (0.75)	难燃性 0.25 (0.75)	
	房间隔墙	0.75	0.50	难燃性 0.50	难燃性 0.25	
柱		3.00	2.50	2.00	难燃性 0.50 (1.00)	
梁		2.00	1.50	1.00	难燃性 0.50 (1.00)	
楼板		1.50	1.00	0.50 [(0.75)]	可燃性[(难燃性)] 0.50	
屋顶承重构件		1.50	1.00	0.50	可燃性(难燃性) (0.25)	
疏散楼梯		1.50	1.00	0.50 [0.75]	可燃性(难燃性) (0.50)	
吊顶(包括吊顶搁栅)		0.25	难燃性 0.25	难燃性 0.15	可燃性	

2. 规范对厂房（仓库）构件耐火极限的规定

《建规》第3.2.9条：甲、乙类厂房和甲、乙、丙类仓库内的防火墙，其耐火极限≥4.00h。

《建规》第3.2.10条：一、二级耐火等级单层厂房（仓库）的柱，其耐火极限分别≥2.50h和2.00h。

《建规》第3.2.11条：采用自动喷水灭火系统全保护的一级耐火等级单、多层厂房（仓库）的屋顶承重构件，其耐火极限≥1.00h。

《建规》第3.2.12条：除甲、乙类仓库和高层仓库外，一、二级耐火等级建筑的非承重外墙，当采用不燃性墙体时，其耐火极限不应低于0.25h；当采用难燃性墙体时，不应低于0.50h。

4层及4层以下的一、二级耐火等级丁、戊类地上厂房（仓库）的非承重外墙，当采用不燃性墙体时，其耐火极限不限。

《建规》第3.2.13条：二级耐火等级厂房（仓库）内的房间隔墙，当采用难燃性墙体时，其耐火极限≥0.75h（采用不燃性墙体时，其耐火极限≥0.50h）。

《建规》第3.2.14条：二级耐火等级多层厂房（仓库）内采用预应力钢筋混凝土的楼板，其耐火极限≥0.75h。

《建规》第3.2.15条：一、二级耐火等级厂房（仓库）的上人平屋顶，其屋面板的耐火极限分别≥1.50h和1.00h。

《建规》第3.2.16条：一、二级耐火等级厂房（仓库）的屋面板应采用不燃材料。

3. 规范对民用建筑构件耐火极限的补充规定

《建规》第5.1.4条：建筑高度大于100m的民用建筑，其楼板的耐火极限不应低于2.00h。一、二级耐火等级建筑的上人平屋顶，其屋面板的耐火极限分别≥1.50h和1.00h。

《建规》第5.1.5条：一、二级耐火等级建筑的屋面板应采用不燃材料。

《建规》第5.1.6条：二级耐火等级建筑内采用难燃性墙体的房间隔墙，其耐火极限≥0.75h；当房间的建筑面积≤100m^{2}时，房间隔墙可采用耐火极限≥0.50h的难燃性墙体或耐火极限≥0.30h的不燃性墙体。二级耐火等级多层住宅建筑内采用预应力钢筋混凝土的楼板，其耐火极限≥0.75h。

《建规》第5.1.7条：建筑中的非承重外墙、房间隔墙和屋面板，当确需采用金属夹芯板材时，其芯材应为不燃材料。

《建规》第5.1.8条：二级耐火等级建筑内采用不燃材料的吊顶，其耐火极限不限。三级耐火等级的医疗建筑、中小学校的教学建筑、老年人照料设施及托儿所、幼儿园的儿童用房和儿童游乐厅等儿童活动场所的吊顶，应采用不燃材料；当采用难燃材料时，其耐火极限≥0.25h。二、三级耐火等级建筑内门厅、走道的吊顶应采用不燃材料。

4. 建筑钢结构构件的设计耐火极限（表2.3-3）

《建筑钢结构防火技术规范》（以下简称《建钢规》）第3.1.1条：钢结构构件的设计耐火极限应根据建筑的耐火等级，按现行国家标准《建筑设计防火规范》的规定确定。柱间支撑的设计耐火极限应与柱相同，楼盖支撑的设计耐火极限应与梁相同，屋盖支撑和系杆的设计耐火极限应与屋顶承重构件相同。

表 2.3-3　构件的设计耐火极限　（单位：h）

<table>
<tr><th rowspan="2">构件类型</th><th colspan="6">建筑耐火等级</th></tr>
<tr><th>一级</th><th>二级</th><th colspan="2">三级</th><th colspan="2">四级</th></tr>
<tr><td>柱、柱间支撑</td><td>3.00</td><td>2.50</td><td colspan="2">2.00</td><td colspan="2">0.50</td></tr>
<tr><td>楼面梁、楼面桁架、楼盖支撑</td><td>2.00</td><td>1.50</td><td colspan="2">1.00</td><td colspan="2">0.50</td></tr>
<tr><td rowspan="2">楼板</td><td rowspan="2">1.50</td><td rowspan="2">1.00</td><td>厂房、仓库</td><td>民用建筑</td><td>厂房、仓库</td><td>民用建筑</td></tr>
<tr><td>0.75</td><td>0.50</td><td>0.50</td><td>不要求</td></tr>
<tr><td rowspan="2">屋顶承重构件、屋盖支撑、系杆</td><td rowspan="2">1.50</td><td rowspan="2">1.00</td><td>厂房、仓库</td><td>民用建筑</td><td colspan="2" rowspan="2">不要求</td></tr>
<tr><td>0.50</td><td>不要求</td></tr>
<tr><td>上人平屋面板</td><td>1.50</td><td>1.00</td><td colspan="2">不要求</td><td colspan="2">不要求</td></tr>
<tr><td rowspan="2">疏散楼梯</td><td rowspan="2">1.50</td><td rowspan="2">1.00</td><td>厂房、仓库</td><td>民用建筑</td><td colspan="2" rowspan="2">不要求</td></tr>
<tr><td>0.75</td><td>0.50</td></tr>
</table>

注：1. 建筑物中的墙等其他建筑构件的设计耐火极限应符合现行国家标准《建筑设计防火规范》GB 50016 的规定。
2. 一、二级耐火等级的单层厂房（仓库）的柱，其设计耐火极限可按表中规定降低 0.50h。
3. 一级耐火等级的单层、多层厂房（仓库）设置自动喷水灭火系统时，其屋顶承重构件的设计耐火极限可按表中规定降低 0.50h。
4. 吊车梁的设计耐火极限不应低于表中梁的设计耐火极限。

规范条文链接

重要公共建筑：发生火灾可能造成重大人员伤亡、财产损失和严重社会影响的公共建筑。包括党政机关办公楼，人员密集的大型公共建筑或集会场所，中小学校教学楼、宿舍楼，重要的通信、调度和指挥建筑，广播电视建筑，医院等以及城市集中供水设施、主要的电力设施等涉及城市或区域生命线的支持性建筑或工程。

商业服务网点：设置在住宅建筑的首层或首层及二层，每个分隔单元建筑面积不大于 $300m^2$ 的百货店、副食店、粮店、邮政所、储蓄所、理发店、洗衣店、药店、洗车店、餐饮店等小型营业性用房。

高层建筑：建筑高度大于 27m 的住宅建筑和建筑高度大于 24m 的非单层厂房、仓库和其他民用建筑。

历年真题研究

【2015-22】某十六层民用建筑，一至三层为商场，每层建筑面积为 $3000m^2$，四至十六层为单元式住宅，每层建筑面积为 $1200m^2$；建筑首层室内地坪标高为 ±0.000m，室外地坪标高为 -0.300m，商场平屋面面层标高为 14.6m，住宅平屋面面层标高为 49.7m，女儿墙顶部标高为 50.9m。根据《建筑设计防火规范》（GB 50016—2014）规定的建筑分类，该建筑的类别应确定为（　　）。

A. 二类高层公共建筑　　B. 一类高层公共建筑

C. 一类高层住宅建筑　　D. 二类高层住宅建筑

【答案】A

【解析】该建筑为一般公共建筑，总高度等于 50.0m，应为二类高层公共建筑。

【2015-40】在标准耐火试验条件下，对一墙体进行耐火极限试验，试验记录显示，该受火作用至0.5h时粉刷层开始脱落，受火作用至1.00h时背火面的温度超规定值，受火作用至1.20h时出现了穿透裂缝，受火作用至1.50h时墙体开始垮塌。则该墙体的耐火极限是（　　）h。

A. 1.0　　B. 0.5　　C. 1.2　　D. 1.5

【答案】A

【解析】耐火极限是指在标准耐火试验条件下，建筑构件、配件或结构从受到火的作用时起，至失去承载能力、完整性或隔热性时止所用时间。

【2015-48】某二级耐火等级的单层家具生产厂房，屋顶承重构件为钢结构，当采用防火涂料对该屋顶承重构件进行防火保护时，其耐火极限不应小于（　　）h。

A. 0.50　　B. 1.00　　C. 1.50　　D. 2.00

【答案】B

【解析】依据《建规》第3.2.1条规定，二级耐火等级的厂房，屋顶承重构件耐火等级应为二级。

【2016-3】根据《建筑材料及制品燃烧性能分级》（GB 8624—2012），建筑材料及制品性能等级标识GB 8624 B_1（B-S1，d0，t1）中，t1表示（　　）等级。

A. 烟气毒性　　B. 燃烧滴落物/颗粒　　C. 产烟特性　　D. 燃烧持续时间

【答案】A

【解析】GB 8624 B_1（B-s1，d0，t1）表示难燃B_1级，燃烧性能细化分级为B级，产烟特性等级为s1级，燃烧滴落物/微粒等级为d0级，烟气毒性等级为t1级。

【2016-4】下列关于耐火极限判定条件的说法中，错误的是（　　）。

A. 如果试件失去承载能力，则自动认为试件的隔热性和完整性不符合要求

B. 如果试件的完整性被破坏，则自动认为试件的隔热性不符合要求

C. 如果试件的隔热性被破坏，则自动认为试件的完整性不符合要求

D. A类防火门的耐火极限应以耐火完整性和隔热性作为判定条件

【答案】C

【解析】耐火极限是指在标准耐火试验条件下，建筑构件、配件或结构从受到火的作用时起，至失去承载能力、完整性或隔热性时止所用时间。隔热性破坏不可以推断出其完整性不符合要求。防火门分为三类：A类（隔热防火门）、B类（部分隔热防火门）和C类（非隔热防火门），A类防火门的耐火极限应以耐火完整性和隔热性作为判定条件。

【2016-5】某独立建造且建筑面积为260m^2的甲类单层厂房，其耐火等级最低可采用（　　）。

A. 一级　　B. 二级　　C. 三级　　D. 四级

【答案】C

【解析】高层厂房，甲、乙类厂房的耐火等级不应低于二级。建筑面积不大于300m^2的独立甲、乙类单层厂房可采用三级耐火等级的建筑。

【2017-9】建筑物的耐火等级由建筑主要构件的（　　）决定。

A. 燃烧性能　　B. 耐火等级　　C. 燃烧性能和耐火极限　　D. 结构类型

【答案】C

【解析】建筑物的耐火等级是由建筑主要构件的燃烧性能和耐火极限决定的。

【2017-10】在标准耐火试验条件下对4组承重墙试件进行耐火极限测定，实验结果如下表所示，表中数据正确的试验序号是（　　）。

序　号	承载能力/min	完整性/min	隔热性/min
1	130	120	115
2	130	135	115
3	115	120	120
4	115	115	120

A. 序号2　B. 序号1　C. 序号3　D. 序号4

【答案】B

【解析】承载能力是承重或非承重建筑构件在一定时间内抵抗垮塌的能力，所以说承载能力的时间 > 完整性时间 > 隔热性时间，B正确。

【2017-42】下列建筑材料燃烧性能等级属于 B_1 级的是（　　）。

A. 水泥板　B. 混凝土板　C. 矿棉板　D. 胶合板

【答案】C

【解析】A、B属于A级材料，D属于 B_2 级材料。

【2017-80】某总建筑面积为900m^2 的办公建筑，地上3层，地下1层，地上部分为办公用房，地下一层为自行车库和设备用房，该建筑地下部分最低耐火等级为（　　）。

A. 二级　B. 一级　C. 三级　D. 四级

【答案】B

【解析】地下或半地下建筑（室）和一类高层建筑的耐火等级不应低于一级。

【2018-6】某厂房的房间隔墙采用金属夹芯板，根据现行国家标准《建规（2018年版）》（GB 50016），该金属夹芯板材料燃烧性能等级最低应为（　　）。

A. A级　B. B_1 级　C. B_2 级　D. B_3 级

【答案】A

【解析】建筑中的非承重外墙、房间隔墙和屋面板，当确需采用金属夹芯板材时，其芯材应为不燃材料。

【2018-14】根据现行国家标准《建筑钢结构防火技术规范》（GB 51249—2017）。下列民用建筑钢结构的防火设计方案中，错误的是（　　）。

A. 一级耐火等级建筑钢结构楼盖支撑设计，耐火极限取2.00h

B. 二级耐火等级建筑钢结构楼面梁设计，耐火极限取1.50h

C. 一级耐火等级建筑钢结构柱间支撑设计，耐火极限取2.50h

D. 二级耐火等级建筑钢结构屋盖支撑设计，耐火极限取1.00h

【答案】C

【解析】钢结构构件的设计耐火极限应根据建筑的耐火等级，按现行国家标准《建规》（GB 50016）的规定确定。柱间支撑的设计耐火极限应与柱相同，楼盖支撑的设计耐火极限应与梁相同，屋盖支撑和系杆的设计耐火极限应与屋顶承重构件相同。

【2018-98】下列建筑中，属于一类高层民用建筑的有（　　）。

A. 建筑高度为26m的病房楼

B. 建筑高度为32m的员工宿舍楼

C. 建筑高度为54m的办公楼

D. 建筑高度为26m、藏书量为120万册的图书馆建筑

E. 建筑高度为33m的住宅楼

【答案】ACD

【解析】病房楼属于医疗建筑，且高度大于24m，属于一类高层民用建筑；员工宿舍楼属于一般公共建筑，建筑高度小于50m，属于二类高层民用建筑；建筑高度大于50m的办公楼属于一类高层民用建筑；藏书量大于100万册的高层图书馆属于一类高层民用建筑；建筑高度大于27m但不大于54m的住宅建筑属于二类高层住宅。

联想记忆口诀

建筑材料燃烧性能分级：A 不燃材料；B_1 难燃材料；B_2 可燃材料；B_3 易燃材料

记忆口诀：不难可易（A、B_1、B_2、B_3）

第 4 章　总平面布局和平面布置

助考知识要点

◆建筑选址考虑因素：周围环境，地势条件，主导风向

◆防火间距确定原则：防止火灾蔓延，保障灭火救援场地需要，节约土地资源，防火间距的计算

◆建筑平面布置原则：限制火灾和烟气的蔓延，减少对邻近分隔区域的影响，方便消防人员救援，采取措施防止发生火灾或爆炸

记忆思维导图（图 2. 4-1）

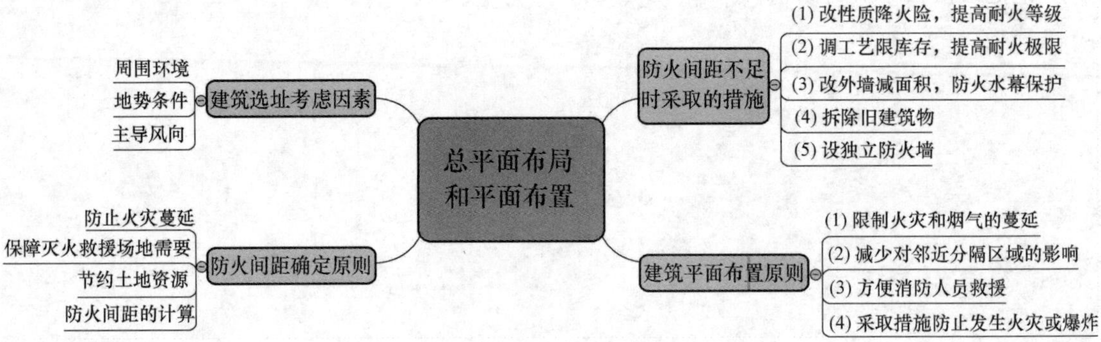

图 2. 4-1　总平面布局和平面布置记忆思维导图

内容归纳解析

4. 1　建筑总平面布局

1. 建筑选址考虑的因素

（1）周围环境：生产、储存和装卸易燃易爆危险物品的工厂、仓库和专用车站、码头，必须设置在城市的边缘或者相对独立的安全地带。

（2）地势条件：甲、乙、丙类液体的仓库，宜布置在地势较低的地方，若布置在地势较高处，则应采取防止液体流散的措施。乙炔站严禁布置在可能被水淹没的地方。生产、贮存爆炸物品的企业，宜选择多面环山，附近没有建筑的地方。

（3）主导风向：散发可燃气体、可燃蒸气和可燃粉尘的车间，宜布置在明火或散发火花地点的常年主导风向的下风或侧风向。液化石油气储罐区宜布置在本单位或本地区全年最小频率风向的上风侧，并选择通风良好的地点独立设置。易燃材料的露天堆场宜设置在天然水源充足的地方，并宜布置在本单位或本地区全年最小频率风向的上风侧。

2. 建筑总平面布局

在总平面布局中，应合理确定建筑的位置、防火间距、消防车道和消防水源等，不宜将民用建筑布置在甲、乙类厂（库）房，甲、乙、丙类液体储罐，可燃气体储罐和可燃材料堆场的附近。

4.2　建筑防火间距

1. 防火间距的确定原则

发生火灾时建筑物可能产生的热辐射强度是确定防火间距应考虑的主要因素。热辐射强度与消防扑救力量、火灾延续时间、可燃物的性质和数量、相对外墙开口面积的大小、建筑物的长度和高度以及气象条件等有关，但在实际工程中，防火间距主要是根据当前消防扑救力量，并结合火灾实例和消防灭火的实际经验确定的。

（1）防止火灾蔓延。根据火灾发生后产生的辐射热对相邻建筑的影响，一般不考虑飞火、风速等因素。

（2）保障灭火救援场地需要。

（3）节约土地资源。

（4）防火间距的计算。防火间距应按相邻建筑物外墙的最近距离计算，如外墙有凸出的可燃构件，则应从其凸出部分的外缘算起，如为储罐或堆场，则应从储罐外壁或堆场的堆垛外缘算起。

2. 厂房的防火间距

厂房之间及其与乙、丙、丁、戊类仓库、民用建筑等之间的防火间距不应小于表 2.4-1 的规定。

表 2.4-1　厂房（仓库）与民用建筑的防火间距　　（单位：m）

<table>
<tr><th colspan="3" rowspan="3">名　称</th><th>甲类厂房</th><th colspan="3">乙类厂房(仓库)</th><th colspan="4">丙、丁、戊类厂房(仓库)</th><th colspan="5">民用建筑</th></tr>
<tr><th>单、多层</th><th colspan="2">单、多层</th><th>高层</th><th colspan="3">单、多层</th><th>高层</th><th colspan="3">裙房,单、多层</th><th colspan="2">高层</th></tr>
<tr><th>一、二级</th><th>一、二级</th><th>三级</th><th>一、二级</th><th>一、二级</th><th>三级</th><th>四级</th><th>一、二级</th><th>一、二级</th><th>三级</th><th>四级</th><th>一类</th><th>二类</th></tr>
<tr><td>甲类厂房</td><td>单、多层</td><td>一、二级</td><td>12</td><td>12</td><td>14</td><td>13</td><td>12</td><td>14</td><td>16</td><td>13</td><td colspan="3" rowspan="4">25</td><td colspan="2" rowspan="4">50</td></tr>
<tr><td rowspan="3">乙类厂房</td><td rowspan="2">单、多层</td><td>一、二级</td><td>12</td><td>10</td><td>12</td><td>13</td><td>10</td><td>12</td><td>14</td><td>13</td></tr>
<tr><td>三级</td><td>14</td><td>12</td><td>14</td><td>15</td><td>12</td><td>14</td><td>16</td><td>15</td></tr>
<tr><td>高层</td><td>一、二级</td><td>13</td><td>13</td><td>15</td><td>13</td><td>13</td><td>15</td><td>17</td><td>13</td></tr>
<tr><td rowspan="4">丙类厂房</td><td rowspan="3">单、多层</td><td>一、二级</td><td>12</td><td>10</td><td>12</td><td>13</td><td>10</td><td>12</td><td>14</td><td>13</td><td>10</td><td>12</td><td>14</td><td>20</td><td>15</td></tr>
<tr><td>三级</td><td>14</td><td>12</td><td>14</td><td>15</td><td>12</td><td>14</td><td>16</td><td>15</td><td>12</td><td>14</td><td>16</td><td rowspan="2">25</td><td rowspan="2">20</td></tr>
<tr><td>四级</td><td>16</td><td>14</td><td>16</td><td>17</td><td>14</td><td>16</td><td>18</td><td>17</td><td>14</td><td>16</td><td>18</td></tr>
<tr><td>高层</td><td>一、二级</td><td>13</td><td>13</td><td>15</td><td>13</td><td>13</td><td>15</td><td>17</td><td>13</td><td>13</td><td>15</td><td>17</td><td>20</td><td>15</td></tr>
</table>

（续）

名称			甲类厂房	乙类厂房（仓库）			丙、丁、戊类厂房（仓库）				民用建筑				
			单、多层	单、多层		高层	单、多层			高层	裙房，单、多层			高层	
			一、二级	一、二级	三级	一、二级	一、二级	三级	四级	一、二级	一、二级	三级	四级	一类	二类
丁、戊类厂房	单、多层	一、二级	12	10	12	13	10	12	14	13	10	12	14	15	13
		三级	14	12	14	15	12	14	16	15	12	14	16	18	15
		四级	16	14	16	17	14	16	18	17	14	16	18		
	高层	一、二级	13	13	15	13	13	15	17	13	13	15	17	15	13
室外变、配电站	变压器总油量/t	≥5，≤10	25				12	15	20	12	15	20	25	20	
		>10，≤50					15	20	25	15	20	25	30	25	
		>50					20	25	30	20	25	30	35	30	

在执行上表时应注意以下几点：

（1）乙类厂房与重要公共建筑的防火间距不宜小于50m；与明火或散发火花地点，不宜小于30m。单、多层戊类厂房之间及与戊类仓库的防火间距可按本表的规定减少2m，与民用建筑的防火间距可将戊类厂房等同民用建筑按《建规》第5.2.2条的规定执行。为丙、丁、戊类厂房服务而单独设置的生活用房应按民用建筑确定，与所属厂房的防火间距不应小于6m。

（2）两座厂房相邻较高一面外墙为防火墙，或相邻两座高度相同的一、二级耐火等级建筑中相邻任一侧外墙为防火墙且屋顶的耐火极限不低于1.00h时，其防火间距不限，但甲类厂房之间不应小于4m。两座丙、丁、戊类厂房相邻两面外墙均为不燃性墙体，当无外露的可燃性屋檐，每面外墙上的门、窗、洞口面积之和各不大于外墙面积的5%，且门、窗、洞口不正对开设时，其防火间距可按本表的规定减少25%。甲、乙类厂房（仓库）不应与《建规》第3.3.5条规定外的其他建筑贴邻。

（3）两座一、二级耐火等级的厂房，当相邻较低一面外墙为防火墙且较低一座厂房的屋顶无天窗，屋顶的耐火极限不低于1.00h，或相邻较高一面外墙的门、窗等开口部位设置甲级防火门、窗或防火分隔水幕或按本规范第6.5.3条的规定设置防火卷帘时，甲、乙类厂房之间的防火间距不应小于6m；丙、丁、戊类厂房之间的防火间距不应小于4m。

（4）发电厂内的主变压器，其油量可按单台确定。

（5）耐火等级低于四级的既有厂房，其耐火等级可按四级确定。

（6）当丙、丁、戊类厂房与丙、丁、戊类仓库相邻时，应符合本表注（2）、（3）的规定。

3. 仓库的防火间距

（1）甲类仓库与其他建筑防火间距

甲类仓库之间及与其他建筑、明火或散发火花地点、铁路、道路等的防火间距不应小于表2.4-2的规定。

表2.4-2 甲类仓库与其他建筑的防火间距 (单位：m)

名称		甲类仓库（储量/t）			
		储存物品第3、4项		储存物品第1、2、5、6项	
		≤5	>5	≤10	>10
高层民用建筑、重要公共建筑		50			
裙房、其他民用建筑、明火或散发火花地点		30	40	25	30
甲类仓库		20	20	20	20
厂房和乙、丙、丁、戊类仓库	一、二级	15	20	12	15
	三级	20	25	15	20
	四级	25	30	20	25
电力系统电压为35~500kV且每台变压器容量不小于10MV·A的室外变、配电站，工业企业的变压器总油量大于5t的室外降压变电站		30	40	25	30
厂外铁路线中心线		40			
厂内铁路线中心线		30			
厂外道路路边		20			
厂内道路路边	主要	10			
	次要	5			

注：甲类仓库之间的防火间距，当第3、4项物品储量不大于2t，第1、2、5、6项物品储量不大于5t时，不应小于12m，甲类仓库与高层仓库的防火间距不应小于13m。

（2）乙、丙、丁、戊类仓库与民用建筑防火间距

乙、丙、丁、戊类仓库之间及其与民用建筑之间的防火间距，不应小于表2.4-3的规定。

表2.4-3 乙、丙、丁、戊类仓库与民用建筑之间的防火间距 (单位：m)

名称			乙类仓库			丙类仓库				丁、戊类仓库			
			单、多层		高层	单、多层			高层	单、多层			高层
			一、二级	三级	一、二级	一、二级	三级	四级	一、二级	一、二级	三级	四级	一、二级
乙、丙、丁、戊类仓库	单、多层	一、二级	10	12	13	10	12	14	13	10	12	14	13
		三级	12	14	15	12	14	16	15	12	14	16	15
		四级	14	16	17	14	16	18	17	14	16	18	17
	高层	一、二级	13	15	13	13	15	17	13	13	15	17	13
民用建筑	裙房，单、多层	一、二级	25			10	12	14	13	10	12	14	13
		三级				12	14	16	15	12	14	16	15
		四级				14	16	18	17	14	16	18	17
	高层	一类	50			20	25	25	20	15	18	18	15
		二类				15	20	20	15	13	15	15	13

执行上表时应注意以下几点：

1）单、多层戊类仓库之间的防火间距，可按本表的规定减少2m。

2）两座仓库的相邻外墙均为防火墙时，防火间距可以减小，但丙类仓库，不应小于6m；丁、戊类仓库，不应小于4m。两座仓库相邻较高一面外墙为防火墙，或相邻两座高度相同的一、二级耐火等级建筑中相邻任一侧外墙为防火墙且屋顶的耐火极限不低于1.00h，且总占地面积不大于《建规》第3.3.2条一座仓库的最大允许占地面积规定时，其防火间距不限。

（3）除乙类第6项物品外的乙类仓库，与民用建筑的防火间距不宜小于25m，与重要公共建筑的防火间距不应小于50m，与铁路、道路等的防火间距不宜小于表2.4-3中甲类仓库与铁路、道路等的防火间距。

4. 甲乙类厂房（仓库）与民用建筑等防火间距

甲乙类厂房（仓库）与民用建筑、重要公共建筑、明火或散发火花地点、室外变配电站之间防火间距，如图2.4-2所示。

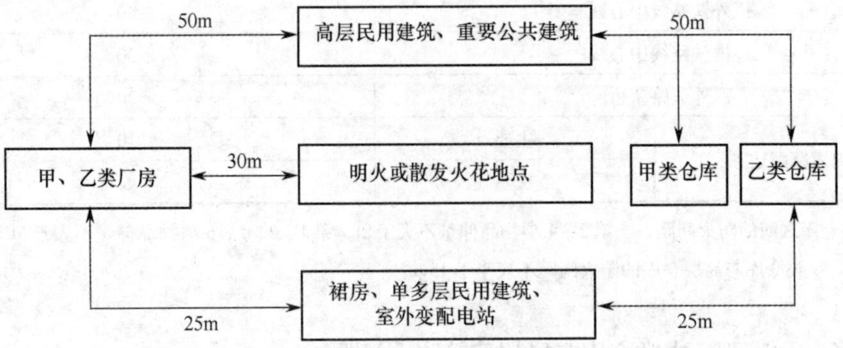

图2.4-2 甲乙类厂房（仓库）防火间距

5. 民用建筑的防火间距▲

（1）民用建筑之间的防火间距不应小于表2.4-4的规定。

表2.4-4 民用建筑之间的防火间距 （单位：m）

类别		高层民用建筑	裙房和其他民用建筑		
		一、二级	一、二级	三级	四级
高层民用建筑	一、二级	**13**	**9**	**11**	14
裙房和其他民用建筑	一、二级	**9**	**6**	**7**	9
	三级	**11**	**7**	**8**	10
	四级	14	9	10	12

（2）民用建筑之间的防火间距特殊规定

1）相邻两座单、多层建筑，当相邻外墙为不燃性墙体且无外露的可燃性屋檐，每面外墙上无防火保护的门、窗、洞口不正对开设且该门、窗、洞口的面积之和不大于外墙面积的5%时，其防火间距可按表2.4-4的规定减少25%。

2）两座建筑相邻较高一面外墙为防火墙，或高出相邻较低一座一、二级耐火等级建筑的屋面15m及以下范围内的外墙为防火墙时，其防火间距不限。

3）相邻两座高度相同的一、二级耐火等级建筑中相邻任一侧外墙为防火墙，屋顶的耐火极限不低于1.00h时，其防火间距不限。

4）相邻两座建筑中较低一座建筑的耐火等级不低于二级，相邻较低一面外墙为防火墙且屋顶无天窗，屋顶的耐火极限不低于1.00h时，其防火间距不应小于3.5m；对于高层建筑，不应小于4m。

5）相邻两座建筑中较低一座建筑的耐火等级不低于二级且屋顶无天窗，相邻较高一面外墙高出较低一座建筑的屋面15m及以下范围内的开口部位设置甲级防火门、窗，或设置符合现行国家标准《自动喷水灭火系统设计规范》规定的防火分隔水幕或《建规》第6.5.3条规定的防火卷帘时，其防火间距不应小于3.5m；对于高层建筑，不应小于4m。

6）相邻建筑通过连廊、天桥或底部的建筑物等连接时，其间距不应小于表2.4-4的规定。

7）耐火等级低于四级的既有建筑，其耐火等级可按四级确定。

8）建筑高度大于100m的民用建筑与相邻建筑的防火间距，当符合《建规》允许减小的条件时，仍不应减小。

6. 防火间距不足时采取的措施▲

（1）改变建筑物的生产和使用性质，尽量降低建筑物的火灾危险性，改变房屋部分结构的耐火性能，提高建筑物的耐火等级。

（2）调整生产厂房的部分工艺流程，限制库房内储存物品的数量，提高部分构件的耐火极限和燃烧性能。

（3）将建筑物的普通外墙改造为防火墙或减少相邻建筑的开口面积，如开设门窗，应采用防火门窗或加防火水幕保护。

（4）拆除部分耐火等级低、占地面积小，使用价值低且与新建筑物相邻的原有陈旧建筑物。

（5）设置独立的室外防火墙。

4.3 建筑平面布置

1. 建筑平面布置原则

（1）民用建筑的平面布置应结合建筑的耐火等级、火灾危险性、使用功能和安全疏散等因素合理布置。

（2）除为满足民用建筑使用功能所设置的附属库房外，民用建筑内不应设置生产车间和其他库房。经营、存放和使用甲、乙类火灾危险性物品的商店、作坊和储藏间，严禁附设在民用建筑内。

2. 设备用房布置

设备用房布置详见表2.4-5。

表 2.4-5　设备用房平面布置要求

名　称	布置位置	耐火极限/h			其他要求
		隔墙	楼板	门窗	
锅炉房和变压器室	首层或地下一层靠外墙部位	2.0	1.5	甲级	(1) 常（负）压燃油、燃气锅炉可设置在地下二层或屋顶。屋顶上的常（负）压燃气锅炉距离通向屋面的安全出口不应小于6m (2) 采用相对密度（与空气密度的比值）不小于0.75的可燃气体为燃料的锅炉，不得设置在地下或半地下 (3) 不应布置在人员密集场所的上一层、下一层或贴邻 (4) 疏散门直通室外或安全出口 (5) 耐火等级不低于二级
柴油发电机房	首层或地下一、二层	2.0	1.5	甲级	不应布置在人员密集场所的上一层、下一层或贴邻
消防控制室	首层或地下一层靠外墙部位	2.0	1.5	乙级	(1) 不应设置在电磁场干扰较强及其他可能影响消防控制设备正常工作的房间附近 (2) 疏散门直通室外或安全出口 (3) 耐火等级不低于二级
消防水泵房	地下二层及以上	2.0	1.5	甲级	(1) 不应设置在室内地面与室外出入口地坪高差大于10m的地下楼层 (2) 疏散门直通室外或安全出口 (3) 耐火等级不低于二级
通风空气调节机房、变配电室		2.0	1.5	甲级	

注：1. 锅炉房和柴油发电机房内储油间总储存量不应大于$1m^3$（储油间墙为3.00h的防火隔，甲级防火门）。
　　2. 油浸电力变压器的总容量不应大于1260kV·A，单台容量不应大于630kV·A。

3. 人员密集场所布置

人员密集场所布置要求详见表2.4-6。

表 2.4-6　人员密集场所平面布置要求

名　称	布置位置	耐火极限/h			其他要求
		隔墙	楼板	门窗	
观众厅、会议厅、多功能厅	首层、二层或三层				(1) 设在三级耐火等级的建筑内时，不应布置在三层及以上楼层 (2) 一个厅、室的疏散门≥2个，且建筑面积≤$400m^2$ (3) 设置在地下或半地下时，宜设置在地下一层，不应设置在地下三层及以下楼层
歌舞娱乐放映游艺场所	首层、二层或三层靠外墙部位	2.0	1.0	乙级	(1) 不应布置在地下二层及以下楼层 (2) 不宜布置在袋形走道的两侧或尽端 (3) 确需布置在地下一层时，地下一层的地面与室外出入口地坪的高差≤10m (4) 确需布置在地下或四层及以上楼层时，一个厅、室的建筑面积≤$200m^2$

（续）

名称	布置位置	耐火极限/h			其他要求
		隔墙	楼板	门窗	
电影院、剧场、礼堂	首层、二层或三层	2.0	1.0	甲级	（1）采用三级耐火等级建筑时，不应超过2层 （2）至少应设置1个独立的安全出口和疏散楼梯 （3）布置在四层及以上楼层时，一个厅、室的疏散门≥2个，且每个观众厅的建筑面积≤400m² （4）设在三级耐火等级的建筑内时，不应布置在三层及以上楼层 （5）设在地下或半地下时，宜设置在地下一层，不应设置在地下三层及以下楼层

注：表中布置位置指布置在一、二级耐火等级建筑内时。

4. 特殊场所布置

特殊场所布置详见表2.4-7。

表2.4-7 特殊场所平面布置要求

名称	布置位置	其他要求
老年人照料设施		（1）建筑高度不宜大于32m，不应大于54m （2）独立建造的三级耐火等级老年人照料设施，不应超过2层 （3）宜独立设置。当与其他建筑上、下组合时，宜设置在建筑的下部，并应符合下列规定： 1）老年人照料设施部分的建筑层数、建筑高度或所在楼层位置的高度应符合《建规》第5.3.1A条的规定； 2）老年人照料设施部分应与其他场所进行防火分隔，防火分隔应符合《建规》第6.2.2条的规定 （4）当老年人照料设施中的老年人公共活动用房、康复与医疗用房设置在地下、半地下时，应设置在地下一层，每间用房的建筑面积不应大于200m² 且使用人数不应大于30人 （5）老年人照料设施中的老年人公共活动用房、康复与医疗用房设置在地上四层及以上时，每间用房的建筑面积不应大于200m² 且使用人数不应大于30人
托儿所、幼儿园的儿童用房和儿童游乐厅等儿童活动场所	首层、二层或三层	（1）不应设置在地下或半地下 （2）当采用一、二级耐火等级的建筑时，不应超过3层；采用三级耐火等级的建筑时，不应超过2层；采用四级耐火等级的建筑时，应为单层 （3）设置在三级耐火等级的建筑内时，应布置在首层或二层 （4）设置在四级耐火等级的建筑内时，应布置在首层 （5）设置在高层建筑内时，应设置独立的安全出口和疏散楼梯 （6）设置在单、多层建筑内时，宜设置独立的安全出口和疏散楼梯
医院和疗养院的住院部分		（1）不应设置在地下或半地下 （2）采用三级耐火等级建筑时，不应超过2层；采用四级耐火等级建筑时，应为单层 （3）设在三级耐火等级的建筑内时，应布置在首层或二层 （4）设置在四级耐火等级的建筑内时，应布置在首层

（续）

名称	布置位置	其他要求
医院和疗养院的住院部分		（5）相邻护理单元之间防火隔墙耐火极限≥2.00h，隔墙上的门应采用乙级防火门，设置在走道上的防火门应采用常开防火门 （6）设在人防工程中的医院病房，不应设置在地下二层及以下层，当设在地下一层时，室内地面与室外出入口地坪高差≤10m （7）人防工程内设的病房，应划分独立的防火分区，且疏散楼梯不得与其他防火分区的疏散楼梯共用
教学建筑、食堂和菜市场		（1）采用三级耐火等级建筑时，不应超过两层；采用四级耐火等级建筑时，应为单层 （2）设置在三级耐火等级的建筑内时，应布置在首层或二层；设置在四级耐火等级的建筑内时，应布置在首层

注：表中布置位置指布置在一、二级耐火等级建筑内时。

5. 工业建筑附属用房布置

工业建筑附属用房布置详见表2.4-8。

表2.4-8 工业建筑附属用房布置要求

名称		布置位置	耐火极限/h			其他要求
			隔墙	楼板	门窗	
办公室休息室	厂房	与甲、乙类厂房贴邻	防爆墙 3.0			应设置独立的安全出口
		不应设置在甲、乙类厂房内				
		设置在丙类厂房内	2.5	1.0	乙级	应至少设置1个独立的安全出口
	仓库	严禁设置在甲、乙类仓库内，也不应贴邻				应设置独立的安全出口
		设置在丙、丁类仓库内	2.5	1.0	乙级	
液体中间储罐			3.0	1.0	甲级	厂房内的丙类液体中间储罐应设置在单独房间内，其容量≤$5m^3$
中间仓库		甲、乙、丙类中间仓库	防火墙 4.0	不燃性 1.5		甲、乙类中间仓库应靠外墙布置，其储量不宜超过1昼夜的需要量
		丁、戊类中间仓库	2.0	1.0		
变、配电站		不应设置在甲、乙类厂房内或贴邻				不应设在爆炸性气体、粉尘环境的危险区域内
10kV及以下的变、配电站		与甲类厂房一面贴邻	采用无门、窗、洞口的防火墙（4.0）			应符合《爆炸危险环境电力装置设计规范》GB 50058—2014标准的规定
		与乙类厂房一面贴邻	防火墙 4.0		甲级防火窗	
员工宿舍		严禁设置在厂房和仓库内				

6. 住宅底部的其他建筑

住宅底部的其他建筑布置要求详见表2.4-9。

表 2.4-9　住宅底部其他建筑布置要求

<table>
<tr><th colspan="2" rowspan="2">名称</th><th rowspan="2">布置位置</th><th colspan="3">耐火极限/h</th><th rowspan="2">其他要求</th></tr>
<tr><th>隔墙</th><th>楼板</th><th>门窗</th></tr>
<tr><td colspan="2">商业服务网点</td><td>首层
二层</td><td>2.0</td><td>不燃性
1.5</td><td>—</td><td>（1）每个分隔单元建筑面积≤300m²
（2）商业服务网点中每个分隔单元之间应采用耐火极限不低于2.0h且无门、窗、洞口的防火隔墙相互分隔
（3）住宅部分和商业服务网点部分的安全出口和疏散楼梯应分别独立设置</td></tr>
<tr><td rowspan="2">其他功能建筑</td><td>多层</td><td></td><td>2.0</td><td>不燃性
1.5</td><td rowspan="2">—</td><td rowspan="2">（1）建筑外墙上、下层开口之间的防火措施应符合《建规》第6.2.5条的规定
（2）住宅部分与非住宅部分的安全出口和疏散楼梯应分别独立设置</td></tr>
<tr><td>高层</td><td></td><td>防火墙</td><td>不燃性
2.0</td></tr>
</table>

7. 甲、乙类厂房（仓库）

甲、乙类生产场所（仓库）不应设置在地下或半地下。

规范条文链接

《建规》6.2.1条：剧场等建筑的舞台与观众厅之间的隔墙应采用耐火极限不低于3.00h的防火隔墙。舞台上部与观众厅闷顶之间的隔墙可采用耐火极限不低于1.50h的防火隔墙，隔墙上的门应采用乙级防火门。舞台下部的灯光操作室和可燃物储藏室应采用耐火极限不低于2.00h的防火隔墙与其他部位分隔。电影放映室、卷片室应采用耐火极限不低于1.50h的防火隔墙与其他部位分隔，观察孔和放映孔应采取防火分隔措施。

《建规》6.2.2条：医疗建筑内的手术室或手术部、产房、重症监护室、贵重精密医疗装备用房、储藏间、实验室、胶片室等，附设在建筑内的托儿所、幼儿园的儿童用房和儿童游乐厅等儿童活动场所、老年人活动场所，应采用耐火极限不低于2.00h的防火隔墙和1.00h的楼板与其他场所或部位分隔，墙上必须设置的门、窗应采用乙级防火门、窗。

《建规》6.2.3条：建筑内的下列部位应采用耐火极限不低于2.00h的防火隔墙与其他部位分隔，墙上的门、窗应采用乙级防火门、窗，确有困难时，可采用防火卷帘，但应符合《建规》第6.5.3条的规定：

（1）甲、乙类生产部位和建筑内使用丙类液体的部位。

（2）厂房内有明火和高温的部位。

（3）甲、乙、丙类厂房（仓库）内布置有不同火灾危险性类别的房间。

（4）民用建筑内的附属库房，剧场后台的辅助用房。

（5）除居住建筑中套内的厨房外，宿舍、公寓建筑中的公共厨房和其他建筑内的厨房。

（6）附设在住宅建筑内的机动车库。

《建规》6.2.5条：建筑外墙上、下层开口之间应设置高度不小于1.2m的实体墙或挑出宽度不小于1.0m、长度不小于开口宽度的防火挑檐；当室内设置自动喷水灭火系统时，上、下层开口之间的实体墙高度不应小于0.8m。当上、下层开口之间设置实体墙确有困难时，可设置防火玻璃墙，但高层建筑的防火玻璃墙的耐火完整性不应低于 1.00h，多层建筑的防火玻璃墙的耐火完整性不应低于 0.50h。外窗的耐火完整性不应低于防火玻璃墙的耐火完整性要求。

住宅建筑外墙上相邻户开口之间的墙体宽度不应小于 1.0m；小于 1.0m 时，应在开口之间设置突出外墙不小于 0.6m 的隔板。

历年真题研究

【2015-12】某厂为满足生产要求，要建设一个总储量为 1500m^3 的液化石油气罐储罐区。该厂所在地区的全年最小频率风向为东北风。在其他条件均满足规范要求的情况下，该储罐区宜布置在厂区的（　　）。

A. 东北侧　　B. 西北侧　　C. 西南侧　　D. 东南侧

【答案】A

【解析】液化石油气储罐区宜布置在本单位或本地区全年最小频率风向的上风侧，并选择通风良好的地点独立设置。

【2015 年-18】下列建筑或楼层中，可以开办幼儿园的是（　　）。

A. 租用消防验收合格后未经改造的设有一个疏散楼梯的 6 层单元式住宅的第三层

B. 租用消防验收合格、能提供一个独立使用的封闭楼梯间的高层办公楼裙房的第四层

C. 租用消防验收合格、建筑面积为 500m^2，有 2 个防烟楼梯间的单独建造的半地下室

D. 建筑面积为 600m^2，安全疏散和消防设置满足要求的单层砖木结构的房屋

【答案】D

【解析】《建规》第 5.4.4 条规定，托儿所、幼儿园的儿童用房和儿童活动场所宜设置在独立的建筑内，且不应设置在地下或半地下（C 错）；设置在一、二级耐火等级的建筑内时，应布置在首层、二层或三层（B 错）；设置在单、多层建筑内时，宜设置独立的安全出口和疏散楼梯（A 错）；采用四级耐火等级的建筑时，应为单层（防火分区最大面积 600m^2），（D 正确）。

【2015-58】某工厂有一座建筑高度为 21m 的丙类生产厂房，耐火等级为二级。现要在旁边新建一座建筑耐火等级为二级、建筑高度为 15m、屋顶耐火极限不低于 1.00h 且屋面无天窗的丁类生产厂房。如该丁类生产厂房与丙类厂房相邻一侧的外墙采用无任何开口的防火墙，则两座厂房之间的防火间距不应小于（　　）m。

A. 10　　B. 3.5　　C. 4　　D. 6

【答案】C

【解析】《建规》第 3.4.1 注 3 条规定，两座一、二级耐火等级的厂房，当相邻较低一面外墙为防火墙且较低一座厂房的屋顶无天窗，屋顶的耐火极限不低于 1.00h，或相邻较高一面外墙的门、窗等开口部位设置甲级防火门、窗或防火分隔水幕或按《建规》第 6.5.3 条的规定设置防火卷帘时，甲、乙类厂房之间的防火间距不应小于 6m；丙、丁、戊类厂房之间的防火间距不应小于 4m。

【2015-70】某座 10 层建筑，建筑高度为 36m，一至五层为住宅，六至十层为办公用房。住宅部分与办公部分之间应采用耐火极限不低于（　　）h 的不燃性楼板和无任何开口的防火墙完全分隔。

A. 1.00 B. 2.00 C. 1.50 D. 2.50

【答案】B

【解析】除商业服务网点外，住宅建筑与其他使用功能的建筑合建时，应符合下列规定：当为高层建筑时，应采用无门、窗、洞口的防火墙和耐火极限不低于2.00h的不燃性楼板完全分隔。

【2015-84】某地上18层、地下3层建筑，每层建筑面积$1500m^2$，首层为大堂，二层至五层为商店，地上六层以上各层为办公区，地下一层层高4.5m，设置设备用房和夜总会。下列关于该夜总会的消防设计中，正确的有（ ）。

A. 豪华包间的建筑面积$200m^2$，设2个疏散门

B. 建筑面积为$60m^2$的房间设置1个疏散门

C. 夜总会所在空间划分3个防烟分区，设置一套机械排烟风机

D. 每个房间采用耐火极限为1.00h的防火隔墙与其他房间分隔

E. 夜总会所在空间采用耐火极限为2.00h的防火隔墙与设备区分隔

【答案】ACE

【解析】见本章内容。

【2015-100】某食用油加工厂，拟新建一单层大豆油浸出车间厂房，其耐火等级为一级，车间需设置与生产配套的浸出溶剂中间仓库、分控制室、办公室和专用10kV变电所。对该厂房进行总平面布局和平面布置时，正确的措施有（ ）。

A. 中间专用10kV变电所贴邻厂房建造，并用无门窗洞口的防火墙与厂房分隔

B. 中间仓库在厂房内靠外墙布置，并用防火墙与其他部位分隔

C. 分控制室贴邻厂房外墙设置，并采用耐火极限为4.00h的防火墙与厂房分隔

D. 厂房平面采用矩形布置

E. 办公室设置在厂房内，并与其他区域之间设耐火极限为2.00h的隔墙分隔

【答案】ABCD

【解析】见本章内容。

【2016-6】某机械加工厂所在地区的最小频率风向为西南风，最大频率风向为西北风，在厂区内新建一座总储量15t的电石仓库。该电石仓库的下列选址中符合防火要求的是（ ）。

A. 生产区内的西南角，靠近需要电石的戊类厂房附近地势比较低的位置

B. 辅助生产区内的东南角，地势比较低的位置

C. 储存区内的东北角，地势比较高的位置

D. 生产区内的东北角，靠近需要电石的戊类厂房附近地势比较低的位置

【答案】C

【解析】电石主要成分为碳化钙，遇水发生激烈反应，生成易燃易爆气体乙炔。储存爆炸危险品的仓库应单独建造，且不宜布置在地势比较低的位置。

【2016-7】某多层砖木结构古建筑，砖墙承重，四坡木结构屋顶，其东侧与一座多层的平屋面钢筋混凝土结构办公楼（外墙上没有凸出结构）相邻。该办公楼相邻侧外墙与该古建筑东侧的基础、外墙面、檐口和屋脊的最近水平距离分别是11.0m、12.0m、10.0m和14.0m。则该办公楼与该古建筑的防火间距应认定为（ ）m。

A. 10.0 B. 11.0 C. 12.0 D. 14.0

【答案】A

【解析】建筑物之间的防火间距应按相邻建筑外墙的最近水平距离计算，当外墙有凸出的可燃或难燃构件时，应从其凸出部分外缘算起。该古建筑的屋顶为可燃构件，至相邻建筑物外墙的最近水平距离为 10m。

【2016-66】下列关于建筑的总平面布局中，错误的是（　　）。

A. 桶装乙醇仓库与相邻高层仓库的防火间距为 15m

B. 电解食盐水厂房与相邻多层厂区办公楼的防火间距为 27m

C. 发生炉煤气净化车间的总控制室与车间贴邻，并采用钢筋混凝土防爆墙分隔

D. 空分厂房专用 10kV 变配电站采用设置甲级防火窗的防火墙与空分厂房一面贴邻

【答案】C

【解析】有爆炸危险的甲、乙类厂房的总控制室应独立设置，C 选项错误。

【2016-75】某办公楼建筑，地上 28 层，地下 3 层，室外地坪标高为 -0.60m，地下三层的地面标高为 -10.00m。下列关于该建筑平面布置的做法中，错误的是（　　）。

A. 将消防控制室设置在地下一层，其疏散门直通紧邻的防烟楼梯间

B. 将使用天然气作燃料的常压锅炉房布置在屋顶，与出屋面的疏散楼梯间出口的最近距离为 7m

C. 将消防水泵房布置在地下三层，其疏散门直通紧邻的防烟楼梯间

D. 将干式变压器室布置在地下二层，其疏散门直通紧邻的防烟楼梯间

【答案】C

【解析】附设在建筑内的消防水泵房，不应设置在地下三层及以下或室内地面与室外出入口地坪高差大于 10m 的地下楼层，疏散门应直通室外或安全出口，C 选项错误。

【2016-95】某工厂的一座大豆油浸出厂房，其周边布置有二级耐火等级的多个建筑以及储油罐，下列关于该浸出厂房与周边建（构）筑物防火间距的做法中，正确的有（　　）。

A. 与大豆预处理厂房（建筑高度 27m）的防火间距 12m

B. 与燃煤锅炉房（建筑高度 7.5m）的防火间距 25m

C. 与豆粕脱溶烘干厂房（建筑高度 15m）的防火间距 10m

D. 与油脂精炼厂房（建筑高度 21m）的防火间距 12m

E. 与溶剂油储罐（钢制，容量 $20m^3$）的防火间距 15m

【答案】BDE

【解析】大豆油浸出厂房属于甲类厂房，与丙类大豆预处理高层厂房防火间距不应小与 13m，A 选项错误；与丁类燃煤锅炉房防火间距不应小于 12m，B 选项正确；与丁类豆粕脱溶烘干厂房的防火间距不应小于 12m，C 选项错误；与丙类油脂精炼厂房不应小于 12m，D 选项正确；与乙类溶剂油储罐的防火间距不应小于 12m，E 选项正确。

【2017-6】下列设置在公共建筑内的柴油发电机房的设计方案中，错误的是（　　）。

A. 采用轻柴油作为柴油发电机燃料

B. 燃料管道在进入建筑物前设置自动和手动切断阀

C. 火灾自动报警系统采用感温探测器

D. 设置湿式自动喷水灭火系统

【答案】A

【解析】柴油机燃油分轻柴油和重柴油两类。轻柴油主要作柴油机车、拖拉机和各种高速柴油机的燃料。重柴油主要作船舶、发电等各种柴油机的燃料，A 错误。

【2017-7】下列建筑场所中，不应布置在民用建筑地下二层的是（　　）。

A. 礼堂　B. 电影院观众厅　C. 歌舞厅　D. 会议厅

【答案】C

【解析】歌舞厅、录像厅、夜总会、卡拉 OK 厅（含具有卡拉 OK 功能的餐厅）、游艺厅（含电子游艺厅）、桑拿浴室（不包括洗浴部分）、网吧等歌舞娱乐放映游艺场所（不含剧场、电影院）不应布置在地下二层及以下楼层。

【2017-25】在建筑高度为 126.2m 的办公塔楼短边侧拟建一座建筑高度为 23.9m，耐火等级为二级的商业建筑，该商业建筑屋面板耐火极限为 1.00h 且无天窗、毗邻办公塔楼外墙为防火墙，其防火间距不应小于（　　）m。

A. 9　B. 4　C. 6　D. 13

【答案】A

【解析】建筑高度大于 100m 的民用建筑与相邻建筑的防火间距，当符合允许减小的条件时，仍不应减小。

【2017-48】采用燃烧性能为 A 级，耐火极限≥1.00h 的秸秆纤维板材组装的预制环保型板房，可广泛用于施工工地和灾区过渡设置，在静风状态下，对板房进行实体火灾试验，测得距着火板房外墙各测点的最大热辐射强度如下表所示，据此可判定，该板房安全经济的防火间距是（　　）。

测点	疏散距/m	最大热辐射温度（kW/m^2）	达最大热辐射强度的时间/s
1	1.0	24.425	222
2	2.0	12.721	213
3	3.0	6.640	213
4	4.0	2.529	214

A. 1.0　B. 2.0　C. 3.0　D. 4.0

【答案】C

【解析】按照防止火灾蔓延扩大判定准则，为了安全起见，被引燃物临界辐射强度取 $10kW/m^2$，对应于上表可知，该板房安全经济的防火间距取 3.0m。

【2018-24】根据现行国家标准《建规》，不宜布置在民用建筑附近的厂房是（　　）。

A. 橡胶制品硫化厂房　B. 苯甲酸生产厂房

C. 甘油制备厂房　D. 活性炭制造厂房

【答案】D

【解析】在总平面布局中，不宜将民用建筑布置在甲、乙类厂（库）房，甲、乙、丙类液体储罐，可燃气体储罐和可燃材料堆场的附近。橡胶制品硫化厂房、苯甲酸生产厂房和甘油制备厂房属于丙类，活性炭制造厂房为乙类。

【2018-41】某建筑高度为 36m 的病房楼，共 9 层，每层建筑面积 $3000m^2$，划分为 3 个护理单元。该病房楼避难间的下列设计方案中，正确的是（　　）。

A. 将满足避难要求的监护室兼作避难间

B. 在二至九层每层设置 1 个避难间

C. 避难间的门采用乙级防火门

D. 不靠外墙的避难间采用机械加压送风方式防烟

【答案】A

【解析】避难间可以利用平时使用的房间，如每层的监护室，也可以利用电梯前室，A 正确。

【2018-86】某商场建筑，地上 4 层，地下 2 层，每层建筑面积 1000 m^2，地下二层为汽车库和设备用房，地下一层为库房和设备用房，地上一层至四层均为营业厅，该建筑内设置的柴油发电机房的下列设计方案中，正确的是（　　）。

A. 在储油间与发电机之间设置耐火极限为 2.00h 的防火隔墙

B. 柴油发电机房与营业厅之间设置耐火极限为 2.00h 的防火隔墙

C. 将柴油发电机设置在地下二层

D. 柴油发电机房与营业厅之间设置耐火极限为 1.50h 的楼板

E. 储油间的柴油总储存量为 1m^3

【答案】CE

【解析】布置在民用建筑内的柴油发电机房宜布置在首层或地下一、二层，不应布置在人员密集场所的上一层、下一层或贴邻，C 正确；应采用耐火极限不低于 2.00h 的防火隔墙和 1.50h 的不燃性楼板与其他部位分隔，门应采用甲级防火门，B、D 错误；机房内设置储油间时，其总储存量不应大于 1m^3，E 正确；储油间应采用耐火极限不低于 3.00h 的防火隔墙与发电机间分隔，A 错误。

【2018-91】下列办公建筑内会议厅的平面布置方案中，正确的有（　　）。

A. 耐火等级为一级的办公建筑，将建筑面积为 600m^2 的会议厅布置在地上四层

B. 耐火等级为二级的办公建筑，将建筑面积为 300m^2 的会议厅布置在地下一层

C. 耐火等级为一级的办公建筑，将建筑面积为 200m^2 的会议厅布置在地下二层

D. 耐火等级为三级的办公建筑，将建筑面积为 200m^2 的会议厅布置在地上三层

E. 耐火等级为二级的办公建筑，将建筑面积为 500m^2 的会议厅布置在地上三层

【答案】CE

【解析】建筑内的会议厅、多功能厅等人员密集的场所，宜布置在首层、二层或三层。设置在三级耐火等级的建筑内时，不应布置在三层及以上楼层，故 D 错误；确需布置在一、二级耐火等级建筑的其他楼层时，建筑面积不宜大于 400 m^2，故 A 错误；设置在地下或半地下时，宜设置在地下一层，不应设置在地下三层及以下楼层，故 C 正确。对于 B 选项，民用建筑的地下层耐火等级只能是一级，故 B 错误。

联想记忆口诀

1. 民用建筑之间防火间距

（1）数字记忆：6-9-13［一二级］；8-7-11［三级］；三 +2（单多），三 +3（高）［四级］

（2）图形记忆：一、二、三、四级防火间距如图 2.4-3 所示。

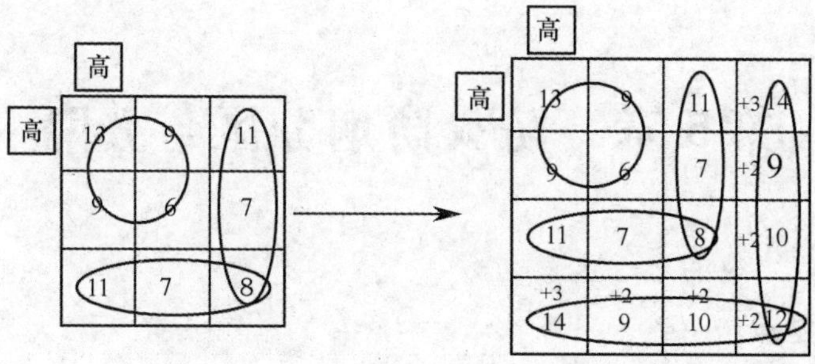

图2.4-3　民用建筑之间防火间距

2. 厂房（仓库）之间防火间距计算公式

$$L=L_0+K_1+K_2-K_3 \qquad (2.4\text{-}1)$$

式中　L——厂房（仓库）之间防火间距（m）；

L_0——高层厂房（仓库）取13，甲类厂房取12，乙、丙、丁、戊类厂房（仓库）取10；

K_1、K_2——与建筑耐火等级有关（一、二级取0，三级取2，四级取4）；

K_3——计算单、多层戊类厂房之间及与戊类仓库的防火间距时取2，其他情况计算取0。

注意：(1) 应用此公式计算厂房（仓库）之间防火间距时，L_0 按照高层厂房（仓库）>甲类厂房>乙、丙、丁、戊类厂房（仓库）优先取值，例如：

某高层厂房（一、二级）与多层丙类仓库（三级）：13（优先取值）+2=15（m）

某高层厂房（一、二级）与甲类厂房（一、二级）：13（优先取值）+0=13（m）

某甲类厂房（一、二级）与多层丙类仓库（三级）：12（优先取值）+2=14（m）

某多层乙类厂房（三级）与多层丙类仓库（三级）：10（优先取值）+2+2=14（m）

某多层戊类厂房（三级）与单层戊类仓库（四级）：10（优先取值）+2+4−2=14（m）

某高层戊类厂房（一、二级）与单层戊类仓库（四级）：13（优先取值）+4=17（m）

(2) 计算丙、丁类厂房与裙房、单、多层民用建筑之间防火间距时，可把式（2.4-1）简化为：

$$L=L_0+K_1+K_2 \qquad (2.4\text{-}2)$$

式中参数的意义同式（2.4-1）。

(3) 对于单、多层戊类厂房与民用建筑的防火间距可将戊类厂房等同民用建筑按《建规》第5.2.2条的规定执行。

第 5 章　防火防烟分区与分隔

助考知识要点

◆民用建筑防火分区面积（m^2）：1500（高层），2500（单多层一、二级），1200（三级），600（四级），500（地下）

◆丙 1，2 类仓库占地面积（m^2）：4000（丙 1 单一、二级），2800（丙 1 多一、二级），6000（丙 2 单一、二级），4800（丙 2 多一、二级），4000（丙 2 高一、二级）

◆丙类厂房防火分区面积（m^2）：6000（多一级），3000（高一级），8000（单二级），4000（多二级），2000（高二级）

◆建筑常用防火分隔构件：防火墙、防火卷帘、防火门窗、防火阀、挡烟垂壁

记忆思维导图（图 2. 5-1）

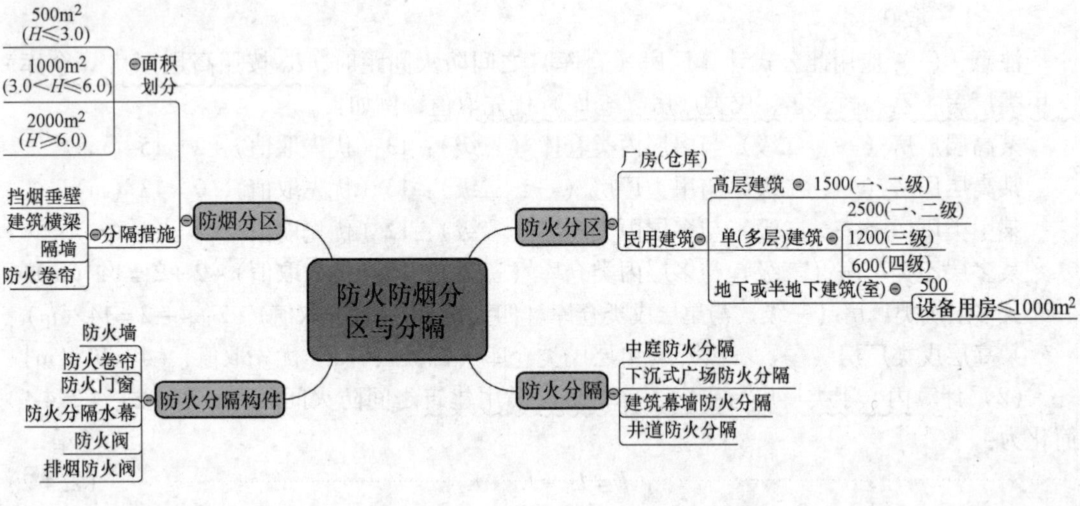

图 2. 5-1　防火防烟分区与分隔记忆思维导图

内容归纳解析

5. 1　建筑防火分区

防火分区的面积大小应根据建筑物的使用性质、高度、火灾危险性、消防扑救能力等因素确定。

1. 厂房的防火分区

厂房的层数和每个防火分区的最大允许建筑面积应符合表 2. 5-1 的规定。

表2.5-1 厂房的层数和防火分区面积

生产的火灾危险性类别	耐火等级	最多允许层数	每个防火分区最大允许建筑面积/m^2			
			单层	多层	高层	地下或半地下厂房（地下或半地下室）
甲	一级	宜采用单层	4000	3000		
	二级		3000	2000		
乙	一级	不限	5000	4000	2000	
	二级	6	4000	3000	1500	
丙	一级	不限	不限	6000	3000	500
	二级		8000	4000	2000	
	三级	2	3000	2000		
丁	一、二级	不限	不限	不限	4000	1000
	三级	3	4000	2000		
	四级	1	1000			
戊	一、二级	不限	不限	不限	6000	1000
	三级	3	5000	3000		
	四级	1	1500			

执行表2.5-1的规定时应注意：

（1）防火分区之间应采用防火墙分隔。除甲类厂房外的一、二级耐火等级厂房，当其防火分区的建筑面积大于本表规定，且设置防火墙确有困难时，可采用防火卷帘或防火分隔水幕分隔。

（2）除麻纺厂房外，一级耐火等级的多层纺织厂房和二级耐火等级的单、多层纺织厂房，其每个防火分区的最大允许建筑面积可按本表的规定增加0.5倍，但厂房内的原棉开包、清花车间与厂房内其他部位之间均应采用耐火极限不低于2.50h的防火隔墙分隔，需要开设门、窗、洞口时，应设置甲级防火门、窗。

（3）一、二级耐火等级单、多层造纸生产联合厂房，其每个防火分区的最大允许建筑面积可按本表的规定增加1.5倍。

（4）一、二级耐火等级的谷物筒仓工作塔，当每层工作人数不超过2人时，其层数不限。

（5）一、二级耐火等级卷烟生产联合厂房内制丝、储丝及卷接包装车间之间应采用耐火极限不低于2.00h的防火隔墙和1.00h的楼板进行分隔。

（6）厂房内的操作平台、检修平台，当使用人数少于10人时，平台的面积可不计入所在防火分区的建筑面积内。

（7）《建规》第3.3.3条：厂房内设置自动灭火系统时，每个防火分区的最大允许建筑面积可按《建规》第3.3.1条的规定增加1.0倍。当丁、戊类的地上厂房内设置自动灭火系统时，每个防火分区的最大允许建筑面积不限。厂房内局部设置自动灭火系统时，其防火分区的增加面积可按该局部面积的1.0倍计算。

2. 仓库的防火分区

仓库的层数和每个防火分区的最大允许建筑面积应符合表 2. 5-2 的规定。

表 2. 5-2 仓库的层数和防火分区面积

储存物火险性类别		耐火等级	允许层数	每座仓库的最大允许占地面积和每个防火分区的最大允许建筑面积/m²						
				单层		多层		高层		地下或半地下仓库（地下或半地下室）
				每座仓库	防火分区	每座仓库	防火分区	每座仓库	防火分区	防火分区
甲	3、4 项	一级	1	180	60					
甲	1、2、5、6 项	一、二级	1	750	250					
乙	1、3、4 项	一、二级	3	2000	500	900	300			
乙	1、3、4 项	三级	1	500	250					
乙	2、5、6 项	一、二级	5	2800	700	1500	500			
乙	2、5、6 项	三级	1	900	300					
丙	1 项	一、二级	5	4000	1000	2800	700			150
丙	1 项	三级	1	1200	400					
丙	2 项	一、二级	不限	6000	1500	4800	1200	4000	1000	300
丙	2 项	三级	3	2100	700	1200	400			
丁		一、二级	不限	不限	3000	不限	1500	4800	1200	500
丁		三级	3	3000	1000	1500	500			
丁		四级	1	2100	700					
戊		一、二级	不限	不限	不限	不限	2000	6000	1500	1000
戊		三级	3	3000	1000	2100	700			
戊		四级	1	2100	700					

注：(1) 仓库内的防火分区之间必须采用防火墙分隔，甲、乙类仓库内防火分区之间的防火墙（4. 00h）不应开设门、窗、洞口；地下或半地下仓库（包括地下或半地下室）的最大允许占地面积，不应大于相应类别地上仓库的最大允许占地面积。

(2) 一、二级耐火等级的煤均化库，每个防火分区面积≤12000m²。

(3) 独立建造的硝酸铵仓库、电石仓库、聚乙烯等高分子制品仓库、尿素仓库、配煤仓库、造纸厂的独立成品仓库，当建筑的耐火等级不低于二级时，每座仓库的最大允许占地面积和每个防火分区的最大允许建筑面积可按本表的规定增加 1. 0 倍。

(4) 一、二级耐火等级粮食平房仓的最大允许占地面积≤12000m²，每个防火分区的最大允许建筑面积≤3000m²；三级耐火等级粮食平房仓的最大允许占地面积≤3000m²，每个防火分区的最大允许建筑面积≤1000m²。

(5) 一、二级耐火等级且占地面积≤2000m² 的单层棉花库房，其防火分区的最大允许建筑面积≤2000m²。

(6)《建规》第 3. 3. 3 条：仓库内设置自动灭火系统时，除冷库的防火分区外，每座仓库的最大允许占地面积和每个防火分区的最大允许建筑面积可按《建规》第 3. 3. 2 条的规定增加 1.0 倍。

3. 物流建筑的防火分区

物流建筑的防火应符合下列规定：

（1）当建筑功能以分拣、加工等作业为主时，应按《建规》有关厂房的规定确定，其中仓储部分应按中间仓库确定。

（2）当建筑功能以仓储为主或建筑难以区分主要功能时，应按《建规》有关仓库的规定确定，但当分拣等作业区采用防火墙与储存区完全分隔时，作业区和储存区的防火要求可分别按本规范有关厂房和仓库的规定确定。其中，当分拣等作业区采用防火墙与储存区完全分隔且符合下列条件时，除自动化控制的丙类高架仓库外，储存区的防火分区最大允许建筑面积和储存区部分建筑的最大允许占地面积，可按表 2.5-2（不含注）的规定增加 3.0 倍：

1）储存除可燃液体、棉、麻、丝、毛及其他纺织品、泡沫塑料等物品外的丙类物品且建筑的耐火等级不低于一级；

2）储存丁、戊类物品且建筑的耐火等级不低于二级；

3）建筑内全部设置自动水灭火系统和火灾自动报警系统。

4. 民用建筑的层数和防火分区

（1）民用建筑层数和防火分区最大允许建筑面积见表 2.5-3。

表 2.5-3 民用建筑层数和防火分区最大允许建筑面积

名 称	耐火等级	高度或层数	防火分区面积/m^2	备 注
高层	一、二级	《建规》5.1.1 条	1500	对于体育馆、剧场的观众厅，防火分区的最大允许建筑面积可适当增加
单、多层	一、二级	《建规》5.1.1 条	2500	
	三级	5 层	1200	
	四级	2 层	600	
地下或半地下建筑（室）	一级		500	设备用房的防火分区面积≤1000m^2

注：1. 当建筑内设置自动灭火系统时，防火分区最大允许建筑面积，可按本表的规定增加 1.0 倍；局部设置时，按局部面积的 1.0 倍计算。

2. 裙房与高层建筑主体之间设置防火墙时，裙房的防火分区可按单（多）层建筑的要求确定。

（2）营业厅、展览厅防火分区面积。一、二级耐火等级建筑内的营业厅、展览厅，当设置自动灭火系统和火灾自动报警系统并采用不燃或难燃装修材料时，其每个防火分区的最大允许建筑面积应符合表 2.5-4 中规定。

表 2.5-4 营业厅、展览厅防火分区最大允许建筑面积

设置位置	高层建筑内	多层建筑的首层内	单层建筑内	地下或半地下
防火分区最大允许建筑面积/m^2	≤4000	≤10000	≤10000	≤2000

（3）商业步行街的防火分区

餐饮、商店等商业设施通过有顶棚的步行街连接，且步行街两侧的建筑需利用步行街进行安全疏散时，应符合下列规定：

1）步行街两侧建筑的耐火等级不应低于二级。

2）步行街两侧建筑相对面的最近距离均不应小于《建规》对相应高度建筑的防火间距要求且不应小于9m。步行街的端部在各层均不宜封闭，确需封闭时，应在外墙上设置可开启的门窗，且可开启门窗的面积不应小于该部位外墙面积的一半。步行街的长度不宜大于300m。

3）步行街两侧建筑的商铺之间应设置耐火极限不低于2.00h的防火隔墙，每间商铺的建筑面积不宜大于300m^2。

4）步行街两侧建筑的商铺，其面向步行街一侧的围护构件的耐火极限不应低于1.00h，并宜采用实体墙，其门、窗应采用乙级防火门、窗；当采用防火玻璃墙（包括门、窗）时，其耐火隔热性和耐火完整性不应低于1.00h；当采用耐火完整性不低于1.00h的非隔热性防火玻璃墙（包括门、窗）时，应设置闭式自动喷水灭火系统进行保护。相邻商铺之间面向步行街一侧应设置宽度不小于1.0m、耐火极限不低于1.00h的实体墙。

当步行街两侧的建筑为多个楼层时，每层面向步行街一侧的商铺均应设置防止火灾竖向蔓延的措施，并应符合《建规》第6.2.5条的规定；设置回廊或挑檐时，其出挑宽度不应小于1.2m；步行街两侧的商铺在上部各层需设置回廊和连接天桥时，应保证步行街上部各层楼板的开口面积不应小于步行街地面面积的37%，且开口宜均匀布置。

5）步行街两侧建筑内的疏散楼梯应靠外墙设置并宜直通室外，确有困难时，可在首层直接通至步行街；首层商铺的疏散门可直接通至步行街，步行街内任一点到达最近室外安全地点的步行距离不应大于60m。步行街两侧建筑二层及以上各层商铺的疏散门至该层最近疏散楼梯口或其他安全出口的直线距离不应大于37.5m。

6）步行街的顶棚材料应采用不燃或难燃材料，其承重结构的耐火极限不应低于1.00h。步行街内不应布置可燃物。

7）步行街的顶棚下檐距地面的高度不应小于6.0m，顶棚应设置自然排烟设施并宜采用常开式的排烟口，且自然排烟口的有效面积不应小于步行街地面面积的25%。常闭式自然排烟设施应能在火灾时手动和自动开启。

8）步行街两侧建筑的商铺外应每隔30m设置DN65的消火栓，并应配备消防软管卷盘或消防水龙，商铺内应设置自动喷水灭火系统和火灾自动报警系统；每层回廊均应设置自动喷水灭火系统。步行街内宜设置自动跟踪定位射流灭火系统。

9）步行街两侧建筑的商铺内外均应设置疏散照明、灯光疏散指示标志和消防应急广播系统。

5. 木结构建筑的防火分区

《建规》第11.0.3条：甲、乙、丙类厂房（库房）不应采用木结构建筑或木结构组合建筑。丁、戊类厂房（库房）和民用建筑，当采用木结构建筑或木结构组合建筑时，其允许层数和允许建筑高度应符合表2.5-5的规定，木结构建筑中防火墙间的允许建筑长度和每层最大允许建筑面积应符合表2.5-6的规定。

表2.5-5　建筑的允许层数和允许建筑高度

形式	普通木结构建筑	轻型木结构建筑	胶合木结构建筑		木结构组合建筑
层数/层	2	3	1	3	7
高度/m	10	10	不限	15	24

表2.5-6　建筑中防火墙间的允许建筑长度和每层最大允许建筑面积

层数（层）	防火墙间的允许建筑长度/m	防火墙间的每层最大允许建筑面积/m^2
1	100	1800
2	80	900
3	60	600

注：1. 当设置自动喷水灭火系统时，防火墙间的允许建筑长度和每层最大允许建筑面积可按本表的规定增加1.0倍，对于丁、戊类地上厂房，防火墙间的每层最大允许建筑面积不限。
2. 体育场馆等高大空间建筑，其建筑高度和建筑面积可适当增加。

6. 城市交通隧道的防火分区

《建规》第12.1.9条：隧道内的变电站、管廊、专用疏散通道、通风机房及其他辅助用房等，应采取耐火极限不低于2.00h的防火隔墙和乙级防火门等分隔措施与车行隧道分隔。

《建规》第12.1.10条：隧道内附设的地下设备用房的每个防火分区的最大允许建筑面积不应大于1500m^2。

5.2　建筑防火分隔构件

1. 防火墙设置要求

《建规》第2.1.12条：防火墙为防止火灾蔓延至相邻建筑或相邻水平防火分区且耐火极限≥3.00h的不燃性墙体。

《建规》第6.1.1条：防火墙应直接设置在建筑的基础或框架、梁等承重结构上，框架、梁等承重结构的耐火极限不应低于防火墙的耐火极限。

防火墙应从楼地面基层隔断至梁、楼板或屋面板的底面基层。当高层厂房（仓库）屋顶承重结构和屋面板的耐火极限低于1.00h，其他建筑屋顶承重结构和屋面板的耐火极限低于0.50h时，防火墙应高出屋面0.5m以上。

《建规》第6.1.2条：防火墙横截面中心线水平距离天窗端面小于4.0m，且天窗端面为可燃性墙体时，应采取防止火势蔓延的措施。

《建规》第6.1.3条：建筑外墙为难燃性或可燃性墙体时，防火墙应凸出墙的外表面0.4m以上，且防火墙两侧的外墙均应为宽度均不小于2.0m的不燃性墙体，其耐火极限不应低于外墙的耐火极限。

建筑外墙为不燃性墙体时，防火墙可不凸出墙的外表面，紧靠防火墙两侧的门、窗、洞口之间最近边缘的水平距离不应小于2.0m；采取设置乙级防火窗等防止火灾水平蔓延的措施时，该距离不限。

《建规》第6.1.4条：建筑内的防火墙不宜设置在转角处，确需设置时，内转角两侧墙上的门、窗、洞口之间最近边缘的水平距离不应小于4.0m；采取设置乙级防火窗等防止火灾水平蔓延的措施时，该距离不限。

《建规》第6.1.5条：防火墙上不应开设门、窗、洞口，确需开设时，应设置不可开启或火灾时能自动关闭的甲级防火门、窗。可燃气体和甲、乙、丙类液体的管道严禁穿过防火墙。防火墙内不应设置排气道。

《建规》第6.1.6条：除《建规》第6.1.5条规定外的其他管道不宜穿过防火墙，确需穿过时，应采用防火封堵材料将墙与管道之间的空隙紧密填实，穿过防火墙处的管道保温材料，应采用不燃材料；当管道为难燃及可燃材料时，应在防火墙两侧的管道上采取防火措施。

《建规》第6.1.7条：防火墙的构造应能在防火墙任意一侧的屋架、梁、楼板等受到火灾的影响而破坏时，不会导致防火墙倒塌。

2. 防火卷帘设置要求

《建规》第6.5.3条：防火分隔部位设置防火卷帘时，应符合下列规定：

（1）除中庭外，当防火分隔部位的宽度不大于30m时，防火卷帘的宽度不应大于10m；当防火分隔部位的宽度大于30m时，防火卷帘的宽度不应大于该部位宽度的1/3，且不应大于20m。

（2）防火卷帘应具有火灾时靠自重自动关闭的功能。

（3）防火卷帘的耐火极限不应低于《建规》对所设置部位墙体的耐火极限要求。

（4）防火卷帘应具有防烟性能，与楼板、梁、墙、柱之间的空隙应采用防火封堵材料封堵。

（5）需在火灾时自动降落的防火卷帘，应具有信号反馈的功能。

《防火卷帘》第6.4.2.2条：防火防烟卷帘帘面两侧压差为20Pa时，在标准状态下，漏烟量不应大于$0.2m^3/(m^2 \cdot min)$。

《防火卷帘》第6.4.4条：防火卷帘启闭运行的平均噪声不应大于85dB。

3. 防火门、窗设置要求

（1）防火门按其耐火性能分类，见表2.5-7。

表2.5-7　防火门按耐火性能分类

名称	耐火性能		代号
隔热防火门（A类）	耐火隔热性≥0.50h 耐火完整性≥0.50h		A0.50（丙级）
	耐火隔热性≥1.00h 耐火完整性≥1.00h		A1.00（乙级）
	耐火隔热性≥1.50h 耐火完整性≥1.50h		A1.50（甲级）
	耐火隔热性≥2.00h 耐火完整性≥2.00h		A2.00
	耐火隔热性≥3.00h 耐火完整性≥3.00h		A3.00
部分隔热防火门（B类）	耐火隔热性≥0.50h	耐火完整性≥1.00h	B1.00
		耐火完整性≥1.50h	B1.50
		耐火完整性≥2.00h	B2.00
		耐火完整性≥3.00h	B3.00
非隔热防火门（C类）	耐火完整性≥1.00h		C1.00
	耐火完整性≥1.50h		C1.50
	耐火完整性≥2.00h		C2.00
	耐火完整性≥3.00h		C3.00

（2）防火窗按其耐火性能的分类与代号见表2.5-8。

表2.5-8 防火窗按耐火性能分类

耐火性能分类	耐火等级代号	耐火性能
隔热防火窗（A类）	A0.50（丙级）	耐火隔热性≥0.50h，且耐火完整性≥0.50h
	A1.00（乙级）	耐火隔热性≥1.00h，且耐火完整性≥1.00h
	A1.50（甲级）	耐火隔热性≥1.50h，且耐火完整性≥1.50h
	A2.00	耐火隔热性≥2.00h，且耐火完整性≥2.00h
	A3.00	耐火隔热性≥3.00h，且耐火完整性≥3.00h
非隔热防火窗（C类）	C0.50	耐火完整性≥0.50h
	C1.00	耐火完整性≥1.00h
	C1.50	耐火完整性≥1.50h
	C2.00	耐火完整性≥2.00h
	C3.00	耐火完整性≥3.00h

（3）防火门的设置应符合下列规定：

1）设置在建筑内经常有人通行处的防火门宜采用常开防火门。常开防火门应能在火灾时自行关闭，并应具有信号反馈的功能。

2）除允许设置常开防火门的位置外，其他位置的防火门均应采用常闭防火门。常闭防火门应在其明显位置设置“保持防火门关闭”等提示标识。

3）除管井检修门和住宅的户门外，防火门应具有自行关闭的功能。双扇防火门应具有按顺序自行关闭的功能。

4）除《建规》第6.4.11条第4款的规定外，防火门应能在其内外两侧手动开启。

5）设置在建筑变形缝附近时，防火门应设置在楼层较多的一侧，并应保证防火门开启时门扇不跨越变形缝。

6）防火门关闭后应具有防烟性能。

7）甲、乙、丙级防火门应符合《防火门》GB 12955—2008的规定。

（4）防火窗设置

1）设置在防火墙、防火隔墙上的防火窗，应采用不可开启的窗扇或具有火灾时能自行关闭的功能。

2）防火窗应符合现行国家标准《防火窗》GB 16809—2008的有关规定。

4. 防火分隔水幕

由开式洒水喷头或水幕喷头、雨淋报警阀组或感温雨淋报警阀等组成，发生火灾时密集喷洒形成水墙或水帘的水幕系统。防火分隔水幕喷水点高度应不大于12m，喷水强度2.0L/(s·m)，喷头工作压力0.1MPa。

5. 防火阀（70℃时自动关闭）▲▲

防火阀是指安装在通风、空调系统的送、回风管路上，平时呈开启状态，火灾时当管道内气体温度达到70℃时自动关闭，在一定时间内能满足耐火稳定性和耐火完整性要求，起隔烟阻火作用的阀门。

（1）设置部位

1）穿越防火分区处。

2）穿越通风、空气调节机房的房间隔墙和楼板处。

3）穿越重要或火灾危险性大的房间隔墙和楼板处。

4）穿越防火分隔处的变形缝两侧。

5）竖向风管与每层水平风管交接处的水平管段上。但当建筑内每个防火分区的通风、空气调节系统均独立设置时，水平风管与竖向总管的交接处可不设置防火阀。

6）公共建筑的浴室、卫生间和厨房的竖向排风管，应采取防止回流措施或在支管上设置公称动作温度为70℃的防火阀。公共建筑内厨房的排油烟管道宜按防火分区设置，且在与竖向排风管连接的支管处应设置公称动作温度为150℃的防火阀。

（2）设置要求

1）防火阀宜靠近防火分隔处设置。

2）防火阀暗装时，应在安装部位设置方便维护的检修口。

3）在防火阀两侧各2.0m范围内的风管及其绝热材料应采用不燃材料。

6. 排烟防火阀

排烟防火阀是指安装在机械排烟系统的管道上，平时呈开启状态，火灾时当排烟管道内烟气温度达到280℃时关闭，并在一定时间内能满足漏烟量和耐火完整性要求，起隔烟阻火作用的阀门。排烟防火阀在280℃时应自行关闭，并应连锁关闭排烟风机和补风机。排烟管道下列部位应设置排烟防火阀：

（1）垂直风管与每层水平风管交接处的水平管段上。

（2）一个排烟系统负担多个防烟分区的排烟支管上。

（3）排烟风机入口处。

（4）穿越防火分区处。

5.3 建筑防火分隔

1. 中庭防火分隔

建筑内设置中庭时，其防火分区的建筑面积应按上、下层相连通的建筑面积叠加计算；当叠加计算后的建筑面积大于《建规》第5.3.1条的规定时，应符合下列规定：

（1）与周围连通空间应进行防火分隔：采用防火隔墙时，其耐火极限不应低于1.00h；采用防火玻璃墙时，其耐火隔热性和耐火完整性不应低于1.00h。采用耐火完整性不低于1.00h的非隔热性防火玻璃墙时，应设置自动喷水灭火系统进行保护；采用防火卷帘时，其耐火极限不应低于3.00h，并应符合《建规》第6.5.3条的规定；与中庭相连通的门、窗，应采用火灾时能自行关闭的甲级防火门、窗。

（2）高层建筑内的中庭回廊应设置自动喷水灭火系统和火灾自动报警系统。

（3）中庭应设置排烟设施。

（4）中庭内不应布置可燃物。

2. 下沉式广场防火分隔

总建筑面积大于20000m^2的地下或半地下商店，应采用无门、窗、洞口的防火墙、耐火极限不低于2.00h的楼板分隔为多个建筑面积不大于20000m^2的区域。相邻区域确需局部连通时，应采用下沉式广场等室外开敞空间、防火隔间、避难走道、防烟楼梯间等方式进行连通，并应符合下列规定：

（1）下沉式广场等室外开敞空间应能防止相邻区域的火灾蔓延和便于安全疏散，并应符合本规范第6.4.12条的规定。

（2）防火隔间的墙应为耐火极限不低于3.00h的防火隔墙，并应符合本规范第6.4.13条的规定。

（3）避难走道应符合《建规》第6.4.14条的规定。

（4）防烟楼梯间的门应采用甲级防火门。

规范条文链接▲▲

《建规》第6.4.12条：用于防火分隔的下沉式广场等室外开敞空间，应符合下列规定：

（1）分隔后的不同区域通向下沉式广场等室外开敞空间的开口最近边缘之间的水平距离≥13m。室外开敞空间除用于人员疏散外不得用于其他商业或可能导致火灾蔓延的用途，其中用于疏散的净面积≥169m^2。

（2）下沉式广场等室外开敞空间内应设置不少于1部直通地面的疏散楼梯。当连接下沉广场的防火分区需利用下沉广场进行疏散时，疏散楼梯的总净宽度不应小于任一防火分区通向室外开敞空间的设计疏散总净宽度。

（3）确需设置防风雨篷时，防风雨篷不应完全封闭，四周开口部位应均匀布置，开口的面积不应小于该空间地面面积的25%，开口高度不应小于1.0m；开口设置百叶时，百叶的有效排烟面积可按百叶通风口面积的60%计算。

《建规》第6.4.13条：防火隔间的设置应符合下列规定：

（1）防火隔间的建筑面积≥6.0m^2。

（2）防火隔间的门应采用甲级防火门。

（3）不同防火分区通向防火隔间的门不应计入安全出口，门的间距≥4m。

（4）防火隔间内部装修材料的燃烧性能应为A级。

（5）不应用于除人员通行外的其他用途。

《建规》第6.4.14条：避难走道的设置应符合下列规定：

（1）避难走道防火隔墙的耐火极限≥3.00h，楼板的耐火极限≥1.50h。

（2）避难走道直通地面的出口≥2个，并应设置在不同方向；当避难走道仅与一个防火分区相通且该防火分区至少有1个直通室外的安全出口时，可设置1个直通地面的出口。任一防火分区通向避难走道的门至该避难走道最近直通地面的出口的距离≤60m。

（3）避难走道的净宽度不应小于任一防火分区通向该避难走道的设计疏散总净宽度。

（4）避难走道内部装修材料的燃烧性能应为A级。

（5）防火分区至避难走道入口处应设置防烟前室，前室的使用面积≥6.0m^2，开向前室的门应采用甲级防火门，前室开向避难走道的门应采用乙级防火门。

（6）避难走道内应设置消火栓、消防应急照明、应急广播和消防专线电话。

3. 建筑幕墙防火分隔

应在每层楼板外沿处采取符合《建规》第6.2.5条规定的防火措施，幕墙与每层楼板、隔墙处的缝隙应采用防火封堵材料封堵，如图2.5-2所示。

《建规》第 6.2.5 条：建筑外墙上、下层开口之间应设置高度不小于 1.2m 的实体墙或挑出宽度不小于 1.0m、长度不小于开口宽度的防火挑檐；当室内设置自动喷水灭火系统时，上、下层开口之间的实体墙高度不应小于 0.8m。当上、下层开口之间设置实体墙确有困难时，可设置防火玻璃墙，但高层建筑的防火玻璃墙的耐火完整性不应低于 1.00h，多层建筑的防火玻璃墙的耐火完整性不应低于 0.50h。外窗的耐火完整性不应低于防火玻璃墙的耐火完整性要求。

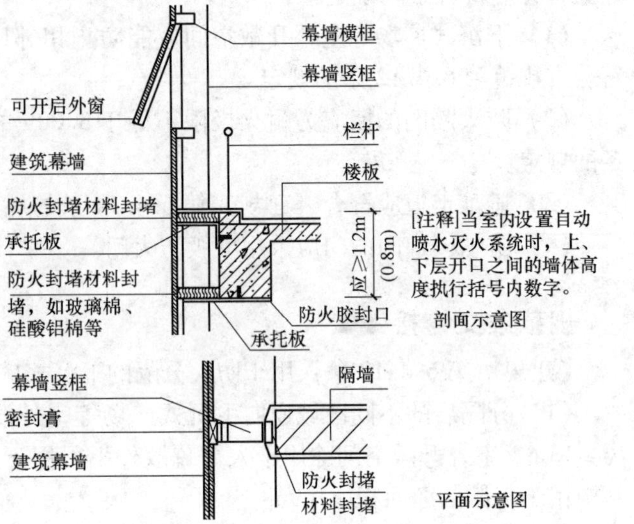

图 2.5-2　建筑幕墙节点防火措施

4. 井道防火分隔

电梯井、电缆井、管道井、排烟道、排气道、垃圾道等竖向井道的防火设计构造要求见表 2.5-9。

表 2.5-9　井道防火分隔要求

名称		耐火极限/h			防火要求
		井壁		门	
电梯井	普通电梯	一、二级	不燃性 2.00	1.00	（1）应独立设置 （2）井内严禁敷设可燃气体和甲、乙、丙类液体管道，并不应敷设与电梯无关的电缆、电线等 （3）井壁除设置电梯门、安全逃生门和通气孔洞外，不应设置其他开口 （4）消防电梯井、机房与相邻电梯井、机房之间应设置耐火极限不低于 2.00h 的防火隔墙，隔墙上的门应采用甲级防火门 （5）电梯层门的耐火极限不应低于 1.00h
		三级	不燃性 1.50		
		四级	难燃性 0.50		
	消防电梯	2.00		甲级	
电缆井 管道井 排烟道 排气道		1.00		丙级	（1）应分别独立设置 （2）电缆井、管道井应在每层楼板处采用不低于楼板耐火极限的不燃材料或防火封堵材料封堵 （3）电缆井、管道井与房间、走道等相连通的孔隙应采用防火封堵材料封堵

5. 变形缝和管道空腔封堵

《建规》第 6.3.5 条：防烟、排烟、供暖、通风和空气调节系统中的管道及建筑内的其他管道，在穿越防火隔墙、楼板和防火墙处的孔隙应采用防火封堵材料封堵。风管穿过防火隔墙、楼板和防火墙时，穿越处风管上的防火阀、排烟防火阀两侧各 2.0m 范围内的风管应采用耐火风管或风管外壁应采取防火保护措施，且耐火极限不应低于该防火分隔体的耐火极限。

5.4 建筑防烟分区

《防排烟》第 4.2.1 条：设置排烟系统的场所或部位应采用挡烟垂壁、结构梁及隔墙等划分防烟分区。防烟分区不应跨越防火分区。

《防排烟》第4.2.2条：挡烟垂壁等挡烟分隔设施的深度不应小于《防排烟》第4.6.2条规定的储烟仓厚度。对于有吊顶的空间，当吊顶开孔不均匀或开孔率小于或等于25%时，吊顶内空间高度不得计入储烟仓厚度。

《防排烟》第4.2.3条：设置排烟设施的建筑内，敞开楼梯和自动扶梯穿越楼板的开口部应设置挡烟垂壁等设施。

《防排烟》第4.2.4条：公共建筑、工业建筑防烟分区的最大允许面积及其长边最大允许长度应符合表2.5-10的规定，当工业建筑采用自然排烟系统时，其防烟分区的长边长度尚不应大于建筑内空间净高的8倍。

表2.5-10 公共建筑、工业建筑防烟分区的最大允许面积及其长边最大允许长度

空间净高 H/m	最大允许面积/m^2	长边最大允许长度/m
$H \leqslant 3.0$	500	24
$3.0 < H \leqslant 6.0$	1000	36
$H > 6.0$	2000	60m；具有自然对流条件时，不应大于75m

注：1. 公共建筑、工业建筑中的走道宽度不大于2.5m时，其防烟分区的长边长度不应大于60m。
2. 当空间净高大于9m时，防烟分区之间可不设置挡烟设施。
3. 汽车库防烟分区的划分及其排烟量应符合《汽车库、修车库、停车场设计防火规范》的相关规定。

历年真题研究

【2015-15】某建筑采用防火墙划分防火分区，下列防火墙的设置中，错误的是（　　）。

A. 输送柴油（闪点高于60℃）的管道穿过该防火墙，穿墙管道四周缝隙采用防火堵料严密封堵

B. 防火墙采用加气混凝土砌块砌筑，耐火极限为4.00h

C. 防火墙直接设置在耐火极限为3.00h的框架梁上

D. 防火墙上设置常开的甲级防火门，火灾时能够自行关闭

【答案】A

【解析】《建规》第6.1.5条规定：防火墙上不应开设门、窗、洞口，确需开设时，应设置不可开启或火灾时能自动关闭的甲级防火门、窗。（D正确）

可燃气体和甲、乙、丙类液体的管道严禁穿过防火墙。（A错误）

第6.1.5条：防火墙应直接设置在建筑的基础或框架、梁等承重结构上，框架、梁等承重结构的耐火极限不应低于防火墙的耐火极限。（C正确）

防火墙采用耐火极限不低于3.00h的不燃性墙体。（B正确）

【2015-89】生产厂房在划分防火分区时，确定防火分区建筑面积的主要因素有（　　）。

A. 生产的火灾危险性类别　　B. 厂房内火灾自动报警系统设置情况

C. 厂房的层数和建筑高度　　D. 厂房的耐火等级

E. 特殊生产工艺需要和灭火技术措施

【答案】ACD

【解析】防火分区的划分，主要考虑建筑物耐火等级、层数和高度、消防设施的设置情况、火灾危险性类别以及消防队的灭火实力等因素。

【2015年-8】对建筑划分防烟分区时，下列构件和设备中，不应用作防烟分区分隔构件

和设施的是（　　）。

A. 特级防火卷帘　　B. 防火水幕

C. 防火隔墙　　D. 高度不小于50cm的建筑结构梁

【答案】B

【解析】划分防烟分区的构件主要有挡烟垂壁、隔墙、防火卷帘、建筑横梁等。

【2016-14】关于建筑防火分隔的说法中，错误的是（　　）。

A. 卡拉OK厅各厅室之间采用耐火极限为2.00h的防火墙面和1.5m的不燃性楼板和乙级防火门分隔

B. 柴油发电机内的储油间（柴油储量为0.8m^3）。采用防火极限为2.50h的防火隔墙和1.50h的不燃性楼板和甲级防火门与其他部位分隔

C. 高层住宅建筑下部设置的商业服务网点，采用耐火极限为2.50h且无门、窗、洞口的防火隔墙和1.50h的不燃性楼板与其他部位分隔

D. 医院病房内相邻护理单元之间采用耐火极限为2.00h的防火隔墙和乙级防火门分隔

【答案】B

【解析】柴油发电机房内设置储油间时，其总储存量不应大于1m^3，储油间应采用耐火极限不低于3.00h的防火隔墙与发电机间分隔；确需在防火隔墙上开门时，应设置甲级防火门，B选项错误。

【2016-57】下列关于防烟分区划分的说法中，错误的是（　　）。

A. 防烟分区可采用防火隔墙划分

B. 设置防烟系统的场所应划分防烟分区

C. 一个防火分区可划分为多个防烟分区

D. 防烟分区可采用在楼板下凸出0.8m的结构梁划分

【答案】B

【解析】划分防烟分区的构件主要有挡烟垂壁、隔墙、防火卷帘、建筑横梁等，其中隔墙即非承重，只起到分隔作用的墙体。防烟系统可不设防烟分区，设置排烟系统的场所应划分防烟分区。

【2016-74】某钢筋混凝土结构的商场，建筑高度为23.8m。其中，地下一层至地上五层为商业营业厅，地下二层为汽车库和设备用房，建筑全部设置自动喷水灭火系统和火灾自动报警系统等，并采用不燃性材料进行内部装修，下列关于防火分区划分的做法中，错误的是（　　）。

A. 地上一层的防火分区中最大一个的建筑面积为9900m^2

B. 地下一层的防火分区中最大一个的建筑面积为1980m^2

C. 地上二层的防火分区中最大一个的建筑面积为4950m^2

D. 地下二层的设备用房划分为一个防火分区，建筑面积为1090m^2

【答案】A

【解析】由于该商场为多层建筑，且地下一层至地上五层均为商业营业厅，不符合《建规》第5.3.4.2条仅设置在多层建筑首层内的要求，故A选项错误。

【2016-90】下列关于防火分隔的做法中，正确的有（　　）。

A. 棉纺织厂房在防火墙上设置一宽度为1.6m且耐火极限为2.0h的双扇防火门

B. 5层宾馆共用一套通风空调系统，在竖向风管与每层水平风管交接处的水平管段上设置防火阀，平时处于常开状态

C. 桶装甲醇仓库采用耐火极限为4.00h的防火墙划分防火分区，防火墙上设置1m宽的甲级防火门

D. 多层商场内防火分区处的一个分隔部位的宽度为50m，该分隔部位使用防火卷帘进行分隔的最大宽度为20m

E. 可停放300辆汽车的地下车库，每5个防烟分区共用一套排烟系统，排烟风管穿越防烟分区时设置排烟防火阀

【答案】ABE

【解析】根据《建规》第6.1.5条，防火墙上不应开设门、窗、洞口，确需开设时，应设置不可开启或火灾时能自动关闭的甲级防火门、窗。甲级防火门的耐火极限不应低于1.5h，A选项防火门的耐火极限为2.0h，故A选项正确。

根据《建规》9.3.1条，通风空调系统，横向宜按防火分区设置，竖向不宜超过5层。宾馆5层（竖向不宜超过5层）共用一套通风空调系统是可以的。

根据《建规》9.3.11条，通风空调系统的风管在下列部位应设置公称动作温度为70℃的防火阀：

（1）穿越防火分区处。

（2）穿越通风空调机房的房间隔墙和楼板处。

（3）穿越重要或火灾危险性大的场所的房间隔墙和楼板处。

（4）穿越防火分隔处的变形缝两侧。

（5）竖向风管与每层水平风管交接处的水平管段上。

当建筑内每个防火分区的通风空调系统均独立设置时，水平风管与竖向总管的交接处可不设置防火阀。防火阀平时处于开启状态，发生火灾时，当管道内烟气温度达到70℃时，易熔合金片就会熔断断开，防火阀就会自动关闭，B选项正确。

根据《建规》第3.2.9条，甲、乙类厂房和甲、乙、丙类仓库内的防火墙，其耐火极限不应低于4.00h。根据第3.3.2条注1，仓库内的防火分区之间必须采用防火墙分隔，甲、乙类仓库内防火分区之间的防火墙不应开设门、窗、洞口；甲醇仓库的火灾危险性为甲类，故C选项错误。

根据《建规》第6.5.3条，防火分隔部位设置防火卷帘时，除中庭外，当防火分隔部位的宽度不大于30m时，防火卷帘的宽度不应大于10m；当防火分隔部位的宽度大于30m时，防火卷帘的宽度不应大于该部位宽度的1/3，且不应大于20m。故防火卷帘的宽度为50×1/3=16.7（m），即设置防火卷帘的宽度不应大于16.7m，D选项错误。

根据《汽修规》第8.2.8条，在穿过不同防烟分区的排烟支管上应设置烟气温度大于280℃时能自动关闭的排烟防火阀。E选项正确。

【2017-33】某商业综合体建筑，裙房与高层建筑主体采用防火墙分隔，地上4层，地下2层，地下二层为汽车库，地下一层为超市及设备用房，地上各层功能包括商业营业厅、餐厅及电影院。下列场所对应的防火分区建筑面积中，错误的是（　　）。

A. 地下超市2100m^2　　B. 商业营业厅4800m^2

C. 餐厅区域4200m^2　　D. 电影院区域3100m^2

【答案】A

【解析】裙房与高层建筑主体之间设置防火墙时，裙房的防火分区可按单、多层建筑的要求确定。布置在地上各层的商业营业厅（首层除外）、餐厅及电影院，其防火分区最大允许建筑面积为 $5000m^2$。B、C、D 正确。当设置自动灭火系统时，地下超市不应大于 $1000m^2$，A 错。

【2017-49】关于中庭与周围连通空间进行防火分隔的做法，错误的是（　　）。

A. 采用乙级防火门、窗，且火灾时能自行关闭

B. 采用耐火极限为 1.00h 的防火隔墙

C. 采用耐火隔热和耐火完整性为 1.00h 的防火玻璃墙

D. 采用耐火完整性为 1.00h 的非隔热性防火玻璃墙，并设置自动喷水灭火系统保护

【答案】A

【解析】《建规》第 5.3.2 条规定，中庭与周围连通空间当采用防火隔墙时，耐火极限不低于 1.00h；当采用防火玻璃时，其耐火隔热性和耐火完整性不应低于 1.00h，采用耐火完整性不低于 1.00h 的非隔热性防火玻璃时，应设置自动喷水灭火系统保护；当采用防火卷帘时，耐火极限不低于 3.00h；与中庭相连通的门、窗，均为火灾时能自行关闭的甲级防火门、窗，A 错。

【2017-54】下列关于建筑防烟分区的说法，正确的是（　　）。

A. 防烟分区面积一定时，挡烟垂壁下降越低越有利于烟气及时排出

B. 建筑设置敞开楼梯时，防烟分区可跨越防火分区

C. 防烟分区划分的越小越有利于控制烟气蔓延

D. 排烟与补风在同一防烟分区时，高位补风优于低位补风

【答案】C

【解析】挡烟垂壁越低会影响实际的使用空间，A 错；防烟分区不可跨越防火分区，B 错。当补风口与排烟口设置在同一空间内相邻的防烟分区时，补风口位置不限；当补风口与排烟口设置在同一防烟分区时，补风口应设在储烟仓下沿以下；补风口与排烟口水平距离不应少于 5m，D 错。

【2017-83】某商业建筑，建筑高度为 23.3m，地上标准层每层划分为面积相近的 2 个防火分区，防火分隔部位的宽度为 60m，该商业建筑的下列防火分隔做法中，正确的有（　　）。

A. 防火墙设置两个不可开启的乙级防火窗

B. 防火墙上设置两樘常闭式乙级防火门

C. 设置总宽度为 18m、耐火极限为 3.00h 的特级防火卷帘

D. 采用耐火极限为 3.00h 的不燃性墙体从楼地面基层隔断至梁或楼板底面基层

E. 通风管道在穿越防火墙处设置一个排烟防火阀

【答案】CD

【解析】见本章内容。

【2017-97】下列设置在商业综合体建筑地下一层的场所中，疏散门应直通室外或安全出口的有（　　）。

A. 锅炉房　B. 柴油发电机房　C. 油浸变压器室　D. 消防水泵房　E. 消防控制室

【答案】ACDE

【解析】锅炉房、变压器室、消防水泵房、消防控制室应直通室外安全出口，但是锅炉房、油浸变压器室、柴油发电机房不应设在人员密集场所的地下一层。

【2018-7】某高度为110m的35层住宅建筑，首层设置商业服务网点，该建筑的构件耐火等级设计方案中，错误的有（　　）。

A. 居住部分与商业服务网点之间隔墙的耐火极限为2.00h

B. 居住部分与商业服务网点之间的楼板耐火极限为1.50h

C. 居住部分疏散走道两侧的隔墙的耐火极限为1.00h

D. 居住部分分户墙的耐火极限为2.00h

【答案】B

【解析】建筑高度大于100m的民用建筑，其楼板的耐火极限不应低于2.00h。B错误。

【2018-73】某耐火等级为一级的公共建筑，地下1层，地上5层，建筑高度23m。地下一层为设备用房，地上一、二层为商店营业厅，三至五层为办公用房，该建筑设有自动喷水灭火系统和火灾自动报警系统，并采用不燃和难燃材料装修。该建筑下列防火分区划分方案中，错误的是（　　）。

A. 地下一层防火分区建筑面积最大为1000m^2

B. 首层防火分区建筑面积最大为10000m^2

C. 二层防火分区建筑面积最大为5000m^2

D. 三层防火分区建筑面积最大为4000m^2

【答案】B

【解析】见本章内容。

联想记忆口诀

1. 厂房防火分区面积

（1）甲4，乙5，丙多6（单不限）[一级]。

（2）甲4332，乙5443，丙6384232。

（3）厂房防火分区图示（见图2.5-3）

甲	单	多
一级	4	3
二级	3	2

乙	单	多	高
一级	5	4	→2
二级	4	3	→1.5

丙	单	多	高
一级	不限	6	→3
二级	8	4	→2
三级	3	2	—

丁	单	多	高
一、二级	不限	不限	4
三级	4	2	—
四级	1	—	—

戊	单	多	高
一、二级	不限	不限	6
三级	5	3	—
四级	1.5	—	—

图2.5-3　厂房防火分区数字记忆图表

注意：1. 厂房防火分区面积为表中数字 $\times 1000m^2$。

2. 高层防火分区面积为多层的一半。

2. 厂房层数规定

一级甲单余不限，二级乙 6 甲为单；

三级丙 2 丁戊 3，四级丁戊全为单。

3. 仓库占地面积和防火分区面积

（1）甲类仓库占地面积：$甲_{34}$180 （一级）

$甲_{1256}$750 （一、二级）

（2）甲类仓库防火分区面积 = 1/3 占地面积

（3）乙类仓库防火分区面积：$乙_{134}$500（单）；300（多） （一、二级）

$乙_{256}$700（单）；500（多） （一、二级）

（4）乙类仓库占地面积 = 防火分区面积 ×4（单层）；防火分区面积 ×3（多层）

（5）丙类仓库占地面积：$丙_1$ 4000（单）；2800（多） （一、二级）

$丙_2$ 6000（单）；4800（多）；4000（高） （一、二级）

丙类仓库防火分区面积 = 1/4 占地面积（一、二级）

4. 仓库层数规定

一级二级甲为单，乙 3 乙丙 5 不限。

三级乙单丙一三，丁戊不限三和单。

第 6 章　建筑安全疏散

助考知识要点

◆安全出口：供人员安全疏散用的楼梯间和室外楼梯的出入口或直通室内外安全区域的出口。

◆防烟楼梯间：在楼梯间入口处设置防烟的前室、开敞式阳台或凹廊（统称前室）等设施，且通向前室和楼梯间的门均为防火门，以防止火灾的烟和热气进入的楼梯间。

◆避难走道：采取防烟措施且两侧设置耐火极限不低于 3.00h 的防火隔墙，用于人员安全通行至室外的走道。

◆避难层（间）：建筑内用于人员暂时躲避火灾及其烟气危害的楼层（房间）。

记忆思维导图（图 2.6-1）

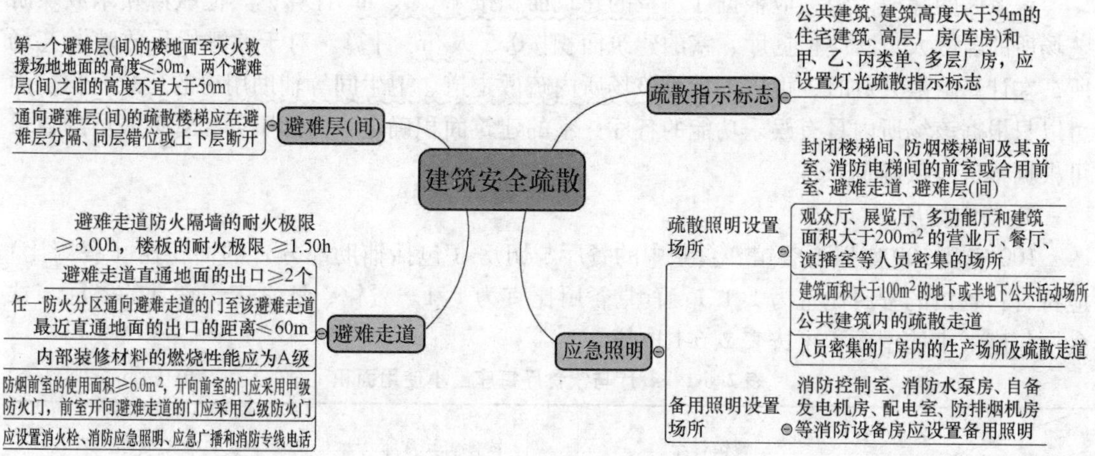

图 2.6-1　建筑安全疏散记忆思维导图

内容归纳解析

6.1　安全疏散基本参数

6.1.1　人员密度计算

1. 商场

商店的疏散人数应按每层营业厅的建筑面积乘以图 2.6-2 中规定的人员密度计算。对于建材商店、家具和灯饰展示建筑，其人员密度可按营业厅人员密度的 30% 确定。依据图 2.6-2 确定人员密度值时，应考虑商店的建筑规模，当商店营业厅的建筑面积小于 $3000m^2$

时宜取上限值。当一座商店建筑内设置有多种商业用途时，考虑到不同用途区域可能会随经营状况或经营者的变化而变化，尽管部分区域可能用于家具、建材经销等类似用途，但人员密度仍需要按照该建筑的主要商业用途来确定，不能再按照上述方法折减。

楼层	商店营业厅人员密度	建材商店、家具灯饰展示建筑人员密度
4F及以上	0.30～0.42	0.09～0.126
3F	0.39～0.54	0.117～0.162
2F	0.43～0.60	0.129～0.18
1F	0.43～0.60	0.129～0.18
−1F	0.60	0.18
−2F	0.56	0.168
		(商店营业厅人员密度×0.3)

+0.00

单位：(人/m^2)

注：营业厅建筑面积＜3000m^2时取上限

图 2.6-2　商店营业厅内的人员密度

2. 歌舞娱乐放映游艺场所

录像厅的疏散人数，应根据厅、室的建筑面积按 1.0 人/m^2 计算；其他歌舞娱乐放映游艺场所的疏散人数，应根据厅、室的建筑面积按0.5 人/m^2 计算。对于歌舞娱乐放映游艺场所，在计算疏散人数时，可以不计算该场所内疏散走道、卫生间等辅助用房的建筑面积，而可以只根据该场所内具有娱乐功能的各厅、室的建筑面积确定，内部服务和管理人员的数量可根据核定人数确定。

3. 餐饮场所

100 座及 100 座以上餐馆、食堂中的餐厅与厨房（包括辅助部分）的面积比（餐厨比）应符合：餐馆的餐厨比宜为 1∶1.1；食堂餐厨比宜为 1∶1。餐馆、饮食店、食堂的餐厅与饮食厅每座最小使用面积可按表 2.6-1 取值。

表 2.6-1　餐厅与饮食厅每座最小使用面积　　（单位：m^2/座）

等级＼类别	餐馆餐厅	饮食店饮食厅	食堂餐厅
一	1.30	1.30	1.10
二	1.10	1.10	0.85
三	1.00		

4. 展览厅及其他

有固定座位的场所，其疏散人数可按实际座位数的 1.1 倍计算。展览厅的疏散人数应根据展览厅的建筑面积按0.75 人/m^2 计算。

6.1.2　疏散宽度指标

1. 百人宽度指标定义

百人宽度指标是每百人在允许疏散时间内，以单股人流形式疏散所需的疏散宽度。

$$百人宽度指标=\frac{N}{At}b$$

式中　N——疏散人数（即100人）；

t——允许疏散时间（min）；

A——单股人流通行能力（平、坡地面为43人/min；阶梯地面为37人/min）；

b——单股人流宽度，0.55~0.60m。

2. 疏散宽度要求

（1）厂房的疏散宽度

《建规》第3.7.5条：疏散楼梯的最小净宽度≥1.10m，疏散走道的最小净宽度≥1.40m，门的最小净宽度≥0.90m。当每层疏散人数不相等时，疏散楼梯的总净宽度应分层计算，下层楼梯总净宽度应按该层及以上疏散人数最多一层的疏散人数计算。

存在地下室时，则地下部分上一层楼梯、楼梯出口和入口的宽度要按照这一层下部各层中设计疏散人数最多一层的人数计算。首层外门的总净宽度应按该层及以上疏散人数最多一层的疏散人数计算，且该门的最小净宽度≥1.20m。

厂房内疏散楼梯、走道和门的最小疏散净宽度（每100人）不小于表2.6-2规定。

表2.6-2　厂房疏散最小净宽度

厂房层数	1~2	3	≥4
净宽度/(m/百人)	0.6	0.8	1.00

（2）高层民用建筑疏散宽度

《建规》第5.5.18条：公共建筑内疏散门和安全出口的净宽度不应小于0.90m，疏散走道和疏散楼梯的净宽度不应小于1.10m。高层公共建筑内楼梯间的首层疏散门、首层疏散外门、疏散走道和疏散楼梯的最小净宽度应符合表2.6-3的规定。

表2.6-3　高层公共建筑疏散最小净宽度　（单位：m）

建筑类别	楼梯间的首层疏散门首层疏散外门	走道		疏散楼梯
		单面布房	双面布房	
高层医疗建筑	1.30	1.40	1.50	1.30
其他高层建筑	1.20	1.30	1.40	1.20

（3）人员密集的公共场所

《建规》第5.5.19条：人员密集的公共场所、观众厅的疏散门不应设置门槛，其净宽度≥1.40m，且紧靠门口内外各1.40m范围内不应设置踏步。人员密集的公共场所的室外疏散通道的净宽度≥3.00m，并应直接通向宽敞地带。

（4）剧场、电影院、礼堂、体育馆

《建规》第5.5.20条：剧场、电影院、礼堂、体育馆等场所的疏散走道、疏散楼梯、疏散门、安全出口的各自总净宽度，应符合下列规定：

1）观众厅内疏散走道的净宽度应按每100人不小于0.60m计算，且不应小于1.00m；边走道的净宽度不宜小于0.80m。

布置疏散走道时，横走道之间的座位排数不宜超过 20 排；纵走道之间的座位数：剧场、电影院、礼堂等，每排不宜超过 22 个；体育馆，每排不宜超过 26 个；前后排座椅的排距不小于 0. 90m 时，可增加 1. 0 倍，但不得超过 50 个；仅一侧有纵走道时，座位数应减少一半。

2）剧场、电影院、礼堂等场所供观众疏散的所有内门、外门、楼梯和走道的各自总净宽度，应根据疏散人数按每 100 人的最小疏散净宽度不小于表 2. 6-4 的规定计算确定。

表 2. 6-4　剧场、电影院、礼堂最小疏散净宽度　（单位：m/百人）

观众厅座位数/座			≤2500	≤1200
耐火等级			一、二级	三级
疏散部位	门和走道	平坡地面	0. 65	0. 85
		阶梯地面	0. 75	1. 00
	楼梯		0. 75	1. 00

3）体育馆供观众疏散的所有内门、外门、楼梯和走道的各自总净宽度，应根据疏散人数按每 100 人的最小疏散净宽度不小于表 2. 6-5 的规定计算确定。

表 2. 6-5　体育馆每 100 人所需最小疏散净宽度表　（单位：m/百人）

观众厅座位数范围/座			3000～5000	5001～10000	10001～20000
疏散部位	门和走道	平坡地面	0. 43	0. 37	0. 32
		阶梯地面	0. 50	0. 43	0. 37
	楼梯		0. 50	0. 43	0. 37

注：1. 本表中对应较大座位数范围按规定计算的疏散总净宽度，不应小于对应相邻较小座位数范围按其最多座位数计算的疏散总净宽度。

2. 对于观众厅座位数少于 3000 个的体育馆，计算供观众疏散的所有内门、外门、楼梯和走道的各自总净宽度时，每 100 人的最小疏散净宽度不应小于表 2. 6-4 的规定。

（5）其他公共建筑

《建规》第 5. 5. 21 条：除剧场、电影院、礼堂、体育馆外的其他公共建筑，其房间疏散门、安全出口、疏散走道和疏散楼梯的各自总净宽度，应符合下列规定：

1）每层的房间疏散门、安全出口、疏散走道和疏散楼梯的各自总净宽度，应根据疏散人数按每 100 人的最小疏散净宽度不小于表 2. 6-6 的规定计算确定。当每层疏散人数不等时，疏散楼梯的总净宽度可分层计算，地上建筑内下层楼梯的总净宽度应按该层及以上疏散人数最多一层的人数计算；地下建筑内上层楼梯的总净宽度应按该层及以下疏散人数最多一层的人数计算。

表 2. 6-6　房间疏散门、安全出口、疏散走道和疏散楼梯的最小疏散净宽度

（单位：m/百人）

建筑层数		建筑的耐火等级		
		一、二级	三级	四级
地上楼层	1、2 层	0. 65	0. 75	1. 00
	3 层	0. 75	1. 00	
	≥4 层	1. 00	1. 25	

（续）

建筑层数		建筑的耐火等级		
		一、二级	三级	四级
地下楼层	与地面出入口地面的高差 $\Delta H \leqslant 10\text{m}$	0.75		
	与地面出入口地面的高差 $\Delta H > 10\text{m}$	1.00		

注：表中层数指的是建筑总层数。

2）地下或半地下人员密集的厅、室和歌舞娱乐放映游艺场所，其房间疏散门、安全出口、疏散走道和疏散楼梯的各自总净宽度，应根据疏散人数按每100人不小于1.00m计算确定。

3）首层外门的总净宽度应按该建筑疏散人数最多一层的人数计算确定，不供其他楼层人员疏散的外门，可按本层的疏散人数计算确定。

（6）木结构建筑疏散宽度

《建规》第11.0.7条：木结构建筑内疏散走道、安全出口、疏散楼梯和房间疏散门的净宽度，应根据疏散人数按每100人的最小疏散净宽度不小于表2.6-7的规定计算确定。

表2.6-7 疏散走道、安全出口、疏散楼梯和房间疏散门最小疏散净宽度

（单位：m/百人）

层数	地上1、2层	地上3层
疏散净宽度	0.75	1.00

6.1.3 疏散距离指标

安全疏散距离包括两个部分，一是房间内最远点到房门的疏散距离，二是从房门到疏散楼梯间或外部出口的距离。

1. 厂房的安全疏散距离

（1）确定厂房的安全疏散距离，需要考虑楼层、生产的火灾危险性类别及建筑物的耐火等级等。

（2）木结构工业建筑中的丁、戊类厂房内任意一点至最近安全出口的疏散距离分别不应大于50m和60m。

《建规》第3.7.4条：厂房内任一点到最近的安全出口的距离不应大于表2.6-8的规定。

表2.6-8 厂房内任一点至最近安全出口的直线距离 （单位：m）

生产的火灾危险性类别	耐火等级	单层厂房	多层厂房	高层厂房	地下或半地下厂房（包括地下或半地下室）
甲	一、二级	30	25		
乙	一、二级	75	50	30	
丙	一、二级	80	60	40	30
	三级	60	40		
丁	一、二级	不限	不限	50	45
	三级	60	50		
	四级	50			

（续）

生产的火灾危险性类别	耐火等级	单层厂房	多层厂房	高层厂房	地下或半地下厂房（包括地下或半地下室）
戊	一、二级	不限	不限	75	60
	三级	100	75		
	四级	60			

2. 公共建筑安全疏散距离

《建规》第 5.5.17 条：公共建筑的安全疏散距离应符合下列规定：

（1）直通疏散走道的房间疏散门至最近安全出口的直线距离不应大于表 2.6-9 的规定；

表 2.6-9　直通疏散走道的房间疏散门至最近安全出口的直线距离　　（单位：m）

名称			位于两个安全出口之间的疏散门			位于袋形走道两侧或尽端的疏散门		
			一、二级	三级	四级	一、二级	三级	四级
托儿所、幼儿园、老年人照料设施			25	20	15	20	15	10
歌舞娱乐放映游艺场所			25	20	15	9		
医疗建筑	单、多层		35	30	25	20	15	10
	高层	病房部分	24			12		
		其他部分	30			15		
教学建筑	单、多层		35	30	25	22	20	10
	高层		30			15		
高层旅馆、展览建筑			30			15		
其他建筑	单、多层		40	35	25	22	20	15
	高层		40			20		

注：1. 建筑内开向敞开式外廊的房间疏散门至最近安全出口的直线距离可按本表的规定增加 5m。（+）

2. 直通疏散走道的房间疏散门至最近敞开楼梯间的直线距离，当房间位于两个楼梯间之间时，应按本表的规定减少 5m；当房间位于袋形走道两侧或尽端时，应按本表的规定减少 2m。（-）

3. 建筑物内全部设置自动喷水灭火系统时，其安全疏散距离可按本表的规定增加 25%。（+）

（2）楼梯间应在首层直通室外，确有困难时，可在首层采用扩大的封闭楼梯间或防烟楼梯间前室。当层数≤4 层且未采用扩大的封闭楼梯间或防烟楼梯间前室时，可将直通室外的门设置在离楼梯间≤15m 处。

（3）房间内任一点至房间直通疏散走道的疏散门的直线距离，不应大于表 2.6-9 规定的袋形走道两侧或尽端的疏散门至最近安全出口的直线距离。

（4）一、二级耐火等级建筑内疏散门或安全出口不少于 2 个的观众厅、展览厅、多功能厅、餐厅、营业厅等，其室内任一点至最近疏散门或安全出口的直线距离不应大于 30m；当疏散门不能直通室外地面或疏散楼梯间时，应采用长度≤10m 的疏散走道通至最近的安全出口。当该场所设置自动喷水灭火系统时，室内任一点至最近安全出口的安全疏散距离可分别增加 25%，详见图 2.6-3 所示。

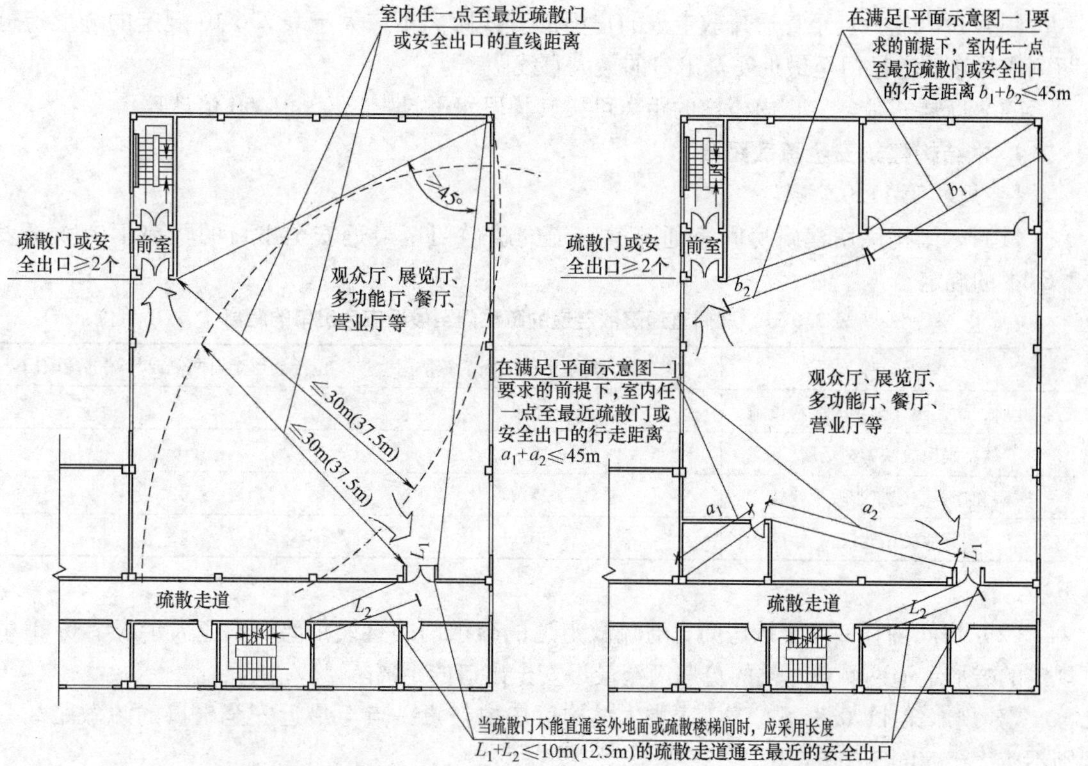

一、二级耐火等级公共建筑
平面示意图一

一、二级耐火等级公共建筑
平面示意图二

[注释]

1. 建筑物内全部设自动喷水灭火系统，安全疏散距离按括号内数字。
2. 平面示意图二中的其他部位仍能满足平面示意图一中的要求。
3. 平面示意图二中的“$a_1+a_2\leqslant 45$m（$b_1+b_2\leqslant 45$m）”为参照《人员密集场所消防安全管理》GA 654—2006 中有关“行走距离”的相关规定。

图 2.6-3　观众厅、营业厅等疏散距离图示

3. 住宅建筑安全疏散距离

《建规》第 5.5.29 条：住宅建筑的安全疏散距离应符合下列规定：

（1）住宅直通疏散走道的户门至最近安全出口的直线距离不应大于表 2.6-10 的规定。

表 2.6-10　住宅户门至最近安全出口的直线距离　（单位：m）

住宅建筑类别	位于两个安全出口之间的户门			位于袋形走道两侧或尽端的户门		
	一、二级	三级	四级	一、二级	三级	四级
单、多层	40	35	25	22	20	15
高层	40			20		

注：1. 开向敞开式外廊的户门至最近安全出口的最大直线距离可按本表的规定增加 5m。（+）

2. 直通疏散走道的户门至最近敞开楼梯间的直线距离，当户门位于两个楼梯间之间时，应按本表的规定减少 5m；当户门位于袋形走道两侧或尽端时，应按本表的规定减少 2m。（-）

3. 建筑内全部设置自动喷水灭火系统时，其安全疏散距离可按本表的规定增加 25%。（+）

4. 跃廊式住宅的户门至最近安全出口的距离，应从户门算起，小楼梯的一段距离可按其水平投影长度的 1.50 倍计算。

（2）楼梯间应在首层直通室外，或在首层采用扩大的封闭楼梯间或防烟楼梯间前室。层数≤4 层时，可将直通室外的门设置在离楼梯间≤15m 处。

(3) 户内任一点至直通疏散走道的户门的直线距离不应大于表 2.6-10 规定的袋形走道两侧或尽端的疏散门至最近安全出口的最大直线距离。

(4) 跃层式住宅，户内楼梯的距离可按其梯段水平投影长度的 1.50 倍计算。

4. 木结构建筑安全疏散距离

《建规》第 11.0.7 条：

(1) 木结构民用建筑房间直通疏散走道的疏散门至最近安全出口的距离不应大于表 2.6-11 的规定。

表 2.6-11　房间直通疏散走道的疏散门至最近安全出口的距离　　(单位：m)

名　称	位于两个安全出口之间的疏散门	位于袋形走道两侧或尽端的疏散门
托儿所、幼儿园、老年人照料设施	15	10
歌舞娱乐放映游艺场所	15	6
医院和疗养院建筑、教学建筑	25	12
其他民用建筑	30	15

(2) 房间内任一点至该房间直通疏散走道的疏散门的直线距离，不应大于表 2.6-11 中规定的袋形走道两侧或尽端的疏散门至最近安全出口的距离。

《建规》第 11.0.8 条：丁、戊类木结构厂房内任意一点至最近安全出口的疏散距离分别不应大于 50m 和 60m。

6.2　疏散出口和安全出口

疏散出口包括安全出口和疏散门。疏散门是直接通向疏散走道的房间门、直接开向疏散楼梯间的门（如住宅的户门）或室外的门，不包括套间内的隔间门或住宅套内的房间门。安全出口是疏散出口的一个特例。

6.2.1　疏散出口设置要求

1. 公共建筑

(1) 建筑内的安全出口和疏散门应分散布置，并应符合双向疏散的要求。

(2) 公共建筑内各房间疏散门的数量应经计算确定且不应少于 2 个，每个房间相邻 2 个疏散门最近边缘之间的水平距离不应小于 5m。

(3) 公共建筑内房间设置 1 个疏散门的规定，见表 2.6-12。

表 2.6-12　可设一个疏散门的条件汇总

<table>
<tr><th colspan="2" rowspan="3">名　称</th><th colspan="3">房间的平面位置</th><th colspan="4">限定条件</th></tr>
<tr><th rowspan="2">两个安全出口之间</th><th colspan="2">袋型走道</th><th rowspan="2">房间最大面积/m^2</th><th rowspan="2">房间停留最多人数/人</th><th rowspan="2">疏散门的最小净宽/m</th><th rowspan="2">室内最远点至疏散门的直线距离/m</th></tr>
<tr><th>两侧</th><th>尽端</th></tr>
<tr><td rowspan="2">地上层</td><td>幼托、老年人照料设施</td><td>✓</td><td>✓</td><td>×</td><td>50</td><td></td><td></td><td rowspan="2">按《建规》要求</td></tr>
<tr><td>医疗、教学建筑</td><td>✓</td><td>✓</td><td>×</td><td>75</td><td></td><td></td></tr>
</table>

（续）

名称		房间的平面位置：两个安全出口之间	袋型走道：两侧	袋型走道：尽端	限定条件：房间最大面积/m^2	房间停留最多人数/人	疏散门的最小净宽/m	室内最远点至疏散门的直线距离/m
地上层	歌舞娱乐放映游艺场所	✓	✓	✓	50	15		按《建规》要求
	其他公共建筑	✓	✓	×	120			
		×	×	✓	50		0.9	
		×	×	✓	200		1.4	15
半/地下层	设备间	✓	✓	✓	200			按《建规》要求
	其他房间	✓	✓	✓	50	15		

▲《建规》第5.5.15条：公共建筑内房间的疏散门数量应经计算确定且不应少于2个。除托儿所、幼儿园、老年人照料设施、医疗建筑、教学建筑内位于走道尽端的房间外，符合下列条件之一的房间可设置1个疏散门，如图2.6-4所示。

1）位于两个安全出口之间或袋形走道两侧的房间，对于托儿所、幼儿园、老年人照料设施，建筑面积≤$50m^2$；对于医疗建筑、教学建筑，建筑面积≤$75m^2$；对于其他建筑或场所，建筑面积≤$120m^2$。

2）位于走道尽端的房间，建筑面积<$50m^2$且疏散门的净宽度≥0.9m，或由房间内任一点至疏散门的直线距离≤15m、建筑面积≤$200m^2$且疏散门的净宽度≤1.40m。

3）歌舞娱乐放映游艺场所内建筑面积≤$50m^2$且经常停留人数不超过15人的厅、室。

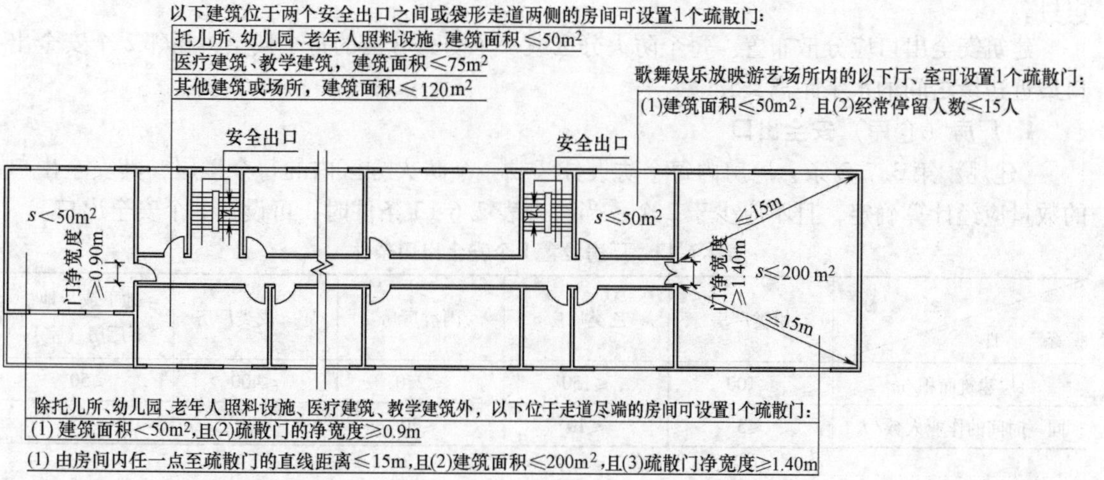

图2.6-4　公共建筑内房间设置1个疏散门

《建规》第5.5.5条：建筑面积≤$200m^2$的地下或半地下设备间；建筑面积≤$50m^2$且经常停留人数不超过15人的其他地下或半地下房间，可设置1个疏散门。

2. 剧场、电影院、礼堂和体育馆

《建规》第5.5.16条：剧场、电影院、礼堂和体育馆的观众厅或多功能厅，其疏散门的数量应经计算确定且≥2 个，并应符合下列规定：

1）对于剧场、电影院、礼堂的观众厅或多功能厅，每个疏散门的平均疏散人数不应超过 250 人；当容纳人数超过 2000 人时，其超过 2000 人的部分，每个疏散门的平均疏散人数不应超过 400 人。

2）对于体育馆的观众厅，每个疏散门的平均疏散人数不宜超过 400 ~ 700 人。

6.2.2 疏散门设置要求

▲《建规》第 6.4.11 条，建筑内的疏散门应符合下列规定：

（1）民用建筑和厂房的疏散门，应采用向疏散方向开启的平开门，不应采用推拉门、卷帘门、吊门、转门和折叠门。除甲、乙类生产车间外，人数≤60 人且每樘门的平均疏散人数≤30 人的房间，其疏散门的开启方向不限。

（2）仓库的疏散门应采用向疏散方向开启的平开门，但丙、丁、戊类仓库首层靠墙的外侧可采用推拉门或卷帘门。

（3）开向疏散楼梯或疏散楼梯间的门，当其完全开启时，不应减少楼梯平台的有效宽度。

（4）人员密集场所内平时需要控制人员随意出入的疏散门和设置门禁系统的住宅、宿舍、公寓建筑的外门，应保证火灾时不需使用钥匙等任何工具即能从内部轻易打开，并应在显著位置设置具有使用提示的标识。

▲《建规》第 6.4.10 条：疏散走道在防火分区处应设置常开甲级防火门。

6.2.3 安全出口设置要求

供人员安全疏散用的楼梯间和室外楼梯的出入口或直通室内外安全区域的出口为安全出口。

建筑安全出口应分散布置。每个防火分区或一个防火分区的每个楼层，相邻 2 个安全出口最近边缘之间的水平距离≥5m。

1. 厂房（仓库）安全出口

《建规》第 3.7.2 条：厂房内每个防火分区或一个防火分区内的每个楼层，其安全出口的数量应经计算确定，且不应少于 2 个；当符合表 2.6-13 条件时，可设置 1 个安全出口。

表 2.6-13 厂房设置 1 个安全出口条件

条件 \ 名称	甲类厂房	乙类厂房	丙类厂房	丁、戊类厂房	地下或半地下厂房（室）
每层建筑面积/m^2	≤100	≤150	≤250	≤400	≤50
同一时间的作业人数/人	≤5	≤10	≤20	≤30	≤15

《建规》第 3.8.2 条：每座仓库的安全出口不应少于 2 个，当一座仓库的占地面积≤300m^2 时，可设置 1 个安全出口。仓库内每个防火分区通向疏散走道、楼梯或室外的出口不宜少于 2 个，当防火分区的建筑面积≤100m^2 时。可设置 1 个出口。通向疏散走道或楼梯的门应为乙级防火门。

《建规》第 3.8.3 条：地下或半地下仓库（室）的安全出口不应少于 2 个；当建筑面积≤100m^2 时，可设置 1 个安全出口。

厂房（仓库）的共同点：地下或半地下厂房（仓库），当有多个防火分区相邻布置并采用防火墙分隔时，每个防火分区可利用防火墙上通向相邻防火分区的甲级防火门作为第二安全出口，但每个防火分区必须至少有1个直通室外的安全出口。

2. 公共建筑安全出口

▲《建规》第5.5.8条：公共建筑内每个防火分区或一个防火分区的每个楼层，其安全出口的数量应经计算确定，且不应少于2个。符合下列条件之一的公共建筑，可设置1个安全出口或1部疏散楼梯：

（1）除托儿所、幼儿园外，建筑面积≤200m² 且人数≤50人的单层公共建筑或多层公共建筑的首层。

（2）除医疗建筑，老年人照料设施，托儿所、幼儿园的儿童用房，儿童游乐厅等儿童活动场所和歌舞娱乐放映游艺场所等外，公共建筑还需符合表2.6-14的规定。

表2.6-14 设置1部疏散楼梯的条件

耐火等级	最多层数	每层最大建筑面积/m²	人数
一、二级	3层	200	第二、三层的人数之和≤50人
三级	3层	200	第二、三层的人数之和≤25人
四级	2层	200	第二层人数≤15人

《建规》第5.5.9条：一、二级耐火等级公共建筑内的安全出口全部直通室外确有困难的防火分区，可利用通向相邻防火分区的甲级防火门作为安全出口，但应符合下列要求：

（1）利用通向相邻防火分区的甲级防火门作为安全出口时，应采用防火墙与相邻防火分区进行分隔。

（2）建筑面积>1000m² 的防火分区，直通室外的安全出口≥2个；建筑面积≤1000m² 的防火分区，直通室外的安全出口≥1个。

（3）该防火分区通向相邻防火分区的疏散净宽度不应大于其按《建规》第5.5.21条规定计算所需疏散总净宽度的30%，建筑各层直通室外的安全出口总净宽度不应小于按《建规》第5.5.21条规定计算所需疏散总净宽度。

《建规》第5.5.11条：设置不少于2部疏散楼梯的一、二级耐火等级多层公共建筑，如顶层局部升高，当高出部分的层数不超过2层、人数之和不超过50人且每层建筑面积≤200m² 时，高出部分可设置1部疏散楼梯，但至少应另外设置1个直通建筑主体上人平屋面的安全出口，且上人屋面应符合人员安全疏散的要求。

3. 住宅建筑安全出口

《建规》第5.5.25条，住宅建筑安全出口的设置应符合下列规定：

（1）建筑高度≤27m的建筑，当每个单元任一层的建筑面积>650m²，或任一户门至最近安全出口的距离>15m时，每个单元每层的安全出口≥2个。

（2）27m<建筑高度≤54m的建筑，当每个单元任一层的建筑面积>650m²，或任一户门至最近安全出口的距离>10m时，每个单元每层的安全出口≥2个。

（3）建筑高度>54m的建筑，每个单元每层的安全出口≥2个。

《建规》第5.5.26条：27m<建筑高度≤54m的住宅建筑，每个单元设置一座疏散楼梯时，疏散楼梯应通至屋面，且单元之间的疏散楼梯应能通过屋面连通，户门应采用乙级防火

门。当不能通至屋面或不能通过屋面连通时，应设置2个安全出口。

6.3 疏散走道与避难走道

1. 疏散走道设置要求

疏散走道是指发生火灾时，建筑内人员从火灾现场逃往安全场所的通道。疏散走道的设置应保证逃离火场的人员进入走道后，能顺利地继续通行至楼梯间，到达安全地带。疏散走道的布置应满足以下要求：

（1）走道应简捷，并按规定设置疏散指示标志和诱导灯。

（2）在1.8m高度内不宜设置管道、门垛等凸出物，走道中的门应向疏散方向开启。

（3）尽量避免设置袋形走道。

（4）疏散走道的宽度应符合规范的要求。

（5）疏散走道在防火分区处应设置常开甲级防火门。

《办公建筑设计规范》（JGJ 67—2006）第4.1.9条：办公建筑走道最小净宽应符合表2.6-15的规定。

表2.6-15 办公建筑的走道最小净宽 （单位：m）

走道长度	走道净宽	
	单面布房	双面布房
≤40	1.30	1.50
>40	1.50	1.80

2. 避难走道设置要求

采取防烟措施且两侧设置耐火极限≥3.00h的防火隔墙，用于人员安全通行至室外的走道称为避难走道。

《建规》第6.4.14条，避难走道的设置应符合下列规定：

（1）避难走道防火隔墙的耐火极限≥3.00h，楼板的耐火极限≥1.50h。

（2）避难走道直通地面的出口≥2个，并应设置在不同方向；当避难走道仅与一个防火分区相通且该防火分区至少有1个直通室外的安全出口时，可设置1个直通地面的出口。任一防火分区通向避难走道的门至该避难走道最近直通地面的出口的距离≤60m。

（3）避难走道的净宽度不应小于任一防火分区通向该避难走道的设计疏散总净宽度。

（4）避难走道内部装修材料的燃烧性能应为A级。

（5）防火分区至避难走道入口处应设置防烟前室，前室的使用面积≥6.0m²，开向前室的门应采用甲级防火门，前室开向避难走道的门应采用乙级防火门。

（6）避难走道内应设置消火栓、消防应急照明、应急广播和消防专线电话。

6.4 疏散楼梯间和疏散楼梯

1. 疏散楼梯间的一般要求

《建规》第6.4.1条，疏散楼梯间应符合下列规定：

（1）楼梯间应能天然采光和自然通风，并宜靠外墙设置。靠外墙设置时，楼梯间、前室及合用前室外墙上的窗口与两侧门、窗、洞口最近边缘的水平距离≥1.0m。

（2）楼梯间内不应设置烧水间、可燃材料储藏室、垃圾道。

（3）楼梯间内不应有影响疏散的凸出物或其他障碍物。

（4）封闭楼梯间、防烟楼梯间及其前室，不应设置卷帘。

（5）楼梯间内不应设置甲、乙、丙类液体管道。

（6）封闭楼梯间、防烟楼梯间及其前室内禁止穿过或设置可燃气体管道。敞开楼梯间内不应设置可燃气体管道，当住宅建筑的敞开楼梯间内确需设置可燃气体管道和可燃气体计量表时，应采用金属管和设置切断气源的阀门。

《建规》第6.4.4条：除通向避难层错位的疏散楼梯外，建筑内的疏散楼梯间在各层的平面位置不应改变。

《建规》第6.4.6条：用作丁、戊类厂房内第二安全出口的楼梯可采用金属梯，但其净宽度不应小于0.90m，倾斜角度不应大于45°。丁、戊类高层厂房，当每层工作平台上的人数不超过2人且各层工作平台上同时工作的人数总和不超过10人时，其疏散楼梯可采用敞开楼梯或利用净宽度不小于0.90m、倾斜角度不大于60°的金属梯。

《建规》第6.4.7条：疏散用楼梯和疏散通道上的阶梯不宜采用螺旋楼梯和扇形踏步；确需采用时，踏步上、下两级所形成的平面角度≤10°，且每级离扶手250mm处的踏步深度≥220mm。

《建规》第6.4.9条：高度大于10m的三级耐火等级建筑应设置通至屋顶的室外消防梯。室外消防梯不应面对老虎窗，宽度不应小于0.6m，且宜从离地面3.0m高处设置。

《建规》第6.4.4条：除住宅建筑套内的自用楼梯外，建筑的地下或半地下部分与地上部分不应共用楼梯间，确需共用楼梯间时，应在首层采用耐火极限不低于2.00h的防火隔墙和乙级防火门将地下或半地下部分与地上部分的连通部位完全分隔，并应设置明显的标志。

2. 敞开楼梯间设置要求

疏散楼梯的适用范围及设计要求见表2.6-16。

表2.6-16 敞开楼梯间适用范围及设计要求

建筑分类	适用范围	设计要求
住宅建筑	1. H≤21m（电梯井与疏散楼梯未相邻布置） 2. H≤33m（户门为乙级防火门）	一般规定： 1. 楼梯间应能天然采光和自然通风，并宜靠外墙设置。靠外墙设置时，楼梯间、前室及合用前室外墙上的窗口水平距离两侧门、窗、洞口的最近边缘不应小于1.0m 2. 楼梯间内不应设置烧水间、可燃材料储藏室、垃圾道 3. 楼梯间内不应有影响疏散的凸出物或其他障碍物 4. 楼梯间内不应敷设甲、乙、丙类液体管道 特殊规定： 1. 住宅建筑的敞开楼梯间内不宜设置可燃气体管道和可燃气体计量表，必须设置时，应采用金属管和设置切断气源的阀门 2. 公共建筑的敞开楼梯间内不应设置可燃气体管道
公共建筑	1. n≤5的一般公建，不包括： （1）医院建筑、宿舍、旅馆、老年人照料设施。 （2）设置歌舞娱乐放映游艺场所的建筑。 （3）商店、图书馆、展览建筑、会议中心及类似使用功能的建筑	
厂房（仓库）	1. 丁、戊类多层厂房 2. 多层仓库	

注：H—建筑高度；n—建筑层数。

3. 封闭楼梯间设置要求

封闭楼梯间的设置范围见表 2. 6-17。

表 2. 6-17 封闭楼梯间适用范围及设计要求

<table>
<tr><th>建筑分类</th><th>适 用 范 围</th><th>设 计 要 求</th></tr>
<tr><td>住宅建筑</td><td>1. $H\leqslant21$m（且电梯井与疏散楼梯相邻布置）
2. 21m < $H\leqslant33$m
3. 地下（半地下）建筑</td><td rowspan="3">封闭楼梯间除应符合敞开楼梯间的一般规定外，尚应符合下列规定：
1. 楼梯间的首层可将走道和门厅等包括在楼梯间内，形成扩大的封闭楼梯间，但应采用乙级防火门等措施与其他走道和房间隔开
2. 除楼梯间的出入口和外窗外，楼梯间的墙上不应开设其他门、窗、洞口
3. 高层建筑、人员密集的公共建筑、人员密集的多层丙类厂房、甲、乙类厂房，其封闭楼梯间的门应采用乙级防火门，并应向疏散方向开启；其他建筑，可采用双向弹簧门
4. 不能自然通风或通风不能满足要求时，应按设置机械加压送风系统或防烟楼梯间的要求设置
5. 封闭楼梯间不应设置卷帘
6. 封闭楼梯间内不应设置甲、乙、丙类液体管道</td></tr>
<tr><td>公共建筑</td><td>《建规》规定：
1. 地下（半地下）建筑
2. 裙房
3. 24m < $H\leqslant32$m 的二类高层建筑
4. 下列多层公共建筑（除与敞开式外廊直接相连的楼梯间外）
（1）医院建筑、宿舍、旅馆、老年人照料设施
（2）设置歌舞娱乐放映游艺场所的建筑
（3）商店、图书馆、展览建筑、会议中心及类似使用功能的建筑
（4）$n\geqslant6$ 的其他多层建筑
专业规范规定：
（1）档案馆的档案库
（2）汽车库、修车库（包括地下汽车库）
（3）图书馆的书库，非书资料库
（4）博物馆藏品库区</td></tr>
<tr><td>厂房（仓库）</td><td>1. 高层厂房和甲、乙、丙类多层厂房
2. 高层仓库</td></tr>
</table>

注：H—建筑高度；n—建筑层数。

规范条文链接

《建规》第 6. 4. 2 条，封闭楼梯间除应符合《建规》第 6. 4. 1 条的规定外，尚应符合下列规定：

（1）不能自然通风或自然通风不能满足要求时，应设置机械加压送风系统或采用防烟楼梯间。

（2）除楼梯间的出入口和外窗外，楼梯间的墙上不应开设其他门、窗、洞口。

（3）高层建筑、人员密集的公共建筑、人员密集的多层丙类厂房、甲、乙类厂房，其封闭楼梯间的门应采用乙级防火门，并应向疏散方向开启；其他建筑，可采用双向弹簧门。

（4）楼梯间的首层可将走道和门厅等包括在楼梯间内形成扩大的封闭楼梯间，但应采用乙级防火门等与其他走道和房间分隔。

4. 防烟楼梯间设置要求

防烟楼梯间的设置范围见表 2. 6-18。

表 2.6-18 防烟楼梯间适用范围及设计要求

<table>
<tr><th>建筑分类</th><th>适 用 范 围</th><th>设 计 要 求</th></tr>
<tr><td>住宅建筑</td><td>1. $H>33m$（户门为乙级防火门）
2. $n\geqslant3$ 或 $h>10m$（地下或半地下建筑）</td><td rowspan="3">防烟楼梯间除应符合敞开楼梯间的一般规定外，尚应符合下列规定：
1. 防烟楼梯间及其前室不应设置卷帘
2. 防烟楼梯间及其前室内禁止穿过或设置可燃气体管道
3. 应设置防烟设施
4. 在楼梯间入口处应设置前室等，前室可与消防电梯间前室合用
5. 前室的使用面积：公共建筑，不应小于 $6.0m^2$；居住建筑，不应小于 $4.5m^2$。合用前室的使用面积：公共建筑、高层厂房（仓库），不应小于 $10.0m^2$；住宅建筑，不应小于 $6.0m^2$
6. 疏散走道通向前室以及前室通向楼梯间的门应采用乙级防火门
7. 除楼梯间和前室出入口、楼梯间和前室内设置的正压送风口和住宅建筑的楼梯间前室外，防烟楼梯间和前室的墙上不应开设其他门、窗、洞口
8. 楼梯间的首层可将走道和门厅等包括在楼梯间前室内，形成扩大的前室，但应采用乙级防火门等措施与其他走道和房间隔开</td></tr>
<tr><td>公共建筑</td><td>《建规》规定：
1. 一类高层建筑
2. $H>32m$ 的二类高层建筑
3. $n\geqslant3$ 或 $h>10m$（地下或半地下建筑）
4. $H>24$ 的老年人照料设施
专业规范规定：
（1）$H>32m$ 的宿舍。
（2）$H>32m$ 的高层汽车库</td></tr>
<tr><td>厂房</td><td>$H>32m$，且任一层人数超过 10 人的厂房</td></tr>
</table>

注：H—建筑高度；h—地下室内地面与室外出入口地坪高差；n—建筑层数。

《建规》第 6.4.3 条，防烟楼梯间除应符合《建规》第 6.4.1 条的规定外，尚应符合下列规定：

（1）应设置防烟设施。

（2）前室可与消防电梯间前室合用。

（3）前室的使用面积，公共建筑、高层厂房（仓库）：$\geqslant 6.0m^2$；住宅建筑：$\geqslant 4.5m^2$。与消防电梯间前室合用时，合用前室的使用面积，公共建筑、高层厂房（仓库）：$\geqslant 10.0m^2$；住宅建筑：$\geqslant 6.0m^2$。

（4）疏散走道通向前室以及前室通向楼梯间的门应采用乙级防火门。

（5）除住宅建筑的楼梯间前室外，防烟楼梯间和前室内的墙上不应开设除疏散门和送风口外的其他门、窗、洞口。

（6）楼梯间的首层可将走道和门厅等包括在楼梯间前室内形成扩大的前室，但应采用乙级防火门等与其他走道和房间分隔。

5. 室外疏散楼梯

（1）室外疏散楼梯适用范围

1）高层厂房和甲、乙、丙类多层厂房；

2）建筑高度大于 32m 且任一层人数超过 10 人的厂房。

（2）室外疏散楼梯应符合下列规定：

1）栏杆扶手的高度不应小于 1.1m，楼梯的净宽度不应小于 0.9m。

2）倾斜角度不应大于 45°。

3）楼梯段和平台均应采取不燃材料制作。平台的耐火极限不应低于 1.00h，楼梯段的耐火极限不应低于 0.25h。

4）通向室外楼梯的门宜采用乙级防火门，并应向室外开启。

5）除疏散门外，楼梯周围 2m 内的墙面上不应设置门、窗、洞口。疏散门不应正对梯段。

6. 剪刀楼梯设置要求

《建规》第 5.5.10 条，高层公共建筑的疏散楼梯，当分散设置确有困难且从任一疏散门至最近疏散楼梯间入口的距离≤10m 时，可采用剪刀楼梯间，但应符合下列规定：

（1）楼梯间应为防烟楼梯间。

（2）梯段之间应设置耐火极限不低于 1.00h 的防火隔墙。

（3）楼梯间的前室应分别设置。

《建规》第 5.5.28 条，住宅单元的疏散楼梯，当分散设置确有困难且任一户门至最近疏散楼梯间入口的距离≤10m 时，可采用剪刀楼梯间，但应符合下列规定：

（1）应采用防烟楼梯间。

（2）梯段之间应设置耐火极限不低于 1.00h 的防火隔墙。

（3）楼梯间的前室不宜共用；共用时，前室的使用面积≥6.0m^2。

（4）楼梯间的前室或共用前室不宜与消防电梯的前室合用；楼梯间的共用前室与消防电梯的前室合用时，合用前室的使用面积≥12.0m^2，且短边≥2.4m。

6.5　避难层（间）

1. 避难层（间）一般要求

建筑内用于人员暂时躲避火灾及其烟气危害的楼层（房间）称作避难层（间）。建筑高度大于 100m 的公共建筑和住宅建筑应设置避难层（间）。

《建规》第 5.5.23 条，避难层（间）应符合下列规定：

（1）第一个避难层（间）的楼地面至灭火救援场地地面的高度≤50m，两个避难层（间）之间的高度不宜大于 50m。

（2）通向避难层（间）的疏散楼梯应在避难层分隔、同层错位或上下层断开。

（3）避难层（间）的净面积应能满足设计避难人数避难的要求，并宜按 5.0 人/m^2 计算。

（4）避难层可兼作设备层。设备管道宜集中布置，其中的易燃、可燃液体或气体管道应集中布置，设备管道区应采用耐火极限≥3.00h 的防火隔墙与避难区分隔。管道井和设备间应采用耐火极限≥2.00h 的防火隔墙与避难区分隔，管道井和设备间的门不应直接开向避难区；确需直接开向避难区时，与避难层区出入口的距离≥5m，且应采用甲级防火门。

避难间内不应设置易燃、可燃液体或气体管道，不应开设除外窗、疏散门之外的其他开口。

（5）避难层应设置消防电梯出口。

（6）应设置消火栓和消防软管卷盘。

（7）应设置消防专线电话和应急广播。

（8）在避难层（间）进入楼梯间的入口处和疏散楼梯通向避难层（间）的出口处，应设置明显的指示标志。

(9) 应设置直接对外的可开启窗口或独立的机械防烟设施，外窗应采用乙级防火窗。

2. 高层病房楼避难间设置要求

《建规》第5.5.24条，应在二层及以上的病房楼层和洁净手术部设置避难间。避难间应符合下列规定：

(1) 避难间服务的护理单元不应超过2个，其净面积应按每个护理单元不小于25.0m^2确定。

(2) 避难间兼作其他用途时，应保证人员的避难安全，且不得减少可供避难的净面积。

(3) 应靠近楼梯间，并应采用耐火极限不低于2.00h的防火隔墙和甲级防火门与其他部位分隔。

(4) 应设置消防专线电话和消防应急广播。

(5) 避难间的入口处应设置明显的指示标志。

(6) 应设置直接对外的可开启窗口或独立的机械防烟设施，外窗应采用乙级防火窗。

3. 老年人照料设施避难间设置要求

《建规》第5.5.24A条，3层及3层以上总建筑面积大于3000m^2（包括设置在其他建筑内三层及以上楼层）的老年人照料设施，应在二层及以上各层老年人照料设施部分的每座疏散楼梯间的相邻部位设置1间避难间；当老年人照料设施设置与疏散楼梯或安全出口直接连通的开敞式外廊、与疏散走道直接连通且符合人员避难要求的室外平台等时，可不设置避难间。避难间内可供避难的净面积不应小于12m^2，避难间可利用疏散楼梯间的前室或消防电梯的前室，其他要求应符合《建规》第5.5.24条的规定。

供失能老年人使用且层数大于2层的老年人照料设施，应按核定使用人数配备简易防毒面具。

6.6 应急照明及疏散指示标志

1. 应急照明

(1) 设置场所

《建规》第10.3.1条，除建筑高度小于27m的住宅建筑外，民用建筑、厂房和丙类仓库的下列部位应设置疏散照明：

1) 封闭楼梯间、防烟楼梯间及其前室、消防电梯间的前室或合用前室、避难走道、避难层（间）。

2) 观众厅、展览厅、多功能厅和建筑面积大于200m^2的营业厅、餐厅、演播室等人员密集的场所。

3) 建筑面积大于100m^2的地下或半地下公共活动场所。

4) 公共建筑内的疏散走道。

5) 人员密集的厂房内的生产场所及疏散走道。

(2) 设置要求

《建规》第10.3.2条，建筑内疏散照明的地面最低水平照度应符合下列规定：

1) 对于疏散走道，不应低于1.0lx。

2）对于人员密集场所、避难层（间），不应低于3.0lx；对于老年人照料设施、病房楼或手术部的避难间，不应低于10.0lx。

3）对于楼梯间、前室或合用前室、避难走道，不应低于5.0lx；对于人员密集场所、老年人照料设施、病房楼或手术部内的楼梯间、前室或合用前室、避难走道，不应低于10.0lx。

《建规》第10.3.3条，消防控制室、消防水泵房、自备发电机房、配电室、防排烟机房以及发生火灾时仍需正常工作的消防设备房应设置备用照明，其作业面的最低照度不应低于正常照明的照度。

《建规》第10.3.4条，疏散照明灯具应设置在出口的顶部、墙面的上部或顶棚上；备用照明灯具应设置在墙面的上部或顶棚上。

2. 疏散指示标志

（1）设置场所

《建规》第10.3.5条，公共建筑、建筑高度大于54m的住宅建筑、高层厂房（库房）和甲、乙、丙类单、多层厂房，应设置灯光疏散指示标志，并应符合下列规定：

1）应设置在安全出口和人员密集的场所的疏散门的正上方。

2）应设置在疏散走道及其转角处距地面高度1.0m以下的墙面或地面上。灯光疏散指示标志的间距≤20m；对于袋形走道，≤10m；在走道转角区，≤1.0m。

（2）设置要求

《建规》第10.3.6条，下列建筑或场所应在疏散走道和主要疏散路径的地面上增设能保持视觉连续的灯光疏散指示标志或蓄光疏散指示标志：

1）总建筑面积大于8000m^2的展览建筑。

2）总建筑面积大于5000m^2的地上商店。

3）总建筑面积大于500m^2的地下或半地下商店。

4）歌舞娱乐放映游艺场所。

5）座位数超过1500个的电影院、剧场，座位数超过3000个的体育馆、会堂或礼堂。

6）车站、码头建筑和民用机场航站楼中建筑面积大于3000m^2的候车、候船厅和航站楼的公共区。

（3）其他规定

《建规》第10.1.5条，建筑内消防应急照明和灯光疏散指示标志的备用电源的连续供电时间应符合下列规定：

1）建筑高度大于100m的民用建筑，不应小于1.50h。

2）医疗建筑、老年人照料设施、总建筑面积大于100000m^2的公共建筑和总建筑面积大于20000m^2的地下、半地下建筑，不应少于1.00h。

3）其他建筑，不应少于0.50h。

历年真题研究

【2015-24】某建筑高度为98.9m的大楼，使用功能为办公、宾馆、商业和娱乐。一至四层的裙房设有营业厅和办公室；地下一层夜总会疏散走道两侧和尽端设有5个卡拉OK小包间；营业厅的2个疏散门需要通过疏散走道至疏散楼梯间。该建筑按照规范要求设置消防

设施。下列建筑内疏散走道的设计中，错误的是（　　）。

A. 办公区域疏散走道两侧的隔墙采用加气混凝土砌块砌筑，耐火极限为1.50h

B. 宾馆区域疏散走道采用轻钢龙骨纸面石膏板吊顶，耐火极限为0.30h

C. 夜总会疏散走道尽端房间房门至最近的安全出口的疏散走道长度为15m

D. 裙房内营业厅的疏散门至最近的安全出口的疏散走道长度为11m

【答案】C

【解析】依据《建规》第5.1.17条规定，歌舞娱乐场所位于走道尽端房间房门至最近的安全出口的疏散走道长度不应大于9m（11.25m，设自动喷水灭系统时增加25%）。C错误。

【2015-31】某集成电路工厂新建一个化学清洗间，建筑面积为100m^2，设置1个安全出口，清洗作业使用火灾危险性为甲类的易燃液体，该清洗间同一时间内清洗操作人员不应超过（　　）人。

A. 10　　B. 5　　C. 15　　D. 20

【答案】B

【解析】依据《建规》第3.7.2条规定，甲类厂房，每层建筑面积≤100m^2，且同一时间的作业人数≤5人时可设置1个安全出口。B正确。

【2015-44】某商业建筑，地上4层，地下2层，耐火等级一级，建筑高度为20.6m，地上各层为百货、小商品和餐饮，地下一层为超市，地下二层为汽车库，地下一层设计疏散人数为1500人，地上一至三层每层设计疏散人数为2000人，四层设计疏散人数为1800人，地上一至三层疏散楼梯的最小总净宽度是（　　）m。

A. 13　　B. 15　　C. 20　　D. 18

【答案】D

【解析】按照最多人数2000人计算，$2000\times1.0/100=20$（m）

【2015-60】某高度为120m的高层办公建筑，其消防应急照明备用电源的连接供电时间不应低于（　）min。

A. 90　　B. 20　　C. 30　　D. 60

【答案】A

【解析】建筑高度大于100m的民用建筑，建筑内消防应急照明和灯光疏散指示标志的备用电源的连续供电时间不应小于1.5h。

【2015-71】某多功能建筑，建筑高度为54.8m，二座楼梯间分别位于"一"字形内走廊的尽端，楼梯间形式和疏散宽度符合相关规范规定。地下一层建筑面积为2600m^2，用途为餐厅、设备房；地上共14层，建筑面积为24000m^2，用途为歌舞娱乐、宾馆、办公。该建筑按照规范要求设置建筑消防设施。下列关于该建筑房间疏散门的设置中，错误的是（　　）。

A. 九至十四层每层的会议室相邻两个疏散门最近边缘之间的水平距离为6m

B. 位于地下一层的一个建筑面积为50m^2、使用人数为10人的小餐厅，设置1个向内开启的疏散门

C. 位于三层的一个建筑面积为80m^2、使用人数为50人的会议室，设置2个向内开启的疏散门

D. 位于一层的一个建筑面积为60m^2、使用人数为16人的录像厅，设置1个向外开启

的疏散门

【答案】D

【解析】《建规》第 5.5.15 条规定，歌舞娱乐放映游艺场所内建筑面积不大于 $50m^2$ 且经常停留人数不超过 15 人的厅、室公共建筑内房间可设置 1 个疏散门，D 错误。

【2015-76】下列场所中，应在疏散走道和主要疏散路径的地面上增设能保持视觉连续的疏散指示标志的是（　　）。

A. 总建筑面积为 $6000m^2$ 的展览厅　　B. 座位数为 1200 个的剧场

C. 总建筑面积为 $500m^2$ 的电子游艺厅　　D. 总建筑面积为 $500m^2$ 的地下超市

【答案】C

【解析】《建规》第 10.3.6 条规定，歌舞娱乐放映游艺场所应在疏散走道和主要疏散路径的地面上增设能保持视觉连续的灯光疏散指示标志或蓄光疏散指示标志，C 正确。

【2015-77】建筑高度超过 100m 的公共建筑应设置避难层。下列关于避难层设置的说法中，错误的是（　　）。

A. 第一个避难层的楼地面至灭火救援场地地面的高度不应大于 60m

B. 封闭的避难层应设置独立的机械防烟系统

C. 通向避难层的疏散楼梯应使人员需经过避难层方能上下

D. 避难层可兼作设备层

【答案】A

【解析】第一个避难层（间）的楼地面至灭火救援场地地面的高度不应大于 50m，A 错误。

【2015-95】下列无敞开式外廊的建筑中，可设置封闭楼梯间的有（　　）。

A. 4 层且建筑高度为 21m 的医院门诊楼

B. 3 层且建筑高度为 12m、每层建筑面积为 $500m^2$ 的小型商店

C. 3 层且建筑高度为 19.8m 的纺织厂房

D. 6 层且建筑高度为 21.6m 的办公楼

E. 宾馆建筑下部设置的 3 层地下设备房和汽车库

【答案】ABCD

【解析】《建规》第 5.5.13 条规定，下列多层公共建筑的疏散楼梯，除与敞开式外廊直接相连的楼梯间外，均应采用封闭楼梯间：

1）医疗建筑、旅馆及类似使用功能的建筑。（A 正确）

2）商店、图书馆、展览建筑、会议中心及类似使用功能的建筑。（B 正确）

3）6 层及以上的其他建筑。（D 正确）

《建规》第 3.7.6 条规定，丙类多层厂房的疏散楼梯应采用封闭楼梯间。（C 正确）

《建规》第 6.4.4 条规定，室内地面与室外出入口地坪高差大于 10m 或 3 层及以上的地下、半地下建筑（室），其疏散楼梯应采用防烟楼梯间。（E 错误）

【2016-12】某二级耐火等级且设置自动喷水灭火系统的旅馆，建筑高度为 23.2m。"一"字形疏散内走道的东、西两端外墙上均设置采光、通风窗，在走道的两端设置了一座疏散楼梯间，其中一座紧靠东侧外墙，另一座与西侧外墙有一定距离。建筑在该走道西侧尽端的房间门与最近一座疏散楼梯间入口门的允许最大直线距离为（　　）m。

A. 15　B. 20　C. 22　D. 27.5

【答案】D

【解析】根据《建规》表5.5.17，位于袋型走道两侧或尽端的疏散门至最近安全出口的直线距离为22m，建筑物内全部设置自动喷水灭火系统时，其安全疏散距离可按表中的规定增加25%。故该走道西侧尽端的房间门与最近一座疏散楼梯间入口门的允许最大直线距离为22 +22 ×25% =27.5（m）。

【2016-21】某建筑高度为300m的办公建筑，首层室内地面标高为±0.000m，消防车登高操作场地的地面标高为-0.600m，首层层高为6.0m，地上其余楼层的层高均为4.8m。下列关于该建筑避难层的做法中，错误的是（　）。

A. 第二个避难层与第一个避难层相距10层设置

B. 第一个避难层的避难净面积按其担负的避难人数乘以0.25m²/人计算确定

C. 将第一个避难层设置在第十二层

D. 第二个避难层的避难净面积按其负担的避难人数乘以0.2m²/人计算确定

【答案】C

【解析】将第一个避难层设置在第十二层，距离地面的高度大于50m，C选项错误。

【2016-77】下列关于建筑内疏散楼梯间的做法中，错误的是（　）。

A. 设置敞开式外廊的4层教学楼，每层核定人数500人，设置3部梯段净宽度均为2.00m的敞开式疏散楼梯间

B. 建筑高度为15m的3层商用建筑，总建筑面积为2400m²，一、二层为美术教室和体型训练室，三层为卡拉OK厅和舞厅，设置2座梯段净宽度均为2.00m的敞开式疏散楼梯间

C. 电子厂综合装配大楼，建筑高度为31.95m，每层作业人数100人，设置2座净宽度均为1.2m的防烟楼梯间

D. 建筑高度为31.9m的住宅建筑，每个单元的建筑面积为500m²，户门至楼梯间的最大水平距离为2m，每个单元设置一座梯段净宽度为1.10m的封闭楼梯间

【答案】B

【解析】商店的疏散楼梯，除与敞开式外廊直接相连的楼梯间外，应采用封闭楼梯间，B选项错误。

【2016-80】下列关于建筑安全出口或疏散楼梯间的做法中，错误的是（　）。

A. 位于地下一层，总建筑面积为1000m²的卡拉OK厅和舞厅，设置了3个净宽度均为2m的安全出口

B. 每层为一个防火分区且每层使用人数不超过180人的多层制衣厂，设置了2座梯段净宽度均为1.2m的封闭楼梯间

C. 高层办公楼的每层使用人数为60人，设置了2座防烟疏散楼梯间，楼梯间的净宽度及楼梯间在首层的门的净宽度均为1.2m

D. 单层二级耐火等级且设置自动喷水灭火系统的电影院，其中一个1000座的观众厅设置了4个净宽度均为1.50m的安全出口

【答案】D

【解析】有固定座位的场所，其疏散人数可按实际座位数的1.1倍计算。1000座的观众

厅，疏散人数为 1100 人，二级耐火等级的建筑，安全出口最小疏散净宽度为 1100 ×0.65/100 =7.15（m）（平坡地面），当为阶梯地面时为 8.25m，D 选项安全出口的总宽度为 4 ×1.5 =6（m），故 D 选项错误。

【2016-97】下列关于建筑中疏散门的做法中，正确的有（　　）。

A. 建筑高度为 31.5m 的办公楼，封闭楼梯间在每层均设置甲级防火门并向疏散方向开启，防火门完全开启时不减少楼梯平台的有效宽度

B. 宾馆首层大堂 480m^2，在南北两面均设置 1 个净宽 1.8m 并双向开启的普通玻璃外门和 1 个直径 3m 的转门

C. 建筑面积为 360m^2 的单层制氧机房，设置 2 个净宽 1.4m 的外开门

D. 位于走道两侧的教室，每间教室的建筑面积为 120m^2，核定人数 70 人，设置两个净宽为 1.2m 并向教室内开启的门

E. 建筑面积为 1500m^2 的单层轮胎仓库，在墙的外侧设置 2 个净宽 4m 的推拉门

【答案】ABCE

【解析】根据《建规》第 6.4.2.3 条，高层建筑的封闭楼梯间的门应采用乙级防火门，并应向疏散方向开启，A 选项正确。

根据《建规》第 6.4.11.1 条，民用建筑的疏散门，应采用向疏散方向开启的平开门，B 选项正确。

根据《建规》第 3.7.2 条、3.7.5 条，厂房内每个防火分区或一个防火分区内的每个楼层，其安全出口的数量应经计算确定，且不应少于 2 个，首层外门的最小净宽度不应小于 1.20m，C 选项正确。

根据《中小学校设计规范》第 8.1.8.2 条，各教学用房的门均应向疏散方向开启，开启的门扇不得挤占走道的疏散通道，D 选项错误。

根据《建规》第 6.4.11.2 条，仓库的疏散门应采用向疏散方向开启的平开门，但丙、丁、戊类仓库首层靠墙的外侧可采用推拉门或卷帘门，E 选项正确。

【2017-11】关于疏散楼梯间设置的做法，错误的是（　　）。

A. 二层展览建筑无自然通风条件的封闭楼梯间，在楼梯间直接设置机械加压送风系统

B. 与高层办公主体建筑之间设置防火墙的商业裙房，其疏散楼梯间采用封闭楼梯间

C. 建筑高度为 33m 的住宅建筑，户门均采用乙级防火门，其疏散楼梯间采用敞开楼梯间

D. 建筑高度为 32m，标准层建筑面积为 1500m^2 的电信楼，其疏散楼梯间采用封闭楼梯间

【答案】D

【解析】一类高层公共建筑的疏散楼梯应采用防烟楼梯间，D 错误。

【2017-36】某 7 层商业综合体建筑，裙房与塔楼连通部位采用防火卷帘分隔。裙房地上 3 层，地下 2 层，建筑面积 35000m^2，耐火等级为一级，商业业务包括商业营业厅及餐厅等。裙房第三层的百人疏散宽度指标应为（　　）m/百人。

A. 0.65　　B. 1.00　　C. 0.75　　D. 0.85

【答案】B

【解析】该商业综合体地上 7 层，耐火等级一级，裙房与塔楼连通部位采用防火卷帘分

隔，故裙房疏散未完全独立，疏散宽度指标应为1.00m/百人。

【2017-51】下列多层厂房中，设置机械加压送风系统的封闭楼梯间应采用乙级防火门的是（ ）。

A. 服装加工厂房 B. 机械修理厂 C. 汽车厂总装厂房 D. 金属冶炼厂房

【答案】A

【解析】《建规》第6.4.2条规定，人员密集的多层丙类厂房，其封闭楼梯间的门应采用乙级防火门，A正确。

【2018-20】某耐火等级为二级的会议中心，地上5层，建筑高度为30m，第二层采用敞开式外廊作疏散走道，该外廊的最小净宽度应为（ ）m。

A. 1.1 B. 1.2 C. 1.3 D. 1.4

【答案】C

【解析】《建规》第5.5.18条规定，高层公共建筑的疏散走道，单面布置房间时，最小净宽度为1.3m，C正确。

【2018-62】耐火等级为二级的印刷厂房，地上5层，建筑高度为30m，厂房内设有自动喷水灭火系统，据现行国家标准《建筑设计防火规范》（2018年版），该厂房首层任一点至最近安全出口的最大直线距离应为（ ）m。

A. 15 B. 40 C. 50 D. 60

【答案】B

【解析】根据《建规》第3.7.4条规定，二级耐火等级的丙类高层厂房室内任一点至安全出口的距离不应大于40m。

【2018-70】下列民用建筑房间中，可设1个疏散门的是（ ）。

A. 老年人日间照料中心内位于走道尽端，建筑面积为$50m^2$

B. 托儿所内位于袋形走道一侧，建筑面积为$60m^2$的房间

C. 教学楼内位于袋形走道一侧，建筑面积为$70m^2$的教室

D. 病房楼内位于两个安全出口之间、建筑面积为$80m^2$的病房

【答案】C

【解析】根据《建规》第5.5.15条规定，对于教学建筑，位于袋形走道两侧的房间，建筑面积不大于$75m^2$，可设置1个疏散门，C正确。

【2018-82】根据现行国家标准《建筑设计防火规范》（2018年版），下列民用建筑防火间距设计方案中，正确的有（ ）。

A. 建筑高度为22m的商场建筑与建筑高度120m的酒店，相邻侧外墙均为防火墙，建筑之间的间距不限

B. 建筑高度为32m的住宅建筑与建筑高度25m的办公楼，相邻侧外墙均设有普通门窗，建筑之间的间距为13m

C. 建筑高度为32m的住宅建筑与木结构体育馆，相邻侧外墙均设有普通门窗，建筑之间的间距为6m

D. 建筑高度为22m的商场建筑与10kV的预装式变电站，相邻侧商场建筑外墙设有普通门窗，建筑之间的间距为3m

E. 建筑高度为32m的住宅建筑与建筑高度22m的二级耐火等级商场建筑，相邻侧外墙

均设有普通门窗，建筑之间的间距为6m

【答案】BD

【解析】建筑高度大于100m的民用建筑与相邻建筑的防火间距，当符合允许减小的条件时，仍不应减小，A错误；高层民用建筑之间防火间距不小于13m，B正确；木结构与一、二级耐火等级的其他建筑防火间距应不小于8m，C错误；民用建筑与10kV及以下预装式变电站的防火间距不应小于3.00m，D正确；高层民用建筑与二级耐火等级的多层民用建筑防火间距不小于9m，E错误。

【2018-93】某公共建筑，共4层，建筑高度22m，其中一至三层为商店，四层为电影院，电影院的独立疏散楼梯采用室外楼梯。该室外疏散楼梯的下列设计方案中，正确的有（　　）。

A. 室外楼梯平台耐火极限0.50h

B. 建筑二、三、四层通向该室外疏散楼梯的门采用乙级防火门

C. 楼梯栏杆扶手高度1.10m

D. 楼梯倾斜角度45°

E. 楼梯周围2m内墙面上不设门窗洞口

【答案】BCD

【解析】见本章内容。

【2018-96】下列住宅建筑安全出口，疏散楼梯和户门的设计方案中，正确的有（　　）。

A. 建筑高度为27m的住宅，各单元每层的建筑面积为700m^2，每层设1个安全出口

B. 建筑高度为36m的住宅，采用封闭楼梯间

C. 建筑高度为18m的住宅，敞开楼梯间与电梯井相邻，户门采用乙级防火门

D. 建筑高度为30m的住宅，采用敞开楼梯间，户门采用乙级防火门

E. 建筑高度为56m的住宅，每个单元设置1个安全出口，户门采用乙级防火门

【答案】CD

【解析】见本章内容。

【2018-100】下列厂房中，可设1个安全出口的有（　　）。

A. 每层建筑面积80m^2、同一时间的作业人数为4人的赤磷制备厂房

B. 每层建筑面积160m^2、同一时间的作业人数为8人的木工厂房

C. 每层建筑面积240m^2 同一时间的作业人数为12人的空分厂房

D. 每层建筑面积400m^2 同一时间的作业人数为32人的制砖车间

E. 每层建筑面积320m^2 同一时间的作业人数为16人的热处理厂房

【答案】ABE

【解析】见本章内容。

联想记忆口诀

（1）记忆歌舞娱乐场所疏散距离：歌舞娱乐259［25-9］

（2）记忆托幼、老年人照料设施疏散距离：托幼老252［25-20］

（3）可设置1个疏散门三组数据：

1）50（托幼老）；75（医教）；120（其他）［50-75-120］

2）509-15214（尽端房）［50-0.9，15-200-1.4］

3）5015（歌舞厅和地下其他房间）［50-15］；200（地下设备间）

（4）记忆封闭楼梯间口诀：

商图会展老医旅，歌舞娱乐6公建

甲乙丙类高厂库，地下10米2层限

第 7 章　建筑电气防火

助考知识要点

◆电气线路防火：电线电缆的选择、线路的敷设及连接、线路保护措施

◆用电设备防火：照明器具防火、电气装置防火、电动机防火

记忆思维导图（图 2. 7-1）

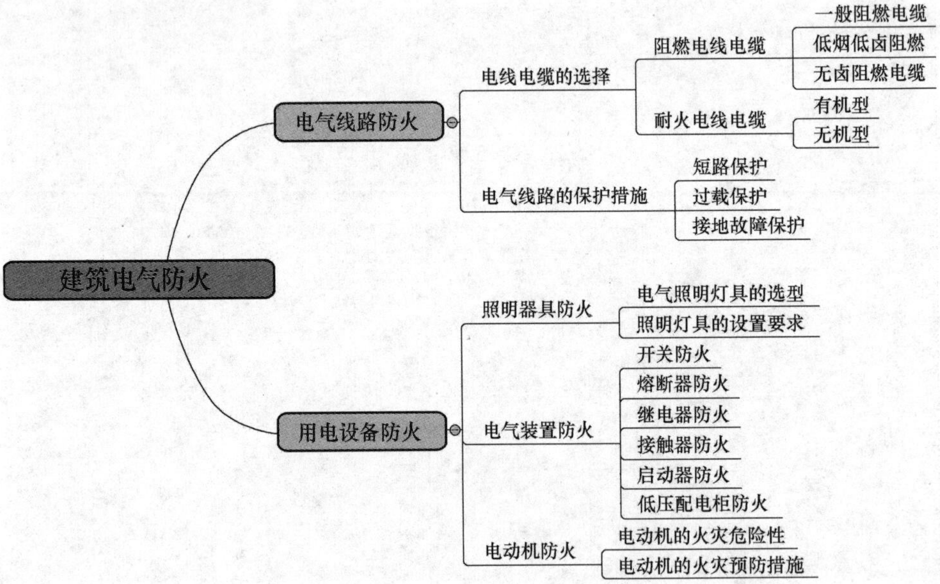

图 2. 7-1　建筑电气防火记忆思维导图

内容归纳解析

7. 1　建筑电气防火

电气线路的防火措施主要应从电线电缆的选择、线路的敷设及连接、在线路上采取保护措施等方面入手。

1. 电线电缆的选择

（1）固定敷设的供电线路宜选用铜芯线缆。

（2）阻燃电线电缆：阻燃电缆是指在规定试验条件下被燃烧，能使火焰蔓延仅在限定范围内，撤去火源后，残焰和残灼能在限定时间内自行熄灭的电缆。分为一般阻燃电缆、低烟低卤阻燃、无卤阻燃电缆三大类。电线电缆成束敷设时，应采用阻燃型电线电缆。

（3）耐火电线电缆：耐火电线电缆是指规定试验条件下，在火焰中被燃烧一定时间内

能保持正常运行特性的电缆。按绝缘材质可分为有机型和无机型两种。有机型主要是采用耐高温800℃的云母带以50%重叠搭盖率包覆两层作为耐火层。无机型是矿物绝缘电缆，它是采用氧化镁作为绝缘材料，铜管作为护套的电缆，国际上称为MI电缆。耐火电线电缆主要适用于凡是在火灾时仍需要保持正常运行的线路，如工业及民用建筑的消防系统、应急照明系统、救生系统、报警及重要的监测回路等。耐火电缆也应考虑自身在火灾中的机械强度，因此明敷的耐火电缆截面面积应不小于2.5 mm^2。应区分耐高温电缆与耐火电缆，前者只适用于调温环境。一般有机类的耐火电缆本身并不阻燃。若既需要耐火又要满足阻燃，应采用阻燃耐火型电缆或矿物绝缘电缆。普通电缆及阻燃电缆敷设在耐火电缆槽盒内，并不一定满足耐火的要求，设计选用时必须注意这一点。

（4）电线电缆截面面积的选型原则应符合下列规定：

1）通过负载电流时，线芯温度不超过电线电缆绝缘所允许的长期工作温度。

2）通过短路电流时，不超过所允许的短路强度，高压电缆要校验热稳定性，母线要校验动、热稳定性。

3）电压损失在允许范围内。

4）满足力学强度的要求。

5）低压电线电缆应符合负载保护的要求，TN系统中还应保证在接地故障时保护电器能断开电路。

2. 电气线路的保护措施

（1）短路保护。应在短路电流使导体达到允许的极限温度之前断开该短路电流。

（2）过载保护。过负载保护电器的动作特性应同时满足以下两个条件：

1）线路计算电流≤熔断器熔体额定电流，后者应小于等于导体允许持续载流量。

2）保证保护电器可靠动作的电流≤1.45倍熔断器熔体额定电流。

当保护电器为断路器时，保证保护电器可靠动作的电流为约定时间内的约定动作电流；当保护电器为熔断器时，保证保护电器可靠动作的电流为约定时间内的熔断电流。

（3）接地故障保护。TN系统接地保护方式：

1）当灵敏性符合要求时，采用短路保护兼作接地故障保护。

2）零序电流保护模式适用于TN-C、TN-C-S、TN-S系统，不适用于谐波电流大的配电系统。

3）剩余电流保护模式适用于TN-S系统，不适用于TN-C系统。

7.2　用电设备防火

1. 照明器具防火

（1）电气照明灯具的选型

1）火灾危险场所应选用闭合型、封闭型、密闭型灯具。

2）爆炸危险场所应选用防爆型、隔爆型灯具。

3）有腐蚀性气体及特别潮湿的场所，应采用密闭型灯具，灯具的各种部件还应进行防腐处理。

4）潮湿的厂房内和户外可采用封闭型灯具，也可采用有防水灯座的开启型灯具。

5）可能直接受外来机械损伤的场所以及移动式和携带式灯具，应采用有保护网（罩）的灯具。

6）振动场所（如有锻锤、空压机、桥式起重机等）的灯具应具有防振措施（如采用吊链等软性连接）。

7）人防工程内的潮湿场所应采用防潮型灯具；柴油发电机房的储油间、蓄电池室等房间应采用密闭型灯具；可燃物品库房不应设置卤钨灯等高温照明灯具。

（2）照明灯具的设置要求

1）在连续出现或长期出现气体混合物的场所和连续出现或长期出现爆炸性粉尘混合物的场所选用定型照明灯具有困难时，可将开启型照明灯具做成嵌墙式壁龛灯，检修门应向墙外开启，并保证有良好的通风；向室外照射的一面应有双层玻璃严密封闭，其中至少有一层必须是高强度玻璃，安装位置不应设在门、窗及排风口的正上方，距门框、窗框的水平距离应≥3m，距排风口水平距离应≥5m。

2）照明与动力合用一电源时，应有各自的分支回路，所有照明线路均应有短路保护装置。配电盘盘后接线要尽量减少接头；接头应采用锡焊焊接并应用绝缘布包好。金属盘面还应有良好接地。

3）照明电压一般采用220V；携带式照明灯具（俗称行灯）的供电电压不应超过36V；如在金属容器内及特别潮湿场所内作业，行灯电压不得超过12V，36V以下照明供电变压器严禁使用自耦变压器。

4）36V以下和220V以上的电源插座应有明显区别，低压插头应无法插入较高电压的插座内。

5）每一照明单相分支回路的电流不宜超过16A，所接光源数不宜超过25个；连接建筑组合灯具时，回路电流不宜超过25A，光源数不宜过超过60个；连接高强度气体放电灯的单相分支回路的电流不应超过30A。

6）插座不宜和照明灯接在同一分支回路。

7）各种零件必须符合电压、电流等级，不得过电压、过电流使用。

8）明装吸顶灯具采用木制底台时，应在灯具与底台中间铺垫石板或石棉布。附带镇流器的各式荧光吸顶灯，应在灯具与可燃材料之间加垫瓷夹板隔热，禁止直接安装在可燃吊顶上。

9）可燃吊顶上所有暗装、明装灯具、舞台暗装彩灯、舞池脚灯的电源导线，均应穿钢管敷设。

10）舞台暗装彩灯泡，舞池脚灯彩灯灯泡，其功率均宜在40W以下，最大不应超过60W。彩灯之间导线应焊接，所有导线不应与可燃材料直接接触。

11）各种零件必须符合电压、电流等级，不得过电压、过电流使用。

2. 电气装置防火

（1）开关应设在开关箱内，开关箱应加盖。

（2）为避免熔件爆断时引起周围可燃物燃烧，熔断器宜装在具有火灾危险厂房的外边，否则应加密封外壳，并远离可燃建筑物件。

（3）继电器要安装在少震、少尘、干燥的场所，现场严禁有易燃、易爆物品存在。

（4）接触器一般应安装在干燥、少尘的控制箱内，其灭弧装置不能随意拆开，以免损坏。

（5）启动器附近严禁有易燃、易爆物品存在。

（6）在安装带有短路保护的漏电保护器时，必须保证在电弧喷出方向有足够的飞弧距离。

（7）配电柜中的配线，应采用绝缘导线和合适的截面。配电柜的金属支架和电气设备的金属外壳，必须进行保护接地或接零。

3. 电动机防火

电动机的火灾危险性和预防措施见表2.7-1。

表2.7-1　电动机的火灾危险性和预防措施

火灾危险性	预防措施
1. 过载 2. 断相运行 3. 接触不良 4. 绝缘损坏 5. 机械摩擦 6. 选型不当 7. 铁损过大 8. 接地不良	1. 合理选择功率和形式 2. 合理选择启动方式（直接启动、减压启动） 3. 正确安装电动机（与其他设备距离≥1m。与墙壁之间或另一侧的净距离≥0.3m。与其他设备的裸露带电部分距离≥1m） 4. 应设置符合要求的保护装置 5. 启动符合规范要求（380V及以下电动机的绝缘电阻≥0.5MΩ，6kV高压绝缘电阻≥6MΩ。不允许频繁启动，冷态启动不应超过5次，热态启动不应超过2次）。 6. 加强运行监视 7. 加强电动机的运行维护

历年真题研究

【2015-54】在火焰中被燃烧，一定时间内仍能正常运行的电缆是（　　）。

A. 一般阻燃电缆　　B. 低烟无卤阻燃电缆　　C. 无卤阻燃电缆　　D. 耐火电缆

【答案】D

【解析】耐火电线电缆是指规定试验条件下，在火焰中被燃烧一定时间内能保持正常运行特性的电缆。

【2015-49】燃煤发电厂的碎煤机房设置照明灯具时，应选择（　　）灯具。

A. 外壳保护型　　B. 隔爆型　　C. 增安型　　D. 充砂型

【答案】B

【解析】连续出现或长期出现爆炸性粉尘混合物的场所，应选用任意一级隔爆型灯具。

【2016-70】下列因素中，不易引起电气线路火灾的是（　　）。

A. 线路短路　　B. 线路绝缘损坏　　C. 线路接触不良　　D. 电压损失

【答案】D

【解析】电气线路是用于传输电能、传递信息和宏观电磁能量转换的载体，电气线路火灾除了由外部的火源或火种直接引燃外，主要是由于自身在运行过程中出现的短路、过载、接触电阻过大以及漏电等故障产生电弧、电火花或电线、电缆过热，引燃电线、电缆及其周围的可燃物而引发的火灾。

【2016-78】下列关于电气装置设置的做法中，错误的是（　　）。

A. 在照明灯具靠近可燃物处采取隔热防火措施

B. 额定功率为150W 的吸顶白炽灯的引入线采用陶瓷管保护

C. 额定功率为60W 的白炽灯直接安装在木梁上

D. 可燃材料仓库内使用密闭型荧光灯具

【答案】C

【解析】《建规》第 10.2.4 条，额定功率不小于 60W 的白炽灯、卤钨灯、高压钠灯、金属卤化物灯、荧光高压汞灯（包括电感镇流器）等，不应直接安装在可燃物体上或采取其他防火措施。C 选项错误。

【2017-84】下列照明灯具的防火措施中，符合规范要求的有（　　）。

A. 燃气锅炉房内固定安装任意一种防爆类型的照明灯具

B. 照明线路接头采用钎焊焊接并用绝缘布包好，配电盘后线路接头数量不限

C. 潮湿的厂房内外采用封闭型灯具或有防水型灯座的开启型灯具

D. 木质吊顶上安装附带镇流器的荧光灯具

E. 舞池脚灯的电源导线采用截面面积不小于 $2.5m^2$ 阻燃电缆明敷

【答案】AC

【解析】在正常运行时可能出现爆炸性气体混合物的场所，固定安装照明灯具，可采用任意一种防爆类型灯具，A 正确；配电盘盘后接线要尽量减少接头，接头应采用锡钎焊焊接并应用绝缘布包好，金属盘面还应有良好接地，B 错；潮湿的厂房内和户外可采用封闭型灯具，亦可采用有防水型灯座的开启型灯具，C 正确；明装吸顶灯具采用木制底台时，应在灯具与底台中间铺垫石板或石棉布。附带镇流器的各式荧光吸顶灯，应在灯具与可燃材料之间加垫瓷夹板隔热，禁止直接安装在可燃吊顶上，D 错；舞台暗装彩灯，舞池脚灯的电源导线，均应穿钢管敷设，E 错误。

第 8 章　建 筑 防 爆

助考知识要点

◆防爆措施：预防性技术措施，减轻性技术措施

◆爆炸危险区域划分：气体环境（0 区、1 区、2 区）；粉尘环境（20 区、21 区、22 区）

◆建筑的构造防爆：泄压；抗爆（防爆墙、防爆门、防爆窗）

记忆思维导图（图 2.8-1）

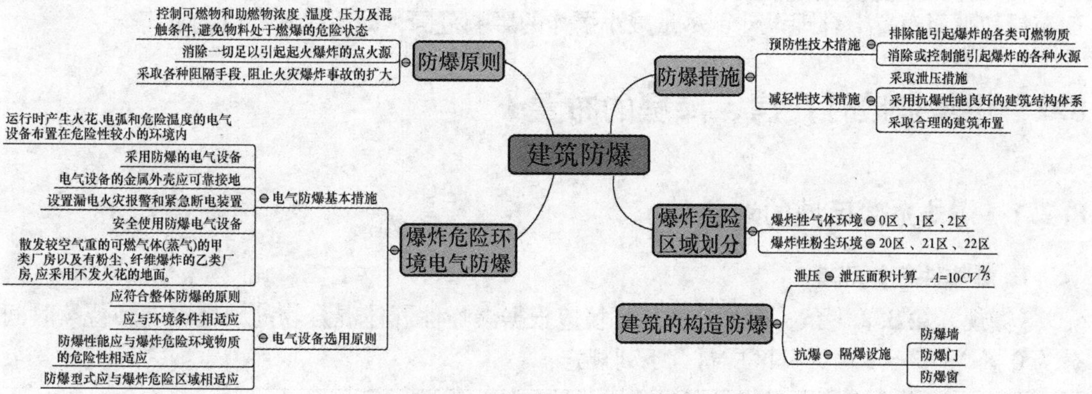

图 2.8-1　建筑防爆记忆思维导图

内容归纳解析

8.1　建筑防爆基本原则和措施

1. 防爆原则

（1）控制可燃物和助燃物浓度、温度、压力及混触条件，避免物料处于燃爆的危险状态。

（2）消除一切足以引起起火爆炸的点火源。

（3）采取各种阻隔手段，阻止火灾爆炸事故的扩大。

2. 防爆措施▲▲

（1）预防性技术措施

1）排除能引起爆炸的各类可燃物质

①在生产过程中尽量不用或少用具有爆炸危险的各类可燃物质。

②生产设备应尽可能保持密闭状态，防止“跑、冒、滴、漏”。

③加强通风除尘。

④预防燃气泄漏，设置可燃气体浓度报警装置。

⑤利用惰性介质进行保护。

2）消除或控制能引起爆炸的各种火源

①防止撞击、摩擦产生火花。②防止高温表面成为点火源。③防止日光照射。④防止电气火灾。⑤消除静电火花。⑥防雷电火花。⑦防止明火。

（2）减轻性技术措施

1）采取泄压措施。在建筑围护构件设计中设置一些薄弱构件，即泄压构件（泄压面），当爆炸发生时，这些泄压构件首先被破坏，使高温高压气体得以泄放，从而降低爆炸压力，使主体结构不致破坏。

2）采用抗爆性能良好的建筑结构体系。强化建筑结构主体的强度和刚度，使其在爆炸中足以抵抗爆炸冲击而不倒塌。

3）采取合理的建筑布置。在建筑设计时，根据建筑生产、储存的爆炸危险性，在总平面布局和平面布置上合理设计，尽量减小爆炸的影响范围，减少爆炸产生的危害。

8.2 爆炸危险性厂房、库房的布置★

8.2.1 爆炸危险区域的划分

1. 爆炸性气体环境

《爆规》第3.2.1条，爆炸性气体环境应根据爆炸性气体混合物的频繁程度和持续时间分为0区、1区、2区，分区应符合下列规定：

（1）0区应为连续出现或长期出现爆炸性气体混合物的环境。

（2）1区应为在正常运行时可能出现爆炸性气体混合物的环境。

（3）2区应为在正常运行时不可能出现爆炸性气体混合物的环境，或即使出现也仅是短时存在的爆炸性气体混合物的环境。

2. 爆炸性粉尘环境

《爆规》第4.2.2条，爆炸性粉尘环境应根据爆炸性粉尘环境出现的频繁程度和持续时间分为20区、21区、22区，分区应符合下列规定：

（1）20区应为空气中的可燃性粉尘云持续地或长期地频繁地出现于爆炸性环境中的区域。

（2）21区应为在正常运行时，空气中的可燃性粉尘云很可能偶尔出现于爆炸性环境中的区域。

（3）22区应为在正常运行时，空气中的可燃性粉尘云一般不可能出现于爆炸性粉尘环境中的区域，即使出现，持续时间也是短暂的。

8.2.2 爆炸危险区域的范围

1. 爆炸性气体环境

《爆规》第3.3.1条，爆炸性气体环境危险区域范围应按下列要求确定：

（1）爆炸危险区域的范围应根据释放源的级别和位置、可燃物质的性质、通风条件、障碍物及生产条件、运行经验，经技术经济比较综合确定。

（2）建筑物内部宜以厂房为单位划定爆炸危险区域的范围。当厂房内空间大时，应根据生产的具体情况划分，释放源释放的可燃物质量少时，可将厂房内部按空间划定爆炸危险的区域范围，并应符合下列规定：

1）当厂房内具有比空气重的可燃物质时，厂房内通风换气次数不应少于每小时两次，且换气不受阻碍，厂房地面上高度1m以内容积的空气与释放至厂房内的可燃物质所形成的爆炸性气体混合浓度应小于爆炸下限。

2）当厂房内具有比空气轻的可燃物质时，厂房平屋顶平面以下1m高度内，或圆顶、斜顶的最高点以下2m高度内的容积的空气与释放至厂房内的可燃物质所形成的爆炸性气体混合物的浓度应小于爆炸下限。

3）释放至厂房内的可燃物质的最大量应按一小时释放量的三倍计算，但不包括由于灾难性事故引起破裂时的释放量。

（3）当高挥发性液体可能大量释放并扩散到15m以外时，爆炸危险区域的范围应划分为附加2区。

（4）当可燃液体闪点高于或等于60℃时，在物料操作温度高于可燃液体闪点的情况下，可燃液体可能泄漏时，其爆炸危险区域的范围宜适当缩小，但不宜小于4.5m。

2. 爆炸性粉尘环境

一般情况下，区域的范围应通过评价涉及该环境的释放源的级别引起爆炸性粉尘环境的可能来规定。

8.2.3　爆炸危险性厂房、库房的布置★★★

1. 总平面布局

（1）有爆炸危险的甲、乙类厂房、库房宜独立设置，并宜采用敞开或半敞开式。其承重结构宜采用钢筋混凝土或钢框架、排架结构。

（2）《建规》3.4.2条：甲类厂房与重要公共建筑的防火间距≥50m，与明火或散发火花地点的防火间距≥30m。

（3）甲类厂房与裙房和单多层民用建筑的防火间距≥25m。甲类厂房之间的防火间距≥12m。

（4）甲类仓库之间及与其他建筑、明火或散发火花地点的防火间距不应小于表2.8-1的规定。

表2.8-1　甲类仓库与其他建筑的防火间距　　（单位：m）

名　称	甲类仓库（储量/t）			
	甲类储存物品第3、4项		甲类储存物品第1、2、5、6项	
	≤5	>5	≤10	>10
高层民用建筑、重要公共建筑	50			
裙房、其他民用建筑、明火或散发火花地点	30	40	25	30
甲类仓库	20			

（续）

名称		甲类仓库（储量/t）			
		甲类储存物品第3、4项		甲类储存物品第1、2、5、6项	
		≤5	>5	≤10	>10
厂房和乙、丙、丁、戊类仓库	一、二级	15	20	12	15
	三级	20	25	15	20
	四级	25	30	20	25
电力系统电压为35kV~500kV且每台变压器容量不小于10MV·A的室外变、配电站，工业企业的变压器总油量>5t的室外降压变电站		30	40	25	30
厂外铁路线中心线		40			
厂内铁路线中心线		30			
厂外道路路边		20			
厂内道路路边	主要	10			
	次要	5			

注：甲类仓库之间的防火间距，当第3、4项物品储量不大于2t，第1、2、5、6项物品储量不大于5t时，取≥12m，甲类仓库与高层仓库的防火间距≥13m。

（5）有爆炸危险的厂房平面布置最好采用矩形，与主导风向垂直或夹角不小于45°，以有效利用穿堂风，将爆炸性气体吹散。在山区，宜布置在迎风山坡一面且通风良好的地方。

（6）防爆厂房宜单独设置。如必须与非防爆厂房贴邻时，只能一面贴邻，并在两者之间用防火墙或防爆墙隔开。相邻两个厂房之间不应直接有门相通，以避免爆炸冲击波的影响。

2. 平面和空间布置

（1）地下、半地下室等设置要求见表2.8-2。

表2.8-2　地下、半地下室等设置要求

位置	要求
地下、半地下室	《建规》3.3.4条：甲、乙类生产场所（仓库）不应设置在地下或半地下
中间仓库	《建规》3.3.6条：厂房内设置中间仓库时，应符合下列规定： 1）甲、乙类中间仓库应靠外墙布置，其储量不宜超过1昼夜的需要量 2）甲、乙、丙类中间仓库应采用防火墙和耐火极限≥1.50h的不燃性楼板与其他部位分隔
办公室、休息室	《建规》3.3.5条：办公室、休息室等不应设置在甲、乙类厂房内，确需贴邻本厂房时，其耐火等级不应低于二级，并应采用耐火极限≥3.00h的防爆墙与厂房分隔。且应设置独立的安全出口
变、配电所	《建规》3.3.8条：变、配电站不应设置在甲、乙类厂房内或贴邻，且不应设置在爆炸性气体、粉尘环境的危险区域内。供甲、乙类厂房专用的10kV及以下的变、配电站，当采用无门、窗、洞口的防火墙分隔时，可一面贴邻。乙类厂房的配电站确需在防火墙上开窗时，应采用甲级防火窗
总控制室与分控制室	（1）《建规》3.6.8条：有爆炸危险的甲、乙类厂房的总控制室应独立设置 （2）《建规》3.6.9条：有爆炸危险的甲，乙类厂房的分控制室宜独立设置，当贴邻外墙设置时，应采用耐火极限≥3.00h的防火隔墙与其他部位分隔

（续）

位置	要求
有爆炸危险的部位	（1）《建规》3.6.2条：有爆炸危险的厂房或厂房内有爆炸危险的部位应设置泄压设施 （2）《建规》3.6.7条：有爆炸危险的甲、乙类生产部位，宜布置在单层厂房靠外墙的泄压设施或多层厂房顶层靠外墙的泄压设施附近。有爆炸危险的设备宜避开厂房的梁、柱等主要承重构件布置 （3）《建规》3.6.10条：有爆炸危险区域内的楼梯间、室外楼梯或有爆炸危险的区域与相邻区域连通处，应设置门斗等防护措施。门斗的隔墙应为耐火极限≥2.00h的防火隔墙，门应采用甲级防火门并应与楼梯间的门错位设置

（2）其他一些设置要求

1）《建规》3.6.6条▲，散发较空气重的可燃气体、可燃蒸气的甲类厂房和有粉尘、纤维爆炸危险的乙类厂房。应符合下列规定：

①应采用不发火花的地面。采用绝缘材料作整体面层时，应采取防静电措施。

②散发可燃粉尘、纤维的厂房，其内表面应平整、光滑，并易于清扫。

③厂房内不宜设置地沟，确需设置时，其盖板应严密，地沟应采取防止可燃气体、可燃蒸气和粉尘、纤维在地沟积聚的有效措施，且应在与相邻厂房连通处采用防火材料密封。

2）《建规》3.6.11条：使用和生产甲、乙、丙类液体的厂房，其管、沟不应与相邻厂房的管、沟相通，下水道应设置隔油设施。

3）《建规》3.6.12条：甲、乙、丙类液体仓库应设置防止液体流散的设施。遇湿会发生燃烧爆炸的物品仓库应采取防止水浸渍的措施。

8.3 爆炸危险性建筑的构造防爆

8.3.1 泄压

1. 泄压面积计算

（1）《建规》3.6.4条规定，厂房的泄压面积宜按下式计算，但当厂房的长径比大于3时，宜将建筑划分为长径比不大于3的多个计算段，各计算段中的公共截面不得作为泄压面积。

$$A=10CV^{2/3}$$

式中 A——泄压面积（m^2）；

V——厂房的容积（m^3）；

C——泄压比，可按表2.8-3选取（m^2/m^3）。

表2.8-3 厂房内爆炸性危险物质的类别与泄压比规定值 （单位：m^2/m^3）

厂房内爆炸性危险物质的类别	C值
氨、粮食、纸、皮革、铅、铬、铜等$K_{尘}<10MPa\cdot m\cdot s^{-1}$的粉尘	≥0.030
木屑、炭屑、煤粉、锡等$10MPa\cdot m\cdot s^{-1}\leqslant K_{尘}\leqslant 30MPa\cdot m\cdot s^{-1}$的粉尘	≥0.055
丙酮、汽油、甲醇、液化石油气、甲烷、喷漆间或干燥室，苯酚树脂、铝、镁、锆等$K_{尘}>30MPa\cdot m\cdot s^{-1}$的粉尘	≥0.110

（续）

厂房内爆炸性危险物质的类别	C 值
乙烯	≥0.160
乙炔	≥0.200
氢	≥0.250

注：1. 长径比为建筑平面几何外形尺寸中的最长尺寸与其横截面周长的积与4.0倍的建筑横截面面积之比。

计算公式：$L\times[(W+H)\times2]/(4\times W\times H)$

2. $K_{尘}$是粉尘爆炸指数。

（2）泄压面积计算实例

【实例1】 某有爆炸危险的乙类镁粉单层厂房，长度(L)36.0m，跨度(W)12.0m，平均高度(H)6.5m，如图2.8-2所示。试计算该厂房的泄压面积。

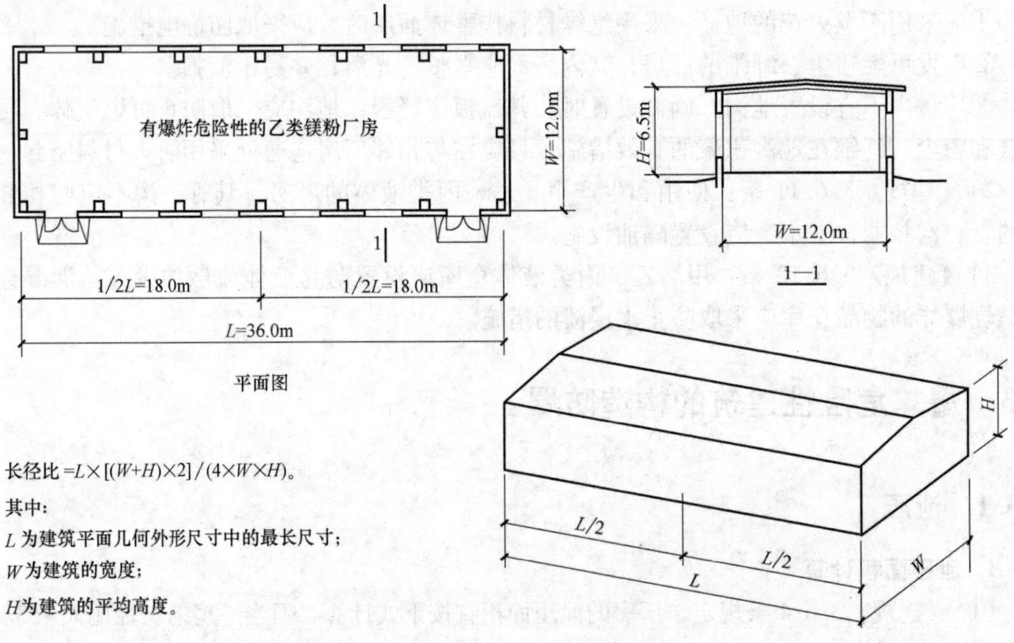

图2.8-2 某镁粉厂房平立剖面图

计算过程如下：

1）查表2.8-3得 $C=0.110\ m^2/m^3$

2）计算厂房的长径比：$L\times[(W+H)\times2]/(4\times W\times H)$

$36.0m\times[(12.0m+6.5m)\times2]/(4\times12.0m\times6.5m)=1332/312=4.3>3$

3）由于计算结果大于3，因此将该厂房分为两段再进行长径比计算：

$18.0m\times(12.0m+6.5m)\times2]/(4\times12.0m\times6.5m)=666/312=2.1<3$，因此满足长径比要求。

4）计算每段厂房的泄压面积

$V=18.0m\times12.0m\times6.5m=1404m^3$

5）$A_1=10CV^{2/3}=10\times0.11\times1404^{2/3}=137.9(m^2)$（每段的泄压面积）

6）整个厂房的泄压面积：

$A=A_1\times2=275.8(m^2)$

【实例2】 某有爆炸危险的乙类煤粉厂房，分为A、B两段，如图2.8-3所示。

A段：厂房长度(L_A)24.0m，厂房跨度(W_A)15.0m，厂房平均高度(H_A)6.0m

B段：厂房长度(L_B)18.0m，厂房长度(W_B)12.0m，厂房长度(H_B)5.0m

试确定厂房的泄压面积。

计算过程如下：

1）查表2.8-3得$C=0.055\ m^2/m^3$

2）计算厂房的长径比（按照A、B两段分别计算）

公式：$L\times[(W+H)\times2]/(4\times W\times H)$

A段：$24.0\times[(15.0+6.0)\times2]/(4\times15.0\times6.0)=1008/360=2.8<3$

B段：$18.0\times[(12.0+5.0)\times2]/(4\times12.0\times5.0)=612/240=2.6<3$

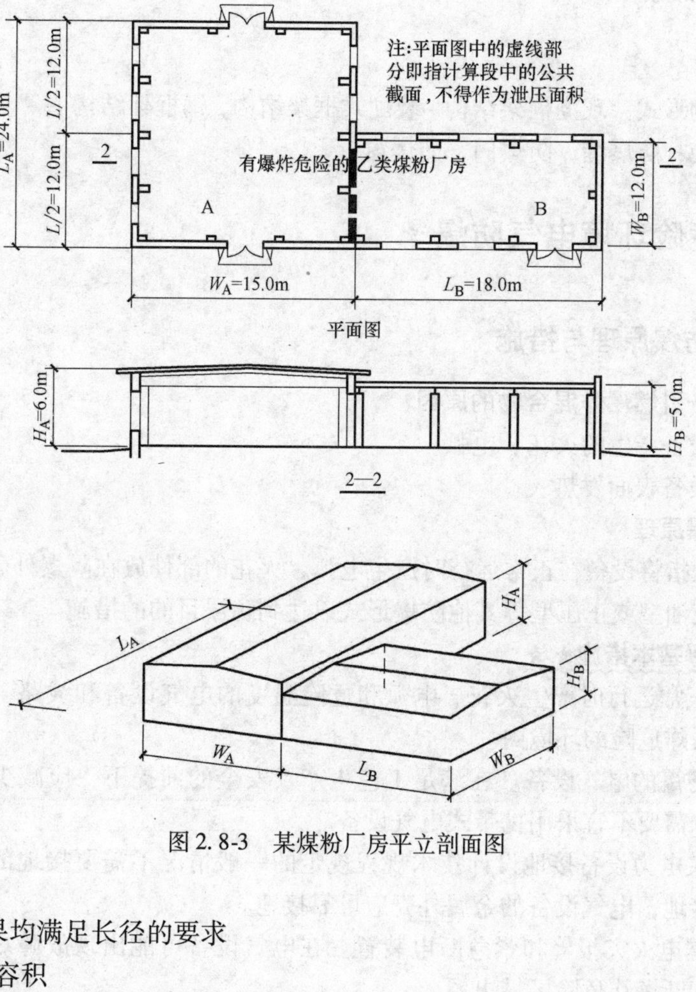

图2.8-3 某煤粉厂房平立剖面图

以上计算结果均满足长径的要求

3）计算厂房容积

A段：$V_A=24.0\times15.0\times6.0=2160(m^3)$

B段：$V_B=18.0\times12.0\times5.0=1080(m^3)$

4）计算每段厂房的泄压面积

A 段：$A_A = 10CV^{2/3} = 10 \times 0.055 \times 2160^{2/3} = 91.9(m^2)$

B 段：$A_B = 10CV^{2/3} = 10 \times 0.055 \times 1080^{2/3} = 57.9(m^2)$

5）厂房 A 段需要的泄压面积：$91.9m^2$

厂房 B 段需要的泄压面积：$57.9m^2$

2. 泄压设施的设置

应在设计中采取措施尽量减少泄压面的单位质量（即重力惯性）和连接强度。

（1）《建规》3.6.3 条：泄压设施宜采用轻质屋面板、轻质墙体和易于泄压的门、窗等。应采用安全玻璃等在爆炸时不产生尖锐碎片的材料。泄压设施的设置应避开人员密集场所和主要交通道路，并宜靠近有爆炸危险的部位。作为泄压设施的轻质屋面板和墙体的质量不宜大于 $60kg/m^2$。屋顶上的泄压设施应采取防冰雪积聚的措施。

（2）《建规》3.6.5 条：散发较空气轻的可燃气体、可燃蒸气的甲类厂房，宜采用轻质屋面板作为泄压面积。顶棚应尽量平整、无死角，厂房上部空间应通风良好。

8.3.2　抗暴

1. 防爆结构形式：现浇框架结构，装配式框架结构，钢框架结构
2. 隔爆设施：防爆墙，防爆门，防爆窗

8.4　爆炸危险环境电气防爆

8.4.1　电气防爆原理与措施

1. 电气设备引燃爆炸混合物的原因

（1）电气设备产生的火花、电弧。

（2）电气设备表面发热。

2. 电气防爆原理

电气防爆是指将设备在正常运行时产生电弧、火花的部件放在隔爆外壳内，或采取浇封型、充沙型、充油型或正压型等其他防爆形式以达到防爆目的的措施。

3. 电气防爆基本措施★★

（1）宜将正常运行时产生火花、电弧和危险温度的电气设备和线路，布置在爆炸危险性较小或没有爆炸危险的环境内。

（2）采用防爆的电气设备。在满足工艺生产及安全的前提下，应减少防爆电气设备的数量。如无特殊需要不宜采用携带式电气设备。

（3）按有关电力设备接地设计技术规程规定的一般情况不需要接地的部分，在爆炸危险区域内仍应接地，电气设备的金属外壳应可靠接地。

（4）设置漏电火灾报警和紧急断电装置。在电气设备可能出现故障之前，采取相应补救措施或自动切断爆炸危险区域电源。

（5）安全使用防爆电气设备。即正确地划分爆炸危险环境类别，正确地选型、安装防爆电气设备，正确地维护检修防爆电气设备。

（6）散发较空气重的可燃气体、可燃蒸气的甲类厂房以及有粉尘、纤维爆炸危险的乙类厂房，应采用不发火花的地面。采用绝缘材料作整体面层时，应采取防静电措施。散发可燃粉尘、纤维的厂房内表面应平整、光滑，并易于清扫。

8.4.2　爆炸性混合物的分类、分级和分组

爆炸性物质：爆炸性气体、易燃液体和闪点低于或等于环境温度的可燃液体、爆炸性粉尘或易燃纤维等。

爆炸性混合物：在大气条件下，气体、蒸气、薄雾、粉尘或纤维状的易燃物质与空气混合点燃后，燃烧将在整个范围内迅速传播的混合物。

1. 爆炸性物质的分类

Ⅰ类：矿井甲烷。

Ⅱ类：爆炸性气体混合物（含蒸气、薄雾）。

Ⅲ类：爆炸性粉尘（含纤维）。

2. 爆炸性混合物的分级和分组

（1）爆炸性气体混合物的分级、分组

爆炸性气体混合物按最大试验安全间隙（*MESG*）或最小点燃电流比（*MICR*）分为ⅡA、ⅡB、ⅡC三级。间隙（电流比）愈小，其传爆能力就愈强，危险性愈大。ⅡA危险性最小，ⅡC危险性最大。

1）《爆规》3.4.1条：爆炸性气体混合物按最大试验安全间隙（*MESG*）或最小点燃电流比（*MICR*）分级，并应符合表2.8-4的规定。

表2.8-4　爆炸性气体混合物分级

级　别	最大试验安全间隙（*MESG*）/mm	最小点燃电流比（*MICR*）
ⅡA	≥0.9	>0.8
ⅡB	$0.5 < MESG < 0.9$	$0.45 \leqslant MICR \leqslant 0.8$
ⅡC	≤0.5	<0.45

注：最小点燃电流比（*MICR*）为各种可燃物质的最小点燃电流值与实验室甲烷的最小点燃电流值之比。

2）《爆规》3.4.2条：爆炸性气体混合物应按引燃温度分组，引燃温度分组应符合表2.8-5的规定。

表2.8-5　引燃温度分组

组别	T1	T2	T3	T4	T5	T6
引燃温度 t/℃	$450 < t$	$300 < t \leqslant 450$	$200 < t \leqslant 300$	$135 < t \leqslant 200$	$100 < t \leqslant 135$	$85 < t \leqslant 100$

（2）爆炸性粉尘环境中粉尘可分为下列三级：

1）ⅢA级为可燃性飞絮。

2）ⅢB级为非导电性粉尘。

3）ⅢC级为导电性粉尘。

3. 防爆电气设备

电气设备的基本防爆型式（10种）及适用环境见表2.8-6。

表 2.8-6　电气设备防爆型式及适用环境

型　式	设备适用环境
隔爆型（d）	1 区、2 区危险环境
增安型（e）	主要用于 2 区危险环境，部分种类可以用于 1 区
本质安全型（i）	该防爆型式分为 ia、ib 两个等级。只能用于弱电设备中，ia 适用于 0 区、1 区、2 区危险环境，ib 适用于 1 区、2 区危险环境
正压型（p）	用于 1 区、2 区危险环境
油浸型（O）	用于 1 区、2 区危险环境
充砂型（q）	用于 1 区、2 区危险环境
无火花型（n）	用于 2 区危险环境
浇封型（m）	用于 1 区、2 区危险环境
特殊型（S）	该类型设备根据实际使用开发研制，可适用于相应的危险环境
粉尘防爆型	用于 20 区、21 区或 22 区危险环境

4. 防爆电气设备选用原则

（1）电气设备的防爆型式应与爆炸危险区域相适应。

（2）电气设备的防爆性能应与爆炸危险环境物质的危险性相适应。

（3）应与环境条件相适应。

（4）应符合整体防爆的原则，安全可靠、经济合理、使用维修方便。

历届真题研究

【2015-2】某金属配件加工厂的滤芯抛光车间厂房内设有一地沟，对该厂房所采取的下列防爆措施中，不符合要求的是（　　）。

A. 用盖板将车间内的地沟严密封闭　　B. 采用不发火花的地面

C. 设置除尘措施　　D. 采用粗糙的防滑地板

【答案】D

【解析】该抛光车间属于有粉尘爆炸危险的乙类厂房，依据《建规》第 3.6.6 条规定，散发可燃粉尘、纤维的厂房，其内表面应平整、光滑，并易于清扫。D 错误。

【案例】2014 年 8 月 2 日 7 时 34 分，昆山经济技术开发区的昆山中荣金属制品有限公司抛光二车间发生特别重大铝粉尘爆炸事故，当天造成 75 人死亡、185 人受伤。经查明，事故的直接原因是：事故车间除尘系统较长时间未按规定清理，铝粉尘集聚。除尘系统风机开启后，打磨过程产生的高温颗粒在集尘桶上方形成粉尘云。1 号除尘器集尘桶锈蚀破损，桶内铝粉受潮，发生氧化放热反应，达到粉尘云的引燃温度，引发除尘系统及车间的系列爆炸。因没有泄爆装置，爆炸产生的高温气体和燃烧物瞬间经除尘管道从各吸尘口喷出，导致全车间所有工位操作人员直接受到爆炸冲击，造成群死群伤。

【2015-3】下列建筑电气防爆基本措施中，错误的是（　　）。

A. 选用与爆炸危险区域和范围相适应的防爆电气设备

B. 在同时存在爆炸性气体和粉尘的区域，按照防爆性气体的防爆要求选用电气设备

C. 设置防爆型剩余电流式电气火灾监控报警系统和紧急断电装置

D. 在正常运行时会产生火花，电弧的电气设备和线路布置在爆炸危险性小或没有爆炸危险性的环境内

【答案】B

【解析】依据《爆规》第5.2.3条，防爆电气设备的级别和组别不应低于该爆炸性气体环境内爆炸性气体混合物的级别和组别，当存在有两种以上可燃性物质形成的爆炸性混合物时，应按照混合后的爆炸性混合物的级别和组别选用防爆设备，无据可查又不可能进行试验时，可按危险程度较高的级别和组别选用防爆电气设备。B错误。

【2016-10】下列关于建筑防爆的基本措施中，不属于减轻性技术措施的是（　　）。

A. 设置防爆墙　　B. 设置泄压面积

C. 采用不发火花的地面　　D. 采用合理的平面布置

【答案】C

【解析】建筑防爆的基本技术措施分为预防性技术措施和减轻性技术措施，预防性技术措施包括排除能引起爆炸的各类可燃物质和消除或控制能引起爆炸的各种火源，C选项为预防性措施；减轻性技术措施包括采取泄压措施、采用抗爆性能良好的建筑结构体系和采取合理的建筑布置。

【2017-18】下列建筑防爆措施中，不属于预防性措施的是（　　）。

A. 生产过程中尽量不用具有爆炸性危险的可燃物质　　B. 消除静电火花

C. 设置可燃气体浓度报警装置　　D. 设置泄压构件

【答案】D

【解析】D属于减轻性措施。

【2017-35】某地上4层乙类厂房，其有爆炸危险的生产部位宜设置在第（　　）层靠外墙泄压设施附近。

A. 三　　B. 四　　C. 二　　D. 一

【答案】B

【解析】有爆炸危险的甲乙类生产部位，宜设置在单层厂房靠外墙的泄压设施或多层厂房顶层靠外墙的泄压设施附近。

【2018-74】依据国家标准《建筑设计防火规范》(2018年版)，下列车间中空气调节系统可直接循环使用室内空气的是（　　）。

A. 纺织车间　　B. 白兰地蒸馏车间　　C. 植物油加工厂精炼车间　　D. 甲酚车间

【答案】C

【解析】《建规》第9.1.2条规定，甲、乙类厂房内的空气不应循环使用。丙类厂房内含有燃烧或爆炸危险粉尘、纤维的空气，在循环使用前应经净化处理，并应使空气中的含尘浓度低于其爆炸下限的25%。丙类厂房中有的工段存在可燃纤维（如纺织厂、亚麻厂）和粉尘，易造成火灾的蔓延，除及时清扫外，若要循环使用空气，要在通风机前设滤尘器对空气进行净化后才能循环使用。

【2018-85】某植物油加工厂的浸出车间，地上三层，建筑高度15m。浸出车间的设计方案中，正确的有（　　）。

A. 车间地面采用不发火花的地面

B. 浸出车间与厂房总控制室贴邻设置

C. 车间管、沟采取保护措施后与相邻厂房的管、沟相通

D. 浸出工段内的封闭楼梯间设置门斗

E. 泄压设施采用安全玻璃

【答案】ADE

【解析】《建规》第 3.6.6 条，散发较空气重的可燃气体、可燃蒸气的甲类厂房和有粉尘、纤维爆炸危险的乙类厂房。应符合下列规定：

(1) 应采用不发火花的地面。采用绝缘材料作整体面层时，应采取防静电措施。A 正确。

(2) 厂房内不宜设置地沟，确需设置时，其盖板应严密，地沟应采取防止可燃气体、可燃蒸气和粉尘、纤维在地沟积聚的有效措施，且应在与相邻厂房连通处采用防火材料密封。C 错误。

《建规》第 3.6.8 条，有爆炸危险的甲、乙类厂房的总控制室应独立设置。B 错误。

《建规》第 3.6.10 条，有爆炸危险区域内的楼梯间、室外楼梯或有爆炸危险的区域与相邻区域连通处，应设置门斗等防护措施。D 正确。

《建规》第 3.6.3 条，泄压设施宜采用轻质屋面板、轻质墙体和易于泄压的门、窗等，应采用安全玻璃等在爆炸时不产生尖锐碎片的材料。E 正确。

第 9 章 建筑设备防火防爆

助考知识要点

◆采暖系统防火防爆：甲、乙类厂房（仓库）内严禁采用明火和电热散热器采暖。

◆通风空调防火防爆：甲、乙类厂房内的空气不应循环使用。

◆燃油燃气防火防爆：柴油发电机房内储油间总储存量≤1m³，储油间应采用耐火极限≥3.00h 的防火隔墙与发电机间分隔。

记忆思维导图（图 2.9-1）

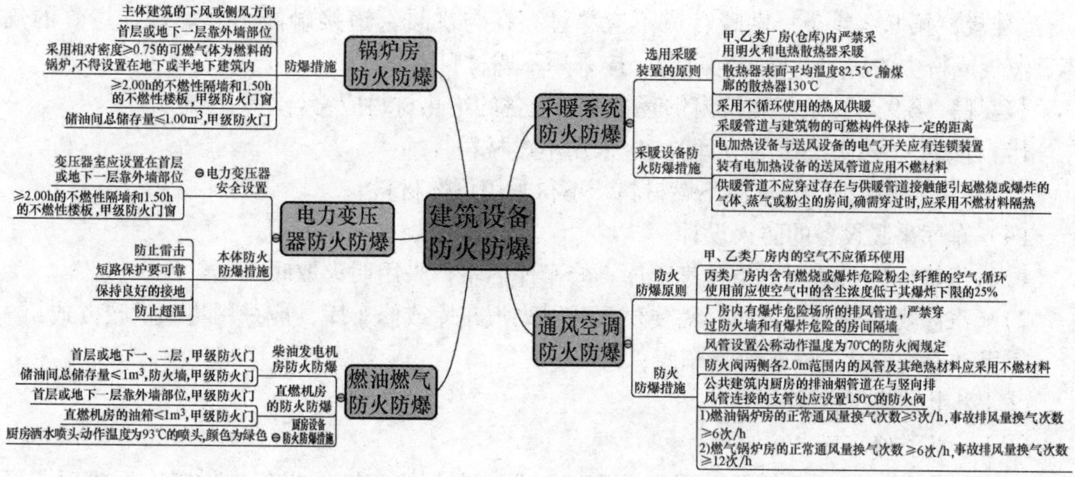

图 2.9-1 建筑设备防火防爆记忆思维导图

内容归纳解析

9.1 采暖系统防火防爆

1. 选用采暖装置的原则

（1）《建规》第 9.2.1 条：在散发可燃粉尘、纤维的厂房内，散热器表面平均温度不应超过 82.5℃。输煤廊的散热器表面平均温度不应超过 130℃。

（2）《建规》第 9.2.2 条：甲、乙类厂房（仓库）内严禁采用明火和电热散热器采暖。

（3）《建规》第 9.2.3 条：下列厂房应采用不循环使用的热风供暖：

1）生产过程中散发的可燃气体、蒸气、粉尘或纤维与供暖管道、散热器表面接触能引起燃烧的厂房。

2）生产过程中散发的粉尘受到水、水蒸气的作用能引起自燃、爆炸或产生爆炸性气体的厂房。

2. 采暖设备的防火防爆措施

(1) 采暖管道要与建筑物的可燃构件保持一定的距离

《建规》第 9.2.5 条：供暖管道与可燃物之间应保持一定距离，并应符合下列规定：

1) 当供暖管道的表面温度 >100℃时，≥100mm 或采用不燃材料隔热。

2) 当供暖管道的表面温度≤100℃时，≥50mm 或采用不燃材料隔热。

(2) 加热送风采暖设备的防火设计

1) 电加热设备与送风设备的电气开关应有连锁装置，以防风机停转时，电加热设备仍单独继续加热，温度过高而引起火灾。

2) 在重要部位，应设感温自动报警器；必要时加设自动防火阀，以控制取暖温度，防止过热起火。

3) 装有电加热设备的送风管道应用不燃材料制成。

(3) 采用不燃材料

《建规》第 9.2.4 条：供暖管道不应穿过存在与供暖管道接触能引起燃烧或爆炸的气体、蒸气或粉尘的房间，确需穿过时，应采用不燃材料隔热。

《建规》第 9.2.6 条：建筑内供暖管道和设备的绝热材料应符合下列规定：

1) 对于甲、乙类厂房（仓库），应采用不燃材料。

2) 对于其他建筑，宜采用不燃材料，不得采用可燃材料。

(4) 车库采暖设备的防火设计

1)《汽修规》第 8.1.1 条：汽车库、修车库内不得采用明火取暖。

2)《汽修规》第 8.1.2 条：需要供暖的下列汽车库或修车库，应采用集中供暖方式：

①甲、乙类物品运输车的汽车库；

②Ⅰ、Ⅱ、Ⅲ类汽车库；

③Ⅰ、Ⅱ类修车库。

3)《汽修规》第 8.1.3 条：Ⅳ类汽车库，Ⅲ、Ⅳ类修车库，当集中供暖有困难时，可采用火墙供暖，但其炉门、节风门、除灰门不得设置在汽车库、修车库内。

4) 汽车库采暖部位不应贴邻甲、乙类生产厂房、库房布置，以防燃烧、爆炸事故的发生。

9.2 通风与空调系统防火防爆

1. 通风、空调系统的防火防爆原则

(1)《建规》第 9.1.2 条：甲、乙类厂房内的空气不应循环使用。丙类厂房内含有燃烧或爆炸危险粉尘、纤维的空气，在循环使用前应经净化处理，并应使空气中的含尘浓度低于其爆炸下限的 25%。

(2)《建规》第 9.1.3 条：为甲、乙类厂房服务的送风设备与排风设备应分别布置在不同通风机房内，且排风设备不应和其他房间的送、排风设备布置在同一通风机房内。

(3)《建规》第 9.3.1 条：通风和空气调节系统，横向宜按防火分区设置，竖向不宜超过 5 层。当管道设置防止回流设施或防火阀时，管道布置可不受此限制。竖向风管应设置在管井内。

(4)《建规》第9.3.2条：厂房内有爆炸危险场所的排风管道，严禁穿过防火墙和有爆炸危险的房间隔墙。

(5)《建规》第9.1.4条：民用建筑内空气中含有容易起火或爆炸危险物质的房间，应设置自然通风或独立的机械通风设施，且其空气不应循环使用。

(6)《建规》第9.1.5条：当空气中含有比空气轻的可燃气体时，水平排风管全长应顺气流方向向上坡度敷设。

(7) 排风口设置的位置应根据可燃气体、蒸气的密度不同而有所区别。比空气轻者，应设在房间的顶部；比空气重者，则应设在房间的下部。进风口的位置应布置在上风方向，并尽可能远离排气口。

(8)《建规》第9.1.6条：可燃气体管道和甲、乙、丙类液体管道不应穿过通风机房和通风管道，且不应紧贴通风管道的外壁敷设。

(9)《建规》第9.3.5条：含有燃烧和爆炸危险粉尘的空气，在进入排风机前应采用不产生火花的除尘器进行处理。对于遇水可能形成爆炸的粉尘，严禁采用湿式除尘器。

(10)《建规》第9.3.7条：净化有爆炸危险粉尘的干式除尘器和过滤器宜布置在厂房外的独立建筑内，建筑外墙与所属厂房的防火间距不应小于10m。具备连续清灰功能，或具有定期清灰功能且风量不大于15000m^3/h、集尘斗的储尘量小于60kg的干式除尘器和过滤器，可布置在厂房内的单独房间内，但应采用耐火极限≥3.00h的防火隔墙和1.50h的楼板与其他部位分隔。

(11)《建规》第9.3.8条：净化或输送有爆炸危险粉尘和碎屑的除尘器、过滤器或管道，均应设置泄压装置。净化有爆炸危险粉尘的干式除尘器和过滤器应布置在系统的负压段上。

(12)《建规》第9.3.3条：甲、乙、丙类厂房内的送、排风管道宜分层设置。当水平或竖向送风管在进入生产车间处设置防火阀时，各层的水平或竖向送风管可合用一个送风系统。

(13)《建规》第9.3.9条：排除有燃烧或爆炸危险气体、蒸气和粉尘的排风系统，应符合下列规定：

1) 排风系统应设置导除静电的接地装置。

2) 排风设备不应布置在地下或半地下建筑（室）内。

3) 排风管应采用金属管道，并应直接通向室外安全地点，不应暗设。

(14)《建规》第9.3.8条：净化或输送有爆炸危险粉尘和碎屑的除尘器、过滤器或管道，均应设置泄压装置。净化有爆炸危险粉尘的干式除尘器和过滤器应布置在系统的负压段上。

(15) 通风管道不宜穿过防火墙和不燃性楼板等防火分隔物。如必须穿过时，应在穿过处设防火阀；在防火墙两侧各2m范围内的风管保温材料应采用不燃材料；并在穿过处的空隙用不燃材料填塞，以防火灾蔓延。有爆炸危险的厂房，其排风管道不应穿过防火墙和车间隔墙。

2. 通风、空调设备防火防爆措施

(1)《建规》第9.3.4条：空气中含有易燃、易爆危险物质的房间，其送、排风系统应采用防爆型的通风设备。当送风机布置在单独分隔的通风机房内且送风干管上设置防止回流设施时，可采用普通型的通风设备。

（2）排除、输送有燃烧、爆炸危险的气体、蒸气和粉尘的排风系统，应采用不燃材料并设有导除静电的接地装置。其排风设备不应布置在地下、半地下建筑（室）内，以防止有爆炸危险的蒸气和粉尘等物质的积聚。

（3）《建规》第 9. 3. 10 条：排除和输送温度超过 80℃的空气或其他气体以及易燃碎屑的管道，与可燃或难燃物体之间的间隙不应小于 150mm，或采用厚度不小于 50mm 的不燃材料隔热；当管道上下布置时，表面温度较高者应布置在上面。

（4）《建规》第 9. 3. 11 条：通风、空气调节系统的风管在下列部位应设置公称动作温度为 70℃的防火阀：

1）穿越防火分区处。

2）穿越通风、空气调节机房的房间隔墙和楼板处。

3）穿越重要或火灾危险性大的场所的房间隔墙和楼板处。

4）穿越防火分隔处的变形缝两侧。

5）竖向风管与每层水平风管交接处的水平管段上。

6）当建筑内每个防火分区的通风、空气调节系统均独立设置时，水平风管与竖向总管的交接处可不设置防火阀。

（5）《建规》第 9. 3. 13 条：防火阀的设置应符合下列规定：

1）防火阀宜靠近防火分隔处设置。

2）防火阀暗装时，应在安装部位设置方便维护的检修口。

3）在防火阀两侧各 2. 0m 范围内的风管及其绝热材料应采用不燃材料。

（6）有关防火阀、防排烟阀的分类见表 2. 9-1。

表 2. 9-1　防火阀、防排烟阀的分类

类别	名称	性　能	用　途
防火类	防火阀	采用70℃温度熔断器自动关闭(防火),可输出联动信号	用于通风空调系统风管内,防止火势沿风管蔓延
	防烟防火阀	靠烟感探测器控制动作,用电信号通过电磁铁关闭(防烟);还可采用70℃温度熔-断器自动关闭(防火)	
	防火调节阀	70℃时自动关闭,手动复位,0～90℃无级调节,可以输出关闭电信号	
防烟类	加压送风口	靠烟感探测器控制,电信号开启,也可手动(或远距离缆绳)开启,可设280℃温度熔断器重新关闭,用于排烟系统风管上闭装置,输出动作电信号,联动送风机开启	用于加压送风系统的风口,起赶烟、排烟作用
排烟类	排烟阀	电信号开启或手动开启,输出开启电信号联动排烟机开启	用于排烟系统风管上
	排烟防火阀	电信号开启,手动开启,采用280℃温度熔断器重新关闭,输出动作电信号	用于排烟房间吸入口管道或排烟支管上
	排烟口	电信号开启,手动(或远距离缆绳)开启,输出电信号联动排烟机	用于排烟房间的顶棚或墙壁上,可设280℃重新关闭装置
	排烟窗	靠烟感探测器控制动作,电信号开启,还可缆绳手动开启	用于自然排烟处的外墙上

（7）防火阀的易熔片或其他感温、感烟等控制设备一经动作，应能顺气流方向自行严密关闭，并应设有单独支吊架等防止风管变形而影响关闭的措施。其他感温元件应安装在容易感温的部位，其作用温度应较通风系统正常工作时的最高温度约高25℃，一般可采用70℃。

（8）《建规》第9.3.14条：除下列情况外，通风、空气调节系统的风管应采用不燃材料：

1）接触腐蚀性介质的风管和柔性接头可采用难燃材料。

2）体育馆、展览馆、候机（车、船）建筑（厅）等大空间建筑，单、多层办公建筑和丙、丁、戊类厂房内通风、空气调节系统的风管，当不跨越防火分区且在穿越房间隔墙处设置防火阀时，可采用难燃材料。

（9）《建规》第9.3.12条：公共建筑的浴室、卫生间和厨房的竖向排风管，应采取防止回流措施并宜在支管上设置公称动作温度为70℃的防火阀。公共建筑内厨房的排油烟管道宜按防火分区设置，且在与竖向排风管连接的支管处应设置公称动作温度为150℃的防火阀。

（10）《建规》第9.3.7条：净化有爆炸危险粉尘的干式除尘器和过滤器宜布置在厂房外的独立建筑内，建筑外墙与所属厂房的防火间距≥10m。具备连续清灰功能，或具有定期清灰功能且风量≤15000m^3/h、集尘斗的储尘量小于60kg的干式除尘器和过滤器，可布置在厂房内的单独房间内，但应采用耐火极限≥3.00h的防火隔墙和1.50h的楼板与其他部位分隔。

（11）《建规》第9.3.15条：设备和风管的绝热材料、用于加湿器的加湿材料、消声材料及其黏结剂，宜采用不燃材料，确有困难时，可采用难燃材料。风管内设置电加热器时，电加热器的开关应与风机的启停联锁控制。电加热器前后各0.8m范围内的风管和穿过有高温、火源等容易起火房间的风管，均应采用不燃材料。

（12）《建规》第9.3.16条：燃油或燃气锅炉房应设置自然通风或机械通风设施。燃气锅炉房应选用防爆型的事故排风机。当采取机械通风时，机械通风设施应设置导除静电的接地装置，通风量应符合下列规定：

1）燃油锅炉房的正常通风量应按换气次数≥3次/h确定，事故排风量应按换气次数≥6次/h确定。

2）燃气锅炉房的正常通风量应按换气次数≥6次/h确定，事故排风量应按换气次数≥12次/h确定。

（13）电影院的放映机室宜设置独立的排风系统。当需要合并设置时，通向放映机室的风管应设置防火阀。

（14）设置气体灭火系统的房间，应设置有排除废气的排风装置。为了不使灭火气体扩散到其他房间，与该房间连通的风管应设置自动阀门，火灾发生时，阀门应自动关闭。

（15）车库的通风、空调系统的设计应符合下列要求：

1）《库规》8.1.4条：喷漆间、电瓶间均应设置独立的排气系统。乙炔站的通风系统设计，应符合《乙炔站设计规范》的有关规定。

2）《库规》8.1.5条：设置通风系统的汽车库，其通风系统宜独立设置。

3）《库规》8.1.6条：风管应采用不燃材料制作，且不应穿过防火墙、防火隔墙，当必须穿过防火墙或防火隔墙时，应采用防火封堵材料将孔洞周围的空隙紧密填塞，且应符合下列规定：

①应在穿过处设置防火阀，防火阀的动作温度宜为70℃。

②位于防火墙、防火隔墙两侧各2m范围内的风管绝热材料应为不燃材料。

9.3 燃油、燃气设施防火防爆

1. 柴油发电机房的防火防爆措施

(1)《建规》第5.4.13条：布置在民用建筑内的柴油发电机房应符合下列规定：

1）宜布置在首层或地下一、二层。

2）不应布置在人员密集场所的上一层、下一层或贴邻。

3）应采用耐火极限≥2.00h的防火隔墙和1.50h的不燃性楼板与其他部位分隔，门应采用甲级防火门。

4）机房内设置储油间时，其总储存量≤$1m^3$，储油间应采用耐火极限≥3.00h的防火隔墙与发电机间分隔；确需在防火隔墙上开门时，应设置甲级防火门。

5）应设置火灾报警装置。

6）应设置与柴油发电机容量和建筑规模相适应的灭火设施，当建筑内其他部位设置自动喷水灭火系统时，机房内应设置自动喷水灭火系统。

(2)《建规》第5.4.15条：设置在建筑内的锅炉、柴油发电机，其燃料供给管道应符合下列规定：

1）在进入建筑物前和设备间内的管道上均应设置自动和手动切断阀。

2）储油间的油箱应密闭且应设置通向室外的通气管，通气管应设置带阻火器的呼吸阀，油箱的下部应设置防止油品流散的设施。

3）燃气供给管道的敷设应符合《城镇燃气设计规范》GB 50028的规定。

2. 直燃机房的防火防爆措施

直燃机组机房的安全问题，其核心是防止可燃性气体泄漏，使爆炸不致发生。

(1) 机组应布置在首层或地下一层靠外墙部位，不应布置在人员密集场所的上一层，下一层或贴邻，并采用无门窗洞口的耐火极限≥2.00h的隔墙和1.50h的楼板与其他部位隔开。当必须开门时，应设甲级防火门。燃油直燃机房的油箱≤$1m^3$，并应设在耐火极限不低于二级的房间内，该房间的门应采用甲级防火门。

(2) 直燃机房人员疏散的安全出口≥2个，至少应设1个直通室外的安全出口，从机房最远点到安全出口的距离≤35m。疏散门应为乙级防火门，外墙开口部位的上方，应设置宽度≥1.00m不燃烧体的防火挑檐或≥1.20m的窗间墙。

(3) 机房应设置火灾自动报警系统（燃油直燃机房应设温感报警探测器，燃气直燃机房应设可燃气体报警探测器）及水喷雾灭火装置、并且可靠联动，报警探测器检测点不少于两个，且应布置在易泄漏的设备或部件上方，当可燃气体浓度达到爆炸下限25%时，报警系统应能及时准确报警和切断燃气总管上的阀门和非消防电源，并启动事故排风系统。设置水喷雾灭火系统的直燃机房应设置排水设施。

(4) 主机房应设置可靠的送风、排风系统，室内不应出现负压。

（5）应设置双回路供电，并应在末端配电箱处设自动切换装置。燃气直燃机房使用的气体如果密度比空气小（如天然气），机房应采用防爆照明电器；使用气体密度比空气大（如液化石油气），则机房应设不发火花地面，且使用液化石油气的机房不应布置在地下各层。

（6）燃气直燃机房应有事故防爆泄压设施，并应符合消防技术规范的要求。

（7）进入地下机房的天然气管道应尽量缩短，除与设备连接部分的接头外，一律采用焊接，并穿套管单独铺设，应尽量减少阀门数量，进气管口应设有可靠的手动和自动阀门。进入建筑物内的燃气管道必须采用专用的非燃材料管道和优质阀门，保证燃气不致泄漏。进气、进油管道上应设置紧急手动和自动切断阀，燃油直燃机应设事故油箱。

（8）机房内的电气设备应采用防爆型，溴化锂机组所带的真空泵电控柜也应采取隔爆措施，保证在运行过程中不产生火花。电气设备应有可靠的接地措施。

（9）烟道和烟囱应具有能够确保稳定燃烧所需的截面积结构，在工作温度下应有足够的强度，在烟道周围0.50m以内不允许有可燃物，烟道不得从油库房及有易燃气体的房屋中穿过，排气口水平距离6m以内，不允许堆放易燃品。

（10）每台机组宜采用单独烟道，多台机组共用一个烟道时，每台机组的排烟口应设置风门。

3. 厨房设备防火防爆措施

（1）《建规》第6.2.3条规定，除居住建筑中套内的厨房外，宿舍、公寓建筑中的公共厨房和其他建筑内的厨房应采用耐火极限≥2.00h的防火隔墙与其他部位分隔，墙上的门、窗应采用乙级防火门、窗，确有困难时，可采用防火卷帘。

（2）《建规》第8.3.11条：餐厅建筑面积大于1000m^2的餐馆或食堂，其烹饪操作间的排油烟罩及烹饪部位应设置自动灭火装置，并应在燃气或燃油管道上设置与自动灭火装置联动的自动切断装置。

（3）厨房洒水喷头应选用公称动作温度为93℃的喷头，颜色为绿色。

9.4　锅炉房防火防爆

锅炉房防火防爆措施设置要求见表2.9-2。

表2.9-2　锅炉房防火防爆措施设置要求

火灾危险性	1. 丁类生产厂房 2. 重油油箱间、油泵间和油加热器及轻柴油的油箱间和油泵间属于丙类生产厂房
耐火等级	1. 燃油和燃煤锅炉房分别为一、二级，总额定蒸发量不超过4.00T/h、以煤为燃料的锅炉房，可采用三级 2. 设在其他建筑物内的锅炉房，锅炉间的耐火等级不应低于二级 3. 重油油箱间、油泵间和油加热器及轻柴油的油箱间和油泵间耐火等级不应低于二级
总平面布局	1. 主体建筑的下风或侧风方向 2. 全年运行的锅炉房应设置于总体最小频率风向的上风侧，季节性运行的锅炉房应设置于该季节最大频率风向的下风侧

（续）

防火间距	详见《建规》3.4 条规定
平面位置	1. 宜独立建造，当贴邻民用建筑布置，应采用防火墙隔开，且不应贴邻人员密集场所 2. 燃油或燃气锅炉布置在民用建筑内时，不应布置在人员密集场所的上一层、下一层或贴邻，并应符合下列规定： （1）燃油和燃气锅炉房应设置在首层或地下一层靠外墙部位，但常（负）压燃油、燃气锅炉可设置在地下二层，当常（负）压燃气锅炉距安全出口的距离 >6.0m 时，可设置在屋顶上 （2）燃油锅炉应采用丙类液体作燃料。采用相对密度（与空气密度的比值）≥0.75 的可燃气体为燃料的锅炉，不得设置在地下或半地下建筑（室）内
安全出口	1. 锅炉房的门应直通室外或直通安全出口；外墙开口部位的上方应设置宽度≥1.0m 的不燃性防火挑檐或高度≥1.2m 的窗槛墙 2. 锅炉房为多层建筑时，每层至少应有两个出口，分别设在两侧，并设置安全疏散楼梯直达各层操作点。锅炉房前端的总宽度≤12m，面积≤200m² 的单层锅炉房，可设一个门。锅炉房通向室外的门应向外开，在锅炉运行期间不得上锁或闩住
防火隔墙	锅炉房与其他部位之间应采用耐火极限≥2.00h 的不燃性隔墙和 1.50h 的不燃性楼板隔开。在隔墙和楼板上不应开设洞口，当必须在隔墙上开设门窗时，应设置甲级防火门窗
储油间	当锅炉房内设置储油间时，其总储存量≤1.00m³，且储油间应采用防火墙（3.0h）与锅炉间隔开；确需在防火墙上设置门时，应采用甲级防火门
灭火设施	应设置火灾报警装置和与锅炉容量及建筑规模相适应的灭火设施
泄压设施	1. 锅炉房的外墙、楼地面或屋面，应有相应的防爆措施，并应有相当于锅炉间占地面积 10% 的泄压面积，泄压方向不得朝向人员聚集的场所、房间和人行通道，泄压处也不得与这些地方相邻 2. 燃气锅炉房应设置防爆泄压设施。燃油、燃气锅炉房应有良好的自然通风或机械通风设施。燃气锅炉房应选用防爆型的事故排风机。设置机械通风设施时，其机械通风装置应设置导除静电的接地装置
燃料供给管道	燃料供给管道应在进入建筑物前和设备间内的管道上设置自动和手动切断阀。储油间的油箱应密闭且应设置通向室外的通气管，通气管应设置带阻火器的呼吸阀，油箱的下部应设置防止油品流散的设施
油箱间、油泵间、油加热间	应用防火墙与锅炉间及其他房间隔开，门窗应对外开启，不得与锅炉间相连通，室内的电气设备应为防爆型
电力线路	电力线路不宜采用裸线或绝缘线明敷，应采用金属管或电缆布线，且不宜沿锅炉烟道、热水箱和其他载热体的表面敷设，电缆不得在煤场下通过

9.5 电力变压器防火防爆

1. 电力变压器的安全设置见表 2.9-3

表 2.9-3 电力变压器的安全设置

耐火等级	油浸变压器室、高压配电装置室的耐火等级不应低于二级
防火间距	应符合《建规》第 3.4.1 条规定。10kV 以下的箱式变压器与建筑物的防火间距≥3.00m

（续）

平面位置	1. 油浸电力变压器、充有可燃油的高压电容器和多油开关等用房宜独立建造。当贴邻民用建筑布置时应采用防火墙隔开，且不应贴邻人员密集场所 2. 变、配电所不应设置在甲、乙类厂房内或贴邻，且不应设置在爆炸性气体、粉尘环境的危险区域内。供甲、乙类厂房专用的10kV及以下的变、配电所，当采用无门窗洞口的防火墙隔开时，可一面贴邻，并应符合《爆规》GB 50058规定 3. 油浸电力变压器、充有可燃油的高压电容器和多油开关布置在民用建筑内时，不应布置在人员密集场所的上一层、下一层或贴邻 4. 变压器室应设置在首层或地下一层靠外墙部位
安全出口	变压器室的门均应直通室外或直通安全出口；外墙开口部位的上方应设置宽度≥1.0m的不燃性防火挑檐或高度≥1.20m的窗槛墙
防火隔墙	1. 变压器室与其他部位之间应采用耐火极限≥2.00h的不燃性隔墙和1.50h的不燃性楼板隔开。在隔墙和楼板上不应开设洞口，当必须在隔墙上开设门窗时，应设置甲级防火门窗 2. 变压器室之间、变压器室与配电室之间，应采用耐火极限≥2.00h的不燃烧体墙隔开 3. 乙类厂房的配电所必须在防火墙上开窗时，应设置密封固定 4. 油浸电力变压器、多油开关室、高压电容器室，应设置防止油品流散的设施。油浸电力变压器下面应设置储存变压器全部油量的事故储油设施
灭火设施	1. 应设置火灾报警装置 2. 根据《建规》第8.3.8条规定，单台容量在40MV·A及以上的厂矿企业油浸变压器，单台容量在90MV·A及以上的电厂油浸变压器，单台容量在125MV·A及以上的独立变电站油浸变压器；设置在高层民用建筑内、充可燃油的高压电容器和多油开关室均宜采用水喷雾灭火系统。设置在室内的油浸变压器、充可燃油的高压电容器和多油开关室，可采用细水雾灭火系统

2. 电力变压器本体防火爆措施▲

（1）防止变压器过载运行。

（2）保证绝缘油质量。

（3）防止变压器铁芯绝缘老化损坏。

（4）防止检修不慎破坏绝缘。

（5）保证导线接触良好。

（6）防止雷击。

（7）短路保护要可靠。

（8）限制变压器接地电阻，容量100kVA以下的变压器接地电阻应≤10Ω。

（9）防止超温。

（10）变压器室应配备相应消防设施，如线型感温火灾探测器等探测报警设备、二氧化碳或IG-541等与油浸式变压器容量相适应的自动灭火系统和应急照明系统。消防设施设备的线路可以考虑采用矿物绝缘类不燃性电缆、耐高温、防火电缆或其他耐火电缆。

（11）应经常对运行中的变压器进行检查、维护。

历年真题研究

【2015-6】某棉纺织厂的纺织联合厂房，在回风机的前端设置滤尘器对空气进行净化处理。如需将过滤后的空气循环使用，应使空气中的含尘浓度低于其爆炸下限（　　）。

A. 15%　　B. 25%　　C. 50%　　D. 100%

【答案】B

【解析】该棉纺织厂生产的火灾危险性类别为丙类，依据《爆规》第9.1.2条，甲、乙类厂房内的空气不应循环使用。丙类厂房内含有燃烧或爆炸危险粉尘、纤维的空气，在循环使用前应经净化处理，并应使空气中的含尘浓度低于其爆炸下限的25%。B正确。

【2016-25】下列关于建筑供暖系统防火防爆的做法中，错误的是（　　）。

A. 生产过程中散发二硫化碳气体的厂房，冬季采用热风供暖，回风经净化除尘再加热后配部分新风送入送风系统

B. 甲醇合成厂房采用热水循环供暖，散热器表面的平均温度为90℃

C. 面粉加工厂的碾磨车间采用热水循环供暖，散热器表面的最高温度为82.5℃

D. 铝合金汽车轮毂的抛光车间采用热水循环供暖，散热器表面的平均温度为80℃

【答案】A

【解析】《建规》第9.2.3条，生产过程中散发的可燃气体、蒸气、粉尘或纤维与供暖管道、散热器表面接触能引起燃烧的厂房（如二硫化碳气体、黄磷蒸气及其粉尘等）应采用不循环使用的热风供暖。A错误。

【2016-83】下列关于锅炉房防火防爆的做法中，正确的有（　　）。

A. 燃油锅炉房布置在综合楼的地下三层，该层的其余区域设置空调和水泵房等设备房

B. 独立建造的蒸发量为20t/h的燃煤锅炉房，按照丁类厂房设计，耐火等级为二级

C. 煤化工厂所在区域的常年主导风向为西南风，将锅炉房布置在甲醇合成厂房的西南侧

D. 单独建造的二级耐火等级的单层燃气锅炉房，与相邻一类高层宾馆裙房的防火间距为11m

E. 附设在主体建筑内的燃油锅炉房，其储油间内用钢制密闭储罐储存0.9m^3的柴油，通向室外的通气管上设置安全阀，油罐下部设置防止油品流散的围堰

【答案】BD

【解析】见本章内容。

【2017-92】下列关于锅炉房防火防爆设计的做法，正确的有（　　）。

A. 燃气锅炉房选用防爆型事故排风机

B. 锅炉房设置在地下一层靠外墙部位，上一层为西餐厅，下一层为汽车库

C. 设点型感温火灾探测器

D. 总储存量为3m^3的储油间与锅炉房之间用3.00h的防火墙和甲级防火门分隔

E. 电力线路采用绝缘线明敷

【答案】AC

【解析】空气中含有易燃、易爆危险物质的房间，其送、排风系统应采用防爆型的通风设备。A正确。燃油或燃气锅炉宜设置在建筑外的专用房间内，确需布置在民用建筑内时，

不应布置在人员密集场所的上一层、下一层或贴邻，应设置在首层或地下一层的靠外墙部位，但常（负）压燃油或燃气锅炉可设置在地下二层或屋顶上，B 错（西餐厅属于人员密集场所）。锅炉房内设置储油间时，其总储油量不应大于 $1m^3$，且储油间应采用耐火极限不低于 3.00h 的防火隔墙与锅炉间分隔，确需在防火隔墙上设置门时，应采用甲级防火门，D 错误。厨房、锅炉房、发电机房、烘干车间等不宜安装感烟火灾探测器的场所宜选择点型感温火灾探测器，C 正确。锅炉房电力线路不宜采用裸线或绝缘线明敷，应采用金属管或电缆布线，E 错误。

第10章　建筑装修、保温材料防火

助考知识要点

◆装修材料的分类：顶棚、墙面、地面、隔断装修材料，固定家具，装饰织物
◆装修材料的分级：A级、B1级、B2级、B3级
◆建筑保温防火规定：无空腔外墙保温系统，有空腔外墙保温系统
◆建筑保温防火构造：门窗的耐火完整性、防火隔离带、防护层厚度要求

记忆思维导图（图2.10-1）

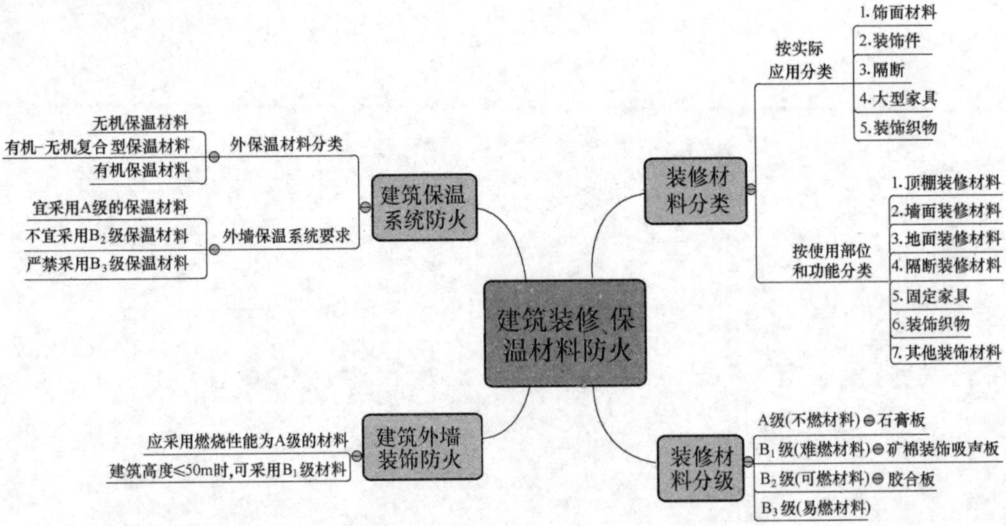

图2.10-1　建筑装修、保温材料防火记忆思维导图

内容归纳解析

10.1　装修材料的分类与分级

1. 装修材料分类

（1）按实际应用分类

①饰面材料；②装饰件；③隔断；④大型家具；⑤装饰织物

（2）按使用部位和功能分类

①顶棚装修材料；②墙面装修材料；③地面装修材料；④隔断装修材料；⑤固定家具（兼有分隔功能的到顶橱柜）；⑥装饰织物；⑦其他装饰材料。

2. 装修材料分级

（1）标准分级。《装修规》第2.0.2条：装修材料按其燃烧性能应划分为四级：A级（不燃材料）；B_1级（难燃材料）；B_2级（可燃材料）；B_3级（易燃材料）。

（2）常用材料等级划分。常用建筑内部装修材料燃烧性能等级的划分按表2.10-1确定。

表2.10-1　装修材料燃烧性能等级划分举例

材料性质	级别	材料举例
各部位材料	A	花岗石、大理石、水磨石、水泥制品、混凝土制品、石膏板、石灰制品、黏土制品、玻璃、瓷砖、马赛克、钢铁、铝、铜合金、天然石材、金属复合板、纤维石膏板、玻镁板、硅酸钙板
顶棚材料	B_1	纸面石膏板、纤维石膏板、水泥刨花板、矿棉装饰吸声板、玻璃棉装饰吸声板、珍珠岩装饰吸声板、难燃胶合板、难燃中密度纤维板、岩棉装饰板、难燃木材、铝箔复合材料、难燃酚醛胶合板、铝箔玻璃钢复合材料、复合铝箔玻璃棉板
墙面材料	B_1	纸面石膏板、纤维石膏板、水泥刨花板、矿棉板、玻璃棉板、珍珠岩板、难燃胶合板、难燃中密度纤维板、防火塑料装饰板、难燃双面刨花板、多彩涂料、难燃墙纸、难燃墙布、难燃仿花岗岩装饰板、氯氧镁水泥装配式墙板、难燃玻璃钢平板、难燃PVC塑料护墙板、阻燃模压木质复合板材、彩色难燃人造板、难燃玻璃钢、复合铝箔玻璃棉板
	B_2	各类天然木材、木制人造板、竹材、纸制装饰板、装饰薄木贴面板、印刷木纹人造板、塑料贴面装饰板、聚酯装饰板、复塑装饰板、塑纤板、胶合板、塑料壁纸、无纺贴墙布、墙布、复合壁纸、天然材料壁纸、人造革、实木饰面装饰板、胶合竹夹板
地面材料	B_1	硬PVC塑料地板、水泥刨花板、水泥木丝板、氯丁橡胶地板、难燃羊毛地毯
	B_2	半硬质PVC塑料地板、PVC卷材地板
装饰织物	B_1	经阻燃处理的各类难燃织物
	B_2	纯毛装饰布、经阻燃处理的其他织物
其他装饰材料	B_1	难燃聚氯乙烯塑料、难燃酚醛塑料、聚四氟乙烯塑料、难燃脲醛塑料、硅树脂塑料装饰型材、经阻燃处理的各类织物
	B_2	经阻燃处理的聚乙烯、聚丙烯、聚氨酯、聚苯乙烯、玻璃钢、化纤织物、木制品

3. 常用装修材料等级规定

常用装修材料等级规定见表2.10-2。

表2.10-2　常用装修材料等级规定

装修材料	规　定
纸面石膏板 矿棉吸声板	《装修规》3.0.4条，安装在金属龙骨上燃烧性能达到B_1级的纸面石膏板、矿棉吸声板可作为A级装修材料使用
壁纸	《装修规》3.0.5条：单位面积质量小于300g/m^{2}的纸质、布质壁纸，当直接粘贴在A级基材上时，可作为B_1级装修材料使用
涂料	《装修规》3.0.6条：施涂于A级基材上的无机装修涂料，可作为A级装修材料使用；施涂于A级基材上，施涂覆比小于1.5kg/m^2，且涂层干膜厚度不大于1.0mm的有机装修涂料，可作为B_1级装修材料使用
多层和复合装修材料	《装修规》3.0.7条：当使用多层装修材料时，各层装修材料的燃烧性能等级均应符合《装修规》的规定。复合型装修材料的燃烧性能等级应进行整体检测确定

10.2　特别场所装修防火要求

1. 特别场所装修防火要求见表 2.10-3

表 2.10-3　特别场所装修防火要求

区域	要　求
消火栓箱门	建筑内部消火栓箱门不应被装饰物遮掩，消火栓箱门四周的装修材料颜色应与消火栓箱门的颜色有明显区别或在消火栓箱门表面设置发光标志
疏散走道和安全出口	地上建筑的水平疏散走道和安全出口的门厅，其顶棚应采用 A 级装修材料，其他部位应采用不低于 B_1 级的装修材料；地下民用建筑的疏散走道和安全出口的门厅，其顶棚、墙面和地面均应采用 A 级装修材料
疏散楼梯间和前室	疏散楼梯间和前室的顶棚、墙面和地面均应采用 A 级装修材料
消防控制室	顶棚和墙面应采用 A 级装修材料，地面及其他装修应使用不低于 B_1 级装修材料
中庭、走马廊、开敞楼梯、自动扶梯	建筑物内设有上下层相连通的中庭、走廊、开敞楼梯、自动扶梯时，其连通部位的顶棚、墙面应采用 A 级装修材料，其他部位应采用不低于 B_1 级的装修材料
变形缝	建筑内部的变形缝（包括沉降缝、温度伸缩缝、抗震缝等）两侧基层的表面装修应采用不低于 B_1 级的装修材料
无窗房间	无窗房间内部装修材料的燃烧性能等级除 A 级外，应在原规定基础上提高一级
设备机房	消防水泵房、机械加压送风排烟机房、固定灭火系统钢瓶间、配电室、变压器室、发电机房、储油间、通风和空调机房等，其内部所有装修均应采用 A 级装修材料
建筑内的厨房	顶棚、墙面、地面均采用 A 级装修材料
使用明火的餐厅和科研试验室	装修材料的燃烧性能等级除 A 级外，应在规定的基础上提高一级
库房或贮藏间	民用建筑内的库房或贮藏间，其内部所有装修除应符合相应场所规定外，且应采用不低于 B_1 级的装修材料
展览性场所	展览性场所装修设计应符合下列规定：①展台材料应采用不低于 B_1 级的装修材料。②在展厅设置电加热设备的餐饮操作区内，与电加热设备贴邻的墙面、操作台均应采用 A 级装修材料。③展台与卤钨灯等高温照明灯具贴邻部位的材料应采用 A 级装修材料
住宅建筑	住宅建筑装修设计尚应符合下列规定：①不应改动住宅内部烟道、风道。②厨房内的固定橱柜宜采用不低于 B_1 级的装修材料。③卫生间顶棚宜采用 A 级装修材料。④阳台装修宜采用不低于 B_1 级的装修材料

2. 规范补充内容

(1)《装修规》4.0.1 条：建筑内部装修不应擅自减少、改动、拆除、遮挡消防设施、疏散指示标志、安全出口、疏散出口、疏散走道和防火分区、防烟分区等。

(2)《装修规》4.0.3 条：疏散走道和安全出口的顶棚、墙面不应采用影响人员安全疏散的镜面反光材料。

(3)《装修规》4.0.16 条：照明灯具及电气设备、线路的高温部位，当靠近非 A 级装修材料或构件时，应采取隔热、散热等防火保护措施，与窗帘、帷幕、幕布、软包等装修材料的距离不应小于500mm；灯饰应采用不低于 B_1 级的材料。

（4）《装修规》4.0.17 条：建筑内部的配电箱、控制面板、接线盒、开关、插座等不应直接安装在低于 B_1 级的装修材料上；用于顶棚和墙面装修的木质类板材，当内部含有电器、电线等物体时，应采用不低于 B_1 级的材料。

（5）《装修规》4.0.18 条：当室内顶棚、墙面、地面和隔断装修材料内部安装电加热供暖系统时，室内采用的装修材料和绝热材料的燃烧性能等级应为 A 级。当室内顶棚、墙面、地面和隔断装修材料内部安装水暖（或蒸汽）供暖系统时，其顶棚采用的装修材料和绝热材料的燃烧性能应为 A 级，其他部位的装修材料和绝热材料的燃烧性能不应低于 B_1 级，且尚应符合《装修规》有关公共场所的规定。

（6）《装修规》4.0.19 条：建筑内部不宜设置采用 B_3 级装饰材料制成的壁挂、布艺等，当需要设置时，不应靠近电气线路、火源或热源，或采取隔离措施。

10.3 民用建筑装修防火

1. 单层、多层民用建筑内部各部位装修材料的燃烧性能等级

其燃烧性能等级不应低于表 2.10-4 的规定。

表 2.10-4 单层、多层民用建筑内部各部位装修材料的燃烧性能等级

序号	建筑物及场所	建筑规模、性质	装修材料燃烧性能等级							
			顶棚	墙面	地面	隔断	固定家具	装饰织物		其他装饰材料
								窗帘	帷幕	
1	候机楼的候机大厅、贵宾候机室、售票厅、商店、餐厅场所等		A	A	B_1	B_1	B_1	B_1	—	B_1
2	汽车站、火车站、轮船客运站的候车（船）室、商店、餐厅场所等	建筑面积＞10000m²	A	A	B_1	B_1	B_1	B_1	—	B_2
		建筑面积≤10000m²	A	B_1	B_1	B_1	B_1	B_1	—	B_2
3	观众厅、会议厅、多功能厅、等候厅等	每个厅建筑面积＞400m²	A	A	B_1	B_1	B_1	B_1	B_1	B_1
		每个厅建筑面积≤400m²	A	B_1	B_1	B_1	B_2	B_1	B_1	B_2
4	体育馆	＞3000 座位	A	A	B_1	B_1	B_1	B_1	B_1	B_2
		≤3000 座位	A	B_1	B_1	B_1	B_2	B_2	B_1	B_2
5	商店的营业厅	每层建筑面积＞1500m² 或总建筑面积＞3000m²	A	B_1	B_1	B_1	B_1	B_1	—	B_2
		每层建筑面积≤1500m² 或总建筑面积≤3000m²	A	B_1	B_1	B_1	B_2	B_1	—	—
6	宾馆、饭店的客房及公共活动用房等	设置送回风道（管）的集中空气调节系统	A	B_1	B_1	B_1	B_2	B_2	—	B_2
		其他	B_1	B_1	B_2	B_2	B_2	B_2		—

（续）

序号	建筑物及场所	建筑规模、性质	装修材料燃烧性能等级							
			顶棚	墙面	地面	隔断	固定家具	装饰织物		其他装饰材料
								窗帘	帷幕	
7	养老院、托儿所、幼儿园的居住及活动场所；医院的病房区、诊疗区、手术区	—	A	A	B_1	B_1	B_2	B_1	—	B_2
8	教学场所、教学实验场所	—	A	B_1	B_2	B_2	B_2	B_2	B_2	B_2
9	纪念馆、展览馆、博物馆、图书馆、档案馆、资料馆等的公共活动场所	—	A	B_1	B_1	B_1	B_2	B_1	—	B_2
10	存放文物、纪念展览物品、重要图书、档案、资料的场所	—	A	A	B_1	B_1	B_2	B_1	—	B_2
11	歌舞娱乐游艺场所		A	B_1	B_1	B_1	B_1	B_1	B_1	B_1
12	A、B级电子信息系统机房及装有重要机器、仪器的房间	—	A	A	B_1	B_1	B_1	B_1	B_1	B_1
13	餐饮场所	营业面积＞$100m^2$	A	B_1	B_1	B_1	B_2	B_1		B_2
		营业面积≤$100m^2$	B_1	B_1	B_1	B_2	B_2	B_2		B_2
14	办公场所	设置送回风道（管）的集中空气调节系统	A	B_1	B_1	B_1	B_2	B_2	—	B_2
		其他	B_1	B_1	B_2	B_2	B_2	—		—
15	其他公共场所	—	B_1	B_1	B_2	B_2	B_2	—	—	—
16	住宅	—	B_1	B_1	B_1	B_1	B_2	B_2	—	B_2

执行此表时应注意：

（1）除《装修规》第4章规定的场所和表2.10-4中序号为10～12规定的部位外，单层、多层民用建筑内面积小于$100m^2$的房间，当采用耐火极限不低于2.00h的防火隔墙和甲级防火门、窗与其他部位分隔时，其装修材料的燃烧性能等级可在本表的基础上降低一级。

（2）除《装修规》第4章规定的场所和本表2.10-4中序号为10～12规定的部位外，当单层、多层民用建筑需做内部装修的空间内装有自动灭火系统时，除顶棚外，其内部装修材料的燃烧性能等级可在本表规定的基础上降低一级；当同时装有火灾自动报警装置和自动灭火系统时，其装修材料的燃烧性能等级可在本表规定的基础上降低一级。

2. 高层公共建筑装修防火

高层民用建筑内部各部位装修材料的燃烧性能等级，不应低于表2.10-5的规定。

表2.10-5 高层民用建筑内部各部位装修材料的燃烧性能等级

序号	建筑物及场所	建筑规模、性质	装修材料燃烧性能等级									
			顶棚	墙面	地面	隔断	固定家具	装饰织物				其他装饰材料
								窗帘	帷幕	床罩	家具包布	
1	候机楼的候机大厅、贵宾候机室、售票厅、商店、餐厅场所等		A	A	B_1	B_1	B_1	B_1	—	—	—	B_1
2	汽车站、火车站、轮船客运站的候车（船）室、商店、餐厅场所等	建筑面积$>10000m^2$	A	A	B_1	B_1	B_1	B_1	—	—	—	B_2
		建筑面积$\leqslant10000m^2$	A	B_1	B_1	B_1	B_1	B_1	—	—	—	B_2
3	观众厅、会议厅、多功能厅、等候厅等	每个厅建筑面积$>400m^2$	A	A	B_1	B_1	B_1	B_1	B_1	—	B_1	B_1
		每个厅建筑面积$\leqslant400m^2$	A	B_1	B_1	B_1	B_2	B_1	B_1	—	B_1	B_1
4	商店的营业厅	每层建筑面积$>1500m^2$或总建筑面积$>3000m^2$	A	B_1	B_1	B_1	B_1	B_1	B_1	—	B_2	B_1
		每层建筑面积$\leqslant1500m^2$或总建筑面积$\leqslant3000m^2$	A	B_1	B_1	B_1	B_1	B_1	B_2	—	B_2	B_2
5	宾馆、饭店的客房及公共活动用房等	一类建筑	A	B_1	B_1	B_1	B_2	B_1	—	B_1	B_2	B_1
		二类建筑	A	B_1	B_1	B_1	B_2	B_2	—	B_2	B_2	B_2
6	养老院、托儿所、幼儿园的居住及活动场所	—	A	A	B_1	B_1	B_2	B_1	—	B_2	B_2	B_1
7	医院的病房区、诊疗区、手术区		A	A	B_1	B_1	B_2	B_1	B_1	—	B_2	B_1
8	教学场所、教学实验场所	—	A	B_1	B_2	B_2	B_2	B_1	B_1	—	B_1	B_2
9	纪念馆、展览馆、博物馆、图书馆、档案馆、资料馆等的公共活动场所	一类建筑	A	B_1	B_1	B_1	B_2	B_1	B_1	—	B_1	B_1
		二类建筑	A	B_1	B_1	B_1	B_2	B_1	B_2	—	B_2	B_2
10	存放文物、纪念展览物品、重要图书、档案、资料的场所	—	A	A	B_1	B_1	B_2	B_1	—	—	B_1	B_2
11	歌舞娱乐游艺场所		A	B_1	B_1	B_1	B_1	B_1	B_1	B_1	B_1	B_1
12	A、B级电子信息系统机房及装有重要机器、仪器的房间	—	A	A	B_1	B_1	B_2	B_1	B_1	—	B_1	B_1
13	餐饮场所	—	A	B_1	B_1	B_1	B_2	B_1	—	—	B_1	B_2
14	办公场所	一类建筑	A	B_1	B_1	B_1	B_2	B_1	B_1	—	B_1	B_1
		二类建筑	A	B_1	B_1	B_1	B_2	B_1	B_1	—	B_2	B_2
15	电信楼、财贸金融楼、邮政楼、广播电视楼、电力调度楼、防灾指挥调度楼	一类建筑	A	A	B_1	B_1	B_1	B_1	B_1	—	B_2	B_1
		二类建筑	A	B_1	B_2	B_2	B_2	B_1	B_2	—	B_2	B_2
16	其他公共场所	—	A	B_1	B_1	B_1	B_2	B_2	B_2	B_2	B_2	B_2
17	住宅	—	A	B_1	B_1	B_1	B_2	B_1	—	B_1	B_2	B_1

执行此表时应注意：

（1）除《装修规》第4章规定的场所和本表2.10-5中序号为10～12规定的部位外，高层民用建筑的裙房内面积小于$500m^2$的房间，当设有自动灭火系统，并且采用耐火极限不低于2.00h的防火隔墙和甲级防火门、窗与其他部位分隔时，顶棚、墙面、地面装修材料的燃烧性能等级可在本表规定的基础上降低一级。

（2）除《装修规》第4章规定的场所和本表2.10-5中序号为10～12规定的部位外，以及大于$400m^2$的观众厅、会议厅和100m以上的高层民用建筑外，当设有火灾自动报警装置和自动灭火系统时，除顶棚外，其内部装修材料的燃烧性能等级可在本表规定的基础上降低一级。

3. 地下民用建筑装修防火

地下民用建筑内部各部位装修材料的燃烧性能等级，不应低于表2.10-6的规定。

表2.10-6 地下民用建筑内部装修材料的燃烧性能等级

序号	建筑物及场所	装修材料燃烧性能等级						
		顶棚	墙面	地面	隔断	固定家具	装饰织物	其他装饰材料
1	观众厅、会议厅、多功能厅、等候厅、商店的营业厅	A	A	A	B_1	B_1	B_1	B_2
2	宾馆、饭店的客房及公共活动用房等	A	B_1	B_1	B_1	B_1	B_1	B_2
3	医院的诊疗区、手术区	A	A	B_1	B_1	B_1	B_1	B_2
4	教学场所、教学实验场所	A	A	B_1	B_2	B_2	B_1	B_2
5	纪念馆、展览馆、博物馆、图书馆、档案馆、资料馆等的公共活动场所	A	A	B_1	B_1	B_1	B_1	B_1
6	存放文物、纪念展览物品、重要图书、档案、资料的场所	A	A	A	A	A	B_1	B_1
7	歌舞娱乐游艺场所	A	A	B_1	B_1	B_1	B_1	B_1
8	A、B级电子信息系统机房及装有重要机器、仪器的房间	A	A	B_1	B_1	B_1	B_1	B_1
9	餐饮场所	A	A	A	B_1	B_1	B_1	B_2
10	办公场所	A	B_1	B_1	B_1	B_1	B_2	B_2
11	其他公共场所	A	B_1	B_1	B_2	B_2	B_2	B_2
12	汽车库、修车库	A	A	B_1	A	A	—	—

注：1. 地下民用建筑系指单层、多层、高层民用建筑的地下部分，单独建造在地下的民用建筑以及平战结合的地下人防工程。

2. 除《装修规》第4章规定的场所和本表2.10-6中序号为6～8规定的部位外，单独建造的地下民用建筑的地上部分，其门厅、休息室、办公室等内部装修材料的燃烧性能等级可在本表的基础上降低一级。

10.4 建筑保温系统和外墙装饰防火

1. 外保温材料分类

建筑外墙的保温材料可以分为三大类：

（1）无机保温材料：矿棉和岩棉，A 级不燃材料。

（2）有机-无机复合型保温材料：胶粉聚苯颗粒保温浆料，B_1 级难燃材料。

（3）有机保温材料：聚苯乙烯泡沫塑料（包括 EPS 板和 XPS 板）、硬泡聚氨酯和改性酚醛树脂，B_2 级可燃材料（详见表 2.10-7）。

表 2.10-7　各种保温材料的燃烧性能等级及导热系数

材料名称	胶粉聚苯颗粒浆料	EPS 板	XPS 板	聚氨酯	岩棉	矿棉	泡沫玻璃	加气混凝土
导热系数 /[W/(m·K)]	0.06	0.041	0.030	0.025	0.036 ~ 0.041	0.053	0.066	0.116 ~ 0.212
燃烧性能等级	B_1	B_2	B_2	B_2	A	A	A	A

2. 建筑外墙保温系统要求

（1）《建规》第 6.7.1 条：建筑的内、外保温系统，宜采用燃烧性能为 A 级的保温材料，不宜采用 B_2 级保温材料，严禁采用 B_3 级保温材料。

（2）《建规》第 6.7.2 条：建筑外墙采用内保温系统时，保温系统应符合下列规定：

1）对于人员密集场所，用火、燃油、燃气等具有火灾危险性的场所以及各类建筑内的疏散楼梯间、避难走道、避难间、避难层等场所或部位，应采用燃烧性能为 A 级的保温材料。

2）对于其他场所，应采用低烟、低毒且燃烧性能不低于 B_1 级的保温材料。

3）保温系统应采用不燃材料做防护层。采用燃烧性能为 B_1 级的保温材料时，防护层的厚度≥10mm。

（3）《建规》第 6.7.4 条：人员密集场所的建筑，其外墙外保温材料的燃烧性能应为 A 级。

（4）《建规》第 6.7.4A 条：除《建规》第 6.7.3 条规定的情况外，下列老年人照料设施的内、外墙体和屋面保温材料应采用燃烧性能为 A 级的保温材料：

1）独立建造的老年人照料设施。

2）与其他建筑组合建造且老年人照料设施部分的总建筑面积大于 500m² 的老年人照料设施。

3. 住宅和公共建筑外墙外保温系统

建筑外墙外保温材料的燃烧性能应符合《建规》第 6.7.5 条和 6.7.6 条规定，其燃烧性能等级不应低于表 2.10-8 规定。

表 2.10-8　住宅和公共建筑外墙外保温系统燃烧性能等级要求

与基层墙体、装饰层之间无空腔				与基层墙体、装饰层之间有空腔	
建筑高度 *H*/m	住宅	建筑高度 *H*/m	公共建筑	建筑高度 *H*/m	住宅和公共建筑
$H>100$	A 级	$H>50$	A 级	$H>24$	A 级
$27<H\leqslant 100$	B_1 级	$24<H\leqslant 50$	B1 级	$H\leqslant 24$	B1 级
$H\leqslant 27$	B_2 级	$H\leqslant 24$	B2 级		

注：人员密集场所统一为 A 级。

4. 建筑的外墙外保温系统构造要求

（1）《建规》第 6.7.3 条：建筑外墙采用保温材料与两侧墙体构成无空腔复合保温结构

体时，该结构体的耐火极限应符合《建规》的有关规定；当保温材料的燃烧性能为 B_1、B_2 级时，保温材料两侧的墙体应采用不燃材料且厚度≥50mm。

（2）《建规》第 6.7.7 条：除《建规》第 6.7.3 条规定的情况外，当建筑的外墙外保温系统按规定采用燃烧性能为 B_1、B_2 级的保温材料时，应符合下列规定：

1）除采用 B_1 级保温材料且建筑高度≤24m 的公共建筑或采用 B_1 级保温材料且建筑高度≤27m 的住宅建筑外，建筑外墙上门、窗的耐火完整性≥0.50h。

2）应在保温系统中每层设置水平防火隔离带。防火隔离带应采用燃烧性能为 A 级的材料，防火隔离带的高度≥300mm。

（3）《建规》第 6.7.8 条：建筑的外墙外保温系统应采用不燃材料在其表面设置防护层，防护层应将保温材料完全包覆。除《建规》第 6.7.3 条规定的情况外，当按规定采用 B_1、B_2 级保温材料时，防护层厚度首层≥15mm，其他层≥5mm。

（4）《建规》第 6.7.9 条：建筑外墙外保温系统与基层墙体、装饰层之间的空腔，应在每层楼板处采用防火封堵材料封堵。

（5）《建规》第 6.7.10 条：建筑的屋面外保温系统，当屋面板的耐火极限≥1.00h 时，保温材料的燃烧性能≥B_2 级；当屋面板的耐火极限＜1.00h 时，≥B_1 级。采用 B_1、B_2 级保温材料的外保温系统应采用不燃材料作防护层，防护层的厚度≥10mm。当建筑的屋面和外墙外保温系统均采用 B_1、B_2 级保温材料时，屋面与外墙之间应采用宽度≥500mm 的不燃材料设置防火隔离带进行分隔。

（6）《建规》第 6.7.11 条：电气线路不应穿越或敷设在燃烧性能为 B_1 或 B_2 级的保温材料中；确需穿越或敷设时，应采取穿金属管并在金属管周围采用不燃隔热材料进行防火隔离等防火保护措施。设置开关、插座等电器配件的部位周围应采取不燃隔热材料进行防火隔离等防火保护措施。

5. 建筑外墙装饰防火要求

《建规》第 6.7.12 条：建筑外墙的装饰层应采用燃烧性能为 A 级的材料，但建筑高度≤50m 时，可采用 B_1 级材料。

历年真题研究

【2015-67】某民政部门建设了 2 座供老年人居住和活动的建筑，建筑高度均为 12m，建筑内部设置了自动喷水灭火系统和火灾自动报警系统。在进行内部装修时，建筑内疏散走道的顶棚装饰材料的燃烧性能等级应为（　　）。

A. B_1　　B. B_2　　C. A　　D. B_3

【答案】A

【解析】《装修规》第 5.1.3 条，当单层、多层民用建筑需做内部装修的空间内装有自动灭火系统时，除顶棚外，其内部装修材料的燃烧性能等级可在本表规定的基础上降低一级；当同时装有火灾自动报警装置和自动灭火系统时，其装修材料的燃烧性能等级可在本表规定的基础上降低一级。即由 A 级降为 B_1 级。

【2015-79】某高层办公建筑在进行内部装修时，采用壁柜将办公室分隔成多个区域。根据《建筑内部装修设计防火规范》（GB 50222）的规定和使用部位及功能，该壁柜可划分为（　　）。

A. 固定家具　B. 墙面装修材料　C. 隔断装修材料　D. 其他装饰材料

【答案】A

【解析】依据《装修规》第2.0.4条，固定家具就是与建筑结构固定在一起或不易改变位置的家具。如建筑内部的壁橱、壁柜、陈列台、大型货架等。A正确。

【2015-96】某8层住宅建筑，层高为3.0m，首层地面标高为±0.000，室外地坪标高-0.600m，平屋面面层标高24.200m。对该住宅外墙进行保温设计，选用的保温方式和材料中，符合规范要求的有（　）。

A. 除楼梯间外，内保温材料采用燃烧性能为B_1级的聚氨酯泡沫板

B. 外保温体系与基层墙体无空腔，保温材料采用矿棉板

C. 除楼梯间外，内保温材料采用燃烧性能为B_2级的聚苯乙烯泡沫板

D. 外保温体系与基层墙体无空腔，保温材料采用燃烧性能为B_1级的聚氨酯泡沫板

E. 外保温体系与基层墙体无空腔，保温材料采用燃烧性能为B_2级的聚苯乙烯泡沫板

【答案】BDE

【解析】本建筑属于多层住宅楼，建筑高度不大于27m，依据《建规》第6.7.2条，建筑外墙采用内保温系统时，保温系统应符合下列规定：

（1）对于人员密集场所，用火、燃油、燃气等具有火灾危险性的场所以及各类建筑内的疏散楼梯间、避难走道、避难间、避难层等场所或部位，应采用燃烧性能为A级的保温材料。A错误。

（2）对于其他场所，应采用低烟、低毒且燃烧性能不低于B_1级的保温材料。C错误。

《建规》第6.7.5条，与基层墙体、装饰层之间无空腔的建筑外墙外保温系统，建筑高度不大于27m时，保温材料的燃烧性能不应低于B_2级。BDE正确。

【2016-22】下列关于与基层墙体、装饰层之间无空腔且每层设置防火隔离带的建筑外墙外保温系统的做法中，错误的是（　）。

A. 建筑高度为23.8m的住宅建筑，采用B_2级保温材料，外墙上门、窗的耐火或完整性为0.25h

B. 建筑高度为48m的办公建筑，采用B_1级保温材料，外墙上门、窗的耐火完整性为0.50h

C. 建筑高度为70m的住宅建筑，采用B_1级保温材料，外墙上门、窗的耐火完整性为0.50h

D. 建筑高度为23.8m的办公建筑，采用B_1级保温材料，外墙门、窗的耐火完整性为0.25h

【答案】A

【解析】《建规》第6.7.7条，当建筑的外墙外保温系统按本节规定采用燃烧性能为B_1、B_2级的保温材料时，除采用B_1级保温材料且建筑高度不大于24m的公共建筑或采用B_1级保温材料且建筑高度不大于27m的住宅建筑外，建筑外墙上门、窗的耐火完整性不应低于0.50h。A错误。

【2016-65】下列关于地下商店营业厅的内部装修材料中，允许采用B_1级燃烧性能的是（　）。

A. 地面装修材料　B. 装饰织物　C. 售货柜台　D. 墙面装修

【答案】B

【解析】地下商场的营业厅顶棚、地面、墙面装修材料不应低于 A 级，固定家具、装饰织物、隔断不应低于 B_1 级。

【2016-98】某建筑高度为 28.5m 的电信大楼，每层建筑面积为 $2000m^2$，设置火灾自动报警系统和自动灭火系统等，下列关于该建筑有窗办公室内部装修的做法中，正确的有（　　）。

A. 墙面采用彩色阻燃人造板装修　　B. 地面铺装硬质 PVC 塑料地板

C. 窗帘采用阻燃处理的难燃织物　　D. 顶棚采用难燃胶合板装修

E. 隔断采用复合壁纸装修

【答案】ABCE

【解析】根据《装修规》第 5.2.1 条，一类高层电信楼的顶棚、墙面装修材料燃烧性能等级不应低于 A 级，地面、隔断、窗帘燃烧性能等级不应低于 B_1 级。当设有火灾自动报警装置和自动灭火系统时，除顶棚外，其内部装修材料的燃烧性能等级可在原规定的基础上降低一级。彩色阻燃人造板属于 B_1 级，A 选项正确；硬质 PVC 塑料地板属于 B_1 级，B 选项正确；阻燃处理的难燃织物属于 B_1 级，C 选项正确；难燃胶合板属于 B_1 级，D 选项错误；复合壁纸属于 B_2 级，E 选项正确。

【2017-43】下列装修材料中，属于 B_1 级墙面装修材料的是（　　）。

A. 塑料贴面装饰板　　B. 纸质装饰板　　C. 无纺贴墙布　　D. 纸面石膏板

【答案】D

【解析】ABC 选项属于 B_2 级墙面材料。

【2017-88】与基层墙体、装饰层之间无空腔的住宅外墙外保温系统，当建筑高度大于 27m、但不大于 100m 时，下列保温材料中，燃烧性能符合要求的有（　　）。

A. B_2 级保温材料　　B. A 级保温材料　　C. B_3 级保温材料

D. B_1 级保温材料　　E. B_4 级保温材料

【答案】BD

【解析】《建规》第 6.7.5 条规定，与基层墙体、装饰层之间无空腔的住宅建筑外墙外保温系统，当建筑高度大于 27m，但不大于 100m 时，保温材料的燃烧性能不应低于 B_1 级。

【2018-19】某多层办公建筑设有自然排烟系统。未设置集中空气调节系统和自动喷水灭火系统。该办公建筑内建筑面积为 $200m^2$ 的房间有四种装修方案，各部位装修材料的燃烧性能等级见下表，其中正确的方案是（　　）。

方案	顶棚	墙面	地面
1	B_2	B_1	B_1
2	B_1	B_1	B_2
3	B_1	B_2	B_1
4	A	B_2	B_1

A. 方案 1　　B. 方案 2　　C. 方案 3　　D. 方案 4

【答案】B

【解析】根据《装修规》第 5.1.1 条，未设置送回风道（管）的集中空气调节系统的办公场所，顶棚、墙面、地面装修材料燃烧性能等级不应低于 B_1、B_1、B_2。故 B 正确。

【2018-40】建筑外墙保温材料下列设计方案中，错误的是（　　）。

A. 建筑高度 54m 的住宅建筑，保温层与基层墙体、装饰层之间无空腔，选用燃烧性能为 B_1 级的外保温材料

B. 建筑高度 32m 的办公建筑，保温层与基层墙体、装饰层之间无空腔，选用燃烧性能为 B_1 级的外保温材料

C. 建筑高度 18m 的展览建筑，保温层与基层墙体、装饰层之间无空腔，选用燃烧性能为 B_1 级的外保温材料

D. 建筑高度 23m 的旅馆建筑，保温层与基层墙体、装饰层之间无空腔，选用燃烧性能为 B_1 级的外保温材料

【答案】D

【解析】《建规》第 6.7.4 条，设置人员密集场所的建筑，其外墙外保温材料的燃烧性能应为 A 级，旅馆属于人员密集场所，D 错误。

【2018-52】某大学科研楼共 6 层，建筑高度 22.8m，第六层为国家级工程实验中心，该中心设有自动喷水灭火系统和自然排烟系统，根据现行国家标准《建筑内部装修设计防火规范 GB 50222)，该工程实验中心的下列室内装修材料选用方案中，正确的是（　　）。

A. 墙面采用燃烧性能为 B_1 级的装修材料

B. 试验操作台采用燃烧性能为 B_1 级的装修材料

C. 窗帘等装饰织物采用燃烧性能为 B_2 级的装修材料

D. 地面采用燃烧性能为 B_2 级的装修材料

【答案】B

【解析】《装修规》第 5.1.1 条，教学实验场所，顶棚 A，墙面 B_1，其他 B_2。

《装修规》第 4.0.12 条，经常使用明火器具的餐厅、科研试验室，其装修材料的燃烧性能等级除 A 级外，应在规定的基础上提高一级。B 正确。

【2018-67】某建筑高度为 54m 的住宅建筑，其外墙外保温系统保温材料的燃烧性能为 B_1 级，该建筑外墙及外墙保温系统的下列设计方案中，错误的是（　　）。

A. 采用耐火完整性为 0.5h 的外窗

B. 外墙保温系统中每层设置水平防火隔离带

C. 防火隔离带采用高度为 300mm 的不燃材料

D. 首层外墙外保温系统采用厚度为 10mm 的不燃材料防护层

【答案】D

【解析】《建规》第 6.7.8 条，建筑的外墙外保温系统应采用不燃材料在其表面设置防护层，防护层应将保温材料完全包覆。当采用 B_1、B_2 级保温材料时，防护层厚度首层不应小于 15mm，其他层不应小于 5mm。D 错误。

【2018-99】某综合楼，地上 5 层，建筑高度 18m，第三层设有电子游戏厅，设有火灾自动报警系统、自动喷水灭火系统和自然排烟系统。根据现行国家标准《建筑内部装修设计防火规范》（GB 50222），该电子游戏厅的下列装修方案中，正确的有（　　）。

A. 游艺厅设置燃烧性能为 B_2 级的座椅

B. 墙面粘贴燃烧性能为 B_1 级的布质壁纸

C. 安装燃烧性能为 B_1 级的顶棚

D. 室内装饰选用纯麻装饰布

E. 地面铺设燃烧性能为 B_1 级的塑料地板

【答案】BE

【解析】《装修规》第 5.1.1 条，多层电子游戏厅属于歌舞娱乐场所，装修材料燃烧性能等级为顶棚 A 级，其他 B_1 级。歌舞娱乐场所，当同时装有火灾自动报警装置和自动灭火系统时，也不能降低标准。BE 正确。

第 11 章　灭火救援设施

助考知识要点

◆消防车道设置要求：净宽度（高度）≥4.0m，转弯半径（9m，12m），车道坡度（≤8%）

◆登高操作场地要求：场地宽度≥10m、距建筑外墙（5~10m），场地坡度≤3%

◆消防救援窗口要求：净高度（宽度）≥1.0m，下沿距地≤1.2m，间距≤20m

◆消防电梯前室要求：前室的使用面积≥6.0m²，前室的短边≥2.4m

◆停机坪的设置要求：航空障碍灯、应急照明、设置消火栓

记忆思维导图（图 2.11-1）

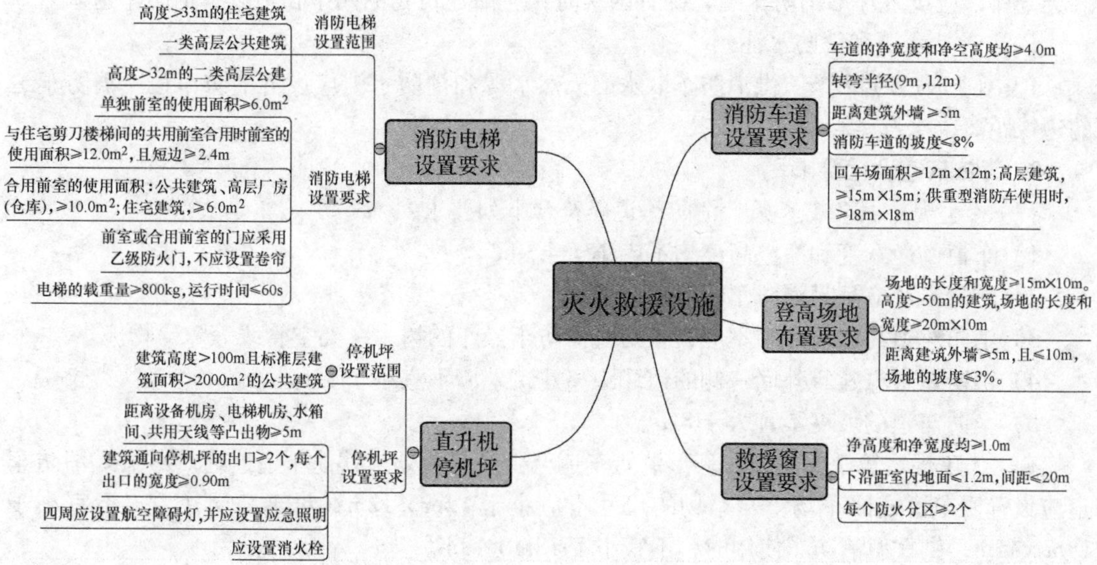

图 2.11-1　灭火救援设施记忆思维导图

内容归纳解析

11.1　消防车道

1. 消防车道总平面布局

（1）民用建筑区

1）《建规》第 7.1.1 条：街区内的道路应考虑消防车的通行，道路中心线间的距离≤

160m。当建筑物沿街道部分的长度 > 150m 或总长度 > 220m 时，应设置穿过建筑物的消防车道。确有困难时，应设置环形消防车道。

2）《建规》第 7. 1. 2 条：高层民用建筑，超过 3000 个座位的体育馆，超过 2000 个座位的会堂，占地面积大于 $3000m^2$ 的商店建筑、展览建筑等单、多层公共建筑应设置环形消防车道，确有困难时，可沿建筑的两个长边设置消防车道；对于高层住宅建筑和山坡地或河道边临空建造的高层民用建筑，可沿建筑的一个长边设置消防车道，但该长边所在建筑立面应为消防车登高操作面。

3）《建规》第 7. 1. 4 条：有封闭内院或天井的建筑物，当内院或天井的短边长度 > 24m 时，宜设置进入内院或天井的消防车道；当该建筑物沿街时，应设置连通街道和内院的人行通道（可利用楼梯间），其间距≤80m。

4）《建规》第 7. 1. 5 条：在穿过建筑物或进入建筑物内院的消防车道两侧，不应设置影响消防车通行或人员安全疏散的设施。

（2）工厂、仓库区

《建规》第 7. 1. 5 条：工厂、仓库区内应设置消防车道。

高层厂房，占地面积大于 $3000m^2$ 的甲、乙、丙类厂房和占地面积大于 $1500m^2$ 的乙、丙类仓库，应设置环形消防车道，确有困难时，应沿建筑物的两个长边设置消防车道。

（3）天然水源和消防水池

《建规》第 7. 1. 7 条：供消防车取水的天然水源和消防水池应设置消防车道。消防车道的边缘距离取水点≤2m。

2. 消防车道设置要求

（1）《建规》第 7. 1. 8 条：消防车道应符合下列要求：

1）车道的净宽度和净空高度均不应小于 4. 0m。

2）转弯半径应满足消防车转弯的要求。

3）消防车道与建筑之间不应设置妨碍消防车操作的树木、架空管线等障碍物。

4）消防车道靠建筑外墙一侧的边缘距离建筑外墙不宜小于 5m。

5）消防车道的坡度不宜大于 8%。

（2）《建规》第 7. 1. 9 条：环形消防车道至少应有两处与其他车道连通。尽头式消防车道应设置回车道或回车场，回车场的尺寸不应小于 12m × 12m；对于高层建筑，不宜小于 15m × 15m；供重型消防车使用时，不宜小于 18m × 18m。

11. 2　救援场地和入口

1. 登高操作场地布置要求

（1）《建规》第 7. 2. 1 条：高层建筑应至少沿一个长边或周边长度的 1/4 且不小于一个长边长度的底边连续布置消防车登高操作场地，该范围内的裙房进深≤4m。

建筑高度≤50m 的建筑，连续布置消防车登高操作场地确有困难时，可间隔布置，但间隔距离≤30m，且消防车登高操作场地的总长度仍应符合上述规定（图 2. 11-2）。

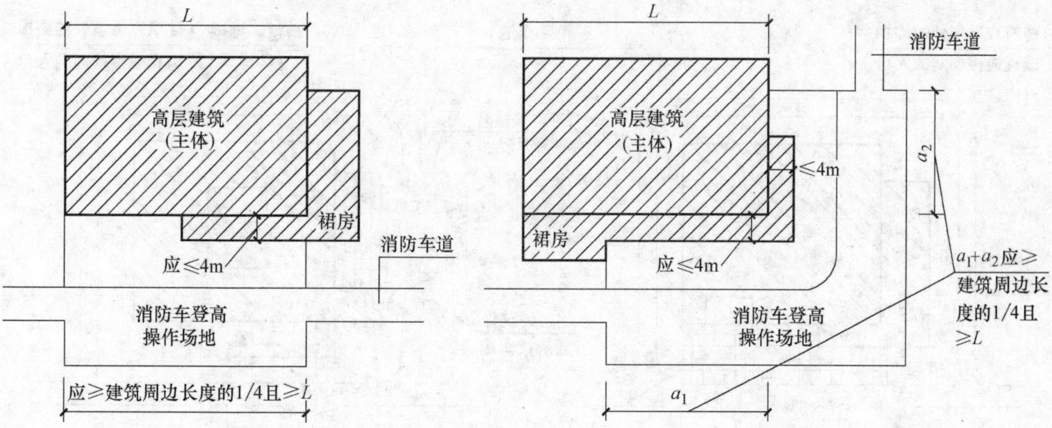

图示1

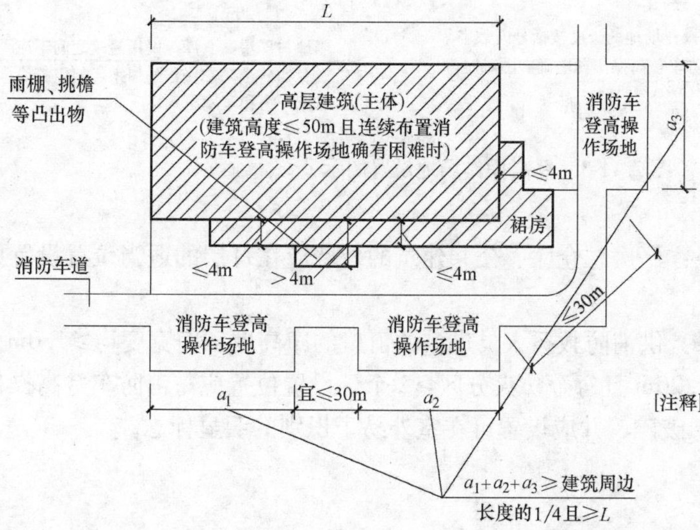

[注释] 1. L为高层建筑主体的一个长边长度，“建筑周边长度”应为高层建筑主体的周边长度。

2. 消防车登高操作场地的有效计算长度（a_1，a_2，a_3…）应在高层建筑主体的对应范围内。

图 2.11-2　登高操作场地布置图示

（2）《建规》第 7.2.2 条：消防车登高操作场地应符合下列规定（图 2.11-3）：

1）场地与厂房、仓库、民用建筑之间不应设置妨碍消防车操作的树木、架空管线等障碍物和车库出入口。

2）场地的长度和宽度≥15m×10m。对于建筑高度大于 50m 的建筑，场地的长度和宽度≥20m×10m。

3）场地及其下面的建筑结构、管道和暗沟等，应能承受重型消防车的压力。

4）场地应与消防车道连通，场地靠建筑外墙一侧的边缘距离建筑外墙不宜小于 5m，且不应大于 10m，场地的坡度不宜大于 3%。

2. 消防救援入口设置要求

（1）《建规》第 7.2.3 条：建筑物与消防车登高操作场地相对应的范围内，应设置直通室外的楼梯或直通楼梯间的入口。

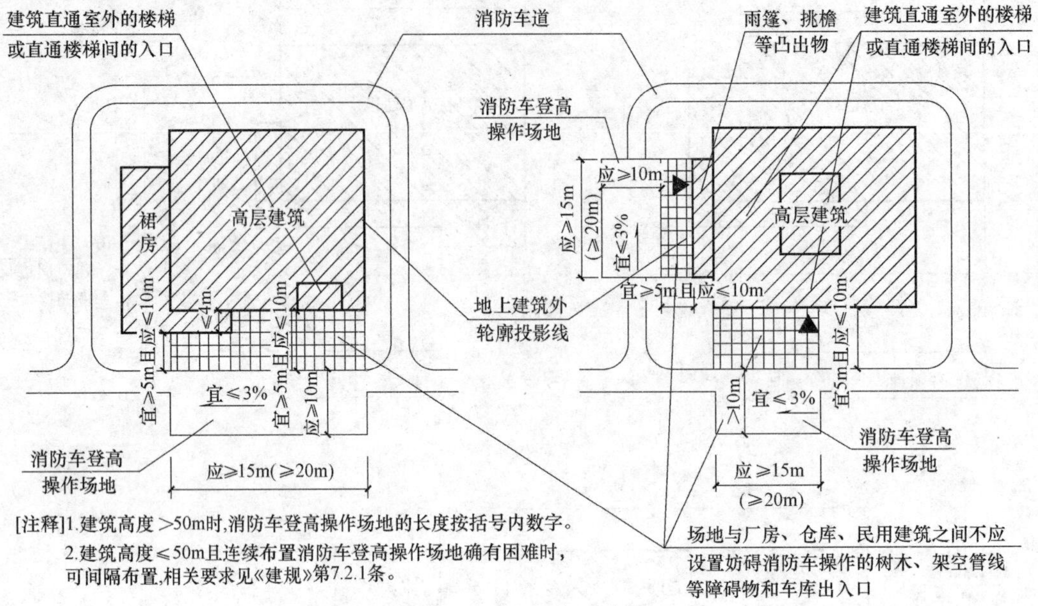

图 2. 11-3　登高操作场地设置图示

（2）《建规》第 7. 2. 4 条：厂房、仓库、公共建筑的外墙应在每层的适当位置设置可供消防救援人员进入的窗口。

（3）《建规》第 7. 2. 5 条：供消防救援人员进入的窗口的净高度和净宽度均≥1. 0m，下沿距室内地面≤1. 2m，间距≤20m 且每个防火分区≥2 个，设置位置应与消防车登高操作场地相对应。窗口的玻璃应易于破碎，并应设置可在室外易于识别的明显标志。

11. 3　消防电梯设置

1. 消防电梯的设置范围

（1）《建规》第 7. 3. 1 条：下列建筑应设置消防电梯：

1）建筑高度大于 33m 的住宅建筑。

2）一类高层公共建筑和建筑高度大于 32m 的二类高层公共建筑、5 层及以上且总建筑面积大于 3000m^2（包括设置在其他建筑内五层及以上楼层）的老年人照料设施。

3）设置消防电梯的建筑的地下或半地下室，埋深大于 10m 且总建筑面积大于 3000m^2 的其他地下或半地下建筑（室）。

（2）《建规》第 7. 3. 2 条：消防电梯应分别设置在不同防火分区内，且每个防火分区不应小于 1 台。

（3）《建规》第 7. 3. 3 条：建筑高度大于 32m 且设置电梯的高层厂房（仓库），每个防火分区内宜设置 1 台消防电梯，但符合下列条件的建筑可不设置消防电梯：

1）建筑高度大于 32m 且设置电梯，任一层工作平台上的人数≤2 人的高层塔架。

2）局部建筑高度大于 32m，且局部高出部分的每层建筑面积≤50m^2 的丁、戊类厂房。

(4)《建规》第7.3.4条：符合消防电梯要求的客梯或货梯可兼作消防电梯。

2. 消防电梯的设置要求

(1)《建规》第7.3.5条：除设置在仓库连廊、冷库穿堂或谷物筒仓工作塔内的消防电梯外，消防电梯应设置前室，并应符合下列规定：

1）前室宜靠外墙设置，并应在首层直通室外或经过长度≤30m的通道通向室外。

2）前室的使用面积不应小于6.0m^2，前室的短边不应小于2.4m。

3）与防烟楼梯间合用的前室，前室的使用面积应符合（见表2.11-1）：

①与住宅剪刀楼梯间的共用前室合用时，合用前室的使用面积≥12.0m^2，且短边≥2.4m。

②与一般防烟楼梯间前室合用时，合用前室的使用面积：公共建筑、高层厂房（仓库），≥10.0m^2；住宅建筑，≥6.0m^2。

4）除前室的出入口、前室内设置的正压送风口和《建规》第5.5.27条规定的户门外，前室内不应开设其他门、窗、洞口。

5）前室或合用前室的门应采用乙级防火门，不应设置卷帘。

表2.11-1 消防电梯前室及合用前室使用面积要求

前室类别	建筑类别		最小使用面积/m^2
单独前室			6.0
合用前室	公共建筑、高层厂房(仓库)		10.0
	住宅建筑	与普通防烟楼梯间前室合用	6.0
		与剪刀楼梯间共用前室合用	12.0

(2)《建规》第7.3.6条：消防电梯井、机房与相邻电梯井、机房之间应设置耐火极限≥2.00h的防火隔墙，隔墙上的门应采用甲级防火门。

(3)《建规》第7.3.7条：消防电梯的井底应设置排水设施，排水井的容量≥2m^3，排水泵的排水量≥10L/s。消防电梯间前室的门口宜设置挡水设施。

(4)《建规》第7.3.8条：消防电梯应符合下列规定：

1）应能每层停靠。

2）电梯的载重量≥800kg。

3）电梯从首层至顶层的运行时间≤60s。

4）电梯的动力与控制电缆、电线、控制面板应采取防水措施。

5）在首层的消防电梯入口处应设置供消防队员专用的操作按钮。

6）电梯轿厢的内部装修应采用不燃材料。

7）电梯轿厢内部应设置专用消防对讲电话。

11.4 直升机停机坪

1. 直升机停机坪设置范围

《建规》第7.4.1条：建筑高度大于100m且标准层建筑面积大于2000m^2的公共建筑，

宜在屋顶设置直升机停机坪或供直升机起落的设施。

2. 直升机停机坪设置要求

《建规》第 7.4.2 条，直升机停机坪应符合下列规定：

（1）设置在屋顶平台上时，距离设备机房、电梯机房、水箱间、共用天线等凸出物≥5m。

（2）建筑通向停机坪的出口≥2 个，每个出口的宽度≥0.90m。

（3）四周应设置航空障碍灯，并应设置应急照明。

（4）在停机坪的适当位置应设置消火栓。

历年真题研究

【2015-36】某建筑高度为 38m，且设有消防电梯的 5 层针织品生产厂房，耐火等级为一级，每层建筑面积为 5000m^2，消防电梯与疏散楼梯间合用前室。下列做法中错误的是（　　）。

A. 设置 2 台消防电梯　　B. 前室的使用面积为 12m^2

C. 消防电梯兼作员工用电梯　　D. 在前室入口处设置耐火极限为 3.00h 的防火卷帘

【答案】D

【解析】《建规》第 7.3.5 条规定，前室或合用前室的门应采用乙级防火门，不应设置卷帘。D 错误。

【2015-88】某建造在山坡上的办公楼，建筑高度为 48m，长度和宽度分别为 108m 和 32m，地下设置了 2 层汽车库，建筑的背面和两侧无法设置消防车道。下列该办公楼消防车登高操作场地的设计，符合规范要求的有（　　）。

A. 消防车登高操作场地靠建筑正面一侧的边缘与建筑外墙的距离为 5 ~ 7m

B. 消防车登高操作场地的宽度为 12m

C. 消防车登高操作场地的坡度为 1%

D. 消防车登高操作场地设置在建筑的正面，因受大门雨篷的影响，在大门前不能连续布置

E. 消防车登高操作场地设在可承受重型消防车压力的地下室上部

【答案】ABCE

【解析】《建规》第 7.2.1 条，建筑高度不大于 50m 的建筑，连续布置消防车登高操作场地确有困难时，可间隔布置，但间隔距离不宜大于 30m，且消防车登高操作场地的总长度仍应符合上述规定。D 错误。

《建规》第 7.2.2 条，消防车登高操作场地应符合下列规定：

1）场地的长度和宽度分别不应小于 15m 和 10m。对于建筑高度大于 50m 的建筑，场地的长度和宽度分别不应小于 20m 和 10m。B 正确。

2）场地及其下面的建筑结构、管道和暗沟等，应能承受重型消防车的压力。E 正确。

3）场地应与消防车道连通，场地靠建筑外墙一侧的边缘距离建筑外墙不宜小于 5m，且不应大于 10m，场地的坡度不宜大于 3%。AC 正确。

【2016-56】下列建筑中，允许不设置消防电梯的是（　　）。

A. 埋深为 10m，总建筑面积为 10000m^2 的地下商场　　B. 建筑高度为 27m 的病房楼

C. 建筑高度为 48m 的办公建筑　　D. 建筑高度为 45m 的住宅建筑

【答案】A

【解析】《建规》第7.3.1条，设置消防电梯的建筑的地下或半地下室，埋深大于10m且总建筑面积大于3000m^2的其他地下或半地下建筑（室）。A正确。

【2016-73】一座建筑高度为55m的新建办公楼，无裙房，矩形平面尺寸为80m×20m，沿该建筑南侧的长边连续布置消防车登高操作场地。该消防车登高操作场地的最小平面尺寸应为（ ）。

A. 15m×10m B. 20m×10m C. 15m×15m D. 80m×10m

【答案】D

【解析】见本章内容。

【2016-87】下列关于消防车道设置的做法，正确的有（ ）。

A. 二类高层住宅建筑，沿其南北侧两个长边设置净宽度为3.5m的消防车道

B. 消防车道穿过建筑物的洞口处地面标高为-0.30m，洞口顶部的标高为3.9m，门洞净宽度为4.2m

C. 占地面积为2400m^2单层纺织品仓库，沿其两个长边设置尽头式消防车道，回车场尺寸为12m×13m

D. 高层厂房周围的环形消防车道有一处与市政道路连通

E. 在一坡地建筑周围设置最大坡度为5%的环形消防车道

【答案】BCE

【解析】见本章内容。

【2017-46】下列消防救援口设置的做法中，符合规范要求的是（ ）。

A. 一类高层办公楼外墙面，连续设置无间隔的广告屏幕

B. 救援口净高和净宽均为1.6m

C. 每个防火分区设置1个救援口

D. 多层医院顶层外墙面，连续设置无间隔的广告屏幕

【答案】B

【解析】见本章内容。

【2017-56】对于25层的住宅建筑，消防车登高操作场地的最小长度和宽度是（ ）。

A. 20m，10m B. 15m，10m C. 15m，15m D. 10m，10m

【答案】A

【解析】《建规》第7.2.2条规定，消防车登高操作场地的长度和宽度分别不应小于15m和10m。对于建筑高度大于50m的建筑，场地的长度和宽度分别不应小于20m和10m。

【2017-70】下列建筑中，不需要设置消防电梯的是（ ）。

A. 建筑高度26m的医院 B. 总建筑面积21000m^2的高层商场

C. 建筑高度32m的二类办公楼 D. 12层住宅建筑

【答案】C

【解析】见本章内容。

【2017-77】关于消防车道设置的下列说法，错误的是（ ）。

A. 消防车道的坡度不宜小于9%

B. 超过3000个座位的体育馆应设置环形消防车道

C. 消防车道边缘距离取水点不宜大于 2m

D. 高层住宅建筑可沿建筑的一个长边设置消防车道

【答案】A

【解析】《建规》第 7.1.8 条，消防车道的坡度不宜大于 8%，A 错误。

【2018-35】某耐火等级为二级的多层电视机生产厂房，地上 4 层，设有自动喷水灭火系统，该厂房长 200m，宽 40m，每层划分为 1 个防火分区。根据现行国家标准《建筑设计防火规范》，供消防人员进入厂房的救援窗口的下列设计方案中，正确的是（　　）。

A. 救援窗口下沿距室内地面为 1.1m

B. 救援窗口的净宽度为 0.8m

C. 厂房二层沿一个长边设 2 个救援窗口

D. 利用天窗作为顶层救援窗口

【答案】A

【解析】供消防救援人员进入的窗口的净高度和净宽度均不应小于 1.0m，下沿距室内地面不宜大于 1.2m，间距不宜大于 20m，且每个防火分区不应少于 2 个。A 正确。

【2018-53】下列关于建筑消防电梯设置的说法，错误的是（　　）。

A. 建筑高度为 30m 的物流公司办公楼可不设置消防电梯

B. 埋深 9m、总建筑面积 $4000m^2$ 的地下室可不设置消防电梯

C. 建筑高度为 25m 的门诊楼可不设置消防电梯

D. 建筑高度为 32m 的住宅建筑可不设置消防电梯

【答案】C

【解析】见本章内容。

第3篇　建筑消防设施

第1章　概　述

助考知识要点

◆建筑防火分隔设施：防火墙、防火隔墙、防火门窗、防火卷帘、防火阀、阻火圈

◆安全疏散设施：安全出口、疏散楼梯、疏散（避难）走道、消防电梯、屋顶直升机停机坪、消防应急照明和安全疏散指示标志

◆消防给水设施：消防供水管道、消防水池、消防水箱、消防水泵、消防稳（增）压设备、消防水泵接合器

◆火灾自动报警系统：区域报警系统、集中报警系统、控制中心报警系统

记忆思维导图（图3.1-1）

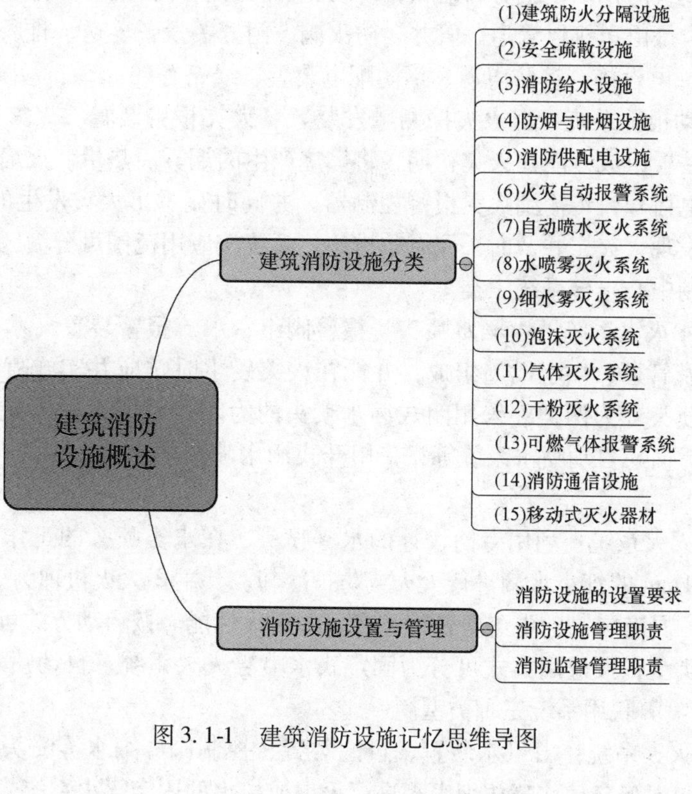

图3.1-1　建筑消防设施记忆思维导图

内容归纳解析

1.1 建筑消防设施的作用及分类

1. 建筑消防设施的作用

不同建筑根据其使用性质、体积、高度、耐火极限和火灾危险性的大小，需要有相应类别、功能的建筑消防设施作为保障。建筑消防设施的主要作用是及时发现和扑救火灾，限制火灾蔓延的范围，为有效地扑救火灾和人员疏散创造有利条件，从而减少由火灾造成的财产损失和人员伤亡。具体的作用大致包括防火分隔、火灾自动（手动）报警、电气与可燃气体火灾监控、自动（人工）灭火、防烟与排烟、应急照明、消防通信以及安全疏散、消防电源保障等方面。

2. 建筑消防设施的分类

（1）建筑防火分隔设施：防火墙、防火隔墙、防火门窗、防火卷帘、防火阀、阻火圈等。

（2）安全疏散设施：安全出口、疏散楼梯、疏散（避难）走道、消防电梯、屋顶直升机停机坪、消防应急照明和安全疏散指示标志等。

（3）消防给水设施：消防供水管道、消防水池、消防水箱、消防水泵、消防稳（增）压设备、消防水泵接合器等。

（4）防烟与排烟设施：建筑的防烟设施分为机械加压送风的防烟设施和可开启外窗的自然排烟设施。建筑的排烟设施分为机械排烟设施和可开启外窗的自然排烟设施。建筑机械防烟、排烟设施，是由送排风管道、管井、防火阀、门开关设备、送、排风机等设备组成。

（5）消防供配电设施：消防电源、消防配电装置、线路等。

（6）火灾自动报警系统：由火灾探测触发装置、火灾报警装置、火灾警报装置以及具有其他辅助功能装置组成，能在火灾初期，将燃烧产生的烟雾、热量、火焰等物理量，通过火灾探测器变成电信号，传输到火灾报警控制器，并同时显示出火灾发生的部位、时间等，使人们能够及时发现火灾，并及时采取有效措施。系统按应用范围可分为区域报警系统、集中报警系统、控制中心报警系统三类。

（7）自动喷水灭火系统：由洒水喷头、报警阀组、水流报警装置（水流指示器、压力开关）等组件以及管道、供水设施组成，并能在火灾发生时响应并实施喷水的自动灭火系统。依照采用的喷头分为两类：采用闭式洒水喷头的为闭式系统，包括湿式系统、干式系统、预作用系统、简易自动喷水系统等；采用开式洒水喷头的为开式系统，包括雨淋系统、水幕系统等。

（8）水喷雾灭火系统：利用专门设计的水雾喷头，在水雾喷头的工作压力下将水流分解成粒径不超过1mm的细小水滴进行灭火或防护冷却。其主要灭火机理为表面冷却、窒息、乳化和稀释作用，具有较高的电绝缘性能和良好的灭火性能。按启动方式可分为电动启动和传动管启动两种类型；按应用方式可分为固定式水喷雾灭火系统、自动喷水-水喷雾混合配置系统、泡沫-水喷雾联用系统三种类型。

（9）细水雾灭火系统：由供水装置、过滤装置、控制阀、细水雾喷头等组件和供水管道组成，能自动和人工启动并喷放细水雾进行灭火或控火的固定灭火系统。该系统的灭火机理主要是表面冷却、窒息、辐射热阻隔和浸湿以及乳化作用，在灭火过程中，几种作用往往同时发生，从而有效灭火。系统按工作压力可分为低压系统、中压系统和高压系统；按应用方式可分为全淹没系统和局部应用系统；按动作方式可分为开式系统和闭式系统；按雾化介质可分为单流体系统和双流体系统；按供水方式可分为泵组式系统、瓶组式系统、瓶组与泵组结合式系统。

（10）泡沫灭火系统：由消防泵、泡沫贮罐、比例混合器、泡沫产生装置、阀门及管道、电气控制装置组成。按泡沫液的发泡倍数的不同分低倍数泡沫灭火系统、中倍数泡沫灭火系统及高倍泡沫灭火系统；按设备安装使用方式可分为固定式泡沫灭火系统、半固定式泡沫灭火系统和移动式泡沫灭火系统。

（11）气体灭火系统：指平时灭火剂以液体、液化气体或气体状态存贮于压力容器内，灭火时以气体（包括蒸汽、气雾）状态喷射灭火介质的灭火系统。该系统能在防护区空间内形成各方向均一的气体浓度，而且至少能保持该灭火浓度达到规范规定的浸渍时间，实现扑灭该防护区的空间、立体火灾。按灭火系统的结构特点可分为管网灭火系统和无管网灭火装置；按防护区的特征和灭火方式可分为全淹没灭火系统和局部应用灭火系统；按一套灭火剂贮存装置保护的防护区的多少可分为单元独立系统和组合分配系统。

（12）干粉灭火系统：由启动装置、氮气瓶组、减压阀、干粉罐、干粉喷头、干粉枪、干粉炮、电控柜、阀门和管系等零部件组成，一般为火灾自动探测系统与干粉灭火系统联动。系统利用氮气瓶组内的高压氮气经减压阀减压后，使氮气进入干粉罐，其中一部分被送到罐的底部，起到松散干粉灭火剂的作用。随着罐内压力的升高，使部分干粉灭火剂随氮气进入出粉管被送到干粉固定喷嘴或干粉枪、干粉炮的出口阀门处，当干粉固定喷嘴或干粉枪、干粉炮的出口阀门处的压力到达一定值后，打开阀门（或者定压爆破膜片自动爆破），将压力能迅速转化为速度能，这样高速的气粉流便从固定喷嘴（或干粉枪、干粉炮的喷嘴）中喷出，射向火源，切割火焰，破坏燃烧链，起到迅速扑灭或抑制火灾的作用。

（13）可燃气体报警系统：可燃气体报警系统即可燃气体泄露检测报警成套装置。当系统检测到泄漏可燃气体浓度达到报警器设置的爆炸临界点时，可燃气体报警器就会发出报警信号，提醒及时采取安全措施，防止发生气体大量泄漏以及爆炸、火灾、中毒等事故。按照使用环境可以分为工业用气体报警器和家用燃气报警器，按自身形态可分为固定式可燃气体报警器和便携式可燃气体报警器。按工作原理分别为传感器式报警器、红外线探测报警器、高能量回收报警器。

（14）消防通信设施：指专门用于消防检查、演练、火灾报警、接警、安全疏散、消防力量调度以及与医疗、消防等防灾部门之间联络的系统设施。主要包括火灾事故广播系统、消防专用电话系统、消防电话插孔以及无线通信设备等。

（15）移动式灭火器材：可以人为移动的各类灭火器具，如灭火器、灭火毯、消防梯、消防钩、消防斧、安全锤、消防桶等。

1.2　建筑消防设施的设置与管理

1. 建筑消防设施的设置要求

（1）按照消防法律法规和消防技术标准需要进行消防设计的建设工程，应当进行消防专项设计，并依法由公安机关消防机构进行消防设计审核、消防验收或者备案抽查。

（2）建筑消防设施的安装单位应具备相应等级的专业施工资质，并按图施工，确保工程质量符合相关技术标准要求。

（3）建筑消防设施产品应当符合国家标准或者行业标准。

（4）建设单位、监理单位和建筑消防设施的设计单位、施工单位、设计审核单位、竣工验收单位，依法对建筑消防设施工程的质量负责。

（5）配置火灾自动报警系统的单位应当与城市火灾自动报警信息系统联网，并确保正常运行。

2. 建筑消防设施管理职责

建筑消防设施管理是一项社会责任，各单位对本单位设置的建筑消防设施负有自主管理责任，各级政府与部门负有领导和行业管理责任。任何单位和个人都有依法维护消防安全、保护建筑消防设施的义务，不得损坏、圈占、挪用或者擅自改造、拆除、停用建筑消防设施。

（1）各级政府及相关部门职责

各级人民政府应当加强对消防工作的领导，组织开展建筑消防设施重大安全隐患的整治。各级公安机关消防机构则负有行政监督管理责任。

（2）单位自主管理职责

建筑消防设施的产权单位或者受其委托管理的单位应当履行日常管理责任。当建筑使用权全部或局部转让、租赁时，应明确建筑消防设施的日常管理责任。两个或者两个以上产权人共用建筑消防设施的，建筑消防设施产权人应当共同协商，订立协议，明确各方的建筑消防设施管理责任，确定责任人或者委托一个管理单位进行统一管理，并将协议报送当地公安机关消防机构备案。建筑消防设施的使用、管理单位应当依法履行下列管理职责：

1）贯彻执行国家有关建筑消防设施使用、维护保养的法律法规、技术标准和地方规章。

2）明确专门部门和专人负责建筑消防设施的操作、检查和维护保养工作。

3）制定建筑消防设施管理制度和操作规程。

4）落实建筑消防设施的日常维护保养制度，及时整改设置与运行中存在的问题。

5）定期组织对建筑消防设施进行检查测试。

6）建立建筑消防设施配置、运行等情况的管理档案。

7）对员工进行建筑消防设施使用常识教育，定期组织演练。

8）法律、法规、规章规定的其他责任。

（3）消防监督管理职责

公安机关消防机构依法对建筑消防设施的管理情况实施监督，监督管理的内容包括：

1）建筑消防设施的配置情况。

2）建筑消防设施的运行状况。

3）建筑消防设施的操作规程、管理制度。

4）建筑消防设施的操作、管理人员的消防安全培训情况。

5）消防控制室值班情况。

6）建筑消防设施的维修、保养和检测情况。

7）建筑消防设施管理档案的建立情况。

8）其他需要监督检查的情况。

第 2 章　消防给水及消火栓系统

助考知识要点

◆消防给水设施：消防水泵、消防水泵接合器、稳压泵、气压罐消防水池和水箱

◆室外消火栓系统：常高压消防给水系统、临时高压消防给水系统、低压消防给水系统

◆室内消火栓系统：消防给水基础设施、消防给水管网、室内消火栓设备、报警控制设备

记忆思维导图（图 3.2-1）

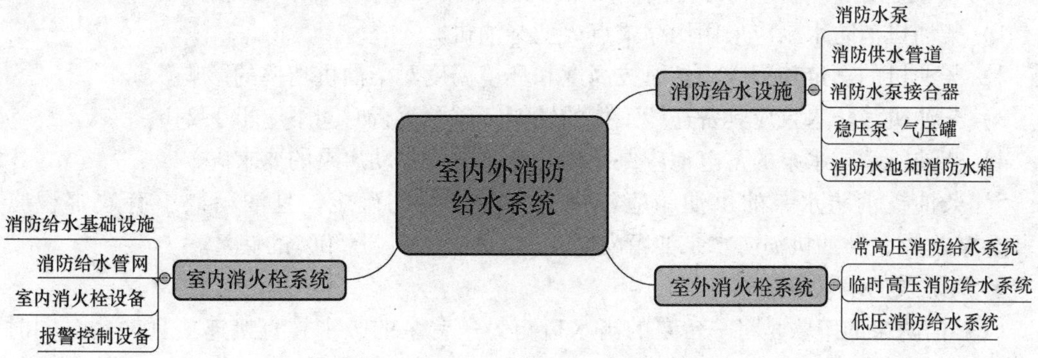

图 3.2-1　室内外消防给水系统记忆思维导图

内容归纳解析

2.1　消防给水设施

2.1.1　消防水泵

1. 设置要求

（1）自动喷水灭火系统可按“用一备一”或“用二备一”的比例设置备用泵。

（2）《消规》第 5.1.10 条：消防水泵应设置备用泵，其性能应与工作泵性能一致，但下列建筑除外：

1）建筑高度 <54m 的住宅和室外消防给水设计流量≤25L/s 的建筑。

2）室内消防给水设计流量≤10L/s 的建筑。

2. 消防泵的选用

（1）《消规》第 5.1.6 条：消防水泵的选择和应用应符合下列规定：

1）消防水泵的性能应满足消防给水系统所需流量和压力的要求。

2）消防水泵所配驱动器的功率应满足所选水泵流量扬程性能曲线上任何一点运行所需功率的要求。

3）当采用电动机驱动的消防水泵时，应选择电动机干式安装的消防水泵。

4）流量扬程性能曲线应为无驼峰、无拐点的光滑曲线，设计工作压力的 120% < 零流量时的压力 ≤ 设计工作压力的 140%。

5）当出流量为设计流量的 150% 时，其出口压力不应低于设计工作压力的 65%。

6）泵轴的密封方式和材料应满足消防水泵在低流量时运转的要求。

7）消防给水同一泵组的消防水泵型号宜一致，且工作泵不宜超过 3 台。

8）多台消防水泵并联时，应校核流量叠加对消防水泵出口压力的影响。

（2）《消规》第 5.1.7 条：消防水泵的主要材质应符合下列规定：

1）水泵外壳宜为球墨铸铁。

2）叶轮宜为青铜或不锈钢。

（3）《消规》第 5.1.8 条：当采用柴油机消防水泵时应符合下列规定：

1）柴油机消防水泵应采用压缩式点火型柴油机。

2）柴油机的额定功率应校核海拔高度和环境温度对柴油机功率的影响。

3）柴油机消防水泵应具备连续工作的性能，试验运行时间不应小于 24h。

4）柴油机消防水泵的蓄电池应保证消防水泵随时自动启泵的要求。

5）柴油机消防水泵的供油箱应根据火灾延续时间确定，且油箱最小有效容积应按 1.5L/kW 配置，柴油机消防水泵油箱内储存的燃料不应小于 50% 的储量。

3. 消防泵的串联和并联

（1）消防泵的串联是将一台泵的出水口与另一台泵的吸水管直接连接且两台泵同时运行。消防泵的串联在流量不变时可增加扬程。消防泵的串联宜采用相同型号、相同规格的消防泵。在控制上，应先开启前面的消防泵后开启后面（按水流方向）的消防泵。

（2）消防泵的并联是通过两台和两台以上的消防泵同时向消防给水系统供水。消防泵的并联主要在于增加流量，并联工作的总流量增加了，但单台消防泵的流量有所下降，故应适当加大单台消防泵的流量。并联时，消防泵也宜选用相同的型号和相同的规格。

4. 消防水泵的吸水

（1）根据离心泵的特性，启动时水泵叶轮必须浸没在水中。为保证消防泵及时可靠启动，吸水管宜采用自灌式吸水，即泵轴的标高要低于水源的可用最低水位。在自灌方式吸水时，吸水管上应装设阀门，以便于检修。

（2）《消规》第 5.1.12 条：消防水泵吸水应符合下列规定：

1）消防水泵应采取自灌式吸水。

2）消防水泵从市政管网直接抽水时，应在消防水泵出水管上设置有空气隔断的倒流防止器。

3）当吸水口处无吸水井时，吸水口处应设置旋流防止器。

5. 消防水泵管路的布置要求

（1）《消规》第 5.1.13 条：离心式消防水泵吸水管、出水管和阀门等，应符合下列规定：

1）一组消防水泵，吸水管不应少于两条，当其中一条损坏或检修时，其余吸水管应仍能通过全部消防给水设计流量。

2）消防水泵吸水管布置应避免形成气囊。

3）一组消防水泵应设不少于两条的输水干管与消防给水环状管网连接，当其中一条输水管检修时，其余输水管应仍能供应全部消防给水设计流量。

4）消防水泵吸水口的淹没深度应满足消防水泵在最低水位运行安全的要求，吸水管喇叭口在消防水池最低有效水位下的淹没深度应根据吸水管喇叭口的水流速度和水力条件确定，但不应小于600mm。当采用旋流防止器时，淹没深度不应小于200mm。

5）消防水泵的吸水管上应设置明杆闸阀或带自锁装置的蝶阀，但当设置暗杆阀门时应设有开启刻度和标志；当管径超过DN300时，宜设置电动阀门。

6）消防水泵的出水管上应设止回阀、明杆闸阀；当采用蝶阀时，应带有自锁装置；当管径大于DN300时，宜设置电动阀门。

7）消防水泵吸水管的直径小于DN250时，其流速宜为1.0~1.2m/s；直径大于DN250时，宜为1.2~1.6m/s。

8）消防水泵出水管的直径小于DN250时，其流速宜为1.5~2.0m/s；直径大于DN250时，宜为2.0~2.5m/s。

9）吸水井的布置应满足井内水流顺畅、流速均匀、不产生涡漩的要求，并应便于安装施工。

10）消防给水管穿过墙体或楼板时应加设套管，套管长度不应小于墙体厚度，或应高出楼面或地面50mm；套管与管道的间隙应采用不燃材料填塞，管道的接口不应位于套管内。

11）消防水泵的吸水管穿越消防水池时，应采用柔性套管；采用刚性防水套管时应在水泵吸水管上设置柔性接头，且管径不应大于DN150。

（2）《消规》第5.1.17条：消防水泵吸水管和出水管上应设置压力表，并应符合下列规定。

1）消防水泵出水管压力表的最大量程不应低于其设计工作压力的2倍，且不应低于1.60MPa。

2）消防水泵吸水管宜设置真空表、压力表或真空压力表，压力表的最大量程应根据工程具体情况确定，但不应低于0.70MPa，真空表的最大量程宜为-0.10MPa。

3）压力表的直径不应小于100mm，应采用直径不小于6mm的管道与消防水泵进出口管相接，并应设置关断阀门。

2.1.2　消防供水管

1. 室外消防给水管道布置要求

（1）《消规》第8.1.1条：当市政给水管网设有市政消火栓时，应符合下列规定：

1）设有市政消火栓的市政给水管网宜为环状管网，但当城镇人口小于2.5万人时，可为枝状管网。

2）接市政消火栓的环状给水管网的管径不应小于DN150，枝状管网的管径不宜小于DN200。当城镇人口小于2.5万人时，环状管网时不应小于DN100，枝状管网时不宜小于 DN150。

3）工业园区、商务区和居住区等区域采用两路消防供水，当其中一条引入管发生故障时，其余引入管在保证满足 70% 生产生活给水的最大小时设计流量条件下，应仍能满足本规范规定的消防给水设计流量。

(2)《消规》第 8.1.2 条：下列消防给水应采用环状给水管网（用于室内外）：

1）向两栋或两座及以上建筑供水时。

2）向两种及以上水灭火系统供水时。

3）采用设有高位消防水箱的临时高压消防给水系统时。

4）向两个及以上报警阀控制的自动喷水灭火系统供水时。

(3)《消规》第 8.1.3 条：向室外、室内环状消防给水管网供水的输水干管不应少于两条，当其中一条发生故障时，其余的输水干管应仍能满足消防给水设计流量。

(4)《消规》第 8.1.4 条：室外消防给水管网应符合下列规定：

1）室外消防给水采用两路消防供水时应采用环状管网，但当采用一路消防供水时可采用枝状管网。

2）管道的直径应根据流量、流速和压力要求经计算确定，但不应小于 DN100。

3）消防给水管道应采用阀门分成若干独立段，每段内室外消火栓的数量不宜超过 5 个。

2. 室内消防给水管道布置要求

(1)《消规》第 8.1.5 条：室内消防给水管网应符合下列规定：

1）室内消火栓系统管网应布置成环状，当室外消火栓设计流量不大于 20L/s，且室内消火栓不超过 10 个时，除《消规》第 8.1.2 条外，可布置成枝状。

2）当由室外生产生活消防合用系统直接供水时，合用系统除应满足室外消防给水设计流量以及生产和生活最大小时设计流量的要求外，还应满足室内消防给水系统的设计流量和压力要求。

3）室内消防管道管径应根据系统设计流量、流速和压力要求经计算确定；室内消火栓竖管管径应根据竖管最低流量经计算确定，但不应小于 DN100。

(2)《消规》第 8.1.6 条：室内消火栓环状给水管道检修时应符合下列规定：

1）室内消火栓竖管应保证检修管道时关闭停用的竖管不超过 1 根，当竖管超过 4 根时，可关闭不相邻的 2 根。

2）每根竖管与供水横干管相接处应设置阀门。

(3)《消规》第 8.1.7 条：室内消火栓给水管网宜与自动喷水等其他水灭火系统的管网分开设置；当合用消防泵时，供水管路沿水流方向应在报警阀前分开设置。

(4)《消规》第 8.1.8 条：消防给水管道的设计流速不宜大于 2.5m/s，自动喷水灭火系统管道设计流速，应符合现行国家标准的有关规定，但任何消防管道的给水流速不应大于 7m/s。

3. 阀门及其他

(1)《消规》第 8.3.4 条：减压阀的设置应符合下列规定：

1）减压阀应设置在报警阀组入口前，当连接两个及以上报警阀组时，应设置备用减压阀。

2）减压阀的进口处应设置过滤器，过滤器的孔网直径不宜小于4～5目/cm^2，过流面积不应小于管道截面积的4倍。

3）过滤器和减压阀前后应设压力表，压力表的表盘直径不应小于100mm，最大量程宜为设计压力的2倍。

4）过滤器前和减压阀后应设置控制阀门。

5）减压阀后应设置压力试验排水阀。

6）减压阀应设置流量检测测试接口或流量计。

7）垂直安装的减压阀，水流方向宜向下。

8）比例式减压阀宜垂直安装，可调式减压阀宜水平安装。

9）减压阀和控制阀门宜有保护或锁定调节配件的装置。

10）接减压阀的管段不应有气堵、气阻。

（2）《消规》第8.3.5条：室内消防给水系统由生活、生产给水系统管网直接供水时，应在引入管处设置倒流防止器。当消防给水系统采用有空气隔断的倒流防止器时，该倒流防止器应设置在清洁卫生的场所，其排水口应采取防止被水淹没的技术措施。

2.1.3 消防水泵接合器

1. 消防水泵接合器设置要求

消防水泵接合器是供消防车向消防给水管网输送消防用水的预留接口。当建筑物内消防水泵发生故障或室内消防用水不足时，消防车从室外取水通过水泵接合器将水送到室内消防给水管网，供灭火使用。

（1）《消规》第5.4.1条：下列场所的室内消火栓给水系统应设置消防水泵接合器：

1）高层民用建筑。

2）设有消防给水的住宅、≥6层的其他多层民用建筑。

3）≥3层或建筑面积>10000m^2的地下或半地下建筑（室）、室内消火栓设计流量大于10L/s平战结合的人防工程。

4）高层工业建筑和≥5层的多层工业建筑。

5）城市交通隧道。

（2）《消规》第5.4.2条：自动喷水灭火系统、水喷雾灭火系统、泡沫灭火系统和固定消防炮灭火系统等水灭火系统，均应设置消防水泵接合器。

（3）《消规》第5.4.3条：消防水泵接合器的给水流量宜按每个10～15L/s计算。

（4）《消规》第5.4.6条：消防给水为竖向分区供水时，在消防车供水压力范围内的分区，应分别设置水泵接合器。

（5）《消规》第5.4.7条：水泵接合器应设在室外便于消防车使用的地点，且距室外消火栓或消防水池的距离≥15m，并≤40m。

（6）《消规》第5.4.8条：墙壁消防水泵接合器的安装高度距地面宜为0.70m；与墙面上的门、窗、孔、洞的净距离≥2.0m，且不应安装在玻璃幕墙下方；地下消防水泵接合器的安装，应使进水口与井盖底面的距离≤0.40m，且不应小于井盖的半径。

2. 水泵接合器组成

水泵接合器是由阀门、安全阀、止回阀、栓口放水阀以及连接弯管等组成。从水泵接合器给水的方向，依次是止回阀、安全阀、阀门，如图 3. 2-2 所示。

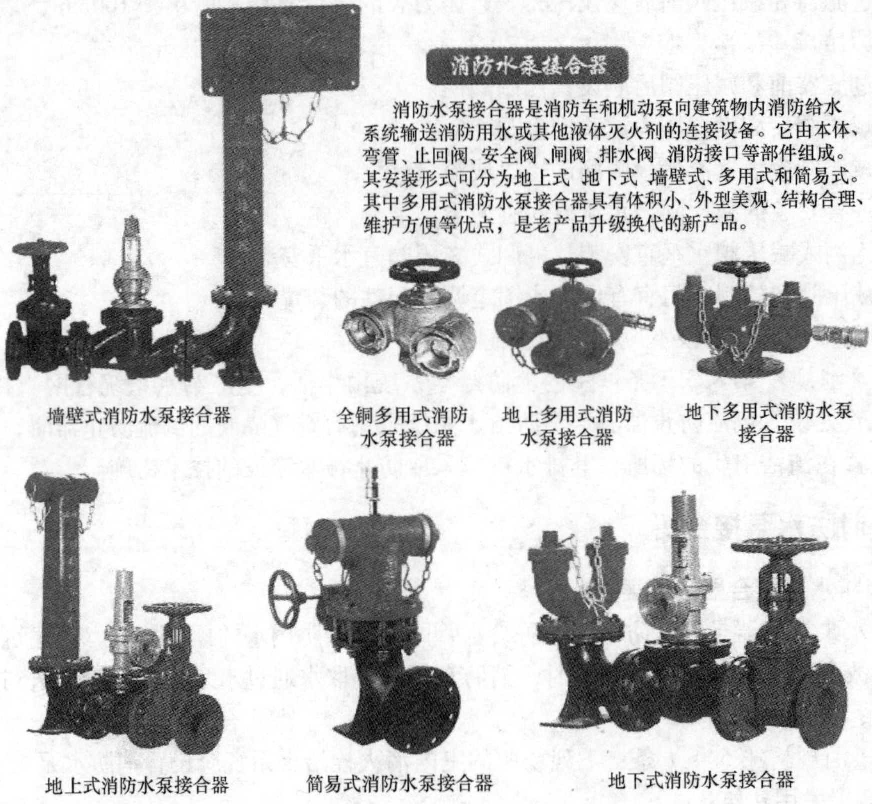

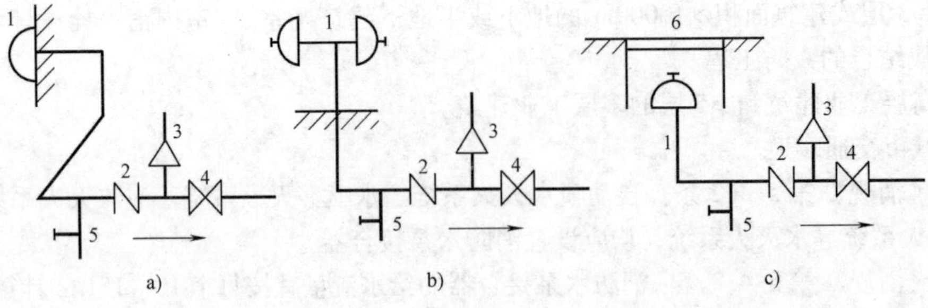

图 3. 2-2　消防水泵接合器

a）墙壁式　b）地上式　c）地下式

1—消防接口　2—止回阀　3—安全阀　4—阀门　5—放水阀　6—井盖

2. 1. 4　增（稳）压设备

对于采用临时高压消防给水系统的高层或多层建筑，当消防水箱设置高度不能满足系统最不利点灭火设备所需的水压要求时，应设置增压稳压设备。增压稳压设备一般由隔膜式气压罐、稳压泵、管道附件及控制装置组成，如图 3. 2-3 所示。

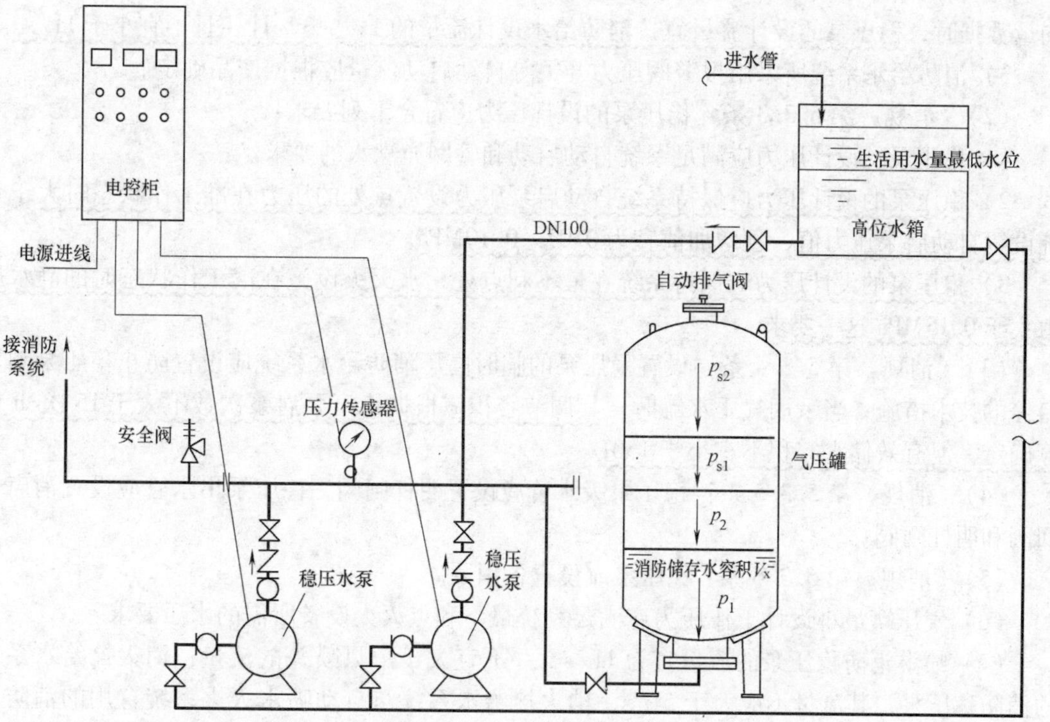

图3.2-3　稳压泵与气压罐联合工作原理

1. 稳压泵

稳压泵是指在消防给水系统中用于稳定平时最不利点水压的给水泵。

2. 气压罐

实际运行中，由于各种原因，稳压泵常常频繁启动，不但泵易受损，且对整个管网系统和电网系统均不利，因此稳压泵常与小型气压罐配合使用。

3. 工作原理

如图3.2-3所示，在气压罐内设定的p_1、p_2、p_{s1}、p_{s2}四个压力控制点中，p_1为气压罐的设计最小工作压力，p_2为水泵启动压力，p_{s1}为稳压泵启动压力。当罐内压力为p_{s2}时，消防给水管网处于较高工作压力状态时，稳压泵和消防水泵均处于停止状态；随着管网渗漏或其他原因泄压，罐内压力从p_{s2}降至p_{s1}时，便自动启动稳压泵，向气压罐补水，直到罐内压力增加到p_{s2}时，稳压泵停止，从而保证了气压罐内消防储水的常备储存。若建筑发生火灾，随着灭火设备出水，气压罐内储水减少，压力下降，当压力从p_{s2}降至p_{s1}时，稳压泵启动，但稳压泵流量较小，其供水全部用于灭火设备，气压罐内的水得不到补充，罐内压力继续下降到p_2时，消防泵启动向管网供水，同时向控制中心报警。当消防泵启动后，稳压泵停止运转，消防增压稳压工作完成。

4. 设计要求

(1)《消规》第5.3.2条：稳压泵的设计流量应符合下列规定：

1）稳压泵的设计流量不应小于消防给水系统管网的正常泄漏量和系统自动启动流量。

2）消防给水系统管网的正常泄漏量应根据管道材质、接口形式等确定，当没有管网泄漏量数据时，稳压泵的设计流量宜按消防给水设计流量的1%～3%计，且不宜小于1L/s。

3）消防给水系统所采用报警阀压力开关等自动启动流量应根据产品确定。

（2）《消规》第5.3.3条，稳压泵的设计压力应符合下列要求：

1）稳压泵的设计压力应满足系统自动启动和管网充满水的要求。

2）稳压泵的设计压力应保持系统自动启泵压力设置点处的压力在准工作状态时大于系统设置自动启泵压力值，且增加值宜为0.07～0.10MPa。

3）稳压泵的设计压力应保持系统在最不利点处，水灭火设施在准工作状态时的静水压力大于0.15MPa这一要求。

（3）《消规》第5.3.4条：设置稳压泵的临时高压消防给水系统应设置防止稳压泵频繁启停的技术措施，当采用气压水罐时，其调节容积应根据稳压泵启泵次数不大于15次/h计算确定，但有效储水容积不宜小于150L。

（4）《消规》第5.3.5条：稳压泵吸水管应设置明杆闸阀，稳压泵出水管应设置消声止回阀和明杆闸阀。

（5）《消规》第5.3.6条：稳压泵应设置备用泵。

（6）气压罐最小设计工作压力应满足系统最不利点灭火设备所需的水压要求。

（7）喷淋消防稳压泵的流量宜为1L/s，并不宜大于一只喷头的流量；消火栓给水系统的消防稳压泵，其流量不应大于5L/s，消火栓给水系统与自动喷水灭火系统合用的消防稳压泵宜为3L/s。

5. 消防储存水容积（V_x）

（1）消火栓给水系统专用时：$V_x = 5L/s \times 2$（2支水枪）$\times 30s = 300L$

（2）自动喷水灭火系统专用时：$V_x = 1L/s \times 5$（5个喷头）$\times 30s = 150L$

（3）合用时：$V_x = (5L/s \times 2 + 1L/s \times 5) \times 30s = 450L$

2.1.5　消防水池

1. 消防水池设置要求

《消规》第4.3.1条：符合下列规定之一时，应设置消防水池：

1）当生产、生活用水量达到最大时，市政给水管网或入户引入管不能满足室内、室外消防给水设计流量。

2）当采用一路消防供水或只有一条入户引入管，且室外消火栓设计流量大于20L/s或建筑高度大于50m。

3）市政消防给水设计流量小于建筑室内外消防给水设计流量。

2. 消防水池有效容积

（1）《消规》第4.3.2条：消防水池有效容积的计算应符合下列规定：

1）当市政给水管网能保证室外消防给水设计流量时，消防水池的有效容积应满足在火灾延续时间内室内消防用水量的要求；

2）当市政给水管网不能保证室外消防给水设计流量时，消防水池的有效容积应满足火灾延续时间内室内消防用水量和室外消防用水量不足部分之和的要求。

（2）有效容积计算公式：

$$V_a = (Q_p - Q_b)t$$

式中　V_a——消防水池的有效容积（m^3）；

Q_p——消火栓、自动喷水灭火系统的设计流量（m^3/h）；

Q_b——在火灾延续设计内可连续补充的流量（m^3/h）；

t——火灾延续时间（h）。

注：1. 火灾延续时间指消防车到达火场后开始出水时起，至火灾被基本扑灭的时间段。

2. 当建筑群共用消防水池时，消防水池的容积应按消防用水量最大的一幢建筑物用水量计算确定。

（3）《消规》第 4.3.3 条：消防水池进水管应根据其有效容积和补水时间确定，补水时间不宜大于 48h，但当消防水池有效总容积大于 2000m^3 时，不应大于 96h。消防水池进水管管径应经计算确定，且不应小于 DN100。

（4）《消规》第 4.3.4 条：当消防水池采用两路消防供水且在火灾情况下连续补水能满足消防要求时，消防水池的有效容积应根据计算确定，但不小于 100m^3。当仅设有消火栓系统时≥50m^3。

（5）《消规》第 4.3.5 条：火灾时消防水池连续补水应符合下列规定：

1）消防水池应采用两路消防给水；

2）火灾延续时间内的连续补水流量应按消防水池最不利进水管供水量计算，并可按下式计算：

$$Q_f = 3600Av$$

式中　Q_f——火灾时消防水池的补水流量（m^3/h）；

A——消防水池进水管断面面积（m^2）；

v——管道内水的平均流速（m/s）。

注：给水管的平均流速不宜大于 1.5m/s。

（6）《消规》第 4.3.6 条：消防水池的总蓄水有效容积大于 500m^3时，宜设两格能独立使用的消防水池；当大于 1000m^3时，应设置能独立使用的两座消防水池。每格（或座）消防水池应设置独立的出水管，并应设置满足最低有效水位的连通管，且其管径应能满足消防给水设计流量的要求。

3. 消防水池其他要求

（1）《消规》第 4.3.7 条：储存室外消防用水的消防水池或供消防车取水的消防水池，应符合下列规定：

1）消防水池应设置取水口（井），且吸水高度≤6.0m。

2）取水口（井）与建筑物（水泵房除外）的距离≥15m。

3）取水口（井）与甲、乙、丙类液体储罐等构筑物的距离≥40m。

4）取水口（井）与液化石油气储罐的距离≥60m，当采取防止辐射热保护措施时，可为 40m。

（2）《消规》第 4.3.8 条：消防用水与其他用水共用的水池，应采取确保消防用水不作他用的技术措施。

（3）《消规》第 4.3.9 条：消防水池的出水、排水和水位应符合下列规定：

1）消防水池的出水管应保证消防水池的有效容积能被全部利用。

2）消防水池应设置就地水位显示装置，并应在消防控制中心或值班室等地点设置显示消防水池水位的装置，同时应有最高和最低报警水位。

3）消防水池应设置溢流水管和排水设施，并应采用间接排水。

2.1.6　高位消防水箱

1. 设置要求

《消规》第6.1.9条：室内采用临时高压消防给水系统时，高位消防水箱的设置应符合下列规定：

1）高层民用建筑、总建筑面积 $>10000m^2$ 且层数 $\geqslant 3$ 层的公共建筑和其他重要建筑，必须设置高位消防水箱。

2）其他建筑应设置高位消防水箱，但当设置高位消防水箱确有困难，且采用安全可靠的消防给水形式时，可不设高位消防水箱，但应设稳压泵。

3）当市政供水管网的供水能力在满足生产、生活最大小时用水量后，仍能满足初期火灾所需的消防流量和压力时，市政直接供水可替代高位消防水箱。

2. 有效容积规定

（1）《消规》第5.2.1条：临时高压消防给水系统的高位消防水箱的有效容积应满足初期火灾消防用水量的要求，并应符合表3.2-1规定。

表3.2-1　高位消防水箱有效容积规定

<table>
<tr><th>建筑性质</th><th colspan="2">建筑高度 H/m</th><th>最小有效容积 V/m^3</th><th colspan="2">最小静水压力/MPa</th></tr>
<tr><td rowspan="3">一类高层公建</td><td colspan="2">$H>150$</td><td>100</td><td colspan="2">0.15</td></tr>
<tr><td colspan="2">$H>100$</td><td>50</td><td colspan="2">0.15</td></tr>
<tr><td colspan="2">$H\leqslant 100$</td><td>36</td><td colspan="2">0.10</td></tr>
<tr><td rowspan="2">一类高层住宅</td><td colspan="2">$H>100$</td><td>36</td><td colspan="2" rowspan="5">0.07</td></tr>
<tr><td colspan="2">$54<H\leqslant 100$</td><td>18</td></tr>
<tr><td>二类高层公建、多层公建</td><td colspan="2">—</td><td>18</td></tr>
<tr><td>二类高层住宅</td><td colspan="2">$27<H\leqslant 54$</td><td>12</td></tr>
<tr><td>多层住宅</td><td colspan="2">$21<H\leqslant 27$</td><td>6</td></tr>
<tr><td rowspan="2">商店建筑</td><td rowspan="2">总建筑面积 S/m^2</td><td>$S>30000$</td><td>50</td><td colspan="2" rowspan="2">与一类公建不一致时取大值</td></tr>
<tr><td>$10000<S<30000$</td><td>36</td></tr>
<tr><td rowspan="2">工业建筑</td><td rowspan="2">室内消防给水设计流量</td><td>>25L/s</td><td>18</td><td>$V\geqslant 20000m^3$</td><td>0.1</td></tr>
<tr><td>≤25L/s</td><td>12</td><td>$V<20000m^3$</td><td>0.07</td></tr>
</table>

注：1. 初期火灾消防用水量可不进行计算，直接选用表中值。

2. 传输水箱兼作高位水箱时，其容积按传输水箱确定。

3. 一类建筑由裙房公建和其上的住宅构成时，屋顶水箱容积可按公建部分高度查表确定。

（2）《消规》第5.2.2条：高位消防水箱的设置位置应高于其所服务的水灭火设施，且最低有效水位应满足水灭火设施最不利点处的静水压力，并应按下列规定确定：

1）一类高层公共建筑，不应低于0.10MPa，但当建筑高度超过100m时，不应低于0.15MPa。

2）高层住宅、二类高层公共建筑、多层公共建筑，不应低于0.07MPa，多层住宅不宜低于0.07MPa。

3）工业建筑不应低于0.10MPa，当建筑体积小于20000m^3时，不宜低于0.07MPa。

4）自动喷水灭火系统等自动水灭火系统应根据喷头灭火需求压力确定，但最小不应小于0.10MPa。

5）当高位消防水箱不能满足本条第1～4款的静压要求时，应设稳压泵。

3. 其他规定

（1）《消规》第5.2.3条：高位消防水箱可采用热浸锌镀锌钢板、钢筋混凝土、不锈钢板等建造。

（2）《消规》第5.2.6条：高位消防水箱应符合下列规定：

1）进水管的管径应满足消防水箱8h充满水的要求，但管径不应小于DN32，进水管宜设置液位阀或浮球阀。

2）进水管应在溢流水位以上接入，进水管口的最低点高出溢流边缘的高度应等于进水管管径，但最小不应小于100mm，最大不应大于150mm。

3）溢流管的直径不应小于进水管直径的2倍，且不应小于DN100，溢流管的喇叭口直径不应小于溢流管直径的1.5～2.5倍。

4）高位消防水箱出水管管径应满足消防给水设计流量的出水要求，且不应小于DN100。

5）高位消防水箱出水管应位于高位消防水箱最低水位以下，并应设置防止消防用水进入高位消防水箱的止回阀。

6）高位消防水箱的进、出水管应设置带有指示启闭装置的阀门。

2.2　室外消火栓系统

2.2.1　建筑物室外消火栓设计流量

1. 一般规定

《消规》第3.1.2条：一起火灾灭火所需消防用水的设计流量应由建筑的室外消火栓系统、室内消火栓系统、自动喷水灭火系统、泡沫灭火系统、水喷雾灭火系统、固定消防炮灭火系统、固定冷却水系统等需要同时作用的各种水灭火系统的设计流量组成，并应符合下列规定：

1）应按需要同时作用的各种水灭火系统最大设计流量之和确定。

2）两座及以上建筑合用消防给水系统时，应按其中一座设计流量最大者确定。

3）当消防给水与生活、生产给水合用时，合用系统的给水设计流量应为消防给水设计流量与生活、生产用水最大小时流量之和。计算生活用水最大小时流量时，淋浴用水量宜按

15%计，浇洒及洗刷等火灾时能停用的用水量可不计。

2. 室外消火栓设计流量规定

建筑物室外消火栓设计流量，应根据建筑物的用途功能、体积、耐火等级、火灾危险性等因素综合分析确定，且不应小于表 3. 2-2 的规定。

表 3. 2-2 建筑物室外消火栓设计流量 （单位：L/s）

<table>
<tr><th rowspan="2">耐火等级</th><th rowspan="2" colspan="3">建筑物名称及类别</th><th colspan="6">建筑体积/m³</th></tr>
<tr><th>V≤1500</th><th>1500＜V≤3000</th><th>3000＜V≤5000</th><th>5000＜V≤20000</th><th>20000＜V≤50000</th><th>V＞50000</th></tr>
<tr><td rowspan="10">一、二级</td><td rowspan="6">工业建筑</td><td rowspan="3">厂房</td><td>甲、乙</td><td colspan="2">15</td><td>20</td><td>25</td><td>30</td><td>35</td></tr>
<tr><td>丙</td><td colspan="2">15</td><td>20</td><td>25</td><td>30</td><td>40</td></tr>
<tr><td>丁、戊</td><td colspan="5">15</td><td>20</td></tr>
<tr><td rowspan="3">仓库</td><td>甲、乙</td><td colspan="2">15</td><td colspan="2">25</td><td colspan="2">—</td></tr>
<tr><td>丙</td><td colspan="2">15</td><td colspan="2">25</td><td>35</td><td>45</td></tr>
<tr><td>丁、戊</td><td colspan="5">15</td><td>20</td></tr>
<tr><td rowspan="3">民用建筑</td><td colspan="2">住宅</td><td colspan="6">15</td></tr>
<tr><td rowspan="2">公共建筑</td><td>单多层</td><td colspan="3">15</td><td>25</td><td>30</td><td>40</td></tr>
<tr><td>高层</td><td colspan="3">—</td><td>25</td><td>30</td><td>40</td></tr>
<tr><td colspan="3">地下建筑（包括地铁）、平战结合人防工程</td><td colspan="3">15</td><td>20</td><td>25</td><td>30</td></tr>
<tr><td rowspan="3">三级</td><td rowspan="2">工业建筑</td><td colspan="2">乙、丙</td><td>15</td><td>20</td><td>30</td><td>40</td><td>45</td><td>—</td></tr>
<tr><td colspan="2">丁、戊</td><td colspan="3">15</td><td>20</td><td>25</td><td>35</td></tr>
<tr><td colspan="3">单多层民用建筑</td><td colspan="2">15</td><td>20</td><td>25</td><td>30</td><td>—</td></tr>
<tr><td rowspan="2">四级</td><td colspan="3">丁、戊类工业建筑</td><td colspan="2">15</td><td>20</td><td>25</td><td colspan="2">—</td></tr>
<tr><td colspan="3">单多层民用建筑</td><td colspan="2">15</td><td>20</td><td>25</td><td colspan="2">—</td></tr>
</table>

注：1. 成组布置的建筑物应按消火栓设计流量较大的相邻两座建筑物的体积之和确定。
2. 火车站、码头和机场的中转库房，其室外消火栓设计流量应按相应耐火等级的丙类物品库房确定。
3. 国家级文物保护单位的重点砖木、木结构的建筑物室外消火栓设计流量，按三级耐火等级民用建筑物消火栓设计流量确定。
4. 当单座建筑的总建筑面积大于 500000m² 时，建筑物室外消火栓设计流量应按本表规定的最大值增加一倍。
5. 宿舍、公寓等非住宅类居住建筑的室外消火栓设计流量，应按本表中的公共建筑确定。

3. 室内消火栓设计流量规定

建筑物室内消火栓设计流量不应小于表 3. 2-3 的规定。

表 3.2-3　建筑物室内消火栓设计流量

建筑物名称			高度 h/m、层数、体积 V/m³、座位数 n/个、火灾危险性			消火栓设计流量/(L/s)	同时使用消防水枪数/支	每根竖管最小流量/(L/s)
工业建筑	厂房		$h \leqslant 24$	甲、乙、丁、戊		10	2	10
工业建筑	厂房		$h \leqslant 24$	丙	$V \leqslant 5000$	10	2	10
工业建筑	厂房		$h \leqslant 24$	丙	$V > 5000$	20	4	15
工业建筑	厂房		$24 < h \leqslant 50$	乙、丁、戊		25	5	15
工业建筑	厂房		$24 < h \leqslant 50$	丙		30	6	15
工业建筑	厂房		$h > 50$	乙、丁、戊		30	6	15
工业建筑	厂房		$h > 50$	丙		40	8	15
工业建筑	仓库		$h \leqslant 24$	甲、乙、丁、戊		10	2	10
工业建筑	仓库		$h \leqslant 24$	丙	$V \leqslant 5000$	15	3	15
工业建筑	仓库		$h \leqslant 24$	丙	$V > 5000$	25	5	15
工业建筑	仓库		$h > 24$	丁、戊		30	6	15
工业建筑	仓库		$h > 24$	丙		40	8	15
民用建筑	单层及多层	科研楼、试验楼	$V \leqslant 10000$			10	2	10
民用建筑	单层及多层	科研楼、试验楼	$V > 10000$			15	3	10
民用建筑	单层及多层	车站、码头、机场的候车（船、机）楼和展览建筑（包括博物馆）等	$5000 < V \leqslant 25000$			10	2	10
民用建筑	单层及多层	车站、码头、机场的候车（船、机）楼和展览建筑（包括博物馆）等	$25000 < V \leqslant 50000$			15	3	10
民用建筑	单层及多层	车站、码头、机场的候车（船、机）楼和展览建筑（包括博物馆）等	$V > 50000$			20	4	15
民用建筑	单层及多层	剧场、电影院、会堂、礼堂、体育馆等	$800 < n \leqslant 1200$			10	2	10
民用建筑	单层及多层	剧场、电影院、会堂、礼堂、体育馆等	$1200 < n \leqslant 5000$			15	3	10
民用建筑	单层及多层	剧场、电影院、会堂、礼堂、体育馆等	$5000 < n \leqslant 10000$			20	4	15
民用建筑	单层及多层	剧场、电影院、会堂、礼堂、体育馆等	$n > 10000$			30	6	15
民用建筑	单层及多层	旅馆	$5000 < V \leqslant 10000$			10	2	10
民用建筑	单层及多层	旅馆	$10000 < V \leqslant 25000$			15	3	10
民用建筑	单层及多层	旅馆	$V > 25000$			20	4	15
民用建筑	单层及多层	商店、图书馆、档案馆等	$5000 < V \leqslant 10000$			15	3	10
民用建筑	单层及多层	商店、图书馆、档案馆等	$10000 < V \leqslant 25000$			25	5	15
民用建筑	单层及多层	商店、图书馆、档案馆等	$V > 25000$			40	8	15
民用建筑	单层及多层	病房楼、门诊楼等	$5000 < V \leqslant 25000$			10	2	10
民用建筑	单层及多层	病房楼、门诊楼等	$V > 25000$			15	3	10
民用建筑	单层及多层	办公楼、教学楼、公寓、宿舍等其他建筑	高度超过 15m 或 $V > 10000$			15	3	10
民用建筑	单层及多层	住宅	$21 < h \leqslant 27$			5	2	5
民用建筑	高层	住宅	$27 < h \leqslant 54$			10	2	10
民用建筑	高层	住宅	$h > 54$			20	4	10
民用建筑	高层	二类公共建筑	$h \leqslant 50$			20	4	10
民用建筑	高层	一类公共建筑	$h \leqslant 50$			30	6	15
民用建筑	高层	一类公共建筑	$h > 50$			40	8	15
国家级文物保护单位的重点砖木或木结构的古建筑			$V \leqslant 10000$			20	4	10
国家级文物保护单位的重点砖木或木结构的古建筑			$V > 10000$			25	5	15

（续）

建筑物名称		高度 h/m、层数、体积 V/m³、座位数 n/个、火灾危险性	消火栓设计流量/(L/s)	同时使用消防水枪数/支	每根竖管最小流量/(L/s)
地下建筑		$V \leqslant 5000$	10	2	10
		$5000 < V \leqslant 10000$	20	4	15
		$10000 < V \leqslant 25000$	30	6	15
		$V > 25000$	40	8	20
人防工程	展览厅、影院、剧场、礼堂、健身体育场所等	$V \leqslant 1000$	5	1	5
		$1000 < V \leqslant 2500$	10	2	10
		$V > 2500$	15	3	10
	商场、餐厅、旅馆、医院等	$V \leqslant 5000$	5	1	5
		$5000 < V \leqslant 10000$	10	2	10
		$10000 < V \leqslant 25000$	15	3	10
		$V > 25000$	20	4	10
	丙、丁、戊类生产车间、自行车库	$V \leqslant 2500$	5	1	5
		$V > 2500$	10	2	10
	丙、丁、戊类物品库房、图书资料档案库	$V \leqslant 3000$	5	1	5
		$V > 3000$	10	2	10

注：1. 丁、戊类高层厂房（仓库）室内消火栓的设计流量可按本表减少 10L/s，同时使用消防水枪数量可按本表减少 2 支。

2. 消防软管卷盘、轻便消防水龙及多层住宅楼梯间中的干式消防竖管，其消火栓设计流量可不计入室内消防给水设计流量。

3. 当一座多层建筑有多种作用功能时，室内消火栓设计流量应分别按本表中不同功能计算，且应取最大值。

4. 当建筑物室内设有自动喷水灭火系统、水喷雾灭火系统、泡沫灭火系统或固定消防炮灭火系统等一种或两种以上自动水灭火系统全保护时，高层建筑当高度不超过 50m 且室内消火栓设计流量超过 20L/s 时，其室内消火栓设计流量可按本表减少 5L/s；多层建筑室内消火栓设计流量可减少 50%，但不应小于 10L/s。

5. 宿舍、公寓等非住宅类居住建筑的室内消火栓设计流量，当为多层建筑时，应按本表中的宿舍、公寓确定，当为高层建筑时，应按本表中的公共建筑确定。

2.2.2　消防给水系统工作原理

1. 三种消防给水系统工作原理（表 3.2-4）

表 3.2-4　消防给水系统工作原理

消防给水系统	管网压力	加压方式
常高压消防给水系统	压力足够	直接出水
临时高压消防给水系统	压力较低	消防泵
低压消防给水系统	压力较低	消防车或水泵接合器

2. 市政消火栓设置范围

《建规》第 8.1.2 条：城镇（包括居住区、商业区、开发区、工业区等）应沿可通行消防车的街道设置市政消火栓系统。

3. 市政消火栓设置要求

(1)《消规》第7.2.1条：市政消火栓宜采用地上式室外消火栓；在严寒、寒冷等冬季结冰地区宜采用干式地上式室外消火栓，严寒地区宜增设消防水鹤。当采用地下式室外消火栓，地下消火栓井的直径≥1.5m，且当地下式室外消火栓的取水口在冰冻线以上时，应采取保温措施。

(2)《消规》第7.2.2条：市政消火栓宜采用直径DN150的室外消火栓，并应符合下列要求：

1）室外地上式消火栓应有一个直径为150mm或100mm和两个直径为65mm的栓口。

2）室外地下式消火栓应有直径为100mm和65mm的栓口各一个。

(3)《消规》第7.2.3条：市政消火栓宜在道路的一侧设置，并宜靠近十字路口，但当市政道路宽度超过60m时，应在道路的两侧交叉错落设置市政消火栓。

(4)《消规》第7.2.4条：市政桥桥头和城市交通隧道出入口等市政公用设施处，应设置市政消火栓。

(5)《消规》第7.2.5条：市政消火栓的保护半径≤150m，间距≤120m。

(6)《消规》第7.2.6条：市政消火栓应布置在消防车易于接近的人行道和绿化地等地点，且不应妨碍交通，并应符合下列规定：

1）市政消火栓距路边≥0.5m，并≤2.0m。

2）市政消火栓距建筑外墙或外墙边缘≥5.0m。

3）市政消火栓应避免设置在机械易撞击的地点，确有困难时，应采取防撞措施。

(7)《消规》第7.2.8条：当市政给水管网设有市政消火栓时，其平时运行工作压力≥0.14MPa，火灾时水力最不利市政消火栓的出流量≥15L/s。且供水压力从地面算起≥0.10MPa。

4. 室外消火栓设置范围

《建规》第8.1.2条：

(1) 民用建筑、厂房、仓库、储罐（区）和堆场周围应设置室外消火栓系统。

(2) 用于消防救援和消防车停靠的屋面上，应设置室外消火栓系统。

(3) 耐火等级不低于二级且建筑体积≤3000m^3的戊类厂房，居住区人数≤500人且建筑层数≤2层的居住区，可不设置室外消火栓系统。

5. 室外消火栓设置要求

(1)《消规》第7.3.1条：建筑室外消火栓的布置应符合《消规》第7.2节有关市政消火栓规定。

(2)《消规》第7.3.2条：建筑室外消火栓的数量应根据室外消火栓设计流量和保护半径经计算确定，保护半径≤150m，每个室外消火栓的出流量宜按10～15L/s计算。

(3)《消规》第7.3.3条：室外消火栓宜沿建筑周围均匀布置，且不宜集中布置在建筑一侧；建筑消防扑救面一侧的室外消火栓数量≥2个。

(4)《消规》第7.3.4条：人防工程、地下工程等建筑应在出入口附近设置室外消火栓，且距出入口的距离≥5m，并≤40m。

(5)《消规》第7.3.5条：室外消火栓宜沿周边设置，且与最近一排汽车的距离≥7m，距加油站或油库≥15m。

(6)《消规》第 7. 3. 6 条：甲、乙、丙类液体储罐区和液化烃储罐区等构筑物的室外消火栓，应设在防火堤或防护墙外，数量应根据每个罐的设计流量经计算确定，但距罐壁 15m 范围内的消火栓，不应计算在该罐可使用的数量内。

(7)《消规》第 7. 3. 7 条：工艺装置区等采用高压或临时高压消防给水系统的场所，其周围应设置室外消火栓，数量应根据设计流量经计算确定，且间距≤60m。当工艺装置区宽度 > 120m 时，宜在该装置区内的路边设置室外消火栓。

(8)《消规》第 7. 3. 10 条：室外消防给水引入管当设有倒流防止器，且火灾时因其水头损失导致室外消火栓不能满足《消规》第 7. 2. 8 条的要求时，应在该倒流防止器前设置一个室外消火栓。

2. 3　室内消火栓系统

2. 3. 1　系统设置

1. 系统设置场所

(1) 高层民用建筑应设置室内消火栓。

(2)《建规》第 8. 2. 1 条，下列建筑或场所应设置室内消火栓系统：

1) 建筑占地面积大于 300m^2的厂房和仓库。

2) 高层公共建筑和建筑高度大于 21m 的住宅建筑。建筑高度≤27m 的住宅建筑，设置室内消火栓系统确有困难时，可只设置干式消防竖管和不带消火栓箱的 DN65 的室内消火栓。

3) 体积大于 5000m^3的车站、码头、机场的候车（船、机）建筑、展览建筑、商店建筑、旅馆建筑、医疗建筑、老年人照料设施和图书馆建筑等单、多层建筑。

4) 特等、甲等剧场，超过 800 个座位的其他等级的剧场和电影院等以及超过 1200 个座位的礼堂、体育馆等单、多层建筑。

5) 建筑高度大于 15m 或体积大于 10000m^3的办公建筑、教学建筑和其他单、多层民用建筑。

(3)《建规》第 8. 2. 3 条：国家级文物保护单位的重点砖木或木结构的古建筑，宜设置室内消火栓系统。

(4)《建规》第 8. 2. 4 条：人员密集的公共建筑、建筑高度大于 100m 的建筑和建筑面积大于 200m^2的商业服务网点内应设置消防软管卷盘或轻便消防水龙。高层住宅建筑的户内宜配置轻便消防水龙。

2. 可不设置室内消火栓系统的建筑

《建规》第 8. 2. 2 条：《建规》第 8. 2. 1 条未规定的建筑或场所和符合《建规》第 8. 2. 1 条规定的下列建筑或场所，可不设置室内消火栓系统，但宜设置消防软管卷盘或轻便消防水龙：

1) 耐火等级为一、二级且可燃物较少的单、多层丁、戊类厂房（仓库）。

2) 耐火等级为三、四级且建筑体积≤3000m^3的丁类厂房；耐火等级为三、四级且建筑体积≤5000m^3的戊类厂房（仓库）。

3）粮食仓库、金库、远离城镇且无人值班的独立建筑。

4）存有与水接触能引起燃烧爆炸的物品的建筑。

5）室内无生产、生活给水管道，室外消防用水取自储水池且建筑体积≤5000m^3的其他建筑。

2.3.2　系统类型

1. 低层建筑消火栓给水系统及给水方式

（1）直接给水方式

（2）设有消防水箱的给水方式

（3）设有水泵和消防水箱给水方式

屋顶水箱应储存10min的消防用水量，其设置高度应满足室内最不利点消火栓的水压，水泵启动后，消防用水不应进入消防水箱

2. 高层建筑消火栓给水系统及给水方式

高层建筑的室内消火栓给水系统应采用独立的消防给水系统。

（1）不分区消防给水方式，当高层建筑最低消火栓栓口处的静水压力≤1.0MPa时，可采用这种给水方式。

（2）分区消防给水方式。

《消规》第6.2.1条：符合下列条件时，消防给水系统应分区供水。

1）系统工作压力大于2.40MPa。

2）消火栓栓口处静压大于1.0MPa。

3）自动喷水灭火系统报警阀处的工作压力大于1.60MPa或喷头处的工作压力大于1.20MPa。

2.3.3　系统设置要求

1. 室内消火栓的布置要求

（1）《消规》第7.4.2条：室内消火栓的配置应符合下列要求：

1）应采用DN65室内消火栓，并可与消防软管卷盘或轻便水龙设置在同一箱体内。

2）应配置公称直径65mm且有内衬里的消防水带，长度不宜超过25.0m；消防软管卷盘应配置内径不小于ϕ19的消防软管，其长度宜为30.0m；轻便水龙应配置公称直径25mm且有内衬里的消防水带，长度宜为30.0m。

3）宜配置当量喷嘴直径16mm或19mm的消防水枪，但当消火栓设计流量为2.5L/s时宜配置当量喷嘴直径11mm或13mm的消防水枪；消防软管卷盘和轻便水龙应配置当量喷嘴直径6mm的消防水枪。

（2）《消规》第7.4.3条：设置室内消火栓的建筑，包括设备层在内的各层均应设置消火栓。

（3）《消规》第7.4.4条：屋顶设有直升机停机坪的建筑，应在停机坪出入口处或非电器设备机房处设置消火栓，且距停机坪机位边缘的距离≥5.0m。

（4）《消规》第7.4.5条：消防电梯前室应设置室内消火栓，并应计入消火栓使用数量。

(5)《消规》第 7.4.6 条：室内消火栓的布置应满足同一平面有 2 支消防水枪的 2 股充实水柱同时达到任何部位的要求。

(6)《消规》第 7.4.7 条：建筑室内消火栓的设置位置应满足火灾扑救要求，并应符合下列规定：

1）室内消火栓应设置在楼梯间及其休息平台和前室、走道等明显易于取用，以及便于火灾扑救的位置。

2）住宅的室内消火栓宜设置在楼梯间及其休息平台。

3）汽车库内消火栓的设置不应影响汽车的通行和车位的设置，并应确保消火栓的开启。

4）同一楼梯间及其附近不同层设置的消火栓，其平面位置宜相同。

5）冷库的室内消火栓应设置在常温穿堂或楼梯间内。

(7)《消规》第 7.4.8 条：建筑室内消火栓栓口的安装高度应便于消防水龙带的连接和使用，其距地面高度宜为 1.1m；其出水方向应便于消防水带的敷设，并宜与设置消火栓的墙面成 90°角或向下。

(8)《消规》第 7.4.9 条：设有室内消火栓的建筑应设置带有压力表的试验消火栓，其设置位置应符合下列规定：

1）多层和高层建筑应在其屋顶设置，严寒、寒冷等冬季结冰地区可设置在顶层出口处或水箱间内等便于操作和防冻的位置。

2）单层建筑宜设置在水力最不利处，且应靠近出入口。

(9)《消规》第 7.4.10 条：室内消火栓宜按直线距离计算其布置间距，并应符合下列规定：

1）消火栓按 2 支消防水枪的 2 股充实水柱布置的建筑物，消火栓的布置间距≤30.0m。

2）消火栓按 1 支消防水枪的 1 股充实水柱布置的建筑物，消火栓的布置间距≤50.0m。

2. 可采用 1 支消防水枪的场所（表 3.2-5）

表 3.2-5　可采用 1 支消防水枪的场所

住宅建筑	建筑高度≤54m 且每单元设置一部疏散楼梯的住宅
	跃层住宅和商业网点
人防工程	体积≤1000m^3 展览厅、影院、剧场、礼堂、健身体育场所
	体积≤5000m^3 商场、餐厅、旅馆、医院
	体积≤3000m^3 图书资料档案室
	体积≤3000m^3 丙、丁、戊类物品库房
	体积≤2500m^3 丙、丁、戊类生产车间、自行车库
工业建筑	建筑高度≤24.0m 且体积≤5000m^3 的多层仓库

3. 室内消火栓栓口压力和消防水枪充实水柱

《消规》第 7.4.12 条：室内消火栓栓口压力和消防水枪充实水柱，应符合下列规定：

1）消火栓栓口动压力≤0.50MPa；当大于 0.70MPa 时必须设置减压装置。

2）高层建筑、厂房、库房和室内净空高度超过 8m 的民用建筑等场所，消火栓栓口动压≥0.35MPa，且消防水枪充实水柱应按13m计算；其他场所，消火栓栓口动压≤0.25MPa，且消防水枪充实水柱应按10m计算。

4. 干式消防竖管设置要求

《消规》第7.4.13条：建筑高度≤27m的住宅，当设置消火栓时，可采用干式消防竖管，并应符合下列规定：

1）干式消防竖管宜设置在楼梯间休息平台，且仅应配置消火栓栓口。

2）干式消防竖管应设置消防车供水接口。

3）消防车供水接口应设置在首层便于消防车接近和安全的地点。

4）竖管顶端应设置自动排气阀。

5. 城市交通隧道设置要求

《消规》第7.4.16条：城市交通隧道室内消火栓系统的设置应符合下列规定：

1）隧道内宜设置独立的消防给水系统。

2）管道内的消防供水压力应保证用水量达到最大时，最低压力≥0.30MPa，但当消火栓栓口处的出水压力超过0.70MPa时，应设置减压设施。

3）在隧道出入口处应设置消防水泵接合器和室外消火栓。

4）消火栓的间距≤50m，双向通行车道或单行通行但大于3车道时，应双面间隔设置。

5）隧道内允许通行危险化学品的机动车，且隧道长度超过3000m时，应配置水雾或泡沫消防水枪。

2.3.4　消防给水及消火栓系统图例

本章中消防给水及消火栓系统图例说明如图3.2-4所示。

图例	名称	图例	名称	图例	名称
	消火栓		卧式水泵		闸阀
	倒流防止器		立式水泵		信号阀
	水锤消除器		潜水排污泵		蝶阀
	Y形过滤器		消火栓给水管		截止阀
	吸水喇叭口	—ZP—	自动喷洒给水管		防虫网
	柔性防水套管	—F—	废水管		减压阀
	固定支架		湿式报警阀		安全阀
	偏心异径管		电触点信号阀		超压泄压阀
	异径管	(阀式)	下喷式自动喷洒头		止回阀
	压力表	(系统)	末端试水装置		自动排气阀
	可曲挠橡胶接头	L	水流指示器		电动阀
L	流量测试装置	P	压力开关		电磁阀
	消防水泵接合器	Q	流量开关		电动闸阀
	防止漩流器		流量测试接口	—	—

图3.2-4　消防给水及消火栓系统图例

历年真题研究

【2015-16】某商业建筑，东西长为100m、南北宽为60m、建筑高度为26m，室外消火栓设计流量为40L/s，南侧布置消防扑救面。沿该建筑南侧消防扑救面设置的室外消火栓数量，不宜少于（　　）个。

A. 1　B. 3　C. 4　D. 2

【答案】D

【解析】《消规》第7.3.3条，室外消火栓宜沿建筑周围均匀布置，且不宜集中布置在建筑一侧，建筑消防扑救面一侧的室外消火栓数量不宜少于2个。

【2015-38】下列建筑中，室内采用临时高压消防给水系统时，必须设置高位消防水箱的是（　　）。

A. 建筑面积为5000m^2的单层丙类厂房　B. 建筑面积为40000m^2的4层丁类厂房

C. 建筑面积为5000m^2的2层办公楼　D. 建筑面积为30000m^2的3层商业中心

【答案】D

【解析】《消规》第6.1.9条，室内采用临时高压消防给水系统时，高层民用建筑、总建筑面积大于10000m^2且层数超过2层的公共建筑和其他重要建筑，必须设置高位消防水箱。

【2015-51】某建筑采用临时高压消防给水系统，经计算消防水泵设计扬程为0.90MPa，选择消防水泵时，消防水泵零流量时的压力应在（　　）MPa之间。

A. 0.90～1.08　B. 1.26～1.35　C. 1.26～1.44　D. 1.08～1.26

【答案】D

【解析】《消规》第5.1.6条，流量扬程性能曲线应为无驼峰、无拐点的光滑曲线，零流量时的压力不应大于设计工作压力的140%，且宜大于设计工作压力的120%。D正确。

【2015-61】某高层办公楼，建筑高度为32m，内走廊为“一”字形，设置两座防烟楼梯间，楼前室内入口的中心线间距为15m。走廊两端的袋形走道长度为3m，走廊两侧房间进深均为6m。该办公楼每层设置的室内消火栓竖管数量不应少于（　　）。

A. 1　B. 2　C. 3　D. 4

【答案】C

【解析】本办公楼高度32m，属于高层建筑，消防水枪充实水柱应按13m计算，应在楼梯间和走廊中间位置布置消火栓，满足同一平面有2支消防水枪的2股充实水柱同时达到任何部位的要求。

【2015-65】某可燃物堆场，室外消火栓的设计流量为55L/s，室外消火栓选用DN150，其出流量为15L/s。根据室外消火栓设计流量，该堆场的室外消火栓数量不应少于（　　）个。

A. 6　B. 4　C. 5　D. 3

【答案】B

【解析】55÷15≈4（个）。B正确

【2015-94】某建筑高度为23.8m的4层商业建筑，对其进行室内消火栓的配置和设计中，正确的有（　　）。

A. 选用DN65的室内消火栓　B. 消火栓栓口动压大于0.5MPa

C. 消火栓栓口动压不小于0.25MPa　　D. 配置直径55mm长30m的消防水带

E. 水枪充实水柱不小于10m

【答案】ACE

【解析】

《消规》第7.4.2条：室内消火栓的配置应符合下列要求：

1）应采用DN65室内消火栓，并可与消防软管卷盘或轻便水龙设置在同一箱体内。A正确。

2）应配置公称直径65mm且有内衬里的消防水带，长度不宜超过25.0m；消防软管卷盘应配置内径不小于ϕ19的消防软管，其长度宜为30.0m；轻便水龙应配置公称直径25mm且有内衬里的消防水带，长度宜为30.0m。D错误。

《消规》第7.4.12条，室内消火栓栓口压力和消防水枪充实水柱，应符合下列规定：

1）消火栓栓口动压力不应大于0.50MPa；当大于0.70MPa时必须设置减压装置。B错误。

2）高层建筑、厂房、库房和室内净空高度超过8m的民用建筑等场所，消火栓栓口动压不应小于0.35MPa，且消防水枪充实水柱应按13m计算；其他场所，消火栓栓口动压不应小于0.25MPa，且消防水枪充实水柱应按10m计算。CE正确。

【2016-13】下列关于室外消火栓设置的说法中，错误的是（　　）。

A. 室外消火栓应集中布置在建筑消防扑救面一侧，且不少于2个

B. 室外消火栓的保护半径不应大于150m

C. 地下民用建筑应在入口附近设置室外消火栓，且距离出入口不宜小于5m，不宜大于40m

D. 室外消火栓与最近一排汽车的距离不宜小于7m

【答案】A

【解析】《消规》第7.3.3条，室外消火栓宜沿建筑周围均匀布置，且不宜集中布置在建筑一侧；建筑消防扑救面一侧的室外消火栓数量不宜少于2个，A错误。

【2016-27】下列关于储罐区和工艺装置区室外消火栓的说法中，错误的是（　　）。

A. 可燃液体储罐区的室外消火栓，应设置在防火堤外，距离罐壁15m范围内的消火栓不应计入该罐可使用的消火栓数量

B. 采用临时高压消防给水系统的工艺装置区，室外消火栓的间距不应大于60m

C. 采用高压消防给水系统且宽度大于120m的工艺装置区，宜在该工艺装置区内的路边设置室外消火栓

D. 液化烃储罐区的室外消火栓，应设置在防护墙外，距离罐壁15m范围内的消火栓可计入该罐可使用的消火栓数量

【答案】D

【解析】《消规》第7.3.6条，甲、乙、丙类液体储罐区和液化烃罐罐区等构筑物的室外消火栓，应设在防火堤或防护墙外，数量应根据每个罐的设计流量经计算确定，但距罐壁15m范围内的消火栓，不应计算在该罐可使用的数量内，D选项错误。

【2016-38】下列关于建筑室内消火栓设置的说法中，错误的是（　　）。

A. 消防电梯前应设置室内消火栓，并应计入消火栓使用数量

B. 设置室内消火栓的建筑，超过 2. 2m 的设备层宜设置室内消火栓

C. 冷库的室内消火栓应设置在常温穿堂或楼梯间内

D. 屋顶设置直升机停机坪的建筑，应在停机坪出入口设置消火栓

【答案】B

【解析】《消规》第 7. 4. 3 条，设置室内消火栓的建筑，包括设备层在内的各层均应设置消火栓。B 错误。

【2016-59】建筑高度为48m 的 16 层住宅建筑，一梯 3 户，每户建筑面积为 $120m^2$，每单元设置一座防烟楼梯间，一部消防电梯和一部客梯。该建筑每个单元需设置的室内消火栓总数应不应少于（ ）个。

A. 16　B. 8　C. 32　D. 48

【答案】A

【解析】《消规》第 7. 4. 6 条，室内消火栓的布置应满足同一平面有 2 支消防水枪的 2 股充实水柱同时达到任何部位的要求，但建筑高度≤54m 且每单元设置一部疏散楼梯的住宅，可采用 1 支消防水枪的 1 股充实水柱到达室内任何部位。按照每层设置一个室内消火栓，共计 16 个。

【2016-63】下列关于消防给水设施的说法中，错误的是（ ）。

A. 消防水泵的串联可在流量不变的情况下增加扬程，消防水泵的并联可增加流量

B. 消防水泵控制柜在平时应使消费水泵处于自动启泵状态

C. 室内消火栓给水管网宜与自动喷水等其他灭火系统的管网分开设置，当合用消防水泵时，供水管路沿水流方向应在报警阀后分开设置

D. 室外消防给水管道应采用阀门分成若干独立段，每段内室外消火栓数量不宜超过 5 个

【答案】C

【解析】《消规》第 8. 1. 7 条，室内消火栓给水管网宜与自动喷水等其他水灭火系统的管网分开设置；当合用消防泵时，供水管路沿水流方向应在报警阀前分开设置。C 选项错误。

【2016-99】下列关于消防水泵选用的说法中，正确的有（ ）。

A. 柴油机消防水泵应采用火花塞点火型柴油机

B. 消防水泵流量-扬程性能曲线应平滑、无拐点、无驼峰

C. 消防给水同一泵组的消防水泵型号应一致，且工作泵不宜超过 5 台

D. 消防水泵泵轴的密封方式和材料应满足消防水泵在最低流量时运转的要求

E. 电动机驱动的消防水泵，应选择电动机干式安装的消防水泵

【答案】BDE

【解析】柴油机消防水泵应采用压缩式点火型柴油机，A 选项错误；消防水泵流量-扬程性能曲线应为无拐点、无驼峰的光滑曲线，B 选项正确；消防给水同一泵组的消防水泵型号应一致，且工作泵不宜超过 3 台，C 选项错误；消防水泵泵轴的密封方式和材料应满足消防水泵在最低流量时运转的要求，D 选项正确；当采用电动机驱动的消防水泵时，应选择电动机干式安装的消防水泵，E 选项正确。

【2017-8】下列建筑或场所中，可不设置室外消火栓的是（ ）。

A. 用于消防救援和消防车停靠的屋面上

B. 高层民用建筑

C. 三层居住区，居住人数小于等于 500 人

D. 耐火等级不低于二级，且建筑物体积小于等于 $3000m^3$ 的戊类厂房

【答案】D

【解析】《建规》第 8.1.2 条规定，民用建筑、厂房、仓库、储罐（区）和堆场周围应设置室外消火栓系统。用于消防救援和消防车停靠的屋面上，应设置室外消火栓系统。耐火等级不低于二级且建筑体积不大于 $3000m^3$ 的戊类厂房，居住区人数不超过 500 人且建筑层数不超过两层的居住区，可不设置室外消火栓系统。

【2017-13】下列建筑或场所中，可不设置室内消火栓的是（　　）。

A. 占地面积 $500m^2$ 的丙类仓库　　B. 粮食仓库

C. 高层公共建筑　　D. 建筑体积 $5000m^3$，耐火等级三级的丁类厂房

【答案】B

【解析】《建规》第 8.2.2 条规定，粮食仓库可不设置室内消火栓系统，但宜设置消防软管卷盘或轻便消防水龙。

【2017-15】室外消火栓距建筑物外墙不宜小于（　　）。

A. 2.0　B. 3.0　C. 6.0　D. 5.0

【答案】D

【解析】《消规》第 7.2.6 条规定，市政消火栓距建筑外墙或外墙边缘不宜小于 5.0m。

【2017-26】单台消防水泵的设计压力和流量分别不大于（　　）时，消防泵组应在泵房内预留流量计和压力计接口

A. 0.50MPa、25L/s　　B. 1.00MPa、25L/s

C. 1.00MPa、20L/s　　D. 0.50MPa、20L/s

【答案】D

【解析】《消规》第 5.1.11 条规定，一组消防水泵应在消防水泵房内设置流量和压力测试装置，单台消防给水泵的流量不大于 20L/s、设计工作压力不大于 0.50MPa 时，泵组应预留测量用流量计和压力计接口，其他泵组宜设置泵组流量和压力测试装置。

【2017-76】室内消火栓栓口动压大于（　　）MPa 时，必须设置减压装置。

A. 0.70　B. 0.30　C. 0.35　D. 0.50

【答案】A

【解析】消火栓栓口动压力不应大于 0.50MPa，当大于 0.70MPa 时，必须设置减压装置。

【2017-90】关于消防水泵控制的说法，正确的有（　　）。

A. 消防水泵出水干管上设置的压力开关应能控制消防水泵的停止

B. 手动火灾报警按钮信号应能直接启动消防水泵

C. 消防水泵出水干管上设置的压力开关应能控制消防水泵的启动

D. 消防控制室应能控制消防水泵启动

E. 消防水泵控制柜应能手动控制消防水泵的启动、停止

【答案】CDE

【解析】《消规》第 11.0.4 条，消防水泵应由水泵出水干管上设置的低压压力开关、高位消防水箱出水管上的流量开关，或报警阀压力开关等信号直接自动启动消防水泵，C

正确。

《消规》第11.0.2条：消防水泵不应设置自动停泵的控制功能，停泵应由具有管理权限的工作人员根据火灾扑救情况确定，A错。

《消规》第11.0.7条规定，消防控制室内的消防控制柜或控制盘应设置专用线路连接的手动直接启泵按钮，D正确。

《自报》第4.1.6条：需要火灾自动报警系统联动控制的消防设备，其联动触发信号应采用两个独立的报警触发装置报警信号的“与”逻辑组合，B错。

【2018-26】某2层商业建筑，呈矩形布置，建筑东西长为80m，南北宽为50m。该建筑室外消火栓设计流量为30L/s，周围无可利用的市政消火栓，该建筑周边至少应设置（　　）个室外消火栓。

A. 2　　B. 3　　C. 4　　D. 5

【答案】A

【解析】根据《消规》第7.3.2条，建筑室外消火栓的数量应根据室外消火栓设计流量和保护半径经计算确定，保护半径不应大于150.0m，每个室外消火栓的出流量宜按10～15L/s计算。因此至少需要30/15 =2（个）。A正确。

【2018-28】某工业园区地块内有5座单层丙类厂房，耐火等级为二级，其中2座厂房建筑高度为5m，占地均为1000m^2，3座高为10m，占地均为2000m^2，相邻厂房防火间距为6m，各厂房自然排烟。该工业园地块室外消火栓设计流量至少为（　　）L/s。

耐火等级为一、二级的丙类厂房建筑的室外消火栓设计流量选用表

建筑体积 V/m^3	$3000<V<5000$	$5000<V<20000$	$20000<V<50000$	$V>50000$
最小设计流量 Q/(L/s)	20	25	30	40

A. 20　　B. 25　　C. 30　　D. 40

【答案】C

【解析】《消规》第3.3.2条，成组布置的建筑物应按消火栓设计流量较大的相邻两座建筑物的体积之和确定，即10×2000×2 =40000（m^3）。故C正确。

【2018-34】某单层丙类厂房，室内净空高度为7m，该建筑室内消火栓系统最不利点消火栓栓口最低动压应为（　　）。

A. 0.1　　B. 0.35　　C. 0.25　　D. 0.50

【答案】B

【解析】《消规》第7.4.12条，高层建筑、厂房、库房和室内净空高度超过8m的民用建筑等场所，消火栓栓口动压不应小于0.35MPa。故B正确。

【2018-42】某多层科研楼设有室内消防给水系统，消防水泵采用两台离心式消防水泵一用一备，该组消防水泵管路的下列设计方案中，正确的是（　　）。

A. 2台消防水泵的2条DN150的吸水管通过1条DN200钢管接入消防水池

B. 2台消防水泵的2条DN150吸水管均采用同心异径管件与水泵相连

C. 消防水管吸水口处设置吸水井，喇叭口在消防水池最低有效水位下的淹没深度为650mm

D. 消防水泵吸水口处设置旋流防止器，其在消防水池最低有效水位下的淹没深度为150mm

【答案】C

【解析】《消规》第5.1.13条，消防水泵吸水口的淹没深度应满足消防水泵在最低水位运行安全的要求，吸水管喇叭口在消防水池最低有效水位下的淹没深度应根据吸水管喇叭口的水流速度和水力条件确定，但不应小于600mm。当采用旋流防止器时，淹没深度不应小于200mm。故C正确。

【2018-44】某一类高层商业建筑，室内消火栓系统设计流量为30L/s，该建筑室内消火栓系统设计灭火用量至少应为（　　）m^3。

A. 324　　B. 216　　C. 108　　D. 432

【答案】A

【解析】《消规》第3.6.2条，高层商业建筑消火栓系统火灾延续时间不应小于3h。故室内消火栓系统设计灭火用量为$3.6\times30\times3=324$（m^3），故A正确。

【2018-63】根据现行国家标准《消防给水及消火栓系统技术规范》关于市政消防栓设置的说法，正确的是（　　）。

A. 市政消火栓最大保护半径应为120m

B. 当市政道路宽度不超过65m时，可在道路的一侧设置市政消火栓

C. 市政消火栓距路边不宜小于0.5m，不应大于5m

D. 室外地下室消火栓应设置直径为100mm和65mm的栓口各一个

【答案】D

【解析】《消规》第7.2.2条，室外地下式消火栓应有直径为100mm和65mm的栓口各一个。故D正确。

【2018-66】某高层宿舍楼，标准层内走道长度66m，走道两侧布置进深5m、建筑面积不超过$20m^2$的宿舍和附属用房，走道两端各设置一部疏散楼梯，室内消火栓设计流量为20L/s。该建筑每个标准层至少应设（　　）个室内消火栓。

A. 2　　B. 4　　C. 3　　D. 5

【答案】B

【解析】《消规》第7.4.10条，室内消火栓宜按直线距离计算其布置间距，消火栓按2支消防水枪的2股充实水柱布置的建筑物，消火栓的布置间距不应大于30.0m。标准层内走道长度66m，故需要4个室内消火栓。

【2018-97】某多层科研楼设有室内消防给水系统，其高位消防水箱进水管管径为DN100。该高位消防水箱溢流管的下列设置方案中，正确的有（　　）。

A. 溢流水管径排水沟与建筑排水管网连接

B. 溢流水管上安装用于检修的闸阀

C. 溢流管采用DN150的钢管

D. 溢流管的喇叭口直径为250mm

E. 溢流水位低于进水管口的最低点100mm

【答案】AE

【解析】《消规》第5.2.6条，高位消防水箱应符合下列规定：

（1）进水管应在溢流水位以上接入，进水管口的最低点高出溢流边缘的高度应等于进水管管径，但最小不应小于100mm，最大不应大于150mm。E正确。

（2）溢流管的直径不应小于进水管直径的2倍，且不应小于DN100，溢流管的喇叭口直径不应小于溢流管直径的1.5～2.5倍。CD错误。

第 3 章　自动喷水灭火系统

助考知识要点

◆闭式系统：湿式系统、干式系统、预作用系统

◆开式系统：雨淋系统、水幕系统

◆危险等级：轻、中（Ⅰ、Ⅱ级）、严重（Ⅰ、Ⅱ级）、仓库（Ⅰ、Ⅱ、Ⅲ级）

◆ 报警阀组：湿式报警阀组、干式报警阀组、雨淋报警阀组和预作用报警装置

记忆思维导图（图 3. 3-1）

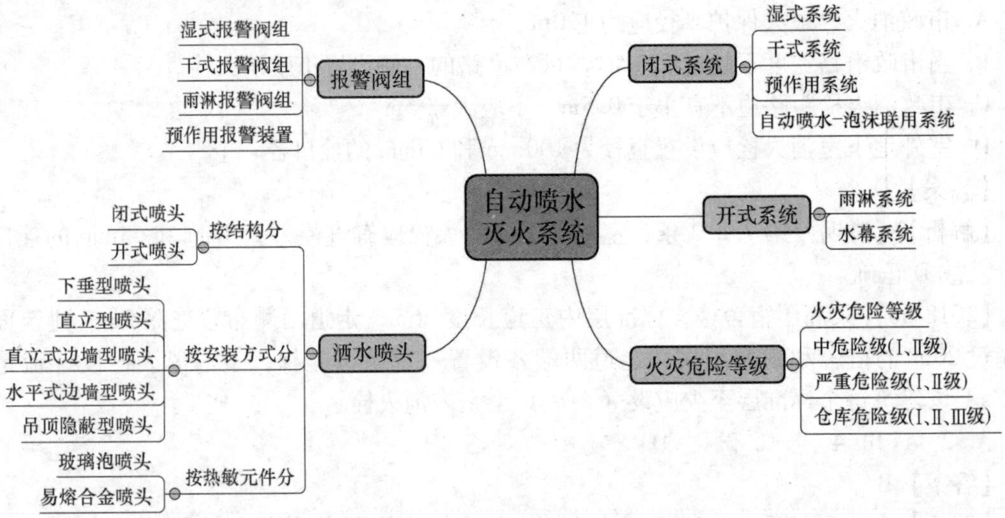

图 3. 3-1　自动喷水灭火系统记忆思维导图

内容归纳解析

3. 1　系统设置原则及场所

3. 1. 1　系统设置原则

（1）《自喷》第 4. 1. 2 条，自动喷水灭火系统不适用于存在较多下列物品的场所：

1）遇水发生爆炸或加速燃烧的物品。

2）遇水发生剧烈化学反应或产生有毒有害物质的物品。

3）洒水将导致喷溅或沸溢的液体。

（2）《自喷》第 4. 1. 3 条，自动喷水灭火系统的设计原则应符合下列规定：

1）闭式洒水喷头或启动系统的火灾探测器，应能有效探测初期火灾。

2）湿式系统、干式系统应在开放一只喷头后自动启动，预作用系统、雨淋系统应在火灾自动报警系统报警后自动启动。

3）作用面积内开放的洒水喷头，应在规定时间内按设计选定的喷水强度持续喷水。

4）喷头洒水时，应均匀分布，且不应受阻挡。

3.1.2 设置场所规定

1. 设置自动喷水灭火系统场所（表3.3-1）

表3.3-1 设置自动喷水灭火系统场所规定

建筑物	设置场所
厂房	下列厂房或生产部位应设置自动灭火系统，并宜采用自动喷水灭火系统： 1）≥50000纱锭的棉纺厂的开包、清花车间，≥5000锭的麻纺厂的分级、梳麻车间，火柴厂的烤梗、筛选部位。 2）占地面积大于1500m^2或总建筑面积大于3000m^2的单、多层制鞋、制衣、玩具及电子等类似生产的厂房。 3）占地面积大于1500m^2的木器厂房。 4）泡沫塑料厂的预发、成型、切片、压花部位。 5）高层乙、丙类厂房。 6）建筑面积大于500m^2的地下或半地下丙类厂房
仓库	下列仓库应设置自动灭火系统，并宜采用自动喷水灭火系统： 1）每座占地面积大于1000m^2的棉、毛、丝、麻、化纤、毛皮及其制品的仓库（单层占地面积≤2000m^2的棉花库房，可不设置自动喷水灭火系统）。 2）每座占地面积大于600m^2的火柴仓库。 3）邮政建筑内建筑面积大于500m^2的空邮袋库。 4）可燃、难燃物品的高架仓库和高层仓库。 5）设计温度高于0℃的高架冷库，设计温度高于0℃且每个防火分区建筑面积大于1500m^2的非高架冷库。 6）总建筑面积大于500m^2的可燃物品地下仓库。 7）每座占地面积大于1500m^2或总建筑面积大于3000m^2的其他单层或多层丙类物品仓库
高层民用建筑	下列高层民用建筑或场所应设置自动灭火系统，并宜采用自动喷水灭火系统： 1）一类高层公共建筑（除游泳池、溜冰场外）及其地下、半地下室。 2）二类高层公共建筑及其地下、半地下室的公共活动用房、走道、办公室和旅馆的客房、可燃物品库房、自动扶梯底部。 3）高层民用建筑内的歌舞娱乐放映游艺场所。 4）建筑高度大于100m的住宅建筑
单、多层民用建筑	下列单、多层民用建筑或场所应设置自动灭火系统，并宜采用自动喷水灭火系统： 1）特等、甲等剧场，超过1500个座位的其他等级的剧场，超过2000个座位的会堂或礼堂，超过3000个座位的体育馆，超过5000人的体育场的室内人员休息室与器材间等。 2）任一层建筑面积大于1500m^2或总建筑面积大于3000m^2的展览、商店、餐饮和旅馆建筑以及医院中同样建筑规模的病房楼、门诊楼和手术部。 3）设置送回风道（管）的集中空气调节系统且总建筑面积大于3000m^2的办公建筑等。 4）藏书量超过50万册的图书馆。 5）大、中型幼儿园，老年人照料设施。 6）总建筑面积大于500m^2的地下或半地下商店。 7）设置在地下或半地下或地上四层及以上楼层的歌舞娱乐放映游艺场所（除游泳场所外），设置在首层、二层和三层且任一层建筑面积大于300m^2的地上歌舞娱乐放映游艺场所（除游泳场外）

2. 设置水幕系统场所

《建规》8.3.6条，下列部位宜设置水幕系统：

1）特等、甲等剧场、超过1500个座位的其他等级的剧场、超过2000个座位的会堂或礼堂和高层民用建筑内超过800个座位的剧场或礼堂的舞台口及上述场所内与舞台相连的侧台、后台的洞口。

2）应设置防火墙等防火分隔物而无法设置的局部开口部位。

3）需要防护冷却的防火卷帘或防火幕的上部。

4）舞台口也可采用防火幕进行分隔，侧台、后台的较小洞口宜设置乙级防火门、窗。

3. 设置雨淋系统场所

《建规》8.3.7条，下列建筑或部位应设置雨淋自动喷水灭火系统：

1）火柴厂的氯酸钾压碾厂房，建筑面积大于100m^{2}且生产或使用硝化棉、喷漆棉、火胶棉、赛璐珞胶片、硝化纤维的厂房。

2）乒乓球厂的轧坯、切片、磨球、分球检验部位。

3）建筑面积大于60m^{2}或储存量大于2t的硝化棉、喷漆棉、火胶棉、赛璐珞胶片、硝化纤维的仓库。

4）日装瓶数量大于3000瓶的液化石油气储配站的灌瓶间、实瓶库。

5）特等、甲等剧场、超过1500个座位的其他等级剧场和超过2000个座位的会堂或礼堂的舞台葡萄架下部。

6）建筑面积不小于400m^{2}的演播室，建筑面积不小于500m^{2}的电影摄影棚。

3.1.3 设置场所危险等级的划分

（1）《自喷》第3.0.1条：设置场所的火灾危险等级应划分为轻危险级、中危险级（Ⅰ级、Ⅱ级）、严重危险级（Ⅰ级、Ⅱ级）和仓库危险级（Ⅰ级、Ⅱ级、Ⅲ级）。

（2）设置场所的火灾危险等级分类见表3.3-2。

表3.3-2 设置场所火灾危险等级分类

火灾危险等级		设置场所分类
轻危险级		住宅建筑、幼儿园、老年人建筑、建筑高度≤24m的旅馆、办公楼；仅在走道设置闭式系统的建筑等
中危险级	Ⅰ级	1）高层民用建筑：旅馆、办公楼、综合楼、邮政楼、金融电信楼、指挥调度楼、广播电视楼（塔）等 2）公共建筑（含单多高层）：医院、疗养院；图书馆（书库除外）、档案馆、展览馆（厅）；影剧院、音乐厅和礼堂（舞台除外）及其他娱乐场所；火车站和飞机场及码头的建筑；总建筑面积<5000m^{2}的商场、总建筑面积<1000mm^{2}的地下商场等 3）文化遗产建筑：木结构古建筑、国家级文物保护单位等 4）工业建筑：食品、家用电器、玻璃制品等工厂的备料与生产车间等；冷藏库、钢屋架等建筑构件
	Ⅱ级	1）民用建筑：书库、舞台（葡萄架除外）、汽车、总建筑面积≥5000m^{2}商场、总建筑面积≥1000m^{2}地下商场等、净空高度≤8m、物品高度≤3.5m的自选商场等 2）工业建筑：棉毛麻丝及化纤的纺织及制品、木材木器及胶合板、谷物加工、烟草及制品、饮用酒（啤酒除外）、皮革及制品、造纸及纸制品、制药等工厂的备料与生产车间

（续）

火灾危险等级		设置场所分类
严重危险级	Ⅰ级	印刷厂、酒精制品、可燃液体制品等工厂的备料与车间、净空高度不超过8m、物品高度不超过3.5m的超级市场等
	Ⅱ级	易燃液体喷雾操作区域、固体易燃物品、可燃的气溶胶制品、溶剂清洗、喷涂油漆、沥青制品等工厂的备料及生产车间、摄影棚、舞台葡萄架下部
仓库危险级	Ⅰ级	食品、烟酒；木箱、纸箱包装的不燃、难燃物品等
	Ⅱ级	木材、纸、皮革、谷物及制品、棉毛麻丝化纤及制品、家用电器、电缆、B组塑料与橡胶及其制品、钢塑混合材料制品、各种塑料瓶盒包装的不燃、难燃物品及各类物品混杂储存的仓库等
	Ⅲ级	A组塑料与橡胶及其制品；沥青制品等

3.2　系统类型与选择

3.2.1　系统分类

自动喷水灭火系统根据所使用喷头的形式，分为闭式自动喷水灭火系统和开式自动喷水灭火系统两大类；根据系统的用途和配置状况，自动喷水灭火系统又分为湿式系统、干式系统、雨淋系统、水幕系统、自动喷水—泡沫联用系统等。

3.2.2　湿式系统

1. 湿式系统工作原理

湿式系统是报警阀前后均充满压力水的系统。系统由闭式喷头、管道、湿式报警阀组、水流指示器或压力开关、末端试水装置和供水设施等组成，如图3.3-2所示。

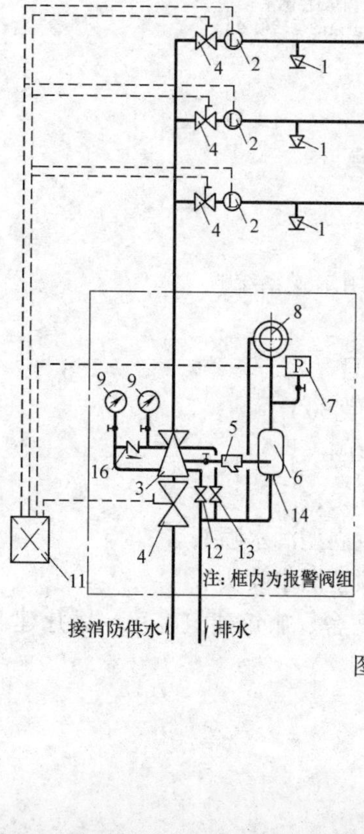

湿式系统主要组件及用途

编号	名称	用　途
1	闭式喷头	火灾发生时，开启出水灭火
2	水流指示器	水流动时，输出电信号，指示火灾区域
3	湿式报警阀	系统控制阀，开启时可输出报警水流信号
4	信号阀	供水控制阀，阀门关闭时输出电信号
5	过滤器	过滤水中的杂质
6	延迟器	延迟报警时间，克服水压变化引起的误报警
7	压力开关	报警阀开启时，发出电信号
8	水力警铃	报警阀开启时，发出音响信号
9	压力表	分别显示报警阀上、下部的水压
10	末端试水装置	试验末端水压及系统联动功能
11	火灾报警控制器	接收报警信号并发出控制指令
12	泄水阀	系统检修时排空放水
13	试验阀	试验报警阀功能及警铃报警功能
14	节流器	节流排水，与延迟器共同工作
15	试水阀	分区放水及试验系统联动功能
16	止回阀	单向补水，防止压力变化引起报警阀误动作

图3.3-2　湿式自动喷水灭火系统示意图

湿式系统在准工作状态时，由消防水箱或稳压泵、气压给水设备等稳压设施维持管道内充水的压力。发生火灾时，在火灾温度的作用下，闭式喷头的热敏元件动作，喷头开启并开始喷水。此时，管网中的水由静止变为流动，水流指示器动作送出电信号，在报警控制器上显示某一区域喷水的信息。由于持续喷水泄压造成湿式报警阀的上部水压低于下部水压，在压力差的作用下，原来处于关闭状态的湿式报警阀自动开启。此时压力水通过湿式报警阀流向管网，同时打开通向水力警铃的通道，延迟器充满水后，水力警铃发出声响警报，压力开关动作并输出启动供水泵的信号。供水泵投入运行后，完成系统的启动过程。其工作原理如图 3. 3-3 所示。

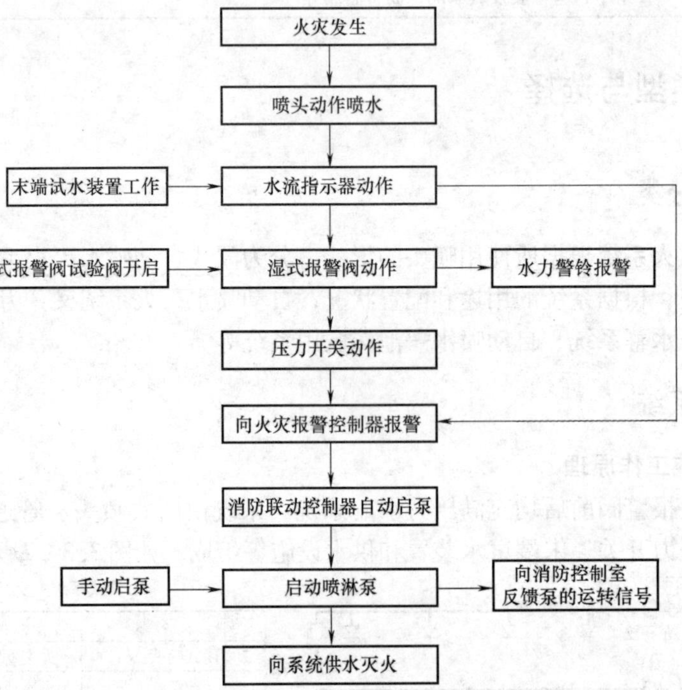

图 3. 3-3　湿式自动喷水灭火系统工作原理

2. 适用范围

《自喷》第 4. 2. 2 条：4℃≤环境温度≤70℃的场所，应采用湿式系统。

3. 设置要求

（1）湿式系统，一个报警阀组控制的喷头数不宜超过 800 只。

（2）闭式系统的喷头，其公称动作温度宜高于环境最高温度 30℃。

（3）《自喷》8. 0. 1 条，配水管道的工作压力不应大于 1. 20MPa。

（4）《自喷》6. 1. 3 条，湿式系统的喷头选型应符合下列规定：

1）不做吊顶的场所，当配水支管布置在梁下时，应采用直立型洒水喷头。

2）吊顶下布置的洒水喷头，应采用下垂型洒水喷头或吊顶型洒水喷头。

3）顶板为水平面的轻危险级、中危险级Ⅰ级住宅建筑、宿舍、旅馆建筑客房、医疗建筑病房和办公室，可采用边墙型洒水喷头。

4）易受碰撞的部位，应采用带保护罩的洒水喷头或吊顶型洒水喷头。

5）顶板为水平面，且无梁、通风管道等障碍物影响喷头洒水的场所，可采用扩大覆盖面积洒水喷头。

6）住宅建筑和宿舍、公寓等非住宅类居住建筑宜采用家用喷头。

7）不宜选用隐蔽式洒水喷头；确需采用时，应仅适用于轻危险级和中危险级Ⅰ级场所。

3.2.3　干式系统

1. 干式系统工作原理

自动喷水干式灭火系统是报警阀后充满压缩气体的灭火系统，由闭式喷头、干式报警阀组、水流指示器或压力开关、供水与配水管道、充气设备以及供水设施等组成，如图 3.3-4 所示。

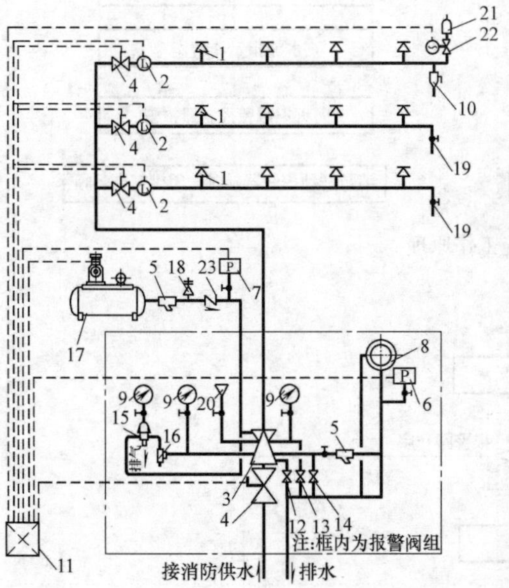

干式系统主要组件及用途

编号	名　称	用　途
1	闭式喷头	火灾发生时,开启出水灭火
2	水流指示器	水流动作时,输出电信号,指示火灾区域
3	干式报警阀	系统控制阀,开启时可输出报警水流信号
4	信号阀	供水控制阀,阀门关闭时有电信号输出
5	过滤器	过滤水或气中的杂质
6	压力开关	报警阀开启时,发出电信号
7	压力开关	上限控制系统补气,下限控制系统排气进水
8	水力警铃	报警阀开启时,发出声响信号
9	压力表	显示水压或气压
10	末端试水装置	试验末端水压及系统联动功能
11	火灾报警控制器	接收报警信号并发出控制指令
12	泄水阀	系统检修时排空放水
13	试验阀	试验报警阀功能及警铃报警功能
14	自动滴水球阀	排出系统微渗的水,接通大气密封干式阀瓣
15	加速器	加速开启干式报警阀
16	抗洪装置	防止报警阀开启时水进入加速器
17	空气压缩机	供给系统压缩空气
18	安全阀	防止系统超压
19	试水阀	分区放水试验及试验系统联动功能
20	注水口	向报警阀内注水以密封阀瓣
21	快速排气阀	报警阀开后系统排气
22	电动阀	平时关闭,报警阀开启,开启控制排气
23	止回阀	控制补气方向,防止水进入补气系统

图 3.3-4　干式系统示意图

干式系统在准工作状态时，由消防水箱或稳压泵、气压给水设备等稳压设施维持干式报警阀入口前管道内充水的压力，报警阀出口后的管道内充满有压气体（通常采用压缩空气），报警阀处于关闭状态。发生火灾时，在火灾温度的作用下，闭式喷头的热敏元件动作，闭式喷头开启，使干式阀出口压力下降，加速器动作后促使干式报警阀迅速开启，管道开始排气充水，剩余压缩空气从系统最高处的排气阀和开启的喷头处喷出，此时通向水力警铃和压力开关的通道被打开，水力警铃发出声响警报，压力开关动作并输出启泵信号，启动系统供水泵；管道完成排气充水过程后，开启的喷头开始喷水。从闭式喷头开启至供水泵投入运行前，由消防水箱、气压给水设备或稳压泵等供水设施为系统的配水管道充水。干式系统的工作原理如图 3.3-5 所示。

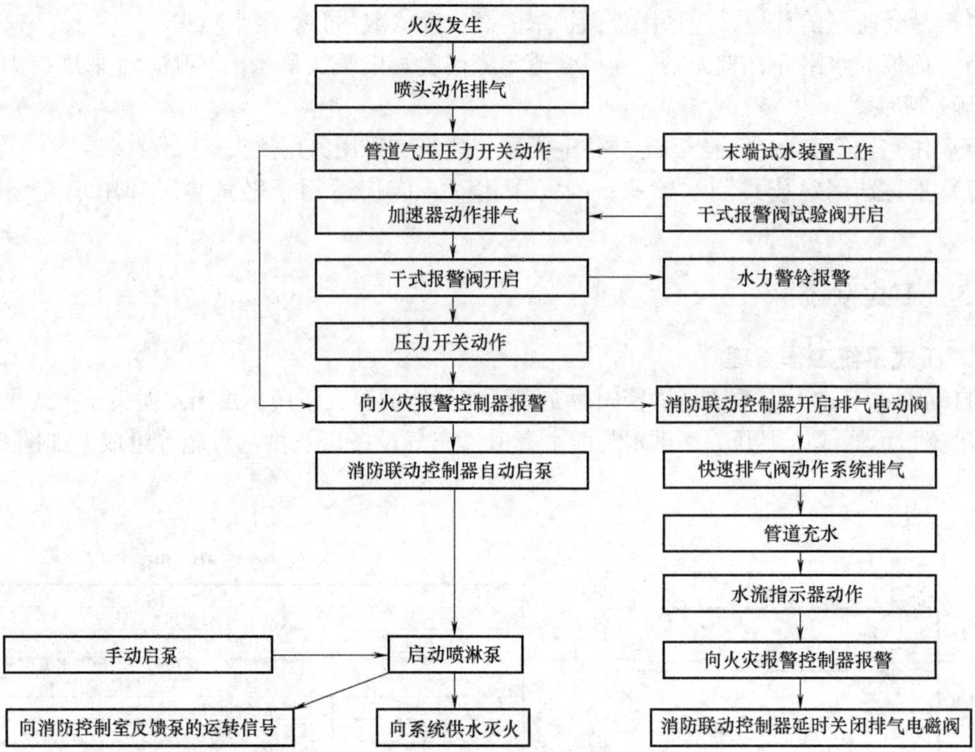

图 3. 3-5　干式系统工作原理

系统充气原理如下图 3. 3-6 所示。

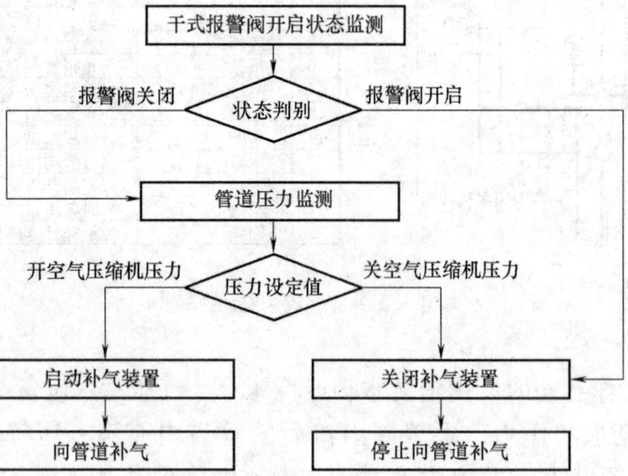

图 3. 3-6　干式系统充气原理

2. 适用范围

《自喷》第 4. 2. 3 条，环境温度小于 4℃或大于 70℃的场所应采用干式系统。

3. 设置要求

（1）《自喷》第 6. 2. 3 条，干式系统，一个报警阀组控制的喷头数不宜超过 500 只。

（2）《自喷》第 4. 3. 2 条，干式系统的配水管道应设快速排气阀。有压充气管道的快速排气阀入口前应设电动阀。

(3)《自喷》第 8. 0. 1 条，配水管道的工作压力≤1. 20MPa。

(4)《自喷》第 8. 0. 11 条，干式系统的配水管道充水时间，不宜大于 1min。

(5)《自喷》第 8. 0. 12 条，干式系统的供气管道，采用钢管时，管径不宜小于 15mm；采用铜管时，管径不宜小于 10mm。

(6)《自喷》第 4. 3. 2 条，干式系统的作用面积应按《自喷》表 5. 0. 1 规定值的 1. 3 倍确定。

(7)《自喷》第 6. 1. 4 条，干式系统应采用直立型喷头或干式下垂型喷头。

3. 2. 4　预作用系统

1. 预作用系统工作原理

预作用系统由火灾探测系统、闭式喷头、水流指示器、预作用阀组，以及管道和供水设施等组成，如图 3. 3-7 所示。

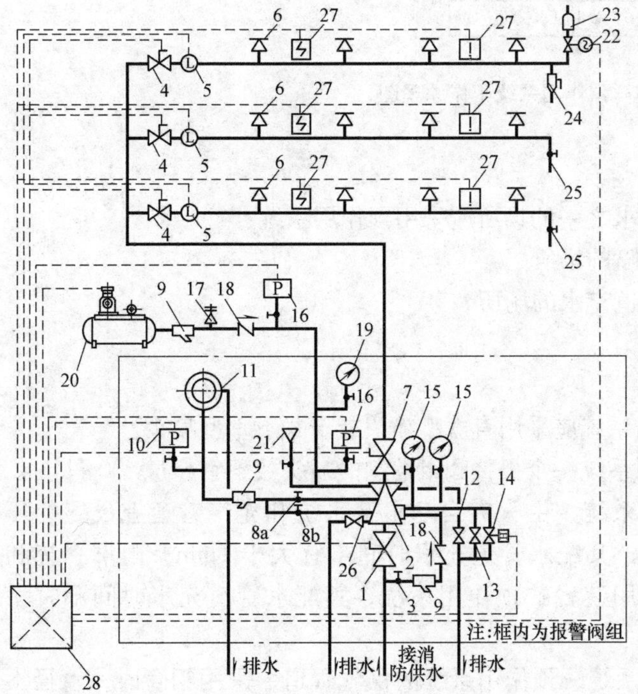

预作用系统主要组件及用途

编号	名　称	用　途
1	信号阀	供水控制阀，阀门关闭时输出电信号
2	预作用报警阀	控制系统进水，开启时可输出报警水流信号
3	控制腔供水阀	平时常开，关闭时切断控制腔供水
4	信号阀	区域检修控制阀，关闭时输出电信号
5	水流指示器	水流动作时，输出电信号，指示火灾区域
6	闭式喷头	火灾发生时，开启出水灭火
7	试验信号阀	检修调试用阀，平时常开，关闭时输出电信号
8a	水力警铃控制	切断水力警铃，平时常开
8b	水力警铃测试阀	手动打开后，可在雨淋阀关闭状态下试验警铃
9	过滤器	过滤水中或气体中的杂质
10	压力开关	报警阀开启时，输出电信号
11	水力警铃	报警阀开启时，发出声响信号
12	试验放水阀	系统调试或功能试验时打开
13	手动开启阀	手动开启预作用阀
14	电磁阀	电动开启预作用阀
15	压力表	显示水压
16	压力开关	低气压报警，控制空气压缩机启停
17	安全阀	防止系统超压
18	止回阀	防止水倒流
19	压力表	显示系统气压
20	空气压缩机	供给系统压缩空气
21	注水口	向报警阀内注水以密封阀瓣
22	电动阀	电动控制开启排气阀
23	自动排气阀	快速排气功能
24	末端试水装置	试验水压及系统联动功能
25	试水阀	分区放水试验，试验系统联动功能
26	泄水阀	系统排空放水
27	火灾探测器	感知火灾，自动报警
28	火灾报警控制器	接收报警信号并发出控制指令

图 3. 3-7　预作用系统图

注：阀后不充压的预作用系统，系统中无空气压缩机和相关配件

系统处于准工作状态时，由消防水箱或稳压泵、气压给水设备等稳压设施维持雨淋阀入口前管道内充水的压力，雨淋阀后的管道内平时无水或充以有压气体。发生火灾时，由火灾自动报警系统自动开启雨淋报警阀，配水管道开始排气充水，使系统在闭式喷头动作前转换成湿式系统，并在闭式喷头开启后立即喷水。预作用系统的工作原理见图3.3-8所示。

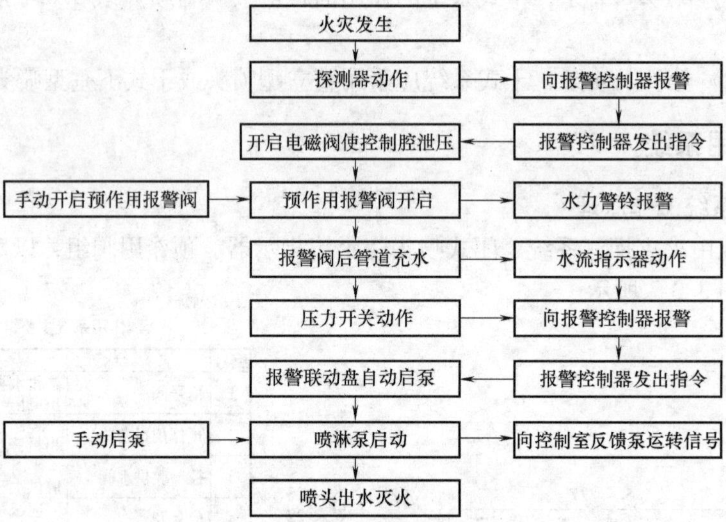

图3.3-8　预作用系统工作原理图

2. 适用范围

《自喷》第4.2.4条，具有下列要求之一的场所应采用预作用系统：

1）系统处于准工作状态时严禁误喷的场所。

2）系统处于准工作状态时严禁管道充水的场所。

3）用于替代干式系统的场所。

3. 设置要求

（1）《自喷》第6.1.4条，预作用系统应采用直立型喷头或干式下垂型喷头。

（2）《自喷》第6.2.3条，预作用系统一个报警阀组控制的喷头数不宜超过800只。

（3）《自喷》第8.0.11条，干式系统、由火灾自动报警系统和充气管道上设置的压力开关开启预作用装置的预作用系统，其配水管道充水时间不宜大于1min；雨淋系统和仅由火灾自动报警系统联动开启预作用装置的预作用系统，其配水管道充水时间不宜大于2min。

（4）《自喷》第8.0.12条，干式系统、预作用系统的供气管道，采用钢管时，管径不宜小于15mm；采用铜管时，管径不宜小于10mm。

（5）《自喷》第4.3.2条，预作用系统的配水管道应设快速排气阀。有压充气管道的快速排气阀入口前应设电动阀。

（6）《自喷》第8.0.1条，配水管道的工作压力≤1.20MPa。

3.2.5　雨淋系统

1. 雨淋系统工作原理

雨淋系统是由火灾自动报警系统或传动管控制，自动开启雨淋阀和启动供水泵后，向开式洒水喷头供水灭火的自动喷水灭火系统。其系统图如图 3.3-9 和图 3.3-10 所示。

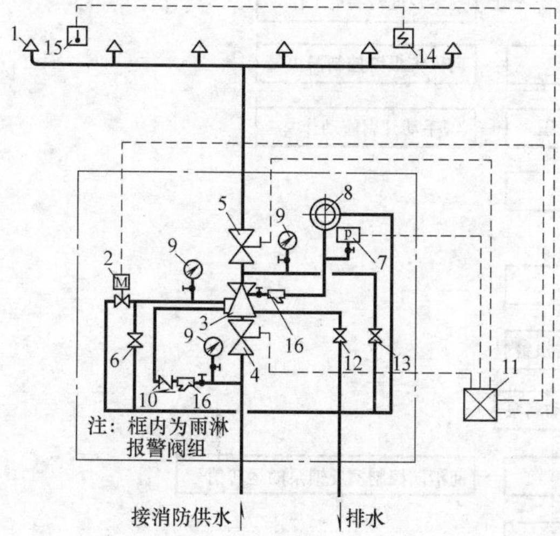

电动启动雨淋系统主要组件及用途

编号	名　称	用　途
1	开式喷头	火灾发生时，出水灭火
2	电磁阀	探测器报警后，联动开启雨淋报警阀
3	雨淋报警阀	火灾时自动开启供水，同时可输出报警水流信号
4	信号阀	供水控制阀，阀门关闭时有电信号输出
5	试验信号阀	平时常开，试验雨淋报警阀时关闭，关闭时有电信号输出
6	手动开启阀	火灾时，现场手动应急开启雨淋报警阀
7	压力开关	雨淋报警阀开启时，发出电信号
8	水力警铃	雨淋报警阀开启时，发出声响信号
9	压力表	显示水压
10	止回阀	控制水流方向
11	火灾报警控制器	接收报警信号发出控制指令
12	泄水阀	系统检修时排空放水
13	试验放水阀	系统调试功能试验时打开泄水
14	烟感火灾探测器	烟雾探测火灾，并发出报警信号
15	温感火灾探测器	温度探测火灾，并发出报警信号
16	过滤器	过滤水中杂质

图 3.3-9　电动启动雨淋系统图

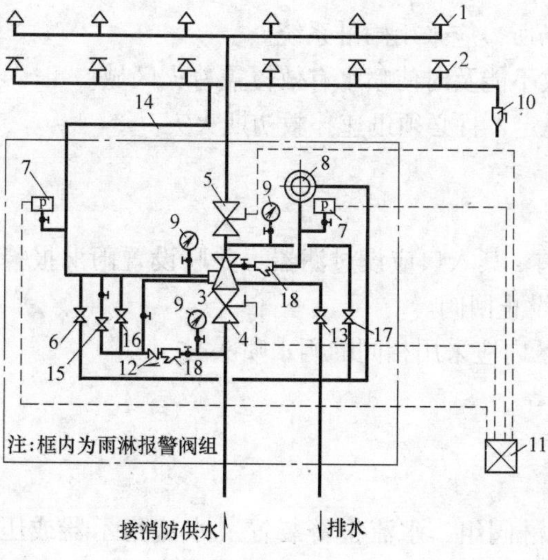

传动管启动雨淋系统主要组件及用途

编号	名　称	用　途
1	开式喷头	火灾发生时，出水灭火
2	闭式喷头	探测火灾，控制传动管网动作
3	雨淋报警阀	火灾时自动开启供水，同时可输出报警水流信号
4	信号阀	供水控制阀，阀门关闭时有电信号输出
5	试验信号阀	平时常开，试验雨淋报警阀时关闭，关闭时有电信号输出
6	手动开启阀	火灾时，现场手动应急开启雨淋报警阀
7	压力开关	雨淋报警阀开启或传动管网泄压时，发出电信号
8	水力警铃	雨淋报警阀开启时，发出音响信号
9	压力表	显示水压
10	末端试水装置	检测传动管网水压及系统联动功能试验用
11	火灾报警控制器	接收报警信号并发出控制指令
12	止回阀	控制水流方向
13	泄水阀	系统检修时排空放水
14	传动管网	闭式喷头开启，联动开启雨淋报警阀
15	小孔闸阀	传动管网补水
16	截止阀	传动管网进水
17	试验放水阀	系统调试或功能试验时打开放水
18	过滤器	过滤水中的杂质

图 3.3-10　传动管启动雨淋系统图

雨淋系统处于准工作状态时，由消防水箱或稳压泵、气压给水设备等稳压设施维持雨淋阀入口前管道内充水的压力。发生火灾时，由火灾自动报警系统或传动管控制，自动开启雨淋报警阀和供水泵，向系统管网供水，由雨淋阀控制的开式喷头同时喷水。雨淋系统的工作原理如图 3. 3-11 所示。

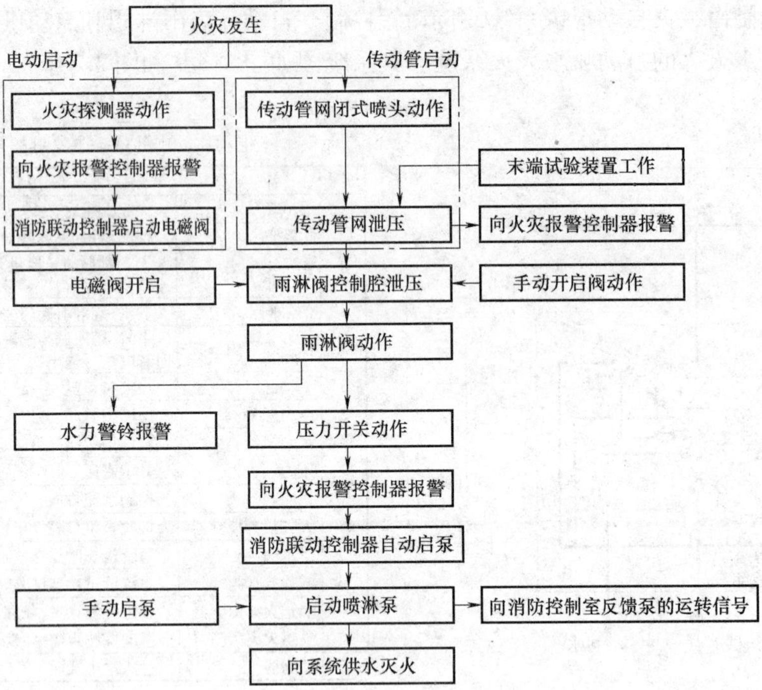

图 3. 3-11　雨淋系统工作原理图

2. 适用范围

《自喷》第 4. 2. 6 条，具有下列条件之一的场所，应采用雨淋系统。

1）火灾的水平蔓延速度快、闭式喷头的开放不能及时使喷水有效覆盖着火区域。

2）室内净空高度超过《自喷》6. 1. 1 条的规定，且必须迅速扑救初期火灾。

3）火灾危险等级为严重危险级Ⅱ级的场所。

3. 设置要求

《自喷》第 6. 2. 5 条，雨淋报警阀组的电磁阀，其入口应设过滤器。并联设置雨淋报警阀组的雨淋系统，其雨淋报警阀控制腔的入口应设止回阀。

（2）《自喷》第 6. 1. 9 条，雨淋系统的防护区内应采用相同的洒水喷头。

3. 2. 6　水幕系统

1. 水幕系统工作原理

水幕系统是由开式洒水喷头或水幕喷头、雨淋阀组、水流报警装置（水流指示器或压力开关）以及配水管道等组成，如图 3. 3-12 所示。水幕系统控制方式与雨淋系统相同，亦可采用感温释放阀、电磁阀、手动控制阀门启动水幕系统。水幕系统处于准工作状态时，由消防水箱或稳压泵、气压给水设备等稳压设施维持管道内充水的压力。发生火灾时，由火灾自动报警系统联动开启雨淋报警阀组和供水泵，向系统管网和喷头供水。

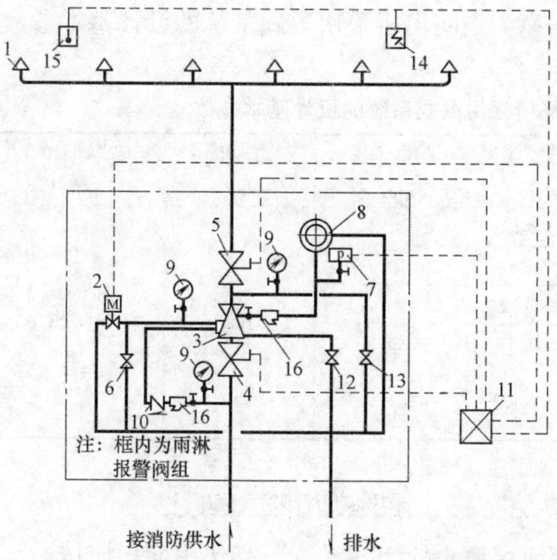

水幕系统主要组件及用途

编号	名　称	用　途
1	开式喷头	火灾发生时，出水灭火
2	电磁阀	探测器报警后，联动开启雨淋报警阀
3	雨淋报警阀	火灾时自动开启供水，同时可输出报警水流信号
4	信号阀	供水控制阀，阀门关闭时有电信号输出
5	试验信号阀	平时常开，试验雨淋报警阀时关闭，关闭时有电信号输出
6	手动开启阀	火灾时，现场手动应急开启雨淋报警阀
7	压力开关	雨淋报警阀开启时，发出电信号
8	水力警铃	雨淋报警阀开启时，发出音响信号
9	压力表	显示水压
10	止回阀	控制水流方向
11	火灾报警控制器	接收报警信号并发出控制指令
12	泄水阀	系统检修时排空放水
13	试验放水阀	系统调试或功能试验时打开放水
14	烟感火灾探测器	烟雾探测火灾，并发出报警信号
15	温感火灾探测器	温度探测火灾，并发出报警信号
16	过滤器	过滤水中杂质

图 3.3-12　水幕系统图

2. 适用范围

防火分隔水幕系统利用密集喷洒形成的水墙或多层水帘，可封堵防火分区处的孔洞，阻挡火灾和烟气的蔓延，因此适用于局部防火分隔处。防护冷却水幕系统则利用喷水在物体表面形成的水膜，控制防火分区处分隔物的温度，使分隔物的完整性和隔热性免遭火灾破坏。

3. 设置要求

水幕系统的设计基本参数应符合表 3.3-3 的规定。

表 3.3-3　水幕系统设计基本参数

水幕类别	喷水点高度/m	喷水强度/(L/s·m)	喷头工作压力/MPa
防火分隔水幕	≤12	2	0.1
防护冷却水幕	≤4	0.5	

注：防护冷却水幕的喷水点高度每增加 1m，喷水强度应增加 0.1L/(s·m)，但超过 9m 时喷水强度仍采用 1.0L/(s·m)。

3.3　系统设计基本参数

1. 民用建筑和厂房设计基本参数

(1)《自喷》第 5.0.1 条：民用建筑和厂房采用湿式系统时的设计基本参数不应低于表 3.3-4 的规定。

表 3.3-4　民用建筑和厂房采用湿式系统时的设计基本参数

火灾危险等级		净空高度 h/m	喷水强度/[L/(min·m^2)]	作用面积/m^2
轻危险级		h≤8	4	160
中危险级	Ⅰ级		6	
	Ⅱ级		8	
严重危险级	Ⅰ级		12	260
	Ⅱ级		16	

注：系统最不利点处喷头的工作压力不应低于 0.05MPa。

(2)《自喷》第5.0.2条：民用建筑和厂房高大空间场所采用湿式系统的设计基本参数不应低于表3.3-5的规定。

表3.3-5　民用建筑和厂房高大空间场所采用湿式系统的设计基本参数

适用场所		最大净空高度 h/m	喷水强度 [L/(min·m²)]	作用面积 /m²	喷头间距 s/m
民用建筑	中庭、体育馆、航站楼等	$8<h\leqslant12$	12	160	$1.8\leqslant s\leqslant3.0$
		$12<h\leqslant18$	15		
	影剧院、音乐厅、会展中心等	$8<h\leqslant12$	15		
		$12<h\leqslant18$	20		
厂房	制衣制鞋、玩具、木器、电子生产车间等	$8<h\leqslant12$	15		
	棉纺厂、麻纺厂、泡沫塑料生产车间等		20		

注：1. 表中未列入的场所，应根据本表规定场所的火灾危险性类比确定。

2. 当民用建筑高大空间场所的最大净空高度为$12\text{m}<h\leqslant18\text{m}$时，应采用非仓库型特殊应用喷头。

(3)《自喷》第5.0.12条，仅在走道设置洒水喷头的闭式系统，其作用面积应按最大疏散距离所对应的走道面积确定。

(4)《自喷》第5.0.13条，装设网格、栅板类通透性吊顶的场所，系统的喷水强度应按《自喷》表5.0.1（本书表3.3-4）规定值的1.3倍确定。

(5)《自喷》第5.0.11条，预作用系统的设计要求应符合下列规定：

1）系统的喷水强度应按《自喷》表5.0.1的规定值确定。

2）当系统采用仅由火灾自动报警系统直接控制预作用装置时，系统的作用面积应按《自喷》表5.0.1的规定值确定。

3）当系统采用由火灾自动报警系统和充气管道上设置的压力开关控制预作用装置时，系统的作用面积应按《自喷》表5.0.1规定值的1.3倍确定。

2. 仓库系统设计基本参数

(1) 当设置场所的火灾危险等级为仓库危险级Ⅰ级~Ⅲ级时，系统设计基本参数不应低于表3.3-6~表3.3-9的规定。

表3.3-6　仓库危险级Ⅰ级场所的系统设计基本参数

储存方式	最大净空高度 h/m	最大储物高度 h_s/m	喷水强度 /[L/(min·m²)]	作用面积 /m²	持续喷水时间 /h
堆垛、托盘	9.0	$h_s\leqslant3.5$	8.0	160	1.0
		$3.5<h_s\leqslant6.0$	10.0	200	1.5
		$6.0<h_s\leqslant7.5$	14.0		
单、双、多排货架		$h_s\leqslant3.0$	6.0	160	
		$3.0<h_s\leqslant3.5$	8.0		
单、双排货架		$3.5<h_s\leqslant6.0$	18.0	200	
		$6.0<h_s\leqslant7.5$	14.0+1J		
多排货架		$3.5<h_s\leqslant4.5$	12.0		
		$4.5<h_s\leqslant6.0$	18.0		
		$6.0<h_s\leqslant7.5$	18.0+1J		

注：1. 货架储物高度大于7.5m时，应设置货架内置洒水喷头。顶板下洒水喷头的喷水强度不应低于18L/(min·m²)，作用面积不应小于200m²，持续喷水时间不应小于2h。

2. 本表中字母“J”表示货架内置洒水喷头，“J”前的数字表示货架内置洒水喷头的层数。

表3.3-7　仓库危险级Ⅱ级场所的系统设计基本参数

储存方式	最大净空高度 h/m	最大储物高度 h_s/m	喷水强度 /[L/(min·m²)]	作用面积 /m²	持续喷水时间 /h
堆垛、托盘	9.0	$h_s \leqslant 3.5$	8.0	160	1.5
		$3.5 < h_s \leqslant 6.0$	16.0	200	2.0
		$6.0 < h_s \leqslant 7.5$	22.0		
单、双、多排货架		$h_s \leqslant 3.0$	8.0	160	1.5
		$3.0 < h_s \leqslant 3.5$	12.0	200	
单、双排货架		$3.5 < h_s \leqslant 6.0$	24.0	280	
		$6.0 < h_s \leqslant 7.5$	22.0+1J	200	2.0
多排货架		$3.5 < h_s \leqslant 4.5$	18.0		
		$4.5 < h_s \leqslant 6.0$	18.0+1J		
		$6.0 < h_s \leqslant 7.5$	18.0+2J		

注：货架储物高度大于7.5m时，应设置货架内置洒水喷头。顶板下洒水喷头的喷水强度不应低于20L/(min·m²)，作用面积不应小于200m²，持续喷水时间不应小于2h。

表3.3-8　货架储存时仓库危险级Ⅲ级场所的系统设计基本参数

序号	最大净空高度 h/m	最大储物高度 h_s/m	货架类型	喷水强度 /[L/(min·m²)]	货架内置洒水喷头		
					层数	高度/m	流量系数 K
1	4.5	$1.5 < h_s \leqslant 3.0$	单、双、多	12.0	—	—	—
2	6.0	$1.5 < h_s \leqslant 3.0$	单、双、多	18.0	—	—	—
3	7.5	$3.0 < h_s \leqslant 4.5$	单、双、多	24.5	—	—	—
4	7.5	$3.0 < h_s \leqslant 4.5$	单、双、多	12.0	1	3.0	80
5	7.5	$4.5 < h_s \leqslant 6.0$	单、双	24.5	—	—	—
6	7.5	$4.5 < h_s \leqslant 6.0$	单、双、多	12.0	1	4.5	115
7	9.0	$4.5 < h_s \leqslant 6.0$	单、双、多	18.0	1	3.0	80
8	8.0	$4.5 < h_s \leqslant 6.0$	单、双、多	24.5	—	—	—
9	9.0	$6.0 < h_s \leqslant 7.5$	单、双、多	18.5	1	4.5	115
10	9.0	$6.0 < h_s \leqslant 7.5$	单、双、多	32.5	—	—	—
11	9.0	$6.0 < h_s \leqslant 7.5$	单、双、多	12.0	2	3.0,6.0	80

注：1. 作用面积不应小于200m²，持续喷水时间不应低于2h。

2. 序号4，6，7，11：货架内设置一排货架内置洒水喷头时，喷头的间距不应大于3.0m；设置两排或多排货架内置洒水喷头时，喷头的间距不应大于3.0m×2.4m。

3. 序号9：一排货架内置洒水喷头时，喷头的间距不应大于2.4m；两排或多排货架内置洒水喷头时，喷头的间距不应大于2.4m×2.4m。

4. 序号8：应采用流量系数K等于161，202、242、363的洒水喷头。

5. 序号10：应采用流量系数K等于242、363的洒水喷头。

6. 货架储物高度大于7.5m时，应设置货架内置洒水喷头，顶板下洒水喷头的喷水强度不应低于22.0L/(min·m²)，作用面积不应小于200m²，持续喷水时间不应小于2h。

表 3.3-9　堆垛储存时仓库危险级Ⅲ级场所的系统设计基本参数

最大净空高度 h/m	最大储物高度 h_s/m	喷水强度/[L/(min·m²)]			
		A	B	C	D
7.5	1.5	8.0			
4.5	3.5	16.0	16.0	12.0	12.0
6.0		24.5	22.0	20.5	16.5
9.0		32.5	28.5	24.5	18.5
6.0	4.5	24.5	22.0	20.5	16.5
7.5	6.0	32.5	28.5	24.5	18.5
9.0	7.5	36.5	34.5	28.5	22.5

注：1. A—袋装与无包装的发泡塑料橡胶；B—箱装的发泡塑料橡胶；C—袋装与无包装的不发泡塑料橡胶；D—箱装的不发泡塑料橡胶。

2. 作用面积不应小于 240m²，持续喷水时间不应低于 2h。

（2）当仓库危险级Ⅰ级、Ⅱ级场所中混杂储存仓库危险级Ⅲ级物品时，系统设计基本参数不应低于表 3.3-10 的规定。

表 3.3-10　仓库危险级Ⅰ级、Ⅱ级场所中混杂储存仓库危险级Ⅲ级场所物品时的系统设计基本参数

储物类别	储存方式	最大净空高度 h/m	最大储物高度 h_s/m	喷水强度 /[L/(min·m²)]	作用面积 /m²	持续喷水时间 /h
储物中包括沥青制品或箱装 A 组塑料橡胶	堆垛与货架	9.0	$h_s \leq 1.5$	8	160	1.5
		4.5	$1.5 < h_s \leq 3.0$	12	240	2.0
		6.0	$1.5 < h_s \leq 3.0$	16	240	2.0
		5.0	$3.0 < h_s \leq 3.5$			
	堆垛	8.0	$3.0 < h_s \leq 3.5$	16	240	2.0
	货架	9.0	$1.5 < h_s \leq 3.5$	8+1J	160	2.0
储物中包括袋装 A 组塑料橡胶	堆垛与货架	9.0	$h_s \leq 1.5$	8	160	1.5
		4.5	$1.5 < h_s \leq 3.0$	16	240	2.0
		5.0	$3.0 < h_s \leq 3.5$			
	堆垛	9.0	$1.5 < h_s \leq 2.5$	16	240	2.0
储物中包括袋装不发泡 A 组塑料橡胶	堆垛与货架	6.0	$1.5 < h_s \leq 3.0$	16	240	2.0
储物中包括袋装发泡 A 组塑料橡胶	货架	6.0	$1.5 < h_s \leq 3.0$	8+1J	160	2.0
储物中包括轮胎或纸卷	堆垛与货架	9.0	$1.5 < h_s \leq 3.5$	12	240	2.0

注：1. 无包装的塑料橡胶视同纸袋、塑料袋包装。

2. 货架内置洒水喷头应采用与顶板下洒水喷头相同的喷水强度，用水量应按开放 6 只洒水喷头确定。

（3）采用早期抑制快速响应喷头的仓库。《自喷》第 5.0.5 条，仓库及类似场所采用早期抑制快速响应喷头时，系统的设计基本参数不应低于表 3.3-11 的规定。

表3.3-11 采用早期抑制快速响应喷头的系统设计基本参数

<table>
<tr><th>储物类别</th><th>最大净空高度/m</th><th>最大储物高度/m</th><th>喷头流量系数 K</th><th>喷头设置方式</th><th>喷头最低工作压力/MPa</th><th>喷头最大间距/m</th><th>喷头最小间距/m</th><th>作用面积内开放的喷头数</th></tr>
<tr><td rowspan="16">Ⅰ、Ⅱ级、沥青制品、箱装不发泡塑料</td><td rowspan="6">9.0</td><td rowspan="6">7.5</td><td rowspan="2">202</td><td>直立型</td><td rowspan="2">0.35</td><td rowspan="6">3.7</td><td rowspan="35">2.4</td><td rowspan="34">12</td></tr>
<tr><td>下垂型</td></tr>
<tr><td rowspan="2">242</td><td>直立型</td><td rowspan="2">0.25</td></tr>
<tr><td>下垂型</td></tr>
<tr><td>320</td><td>下垂型</td><td>0.20</td></tr>
<tr><td>363</td><td>下垂型</td><td>0.15</td></tr>
<tr><td rowspan="6">10.5</td><td rowspan="6">9.0</td><td rowspan="2">202</td><td>直立型</td><td rowspan="2">0.50</td><td rowspan="10">3.0</td></tr>
<tr><td>下垂型</td></tr>
<tr><td rowspan="2">242</td><td>直立型</td><td rowspan="2">0.35</td></tr>
<tr><td>下垂型</td></tr>
<tr><td>320</td><td>下垂型</td><td>0.25</td></tr>
<tr><td>363</td><td>下垂型</td><td>0.20</td></tr>
<tr><td rowspan="3">12.0</td><td rowspan="3">10.5</td><td>202</td><td>下垂型</td><td>0.50</td></tr>
<tr><td>242</td><td>下垂型</td><td>0.35</td></tr>
<tr><td>363</td><td>下垂型</td><td>0.30</td></tr>
<tr><td>13.5</td><td>12.0</td><td>363</td><td>下垂型</td><td>0.35</td></tr>
<tr><td rowspan="5">袋装不发泡塑料</td><td rowspan="3">9.0</td><td rowspan="3">7.5</td><td>202</td><td>下垂型</td><td>0.50</td><td rowspan="3">3.7</td></tr>
<tr><td>242</td><td>下垂型</td><td>0.35</td></tr>
<tr><td>363</td><td>下垂型</td><td>0.25</td></tr>
<tr><td>10.5</td><td>9.0</td><td>363</td><td>下垂型</td><td>0.35</td><td rowspan="2">3.0</td></tr>
<tr><td>12.0</td><td>10.5</td><td>363</td><td>下垂型</td><td>0.40</td></tr>
<tr><td rowspan="7">箱装发泡塑料</td><td rowspan="6">9.0</td><td rowspan="6">7.5</td><td rowspan="2">202</td><td>直立型</td><td rowspan="2">0.35</td><td rowspan="6">3.7</td></tr>
<tr><td>下垂型</td></tr>
<tr><td rowspan="2">242</td><td>直立型</td><td rowspan="2">0.25</td></tr>
<tr><td>下垂型</td></tr>
<tr><td>320</td><td>下垂型</td><td>0.25</td></tr>
<tr><td>363</td><td>下垂型</td><td>0.15</td></tr>
<tr><td>12.0</td><td>10.5</td><td>363</td><td>下垂型</td><td>0.40</td><td>3.0</td></tr>
<tr><td rowspan="7">袋装发泡塑料</td><td rowspan="3">7.5</td><td rowspan="3">6.0</td><td>202</td><td>下垂型</td><td>0.50</td><td rowspan="6">3.7</td></tr>
<tr><td>242</td><td>下垂型</td><td>0.35</td></tr>
<tr><td>363</td><td>下垂型</td><td>0.20</td></tr>
<tr><td rowspan="3">9.0</td><td rowspan="3">7.5</td><td>202</td><td>下垂型</td><td>0.70</td></tr>
<tr><td>242</td><td>下垂型</td><td>0.50</td></tr>
<tr><td>363</td><td>下垂型</td><td>0.30</td></tr>
<tr><td>12.0</td><td>10.5</td><td>363</td><td>下垂型</td><td>0.50</td><td>3.0</td><td>20</td></tr>
</table>

3. 局部应用系统设计基本参数

（1）《自喷》第12.0.1条：局部应用系统适用于室内最大净空高度≤8m的民用建筑中，局部设置保护区域总建筑面积≤1000m^2的湿式系统。

（2）《自喷》第5.0.8条：货架仓库的最大净空高度或最大储物高度超过表3.3-11的规定时，应设货架内置洒水喷头，且货架内置洒水喷头上方的层间隔板应为实层板。货架内置洒水喷头的设置应符合下列规定：

1）仓库危险级Ⅰ级、Ⅱ级场所应在自地面起每3.0m设置一层货架内置洒水喷头，仓库危险级Ⅲ级场所应在自地面起每 1.5 ~ 3.0m 设置一层货架内置洒水喷头，且最高层货架内置洒水喷头与储物顶部的距离不应超过 3.0m。

2）当采用流量系数等于 80 的标准覆盖面积洒水喷头时，工作压力不应小于 0.20MPa；当采用流量系数等于 115 的标准覆盖面积洒水喷头时，工作压力不应小于 0.10MPa。

3）洒水喷头间距不应大于 3m，且不应小于 2m。计算货架内开放洒水喷头数量不应小于表 3.3-12 的规定。

4）设置 2 层及以上货架内置洒水喷头时，洒水喷头应交错布置

表 3.3-12　货架内开放洒水喷头数量

仓库危险级	货架内置洒水喷头的层数		
	1	2	≥3
Ⅰ级	6	12	14
Ⅱ级	8	14	
Ⅲ级	10		

注：货架内置洒水喷头超过 2 层时，计算流量应按最顶层 2 层，且每层开放洒水喷头数按本表规定值的 1/2 确定。

（3）《自喷》第 12.0.2 条：局部应用系统应采用快速响应洒水喷头，喷水强度应符合《自喷》第 5.0.1 条的规定，持续喷水时间不应低于 0.5h。

（4）《自喷》第 12.0.3 条：局部应用系统保护区域内的房间和走道均应布置喷头。喷头的选型、布置和按开放喷头数确定的作用面积应符合下列规定：

1）采用标准覆盖面积洒水喷头的系统，喷头布置应符合轻危险级或中危险级Ⅰ级场所的有关规定，作用面积内开放的喷头数量应符合表 3.3-13 的规定。

表 3.3-13　采用标准覆盖面积洒水喷头时作用面积内开放喷头数量

保护区域总建筑面积和最大厅室建筑面积	开放喷头数量
保护区域总建筑面积超过 300m² 或最大厅室建筑面积超过 200m²	10
保护区域总建筑面积不超过 300m²	最大厅室喷头数 +2 当少于 5 只时，取 5 只；当多于 8 只时，取 8 只

2）采用扩大覆盖面积洒水喷头的系统，喷头布置应符合《自喷》第 7.1.4 条的规定。作用面积内开放喷头数量应按不少于 6 只确定。

4. 持续喷水时间

《自喷》第 5.0.16 条：自动喷水灭火系统的持续喷水时间应按火灾延续时间不小于 1h 确定。

3.4　系统主要组件及设置要求

3.4.1　洒水喷头

1. 洒水喷头的构造

如图 3.3-13 所示。

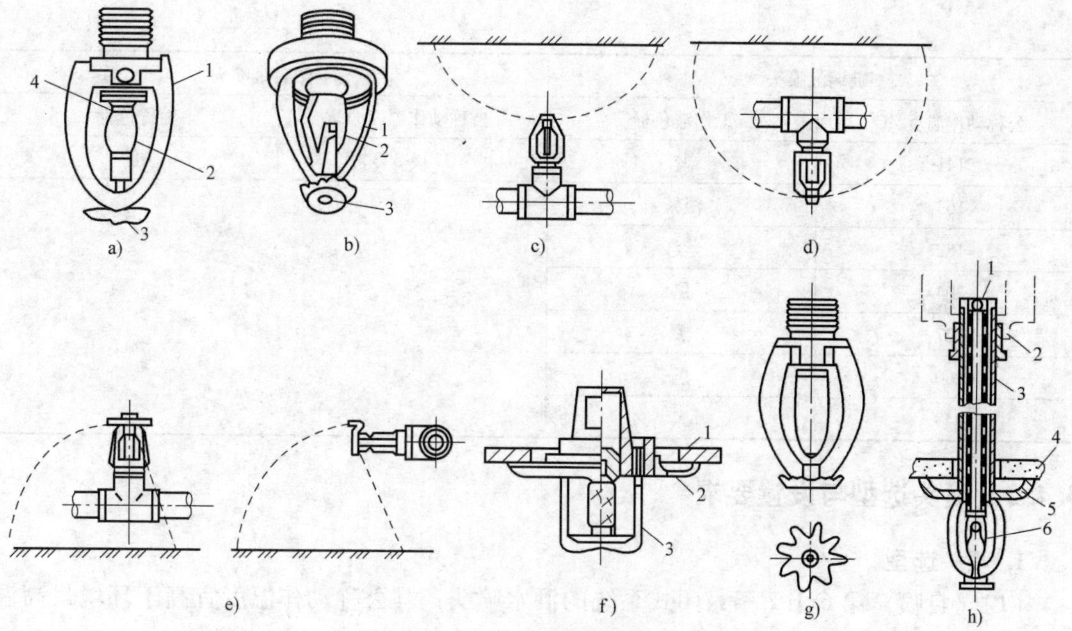

图 3. 3-13　各种喷头构造示意图

a）玻璃球洒水喷头

1—支架　2—玻璃球　3—溅水盘　4—喷水口

b）易熔元件洒水喷头

1—支架　2—合金锁片　3—溅水盘

c）直立型　d）下垂型　e）边墙型（直立式、水平式）

f）吊顶隐蔽型

1—吊顶　2—装饰罩　3—支架

g）普通型

h）干式下垂型

1—钢球　2—钢球密封圈　3—套筒　4—吊顶　5—装饰罩　6—热敏元件

2. 闭式喷头的公称动作温度和色标

按照《自动喷水灭火系统　第 1 部分：洒水喷头》（GB 5135. 1—2003），玻璃泡洒水喷头的公称动作温度分成 13 个温度等级，易熔合金元件喷头分成 7 个温度等级。并将感温玻璃泡中的液体和易熔合金喷头的轭臂标识不同的颜色，见表 3. 3-14。

表 3. 3-14　闭式喷头的公称动作温度和色标

玻璃泡喷头		易熔合金喷头	
公称动作温度/℃	工作液色标	公称动作温度/℃	轭臂色标
57	橙	57 ~ 77	无色
68	红	80 ~ 107	白
79	黄	121 ~ 149	蓝
93	绿	163 ~ 191	红
100	灰	204 ~ 246	绿
121	天蓝	260 ~ 302	橙

（续）

玻璃泡喷头		易熔合金喷头	
公称动作温度/℃	工作液色标	公称动作温度/℃	轭臂色标
141	蓝	320～343	橙
163	淡紫		
182	紫红		
204	黑		
227	黑		
260	黑		
343	黑		

3.4.2 喷头选型与设置要求

1. 喷头选型

（1）《自喷》第6.1.2条：闭式系统的洒水喷头，其公称动作温度宜高于环境最高温度30℃。

（2）《自喷》第6.1.3条，湿式系统的洒水喷头选型应符合下列规定：

1）不做吊顶的场所，当配水支管布置在梁下时，应采用直立型洒水喷头。

2）吊顶下布置的洒水喷头，应采用下垂型洒水喷头或吊顶型洒水喷头。

3）顶板为水平面的轻危险级、中危险级Ⅰ级住宅建筑、宿舍、旅馆建筑客房、医疗建筑病房和办公室，可采用边墙型洒水喷头。

4）易受碰撞的部位，应采用带保护罩的洒水喷头或吊顶型洒水喷头。

5）顶板为水平面，且无梁、通风管道等障碍物影响喷头洒水的场所，可采用扩大覆盖面积的洒水喷头。

6）住宅建筑和宿舍、公寓等非住宅类居住建筑宜采用家用喷头。

7）不宜选用隐蔽式洒水喷头；确需采用时，应仅适用于轻危险级和中危险级Ⅰ级场所。

（3）《自喷》第6.1.4条，干式系统、预作用系统应采用直立型洒水喷头或干式下垂型洒水喷头。

（4）《自喷》第6.1.5条，水幕系统的喷头选型应符合下列规定：

1）防火分隔水幕应采用开式洒水喷头或水幕喷头。

2）防护冷却水幕应采用水幕喷头。

（5）《自喷》第6.1.6条，自动喷水防护冷却系统可采用边墙型洒水洒头。

（6）《自喷》第6.1.7条，下列场所宜采用快速响应洒水喷头。当采用快速响应洒水喷头时，系统应为湿式系统。

1）公共娱乐场所、中庭环廊。

2）医院、疗养院的病房及治疗区域，老年、少儿、残疾人的集体活动场所。

3）超出消防水泵接合器供水高度的楼层。

4）地下商业场所。

（7）《自喷》第6.1.8条，同一隔间内应采用相同热敏性能的洒水喷头。

（8）《自喷》第6.1.9条，雨淋系统的防护区内应采用相同的洒水喷头。

（9）《自喷》第6.1.10条，自动喷水灭火系统应有备用洒水喷头，其数量不应少于总数的1%，且每种型号均不得少于10只。

2. 设置要求

（1）《自喷》第7.1.2条：直立型、下垂型标准覆盖面积洒水喷头的布置，包括同一根配水支管上喷头的间距及相邻配水支管的间距，应根据设置场所的火灾危险等级、洒水喷头类型和工作压力确定，并不应大于表3.3-15的规定，且不应小于1.8m。

表3.3-15　直立型、下垂型标准覆盖面积洒水喷头的布置

火灾危险等级	正方形布置的边长/m	矩形或平行四边形布置的长边边长/m	一只喷头的最大保护面积/m^2	喷头与端墙的距离/m	
				最大	最小
轻危险级	4.4	4.5	20.0	2.2	0.1
中危险级Ⅰ级	3.6	4.0	12.5	1.8	
中危险级Ⅱ级	3.4	3.6	11.5	1.7	
严重危险级、仓库危险级	3.0	3.6	9.0	1.5	

注：1. 设置单排洒水喷头的闭式系统，其洒水喷头间距应按地面不留漏喷空白点确定。
2. 严重危险级或仓库危险级场所宜采用流量系数大于80的洒水喷头。

（2）《自喷》第7.1.6条：除吊顶型洒水喷头及吊顶下设置的洒水喷头外，直立型、下垂型标准覆盖面积洒水喷头和扩大覆盖面积洒水喷头溅水盘与顶板的距离应为75～150mm，并应符合下列规定：

1）当在梁或其他障碍物底面下方的平面上布置洒水喷头时，溅水盘与顶板的距离不应大于300mm，同时溅水盘与梁等障碍物底面的垂直距离应为25～100mm。

2）当在梁间布置洒水喷头时，洒水喷头与梁的距离应符合本规范第7.2.1条的规定。确有困难时，溅水盘与顶板的距离不应大于550mm。梁间布置的洒水喷头，溅水盘与顶板距离达到550mm仍不能符合本规范第7.2.1条的规定时，应在梁底面的下方增设洒水喷头。

3）密肋梁板下方的洒水喷头，溅水盘与密肋梁板底面的垂直距离应为25～100mm。

4）无吊顶的梁间洒水喷头布置可采用不等距方式，但喷水强度仍应符合《自喷》表5.0.1、表5.0.2的要求。

（3）《自喷》第7.1.7条：早期抑制快速响应喷头的溅水盘与顶板的距离，应符合下列规定：

1）直立型：100～150mm。

2）下垂型：150～360mm。

（4）《自喷》第7.1.8条：图书馆、档案馆、商场、仓库中的通道上方宜设有喷头。喷头与被保护对象的水平距离≥0.3m；喷头溅水盘与保护对象的最小垂直距离应符合下列规定：

1）标准覆盖面积和扩大覆盖面积洒水喷头：L≥450mm。

2）特殊应用和早期抑制快速响应喷头：L≥900mm。

（5）《自喷》第7.1.15条：边墙型标准喷头的最大保护跨度与间距，应符合表3.3-16的规定：

表 3.3-16　边墙型洒水喷头溅水盘与顶板和背墙的距离（mm）

喷头类型		喷头溅水盘与顶板的距离 S_L/mm	喷头溅水盘与背墙的距离 S_w/mm
边墙型标准覆盖面积洒水喷头	直立式	$100 \leqslant S_L \leqslant 150$	$50 \leqslant S_w \leqslant 100$
	水平式	$150 \leqslant S_L \leqslant 300$	—
边墙型扩大覆盖面积洒水喷头	直立式	$100 \leqslant S_L \leqslant 150$	$100 < S_w \leqslant 150$
	水平式	$150 \leqslant S_L \leqslant 300$	—
边墙型家用喷头		$100 \leqslant S_L \leqslant 150$	—

（6）《自喷》第 7.2.3 条：当梁、通风管道、成排布置的管道、桥架等障碍物的宽度大于 1.2m 时，其下方应增设喷头；采用早期抑制快速响应喷头和特殊应用喷头的场所，当障碍物宽度大于 0.6m 时，其下方应增设喷头。

（7）《自喷》第 7.2.6 条：边墙型标准覆盖面积洒水喷头正前方 1.2m 范围内，边墙型扩大覆盖面积洒水喷头和边墙型家用喷头正前方 2.4m 范围内，顶板或吊顶下不应有阻挡喷水的障碍物。

3.4.3　报警阀组

报警阀组分为湿式报警阀组、干式报警阀组、雨淋报警阀组和预作用报警装置。

1. 湿式报警阀组

（1）报警阀组的组成。湿式报警阀是湿式系统的专用阀门，只允许水流入系统并在规定压力、流量下驱动配套部件报警的一种单向阀。湿式报警阀组结构为止回阀，开启条件与入口压力及出口流量有关，与延迟器、水力警铃、压力开关、控制阀等组成报警阀组，如图 3.3-14 所示。

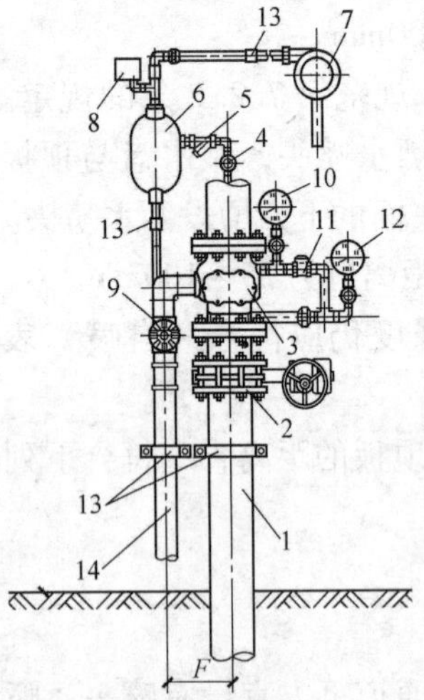

ZSFZ湿式报警阀组

编号	名　称	用　途	工作状态 平时	工作状态 失火时
1	消防给水管	供水	充满水	充满水
2	信号蝶阀	系统检修用	常开	开
3	湿式报警阀	系统控制阀，开启时输出报警水流信号	常闭	自动开启
4	球阀	控制水力警铃报警管路水流	常开	开
5	过滤器	过滤报警管水中杂质，防止警铃口和延迟器口堵塞	通流	通流
6	延迟器	防止水压变化引起误报	不充水	充满水
7	水力警铃	阀开启时机械音响报警	不动作	报警
8	压力开关	报警阀开启时输出电信号	不动作	输出信号
9	球阀	报警阀功能试验及系统检修时泄放存水	常闭	常闭
10	出水口压力表	显示水压		
11	止回阀	单向补水，防止压力变化引起报警阀误动作	单向开	单向开
12	进水口压力表	显示水压		
13	管卡	固定管道		
14	排水管	排水		

图 3.3-14　湿式报警阀组

（2）报警阀工作原理

在准工作状态，阀瓣上下充满水，水压强近似相等。由于阀瓣上面与水接触的面积大于下面的水接触面积，阀瓣受到的水压合力向下。在水压力及自重的作用下，阀瓣坐落在阀座上，处于关闭状态。当水源压力出现波动或冲击时，通过补偿器（或补水单向阀）使上下腔压力保持一致，水力警铃不发生报警，压力开关不接通，阀瓣仍处于准工作状态。补偿器具有防止误报或误动作功能。闭式喷头喷水灭火时，补偿器来不及补水，阀瓣上面的水压下降，当下降到使下腔的水压足以开启阀瓣时，下腔的水便向洒水管网及动作喷头供水，同时水沿着报警阀的环形槽进入报警口，流向延迟器、水力警铃，警铃发出声响报警，压力开关开启，给出电接点信号报警并启动自动喷水灭火系统给水泵。

（3）延迟器工作原理

延迟器是一个罐式容器，入口与报警阀的报警水流通道连接，出口与压力开关和水力警铃连接，延迟器入口前安装过滤器。在准工作状态下可防止因压力波动而误报警。当配水管道发生渗漏时，有可能引起湿式报警阀阀瓣的微小开启，使水进入延迟器。但是，由于流量小，进入延迟器的水量会从延迟器底部的节流孔排出，使延迟器无法充满水，更不能从出口流向压力开关和水力警铃。只有当湿式报警阀开启，经报警通道进入延迟器水流将延迟器注满并由出口溢出，才能驱动水力警铃和压力开关。

（4）水力警铃工作原理

水力警铃是一种靠水力驱动的机械警铃，安装在报警阀组的报警管道上。报警阀开启后，水流进入水力警铃并形成一股高速射流，冲击水轮带动铃锤快速旋转，敲击铃盖发出声响警报。

2. 干式报警阀组

（1）干式报警阀组的组成

干式报警阀组主要由干式报警阀、水力警铃、压力开关、空压机、安全阀、控制阀等组成，如图 3. 3-15 所示。报警阀的阀瓣将阀门分成两部分，出口侧与系统管路相连，内充压缩空气，进口侧与水源相连，配水管道中的气压抵住阀瓣，使配水管道始终保持干管状态，通过两侧气压和水压的压力变化控制阀瓣的封闭和开启。喷头开启后，干式报警阀自动开启，其后续的一系列动作类似于湿式报警阀组。

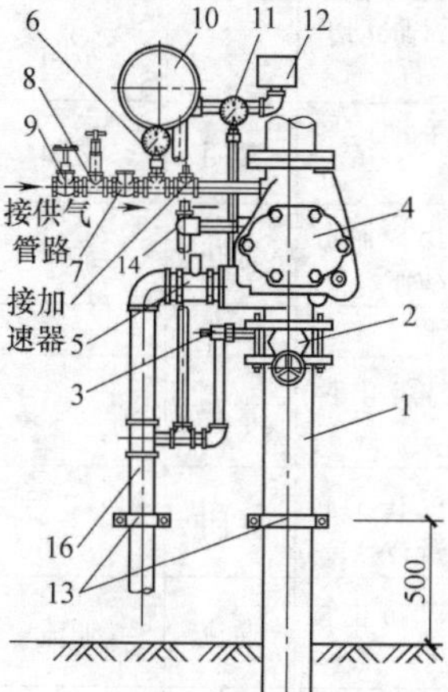

ZSFC干式报警阀组

编号	名　称	用　途	工作状态	
			平时	失火时
1	消防给水管	供水	充满水	充满水
2	信号蝶阀	系统检修用	常开	开
3	自动滴水阀	排出系统微渗的水，接通大气密封干式阀阀瓣	常开	自动关闭
4	干式报警阀	系统控制阀，开启时输出报警水流信号	常闭	自动开启
5	主排水阀	测试供水管路，系统复位时排出系统管网余水	常开	常开
6	气压表	指示系统管网侧气压	显示	显示
7	气路止回阀	允许压力气体单向流入系统，防止因气压变化引起误动作	单向开	单向关
8	安全阀	防止供气压力过大	不动作	不动作
9	供气截止阀	可截止供气，维修供气系统用	常开	常开
10	水力警铃	报警阀开启时，发出音响信号	不动作	报警
11	水压表	指示供水侧水压	显示	显示
12	压力开关	报警阀开启时输出报警电信号	不动作	输出信号
13	管卡	固定管道		
14	冷凝水排水阀	保持预注水位高度，排出冷凝水（注水、排水时用）	常闭	常闭
15	注水口管堵	系统复位时，向干式报警阀内腔注水用	封闭	封闭
16	排水管	排水		

图 3. 3-15　干式报警阀组

（2）干式报警阀工作原理

在准工作状态，报警阀处于关闭位置，橡胶面的阀瓣紧紧地合于两个同心的水、气密封阀座上，内侧为水密封圈，外侧为气密封圈，内外侧之间的环形隔离室与大气相通，大气由报警接口配管通向平时开启的自动滴水球阀。在注水口加水，加到打开注水排水阀有水流出为止，然后关闭注水口。注水是为了使气垫圈起密封作用，防止系统中的空气泄漏到隔离室或大气中。只要管道的气压保持在适当值，阀瓣就始终处于关闭状态。

3. 雨淋报警阀组

（1）雨淋报警阀组的组成

雨淋报警阀是通过电动、机械或其他方法开启，使水能够自动流入喷水灭火系统同时进行报警的一种单向阀。按照其结构可分为隔膜式、推杆式、活塞式、蝶阀式雨淋报警阀。用于雨淋系统、水幕系统、水雾系统、泡沫系统等各类开式自动喷水灭火系统中。雨淋报警阀组的组成见图 3. 3-16 ~ 图 3. 3-18 所示。

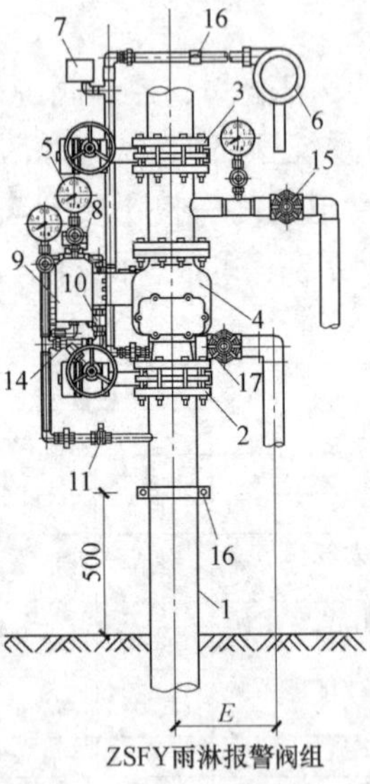

ZSFY雨淋报警阀组

编号	名称	型号			用途	工作状态	
						平时	失火时
1	消防给水管	100	150	200	供水	充满水	充满水
2	信号阀	100	150	200	供水控制阀，阀门关闭时有电信号输出	常开	开
3	试验信号阀	100	150	200	平时常开，试验雨淋报警阀时关闭，关闭时有电信号输出	常闭	闭
4	雨淋报警阀	ZSFY			系统控制阀，开启时可输出报警水流信号	常闭	自动开启
5	压力表	Y-100			显示水压		
6	水力警铃	ZSJL			雨淋报警阀开启时，发出音响信号	不动作	报警
7	压力开关	ZSJF			雨淋报警阀开启时，发出电信号	不动作	输出电信号
8	电磁阀	20			探测器报警后，联动开启雨淋报警阀		常闭
9	手动开启阀	20			火灾时，现场手动应急开启雨淋报警阀	常闭	常闭
10	止回阀	20			单向补水，防止控制腔水压不稳产生误动作	常开	常开
11	控制管球阀	20			控制控制腔供水	常开	
12	报警管球阀	20			手动关闭后，可消除报警	常开	
13	试警铃球阀	20			手动打开后，可在主阀关闭状态下试验警铃	常闭	
14	过滤器	20			过滤水中杂质，防止管路堵塞	通流	通流
15	试验放水阀	40			系统调试或功能试验时打开放水	常闭	
16	管卡				固定管道		
17	泄水阀	Q11f-16 50			系统检修时排空放水		

图 3. 3-16　ZSFY 直通雨淋报警阀组

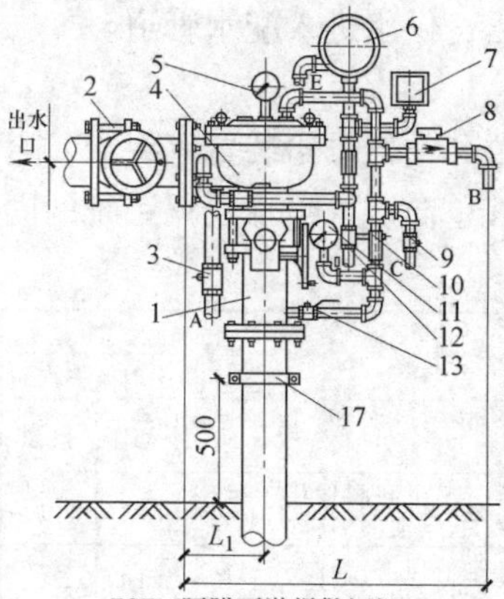

ZSFM隔膜雨淋报警阀组

编号	名称	型　号	用　途	工作状态	
				平时	失火时
1	消防给水管		供水	充满水	充满水
2	信号阀	ZSFD-16Z	供水控制阀，阀门关闭时有电信号输出	常开	开
3	泄水阀	Q11f-16P	系统检修时排空放水	常闭	闭
4	隔膜雨淋报警阀	ZSFM	系统控制阀，开启时可输出报警水流信号	常闭	自动开启
5	压力表	Y-100	显示控制腔水压		
6	水力警铃	ZSJL	报警阀开启时，发出音响信号	不动作	报警
7	压力开关	YL1.2	雨淋报警阀开启时，发出电信号	不动作	输出电信号
8	电磁阀	ZSDF（自锁型）	探测器报警后，联动开启雨淋报警阀		常闭
9	手动开启阀	Q11f-16	火灾时，现场手动应急开启雨淋报警阀	常闭	常闭
10	止回阀		单向补水，防止控制腔水压不稳产生误动作	常开	常开
11	压力表	Y-100	显示供水压力		
12	试验放水阀	Q11f-16P	系统调试或功能试验时打开放水	常闭	
13	控制管球阀	Q11f-16P	控制控制腔供水	常开	
14	报警管球阀	Q11f-16P	手动关闭后，可消除报警	常开	
15	试警铃球阀	Q11f-16P	手动打开后，可在主阀关闭状态下试警铃	常闭	
16	过滤器	ZSPL	过滤水中杂质，防止管路堵塞	通流	通流
17	管卡		固定管道		

图3.3-17　ZSFM隔膜雨淋报警阀组

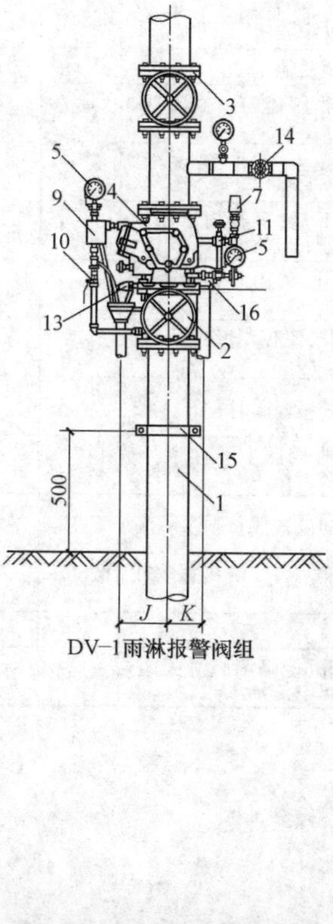

DV-1雨淋报警阀组

编号	名　称	用　途	工作状态	
			平时	失火时
1	消防给水管	供水	充满水	充满水
2	信号阀	供水控制阀，阀门关闭时有电信号输出	常开	开
3	试验信号阀	平时常开，试验雨淋阀时关闭，关闭时有电信号输出	常闭	闭
4	雨淋报警阀	系统控制阀开启时可输出报警水流信号	常闭	自动开启
5	压力表	显示水压		
6	水力警铃接口	连接水力警铃，报警阀开启时，水力警铃发出音响信号	不动作	报警
7	压力开关	雨淋阀开启时，发出电信号	不动作	输出电信号
8	电磁阀	探测器报警后，联动开启雨淋报警阀		常闭
9	手动开启阀	火灾时，现场手动应急开启雨淋报警阀	常闭	常闭
10	控制腔供水阀	控制控制腔供水	常开	
11	报警试验阀	手动开启后，测试压力开关和水力警铃的报警功能	常闭	
12	过滤器	过滤水中杂质，防止管路堵塞	通流	通流
13	自动滴水阀	排出系统微渗的水，接通大气密封雨淋阀阀瓣	常开	常闭
14	试验放水阀	系统调试或功能试验时打开放水	常闭	
15	管卡	固定管道		
16	泄水阀	系统检修时排空放水		

图3.3-18　DV-1直通雨淋报警阀组

（2）雨淋阀工作原理

雨淋阀是水流控制阀，可以通过电动、液动、气动及机械方式开启。雨淋阀的阀腔分成上腔、下腔和控制腔三部分。控制腔与供水管道连通，中间设限流传压的孔板。供水管道中的压力水推动控制腔中的膜片、进而推动驱动杆顶紧阀瓣锁定杆，锁定杆产生力矩，把阀瓣锁定在阀座上。阀瓣使下腔的压力水不能进入上腔。控制腔泄压时，使驱动杆作用在阀瓣锁定杆上的力矩低于供水压力作用在阀瓣上的力矩，于是阀瓣开启，供水进入配水管道。

4. 预作用报警装置

预作用报警装置由预作用报警阀组、控制盘、气压维持装置和空气供给装置等组成，通过电动、气动、机械或者其他方式控制报警阀组开启，使水能够单向流入喷水灭火系统的同时进行报警的一种单向阀组装置，其结构如图 3. 3-19 所示。

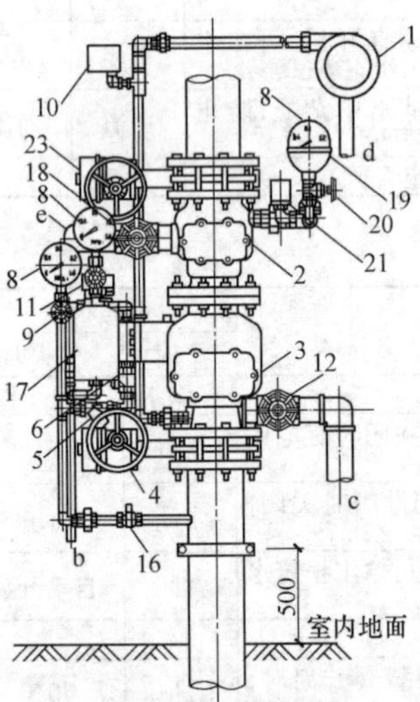

ZSFU预作用报警阀组

编号	部件名称	型号	用　途	工作状态	
				平时	失火时
1	水力警铃	ZSJL	报警阀开启时，发出声响信号	不动作	报警
2	湿式报警阀	ZSFZ	系统中起止回阀作用，系统充气时防止气泄漏	常闭	开启
3	雨淋报警阀	ZSFY	系统控制阀，报警阀开启向管网供水并输出水流信号	常闭	自动开启
4	信号阀	ZSPXD	供水控制阀，阀门关闭时输出电信号	常开	常开
5	过滤器	DN15	对水流进行过滤，防止杂物堵塞管路	通流	通流
6	止回阀	DN15	防止控制腔水压不稳产生误动作	常开	常开
7	止回阀	DN20	防止系统动作后水流进充气系统	常开	常开
8	压力表		显示供水、供气压力		
9	表前阀	DN15	关闭后检修压力表	常开	常开
10	压力开关	ZSJY	阀开启时，输出电信号（报警，启动喷淋泵）	不动作	输出电信号
11	电磁阀	DN15	接收信号，使控制腔泄压，从而启动雨淋报警阀	不动作	打开
12	泄水阀	DN50	系统调试后泄水	常闭	常闭
13	自动滴水阀	DN15	自动滴除阀体内余水，排水后自动关闭	常开	关闭
14	水力警铃控制阀	DN15	手动关闭后，可消除报警	常开	常开
15	水力警铃测试阀	DN15	手动打开后，可在雨淋报警阀关闭状态下试验警铃	常闭	常闭
16	控制腔供水阀	DN15	平时常开，关闭时切断控制腔供水	常开	常开
17	紧急启动手动阀	DN15	手动打开，使控制腔泄压，启动雨淋报警阀	常闭	常闭
18	阀瓣功能调试阀	DN50	测试雨淋报警阀时打开排水	常闭	常闭
19	注水漏斗		向湿式报警阀上腔注水，充气时起到密封作用		
20	充水控制阀	DN15	打开后向湿式报警阀内注水	常闭	常闭
21	低气压报警压力开关	ZSJY-A	管网低气压时，输出报警电信号	低气压动作	不动作
22	固定支架		固定管道		
23	试验信号阀	ZSPXD	平时常开，检修调试时关闭，关闭时输出电信号	常开	常开

图 3. 3-19　预作用报警阀组

5. 报警阀组设置要求

（1）《自喷》第6.2.1条：自动喷水灭火系统应设报警阀组。保护室内钢屋架等建筑构件的闭式系统，应设独立的报警阀组。水幕系统应设独立的报警阀组或感温雨淋阀。

（2）《自喷》第6.2.2条：串联接入湿式系统配水干管的其他自动喷水灭火系统，应分别设置独立的报警阀组，其控制的喷头数计入湿式阀组控制的喷头总数。

（3）《自喷》第6.2.3条：一个报警阀组控制的喷头数应符合下列规定：

1）湿式系统、预作用系统不宜超过800只；干式系统不宜超过500只。

2）当配水支管同时安装保护吊顶下方和上方空间的喷头时，应只将数量较多一侧的喷头计入报警阀组控制的喷头总数。

（4）《自喷》第6.2.4条：每个报警阀组供水的最高与最低位置喷头，其高程差不宜大于50m。

（5）《自喷》第6.2.5条：雨淋阀组的电磁阀，其入口应设过滤器。并联设置雨淋阀组的雨淋系统，其雨淋阀控制腔的入口应设止回阀。

（6）《自喷》第6.2.6条：报警阀组宜设在安全及易于操作的地点，报警阀距地面的高度宜为1.2m。安装报警阀的部位应设有排水设施。

（7）《自喷》第6.2.7条：连接报警阀进出口的控制阀应采用信号阀。当不采用信号阀时，控制阀应设锁定阀位的锁具。

（8）《自喷》第6.2.8条：水力警铃的工作压力≥0.05MPa，并应符合下列规定：

1）应设在有人值班的地点附近。

2）与报警阀连接的管道，其管径应为20mm，总长不宜大于20m。

3.4.4　水流指示器

1. 水流指示器的组成

水流指示器是用于自动喷水灭火系统中将水流信号转换成电信号的一种水流报警装置，能及时报告发生火灾的部位。一般用于湿式、干式、预作用系统中。水流指示器的叶片与水流方向垂直，喷头开启后引起管道中的水流动，当桨片或膜片感知水流的作用力时带动传动轴动作，接通延时线路，延时器开始计时。到达延时设定时间后叶片仍向水流方向偏转无法回位，电触点闭合输出信号。当水流停止时，叶片和动作杆复位，触点断开，信号消除。水流指示器的安装见图3.3-20所示。

2. 水流指示器设置要求

（1）《自喷》第6.3.1条：除报警阀组控制的喷头只保护不超过防火分区面积的同层场所外，每个防火分区、每个楼层均应设水流指示器。

（2）《自喷》第6.3.2条：仓库内顶板下喷头与货架内喷头应分别设置水流指示器。

（3）《自喷》第6.3.3条：当水流指示器入口前设置控制阀时，应采用信号阀。

3.4.5　压力开关

1. 压力开关组成

压力开关是一种压力传感器，是自动喷水灭火系统中的一个部件，其作用是将系统的压力信号转化为电信号，报警阀开启后，报警管道充水，压力开关受到水压的作用后接通电触点，输出报警阀开启及启动供水泵的信号，报警阀关闭时电触点断开。

2. 设置要求

(1)《自喷》第 6.4.1 条：雨淋系统和防火分隔水幕，其水流报警装置宜采用压力开关。

(2)《自喷》第 6.4.2 条：自动喷水灭火系统应采用压力开关控制稳压泵，并应能调节启停压力。

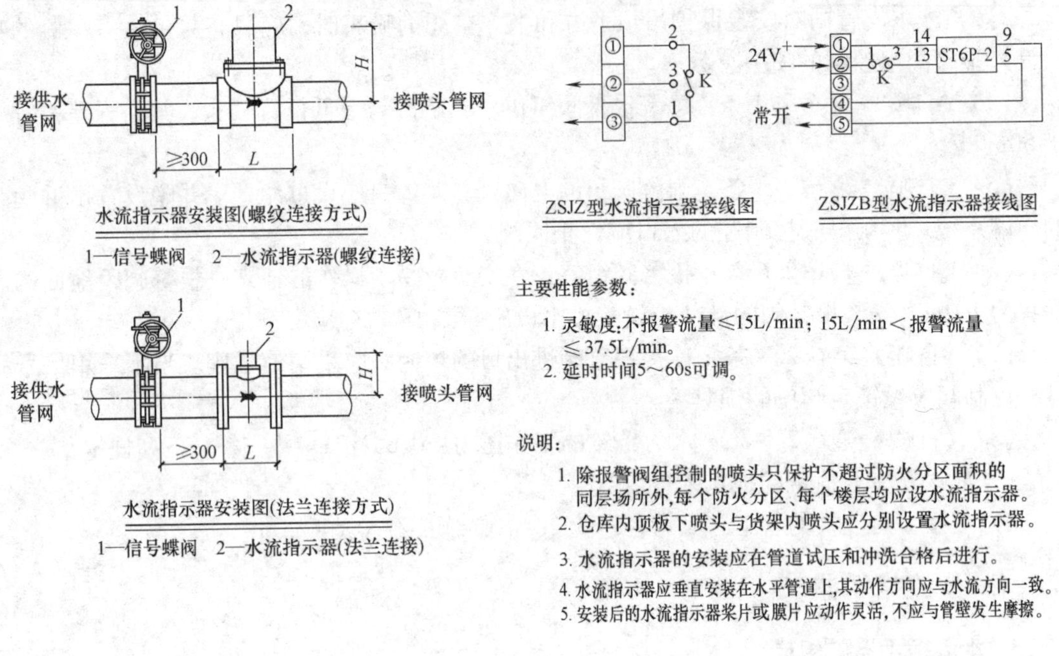

图 3.3-20　水流指示器安装

3.4.6　末端试水装置

1. 末端试水装置组成

末端试水装置由试水阀、压力表以及试水接头等组成，其作用是检验系统的可靠性，测试干式系统和预作用系统的管道充水时间。末端试水装置构造见图 3.3-21 所示。

2. 设置要求

(1)《自喷》第 6.5.1 条：每个报警阀组控制的最不利点洒水喷头处应设末端试水装置，其他防火分区、楼层均应设直径为 25mm 的试水阀。

(2)《自喷》第 6.5.2 条：末端试水装置应由试水阀、压力表以及试水接头组成。试水接头出水口的流量系数，应等同于同楼层或防火分区内的最小流量系数洒水喷头。末端试水装置的出水，应采取孔口出流的方式排入排水管道，排水立管宜设伸顶通气管，且管径不应小于 75mm。

(3)《自喷》第 6.5.3 条：末端试水装置和试水阀应有标识，距地面的高度宜为 1.5m，并应采取不被他用的措施。

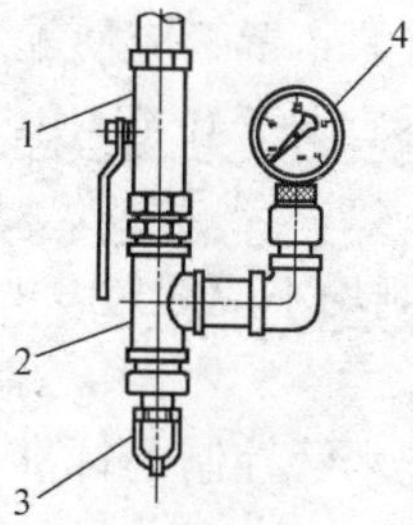

末端试水装置组成详图(一)

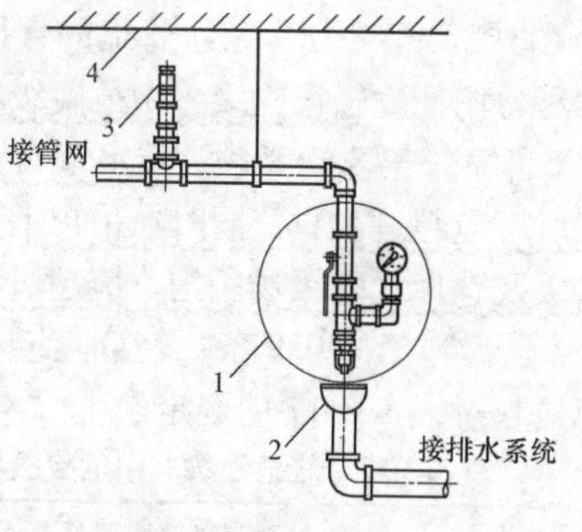

末端试水装置安装图

1—末端试水装置 2— 排水漏斗 3— 喷头 4 —顶板

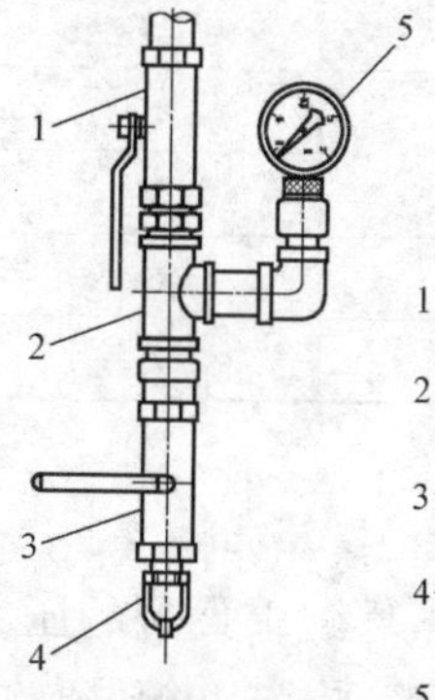

末端试水装置组成详图(二)

说明:

1. 每个报警阀组控制的最不利点喷头处,应设末端试水装置;其他防火分区、楼层的最不利点喷头处,均应设直径为 25mm 的试水阀。
2. 末端试水装置选用:不需监测系统末端压力时,可采用详图(一)方式;需监测系统末端压力时,应采用详图(二)方式。
3. 当末端试水装置采用详图(二)方式时,如压力表处设置旋塞,则可取消图中的表前常开球阀。

图 3.3-21　末端试水装置安装

3.4.7　配水管道

1. 设置要求

配水管道设置要求如下:

(1)《自喷》第 8.0.1 条:配水管道的工作压力≤1.20MPa,并不应设置其他用水设施。

(2)《自喷》第 8.0.2 条:配水管道可采用内外壁热镀锌钢管、涂覆钢管、铜管、不锈钢管和氯化聚氯乙烯(PVC-C)管。当报警阀入口前管道采用不防腐的钢管时,应在报警阀前设置过滤器。

(3)《自喷》第 8.0.5 条,配水管道的连接方式应符合下列要求:

1)镀锌钢管、涂覆钢管可采用沟槽式连接件(卡箍)、螺纹或法兰连接,当报警阀前采用内壁不防腐钢管时,可焊接连接。

2)铜管可采用钎焊、沟槽式连接件(卡箍)、法兰和卡压等连接方式。

3)不锈钢管可采用沟槽式连接件(卡箍)、法兰、卡压等连接方式,不宜采用焊接。

4)氯化聚氯乙烯(PVC-C)管材、管件可采用粘接连接,氯化聚氯乙烯(PVC-C)管材、管件与其他材质管材、管件之间可采用螺纹、法兰或沟槽式连接件(卡箍)连接。

5)铜管、不锈钢管、氯化聚氯乙烯(PVC-C)管应采用配套的支架、吊架。

(4)《自喷》第 8.0.6 条:系统中直径≥100mm 的管道,应分段采用法兰或沟槽式连接件(卡箍)连接。水平管道上法兰间的管道长度不宜大于 20m;立管上法兰间的距离,不应跨越 3 个及以上楼层。净空高度大于 8m 的场所内,立管上应有法兰。

(5)《自喷》第 8.0.7 条：管道的直径应经水力计算确定。配水管道的布置，应使配水管入口的压力均衡。轻危险级、中危险级场所中各配水管入口的压力均不宜大于 0.40MPa。

(6)《自喷》第 8.0.8 条：配水管两侧每根配水支管控制的标准喷头数，轻危险级、中危险级场所不应超过 8 只，同时在吊顶上下安装喷头的配水支管，上下侧均不应超过 8 只。严重危险级及仓库危险级场所均不应超过 6 只。

(7)《自喷》第 8.0.9 条：轻危险级、中危险级场所中配水支管、配水管控制的标准喷头数，不应超过表 3.3-17 的规定。

表 3.3-17　轻危险级、中危险级场所中配水支管、配水管控制的标准喷头数

公称管径/mm	控制的喷头数/只		公称管径/mm	控制的喷头数/只	
	轻危险级	中危险级		轻危险级	中危险级
25	1	1	65	18	12
32	3	3	80	48	32
40	5	4	100		64
50	10	8			

(8)《自喷》第 8.0.10 条：短立管及末端试水装置的连接管，其管径≥25mm。

(9)《自喷》第 8.0.11 条：干式系统、由火灾自动报警系统和充气管道上设置的压力开关开启预作用装置的预作用系统，其配水管道充水时间不宜大于 1min；雨淋系统和仅由火灾自动报警系统联动开启预作用装置的预作用系统，其配水管道充水时间不宜大于 2min。

(10)《自喷》第 8.0.10 条：干式系统、预作用系统的供气管道，采用钢管时，管径≥15mm；采用铜管时，管径≥10mm。

(11)《自喷》第 8.0.13 条：水平设置的管道宜有坡度，并应坡向泄水阀。充水管道的坡度不宜小于 0.2%，准工作状态不充水管道的坡度不宜小于 0.4%。

历年真题研究

【2015-30】某 3 层商业建筑，采用湿式自动喷水灭火系统保护，共设计有 2800 个喷头保护吊顶下方空间。该建筑自动喷水灭火系统报警阀组的设置数量不应少于（　　）个。

A. 2　B. 3　C. 4　D. 5

【答案】C

【解析】湿式系统，一个报警阀组控制的喷头数不宜超过 800 只。C 正确。

【2015-35】设置湿式自动喷水灭火系统的房间，起火时喷头动作喷水，水流指示器动作并报警，报警阀动作，延迟器充水，启泵装置动作报警并直接启动消防水泵。该系统应选择的启泵装置是（　　）。

A. 压力开关　B. 电接点压力表　C. 流量开关　D. 水位仪

【答案】A

【解析】压力开关是一种压力传感器，是自动喷水灭火系统中的一个部件，其作用是将系统的压力信号转化为电信号，报警阀开启后，报警管道充水，压力开关受到水压的作用后接通电触点，输出报警阀开启及启动供水泵的信号，报警阀关闭时电触点断开。

【2015-52】自动喷水灭火系统设置场所的危险等级应根据建筑规模、高度以及火灾危险

性、火灾荷载和保护对象的特点等确定。下列建筑中，自动喷水灭火系统设置场所的火灾危险等级为中危险级Ⅰ级的是（　）。

A. 建筑高度为50m的办公楼　B. 建筑高度为23m的四星级旅馆

C. 2000个座位剧场的舞台　D. 总建筑面积5600m^2的商场

【答案】A

【解析】详见本章内容。

【2015-55】在环境温度低于4℃的地区，建设一座地下车库，采用干式自动喷水灭火系统保护，系统的设计参数按照火灾危险等级的中危险Ⅱ级选用，其作用面积不应小于（　）m^2。

A. 160　B. 208　C. 192　D. 260

【答案】B

【解析】详见本章内容。

【2015-64】某座3100个座位的大剧院，地下车库采用预作用自动喷水灭火系统，演员化妆间等采用湿式自动喷水灭火系统，舞台葡萄架下采用雨淋系统，舞台口采用防护冷却水幕系统。该建筑的自动喷水灭火系统应选用（　）种报警阀组。

A. 1　B. 2　C. 3　D. 4

【答案】C

【解析】详见本章内容。

【2015-66】某单层工业厂房，建筑面积10000m^2，室内最大净高为8m，屋面坡度为2%，未设置吊顶。该建筑按中危险级Ⅱ级设置自动喷水灭火系统，喷头应选择（　）。

A. 直立型　B. 隐蔽型　C. 吊顶型　D. 边墙型

【答案】A

【解析】详见本章内容。

【2015-82】某地下车库，设置的自动喷水灭火系统采用直立型喷头。下列关于喷头溅水盘与车库顶板的垂直距离的说法，符合规范规定的有（　）。

A. 喷头无障碍物遮挡时，不应小于25mm，不应大于150mm

B. 喷头有障碍物遮挡时，不应大于850mm

C. 喷头无障碍物遮挡时，不应小于75mm，不应大于150mm

D. 喷头有障碍物遮挡时，不应大于650mm

E. 喷头有障碍物遮挡时，不应大于550mm

【答案】CE

【解析】详见本章内容。

【2015-96】某寒冷地区环境温度低于4℃，有一个地上3层，建筑面积为40000m^2的汽车库未设置采暖设施，该汽车库设置自动喷水灭火系统时，可采用（　）等系统。

A. 干式　B. 预作用　C. 自动喷水-泡沫联用　D. 湿式　E. 雨淋

【答案】AB

【解析】详见本章内容。

【2016-17】下列关于自动喷水灭火系统的说法中，错误的是（　）。

A. 雨淋系统与预作用系统均应采用开式洒水喷头

B. 干式系统和预作用系统的配水管道应设置快速排气阀

C. 雨淋系统应能有配套的火灾自动报警系统或传动管控制并启动雨淋系统

D. 预作用系统应由火灾自动报警系统自动开启雨淋报警阀，并转换为湿式系统

【答案】A

【解析】预作用系统属于闭式系统，应采用闭式喷头。

【2016-34】某总建筑面积为5200m² 的百货商场，其营业厅的室内净高为5.8m，所设置的自动喷水灭火系统的设计参数应按火灾危险等级不低于（　　）确定。

A. 中危险Ⅱ级　B. 严重危险Ⅱ级　C. 严重危险Ⅰ级　D. 中危险Ⅰ级

【答案】A

【解析】详见本章内容。

【2016-41】某2层地上商店建筑，每层建筑面积为6000m²，所设置的自动喷水灭火系统应至少设置（　　）个水流指示器。

A. 2　B. 3　C. 4　D. 5

【答案】C

【解析】详见本章内容。

【2016-62】下列关于干式自动喷水灭火系统的说法中，错误的是（　　）。

A. 在准工作状态下，由稳压系统维持干式报警阀入口前管道内的充水压力

B. 在准工作状态下，干式报警阀出口后的配水管道内应充满有压气体

C. 当发生火灾后，干式报警阀开启，压力开关动作后管网开始排气充水

D. 当发生火灾后，配水管道排气充水后，开启的喷头开始喷水

【答案】C

【解析】发生火灾时，在火灾温度的作用下，闭式喷头的热敏元件动作，闭式喷头开启，使干式阀出口压力下降，加速器动作后促使干式报警阀迅速开启，管道开始排气充水，剩余压缩空气从系统最高处的排气阀和开启的喷头处喷出，此时通向水力警铃和压力开关的通道被打开，水力警铃发出声响警报，压力开关动作并输出启泵信号，启动系统供水泵，C选项错误。

【2016-84】某3层图书馆，建筑面积为12000m²，室内最大净空高度为4.5m，图书馆内全部设置自动喷水灭火系统等，下列关于该自动喷水灭火系统的做法中，正确的是（　　）。

A. 系统的喷水强度为4L/(min·m²)　B. 共设置1套湿式报警阀组

C. 采用流量系数 $K=80$ 的洒水喷头　D. 系统的作用面积为160m²

E. 系统最不利点处喷头的工作压力为0.1MPa

【答案】CDE

【解析】详见本章内容。

【2016-89】某建筑高度为25m的办公建筑，地上部分全部为办公，地下2层为汽车库，建筑内部全部设置自动喷水灭火系统，下列关于该自动喷水灭火系统的做法中，正确的有（　　）。

A. 办公楼层采用玻璃球色标为红色的喷头　B. 办公楼采用边墙型喷头

C. 汽车库内一只喷头的最大保护面积为11.5m²　D. 汽车库采用直立型喷头

E. 办公楼层内一只喷头的最大保护面积为20.0m²

【答案】ACD

【解析】详见本章内容。

【2017-29】下列自动喷水灭火系统中，属于开式系统的是（　）。

A. 湿式系统　B. 干式系统　C. 雨淋系统　D. 预作用系统

【答案】C

【解析】见本章内容。

【2017-52】发生火灾时，湿式喷水灭火系统中的湿式报警阀由（　）开启。

A. 火灾探测器　B. 水流指示器　C. 闭式喷头　D. 压力开关

【答案】C

【解析】见本章内容。

【2017-63】湿式自动喷水灭火系统的喷淋泵，应由（　）信号直接启动系统。

A. 信号阀　B. 水流指示器　C. 压力开关　D. 消防联动控制器

【答案】C

【解析】见本章内容。

【2017-86】末端试水装置开启后，（　）等组件和喷淋泵应动作。

A. 水流指示器　B. 水力警铃　C. 闭式喷头　D. 压力开关　E. 湿式报警阀

【答案】ABD

【解析】见本章内容。

【2018-12】某百货商场，地上4层，每层建筑面积均为$1500m^2$，层高均为5.2m，该商场的营业厅设置自动喷水灭火系统，该自动喷水灭火系统最低喷水强度应为（　）。

A. $4L/(min \cdot m^2)$　B. $8L/(min \cdot m^2)$　C. $6L/(min \cdot m^2)$　D. $12L/(min \cdot m^2)$

【答案】B

【解析】见本章内容。

【2018-46】某剧场舞台设置雨淋系统，雨淋报警阀组采用充水传动管控制，该雨淋系统消防水泵的下列控制中，错误的是（　）。

A. 由火灾自动报警系统报警信号直接自动启动消防喷淋泵

B. 由报警阀组压力开关直接启动消防喷淋泵

C. 由高位水箱出水管上设置的流量开关直接启动消防喷淋泵

D. 由消防水泵出水管上设置的压力开关直接启动消防喷淋泵

【答案】A

【解析】见本章内容。

【2018-54】某场所内设置自动喷水灭火系统，洒水喷头玻璃球工作液色标为黄色，则该洒水喷头公称动作温度为（　）。

A. 57℃　B. 68℃　C. 93℃　D. 79℃

【答案】D

【解析】见本章内容。

【2018-69】某冷库冷藏室室内净高为4.5m，设计温度为5℃，冷藏间内设有自动喷水灭火系统，该冷藏间自动喷水灭火系统的下列设计方案中，正确的是（　）。

A. 采用干式系统，选用公称动作温度为68℃的喷头

B. 采用湿式系统，选用公称动作温度为57℃的喷头

C. 采用预作用系统，选用公称动作温度为79℃的喷头

D. 采用雨淋系统，选用水幕喷头

【答案】B

【解析】环境温度不低于4℃且不高于70℃的场所，应采用湿式系统。

【2018-72】根据现行国家标准《自动喷水灭火系统设计规范》，下列自动喷水灭火系统中，可组成防护冷却系统的是（　　）。

A. 闭式洒水喷头湿式报警阀组　B. 开式洒水喷头雨淋报警阀组

C. 水幕喷头雨淋报警阀组　D. 闭式洒水喷头干式报警阀组

【答案】A

【解析】防护冷却系统：由闭式洒水喷头、湿式报警阀组等组成，发生火灾时用于冷却防火卷帘、防火玻璃墙等防火分隔设施的闭式系统。A 正确。

【2018-87】下列民用建筑（场所）自动喷水灭火系统参数设计方案中，正确的有（　　）。

方案	建筑（场所）	室内净高/m	喷水强度/[L/min · m^2]	作用面积/m^2
1	高层办公楼	3.8	6	160
2	地下汽车库	3.6	8	200
3	商业中庭	10	12	160
4	体育馆	13	12	160
5	会展中心	16	15	160

A. 方案4　B. 方案5　C. 方案1　D. 方案2　E. 方案3

【答案】CDE

【解析】见本章内容。

【2018-88】下列建筑场所湿式自动喷水灭火系统的喷头选型方案中，正确的有（　　）。

A. 办公楼附建的地下汽车库：选用直立型洒水喷头

B. 装有非通透性吊顶的商场：选用下垂型洒水喷头

C. 多层旅馆客房：选用边墙型洒水喷头

D. 工业园区员工集体宿舍：选用家用喷头

E. 总建筑面积为5000m^2的地下商场：选用隐蔽式洒水喷头

【答案】ABCD

【解析】见本章内容。

【2018-89】根据现行国家标准《自动喷水灭火系统设计规范》（GB 50084），下列湿式自动喷水灭火系统消防水泵控制方案中，正确的有（　　）。

A. 由消防水泵出水干管上设置的压力开关动作信号与高位水箱出水管上设置的流量开关信号作为联动与触发信号，自动启动消防喷淋泵

B. 由高位水箱出水管上设置的流量开关动作信号与火灾自动报警系统报警信号作为联动与触发信号，自动启动消防喷淋泵

C. 由消防水箱出水干管上设置的压力开关动作信号与火灾自动报警系统报警信号作为联动与触发信号，直接自动启动消防喷淋泵

D. 火灾自动报警联动控制器处于手动状态时，由报警阀组压力开关动作信号作为触发信号，直接控制启动消防喷淋泵

E. 火灾自动报警联动控制器处于自动状态时，由高位水箱出水管上设置的流量开关信号作为触发信号，直接自动启动消防喷淋泵

【答案】DE

【解析】《自喷》第 11.0.1 条：湿式系统、干式系统应由消防水泵出水干管上设置的压力开关、高位消防水箱出水管上的流量开关和报警阀组压力开关直接自动启动消防水泵。

第4章　水喷雾灭火系统

助考知识要点

◆水喷雾灭火机理：表面冷却、窒息、乳化和稀释作用

◆按启动方式分类：电动启动水喷雾系统、传动管启动水喷雾系统

◆按应用方式分类：固定式水喷雾系统、自动喷水-水喷雾混合配置系统、泡沫-水喷雾联用系统

记忆思维导图（图3.4-1）

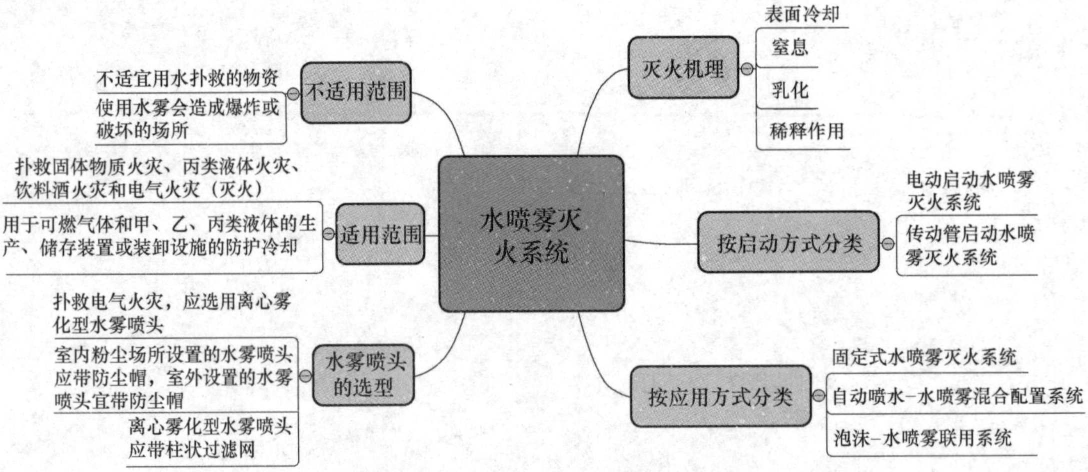

图3.4-1　水喷雾灭火系统思维导图

内容归纳解析

4.1　系统灭火机理

水喷雾的灭火机理主要是表面冷却、窒息、乳化和稀释。

1. 表面冷却

可燃物闪点越高，与喷雾用水之间的温差越大，冷却效果就越好。对于气体和闪点低于灭火所使用水的温度的液体火灾，表面冷却是无效的。

2. 窒息

实现窒息灭火的效果取决于能否在瞬间生成足够的水蒸气并完全覆盖整个着火面。

3. 乳化

乳化只适用于不溶于水的可燃液体。对于某些轻质油类，乳化层只在连续喷射水雾的条

件下存在，但对黏度大的重质油类，乳化层在喷射停止后仍能保持相当长的时间，有利于防止复燃。

4. 稀释

对于水溶性液体火灾，可利用水来稀释液体，使液体的燃烧速度降低而较易扑灭。灭火的效果取决于水雾的冷却、窒息和稀释的综合效应。

4.2　系统分类

水喷雾灭火系统由水源、供水设备、过滤器、雨淋阀组、管道及水雾喷头等组成，并配套设置火灾探测报警及联动控制系统或传动管系统，火灾时可向保护对象喷射水雾灭火或进行防护冷却。

1. 按启动方式分类

（1）电动启动水喷雾灭火系统

以普通的火灾报警系统作为火灾探测系统，通过传统的点式感温、感烟探头或缆式火灾探测器探测火灾，探测器将火警信号传到火灾报警控制器上，火灾报警控制器打开雨淋阀，同时启动水泵，喷水灭火。为了减少系统的响应时间，雨淋阀前的管道上应是充满水的状态。电动启动水喷雾灭火系统的组成如图3.4-2所示。

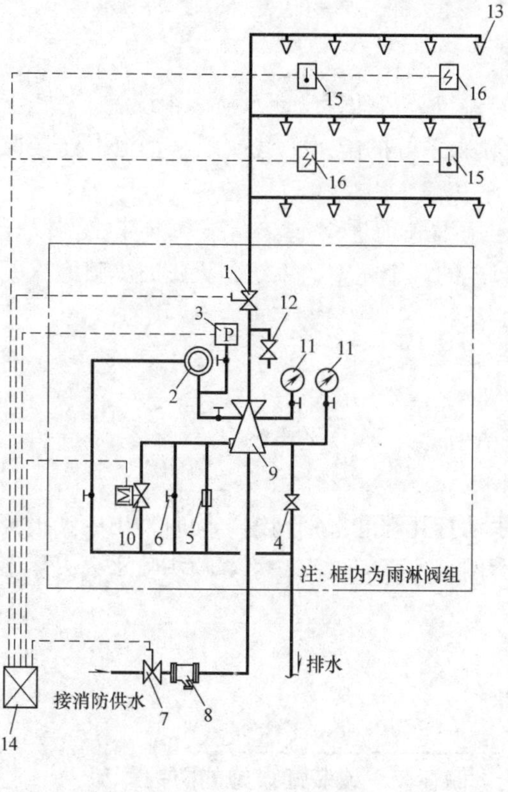

序号	名　　称	功能及作用
1	试验信号阀	平时常开，检修时关闭，输出电信号
2	水力警铃	雨淋阀开启时，发出音响信号
3	压力开关	雨淋阀开启时，发出电信号
4	放水阀	系统排空放水
5	非电控远程手动装置	远程手动打开雨淋阀
6	现场手动装置	现场手动打开雨淋阀
7	进水信号阀	平时常开，阀门关闭时输出电信号
8	过滤器	过滤杂质避免堵塞喷头及管道和设备
9	雨淋报警阀	平时关闭，灭火时开启并可输出报警水流信号
10	电磁阀	通过火灾报警系统联动控制打开雨淋阀
11	压力表	显示水压
12	试水阀	雨淋阀功能试验
13	水雾喷头	使水雾化灭火
14	火灾报警控制器	接收报警信号并发出控制指令
15	感温探测器	温度探测火灾，并发出报警信号
16	感烟探测器	烟雾探测火灾，并发出报警信号

图3.4-2　电动启动水喷雾灭火系统

(2) 传动管启动水喷雾灭火系统

传动管水喷雾灭火系统是以传动管作为火灾探测系统，传动管内充满压缩空气或压力水，当传动管上的闭式喷头受火灾高温影响动作后，传动管内的压力迅速下降，打开了封闭的雨淋阀，为了尽量缩短管网充水的时间，雨淋阀前的管道上应是充满水的状态，传动管的火灾报警信号通过压力开关传到火灾报警控制器上，报警控制器启动水泵，通过雨淋阀、管网将水送到水雾喷头，水雾喷头开始喷水灭火。传动管启动水喷雾灭火系统一般比较适合于防爆场所，不适合安装普通火灾探测系统的场所。传动管启动水喷雾灭火系统的组成如图 3.4-3 所示。传动管启动水喷雾灭火系统按传动管内的充压介质，可分为充液传动管和充气传动管两种。充液传动管内的介质一般为压力水，这种方式适用于不结冰的场所，充液传动管的末端或最高点应安装自动排气阀。充气传动管内的介质一般是压缩空气，适用于所有的场所。寒冷地区应在传动管的最低点设置冷凝器和汽水分离器。

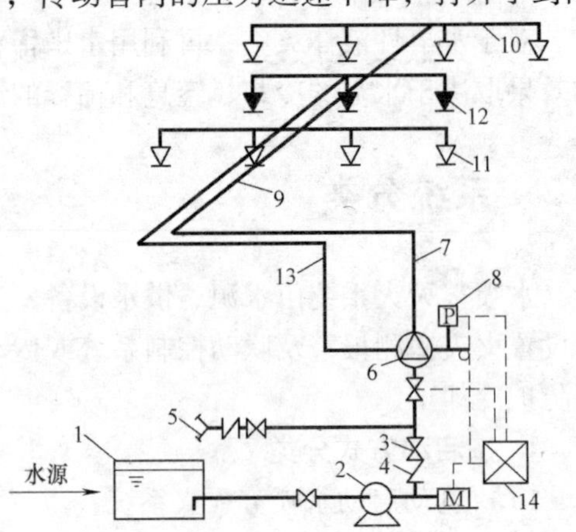

图 3.4-3 传动管启动水喷雾灭火系统

1—水池 2—水泵 3—闸阀 4—止回阀 5—水泵接合器 6—雨淋报警阀 7—配水干管 8—压力开关 9—配水管 10—配水支管 11—开式洒水喷头 12—闭式洒水喷头 13—传动管 14—报警控制器 P—压力表 M—驱动电动机

2. 按应用方式分类

(1) 固定式水喷雾灭火系统：电动启动水喷雾系统、传动管启动水喷雾系统。

(2) 自动喷水-水喷雾混合配置系统：在自动喷水系统的配水干管或配水管道上连接局部的水喷雾系统。

(3) 泡沫-水喷雾联用系统：在水喷雾系统的雨淋阀前连接泡沫储罐和泡沫比例混合器，再与火灾报警控制系统、雨淋阀、水雾喷头组成的一个完整的系统，火灾时先喷泡沫灭火，再喷水雾冷却灭火。

4.3 系统工作原理与适用范围

1. 系统工作原理

当系统的火灾探测器发现火灾后，自动或由手动打开雨淋报警阀组，同时发出火灾报警信号给报警控制器，并启动消防水泵，通过供水管网到达水雾喷头，水雾喷头喷水灭火。系统的工作原理如图 3.4-4 所示。

2. 系统适用范围

《水喷雾》第 1.0.3 条，水喷雾灭火系统可用于：

1）扑救固体物质火灾、丙类液体火灾、饮料酒火灾和电气火灾（灭火）。

2）用于可燃气体和甲、乙、丙类液体的生产、储存装置或装卸设施的防护冷却。

3. 不适用范围

《水喷雾》第 1.0.4 条（条文说明），水喷雾灭火系统不得用于：

1）不适宜用水扑救的物质。第一类为过氧化物：过氧化钾、过氧化钠、过氧化钡、过氧化镁，这些物质遇水后会发生剧烈分解反应。第二类为遇水燃烧物质：金属钾、金属钠、碳化钙（电石）、碳化铝、碳化钠、碳化钾等。

2）使用水雾会造成爆炸或破坏的场所：一是高温密闭的容器内或空间内，当水雾喷入时，由于水雾的急剧汽化使容器或空间内的压力急剧升高，容易造成破坏或爆炸。二是对于表面温度经常处于高温状态的可燃液体，当水雾喷射至其表面时会造成可燃液体的飞溅，致使火灾蔓延。

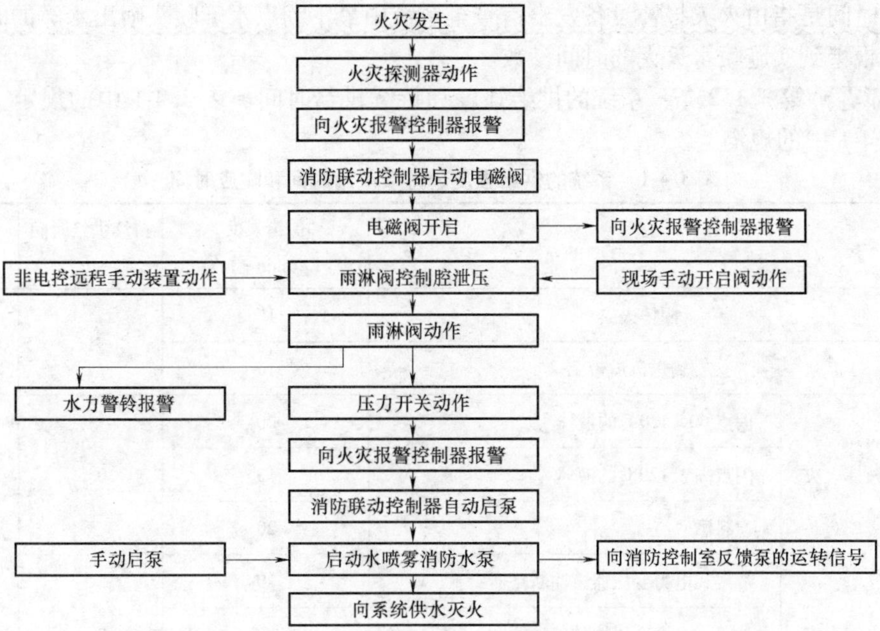

图3.4-4　水喷雾系统工作原理

4. 设置场所

（1）固定式水喷雾灭火系统。《建规》第8.3.8条，下列场所应设置自动灭火系统，并宜采用水喷雾灭火系统：

1）单台容量在40MV·A及以上的厂矿企业油浸变压器，单台容量在90MV·A及以上的电厂油浸变压器，单台容量在125MV·A及以上的独立变电站油浸变压器。

2）飞机发动机试验台的试车部位。

3）充可燃油并设置在高层民用建筑内的高压电容器和多油开关室（设置在室内的油浸变压器、充可燃油的高压电容器和多油开关室，可采用细水雾灭火系统）。

（2）自动喷水-水喷雾混合配置系统

适用于用水量比较少，保护对象比较单一的室内场所，如建筑室内燃油、燃气锅炉房等。

（3）泡沫-水喷雾联用系统

泡沫-水喷雾联用系统适用于采用泡沫灭火比采用水灭火效果更好的某些对象，或者灭火后需要进行冷却，防止火灾复燃的场所。目前主要用于公路交通隧道。

4.4 系统设计参数

1. 水雾喷头的工作压力

《水喷雾》第 3.1.3 条：水雾喷头的工作压力，当用于灭火时≥0.35MPa；当用于防护冷却时≥0.2MPa，但对于甲$_B$、乙、丙类液体储罐≥0.15MPa。

2. 系统的供给强度、持续供给时间和响应时间

响应时间是指由火灾报警设备发出信号至系统中最不利点水雾喷头喷出水雾的时间，它是系统由报警到实施喷水灭火的时间参数。

《水喷雾》第 3.1.2 条：系统的供给强度和持续供给时间≥表 3.4-1 中的规定，响应时间≤表 3.4-1 中的规定。

表 3.4-1　系统的供给强度、持续供给时间和响应时间

<table>
<tr><th>防护目的</th><th colspan="4">保护对象</th><th>供给强度/[L/(min·m²)]</th><th>持续供给时间/h</th><th>响应时间/s</th></tr>
<tr><td rowspan="8">灭火</td><td colspan="4">固体火灾</td><td>15</td><td rowspan="2">1</td><td rowspan="8">60</td></tr>
<tr><td colspan="4">输送机皮带</td><td>10</td></tr>
<tr><td rowspan="3">液体火灾</td><td colspan="3">闪点 60~120℃的液体</td><td>20</td><td rowspan="3">0.5</td></tr>
<tr><td colspan="3">闪点高于 120℃的液体</td><td>13</td></tr>
<tr><td colspan="3">饮料酒</td><td>20</td></tr>
<tr><td rowspan="3">电气火灾</td><td colspan="3">油浸式电力变压器、油断路器</td><td>20</td><td rowspan="3">0.4</td></tr>
<tr><td colspan="3">油浸式电力变压器的集油坑</td><td>6</td></tr>
<tr><td colspan="3">电缆</td><td>13</td></tr>
<tr><td rowspan="12">防护冷却</td><td rowspan="4">甲_B、乙、丙类液体储罐</td><td rowspan="2" colspan="2">固定顶罐</td><td>直径>20m</td><td rowspan="2">2.5</td><td>6</td><td rowspan="4">300</td></tr>
<tr><td>直径≤20m</td><td>4</td></tr>
<tr><td colspan="3">浮顶罐</td><td>2.0</td><td rowspan="2">4</td></tr>
<tr><td colspan="3">相邻罐</td><td>2.0</td></tr>
<tr><td rowspan="6">液化烃或类似液体储罐</td><td colspan="3">全压力、半冷冻式储罐</td><td>9</td><td rowspan="8">6</td><td rowspan="6">120</td></tr>
<tr><td rowspan="4">全冷冻式储罐</td><td rowspan="2">单、双容罐</td><td>罐壁</td><td>2.5</td></tr>
<tr><td>罐顶</td><td>4</td></tr>
<tr><td rowspan="2">全容罐</td><td>罐顶泵平台、管道进出口等局部危险部位</td><td>20</td></tr>
<tr><td>管带</td><td>10</td></tr>
<tr><td colspan="3">液氨储罐</td><td>6</td></tr>
<tr><td colspan="4">甲、乙类液及可燃气体生产、输送、装卸设施</td><td>9</td><td>120</td></tr>
<tr><td colspan="4">液化石油气灌瓶间、瓶库</td><td>9</td><td>60</td></tr>
</table>

注：1. 添加水系灭火剂的系统，其供给强度应由试验确定。

2. 钢制单盘式、双盘式、敞口隔舱式内浮顶罐应按浮顶罐对待。其他内浮顶罐应按固定顶罐对待。

3. 水喷雾灭火系统的保护面积

(1)《水喷雾》第3.1.4条：保护对象的保护面积应按其外表面面积确定，并应符合下列要求：

1）当保护对象外形不规则时，应按包容保护对象的最小规则形体的外表面面积确定。

2）变压器的保护面积除应按扣除底面面积以外的变压器油箱外表面面积确定外，尚应包括散热器的外表面面积和油枕及集油坑的投影面积。

3）分层敷设的电缆的保护面积应按整体包容电缆的最小规则形体的外表面面积确定。

(2)《水喷雾》第3.1.5条：液化石油气灌瓶间的保护面积应按其使用面积确定，液化石油气瓶库、陶坛或桶装酒库的保护面积应按防火分区的建筑面积确定。

(3)《水喷雾》第3.1.6条：输送机皮带的保护面积应按上行皮带的上表面面积确定；长距离的皮带宜实施分段保护，但每段长度不宜小于100m。

(4)《水喷雾》第3.1.7条：开口容器的保护面积应按其液面面积确定。

(5)《水喷雾》第3.1.8条：甲、乙类液体泵，可燃气体压缩机及其他相关设备，其保护面积应按相应设备的投影面积确定，且水雾应包络密封面和其他关键部位。

(6)《水喷雾》第3.1.9条：系统用于冷却甲$_B$、乙、丙类液体储罐时，其冷却范围及保护面积应符合下列规定：

1）着火的地上固定顶储罐及距着火储罐罐壁1.5倍着火罐直径范围内的相邻地上储罐应同时冷却，当相邻地上储罐超过3座时，可按3座较大的相邻储罐计算消防冷却水用量。

2）着火的浮顶罐应冷却，其相邻储罐可不冷却。

3）着火罐的保护面积应按罐壁外表面面积计算，相邻罐的保护面积可按实际需要冷却部位的外表面面积计算，但不得小于罐壁外表面面积的1/2。

(7)《水喷雾》第3.1.10条：系统用于冷却全压力式及半冷冻式液化烃或类似液体储罐时，其冷却范围及保护面积应符合下列规定：

1）着火罐及距着火罐罐壁1.5倍着火罐直径范围内的相邻罐应同时冷却；当相邻罐超过3座时，可按3座较大的相邻罐计算消防冷却水用量。

2）着火罐保护面积应按其罐体外表面面积计算，相邻罐保护面积应按其罐体外表面面积的1/2计算。

(8)《水喷雾》第3.1.11条：系统用于冷却全冷冻式液化烃或类似液体储罐时，其冷却范围及保护面积应符合下列规定：

1）采用钢制外壁的单容罐，着火罐及距着火罐罐壁1.5倍着火罐直径范围内的相邻罐应同时冷却。着火罐保护面积应按其罐体外表面面积计算，相邻罐保护面积应按罐壁外表面面积的1/2及罐顶外表面面积之和计算。

2）混凝土外壁与储罐间无填充材料的双容罐，着火罐的罐壁与罐顶及距着火罐罐壁1.5倍着火罐直径范围内的相邻罐罐顶应同时冷却。

3）混凝土外壁与储罐间有保温材料填充的双容罐，着火罐的罐顶及距着火罐罐壁1.5倍着火罐直径范围内的相邻罐罐顶应同时冷却。

4）采用混凝土外壁的全容罐，当管道进出口在罐顶时，冷却范围应包括罐顶泵平台，且宜包括管带和钢梯。

4.5 系统组件及设置要求

4.5.1 水雾喷头

水雾喷头是在一定的压力作用下，利用离心或撞击原理将水流分解成细小水雾滴的喷头。

1. 水雾喷头分类

水雾喷头可分为离心雾化型水雾喷头和撞击型水雾喷头。

2. 水雾喷头主要性能参数

（1）雾化角：有45°、60°、90°、120°、150°等五个规格。

（2）K系数：$K=16\sim102$。

（3）有效射程：指喷头水平喷射时，水雾达到的最高点与喷口之间的距离。水雾喷头有效射程与雾化角有直接的关系。同一水雾喷头，雾化角小，射程则远。

3. 水雾喷头的选型

《水喷雾》第4.0.2条，水雾喷头的选型应符合下列要求：

1）扑救电气火灾，应选用离心雾化型水雾喷头。

2）室内粉尘场所设置的水雾喷头应带防尘帽，室外设置的水雾喷头宜带防尘帽。

3）离心雾化型水雾喷头应带柱状过滤网。

4. 喷头与管道布置

（1）《水喷雾》第3.2.1条，保护对象所需水雾喷头数量应根据设计供给强度、保护面积和水雾喷头特性，按以下要求计算确定。

1）水雾喷头的流量应按下式计算：

$$q=K\sqrt{10p}$$

式中 q——水雾喷头的流量（L/min）；

p——水雾喷头的工作压力（MPa）；

K——水雾喷头的流量系数。

2）保护对象所需水雾喷头的计算数量应按下式计算：

$$N=\frac{SW}{q}$$

式中 N——保护对象所需水雾喷头的计算数量（只）；

S——保护对象的保护面积（m^2）；

W——保护对象的设计供给强度[L/(min·m^2)]。

（2）《水喷雾》第3.2.3条：水雾喷头与保护对象之间的距离不得大于水雾喷头的有效射程。

（3）《水喷雾》第3.2.4条：水雾喷头的平面布置方式可为矩形或菱形。当按矩形布置时，水雾喷头之间的距离≤1.4倍水雾喷头的水雾锥底圆半径；当按菱形布置时，水雾喷头之间的距离≤1.7倍水雾喷头的水雾锥底圆半径。水雾锥底圆半径应按下式计算：

$$R = B\tan\frac{\theta}{2}$$

式中　R——水雾锥底圆半径（m）；

B——水雾喷头的喷口与保护对象之间的距离（m）；

θ——水雾喷头的雾化角（°）。

（4）《水喷雾》第3.2.5条：当保护对象为油浸式电力变压器时，水雾喷头的布置应符合下列要求：

1）变压器绝缘子升高座孔口、油枕、散热器、集油坑应设水雾喷头保护。

2）水雾喷头之间的水平距离与垂直距离应满足水雾锥相交的要求。

（5）《水喷雾》第3.2.6条：当保护对象为甲、乙、丙类液体和可燃气体储罐时，水雾喷头与保护储罐外壁之间的距离≤0.7m。

（6）《水喷雾》第3.2.7条：当保护对象为球罐时，水雾喷头的布置尚应符合下列规定：

1）水雾喷头的喷口应朝向球心。

2）水雾锥沿纬线方向应相交，沿经线方向应相接。

3）当球罐的容积不小于1000m^3时，水雾锥沿纬线方向应相交，沿经线方向宜相接，但赤道以上环管之间的距离≤3.6m。

4）无防护层的球罐钢支柱和罐体液位计、阀门等处应设水雾喷头保护。

（7）《水喷雾》第3.2.8条：当保护对象为卧式储罐时，水雾喷头的布置应使水雾完全覆盖裸露表面，罐体液位计、阀门等处也应设水雾喷头保护。

（8）《水喷雾》第3.2.9条：当保护对象为电缆时，水雾喷头的布置应使水雾完全包围电缆。

（9）《水喷雾》第3.2.10条：当保护对象为输送机皮带时，水雾喷头的布置应使水雾完全包络着火输送机的机头、机尾和上行皮带上表面。

（10）《水喷雾》第3.2.11条：当保护对象为室内燃油锅炉、电液装置、氢密封油装置、发电机、油断路器、汽轮机油箱、磨煤机润滑油箱时，水雾喷头宜布置在保护对象的顶部周围，并应使水雾直接喷向并完全覆盖保护对象。

（11）《水喷雾》第3.2.12条：用于保护$甲_B$、乙、丙类液体储罐的系统，其设置应符合下列规定：

1）固定顶储罐和按固定顶储罐对待的内浮顶储罐的冷却水环管宜沿罐壁顶部单环布置，当采用多环布置时，着火罐顶层环管保护范围内的冷却水供给强度应按《水喷雾》表3.1.2规定的2倍计算。

2）储罐抗风圈或加强圈无导流设施时，其下面应设置冷却水环管。

3）当储罐上的冷却水环管分割成两个或两个以上弧形管段时，各弧形管段间不应连通，并应分别从防火堤外连接水管，且应分别在防火堤外的进水管道上设置能识别启闭状态的控制阀。

4）冷却水立管应用管卡固定在罐壁上，其间距不宜大于3m。

立管下端应设置锈渣清扫口，锈渣清扫口距罐基础顶面应大于300mm，且集锈渣的管段长度不宜小于300mm。

(12)《水喷雾》第 3.2.13 条：用于保护液化烃或类似液体储罐和甲$_{B}$、乙、丙类液体储罐的系统，其立管与罐组内的水平管道之间的连接应能消除储罐沉降引起的应力。

(13)《水喷雾》第 3.2.14 条：液化烃储罐上环管支架之间的距离宜为 3 ~ 3.5m。

4.5.2　雨淋报警阀组

(1)《水喷雾》第 5.3.1 条：雨淋报警阀组宜设置在温度不低于 4℃并有排水设施的室内。设置在室内的雨淋报警阀宜距地面 1.2m，两侧与墙的距离≥0.5m，正面与墙的距离≥1.2m，雨淋报警阀凸出部位之间的距离≥0.5m。

(2)《水喷雾》第 5.3.2 条：雨淋报警阀、电动控制阀、气动控制阀宜布置在靠近保护对象并便于人员安全操作的位置。

(3)《水喷雾》第 5.3.3 条：在严寒与寒冷地区室外设置的雨淋报警阀、电动控制阀、气动控制阀及其管道，应采取加热保温措施。

(4)《水喷雾》第 5.3.4 条：不能进行喷水试验的场所，雨淋报警阀之后的供水干管上应设置排放试验检测装置，且其过水能力应与系统过水能力一致。

(5)《水喷雾》第 5.3.5 条：水力警铃应设置在公共通道或值班室附近的外墙上，且应设置检修、测试用的阀门。雨淋报警阀和水力警铃应采用热镀锌钢管进行连接，其公称直径不宜小于 20mm，当公称直径为 20mm 时，其长度不宜大于 20m。

历年真题研究

【2015-33】水喷雾灭火系统的水雾喷头使水从连续的水流状态分解转变成不连续的细小水雾滴喷射出来，因此它具有较高的电绝缘性能和良好的灭火性能。下列不属于水喷雾灭火机理的是（　　）。

A. 冷却　　B. 隔离　　C. 窒息　　D. 乳化

【答案】B

【解析】水喷雾的灭火机理主要是表面冷却、窒息、乳化和稀释作用。

【2015-45】某高层办公楼的柴油发电机房设置了水喷雾灭火系统，则该系统水雾喷头的灭火工作压力不应小于（　　）MPa。

A. 0.05　　B. 0.10　　C. 0.2　　D. 0.35

【答案】D

【解析】水雾喷头的工作压力，当用于灭火时不应小于 0.35MPa。

【2015-46】某一类高层办公楼的自备柴油发电机房，设置电动启动雨淋阀组的水喷雾灭火系统保护。当该系统的火灾探测装置动作后，打开雨淋报警阀组，压力开关动作启动消防水泵，水雾喷头喷水灭火。该系统采用的火灾探测装置应为（　　）。

A. 气动传动管探测装置　　B. 液动传动管探测装置

C. 感烟感温火灾探测装置　　D. 闭式喷头驱动传动管探测装置

【答案】C

【解析】见本章内容。

【2015-73】水喷雾灭火系统的基本设计参数根据其防护目的和保护对象确定。水喷雾灭火系统用于液化石油气罐瓶间防护冷却目的时，系统的响应时间不应大于（　　）s。

A. 45　　B. 120　　C. 60　　D. 300

【答案】C

【解析】见本章内容。

【2016-19】某火力发电厂输煤栈桥输送皮带总长405m，采用水喷雾灭火系统保护时，该输煤栈桥最多可划分为（　　）段进行分段保护。

A. 5　　B. 4　　C. 6　　D. 7

【答案】B

【解析】《水喷雾》第3.1.6条，输送机皮带的保护面积应按上行皮带的上表面面积确定，长距离的皮带宜实施分段保护，但每段长度不宜小于100m。

【2016-30】下列关于水喷雾灭火系统水雾喷头选型和设置要求的说法中，错误的是（　　）。

A. 扑救电气火灾应选用离心雾化型水雾喷头

B. 室内散发粉尘的场所设置的水雾喷头应带防尘帽

C. 保护可燃气体储罐时，水雾喷头距离保护储罐外壁不应大于0.7m

D. 保护油浸式变压器时，水雾喷头之间的水平距离与垂直距离不应大于1.2m

【答案】D

【解析】《水喷雾》第3.2.5条，当保护对象为油浸式变压器时，水雾喷头之间的水平距离与垂直距离应满足水雾锥相交的要求。D选项错误。

【2016-35】下列火灾中，不适合采用水喷雾进行灭火的是（　　）。

A. 樟脑油火灾　　B. 人造板火灾　　C. 电缆火灾　　D. 豆油火灾

【答案】A

【解析】水喷雾灭火系统可用于扑救丙类液体火灾，樟脑油为乙类液体，不适合采用水喷雾灭火系统。

【2016-46】下列关于采用传动管启动水喷雾灭火系统的做法中，错误的是（　　）。

A. 雨淋报警阀组通过电动开启　　B. 系统利用闭式喷头探测火灾

C. 雨淋报警阀组通过气动开启　　D. 雨淋报警阀组通过液动开启

【答案】A

【解析】根据《水喷雾》第4.0.3.1条，接收电控信号的雨淋报警阀组应能电动开启，接收传动管信号的雨淋报警阀组应能液动或气动开启。

【2016-55】某储存丙类液体的储罐区共有6座单座容积为1000m^3的地上固定顶罐，分二排布置。每排三座，设置水喷雾灭火系统进行防护冷却。在计算该储罐区的消防冷却用水量时，应最终考虑同时冷却（　　）座储罐。

A. 2　　B. 4　　C. 3　　D. 5

【答案】C

【解析】根据《水喷雾》第3.1.9.1条，着火的地上固定顶储罐及距着火储罐罐壁1.5倍着火罐直径范围内的相邻地上储罐应同时冷却，当相邻地上储罐超过3座时，可按3座较大的相邻储罐计算消防冷却水用量。

【2017-23】水喷雾的主要灭火机理不包括（　　）。

A. 窒息　　B. 乳化　　C. 稀释　　D. 阻断链式反应

【答案】D

【解析】见本章内容。

【2018-37】下列水喷雾灭火系统喷头选型方案中，错误的是（　　）。

A. 用于白酒厂酒缸灭火保护的水喷雾灭火系统，选用离心雾化型水雾喷头

B. 用于液化石油气罐瓶间防护冷却的水喷雾灭火系统，选用撞击型水雾喷头

C. 用于电缆沟电缆灭火保护的水喷雾灭火系统，选用撞击型水雾喷头

D. 用于丙类液体固定顶储罐防护冷却的水喷雾灭火系统，选用离心雾化型水雾喷头

【答案】C

【解析】《水喷雾》第 4.0.2 条，水雾喷头扑救电气火灾，应选用离心雾化型水雾喷头。C 错误。

联想记忆口诀

水喷雾的灭火机理：表面冷却、窒息、乳化和稀释作用［冷窒息、乳稀释］

第 5 章　细水雾灭火系统

助考知识要点

◆细水雾定义：$D_{v0.50}<200\mu m$，$D_{v0.99}<400\mu m$

◆细水雾灭火机理：表面冷却、窒息、辐射热阻隔、浸湿作用、乳化

◆系统适用范围：可燃固体火灾（A 类）、可燃液体火灾（B 类）、电气火灾（E 类）

◆系统不适用范围：活泼金属及其化合物火灾、可燃气体火灾、可燃固体深位火灾

◆细水雾喷头：最低设计工作压力≥1.20 MPa

记忆思维导图（图 3.5-1）

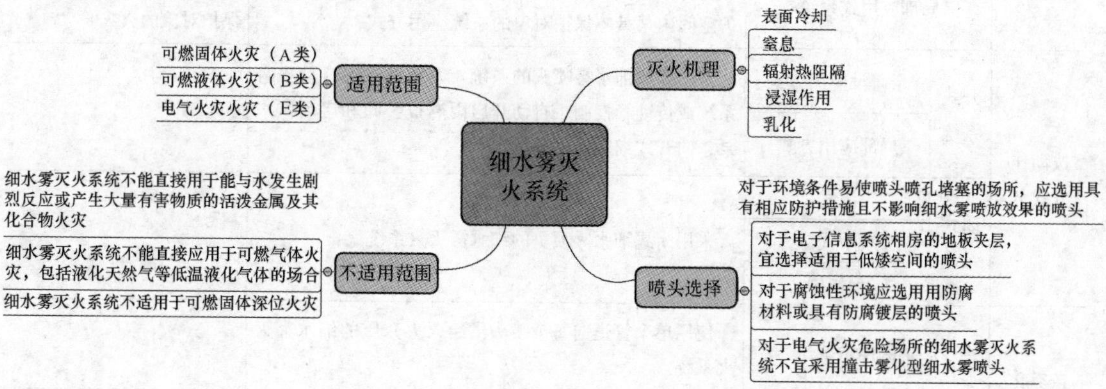

图 3.5-1　细水雾灭火系统记忆思维导图

内容归纳解析

5.1　系统灭火机理

1. 细水雾定义

《细水雾》第 2.1.1 条：水在最小设计工作压力下，经喷头喷出并在喷头轴线下方 1.0m 处的平面上形成的直径 $D_{v0.50}<200\mu m$，$D_{v0.99}<400\mu m$ 的水雾滴。

（1）$D_{v0.99}$表示喷雾液体总体积中，1% 是由直径大于该数值的雾滴，99% 是由直径小于或等于该数值的雾滴组成。

（2）$D_{v0.50}$表示喷雾液体总体积中，50% 是由直径大于该数值的雾滴，50% 是由直径小于或等于该数值的雾滴组成。

2. 细水雾的灭火机理

主要是表面冷却、窒息、辐射热阻隔和浸湿作用。除此之外，细水雾还具有乳化等作用。

5.2　系统分类

细水雾灭火系统主要按工作压力、应用方式、动作方式、雾化介质和供水方式进行分类。详见表 3.5-1。

表 3.5-1　细水雾灭火系统分类

系统分类			定　义	适用范围
按工作压力分	低压系统		系统分布管网工作压力≤1.21MPa	
	中压系统		1.21MPa < 系统分布管网工作压力 < 3.45MPa	
	高压系统		系统分布管网工作压力≥3.45MPa	
按应用方式分	全淹没式系统		向整个防护区内喷放细水雾，并持续一定时间，保护其内部所有保护对象的系统应用方式	适用于扑救相对封闭空间内的火灾
	局部应用式系统		直接向保护对象喷放细水雾，并持续一定时间，保护空间内某具体保护对象的系统应用方式	适于扑救大空间内具体保护对象的火灾
按动作方式分	开式系统	全淹没应用方式	采用开式细水雾喷头的系统。系统由火灾自动报警系统或传动管控制，自动开启雨淋报警阀和启动供水泵，向开式细水雾喷头供水	
		局部应用方式		
	闭式系统	湿式	采用闭式细水雾喷头的细水雾灭火系统	
		干式		
		预作用		
按雾化介质分	单流体系统		使用单个管道向每个喷头供给灭火介质的细水雾灭火系统	
	双流体系统		水和雾化介质分管供给并在喷头处混合的细水雾灭火系统	
按供水方式分	泵组式系统		采用泵组（或稳压装置）作为供水装置的细水雾灭火系统	适用于高、中和低压系统
	瓶组式系统		采用储水容器储水、储气容器进行加压供水的细水雾灭火系统	适用于中、高压系统
	瓶组与泵组结合式系统		既采用泵组又采用瓶组作为供水装置的细水雾灭火系统	适用于高、中和低压系统

5.3　系统组成与工作原理

细水雾灭火系统由水源（储水池、储水箱、储水瓶）、供水装置（泵组推动或瓶组推动）、系统管网、控水阀组、细水雾喷头以及火灾自动报警及联动控制系统组成。

1. 开式细水雾灭火系统

（1）系统组成

开式细水雾灭火系统包括全淹没应用方式和局部应用方式，是采用开式细水雾喷头，由配套的火灾自动报警系统自动连锁或远控、手动启动后，控制一组喷头同时喷水的自动细水雾灭火系统。

（2）泵组式高压细水雾开式系统

泵组式高压细水雾开式系统由细水雾喷头、控制阀组、系统管网、泵组（消防水泵和稳压装置）、水源（储水池或储水箱）以及火灾自动报警及联动控制系统组成，如图 3.5-2 所示。

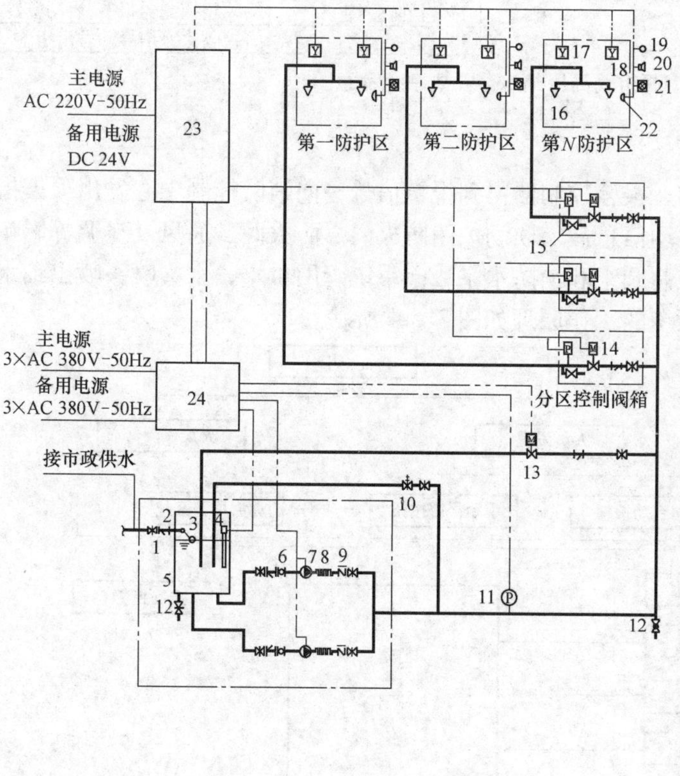

主要部件表

编号	名　称	用　途
1	闸阀	控制阀(常开)
2	过滤器	过滤水中杂质
3	浮球阀	控制向水箱自动补水
4	液位信号开关	检测水箱水位,并传输给水泵控制柜
5	储水箱	储存灭火系统用水
6	挠性接头	方便管网连接,减少振动
7	高压泵	向系统提供灭火用压力水
8	高压软管	方便管网连接,减少振动
9	止回阀	控制系统水的流向
10	安全泄压阀	系统压力过高时,释放压力至正常
11	压力传感器	将系统水流的压力变化转换为电信号
12	泄水阀	水箱或系统排水(常闭)
13	水泵巡检阀	用于系统的泵组自动、手动巡检
14	分区控制阀	对应各防护区的控制阀,火灾时自动开启
15	泄放试验阀	常闭,系统维护或试验时打开,也可用于排空管网
16	开式喷头	喷雾灭火
17	感温探测器	感知火灾温度信号,自动报警
18	感烟探测器	感知火灾烟雾信号,自动报警
19	喷放指示灯	提醒有关人员正在喷射细水雾
20	声光报警器	提示该区域有火情
21	手动控制盒	实现系统“现场”电气手动启动
22	消防警铃	一路探测器报警,启动警铃
23	火灾报警控制器	接收火灾信号并发出指令
24	水泵控制柜	接收控制信号,控制水泵的启停

图 3.5-2　泵组式高压细水雾开式系统示意图（无稳压泵）

（3）瓶组式高压细水雾开式系统

瓶组式高压细水雾开式系统由细水雾喷头、控制阀、启动瓶、储水瓶组、瓶架、系统管网、火灾自动报警及联动控制系统组成，如图 3.5-3 所示。

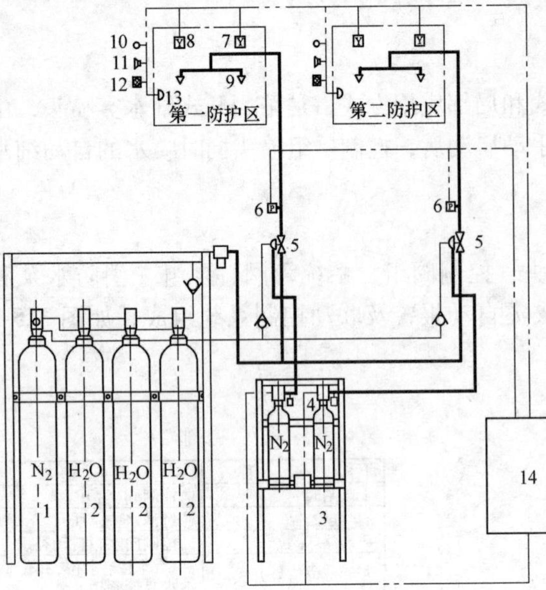

主要部件表

编号	名　称	用　途
1	储气瓶组	储存驱动气体
2	储水瓶组	储存灭火系统用水
3	启动瓶组	储存启动气体
4	启动装置	接收灭火动作信号，打开相应防护区控制阀，释放启动气体
5	分区控制阀	对应各防护区的控制阀（常闭，灭火时打开）
6	压力开关	将系统的水流压力变化转换为电信号
7	感温探测器	感知火灾温度信号，自动报警
8	感烟探测器	感知火灾烟雾信号，自动报警
9	开式喷头	喷雾灭火
10	喷放指示灯	系统喷雾时，提示该区域有火情
11	声光报警器	提示该区域正在喷雾灭火
12	手动控制盒	实现系统“现场”电气手动启动
13	消防警铃	一路探测器报警，启动警铃
14	火灾报警控制器	接收火警信号并发出指令

图 3.5-3　瓶组式高压细水雾开式系统示意图

（4）工作原理

火灾发生后，火灾探测器动作，报警控制器得到报警信号，向消防控制中心发出灭火指令，在得到控制中心灭火指令或启动信息后，联动关闭防火门、防火阀、通风及空调等影响系统灭火有效性的开口，并启动控制阀组和消防水泵，向系统管网供水，水雾喷头喷出细水雾，实施灭火。细水雾开式灭火系统的工作原理如图 3.5-4 所示。

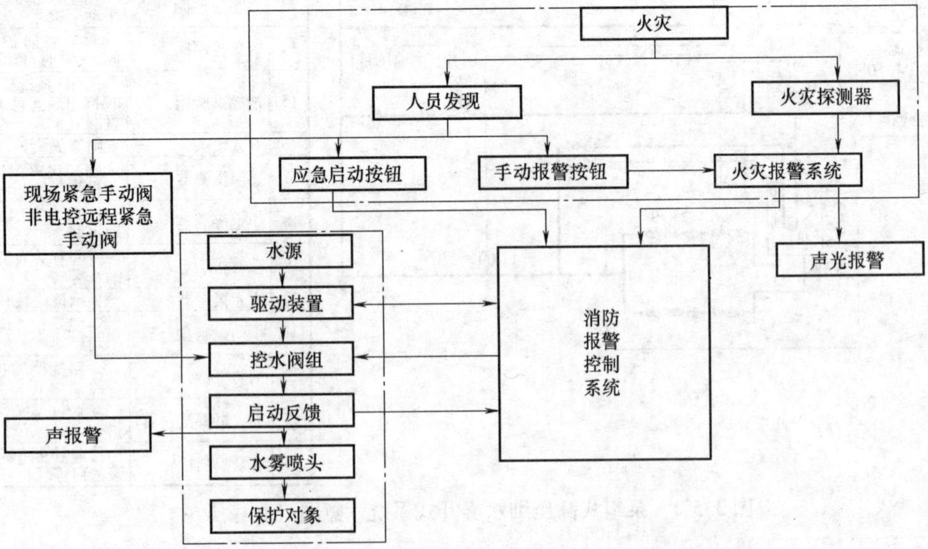

图 3.5-4　开式细水雾灭火系统工作原理

2. 闭式细水雾灭火系统

闭式细水雾灭火系统分为湿式系统、干式系统和预作用系统三种形式。除喷头不同外，闭式细水雾灭火系统的工作原理与闭式自动喷水灭火系统相同。闭式细水雾灭火系统适宜于采用非密集柜存储的图书库、资料库和档案库等保护对象。系统组成如图 3.5-5 所示。

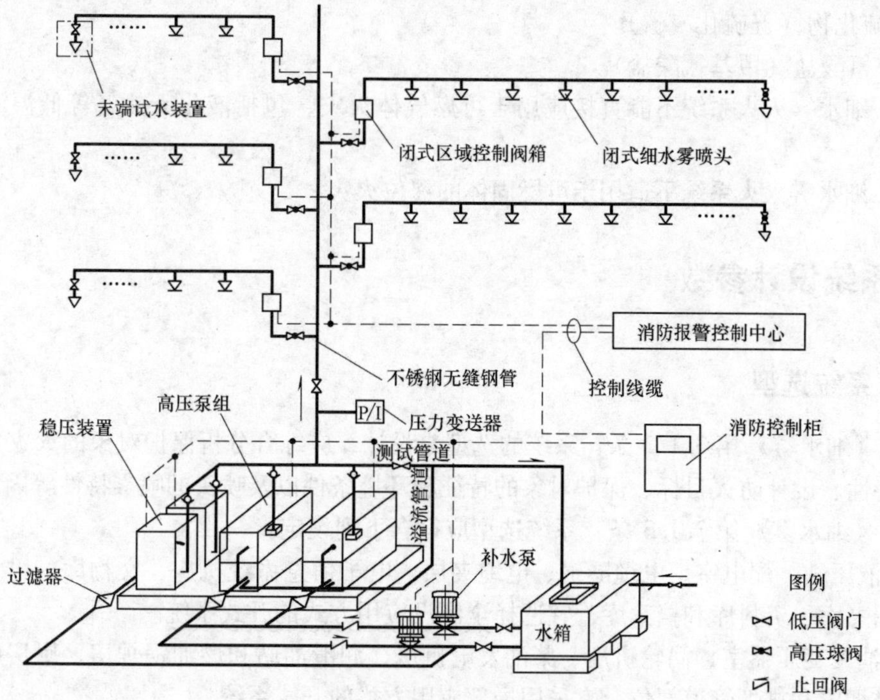

图 3.5-5　高压细水雾闭式湿式系统示意图

5.4　系统适用范围

1. 适用范围

（1）可燃固体火灾（A 类）：细水雾灭火系统可以有效扑救相对封闭空间内可燃固体的表面火灾，包括纸张、木材、纺织品和塑料泡沫、橡胶等固体火灾等。

（2）可燃液体火灾（B 类）：细水雾灭火系统可以有效扑救相对封闭空间内的可燃液体火灾，包括正庚烷或汽油等低闪点可燃液体和润滑油、液压油等中、高闪点可燃液体火灾。

（3）电气火灾（E 类）：细水雾灭火系统可以有效扑救电气火灾，包括电缆、控制柜等电子、电气设备火灾和变压器火灾等。

2. 不适用范围

（1）细水雾灭火系统不能直接用于能与水发生剧烈反应或产生大量有害物质的活泼金属及其化合物火灾，包括：

1）活性金属（锂、钠、钾、镁、钛、锆、铀、钚）。

2）金属醇盐（甲醇钠）。

3）金属氨基化合物（氨基钠）。

4）碳化物（碳化钙）。

5）卤化物（氯化甲酰、氯化铝）。

6）氢化物（氢化铝锂）。

7）卤氧化物（三溴氧化磷）。

8）硅烷（三氯-氟化甲烷）。

9）硫化物（五硫化二磷）。

10）氰酸盐（甲基氰酸盐）。

（2）细水雾灭火系统不能直接应用于可燃气体火灾，包括液化天然气等低温液化气体的场合。

（3）细水雾灭火系统不适用于可燃固体的深位火灾。

5.5 系统设计参数

5.5.1 系统选型

（1）《细水雾》第 3.1.2 条：系统的选型与设计，应综合分析保护对象的火灾危险性及其火灾特性、设计防火目标、保护对象的特征和环境条件以及喷头的喷雾特性等因素确定。

（2）《细水雾》第 3.1.3 条：系统选型应符合下列规定：

1）液压站，配电室、电缆隧道、电缆夹层，电子信息系统机房，文物库，以及密集柜存储的图书库、资料库和档案库，宜选择全淹没应用方式的开式系统。

2）油浸变压器室、涡轮机房、柴油发电机房、润滑油站和燃油锅炉房、厨房内烹饪设备及其排烟罩和排烟管道部位，宜采用局部应用方式的开式系统。

3）采用非密集柜储存的图书库、资料库和档案库，可选择闭式系统。

（3）《细水雾》第 3.1.4 条：系统宜选用泵组系统，闭式系统不应采用瓶组系统。

（4）《细水雾》第 3.1.5 条：开式系统采用全淹没应用方式时，防护区内影响灭火有效性的开口宜在系统动作时联动关闭。当防护区内的开口不能在系统启动时自动关闭，宜在该开口部位的上方增设喷头。

（5）《细水雾》第 3.1.6 条：开式系统采用局部应用方式时，保护对象周围的气流速度不宜大于 3m/s。必要时，应采取挡风措施。

5.5.2 设计参数

《细水雾》第 3.4.1 条：喷头的最低设计工作压力≥1.20MPa。

1. 闭式系统的设计参数

（1）《细水雾》第 3.4.2 条：闭式系统的喷雾强度、喷头的布置间距和安装高度，宜经实体火灾模拟试验确定。当喷头的设计工作压力≥10MPa 时，闭式系统也可根据喷头的安装高度按表 3.5-2 的规定确定系统的最小喷雾强度和喷头的布置间距；当喷头的设计工作压力 <10MPa 时，应经试验确定。

表 3.5-2　闭式系统的喷雾强度、喷头的布置间距和安装高度

应用场所	喷头的安装高度 a/m	系统的最小喷雾强度 /[L/(min · m^2)]	喷头的布置间距 b/m
采用非密集柜储存的图书库、资料库、档案库	$3.0 < a \leq 5.0$	3.0	$2.0 < b \leq 3.0$
	$a \leq 3.0$	2.0	

(2)《细水雾》第3.4.3条：闭式系统的作用面积≥$140m^2$。每套泵组所带喷头数量≤100只。

2. 全淹没应用方式的开式系统的设计参数

《细水雾》第3.4.4条：采用全淹没应用方式的开式系统，其喷雾强度、喷头的布置间距、安装高度和工作压力，宜经实体火灾模拟试验确定，也可根据喷头的安装高度按表3.5-3确定系统的最小喷雾强度和喷头的布置间距。

表3.5-3 采用全淹没应用方式开式系统的喷雾强度、喷头的布置间距、安装高度和工作压力

<table>
<tr><th colspan="2">应用场所</th><th>喷头的工作压力
p/MPa</th><th>喷头的安装高度
a/m</th><th>系统的最小喷雾强度
/[L/(min·m^2)]</th><th>喷头的最大布置间距
/m</th></tr>
<tr><td colspan="2">油浸变压器室、液压站、润滑油站、柴油发电机室、燃油锅炉房等</td><td rowspan="3">$1.2<p\leq 3.5$</td><td>≤7.5</td><td>2.0</td><td rowspan="3">2.5</td></tr>
<tr><td colspan="2">电缆隧道、电缆夹层</td><td>≤5.0</td><td>2.0</td></tr>
<tr><td colspan="2">文物库、以密集柜存储的图书库、资料库、档案库</td><td>≤3.0</td><td>0.9</td></tr>
<tr><td colspan="2">油浸变压器室、涡轮机室等</td><td rowspan="8">$p\geq 10$</td><td>≤7.5</td><td>1.2</td><td rowspan="8">3.0</td></tr>
<tr><td colspan="2">液压站、柴油发电机室、燃油锅炉房等</td><td>≤5.0</td><td>1.0</td></tr>
<tr><td colspan="2" rowspan="2">电缆隧道、电缆夹层</td><td>$3.0<a\leq 5.0$</td><td>2.0</td></tr>
<tr><td>≤3.0</td><td>1.0</td></tr>
<tr><td colspan="2" rowspan="2">文物库、以密集柜存储的图书库、资料库、档案库</td><td>$3.0<a\leq 5.0$</td><td>2.0</td></tr>
<tr><td>≤3.0</td><td>1.0</td></tr>
<tr><td rowspan="2">电子信息系统机房、通信机房</td><td>主机工作空间</td><td>≤3.0</td><td>0.7</td></tr>
<tr><td>地板夹层</td><td>≤0.5</td><td>0.3</td></tr>
</table>

3. 全淹没应用方式的开式系统的防护区容积

《细水雾》第3.4.5条：采用全淹没应用方式的开式系统，其防护区数量不应大于3个。单个防护区的容积，对于泵组系统≤$3000m^3$，对于瓶组系统≤$260m^3$。当超过单个防护区最大容积时，宜将该防护区分成多个分区进行保护，并应符合下列规定：

1）各分区的容积，对于泵组系统≤$3000m^3$，对于瓶组系统≤$260m^3$。

2）当各分区的火灾危险性相同或相近时，系统的设计参数可根据其中容积最大分区的参数确定。

3）当各分区的火灾危险性存在较大差异时，系统的设计参数应分别按各自分区的参数确定。

4）当设计参数与表3.5-3不相符合时，应经实体火灾模拟试验确定。

4. 局部应用方式的开式系统的保护面积

《细水雾》第3.4.7条：采用局部应用方式的开式系统，其保护面积应按下列规定确定：

1）对于外形规则的保护对象，应为该保护对象的外表面面积。

2）对于外形不规则的保护对象，应为包容该保护对象的最小规则形体的外表面面积。

3）对于可能发生可燃液体流淌火或喷射火的保护对象，除应符合本条第 1 或 2 款的要求外，还应包括可燃液体流淌火或喷射火可能影响到的区域的水平投影面积。

5. 局部应用方式的开式系统保护存在可燃液体场所的设计参数

《细水雾》第 3.4.6 条：采用局部应用方式的开式系统，当保护具有可燃液体火灾危险的场所时，系统的设计参数应根据产品认证检验时，国家授权的认证检验机构根据现行国家标准《细水雾灭火系统及部件通用技术条件》GB/T 26785 认证检验时获得的试验数据确定，且不应超出试验限定的条件。

6. 系统设计响应时间

《细水雾》第 3.4.8 条：开式系统的设计响应时间≤30s。采用全淹没应用方式的开式系统，当采用瓶组系统且在同一防护区内使用多组瓶组时，各瓶组应能同时启动，其动作响应时差≤2s。

7. 系统持续喷雾时间

系统的设计持续喷雾时间应符合表 3.5-4 的规定。（《细水雾》第 3.4.9 条）

表 3.5-4　细水雾灭火系统设计持续喷雾时间

保护对象	设计持续喷雾时间/min	
油浸变压器室、柴油发电机房	≥20	
液压站、润滑油站		
燃油锅炉房、涡轮机房		
配电室、电气设备间、电缆夹层、电缆隧道	≥30	
电子信息机房、通信机房等电子机房		
图书库、资料库、档案库、文物库		
厨房烹饪设备、排烟罩、排烟管道	持续喷雾时间/s	≥15s
	冷却时间/min	≥15min

注：对于瓶组式系统，系统的设计持续喷雾时间可按其实体火灾模拟试验灭火时间的 2 倍确定，且≥10min。

8. 实体模拟实验结果的应用

《细水雾》第 3.4.10 条：为确定系统设计参数的实体火灾模拟试验应由国家授权的机构实施，并应符合本规范附录 A 的规定。在工程应用中采用实体模拟实验结果时，应符合下列规定：

1）系统设计喷雾强度不应小于试验所用喷雾强度。

2）喷头最低工作压力不应小于试验测得最不利点喷头的工作压力。

3）喷头布置间距和安装高度分别不应大于试验时的喷头间距和安装高度。

4）喷头的安装角度应与试验安装角度一致。

5.6　系统组件及设置要求

细水雾灭火系统主要由细水雾喷头、控制阀、过滤装置、试水阀和管网等组件组成。

5.6.1　细水雾喷头

1. 喷头的选择

（1）《细水雾》第 3.2.1 条，喷头选择应符合下列规定：

1）对于环境条件易使喷头喷孔堵塞的场所，应选用具有相应防护措施且不影响细水雾喷放效果的喷头。

2）对于电子信息系统机房的地板夹层，宜选择适用于低矮空间的喷头。

3）对于闭式系统，应选择响应时间指数（RTI）≤50（m·s）$^{0.5}$的喷头，其公称动作温度宜高于环境最高温度30℃，且同一防护区内应采用相同热敏性能的喷头。

（2）对于腐蚀性环境应选用用防腐材料或具有防腐镀层的喷头。

（3）对于电气火灾危险场所的细水雾灭火系统不宜采用撞击雾化型细水雾喷头。

2. 喷头的布置要求

（1）闭式系统喷头布置要求

《细水雾》第3.2.2条：闭式系统的喷头布置应能保证细水雾喷放均匀、完全覆盖保护区域，并应符合下列规定：

1）喷头与墙壁的距离≤喷头最大布置间距的1/2。

2）喷头与其他遮挡物的距离应保证遮挡物不影响喷头正常喷放细水雾；当无法避免时，应采取补偿措施。

3）喷头的感温组件与顶棚或梁底的距离≥75mm，并≤150mm。当场所内设置吊顶时，喷头可贴邻吊顶布置。

（2）开式系统喷头布置要求

《细水雾》第3.2.3条：开式系统的喷头布置应能保证细水雾喷放均匀并完全覆盖保护区域，并应符合下列规定：

1）喷头与墙壁的距离不应大于喷头最大布置间距的1/2。

2）喷头与其他遮挡物的距离应保证遮挡物不影响喷头正常喷放细水雾；当无法避免时，应采取补偿措施。

3）对于电缆隧道或夹层，喷头宜布置在电缆隧道或夹层的上部，并应能使细水雾完全覆盖整个电缆或电缆桥架。

（3）局部应用方式的开式系统喷头布置要求

《细水雾》第3.2.4条：采用局部应用方式的开式系统，其喷头布置应能保证细水雾完全包络或覆盖保护对象或部位，喷头与保护对象的距离≥0.5m。用于保护室内油浸变压器时，喷头的布置尚应符合下列规定：

1）当变压器高度超过4m时，喷头宜分层布置。

2）当冷却器距变压器本体超过0.7m时，应在其间隙内增设喷头。

3）喷头不应直接对准高压进线套管。

4）当变压器下方设置集油坑时，喷头布置应能使细水雾完全覆盖集油坑。

（4）喷头与无绝缘带电设备的间距要求，见表3.5-5。

表3.5-5　喷头与无绝缘带电设备的最小距离

带电设备额定电压等级 V/kV	距离/m
$110 < V \leqslant 220$	≥2.2
$35 < V \leqslant 110$	≥1.1
$V \leqslant 35$	≥0.5

（5）喷头备品

《细水雾》第 3.2.6 条：系统应按喷头的型号规格储存备用喷头，其数量不应小于相同型号规格喷头实际设计使用总数的 1%，且分别不应少于 5 只。

5.6.2 控制阀组

1. 控制阀的选择

（1）雨淋阀：中、低压细水雾灭火系统的控制阀可以采用雨淋阀。

（2）分配阀：高压细水雾灭火系统的控制阀组通常采用分配阀，它类似于卤代烷灭火系统中的选择阀，但它不仅具备了选择阀的功能，而且具有启动系统和关闭系统双重功能；也可采用电动阀和手动阀组合的方式完成控水阀组的功能。

2. 控制阀的设置

（1）《细水雾》第 3.3.2 条：开式系统应按防护区设置分区控制阀。每个分区控制阀上或阀后邻近位置，宜设置泄放试验阀。

（2）第 3.3.3 条：闭式系统应按楼层或防火分区设置分区控制阀。分区控制阀应为带开关锁定或开关指示的阀组。

3. 动作信号反馈装置

《细水雾》第 3.3.4 条：分区控制阀宜靠近防护区设置，并应设置在防护区外便于操作、检查和维护的位置。分区控制阀上宜设置系统动作信号反馈装置。当分区控制阀上无系统动作信号反馈装置时，应在分区控制阀后的配水干管上设置系统动作信号反馈装置。

5.6.3 过滤装置

过滤装置是细水雾灭火系统中的重要组件之一，在细水雾灭火系统中常用的过滤装置是 Y 型过滤器。过滤器的设置应符合下列要求：

（1）系统控制阀组前的管道应就近设过滤器；当细水雾喷头无滤网时，雨淋控制阀组后应设过滤器；最大的过滤器过滤等级或目数应保证不大于喷头最小过流尺寸的 80%。

（2）在每一个细水雾喷头的供水侧应设一个喷头过滤网，对于喷口最小过流尺寸大于 1.2mm 的多喷嘴喷头或喷口最小过流尺寸大于 2mm 的单喷嘴喷头，可不设喷头过滤网。

（3）管道过滤器的最小尺寸应根据系统的最大过流流量和工作压力确定。

（4）管道过滤器应具有防锈功能，并设在便于维护、更换的位置，应设旁通管，以便清洗。

5.6.4 末端试水装置

（1）《细水雾》第 3.3.5 条：闭式系统的最高点处宜设置手动排气阀，每个分区控制阀后的管网应设置试水阀，并应符合下列规定：

1）试水阀前应设置压力表。

2）试水阀出口的流量系数应与一只喷头的流量系数等效。

3）试水阀的接口大小应与管网末端的管道一致，测试水的排放不应对人员和设备等造成危害。

（2）细水雾灭火系统的开式系统应在分区控制阀上或阀后邻近位置设置泄放试验阀。

5.6.5　系统管网

（1）《细水雾》第3.3.6条：采用全淹没应用方式的开式系统，其管网宜均衡布置。

（2）《细水雾》第3.3.7条：系统管网的最低点处应设置泄水阀。

（3）《细水雾》第3.3.8条：对于油浸变压器，系统管道不宜横跨变压器的顶部，且不应影响设备的正常操作。

（4）《细水雾》第3.3.9条：系统管道应采用防晃金属支、吊架固定在建筑构件上。支、吊架应能承受管道充满水时的重量及冲击，其间距不应大于表3.5-6的规定。

表3.5-6　系统管道支、吊架的间距

管道外径/mm	≤16	20	24	28	32	40	48	60	≥76
最大间距/m	1.5	1.8	2.0	2.2	2.5	2.8	2.8	3.2	3.8

（5）《细水雾》第3.3.10条：系统管道应采用冷拔法制造的奥氏体不锈钢钢管，或其他耐腐蚀和耐压性能相当的金属管道。管道的材质和性能应符合现行国家标准《流体输送用不锈钢无缝钢管》GB/T 14976和《流体输送用不锈钢焊接钢管》GB/T 12771的有关规定。

（6）《细水雾》第3.3.10条：系统最大工作压力≥3.50MPa时，应采用符合现行国家标准《不锈钢和耐热钢牌号及化学成分》GB/T 20878中规定牌号为022Cr17Ni12Mo2的奥氏体不锈钢无缝钢管，或其他耐腐蚀和耐压性能不低于牌号为022Cr17Ni12Mo2的金属管道。

（7）《细水雾》第3.3.11条：系统管道连接件的材质应与管道相同。系统管道宜采用专用接头或法兰连接，也可采用氩弧焊焊接。

（8）《细水雾》第3.3.12条：系统组件、管道和管道附件的公称压力≥系统的最大设计工作压力。对于泵组系统，水泵吸水口至储水箱之间的管道、管道附件、阀门的公称压力≥1.0MPa。

（9）《细水雾》第3.3.13条：设置在有爆炸危险环境中的系统，其管网和组件应采取静电导除措施。

5.6.6　系统控制

（1）《细水雾》第3.6.1条：瓶组系统应具有自动、手动和机械应急操作控制方式，其机械应急操作应能在瓶组间内直接手动启动系统。泵组系统应具有自动、手动控制方式。

（2）《细水雾》第3.6.2条：开式系统的自动控制应能在接收到两个独立的火灾报警信号后自动启动。闭式系统的自动控制应能在喷头动作后，由动作信号反馈装置直接联锁自动启动。

（3）《细水雾》第3.6.4条：手动启动装置和机械应急操作装置应能在一处完成系统启动的全部操作，并应采取防止误操作的措施。

《细水雾》第3.6.6条：开式系统分区控制阀应符合下列规定：

1）应具有接收控制信号实现启动、反馈阀门启闭或故障信号的功能。

2）应具有自动、手动启动和机械应急操作启动功能，关闭阀门应采用手动操作方式。

3）应在明显位置设置对应于防护区或保护对象的永久性标识，并应标明水流方向。

《细水雾》第 3. 6. 7 条：火灾报警联动控制系统应能远程启动水泵或瓶组、开式系统分区控制阀，并应能接收水泵的工作状态、分区控制阀的启闭状态及细水雾喷放的反馈信号。

历年真题研究

【2015-41】基于细水雾灭火系统的灭火机理，下列场所中，不适用于细水雾灭火系统扑救的是（　　）。

A. 电缆夹层　B. 柴油发电机　C. 锅炉房　D. 电石仓库

【答案】D

【解析】见本章内容。

【2016-45】下列关于细水喷雾灭火系统联动控制的做法中，错误的是（　　）。

A. 开式系统在接收到两个不同类型的火灾报警信号后自动启动

B. 开式系统在接收到两个独立回路中相同类型的两个火灾报警信号后自动启动

C. 闭式系统在喷头动作后，由压力开关直接连锁自动启动

D. 闭式系统在喷头动作后，由分区控制阀启闭信号自动启动

【答案】D

【解析】闭式系统的自动控制应能在喷头动作后，由动作信号反馈装置直接联锁自动启动。D 选项错误。

【2017-74】细水雾灭火系统按供水方式分类，可分为泵组式系统、瓶组与泵组结合式系统和（　　）。

A. 低压系统　B. 瓶组式系统　C. 中压系统　D. 高压系统

【答案】B

【解析】详见本章内容。

【2018-76】某文物库采用细水雾灭火系统进行保护，系统选型为全淹没应用方式的开式系统，该系统最不利点喷头的最低工作压力为（　　）。

A. 0. 1MPa　B. 1. 0MPa　C. 1. 6MPa　D. 1. 2MPa

【答案】D

【解析】详见本章内容。

第 6 章　气体灭火系统

助考知识要点

◆二氧化碳灭火系统：窒息和冷却作用

◆七氟丙烷灭火系统：属卤代烷灭火剂系列，灭火能力强、灭火剂性能稳定，分解产物对人有毒性危害

◆IG-541 混合气体灭火系统：是一种无毒、无色、无味、不导电的洁净气体灭火系统

◆惰性气体灭火系统：IG01（氩气）灭火系统、IG100（氮气）灭火系统、IG55（氩气、氮气）灭火系统、IG541（氩气、氮气、二氧化碳）灭火系统

记忆思维导图（图 3. 6-1）

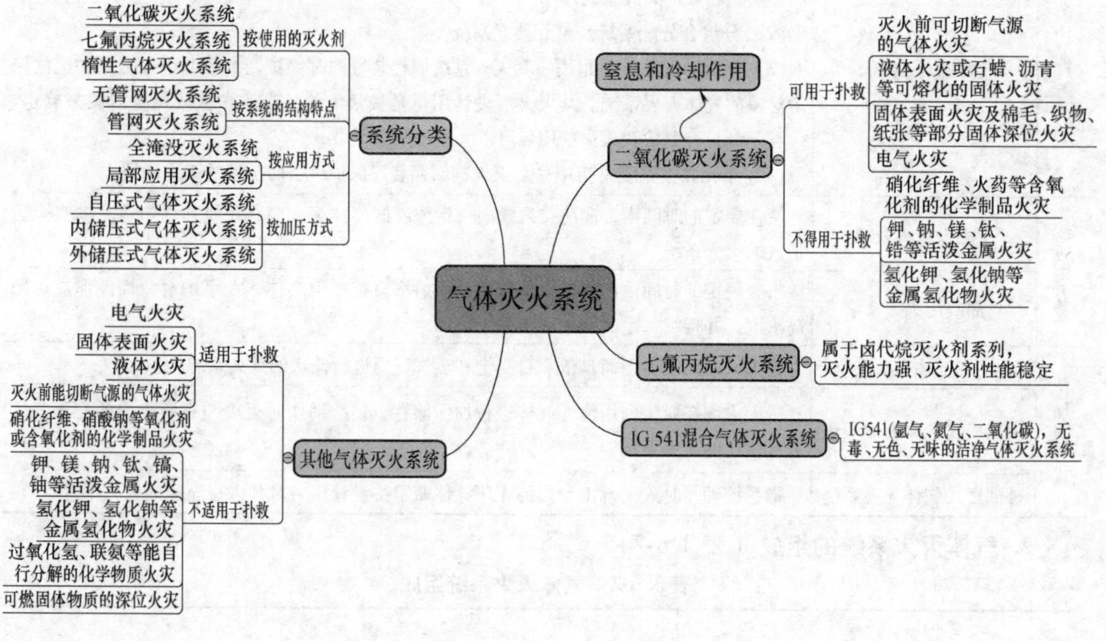

图 3. 6-1　气体灭火系统记忆思维导图

内容归纳解析

6. 1　系统分类及组成

1. 气体灭火系统分类（表 3. 6-1）

表 3.6-1　气体灭火系统分类

分类	灭火系统	灭火特点
按使用的灭火剂	二氧化碳灭火系统	(1) 具有窒息和冷却作用 (2) 按灭火剂储存压力不同可分为高压系统（灭火剂在常温下储存）和低压系统（灭火剂在 -18℃～-20℃低温下储存） (3) 管网起点计算压力（绝对压力）：高压系统应取 5.17MPa，低压系统应取 2.07MPa
	七氟丙烷灭火系统	(1) 属于卤代烷灭火剂系列，具有灭火能力强、灭火剂性能稳定的特点 (2) 七氟丙烷灭火剂及其分解产物对人有毒性危害
	惰性气体灭火系统	(1) 包括：IG01（氩气）灭火系统、IG100（氮气）灭火系统、IG55（氩气、氮气）灭火系统、IG541（氩气、氮气、二氧化碳）灭火系统 (2) 惰性气体是一种无毒、无色、无味及不导电的气体，为洁净气体灭火系统
按系统的结构特点	无管网灭火系统	(1) 指按一定的应用条件，将灭火剂储存装置和喷放组件等预先设计、组装成套且具有联动控制功能的灭火系统，又称预制灭火系统 (2) 分为柜式气体灭火装置和悬挂式气体灭火装置两种类型 (3) 适应于较小的、无特殊要求的防护区
	管网灭火系统	(1) 指按一定的应用条件进行计算，将灭火剂从储存装置经由干管、支管输送至喷放组件实施喷放的灭火系统 (2) 分组合分配系统和单元独立系统 (3) 组合分配系统是指用一套灭火系统储存装置同时保护两个或两个以上防护区或保护对象的气体灭火系统。其灭火剂设计用量是按最大的一个防护区或保护对象来确定。优点是储存容器数和灭火剂用量可以大幅度减少 (4) 单元独立系统是指用一套灭火剂储存装置保护一个防护区的灭火系统
按应用方式	全淹没灭火系统	指在规定的时间内，向防护区喷射一定浓度的气体灭火剂，并使其均匀地充满整个防护区的灭火系统
	局部应用灭火系统	指在规定的时间内向保护对象以设计喷射率直接喷射气体，在保护对象周围形成局部高浓度，并持续一定时间的灭火系统
按加压方式	自压式气体灭火系统	指灭火剂无须加压而是依靠自身饱和蒸气压力进行输送的灭火系统
	内储压式气体灭火系统	指灭火剂在瓶组内用惰性气体进行加压储存，系统动作时灭火剂靠瓶组内的充压气体进行输送的灭火系统
	外储压式气体灭火系统	指系统动作时灭火剂由专设的充压气体瓶组按设计压力对其进行充压的灭火系统

2. 气体灭火系统的组成（表 3.6-2）

表 3.6-2　气体灭火系统组成

系统	组成
高压二氧化碳灭火系统、内储压式七氟丙烷灭火系统	由灭火剂瓶组、驱动气体瓶组（可选）、单项阀、选择阀、驱动装置、集流管、连接管、喷头、信号反馈装置、安全泄放装置、控制盘、检漏装置、管道管件及吊钩支架等组成
外储压式七氟丙烷灭火系统	由灭火剂瓶组、加压气体瓶组、驱动气体瓶组（可选）、单项阀、选择阀、减压装置、驱动装置、集流管、连接管、喷头、信号反馈装置、安全泄放装置、控制盘、检漏装置、管道管件及吊钩支架等组成
惰性气体灭火系统	由灭火剂瓶组、驱动气体瓶组（可选）、单项阀、选择阀、减压装置、驱动装置、集流管、连接管、喷头、信号反馈装置、安全泄放装置、控制盘、检漏装置、管道管件及吊钩支架等组成

（续）

系　统		组　成
低压二氧化碳灭火系统		由灭火剂储存装置、总控阀、驱动器、喷头、管道超压泄放装置、信号反馈装置、控制器等组成
无管网灭火系统	柜式气体灭火装置	由灭火剂瓶组、驱动气体瓶组（可选）、容器阀、减压装置（针对惰性气体灭火装置）、驱动装置、集流管（只限多瓶组）、连接管、喷头、信号反馈装置、安全泄放装置、控制盘、检漏装置、管道管件等组成
	悬挂式气体灭火装置	由灭火剂储存容器、启动释放组件、悬挂支架等组成

6.2　系统工作原理及控制方式

1. 系统工作原理

（1）高压二氧化碳灭火系统、内储压式七氟丙烷灭火系统与惰性气体灭火系统

当防护区发生火灾，产生烟雾、高温和光辐射使烟感、温感、感光等探测器探测到火灾信号，探测器将火灾信号转变为电信号传送到报警灭火控制器，控制器自动发出声光报警并经逻辑判断后，启动联动装置，经过一段时间延时，发出系统启动信号，启动驱动气体瓶组上的容器阀释放驱动气体，打开通向发生火灾的防护区的选择阀，同时打开灭火剂瓶组的容器阀，各瓶组的灭火剂经连接管汇集到集流管，通过选择阀到达安装在防护区内的喷头进行喷放灭火，同时安装在管道上的信号反馈装置动作，将信号传送到控制器，由控制器启动防护区外的释放警示灯和警铃。高压二氧化碳灭火系统原理如图3.6-2所示。

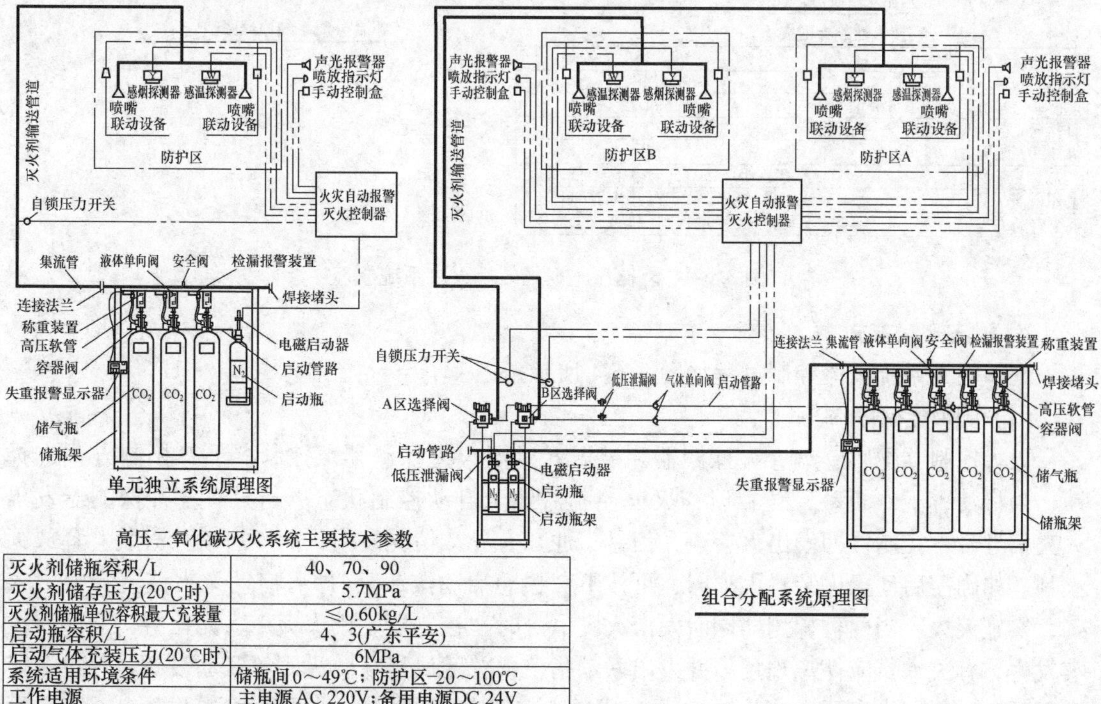

高压二氧化碳灭火系统主要技术参数

灭火剂储瓶容积/L	40、70、90
灭火剂储存压力(20℃时)	5.7MPa
灭火剂储瓶单位容积最大充装量	≤0.60kg/L
启动瓶容积/L	4、3(广东平安)
启动气体充装压力(20℃时)	6MPa
系统适用环境条件	储瓶间0～49℃；防护区-20～100℃
工作电源	主电源AC 220V；备用电源DC 24V
功率消耗	警戒时≤15W；报警时≤30W
系统启动方式	自动控制、手动控制、机械应急操作

图3.6-2　高压二氧化碳灭火系统原理

另外，通过压力开关监测系统是否正常工作，若启动指令发出，而压力开关的信号未反馈，则说明系统存在故障，值班人员应在听到事故报警后尽快到储瓶间，手动开启储存容器上的容器阀，实施人工启动灭火。

（2）外储压式七氟丙烷灭火系统

控制器发出系统启动信号，启动驱动气体瓶组上的容器阀释放驱动气体，打开通向发生火灾的防护区的选择阀，同时加压单元气体瓶组的容器阀，加压气体经减压进入灭火剂瓶组，加压后的灭火剂经连接管汇集到集流管，通过选择阀到达安装在防护区内的喷头进行喷放灭火。外储压式七氟丙烷灭火系统原理如图 3.6-3 所示。

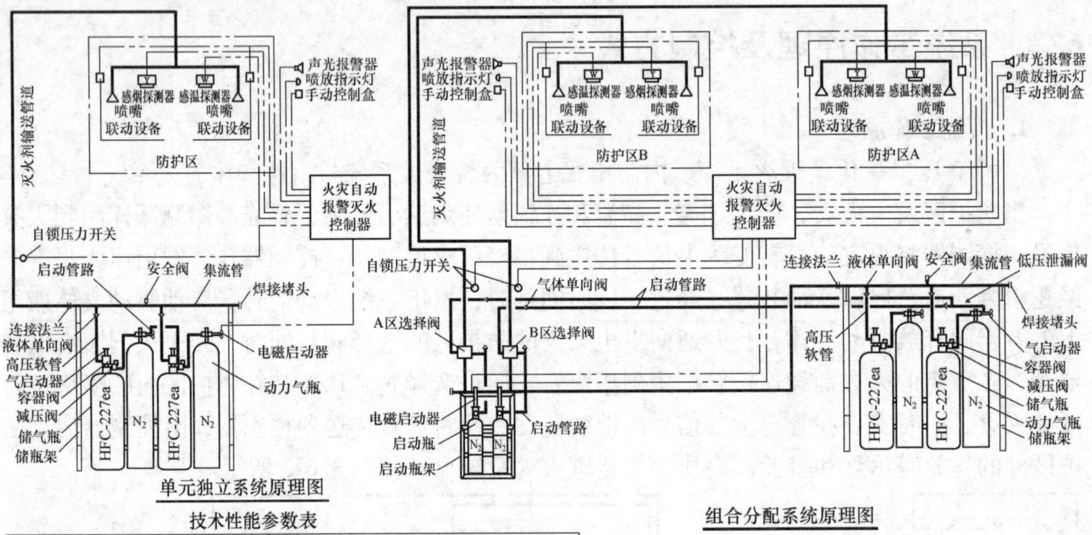

技术性能参数表

灭火剂储瓶容积/L	90、180
灭火剂储存压力(20℃时)	0.39MPa
储瓶单位容积灭火剂最大充装量	1.25kg/L
动力气瓶容积/L	70
动力气充装压力(20℃时)	12MPa
系统适应环境条件	储瓶间 -10～50℃；防护区不低于0℃
工作电源	主电源 AC 220V；备用电源DC 24V
系统启动方式	自动控制、手动控制、机械应急操作

图 3.6-3　外储压式七氟丙烷灭火系统原理

2. 系统控制方式

气体灭火系统具体控制过程如图 3.6-4 所示。

（1）自动控制方式

灭火控制器配有感烟火灾探测器和定温式感温火灾探测器。控制器上有控制方式选择锁，当将其置于“自动”位置时，灭火控制器处于自动控制状态。当只有一种探测器发出火灾信号时，控制器即发出火警声光信号，通知有异常情况发生，而不启动灭火装置释放灭火剂。如确需启动灭火装置灭火时，可按下“紧急启动按钮”，即可启动灭火装置释放灭火剂，实施灭火。当两种探测器同时发出火灾信号时，控制器发出火灾声、光信号，通知有火灾发生，有关人员应撤离现场，并发出联动指令，关闭风机、防火阀等联动设备，经过一段时间延时后，即发出灭火指令，打开电磁阀，启动气体打开容器阀，释放灭火剂，实施灭火；如在报警过程中发现不需要启动灭火装置，可按下保护区外的或控制操作面板上的“紧急停止按钮”，即可终止控制灭火指令的发出。

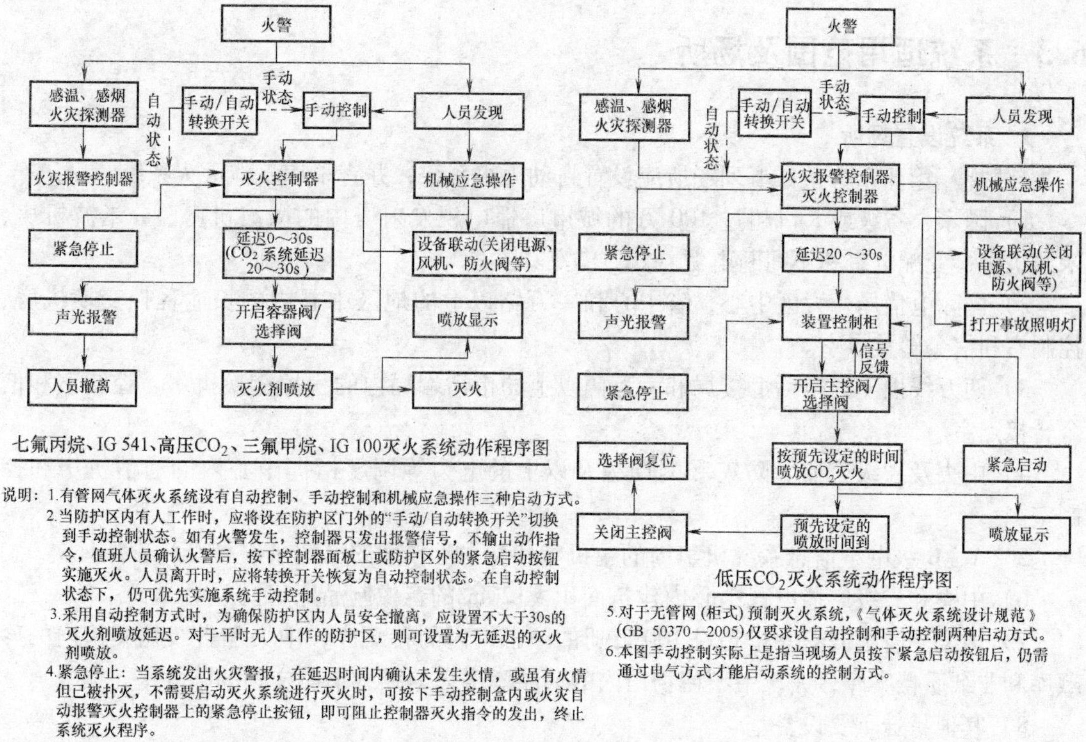

图3.6-4 气体灭火系统动作程序

（2）手动控制方式

将控制器上的控制方式选择锁置于“手动”位置时，灭火控制器处于手动控制状态。这时，当火灾探测器发出火警信号时，控制器即发出火灾声、光报警信号，而不启动灭火装置，需经人员观察，确认火灾已发生时，可按下保护区外或控制器操作面板上的“紧急启动按钮”，即可启动灭火装置，释放灭火剂，实施灭火。但报警信号仍存在。无论装置处于自动或手动状态，按下任何紧急启动按钮，都可启动灭火装置，释放灭火剂，实施灭火，同时控制器立即进入灭火报警状态。

（3）应急机械启动工作方式

在控制器失效且职守人员判断为火灾时，应立即通知现场所有人员撤离现场，在确定所有人员撤离现场后，方可按以下步骤实施应急机械启动：手动关闭联动设备并切断电源；打开对应保护区选择阀；成组或逐个打开对应保护区储瓶组上的容器阀，即刻实施灭火。

（4）紧急启动/停止工作方式

用于紧急状态情况下。情况一，当职守人员发现火情而此时气体灭火控制器未发出声光报警信号，应立即通知现场所有人员撤离，在确定所有人员撤离现场后，方可按下紧急启动/停止按钮，系统立即实施灭火操作；情况二，当气体灭火控制器发出声光报警信号并正处于延时阶段时，如发现为误报火警时可立即按下紧急启动/停止按钮，系统将停止实施灭火操作，以避免不必要的损失。

6.3 系统适用范围及场所

1. 系统设置场所

《建规》第 8.3.9 条：下列场所应设置自动灭火系统，并宜采用气体灭火系统。

1）国家、省级或人口超过 100 万的城市广播电视发射塔内的微波机房、分米波机房、米波机房、变配电室和不间断电源（UPS）室。

2）国际电信局、大区中心、省中心和一万路以上的地区中心内的长途程控交换机房、控制室和信令转接点室。

3）两万线以上的市话汇接局和六万门以上的市话端局内的程控交换机房、控制室和信令转接点室。

4）中央及省级公安、防灾和网局级及以上的电力等调度指挥中心内的通信机房和控制室。

5）A、B 级电子信息系统机房内的主机房和基本工作间的已记录磁（纸）介质库。

6）中央和省级广播电视中心内建筑面积≥120m^2的音像制品库房。

7）国家、省级或藏书量超过 100 万册的图书馆内的特藏库；中央和省级档案馆内的珍藏库和非纸质档案库；大、中型博物馆内的珍品库房；一级纸绢质文物的陈列室。

8）其他特殊重要设备室。

9）本条第 1、4、5、8 款规定的部位，可采用细水雾灭火系统。

2. 系统适用范围

气体灭火系统根据其灭火剂种类、灭火机理的不同，其适用的范围见表 3.6-3。

表 3.6-3 气体灭火系统适用范围

气体灭火系统	适用范围	不适用范围
二氧化碳灭火系统	（1）扑救灭火前可切断气源的气体火灾 （2）液体火灾或石蜡、沥青等可熔化的固体火灾 （3）固体表面火灾及棉毛、织物、纸张等部分固体深位火灾 （4）电气火灾	不得用于： （1）硝化纤维、火药等含氧化剂的化学制品火灾 （2）钾、钠、镁、钛、锆等活泼金属火灾 （3）氢化钾、氢化钠等金属氢化物火灾
七氟丙烷灭火系统	（1）扑救电气火灾 （2）液体表面火灾或可熔化的固体火灾 （3）固体表面火灾 （4）灭火前可切断气源的气体火灾	不得用于： （1）含氧化剂的化学制品及混合物，如硝化纤维、硝酸钠等 （2）活泼金属，如钾、钠、镁、钛、锆、铀等；金属氢化物，如氢化钾、氢化钠等 （3）能自行分解的化学物质，如过氧化氢、联胺等
其他气体灭火系统	（1）电气火灾 （2）固体表面火灾 （3）液体火灾 （4）灭火前能切断气源的气体火灾	不适用于： （1）硝化纤维、硝酸钠等氧化剂或含氧化剂的化学制品火灾 （2）钾、镁、钠、钛、锆、铀等活泼金属火灾 （3）氢化钾、氢化钠等金属氢化物火灾；过氧化氢、联胺等能自行分解的化学物质火灾 （4）可燃固体物质的深位火灾

6.4　系统设计参数

6.4.1　防护区的设置要求

（1）防护区的划分

《气规》第3.2.4条：防护区划分应符合下列规定：

1）防护区宜以单个封闭空间划分；同一区间的吊顶层和地板下需同时保护时，可合为一个防护区。

2）采用管网灭火系统时，一个防护区的面积≤800m^2，且容积≤3600m^3。

3）采用预制灭火系统时，一个防护区的面积≤500m^2，且容积≤1600m^3。

（2）耐火性能

1）《气规》第3.2.5条：防护区围护结构及门窗的耐火极限均≥0.5h；吊顶的耐火极限≥0.25h。

2）全淹没灭火系统防护区建筑物构件耐火时间（一般为30min）包括：探测火灾时间、延时时间、释放灭火剂时间及保持灭火剂设计浓度的浸渍时间。延时时间为30s、释放灭火剂时间对于扑救表面火灾不应大于1min；对于扑救固体深位火灾不应大于7min。

（3）耐压性能

《气规》第3.2.6条：防护区围护结构承受内压的允许压强，不宜低于1200Pa。

（4）泄压能力

1）《气规》第3.2.7条：防护区应设置泄压口，七氟丙烷灭火系统的泄压口应位于防护区净高的2/3以上。

2）第3.2.8条：防护区设置的泄压口，宜设在外墙上。泄压口面积按相应气体灭火系统设计规定计算。

（5）封闭性能：第3.2.9条：喷放灭火剂前，防护区内除泄压口外的开口应能自行关闭。

（6）环境温度：第3.2.10条：防护区的最低环境温度不应低于－10℃。

6.4.2　安全要求

（1）《气规》第6.0.1条：防护区应有保证人员在30s内疏散完毕的通道和出口。

（2）《气规》第6.0.2条：防护区内的疏散通道及出口，应设应急照明与疏散指示标志。防护区内应设火灾声报警器，必要时，可增设闪光报警器。防护区的入口处应设火灾声、光报警器和灭火剂喷放指示灯，以及防护区采用的相应气体灭火系统的永久性标志牌。灭火剂喷放指示灯信号，应保持到防护区通风换气后，以手动方式解除。

（3）《气规》第6.0.3条：防护区的门应向疏散方向开启，并能自行关闭；用于疏散的门必须能从防护区内打开。

（4）《气规》第6.0.4条：灭火后的防护区应通风换气，地下防护区和无窗或设固定窗扇的地上防护区，应设置机械排风装置，排风口宜设在防护区的下部并应直通室外。

（5）《气规》第6.0.5条：储瓶间的门应向外开启，储瓶间内应设应急照明；储瓶间应有良好的通风条件，地下储瓶间应设机械排风装置，排风口应设在下部，可通过排风管排出室外。

（6）《气规》第6.0.6条：经过有爆炸危险及变电、配电室等场所的管网、壳体等金属件应设防静电接地。

（7）《气规》第6.0.8条：防护区内设置的预制灭火系统的充压压力不应大于2.5MPa。

6.4.3 二氧化碳灭火系统的设计

1. 一般规定

（1）《碳规》第3.1.1条：二氧化碳灭火系统按应用方式可分为全淹没灭火系统和局部应用灭火系统。全淹没灭火系统应用于扑救封闭空间内的火灾；局部应用灭火系统应用于扑救不需封闭空间条件的具体保护对象的非深位火灾。

（2）《碳规》第3.1.2条：采用全淹没灭火系统的防护区，应符合下列规定：

1）对气体、液体、电气火灾和固体表面火灾，在喷放二氧化碳前不能自动关闭的开口，其面积不应大于防护区总内表面积的3%，且开口不应设在底面。

2）对固体深位火灾，除泄压口以外的开口，在喷放二氧化碳前应自动关闭。

3）防护区的围护结构及门、窗的耐火极限不应低于0.50h，吊顶的耐火极限不应低于0.25h；围护结构及门窗的允许压强不宜小于1200Pa。

4）防护区用的通风机和通风管道中的防火阀，在喷放二氧化碳前应自动关闭。

（3）《碳规》第3.1.3条：采用局部应用灭火系统的保护对象，应符合下列规定：

1）保护对象周围的空气流动速度不宜大于3m/s。必要时，应采取挡风措施。

2）在喷头与保护对象之间，喷头喷射角范围内不应有遮挡物。

3）当保护对象为可燃液体时，液面至容器边缘口的距离不得小于150mm。

（4）《碳规》第3.1.4条：启动释放二氧化碳之前或同时，必须切断可燃、助燃气体的气源。

（5）《碳规》第3.1.4A条：组合分配系统的二氧化碳储存量，不应小于所需储存量最大的一个防护区或保护对象的储存量。

（6）《碳规》第3.1.5条：当组合分配系统保护5个及以上的防护区或保护对象时，或者在48h内不能恢复时，二氧化碳应有备用量，备用量不应小于系统设计的储存量。

2. 全淹没灭火系统的设计

（1）《碳规》第3.2.1条：二氧化碳设计浓度≥灭火浓度的1.7倍，并不得低于34%。

（2）《碳规》第3.2.2条：当防护区内存有两种及两种以上可燃物时，防护区的二氧化碳设计浓度应采用可燃物中最大的二氧化碳设计浓度。

（3）《碳规》第3.2.8条：全淹没灭火系统二氧化碳的喷放时间≤1min。当扑救固体深位火灾时，喷放时间≤7min，并应在前2min内使二氧化碳的浓度达到30%。

3. 局部应用系统的设计

《碳规》第3.3.2条：局部应用灭火系统的二氧化碳喷射时间≥0.5min。对于燃点温度低于沸点温度的液体和可熔化固体的火灾，二氧化碳的喷射时间≥1.5min。

6.4.4　其他气体灭火系统的设计

1. 一般规定

(1)《气规》第3.1.2条：有爆炸危险的气体、液体类火灾的防护区，应采用惰化设计浓度；无爆炸危险的气体、液体类火灾和固体类火灾的防护区，应采用灭火设计浓度。

(2)《气规》第3.1.3条：几种可燃物共存或混合时，灭火设计浓度或惰化设计浓度，应按其中最大的灭火设计浓度或惰化设计浓度确定。

(3)《气规》第3.1.4条：两个或两个以上的防护区采用组合分配系统时，一个组合分配系统所保护的防护区不应超过8个。

(4)《气规》《气规》第3.1.5条：组合分配系统的灭火剂储存量，应按储存量最大的防护区确定。

(5)《气规》第3.1.6条：灭火系统的灭火剂储存量，应为防护区设计用量与储存容器的剩余量和管网内的剩余量之和。

(6)《气规》第3.1.7条：灭火系统的储存装置72h内不能重新充装恢复工作的，应按系统原储存量的100%设置备用量。

(7)《气规》第3.1.8条：灭火系统的设计温度，应采用20℃。

(8)《气规》第3.1.9条：同一集流管上的储存容器，其规格、充压压力和充装量应相同。

(9)《气规》第3.1.10条：同一防护区，当设计两套或三套管网时，集流管可分别设置，系统启动装置必须共用。各管网上喷头流量均应按同一灭火设计浓度、同一喷放时间进行设计。

(10)《气规》第3.1.11条：管网上不应采用四通管件进行分流。

(11)《气规》第3.1.12条：喷头的保护高度和保护半径，应符合下列规定：

1）最大保护高度≤6.5m。

2）最小保护高度≥0.3m。

3）喷头安装高度<1.5m时，保护半径≤4.5m。

4）喷头安装高度≥1.5m时，保护半径≤7.5m。

(12)《气规》第3.1.13条：喷头宜贴近防护区顶面安装，距顶面的最大距离≤0.5m。

(13)《气规》第3.1.14条：一个防护区设置的预制灭火系统，其装置数量不宜超过10台。

(14)《气规》第3.1.15条：同一防护区内的预制灭火系统装置多于1台时，必须能同时启动，其动作响应时差不得大于2s。

2. 七氟丙烷灭火系统

(1)《气规》第3.3.1条：七氟丙烷灭火系统的灭火设计浓度不应小于灭火浓度的1.3倍，惰化设计浓度不应小于惰化浓度的1.1倍。

(2)《气规》第3.3.6条：防护区实际应用的浓度不应大于灭火设计浓度的1.1倍。

(3)《气规》第3.3.7条：在通信机房和电子计算机房等防护区，设计喷放时间不应大于8s；在其他防护区，设计喷放时间不应大于10s。

(4)《气规》第3.3.8条，灭火浸渍时间应符合下列规定：

1）木材、纸张、织物等固体表面火灾，宜采用20min。

2）通信机房、电子计算机房内的电气设备火灾，应采用5min。

3）其他固体表面火灾，宜采用10min。

4）气体和液体火灾，不应小于1 min。

（5）《气规》第3.3.9条：七氟丙烷灭火系统应采用氮气增压输送。

（6）《气规》第3.3.16条：七氟丙烷气体灭火系统的喷头工作压力的计算结果，应符合下列规定：

1）一级增压储存容器的系统 $P_c \geq 0.6$MPa（绝对压力）。

2）二级增压储存容器的系统 $P_c \geq 0.7$MPa（绝对压力）。

3）三级增压储存容器的系统 $P_c \geq 0.8$MPa（绝对压力）。

3. IG541 混合气体灭火系统

（1）《气规》第3.4.1条：IG541混合气体灭火系统的灭火设计浓度≥灭火浓度的1.3倍，惰化设计浓度≥灭火浓度的1.1倍。

（2）《气规》第3.4.3条：当IG541混合气体灭火剂喷放至设计用量的95%时，喷放时间≤60s且≥48s。

（3）《气规》第3.4.4条：灭火浸渍时间应符合下列规定：

1）木材、纸张、织物等固体表面火灾，宜采用20min。

2）通信机房、电子计算机房内的电气设备火灾，宜采用10min。

3）其他固体表面火灾，宜采用10min。

（4）《气规》第3.4.9条：IG541混合气体灭火系统的喷头工作压力的计算结果，应符合下列规定：

1）一级充压（15MPa）系统，$P_c \geq 2.0$MPa（绝对压力）。

2）二级充压（20MPa）系统，$P_c \geq 2.1$MPa（绝对压力）。

6.5　系统组件及设置要求

6.5.1　二氧化碳灭火系统

二氧化碳灭火系统一般为管网灭火系统，管网灭火系统由灭火剂储存装置、容器阀、选择阀、压力开关、安全阀、喷嘴、管道及其附件等组件组成。

1. 灭火剂储存装置（图3.6-5）

（1）《碳规》第5.5.1条：高压系统的储存装置应由储存容器、容器阀、单向阀、灭火剂泄漏检测装置和集流管等组成，并应符合下列规定：

1）储存容器的工作压力≥15MPa，储存容器或容器阀上应设泄压装置，其泄压动作压力应为19MPa±0.95MPa。

2）储存容器中二氧化碳的充装系数应按国家现行《气瓶安全监察规程》执行。

3）储存装置的环境温度应为0～49℃。

（2）《碳规》第5.1.1A条：低压系统的储存装置应由储存容器、容器阀、安全泄压装置、压力表、压力报警装置和制冷装置等组成，并应符合下列规定：

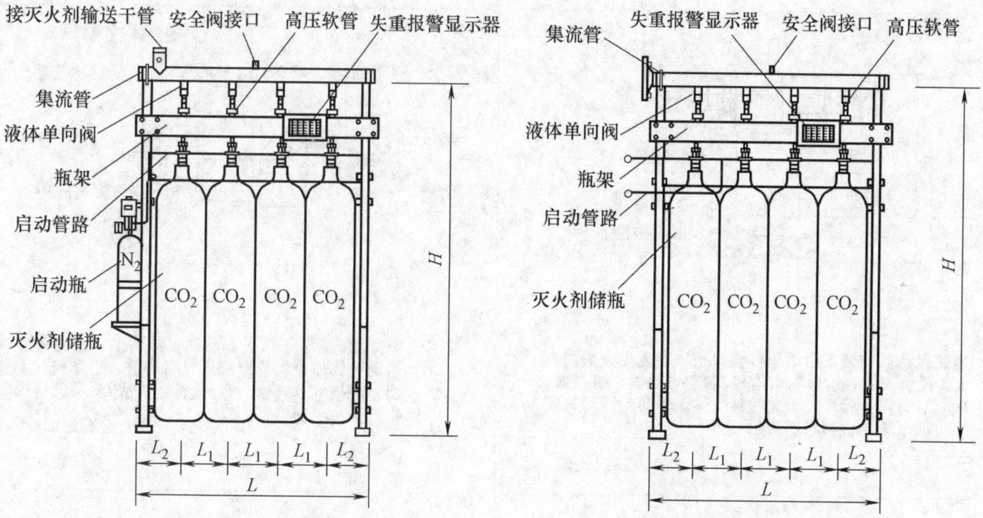

单元独立系统储存装置外形图　　组合分配系统储存装置外形图

图3.6-5　高压二氧化碳灭火系统储存装置

1）储存容器的设计压力不应小于2.5MPa，并应采取良好的绝热措施。储存容器上至少应设置两套安全泄压装置，其泄压动作压力应为2.38MPa±0.12MPa。

2）储存装置的高压报警压力设定值应为2.2MPa，低压报警压力设定值应为1.8MPa。

3）储存容器中二氧化碳的装量系数应按国家现行《固定式压力容器安全技术监察规程》执行。

4）容器阀应能在喷出要求的二氧化碳量后自动关闭。

5）储存装置应远离热源，其位置应便于再充装，其环境温度宜为-23~49℃。

(3)《碳规》第5.1.2条：储存容器中充装的二氧化碳应符合现行国家标准《二氧化碳灭火剂》的规定。

(4)《碳规》第5.1.4条：储存装置应具有灭火剂泄漏检测功能，当储存容器中充装的二氧化碳损失量达到其初始充装量的10%时，应能发出声光报警信号并及时补充。

(5)《碳规》第5.1.6条：储存装置的布置应方便检查和维护，并应避免阳光直射。

(6)《碳规》第5.1.7条：储存装置宜设在专用的储存容器间内。局部应用灭火系统的储存装置可设置在固定的安全围栏内。专用的储存容器间的设置应符合下列规定：

1）应靠近防护区，出口应直接通向室外或疏散走道。

2）耐火等级不应低于二级。

3）室内应保持干燥和良好通风。

4）不具备自然通风条件的储存容器间，应设置机械排风装置，排风口距储存容器间地面高度不宜大于0.5m，排出口应直接通向室外，正常排风量宜按换气次数不小于4次/h确定，事故排风量应按换气次数不小于8次/h确定。

2. 容器阀

容器阀按其结构形式，可分为差动式和膜片式两种。容器阀的启动方式一般有手动启动、气启动、电磁启动和电爆启动等方式。与之对应的启动装置有手动启动器、拉索启动器、气启动器、电磁启动器、电爆启动器等，如图3.6-6所示。

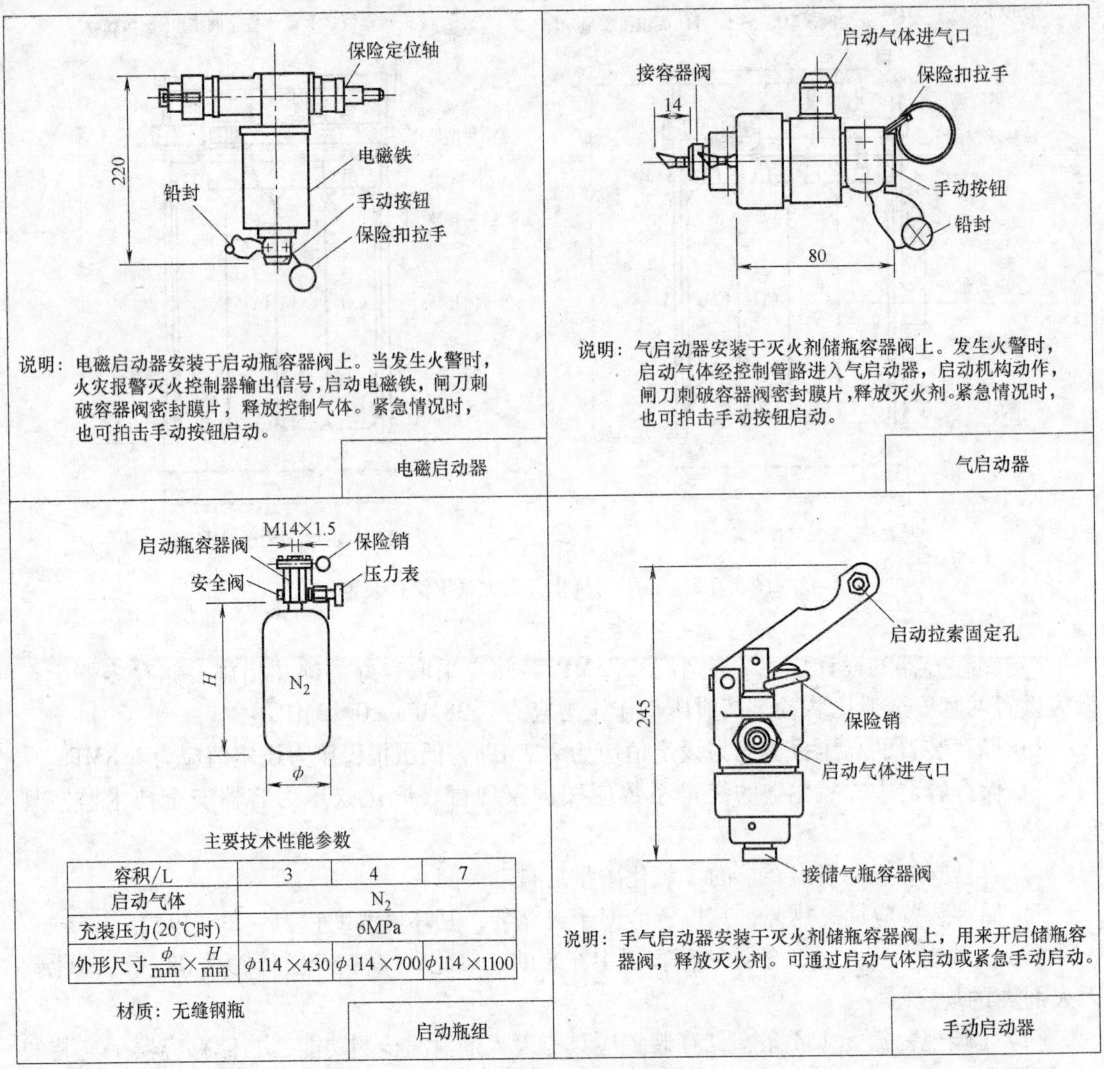

容积/L	3	4	7
启动气体	N_2		
充装压力(20℃时)	6MPa		
外形尺寸 $\frac{\phi}{mm}\times\frac{H}{mm}$	ϕ114 ×430	ϕ114 ×700	ϕ114 ×1100

图 3.6-6　气体灭火系统启动器组件

3. 选择阀

(1)《碳规》第 5.2.1 条：在组合分配系统中，每个防护区或保护对象应设一个选择阀。选择阀应设置在储存容器间内，并应便于手动操作，方便检查维护。选择阀上应设有标明防护区的铭牌。

(2)《碳规》第 5.2.2 条：选择阀可采用电动、气动或机械操作方式。选择阀的工作压力：高压系统不应小于 12MPa，低压系统不应小于 2.5MPa。

(3)《碳规》第 5.2.3 条：系统在启动时，选择阀应在二氧化碳存储容器的容器阀动作之前或同时打开；采用灭火剂自身作为启动气源打开的选择阀，可不受此限。

4. 喷头

(1)《碳规》第 5.2.3A 条：全淹没灭火系统的喷头布置应使防护区内二氧化碳分布均匀，喷头应接近天花板或屋顶安装。

(2)《碳规》第 5.2.4 条：设置在有粉尘或喷漆作业等场所的喷头，应增设不影响喷射效果的防尘罩。

5. 压力开关

压力开关可以将压力信号转换成电气信号，一般设置在选择阀前后，以判断各部位的动作正确与否。

6. 安全阀

安全阀一般设置在储存容器的容器阀上及组合分配系统中的集流管部分。在组合分配系统的集流管部分，由于选择阀平时处于关闭状态，在容器阀的出口处至选择阀的进口端之间形成了一个封闭的空间，因而在此空间内容易形成一个危险的高压区。为了防止储存器发生误喷射，特在集流管末端设置一个安全阀或泄压装置，当压力值超过规定值时，安全阀自动开启泄压以保证管网系统的安全，详见图 3.6-7 所示。

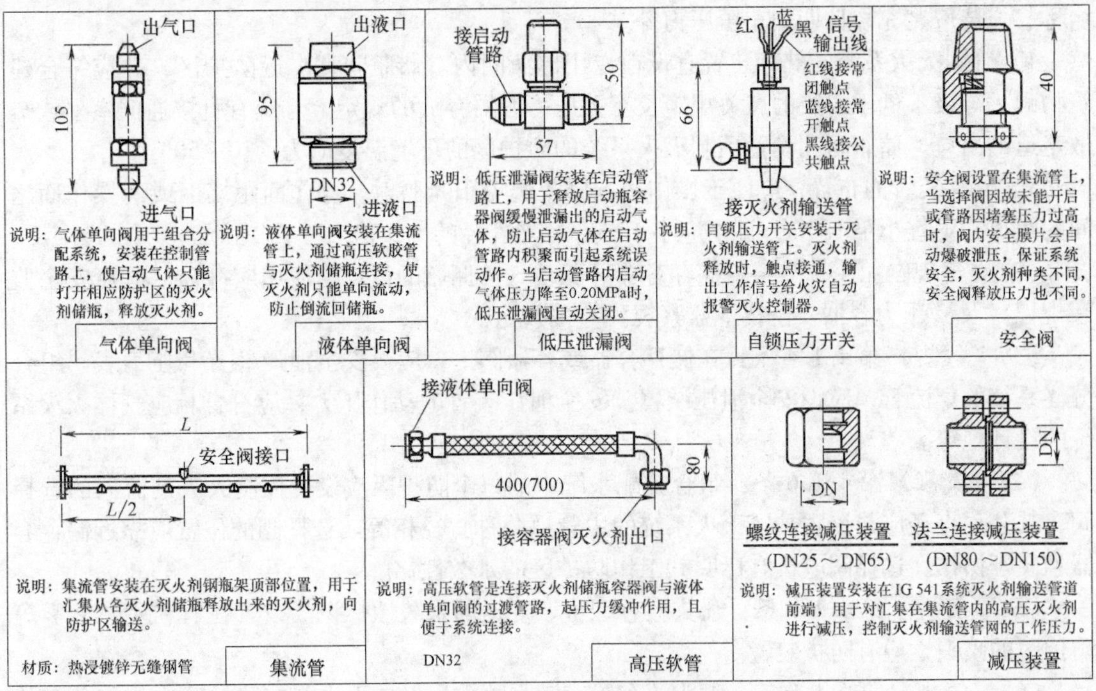

图 3.6-7　气体灭火系统安全阀组件

7. 管道

（1）《碳规》第 5.3.1 条，高压系统管道及其附件应能承受最高环境温度下二氧化碳的储存压力；低压系统管道及其附件应能承受 4.0MPa 的压力，并应符合下列规定：

1）管道应进行内外表面镀锌防腐处理。

2）对镀锌层有腐蚀的环境，管道可采用不锈钢管、铜管或其他抗腐蚀的材料。

3）挠性连接的软管应能承受系统的工作压力和温度，并宜采用不锈钢软管。

（2）《碳规》第 5.3.2 条：管道可采用螺纹连接、法兰连接或焊接。公称直径≤80mm 的管道，宜采用螺纹连接；公称直径大于 80mm 的管道，宜采用法兰连接。

（3）《碳规》第 5.3.2A 条：二氧化碳灭火剂输送管网不应采用四通管件分流。

（4）《碳规》第 5.3.1 条：管网中阀门之间的封闭管段应设置泄压装置，其泄压动作压力：高压系统应为 15MPa ± 0.75MPa，低压系统应为 2.38MPa ± 0.12MPa。

6.5.2　其他气体灭火系统

1. 一般规定

（1）《气规》第4.1.1条，储存装置应符合下列规定：

1）管网系统的储存装置应由储存容器、容器阀和集流管等组成；七氟丙烷和IG541预制灭火系统的储存装置，应由储存容器、容器阀等组成；热气溶胶预制灭火系统的储存装置应由发生剂罐、引发器和保护箱（壳）体等组成。

2）容器阀和集流管之间应采用挠性连接。储存容器和集流管应采用支架固定。

3）储存装置上应设耐久的固定铭牌，并应标明每个容器的编号、容积、皮重、灭火剂名称、充装量、充装日期和充压压力等。

4）管网灭火系统的储存装置宜设在专用储瓶间内。储瓶间宜靠近防护区，并应符合建筑物耐火等级不低于二级的有关规定及有关压力容器存放的规定，且应有直接通向室外或疏散走道的出口。储瓶间和设置预制灭火系统的防护区的环境温度应为-10~50℃。

5）储存装置的布置，应便于操作、维修及避免阳光照射。操作面距墙面或两操作面之间的距离，不宜小于1.0m，且不应小于储存容器外径的1.5倍。

（2）《气规》第4.1.2条：储存容器、驱动气体储瓶的设计与使用应符合《气瓶安全监察规程》及《压力容器安全技术监察规程》的规定。

（3）《气规》第4.1.4条：在储存容器或容器阀上，应设安全泄压装置和压力表。组合分配系统的集流管，应设安全泄压装置。安全泄压装置的动作压力，应符合相应气体灭火系统的设计规定。

（4）《气规》第4.1.6条：组合分配系统中的每个防护区应设置控制灭火剂流向的选择阀，其公称直径应与该防护区灭火系统的主管道公称直径相等。选择阀的位置应靠近储存容器且便于操作。选择阀应设有标明其工作防护区的永久性铭牌。

（5）《气规》第4.1.7条：喷头应有型号、规格的永久性标识。设置在有粉尘、油雾等防护区的喷头，应有防护装置。

（6）《气规》第4.1.8条：喷头的布置应满足喷放后气体灭火剂在防护区内均匀分布的要求。当保护对象属可燃液体时，喷头射流方向不应朝向液体表面。

（7）《气规》第4.1.9条：管道及管道附件应符合下列规定：

1）输送气体灭火剂的管道应采用无缝钢管。无缝钢管内外应进行防腐处理。

2）输送气体灭火剂的管道安装在腐蚀性较大的环境里，宜采用不锈钢管。

3）输送启动气体的管道，宜采用铜管。

4）管道的连接，当公称直径≤80mm时，宜采用螺纹连接；大于80mm时，宜采用法兰连接。

2. 七氟丙烷灭火系统组件专用要求

（1）《气规》第4.2.1条：储存容器或容器阀以及组合分配系统集流管上的安全泄压装置的动作压力，应符合下列规定：

1）储存容器增压压力为2.5MPa时，应为5.0MPa±0.25MPa（表压）。

2）储存容器增压压力为4.2MPa，最大充装量为950kg/m^{3}时，应为7.0MPa±0.35MPa（表压）。最大充装量为1120kg/m^{3}时，应为8.4MPa±0.42MPa（表压）。

3）储存容器增压压力为 5.6MPa 时，应为 10.0MPa ±0.5MPa（表压）。

（2）《气规》第 4.2.2 条：增压压力为 2.5MPa 的储存容器宜采用焊接容器；增压压力为 4.2MPa 的储存容器，可采用焊接容器或无缝容器；增压压力为 5.6MPa 的储存容器，应采用无缝容器。

（3）《气规》第 4.2.3 条：在容器阀和集流管之间的管道上应设单向阀。

3. IG541 混合气体灭火系统组件专用要求

（1）《气规》第 4.3.1 条：储存容器或容器阀以及组合分配系统集流管上的安全泄压装置的动作压力，应符合下列规定：

1）一级充压（15.0MPa）系统，应为 20.7MPa ±1.0MPa（表压）。

2）二级充压（20.0MPa）系统，应为 27.6MPa ±1.4MPa（表压）。

（2）《气规》第 4.3.1 条：储存容器应采用无缝容器。

4. 操作与控制

（1）《气规》第 5.0.1 条：采用气体灭火系统的防护区，应设置火灾自动报警系统，其设计应符合《火灾自动报警系统设计规范》GB 50116 的规定，并应选用灵敏度级别高的火灾探测器。

（2）《气规》第 5.0.2 条：管网灭火系统应设自动控制、手动控制和机械应急操作三种启动方式。预制灭火系统应设自动控制和手动控制两种启动方式。

（3）《气规》第 5.0.3 条：采用自动控制启动方式时，根据人员安全撤离防护区的需要，应有不大于 30s 的可控延迟喷射；对于平时无人工作的防护区，可设置为无延迟的喷射。

（4）《气规》第 5.0.4 条：灭火设计浓度或实际使用浓度大于无毒性反应浓度（NOAEL 浓度）的防护区和采用热气溶胶预制灭火系统的防护区，应设手动与自动控制的转换装置。当人员进入防护区时，应能将灭火系统转换为手动控制方式；当人员离开时，应能恢复为自动控制方式。防护区内外应设手动、自动控制状态的显示装置。

（5）《气规》第 5.0.5 条：自动控制装置应在接到两个独立的火灾信号后才能启动。手动控制装置和手动与自动转换装置应设在防护区疏散出口的门外便于操作的地方，安装高度为中心点距地面 1.5m。机械应急操作装置应设在储瓶间内或防护区疏散出口门外便于操作的地方。

（6）《气规》第 5.0.6 条：气体灭火系统的操作与控制，应包括对开口封闭装置、通风机械和防火阀等设备的联动操作与控制。

（7）《气规》第 5.0.7 条：设有消防控制室的场所，各防护区灭火控制系统的有关信息，应传送给消防控制室。

（8）《气规》第 5.0.9 条：组合分配系统启动时，选择阀应在容器阀开启前或同时打开。

历年真题研究

【2015-11】某 5 层数据计算机房，层高 5m，每层有 1200m^2 的大空间计算机用房，设置 IG541 组合分配气体灭火系统保护。则该建筑的气体灭火系统防护区最少应划分为（　　）个。

A. 5　B. 6　C. 8　D. 10

【答案】D

【解析】参见本章内容。

【2015 年真题 23】某通信机房设置七氟丙烷预制灭火系统，该系统应有（　　）种启动方式。

A. 1　　B. 2　　C. 3　　D. 4

【答案】B

【解析】参见本章内容。

【2015-34】某通信楼，设置 IG541 管网灭火系统。该系统的机械应急操作装置应设在（　　）。

A. 防护区内　　B. 消防控制室内

C. 贮瓶间内或防护区外便于操作的地方　　D. 防护区液压口处

【答案】C

【解析】参见本章内容。

【2015-81】下列灭火剂中，在灭火过程中含有窒息灭火机理的有（　　）。

A. 二氧化碳　　B. 泡沫　　C. 直流水　　D. 水喷雾　　E. 氮气

【答案】ABDE

【解析】参见本章内容。

【2016-18】下列火灾中，可以采用 IG541 混合气体灭火剂扑救的是（　　）。

A. 硝化纤维、硝酸钠火灾　　B. 精密仪器火灾

C. 钾、钠、镁火灾　　D. 联胺火灾

【答案】B

【解析】参见本章内容。

【2016-20】某大型城市综合体中的变配电间、计算机主机房、通信设备间等场所内设置了组合分配式七氟丙烷气体灭火系统。下列关于该系统组件的说法中，错误的是（　　）。

A. 集流管应设置安全泄压装置

B. 选择阀的公称直径应和与其对应的防护区灭火系统的主管道的公称直径相同

C. 输送启动气体的管道宜采用铜管

D. 输送气体灭火剂的管道必须采用不锈钢管

【答案】D

【解析】输送气体灭火剂的管道应采用无缝钢管，无缝钢管内外应进行防腐处理，安装在腐蚀性较大的环境里，宜采用不锈钢管。D 错误。

【2016-49】下列气体灭火系统分类中，按系统的结构特点进行分类的是（　　）。

A. 二氧化碳灭火系统、七氟丙烷灭火系统、惰性灭火系统和气溶胶灭火系统

B. 管网灭火系统和预制灭火系统

C. 全淹没灭火系统和局部应用灭火系统

D. 自压式气体灭火系统、内储压式气体灭火系统和外储压式气体灭火系统

【答案】B

【解析】参见本章内容。

【2016-64】某电子计算机主机房为无人值守的封闭区域，室内净高为 3.6m，采用全淹没式七氟丙烷灭火系统防护。该防护区设置的泄压口下沿距离防护区楼地板的高度不应低于

（　　）m。

A. 2.4　B. 1.8　C. 3.0　D. 3.2

【答案】A

【解析】参见本章内容。

【2016-92】下列关于气体灭火系统操作和控制的说法中，正确的有（　　）。

A. 组合分配系统启动时，选择阀应在容器阀开启后打开

B. 采用气体灭火系统防护区应选用灵敏度级别高的火灾探测器

C. 自动控制装置应在接到任一火灾信号后联动启动

D. 预制灭火系统应设置自动控制和手动控制两种启动方式

E. 气体灭火系统的操作和控制应包括对防火阀、通风机械、开口封闭装置的联动操作与控制

【答案】BDE

【解析】参见本章内容。

【2017-50】一个防护区内设置5台预制七氟丙烷灭火器装置，启动时其动作响应时差不得大于（　　）s。

A. 1　B. 3　C. 5　D. 2

【答案】D

【解析】参见本章内容。

【2017-68】需24h有人值守的大型通信机房，不应选用（　　）。

A. 二氧化碳灭火系统　B. 七氟丙烷灭火系统

C. IG541灭火系统　D. 细水雾灭火系统

【答案】A

【解析】二氧化碳全淹没灭火系统不应用于经常有人停留的场所（由于二氧化碳灭火时的窒息作用）。

【2017-69】七氟丙烷灭火系统不适用于扑救（　　）。

A. 电气火灾　B. 固体表面火灾

C. 金属氢化物火灾　D. 灭火前能切断气源的气体火灾

【答案】C

【解析】七氟丙烷灭火系统不适用于含氧化剂的化学制品火灾、活泼金属火灾、活泼金属氢化物火灾、能自行分解的化学物质火灾、可燃固体物质的深位火灾。

【2017-题89】管网七氟丙烷灭火系统的控制方式有（　　）。

A. 紧急停止　B. 自动控制启动　C. 手动控制启动

D. 温控启动　E. 机械应急操作启动

【答案】BCE

【解析】参见本章内容。

【2017-93】七氟丙烷的主要灭火机理有（　　）。

A. 降低燃烧反应速度　B. 降低燃烧区可燃气体浓度　C. 隔绝空气

D. 抑制、阻断链式反应　E. 降低燃烧区的温度

【答案】ADE

【解析】七氟丙烷的主要灭火机理为：①化学抑制，七氟丙烷灭火剂能够惰化火焰中的活性自由基，阻断燃烧时的链式反应，D 正确；②冷却，七氟丙烷灭火剂在喷出喷嘴时，液体灭火剂迅速转变成气态需要吸收大量热量，降低了保护区内火焰周围的温度，E 正确；③窒息，保护区内灭火剂的喷放降低了氧气的浓度，降低了燃烧的速度，A 正确。

【2018-2】某电子计算机房，拟采用气体灭火系统，下列气体灭火系统中，设计灭火浓度最低的是（　　）。

A. 氮气灭火系统　　B. IG541 灭火系统

C. 二氧化碳灭火系统　　D. 七氟丙烷灭火系

【答案】D

【解析】七氟丙烷灭火系统，通信机房和电子计算机房等防护区，灭火设计浓度宜采用 8%；IG541 系统，固体表面火灾的灭火浓度为 28.1%；二氧化碳设计浓度不应小于灭火浓度的 1.7 倍，并不得低于 34%；氮气灭火系统，对于经常有人工作的防护区，防护区内灭火剂最大浓度不应超过 43%，对于经常无人工作的防护区，或平时虽有人工作但能确保系统喷放前人员能全部撤离的防护区，防护区内灭火剂最大浓度不宜超过 52%。故 D 正确。

技巧：灭火性能越好，所需要的灭火浓度越低。

【2018-31】某室内净高为 4.0m 的档案馆拟设置七氟丙烷系统灭火系统，根据现行国家标准《气体灭火系统设计规范》（GB 50370），该气体防火系统的下列设计方案中，错误的是（　　）。

A. 泄压口下沿距顶棚为 1.0m　　B. 一套系统保护 5 个防护区

C. 设计喷放时间为 12s　　D. 气体设计浓度为 10%

【答案】C

【解析】根据《气规》第 3.3.7 条，在通信机房和电子计算机房等防护区，设计喷放时间不应大于 8s，在其他防护区，设计喷放时间不应大于 10s。故 C 错误。

【2018-43】根据现行国家标准《气体灭火系统设计规范》，当 IG541 混合气体灭火剂喷放至用量的 95% 时，其最长喷放时间应为（　　）。

A. 30s　　B. 38s　　C. 70s　　D. 60s

【答案】D

【解析】根据《气规》第 3.4.3 条，当 IG541 混合气体灭火剂喷放至设计用量的 95% 时，喷放时间不应大于 60s 且不应小于 48s。故 D 正确。

【2018-95】根据现行国家标准《气体灭火系统设计规范》（GB 50370），下列关于七氟丙烷气体灭火系统的说法，正确的有（　　）

A. 在防护区疏散出口门外应设置气体灭火装置的手动启动和停止装置

B. 手动与自动控制转换状态应在防护区内外的显示装置上显示

C. 同一防护区内多台预制灭火系统装置同时启动的动作响应时差不应大于 2s

D. 防护区外的手动启动按钮按下时，应通过火灾报警控制器联动控制气体灭火装置的启动

E. 防护区最低环境温度不应低于 −15℃

【答案】ABC

【解析】参见本章内容。

第 7 章　泡沫灭火系统

助考知识要点

◆灭火系统机理：隔氧窒息，辐射热阻隔，吸热冷却

◆喷射方式分类：液上喷射，液下喷射，半液下喷射

◆系统结构分类：固定式、半固定式和移动式

◆发泡倍数分类：低倍数（<20）、中倍数（20～200）、高倍数（>200）

◆系统形式分类：全淹没系统，局部应用系统

记忆思维导图（图 3.7-1）

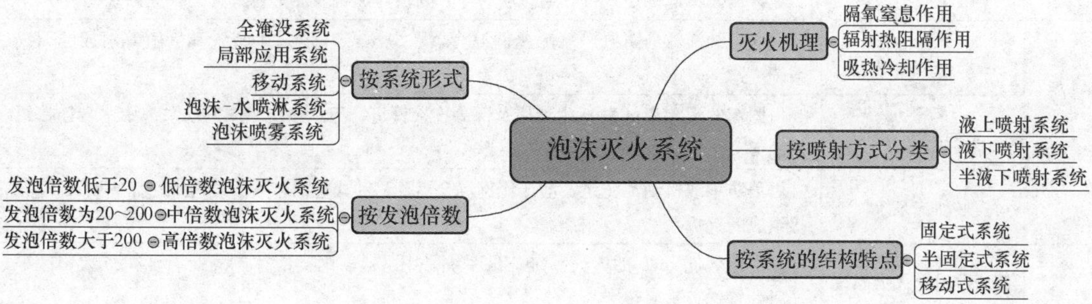

图 3.7-1　泡沫灭火系统记忆思维导图

内容归纳解析

7.1　系统的灭火机理

灭火机理：隔氧窒息，辐射热阻隔，吸热冷却。

（1）隔氧窒息作用。在燃烧物表面形成泡沫覆盖层，使燃烧物的表面与空气隔绝，同时泡沫受热蒸发产生的水蒸气可以降低燃烧物附近氧气的浓度，起到窒息灭火的作用。

（2）辐射热阻隔作用。泡沫层能阻止燃烧区的热量作用于燃烧物质的表面，因此可防止可燃物本身和附近可燃物质的蒸发。

（3）吸热冷却作用。泡沫析出的水对燃烧物表面进行冷却。水溶性液体火灾必须选用抗溶性泡沫液。扑救水溶性液体火灾只能采用液上喷射泡沫，不能采用液下喷射泡沫。对于非溶性液体火灾，当采用液上喷射泡沫灭火时，选用普通蛋白泡沫液，氟蛋白泡沫液或水成膜泡沫液均可。对于非水溶性液体火灾，当采用液下喷射泡沫灭火时，必须选用氟蛋白泡沫液或水成膜泡沫液。泡沫液的储存温度应为0～40℃。

7.2 系统组成及分类

1. 系统的组成

泡沫灭火系统一般由泡沫液、泡沫消防水泵、泡沫混合液泵、泡沫液泵、泡沫比例混合器（装置）、泡沫液压力储罐、泡沫产生装置、火灾探测与启动控制装置、控制阀门及管道等系统组件组成。

2. 系统的分类（表 3.7-1）

表 3.7-1 泡沫灭火系统的分类

方式	分类	特点
按喷射方式	液上喷射系统	泡沫从液面上喷入被保护储罐内的灭火系统，有固定式、半固定式和移动式三种应用形式
	液下喷射系统	泡沫从液面下喷入被保护储罐内的灭火系统。泡沫在注入液体燃烧层下部之后，上升至液体表面并扩散开，形成一个泡沫层的灭火系统
	半液下喷射系统	泡沫从储罐底部注入，并通过软管浮升到液体燃料表面进行灭火的灭火系统
按系统结构	固定式系统	由固定的泡沫消防泵、泡沫比例混合器、泡沫产（发）生装置和管道等组成的灭火系统
	半固定式系统	由固定的泡沫产（发）生装置及部分连接管道，泡沫消防车或机动泵，用水带连接组成的灭火系统
	移动式系统	由消防车或机动消防泵、泡沫比例混合器、移动式泡沫产（发）生装置，用水带等连接组成的灭火系统
按发泡倍数	低倍数泡沫灭火系统	发泡倍数低于20的灭火系统。该系统是甲、乙、丙类液体储罐及石油化工装置区等场所的首选灭火系统
	中倍数泡沫灭火系统	发泡倍数为20～200的灭火系统，多用作辅助灭火设施
	高倍数泡沫灭火系统	发泡倍数大于200的泡沫灭火系统
按系统形式	全淹没系统	由固定式泡沫产生器将泡沫喷放到封闭或被围挡的防护区内，并在规定的时间内达到一定泡沫淹没深度的灭火系统
	局部应用系统	由固定式泡沫产生器直接或通过导泡筒将泡沫喷放到火灾部位的灭火系统
	移动系统	指车载式或便携式系统，可作为固定系统的辅助设施，也可作为独立系统用于某些场所。移动式中倍数泡沫灭火系统适用于发生火灾部位难以接近的较小火灾场所、流淌面积不超过 $100m^2$ 的液体流淌火灾场所
	泡沫-水喷淋系统	由喷头、报警阀组、水流报警装置（水流指示器或压力开关）等组件，以及管道、泡沫液与水供给设施组成，并能在发生火灾时按预定时间与供给强度向防护区依次喷洒泡沫与水的自动灭火系统
	泡沫喷雾系统	采用泡沫喷雾喷头，在发生火灾时按预定时间与供给强度向被保护设备或防护区喷洒泡沫的自动灭火系统

7.3 系统形式的选择

泡沫灭火系统主要适用于提炼、加工生产甲、乙、丙类液体的炼油厂、化工厂、油田、油库，为铁路油槽车装卸油品的鹤管栈桥、码头、飞机库、机场及燃油锅炉房、大型汽车库等。

1. 系统选择基本要求

（1）《泡规》第4.1.2条：储罐区低倍数泡沫灭火系统的选择，应符合下列规定：

1）非水溶性甲、乙、丙类液体固定顶储罐，应选用液上喷射、液下喷射或半液下喷射系统。

2）水溶性甲、乙、丙类液体和其他对普通泡沫有破坏作用的甲、乙、丙类液体固定顶储罐，应选用液上喷射系统或半液下喷射系统。

3）外浮顶和内浮顶储罐应选用液上喷射系统。

4）非水溶性液体外浮顶储罐、内浮顶储罐、直径大于18m的固定顶储罐及水溶性甲、乙、丙类液体立式储罐，不得选用泡沫炮作为主要灭火设施。

5）高度大于7m或直径大于9m的固定顶储罐，不得选用泡沫枪作为主要灭火设施。

（2）《建规》第8.3.10条：甲、乙、丙类液体储罐的灭火系统设置应符合下列规定：

1）单罐容量大于1000m^{3}的固定顶罐应设置固定式泡沫灭火系统。

2）罐壁高度小于7m或容量≤200m^{3}的储罐可采用移动式泡沫灭火系统。

3）其他储罐宜采用半固定式泡沫灭火系统。

2. 系统适用场所（表3.7-2）

表3.7-2　泡沫灭火系统适用场所

泡沫灭火系统		适用场所
中倍数泡沫灭火系统	全淹没系统	（1）小型封闭空间场所 （2）设有阻止泡沫流失的固定围墙或其他围挡设施的小场所
	局部应用系统	（1）四周不完全封闭的A类火灾场所 （2）限定位置的流散B类火灾场所 （3）固定位置面积不大于100m^{2}的流淌B类火灾场所
	移动式系统	（1）发生火灾的部位难以确定或人员难以接近的较小火灾场所 （2）流散的B类火灾场所 （3）不大于100m^{2}的流淌B类火灾场所
高倍数泡沫灭火系统	全淹没系统	（1）封闭空间场所 （2）设有阻止泡沫流失的固定围墙或其他围挡设施的场所
	局部应用系统	（1）四周不完全封闭的A类火灾与B类火灾场所 （2）天然气液化站与接收站的集液池或储罐围堰区
	移动式系统	（1）发生火灾的部位难以确定或人员难以接近的场所 （2）流淌的B类火灾场所 （3）发生火灾时需要排烟、降温或排除有害气体的封闭空间
泡沫-水喷淋系统		（1）具有非水溶性液体泄漏火灾危险的室内场所 （2）存放量不超过25L/m^{2}或超过25L/m^{2}但有缓冲物的水溶性液体室内场所
泡沫喷雾系统		（1）面积不大于200m^{2}的非水溶性液体室内场所 （2）独立变电站的油浸电力变压器

7.4 系统的设计要求

7.4.1 低倍数泡沫灭火系统

1. 一般规定

(1)《泡规》4.1.3 条：储罐区泡沫灭火系统扑救一次火灾的泡沫混合液设计用量，应按罐内用量、该罐辅助泡沫枪用量、管道剩余量三者之和最大的储罐确定。

《泡规》4.1.4 条：设置固定式泡沫灭火系统的储罐区，应配置用于扑救液体流散火灾的辅助泡沫枪，泡沫枪的数量及其泡沫混合液连续供给时间不应小于表 3.7-3 的规定。每支辅助泡沫枪的泡沫混合液流量不应小于 240L/min。

表 3.7-3 泡沫枪数量及其泡沫混合液连续供给时间

油罐直径/m	配备泡沫枪数量/支	连续供给时间/min
≤10	1	10
>10 且≤20	1	20
>20 且≤30	2	20
>30 且≤40	2	30
>40	3	30

(2)《泡规》4.1.8 条：采用固定式泡沫灭火系统的储罐区，宜沿防火堤外均匀布置泡沫消防水泵，且泡沫消火栓的间距不应大于 60m。

(3)《泡规》4.1.10 条：固定式泡沫灭火系统的设计应满足在泡沫消防水泵或泡沫混合液泵启动后，将泡沫混合液或泡沫输送到保护对象的时间不大于 5min。

2. 固定顶储罐

(1)《泡规》4.2.1 条：固定顶储罐的保护面积应按其横截面面积确定。

(2)《泡规》4.2.2 条：泡沫混合液供给强度及连续供给时间应符合下列规定：

1) 非水溶性液体储罐液上喷射系统，其泡沫混合液供给强度和连续供给时间不应小于表 3.7-4 的规定。

表 3.7-4 泡沫混合液供给强度和连续供给时间

系统形式	泡沫液种类	供给强度/[L/(min·m^2)]	连续供给时间/min	
			甲、乙类	丙类
固定、半固定式系统	蛋白	6.0	40	30
	氟蛋白、水成膜、成膜氟蛋白	5.0	45	30
移动式系统	蛋白、氟蛋白	8.0	60	45
	水成膜、成膜氟蛋白	6.5	60	45

注：如果采用大于上表规定的混合液供给强度，混合液连续供给时间可按相应的比例缩短，但不得小于上表规定时间的 80%。

2) 非水溶性液体储罐液下或半液下喷射系统，其泡沫混合液供给强度不应小于 5.0L/(min·m^2)、连续供给时间不应小于 40min。

3）水溶性液体和其他对普通泡沫有破坏作用的甲、乙、丙类液体储罐液上或半液下喷射系统，其泡沫混合液供给强度和连续供给时间不应小于表 3. 7-5 的规定。

表 3. 7-5 泡沫混合液供给强度和连续供给时间

液体类别	供给强度/［L/（min · m^2）］	连续供给时间/min
丙酮、异丙酮、甲级异丁酮	12	30
甲醇、乙醇、正丁醇、丁酮、丙烯腈、醋酸乙酯、醋酸丁酯	12	25
含氧添加剂含量体积比大于 10% 的汽油	6	40

（3）《泡规》4. 2. 6 条：储罐上液上喷射系统泡沫混合液管道的设置，应符合下列规定：

1）每个泡沫产生器应用独立的混合液管道引至防火堤外。

2）除立管外，其他泡沫混合液管道不得设置在罐壁上。

3）连接泡沫产生器的泡沫混合液立管应用管卡固定在罐壁上，管卡间距不宜大于 3m。

4）泡沫混合液的立管下端应设置锈渣清扫口。

3. 外浮顶储罐

（1）《泡规》4. 3. 1 条：钢制单盘式与双盘式外浮顶储罐的保护面积，应按罐壁与泡沫堰板间的环形面积确定。

（2）《泡规》4. 3. 2 条：非水溶性液体的泡沫混合液供给强度≥12. 5L/（min · m^2），连续供给时间≥30min。

（3）《泡规》4. 3. 3 条：外浮顶储罐泡沫堰板的设计，应符合下列规定：

1）当泡沫喷射口设置在罐壁顶部，密封或挡雨板上方时，泡沫堰板应高出密封 0. 2m；当泡沫喷射口设置在金属挡雨板下部时，泡沫堰板高度≥0. 3m。

2）当泡沫喷射口设置在罐壁顶部时，泡沫堰板与罐壁的间距不应小于 0. 6m；当泡沫喷射口设置在浮顶上时，泡沫堰板与罐壁的间距不宜小于 0. 6m。

3）应在泡沫堰板的最低部位设置排水孔，排水孔的开孔面积宜按每 1m^2 环形面积 280m^2 确定，排水孔高度不宜大于 9mm。

4. 内浮顶储罐

（1）《泡规》4. 4. 1 条：钢制单盘式、双盘式与敞口隔舱式内浮顶储罐的保护面积，应按罐壁与泡沫堰板间的环形面积确定；其他内浮顶储罐应按固定顶储罐对待。

（2）《泡规》4. 4. 2 条：钢制单盘式、双盘式与敞口隔舱式内浮顶储罐的泡沫堰板设置、单个泡沫产生器保护周长及泡沫混合液供给强度与连续供给时间，应符合下列规定：

1）泡沫堰板与罐壁的距离不应小于 0. 55m，其高度不应小于 0. 5m。

2）单个泡沫产生器保护周长不应大于 24m。

3）非水溶性液体的泡沫混合液供给强度不应小于 12. 5L/（min · m^2）。

4）水溶性液体的泡沫混合液供给强度不应小于本规范第 4. 2. 2 条第 3 款规定的 1. 5 倍。

5）泡沫混合液连续供给时间不应小于 30min。

5. 其他场所

（1）《泡规》4. 5. 1 条：当甲、乙、丙类液体槽车装卸栈台设置泡沫炮或泡沫枪系统时，应符合下列规定：

1）应能保护泵、计量仪器、车辆及与装卸产品有关的各种设备。

2）火车装卸栈台的泡沫混合液流量不应小于30L/s，

3）汽车装卸栈台的泡沫混合液流量不应小于8L/s。

4）泡沫混合液连续供给时间不应小于30min。

（2）《泡规》4.5.2条：设有围堰的非水溶性液体流淌火灾场所，其保护面积应按围堰包围的地面面积与其中不燃结构占据的面积之差计算，其泡沫混合液供给强度与连续供给时间不应小于表3.7-6的规定。

表3.7-6　泡沫混合液最小供给强度与连续供给时间

泡沫液种类	供给强度/[L/(min·m²)]	连续供给时间/min	
		甲、乙类液体	丙类液体
蛋白、氟蛋白	6.5	40	30
水成膜、成膜氟蛋白	6.5	30	20

（3）《泡规》4.5.3条：当甲、乙、丙类液体泄漏导致的室外流淌火灾场所设置泡沫枪、泡沫炮系统时，应根据保护场所的具体情况确定最大流淌面积，其泡沫混合液供给强度和连续供给时间不应小于表3.7-7的规定。

表3.7-7　泡沫混合液供给强度和连续供给时间

泡沫液种类	供给强度/[L/(min·m²)]	供给时间/min	液体种类
蛋白、氟蛋白	6.5	15	非水溶性液体
水成膜、成膜氟蛋白	5.0	15	
抗溶泡沫	12	15	水溶性液体

7.4.2　中倍数泡沫灭火系统

（1）《泡规》5.1.5条：对于A类火灾场所，局部应用系统的设计应符合下列规定：

1）覆盖保护对象的时间不应大于2min。

2）覆盖保护对象最高点的厚度宜由试验确定

3）泡沫混合液连续供给时间不应小于12min。

（2）《泡规》5.1.6条：对于流散B类火灾场所或面积不大于100m²的流淌B类火灾场所，局部应用系统或移动式系统的泡沫混合液供给强度与连续供给时间，应符合下列规定：

1）沸点不低于45℃的非水溶性液体，泡沫混合液供给强度应大于4L/（min·m²）。

2）室内场所的泡沫混合液连续供给时间应大于10min。

3）室外场所的泡沫混合液连续供给时间应大于15min。

（3）油罐固定式中倍数泡沫灭火系统

1）《泡规》5.2.3条：系统扑救一次火灾的泡沫混合液设计用量，应按罐内用量、该罐辅助泡沫枪用量、管道剩余量三者之和最大的油罐确定。

2）《泡规》5.2.4条：系统泡沫混合液供给强度不应小于4L/（min·m²），连续供给时间不应小于30min。

3）《泡规》5.2.5 条：设置固定式中倍数泡沫灭火系统的油罐区，宜设置低倍数泡沫枪，当设置中倍数泡沫枪时，其数量与连续供给时间，不应小于表 3.7-8 的规定。

表 3.7-8　中倍数泡沫枪数量和连续供给时间

油罐直径/m	泡沫枪流量/（L/s）	泡沫枪数量/支	连续供给时间/min
≤10	3	1	10
>10 且≤20	3	1	20
>20 且≤30	3	2	20
>30 且≤40	3	2	30
>40	3	3	30

4）《泡规》5.2.6 条：泡沫产生器应沿罐周均匀布置，当泡沫产生器数量≥3 个时，可每两个产生器共用一根管道引至防火堤外。

7.4.3　高倍数泡沫灭火系统

1. 全淹没系统

（1）《泡规》6.1.2 条：全淹没系统或固定式局部应用系统应设置火灾自动报警系统，并应符合下列规定：

1）全淹没系统应同时具备自动、手动和应急机械手动启动功能。

2）自动控制的固定式局部应用系统应同时具备手动和应急机械手动启动功能；手动控制的固定式局部应用系统尚应具备应急机械手动启动功能。

3）消防控制中心（室）和防护区应设置声光报警装置。

4）消防自动控制设备宜与防护区内门窗的关闭装置、排气口的开启装置，以及生产、照明电源的切断装置等联动。

（2）《泡规》6.1.3 条：当系统以集中控制方式保护两个或两个以上的防护区时，其中一个防护区发生火灾不应危及其他防护区；泡沫液和水的储备量应按最大一个防护区的用量确定；手动与应急机械控制装置应有标明其所控制区域的标记。

（3）《泡规》6.1.4 条：高倍数泡沫产生器的设置应符合下列规定：

1）高度应在泡沫淹没深度以上。

2）宜接近保护对象，但其位置应免受爆炸或火焰损坏。

3）应使防护区形成比较均匀的泡沫覆盖层。

4）应便于检查、测试及维修。

5）当泡沫产生器在室外或坑道应用时，应采取防止风对泡沫产生器发泡和泡沫分布产生影响的措施。

（4）《泡规》6.2.2 条：全淹没系统的防护区应为封闭或设置灭火所需的固定围挡的区域，且应符合下列规定：

1）泡沫的围挡应为不燃结构，且应在系统设计灭火时间内具备围挡泡沫的能力。

2）在保证人员撤离的前提下，门、窗等位于设计淹没深度以下的开口，应在泡沫喷放前或泡沫喷放的同时自动关闭；对于不能自动关闭的开口，全淹没系统应对其泡沫损失进行相应补偿。

3）利用防护区外部空气发泡的封闭空间，应设置排气口，排气口的位置应避免燃烧产物或其他有害气体回流到高倍数泡沫产生器进气口。

4）在泡沫淹没深度以下的墙上设置窗口时，宜在窗口部位设置网孔基本尺寸不大于3.15mm的钢丝网或钢丝纱窗。

5）排气口在灭火系统工作时应自动或手动开启，其排气速度不宜超过5m/s。

6）防护区内应设置排水设施。

（5）《泡规》6.2.3条：泡沫淹没深度的确定应符合下列规定：

1）当用于扑救A类火灾时，泡沫淹没深度不应小于最高保护对象高度的1.1倍，且应高于最高保护对象最高点0.6m。

2）当用于扑救B类火灾时，汽油、煤油、柴油或苯火灾的泡沫淹没深度应高于起火部位2m；其他B类火灾的泡沫淹没深度应由试验确定。

（6）《泡规》6.2.5条：泡沫的淹没时间不宜超过表3.7-9的规定。系统自接到火灾信号至开始喷放泡沫的延时不宜超过1min。

表3.7-9　泡沫的淹没时间　（单位：min）

可燃物	高倍数泡沫灭火系统单独使用	高倍数泡沫灭火系统与自动喷水灭火系统联合使用
闪点不超过40℃的非水溶性液体	2	3
闪点超过40℃的非水溶性液体	3	4
发泡橡胶、发泡塑料、成卷的织物或皱纹纸等低密度可燃物	3	4
成卷的纸、压制牛皮纸、涂料纸、纸板箱、纤维圆筒、橡胶轮胎等高密度可燃物	5	7

注：水溶性液体的淹没时间应由试验确定。

（7）《泡规》6.2.7条：泡沫液和水的连续供给时间应符合下列规定：

1）当用于扑救A类火灾时，不应小于25min。

2）当用于扑救B类火灾时，不应小于15min。

（8）《泡规》6.2.8条：对于A类火灾，其泡沫淹没体积的保持时间应符合下列规定：

1）单独使用高倍数泡沫灭火系统时，应大于60min。

2）与自动喷水灭火系统联合使用时，应大于30min。

2. 局部应用系统

（1）《泡规》6.3.3条：当用于扑救A类火灾或B类火灾时，泡沫供给速率应符合下列规定：

1）覆盖A类火灾保护对象最高点的厚度不应小于0.6m。

2）对于汽油、煤油、柴油或苯，覆盖起火部位的厚度不应小于2m；其他B类火灾的泡沫覆盖厚度应由试验确定。

3）达到规定覆盖厚度的时间不应大于2min。

（2）《泡规》6.3.4条：当用于扑救A类火灾和B类火灾时，其泡沫液和水的连续供给时间不应小于12min。

7.4.4　泡沫-水喷淋系统与泡沫喷雾系统

(1)《泡规》7.1.3条：泡沫-水喷琳系统泡沫混合液与水的连续供给时间，应符合下列规定：

1）泡沫混合液连续供给时间≥10min。

2）泡沫混合液与水的连续供给时间之和≥60min。

(2)《泡规》7.1.4条：泡沫-水雨淋系统与泡沫-水预作用系统的控制，应符合下列规定：

1）系统应同时具备自动、手动和应急机械手动启动功能。

2）机械手动启动力不应超过180N。

3）系统自动或手动启动后，泡沫液供给控制装置应自动随供水主控阀的动作而动作或与之同时动作。

4）系统应设置故障监视与报警装置，且应在主控制盘上显示。

(3)《泡规》7.3.5条：闭式泡沫-水喷淋系统的供给强度不应小于6.5L/（min·m^2）。

(4)《泡规》7.3.6条：闭式泡沫-水喷淋系统输送的泡沫混合液应在8L/s至最大设计流量范围内达到额定的混合比。

7.5　系统组件及设置要求

泡沫灭火系统的组件由水源、泡沫消防泵（泡沫消防水泵、泡沫混合液泵、泡沫液泵）、泡沫液储罐、泡沫比例混合装置、泡沫产生装置、阀门、管道及其他附件组成。

7.5.1　泡沫消防泵

(1)《泡规》3.3.1条：泡沫消防水泵、泡沫混合液泵的选择与设置，应符合下列规定：

1）应选择特性曲线平缓的离心泵，且其工作压力和流量应满足系统设计要求。

2）当泡沫液泵采用水力驱动时，应将其消耗的水流量计入泡沫消防水泵的额定流量。

3）当采用环泵式比例混合器时，泡沫混合液泵的额定流量宜为系统设计流量的1.1倍。

4）泵出口管道上应设置压力表、单向阀和带控制阀的回流管。

(2)《泡规》3.3.2条：泡沫液泵的选择与设置应符合下列规定：

1）泡沫液泵的工作压力和流量应满足系统最大设计要求，并应与所选比例混合装置的工作压力范围和流量范围相匹配，同时应保证在设计流量范围内泡沫液供给压力大于最大水压力。

2）泡沫液泵的结构形式、密封或填充类型应适宜输送所选的泡沫液，其材料应耐泡沫液腐蚀且不影响泡沫液的性能。

3）应设置备用泵，备用泵的规格型号应与工作泵相同，且工作泵故障时应能通过自动与手动切换到备用泵。

4）泡沫液泵应能耐受不低于10min的空载运转。

7.5.2　泡沫比例混合器（装置）

（1）《泡规》3.4.1条：泡沫比例混合器（装置）的选择，应符合下列规定：

1）系统比例混合器（装置）的进口工作压力与流量，应在标定的工作压力与流量范围内。

2）单罐容量不小于20000m^3的非水溶性液体与单罐容量不小于5000m^3的水溶性液体固定顶储罐及按固定顶储罐对待的内浮顶储罐、单罐容量不小于50000m^3的内浮顶和外浮顶储罐，宜选择计量注入式比例混合装置或平衡式比例混合装置。

3）当选用的泡沫液密度低于1.12g/mL时，不应选择无囊式压力比例混合装置。

4）全淹没高倍数泡沫灭火系统或局部应用高倍数、中倍数泡沫灭火系统，采用集中控制方式保护多个防护区时，应选用平衡式比例混合装置或囊式压力比例混合装置。

5）全淹没高倍数泡沫灭火系统或局部应用高倍数、中倍数泡沫灭火系统保护一个防护区时，宜选用平衡式比例混合装置或囊式压力比例混合装置。

（2）《泡规》3.4.2条：当采用平衡式比例混合装置时，应符合下列规定：

1）平衡阀的泡沫液进口压力应大于水进口压力，且其压差应满足产品的使用要求。

2）比例混合器的泡沫液进口管道上应设置单向阀。

3）泡沫液管道上应设置冲洗及放空设施。

（3）《泡规》3.4.3条：当采用计量注入式比例混合装置时，应符合下列规定：

1）泡沫液注入点的泡沫液流压力应大于水流压力，且其压差应满足产品的使用要求。

2）流量计进口前和出口后直管段的长度不应小于管径的10倍。

3）泡沫液进口管道上应设置单向阀。

4）泡沫液管道上应设置冲洗及放空设施。

（4）《泡规》3.4.4条：当采用压力式比例混合装置时，应符合下列规定：

1）泡沫液储罐的单罐容积不应大于10m^3。

2）无囊式压力比例混合装置，当泡沫液储罐的单罐容积大于5m^3且储罐内无分隔设施时，宜设置1台小容积压力式比例混合装置，其容积应大于0.5m^3，并应保证系统按最大设计流量连续提供3min的泡沫混合液。

（5）《泡规》3.4.5条：当采用环泵式比例混合器时，应符合下列规定：

1）出口背压宜为零或负压，当进口压力为0.7～0.9MPa时，其出口背压可为0.02～0.03MPa。

2）吸液口不应高于泡沫液储罐最低液面1m。

3）比例混合器的出口背压大于零时，吸液管上应有防止水倒流入泡沫液储罐的措施。

4）应设有不少于1个的备用量。

（6）《泡规》3.4.6条：当半固定式或移动式系统采用管线式比例混合器时，应符合下列规定：

1）比例混合器的水进口压力应为0.6～1.2MPa，且出口压力应满足泡沫产生装置的进口压力要求。

2）比例混合器的压力损失可按水进口压力的35%计算。

7.5.3　泡沫液储罐

（1）《泡规》3.5.1条：泡沫液储罐宜采用耐腐蚀材料制作，且与泡沫液直接接触的内壁或衬里不应对泡沫液的性能产生不利影响。

（2）《泡规》3.5.2条：常压泡沫液储罐应符合下列规定：

1）储罐内应留有泡沫液热膨胀空间和泡沫液沉降损失部分所占空间。

2）储罐出液口的设置应保障泡沫液泵进口为正压，且应设置在沉降层之上。

3）储罐上应设置出液口、液位计、进料孔、排渣孔、人孔、取样口、呼吸阀或通气管。

（3）《泡规》3.5.3条：泡沫液储罐上应有标明泡沫液种类、型号、出厂与灌装日期及储量的标志。不同种类、不同牌号的泡沫液不得混存。

7.5.4　控制阀门和管道

（1）《泡规》3.7.1条：泡沫灭火系统中所用的控制阀门应有明显的启闭标志。

（2）《泡规》3.7.2条：当泡沫消防水泵或泡沫混合液泵出口管道口径大于300mm时，不宜采用手动阀门。

（3）《泡规》3.7.3条：低倍数泡沫灭火系统的水与泡沫混合液及泡沫管道应采用钢管，且管道外壁应进行防腐处理。

（4）《泡规》3.7.4条：中倍数泡沫灭火系统的干式管道，应采用钢管；湿式管道，宜采用不锈钢管或内、外部进行防腐处理的钢管。

（5）《泡规》3.7.5条：高倍数泡沫灭火系统的干式管道，宜采用镀锌钢管；湿式管道，宜采用不锈钢管或内、外部进行防腐处理的钢管；高倍数泡沫产生器与其管道过滤器的连接管道应采用不锈钢管。

（6）《泡规》3.7.6条：泡沫液管道应采用不锈钢管。

（7）《泡规》3.7.7条：在寒冷季节有冰冻的地区，泡沫灭火系统的湿式管道应采取防冻措施。

（8）《泡规》3.7.8条：泡沫-水喷淋系统的管道应采用热镀锌钢管。

7.6　泡沫消防泵站与泡沫站

（1）《泡规》8.1.1条，泡沫消防泵站的设置应符合下列规定：

1）泡沫消防泵站可与消防水泵房合建，并应符合国家现行有关标准对消防水泵房或消防泵房的规定。

2）采用环泵式比例混合器的泡沫消防泵站不应与生活水泵合用供水、储水设施；当与生产水泵合用供水、储水设施时，应进行泡沫污染后果的评估。

3）泡沫消防泵站与被保护甲、乙、丙类液体储罐或装置的距离不宜小于30m。

4）当泡沫消防泵站与被保护甲、乙、丙类液体储罐或装置的距离为30～50m时，泡沫消防泵站的门、窗不宜朝向保护对象。

（2）《泡规》8.1.2条：泡沫消防水泵、泡沫混合液泵应采用自灌引水启动。其一组泵的吸水管不应少于两条，当其中一条损坏时，其余的吸水管应能通过全部用水量。

(3)《泡规》8.1.3 条：系统应设置备用泡沫消防水泵或泡沫混合液泵，其工作能力不应低于最大一台泵的能力。当符合下列条件之一时，可不设置备用泵：

1）非水溶性液体总储量小于 $5000m^3$，且单罐容量小于 $1000m^3$。

2）水溶性液体总储量小于 $1000m^3$，且单罐容量小于 $500m^3$。

(4)《泡规》8.1.4 条：泡沫消防泵站的动力源应符合下列要求之一：

1）一级电力负荷的电源。

2）二级电力负荷的电源，同时设置作备用动力的柴油机。

3）全部采用柴油机。

4）不设置备用泵的泡沫消防泵站，可不设置备用动力。

(5)《泡规》8.1.5 条：泡沫消防泵站内应设置水池（罐）水位指示装置。泡沫消防泵站应设置与本单位消防站或消防保卫部门直接联络的通信设备。

(6)《泡规》8.1.6 条：当泡沫比例混合装置设置在泡沫消防泵站内无法满足《泡规》第 4.1.10 条的规定时，应设置泡沫站，且泡沫站的设置应符合下列规定：

1）严禁将泡沫站设置在防火堤内、围堰内、泡沫灭火系统保护区或其他火灾及爆炸危险区域内。

2）当泡沫站靠近防火堤设置时，其与各甲、乙、丙类液体储罐罐壁的间距应大于 20m，且应具备远程控制功能。

3）当泡沫站设置在室内时，其建筑耐火等级不应低于二级。

历年真题研究

【2015-26】新建一个内浮原油储罐，容量为 $6000m^3$，采用中倍数泡沫灭火系统时，宜选用（　　）泡沫灭火系统。

A. 固定　　B. 移动　　C. 半固定　　D. 半移动

【答案】A

【解析】《泡规》第 5.2.1 条：丙类固定顶与内浮顶油罐，单罐容量小于 $10000m^3$ 的甲、乙类固定顶与内浮顶油罐，当选用中倍数泡沫灭火系统时，宜为固定式。

【2015-29】泡沫灭火系统按系统结构可分为固定泡沫系统、半固定泡沫灭火系统、移动泡沫灭火系统，半固定泡沫灭火系统是指（　　）。

A. 采用泡沫枪、固定泡沫设置和固定消防水泵供应泡沫混合液的灭火系统

B. 泡沫产生器和部分连接管道固定，采用泡沫消防车或机动消防泵，用水带供应泡沫混合液的灭火系统

C. 泡沫产生器与部分连接管道连接，固定消防水泵供应泡沫混合液的灭火系统

D. 采用泡沫枪，泡沫液由消防车供应，水由固定消防水泵供应的灭火系统

【答案】B

【解析】见本章内容。

【2015-59】某储罐区有 4 个固定顶轻柴油储罐，单罐容积 $2000m^3$，设置了低倍数泡沫灭火系统。该泡沫灭火系统的设计保护面积应按（　　）确定。

A. 储罐罐壁与泡沫堰板间的环形面积　　B. 储罐表面积

C. 储罐横截面面积　　D. 防火堤内的地面面积

【答案】C

【解析】对于低倍数泡沫灭火系统固定顶储罐的保护面积应按其横截面面积确定。

【2015-72】某乙类可燃液体储罐设置固定液上喷射低倍数泡沫灭火器系统。当采用环泵式泡沫比例混合器时，泡沫液的投加点应设在（　　）。

A. 消防水泵的出水管上　　B. 消防给水管道临近储罐处

C. 消防水泵的吸水管上　　D. 在消防水泵房处的给水管道上

【答案】C

【解析】见本章内容。

【2016-9】某储存石油、轻石脑油的储罐区，采用内浮顶罐，储罐上所设置的固定式泡沫灭火系统的泡沫混合液供给强度为12.5L/（min·m^2），连续供给时间不应小于(　　) min。

A. 25　　B. 30　　C. 40　　D. 45

【答案】B

【解析】见本章内容。

【2016-52】某石油库储罐区共有14个储存原油的外浮顶储罐，单罐容量均为100000m^3，该储罐区应选用的泡沫灭火系统是（　　）。

A. 液上喷射中倍数泡沫灭火系统　　B. 液下喷射低倍数泡沫灭火系统

C. 液上喷射低倍数泡沫灭火系统　　D. 液下喷射中倍数泡沫灭火系统

【答案】C

【解析】可能发生可燃液体火灾的场所宜采用低倍数泡沫灭火系统，外浮顶和内浮顶储罐应选用液上喷射系统，故本题选C。

【2016-53】在低倍数泡沫灭火系统中，泡沫从储罐底部注入，并通过软管浮升到燃烧液体表面进行喷放的灭火系统是（　　）。

A. 固定式系统　　B. 半固定式系统　　C. 液下喷射系统　　D. 半液下喷射系统

【答案】D

【解析】见本章内容。

【2017-12】采用泡沫灭火系统保护酒精储罐，应选用（　　）。

A. 抗溶泡沫液　　B. 水成膜泡沫液　　C. 氟蛋白泡沫液　　D. 蛋白泡沫液

【答案】A

【解析】见本章内容。

【2017-24】采用非吸气型喷射装置的泡沫喷淋保护非水溶性甲、乙、丙类液体时，应选用（　　）。

A. 水成膜泡沫液或成膜氟蛋白泡沫液　　B. 蛋白泡沫液

C. 氟蛋白泡沫液　　D. 抗溶性泡沫液

【答案】A

【解析】当采用非吸气型喷射装置时，应选用水成膜或成膜氟蛋白泡沫液。

【2017-67】闭式泡沫-水喷淋系统的供给强度不应小于（　　）L/（min·m^2）。

A. 4.5　　B. 6.5　　C. 5.0　　D. 6.0

【答案】B

【解析】见本章内容。

【2017-99】某高 15m、直径 15m 的非水溶性丙类液体固定顶储罐，拟采用低倍数泡沫灭火系统保护，可选择的形式有（　　）。

A. 液上喷射系统　　B. 液下喷射系统　　C. 半固定式泡沫系统

D. 移动式低倍数泡沫系统　　E. 半液下喷射系统

【答案】ABE

【解析】见本章内容。

【2018-48】根据现行国家标准《泡沫灭火系统设计规范》，油罐采用液下喷射泡沫时，泡沫产生器应选用（　　）。

A. 横式泡沫产生器　　B. 立式泡沫产生器

C. 高背压泡沫产生器　　D. 高倍数泡沫产生器

【答案】C

【解析】液下喷射系统应选用高背压泡沫产生器。

【2018-68】某储罐区中共有 6 个储存闪点为 65℃ 的柴油固定顶储罐，储罐直径均为 35m。均设置固定式液下喷射泡沫灭火系统保护，并配备辅助泡沫枪，根据现行国家标准《泡沫灭火系统设计规范》（GB 50151），关于该储罐区泡沫灭火系统设计的下列说法，正确的是（　　）。

A. 每支辅助泡沫枪的泡沫混合液流量不应小于 200L/min，连续供给时间不应小于 30min

B. 液下喷射泡沫灭火系统的泡沫混合液供给强度不应小于 5.0L/（min · m^2），连续供给时间不应小于 40min

C. 泡沫混合液启动后，将泡沫混合液输送到保护对象的时间不应大于 10min

D. 储罐区扑救一次火灾的泡沫混合液设计用量应按 1 个储罐内用量与辅助泡沫枪用量之和计算

【答案】B

【解析】非水溶性液体储罐液下或半液下喷射系统，泡沫混合液供给强度不应小于 5L/（min · m^2），连续供给时间不应小于 40min。故 B 正确。

【2018-90】某固定顶储罐，储存 5000 m^3 航空煤油。该储罐低倍数泡沫灭火系统可选用（　　）。

A. 固定式液上喷射系统　　B. 固定式半液下喷射系统

C. 半固定式液下喷射系统　　D. 固定式液下喷射系统

E. 半固定式液上喷射系统

【答案】CE

【解析】《石油化工企业设计防火规范》第 8.7.4 条，除本规范第 8.7.2 条及第 8.7.3 条规定外的可燃液体罐宜采用半固定式泡沫灭火系统。

第 8 章　干粉灭火系统

助考知识要点

◆系统灭火机理：化学抑制、隔离、冷却与窒息

◆灭火剂的类型：BC 干粉、ABC 干粉、D 类专用干粉

◆灭火方式分类：全淹没式、局部应用

记忆思维导图（图 3. 8-1）

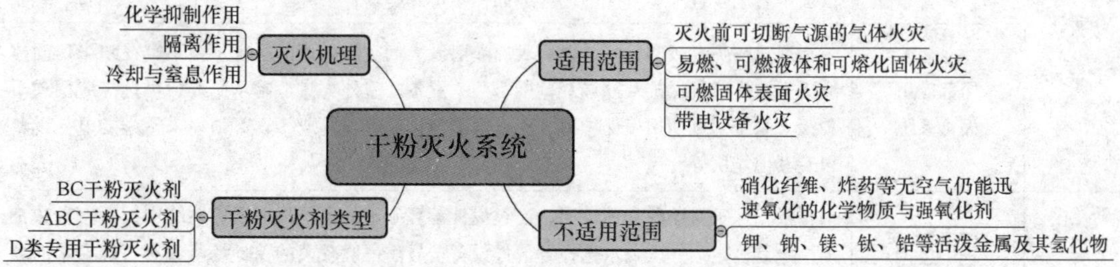

图 3. 8-1　干粉灭火系统记忆思维导图

内容归纳解析

8. 1　系统的灭火机理

1. 化学抑制作用

干粉灭火剂的灭火组分是燃烧的非活性物质，当把干粉灭火剂加入到燃烧区与火焰混合后，干粉粉末 M 与火焰中的自由基接触时，捕获 OH · 和 H · ，自由基被瞬时吸附在粉末表面。当大量的粉末以雾状形式喷向火焰时，火焰中的自由基被大量吸附和转化，使自由基数量急剧减少，致使燃烧反应链中断，最终使火焰熄灭。

2. 隔离作用

干粉灭火系统喷出的固体粉末覆盖在燃烧物表面，构成阻碍燃烧的隔离层。特别当粉末覆盖达到一定厚度时，还可以起到防止复燃的作用。

3. 冷却与窒息作用

干粉灭火剂的基料在火焰高温作用下，将会发生一系列分解反应，钠盐和钾盐干粉在燃烧区吸收大量的热量，并放出大量水蒸气和二氧化碳气体，起到冷却和稀释可燃气体的作用。磷酸盐等化合物还具有导致碳化的作用，它附着于着火固体表面，可碳化，碳化物是热的不良导体，可使燃烧过程变得缓慢，使火焰的温度降低。

8.2 系统组成及分类

1. 干粉灭火系统的组成

干粉灭火系统由干粉灭火设备和自动控制两大部分组成。前者由干粉储罐、动力气瓶、减压阀、输粉管道以及喷嘴等；后者由火灾探测器、启动瓶、报警控制器等。

2. 干粉灭火系统的分类

干粉灭火系统的分类见表 3. 8-1。

表 3. 8-1 干粉灭火系统的分类

方式	分类	特点
按灭火方式	全淹没灭火系统	指将干粉灭火剂释放到整个防护区，通过在防护区空间建立起灭火浓度来实施灭火的系统形式。该系统的特点是对防护区提供整体保护，适用于较小的封闭空间、火灾燃烧表面不宜确定且不会复燃的场合，如油泵房等类场合
	局部应用灭火系统	指通过喷嘴直接向火焰或燃烧表面喷射灭火剂实施灭火的系统。当不宜在整个房间建立灭火浓度或仅保护某一局部范围、某一设备、室外火灾危险场所等，可选择应用式干粉灭火系统，例如用于保护甲、乙、丙类液体的敞顶罐或槽，不怕粉末污染的电气设备以及其他场所等
按设计情况	设计型干粉灭火系统	指根据保护对象的具体情况，通过设计计算确定的系统形式。该系统中的所有参数都需经设计确定，并按要求选择各部件设备型号。一般较大的保护场所或有特殊要求的场所宜采用设计系统
	预制型干粉灭火系统	指由工厂生产的系列成套干粉灭火设备，系统的规格是通过对保护对象做灭火试验后预先设计好的，即所有设计参数都已确定，使用时只需选型，不必进行复杂的设计计算。当保护对象不很大且无特殊要求的场合，一般选择预制系统
按系统保护情况	组合分配系统	当一个区域有几个保护对象且每个保护对象发生火灾后又不会蔓延时，可选用组合分配系统，即用一套系统同时保护多个保护对象
	单元独立系统	若火灾的蔓延情况不能预测，则每个保护对象应单独设置一套系统保护，即单元独立系统
按驱动气体储存方式	储气式干粉灭火系统	指将驱动气体（氮气或二氧化碳气体）单独储存在储气瓶中，灭火使用时，再将驱动气体充入干粉储罐，进而携带驱动干粉喷射实施灭火。干粉灭火系统大多数采用的是该种系统形式
	储压式干粉灭火系统	由固定式泡沫产生器直接或通过导泡筒将泡沫喷放到火灾部位的灭火系统
	燃气式干粉灭火系统	指驱动气体不采用压缩气体，而是在火灾时点燃燃气发生器内的固体燃料，通过燃烧生成的燃气压力来驱动干粉喷射实施灭火

8.3 系统工作原理及适用范围

1. 系统工作原理

(1) 自动控制方式

当保护对象着火后，温度上升达到规定值，探测器发出火灾信号到控制器，然后由控制器打开相应报警设备（如声光及警铃），当启动机构接收到控制器的启动信号后将启动瓶打开，启动瓶内的氮气通过管道将高压驱动气体瓶组的瓶头阀打开，瓶中的高压驱动气体进入集气管，经过高压阀进入减压阀，减压至规定压力后，通过进气阀进入干粉储罐内，搅动罐中干粉灭火剂，使罐中干粉灭火剂疏松形成便于流动的气粉混合物，当干粉罐内的压力上升到规定压力数值时，定压动作机构开始动作，打开干粉罐出口球阀，干粉灭火剂则经过总阀门、选择阀、输粉管和喷嘴向着火对象，或者经喷枪射到着火对象的表面，进行灭火。

通常在保护场所设置两种不同类型或两组同一类型的探测器进行复合探测。只有当两种不同类型或两组同一类型的火灾探测器均检测出保护场所存在火灾时，才能发出启动灭火系统的指令。

（2）手动控制方式

手动启动装置是防护区内或保护对象附近的人员在发现火险时启动灭火系统的手段之一，故要求它们安装在靠近防护区或保护对象同时又能够确保操作人员安全的位置。为了避免操作人员在紧急情况下错按其他按钮，故要求所有手动启动装置都应明显地标示出其对应的防护区或保护对象的名称。

手动紧急停止装置是在系统启动后的延迟时段内发现不需要或不能够实施喷放灭火剂的情况时可采用的一种使系统中止下来的手段。一旦系统开始喷放灭火剂，手动紧急停止装置便失去了作用。启用紧急停止装置后，虽然系统控制装置停止了后继动作，但干粉储罐增压仍然继续，系统处于蓄势待发的状态，这时仍有可能需要重新启动系统，释放灭火剂。所以要求做到在使用手动紧急停止装置后，手动启动装置可以再次启动。

根据使用对象和场合的不同，灭火系统亦可与感温、感烟探测器联动。在经常有人的地方也可采用半自动操作，即人工确认火灾，启动手动按钮就完成了全部喷粉灭火动作。

2. 系统适用范围

（1）系统适用范围

《粉规》1.0.4条，干粉灭火系统可用于扑救下列火灾：

1）灭火前可切断气源的气体火灾。

2）易燃、可燃液体和可熔化固体火灾。

3）可燃固体表面火灾。

4）带电设备火灾。

（2）系统不适用范围

《粉规》1.0.5条，干粉灭火系统不得用于扑救下列物质的火灾：

1）硝化纤维、炸药等无空气仍能迅速氧化的化学物质与强氧化剂。

2）钾、钠、镁、钛、锆等活泼金属及其氢化物。

8.4　系统设计参数

1. 一般规定

（1）《粉规》3.1.1条：干粉灭火系统按应用方式可分为全淹没灭火系统和局部应用灭火系统。扑救封闭空间内的火灾应采用全淹没灭火系统；扑救具体保护对象的火灾应采用局部应用灭火系统。

（2）《粉规》3.1.2 条，采用全淹没灭火系统的防护区，应符合下列规定：

1）喷放干粉时不能自动关闭的防护区开口，其总面积不应大于该防护区总内表面积的15%，且开口不应设在底面。

2）防护区的围护结构及门、窗的耐火极限≥0.50h，吊顶的耐火极限≥0.25h；围护结构及门、窗的允许压力≥1200Pa。

（3）《粉规》3.1.3 条，采用局部应用灭火系统的保护对象，应符合下列规定：

1）保护对象周围的空气流动速度≤2m/s。必要时，应采取挡风措施。

2）在喷头和保护对象之间，喷头喷射角范围内不应有遮挡物。

3）当保护对象为可燃液体时，液面至容器缘口的距离不得小于150mm。

（4）《粉规》3.1.4 条：当防护区或保护对象有可燃气体，易燃、可燃液体供应源时，启动干粉灭火系统之前或同时，必须切断气体、液体的供应源。

（5）《粉规》3.1.5 条：可燃气体，易燃、可燃液体和可熔化固体火灾宜采用碳酸氢钠干粉灭火剂；可燃固体表面火灾应采用磷酸铵盐干粉灭火剂。

（6）《粉规》3.1.6 条：组合分配系统的灭火剂储存量不应小于所需储存量最多的一个防护区或保护对象的储存量。

（7）《粉规》3.1.7 条：组合分配系统保护的防护区与保护对象之和不得超过 8 个。当防护区与保护对象之和超过 5 个时，或者在喷放后 48h 内不能恢复到正常工作状态时，灭火剂应有备用量。备用量不应小于系统设计的储存量。备用干粉储存容器应与系统管网相连，并能与主用干粉储存容器切换使用。

2. 全淹没灭火系统

（1）《粉规》3.2.1 条：全淹没灭火系统的灭火剂设计浓度≥0.65kg/m^3。

（2）第 3.2.3 条：全淹没灭火系统的干粉喷射时间≤ 30s。

（3）第 3.2.4 条：全淹没灭火系统喷头布置，应使防护区内灭火剂分布均匀。

（4）第 3.2.5 条：防护区应设泄压口，并宜设在外墙上，其高度应大于防护区净高的2/3。

3. 局部应用灭火系统

（1）《粉规》3.3.1 条：局部应用灭火系统的设计可采用面积法或体积法。当保护对象的着火部位是平面时，宜采用面积法；当采用面积法不能做到使所有表面被完全覆盖时，应采用体积法。

（2）《粉规》3.3.2 条：室内局部应用灭火系统的干粉喷射时间≥30s；室外或有复燃危险的室内局部应用灭火系统的干粉喷射时间≥60s。

4. 预制灭火装置

（1）《粉规》3.4.1 条，预制灭火装置应符合下列规定：

1）灭火剂储存量≤150kg。

2）管道长度≤20m。

3）工作压力≤2.5MPa。

（2）《粉规》3.4.2 条：一个防护区或保护对象宜用一套预制灭火装置保护。

（3）《粉规》3.4.3 条：一个防护区或保护对象所用预制灭火装置最多不得超过 4 套，并应同时启动，其动作响应时间差≤2s。

8.5　管网计算

（1）《粉规》4.0.1 条：管网起点（干粉储存容器输出容器阀出口）压力不应大于 2.5MPa；管网最不利点喷头工作压力不应小于 0.1MPa。

（2）《粉规》4.0.15 条：清扫管网内残存干粉所需清扫气体量，可按 10 倍管网内驱动气体残余量选取；瓶装清扫气体应单独储存；清扫工作应在 48h 内完成。

8.6　系统组件及设置要求

1. 储存装置

（1）《粉规》5.1.1 条：储存装置宜由干粉储存容器、容器阀、安全泄压装置、驱动气体储瓶、瓶头阀、集流管、减压阀、压力报警及控制装置等组成。并应符合下列规定：

1）干粉储存容器应符合《压力容器安全技术监察规程》的规定；驱动气体储瓶及其充装系数应符合国家现行标准《气瓶安全监察规程》的规定。

2）干粉储存容器设计压力可取 1.6MPa 或 2.5MPa 压力级；其干粉灭火剂的装量系数不应大于 0.85；其增压时间不应大于 30s。

3）安全泄压装置的动作压力及额定排放量应按《干粉灭火系统部件通用技术条件》GB 16668 执行。

4）干粉储存容器应满足驱动气体系数、干粉储存量、输出容器阀出口干粉输送速率和压力的要求。

（2）《粉规》5.1.2 条：驱动气体应选用惰性气体，宜选用氮气；二氧化碳含水率不应大于 0.015%（m/m），其他气体含水率不得大于 0.006%（m/m）；驱动压力不得大于干粉储存容器的最高工作压力。

（3）《粉规》5.1.3 条：储存装置的布置应方便检查和维护，并宜避免阳光直射。其环境温度应为 -20～50℃。

（4）《粉规》5.1.4 条：储存装置宜设在专用的储存装置间内，专用储存装置间的设置应符合下列规定：

1）应靠近防护区，出口应直接通向室外或疏散通道。

2）耐火等级不应低于二级。

3）宜保持干燥和良好通风，并应设应急照明。

（5）《粉规》5.1.5 条：当采取防湿、防冻、防火等措施后，局部应用灭火系统的储存装置可设置在固定的安全围栏内。

2. 选择阀和喷头

（1）《粉规》5.2.1 条：在组合分配系统中，每个防护区或保护对象应设一个选择阀。选择阀的位置宜靠近干粉储存容器，并便于手动操作，方便检查和维护。选择阀上应设有标明防护区的永久性铭牌。

（2）《粉规》5.2.2 条：选择阀应采用快开型阀门，其公称直径应与连接管道的公称直径相等。

（3）《粉规》5.2.3 条：选择阀可采用电动、气动或液动驱动方式，并应有机械应急操作方式。阀的公称压力不应小于干粉储存容器的设计压力。

（4）《粉规》5.2.4 条：系统启动时，选择阀应在输出容器阀动作之前打开。

（5）《粉规》5.2.5 条：喷头应有防止灰尘或异物堵塞喷孔的防护装置，防护装置在灭火剂喷放时应能被自动吹掉或打开。

（6）《粉规》5.2.6 条：喷头的单孔直径不得小于6mm。

3. 管道及附件

（1）《粉规》5.3.1 条，管道及附件应能承受最高环境温度下工作压力，并应符合下列规定：

1）管道应采用无缝钢管，管道及附件应进行内外表面防腐处理，并宜采用符合环保要求的防腐方式。

2）对防腐层有腐蚀的环境，管道及附件可采用不锈钢、铜管或其他耐腐蚀的不燃材料。

3）输送启动气体的管道，宜采用铜管，其质量应符合《拉制铜管》GB/T 1527—2017 的规定。

4）管网应留有吹扫口。

5）管道变径时应使用异径管。

6）干管转弯处不应紧接支管；管道转弯处应符合附录 B 的规定。

7）管道分支不应使用四通管件。

8）管道转弯时宜选用弯管。

9）管道附件应通过国家法定检测机构的检验认可。

（2）《粉规》5.3.2 条：管道可采用螺纹连接、沟槽（卡箍）连接、法兰连接或焊接。公称直径等于或小于 80mm 的管道，宜采用螺纹连接；公称直径大于 80mm 的管道，宜采用沟槽（卡箍）或法兰连接。

（3）《粉规》5.3.3 条：管网中阀门之间的封闭管段应设置泄压装置，其泄压动作压力取工作压力的（115±5）%。

（4）《粉规》5.3.4 条：在通向防护区或保护对象的灭火系统主管道上，应设置压力信号器或流量信号器。

（5）《粉规》5.3.5 条：管道应设置固定支、吊架，其间距可按规范取值。可能产生爆炸的场所，管网宜吊挂安装并采取防晃措施。

4. 控制与操作

（1）《粉规》6.0.1 条：干粉灭火系统应设有自动控制、手动控制和机械应急操作三种启动方式。当局部应用灭火系统用于经常有人的保护场所时可不设自动控制启动方式。

（2）《粉规》第 6.0.2 条：设有火灾自动报警系统时，灭火系统的自动控制应在收到两个独立火灾探测信号后才能启动，并应延迟喷放，延迟时间不应大于 30s，且不得小于干粉储存容器的增压时间。

（3）《粉规》第 6.0.3 条：全淹没灭火系统的手动启动装置应设置在防护区外邻近出口或疏散通道便于操作的地方；局部应用灭火系统的手动启动装置应设在保护对象附近的安全位置。手动启动装置的安装高度宜使其中心位置距地面 1.5m。所有手动启动装置都应明显地标示出其对应的防护区或保护对象的名称。

（4）《粉规》第 6.0.4 条：在紧靠手动启动装置的部位应设置手动紧急停止装置，其安装高度应与手动启动装置相同。手动紧急停止装置应确保灭火系统能在启动后和喷放灭火剂前的延迟阶段中止。在使用手动紧急停止装置后，应保证手动启动装置可以再次启动。

（5）《粉规》第6.0.5条：干粉灭火系统的电源与自动控制应符合《火报》GB 50116的有关规定。当采用气动动力源时，应保证系统操作与控制所需要的气体压力和用气量。

（6）《粉规》第6.0.6条：预制灭火装置可不设机械应急操作启动方式。

5. 安全要求

（1）《粉规》第7.0.1条：防护区内及入口处应设火灾声光警报器，防护区入口处应设置干粉灭火剂喷放指示灯及干粉灭火系统永久性标志牌。

（2）《粉规》第7.0.2条：防护区的走道和出口，必须保证人员能在30s内安全疏散。

（3）《粉规》第7.0.3条：防护区的门应向疏散方向开启，并应能自动关闭，在任何情况下均应能在防护区内打开。

（4）《粉规》第7.0.4条：防护区入口处应装设自动、手动转换开关。转换开关安装高度宜使中心位置距地面1.5m。

（5）《粉规》第7.0.5条：地下防护区和无窗或设固定窗扇的地上防护区，应设置独立的机械排风装置，排风口应通向室外。

（6）《粉规》第7.0.6条：局部应用灭火系统，应设置火灾声光警报器。

（7）《粉规》第7.0.7条：当系统管道设置在有爆炸危险的场所时，管网等金属件应设防静电接地，防静电接地设计应符合国家现行有关标准的规定。

历年真题研究

【2015-43】下列关于干粉灭火系统组件及其设置要求的说法中，正确的是（　　）。

A. 储存装置的驱动气体应选压缩空气

B. 储存装置可设在耐火等级为三级的房间内

C. 干粉储存容器设计压力可取1.6MPa或2.5MPa压力级

D. 驱动力压力应大于储存容器的最高工作压力

【答案】C

【解析】见本章内容。

【2016-16】某大型钢铁企业设置了预制干粉灭火装置，下列关于该装置设置要求的说法中，正确的是（　　）。

A. 一个防护区或保护对象所用预制干粉灭火装置最多不得超过4套，并应同时启动，其动作响应时间差不得大于4s

B. 一个防护区或保护对象所用预制干粉灭火装置最多不得超过8套，并应同时启动，其动作响应时间差不得大于2s

C. 一个防护区或保护对象所用预制干粉灭火装置最多不得超过8套，并应同时启动，其动作响应时间差不得大于4s

D. 一个防护区或保护对象所用预制干粉灭火装置最多不得超过4套，并应同时启动，其动作响应时间差不得大于2s

【答案】D

【解析】见本章内容。

第 9 章　火灾自动报警系统

助考知识要点

◆系统分类：区域报警系统、集中报警系统和控制中心报警系统

◆系统组成：火灾探测报警、消防联动控制、可燃气体探测报警和电气火灾监控

记忆思维导图（图 3. 9-1）

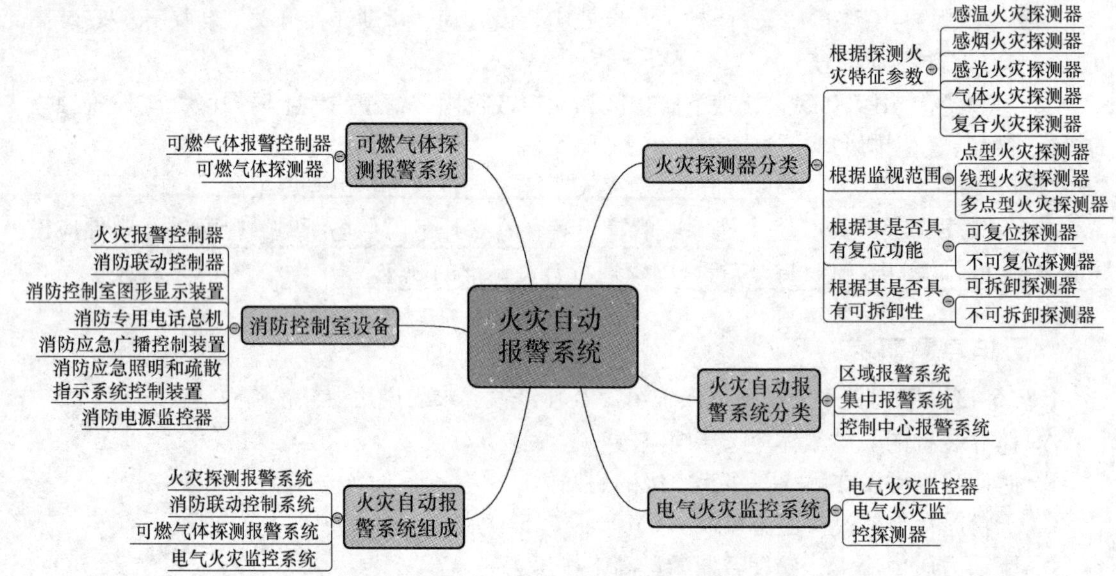

图 3. 9-1　火灾自动报警系统记忆思维导图

内容归纳解析

9. 1　火灾探测器、手动火灾报警按钮和系统分类

1. 火灾探测器分类（表 3. 9-1）

表 3. 9-1　火灾探测器分类

方式	分　类	特　点
根据探测火灾特征参数	感温火灾探测器	响应异常温度、温升速率和温差变化等参数的探测器
	感烟火灾探测器	响应悬浮在大气中的燃烧和（或）热解产生的固体或液体微粒的探测器，进一步可分为离子感烟、光电感烟、红外光束、吸气型等

（续）

方式	分　类	特　点
根据探测火灾特征参数	感光火灾探测器	响应火焰发出的特定波段电磁辐射的探测器，又称火焰探测器，进一步可分为紫外、红外及复合式等类型
	气体火灾探测器	响应燃烧或热解产生的气体的火灾探测器
	复合火灾探测器	将多种探测原理集中于一身的探测器，进一步可分为烟温复合、红外紫外复合等火灾探测器
根据监视范围	点型火灾探测器	响应一个小型传感器附近的火灾特征参数的探测器
	线型火灾探测器	响应某一连续路线附近的火灾特征参数的探测器
	多点型火灾探测器	响应多个小型传感器（例如热电偶）附近的火灾特征参数的探测器
根据其是否具有复位（恢复）功能	可复位探测器	在响应后和在引起响应的条件终止时，不更换任何组件即可从报警状态恢复到监视状态的探测器
	不可复位探测器	在响应后不能恢复到正常监视状态的探测器
根据其是否具有可拆卸性	可拆卸探测器	探测器设计成容易从正常运行位置上拆下来，以方便维修和保养
	不可拆卸探测器	在维修和保养时，探测器设计成不容易从正常运行位置上拆下来

2. 手动火灾报警按钮的分类

可分为编码型报警按钮与非编码型报警按钮。

3. 火灾自动报警系统分类

（1）区域报警系统

区域报警系统由火灾探测器、手动火灾报警按钮、火灾声光警报器及火灾报警控制器等组成，系统中可包括消防控制室图形显示装置和指示楼层的区域显示器。区域报警系统的组成如图 3. 9-2 所示。

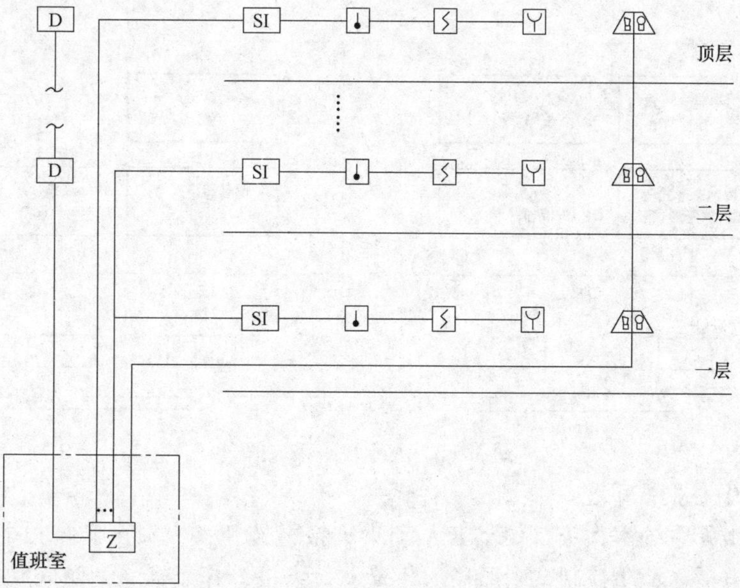

图 3. 9-2　区域报警系统

（2）集中报警系统

集中报警系统由火灾探测器、手动火灾报警按钮、火灾声光警报器、消防应急广播、消防专用电话、消防控制室图形显示装置、火灾报警控制器、消防联动控制器等组成。集中报警系统的组成如图 3. 9-3、图 3. 9-4 所示。

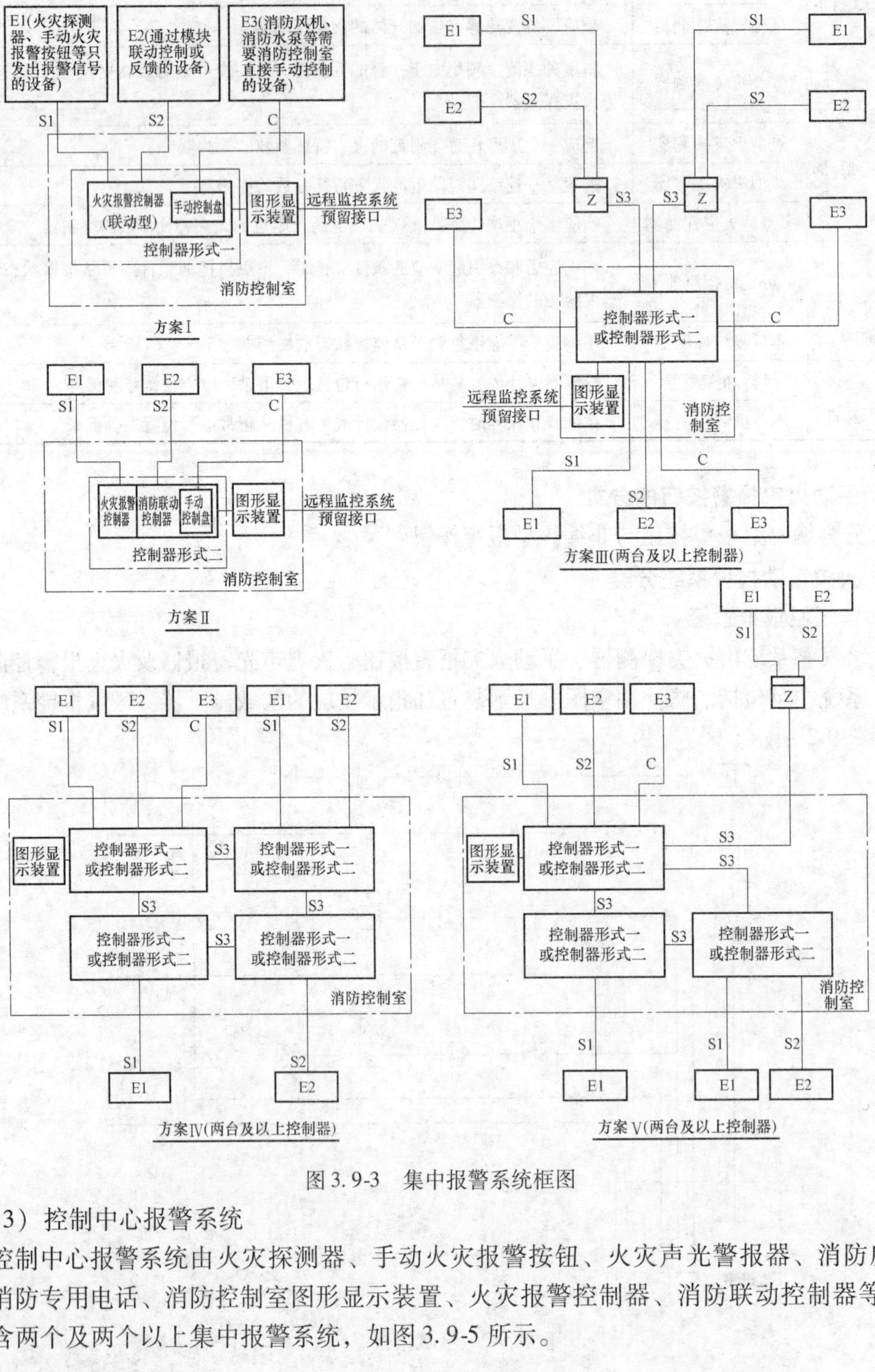

图 3. 9-3　集中报警系统框图

（3）控制中心报警系统

控制中心报警系统由火灾探测器、手动火灾报警按钮、火灾声光警报器、消防应急广播、消防专用电话、消防控制室图形显示装置、火灾报警控制器、消防联动控制器等组成，且包含两个及两个以上集中报警系统，如图 3. 9-5 所示。

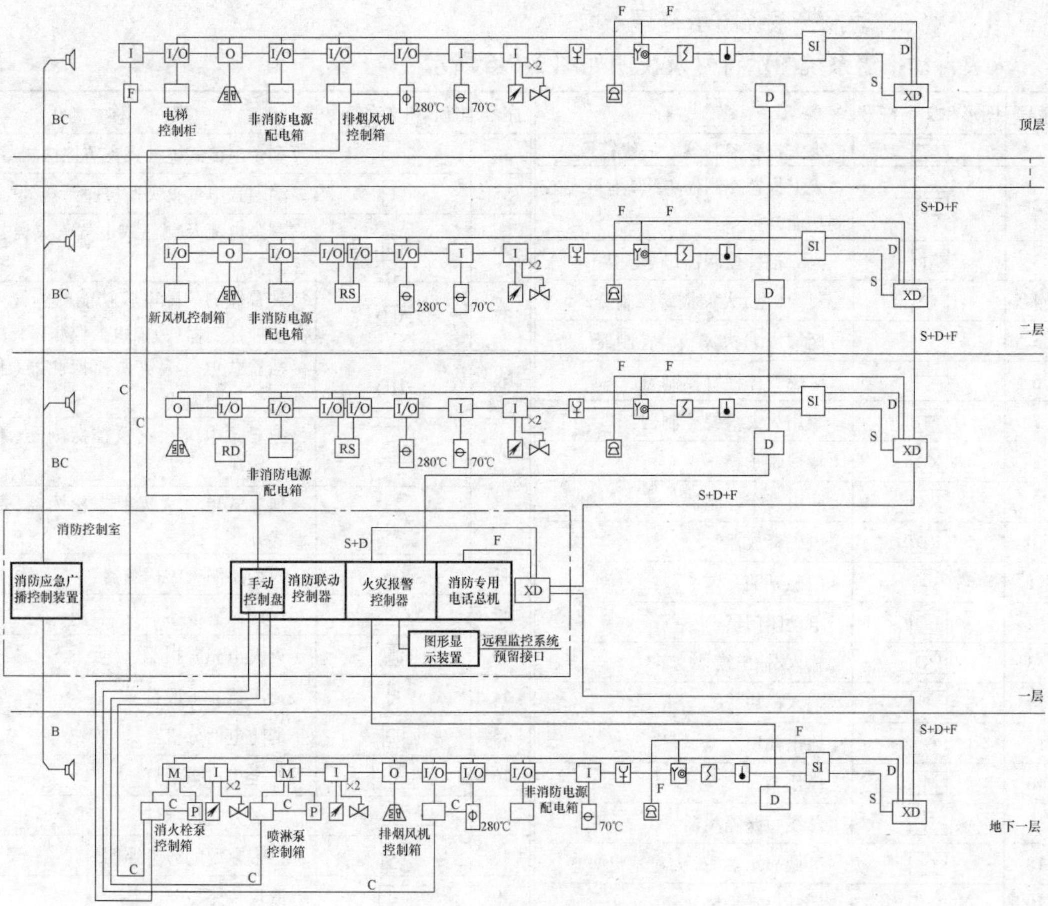

图 3.9-4　集中报警系统示例

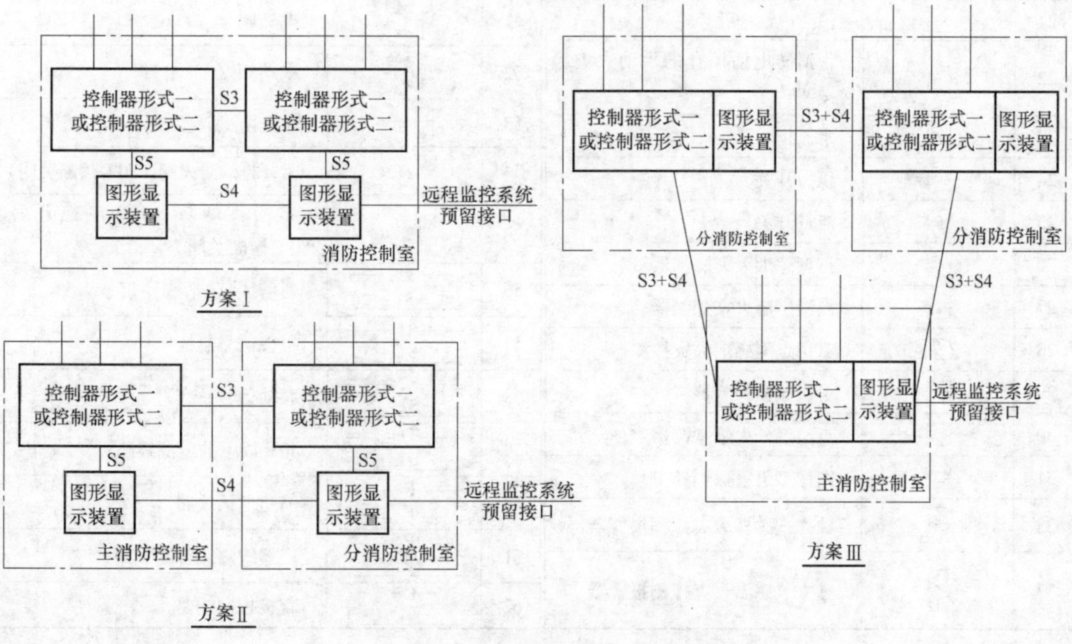

图 3.9-5　控制中心报警系统框图

(4) 火灾自动报警系统图示符号

火灾自动报警系统图示符号及说明如图 3.9-6 所示。

序号	图形和文字符号	名　称
1		火灾报警控制器，一般符号
2	A	火灾报警控制器(不具有联动控制功能)
3	AL	火灾报警控制器(联动型)
4	C	集中(型)火灾报警控制器
5	Z	区域(型)火灾报警控制器
6	S	可燃气体报警控制器
7	H	家用火灾报警控制器
8	XD	接线端子箱
9	RS	防火卷帘控制器
10	RD	电磁释放器
11		门磁开关
12	EC	电动闭门器
13	I/O	输入/输出模块
14	I	输入模块
15	O	输出模块
16	M	模块箱
17	SI	总线短路隔离器
18	D	区域显示器(火灾显示盘)
19		手动火灾报警按钮
20		消火栓按钮
21		消防电话插孔
22		带消防电话插孔的手动火灾报警按钮
23		水流指示器
24	P	压力开关
25	F	流量开关
26		点型感烟火灾探测器
27		点型感温火灾探测器
28		家用点型感烟火灾探测器
29		可燃气体探测器
30		点型红外火焰探测器
31		图像型火灾探测器
32		独立式感烟火灾探测报警器
33		独立式感温火灾探测报警器
34	I△	剩余电流式电气火灾监控探测器
35	T	测温式电气火灾监控探测器
36	I△T	剩余电流及测温式电气火灾监控探测器
37	AFD	具有探测故障电弧功能的电气火灾监控探测器(故障电弧探测器)
38	I△T	独立式电气火灾监控探测器(剩余电流及测温式)
39	I△	独立式电气火灾监控探测器(剩余电流式)
40	T	独立式电气火灾监控探测器(测温式)
41		线型感温火灾探测器
42		火灾光警报器
43		火灾声光警报器
44		扬声器，一般符号
45		消防电话分机
46	E	安全出口指示灯
47		疏散方向指示灯
48		自带电源的应急照明灯
49	L	液位传感器
50		信号阀(带监视信号的检修阀)
51	M	电磁阀
52	M	电动阀
53	70℃	常开防火阀(70℃熔断关闭)
54	280℃	常开排烟防火阀(280℃熔断关闭)
55	280℃	常闭排烟防火阀(电控开启，280℃熔断关闭)
56	—S— / S	通信线(包括 S1 ~ S5)
57	—S1— / S1	报警信号总线
58	—S2— / S2	联动信号总线
59	—D— / D	50V 以下的电源线路
60	—F— / F	消防电话线路
61	—BC— / BC	广播线路或音频线路
62	—C— / C	直接控制线路

图 3.9-6　火灾自动报警系统图示符号及说明

9.2　系统组成、工作原理和适用范围

9.2.1　火灾自动报警系统的组成

火灾自动报警系统由火灾探测报警系统、消防联动控制系统、可燃气体探测报警系统及电气火灾监控系统组成。火灾自动报警系统的组成如图3.9-7所示。

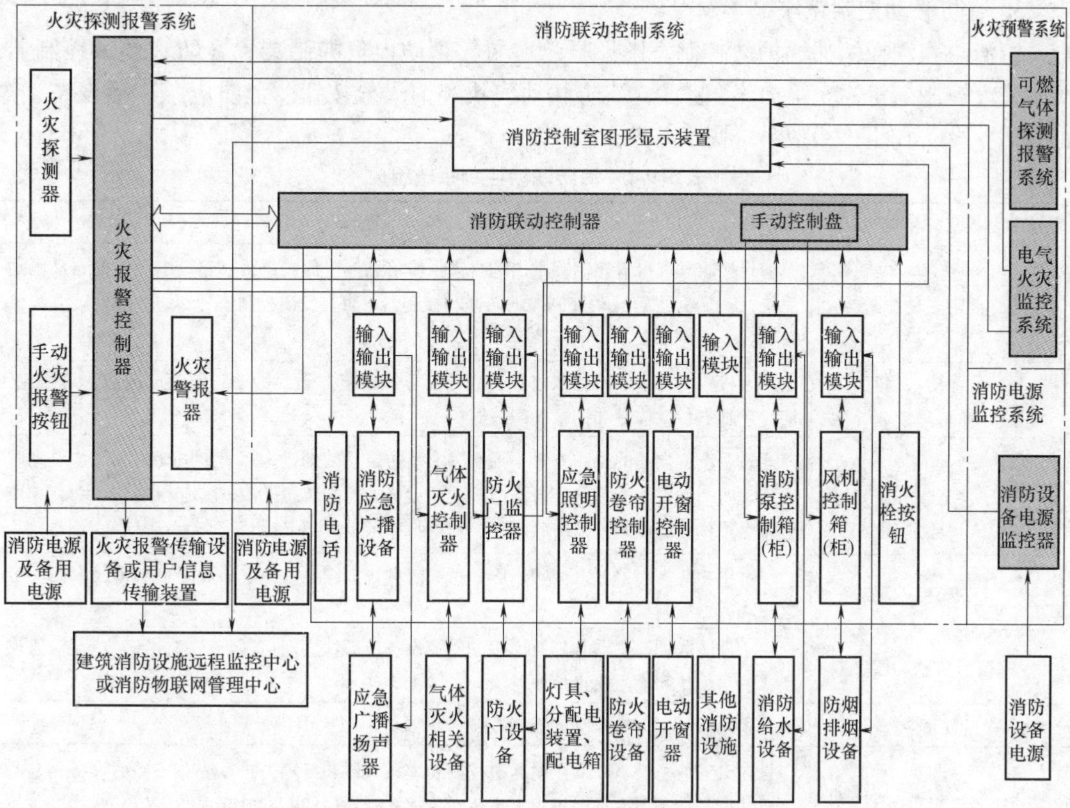

图3.9-7　火灾自动报警系统组成示意图

1. 火灾探测报警系统

由火灾触发器件、火灾报警控制器和火灾警报装置等组成，如图3.9-8所示。

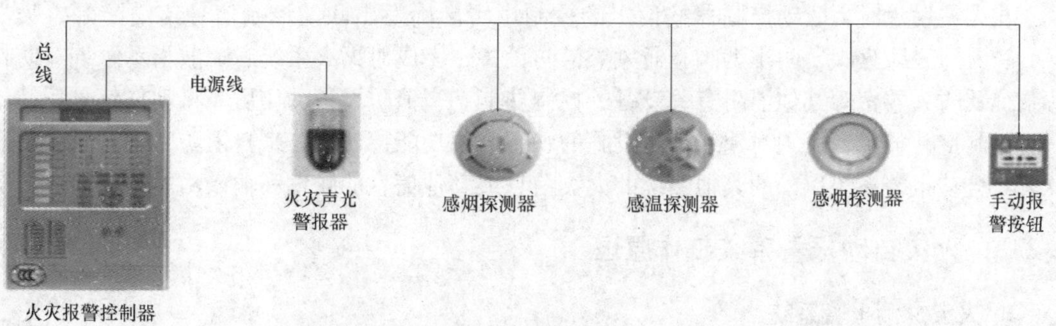

图3.9-8　火灾探测报警系统组成示意图

(1) 火灾触发器件：包括火灾探测器和手动火灾报警按钮。

(2) 火灾报警装置：如火灾报警控制器，为火灾探测器提供稳定的工作电源；监视探测器及系统自身的工作状态；接收、转换、处理火灾探测器输出的报警信号；进行声光报警；指示报警的具体部位及时间；同时执行相应辅助控制等诸多任务。

2. 火灾警报装置

用以发出区别于环境声、光的火灾警报信号的装置。

电源：其主电源应当采用消防电源，备用电源可采用蓄电池。

3. 消防联动控制系统

由消防联动控制器、消防控制室图形显示装置、消防电气控制装置（防火卷帘控制器、气体灭火控制器等）、消防电动装置、消防联动模块、消火栓按钮、消防应急广播设备、消防电话等设备和组件组成，详见表 3.9-2。

表 3.9-2　消防联动控制系统组成

序号	设备和组件	特　征
1	消防联动控制器	通过接收火灾报警控制器发出的火灾报警信息，按预设逻辑对建筑中设置的自动消防系统（设施）进行联动控制。消防联动控制器可直接发出控制信号，通过驱动装置控制现场的受控设备
2	消防控制室图形显示装置	用于接收并显示保护区域内各类消防设备（设施）运行的动态信息和消防管理信息，同时还具有信息传输和记录功能
3	消防电气控制装置	通过手动或自动的工作方式来控制各类消防泵、防烟排烟风机、电动防火门、电动防火窗、防火卷帘、电动阀等各类电动消防设施的控制装置及双电源互换装置，并将相应设备的工作状态反馈给消防联动控制器进行显示
4	消防电动装置	包括电动防火门窗、电动防火阀、电动防烟排烟阀、气体驱动器等电动消防设施的电气驱动或释放装置
5	消防联动模块	用于消防联动控制器和其所连接的受控设备或部件之间信号传输的设备，包括输入模块、输出模块和输入输出模块
6	消火栓按钮	是手动启动消火栓系统的控制按钮
7	消防应急广播设备	是在火灾或意外事故发生时通过控制功率放大器和扬声器进行应急广播的设备，它的主要功能是向现场人员通报火灾发生，指挥并引导现场人员疏散
8	消防电话	由消防电话总机、消防电话分机、消防电话插孔构成。用于消防控制室与建筑物中各部位之间通话的电话系统

在火灾发生时，联动控制器按设定的控制逻辑准确发出联动控制信号给消防泵、喷淋泵、防火门、防火阀、防排烟阀和通风等消防设备，完成对灭火系统、疏散指示系统、防排烟系统及防火卷帘等其他消防有关设备的控制功能。当消防设备动作后，将动作信号反馈给消防控制室并显示，实现对建筑消防设施的状态监视功能，即接收来自消防联动现场设备以及火灾自动报警系统以外的其他系统的火灾信息或其他信息的触发和输入功能。

9.2.2　火灾自动报警系统工作原理

1. 火灾探测报警系统

火灾发生时，安装在保护区域现场的火灾探测器，将火灾产生的烟雾、热量和光辐射等火灾特征参数转变为电信号，经数据处理后，将火灾特征参数信息传输至火灾报警控制器；或直接由火灾探测器做出火灾报警判断，将报警信息传输到火灾报警控制器。火灾报警控制器在接收到探测器的火灾特征参数信息或报警信息后，经报警确认判断，显示报警探测器的部位，记录探测器火灾报警的时间。处于火灾现场的人员，在发现火灾后可立即触动安装在现场的手动火灾报警按钮，手动报警按钮便将报警信息传输到火灾报警控制器，火灾报警控制器在接收到手动火灾报警按钮的报警信息后，经报警确认判断，显示动作的手动报警按钮的部位，记录手动火灾报警按钮报警的时间。火灾报警控制器在确认火灾探测器和手动火灾报警按钮的报警信息后，驱动安装在被保护区域现场的火灾警报装置，发出火灾警报，向处于被保护区域内的人员警示火灾的发生。

2. 消防联动控制系统

火灾发生时，火灾探测器和手动火灾报警按钮的报警信号等联动触发信号传输至消防联动控制器，消防联动控制器按照预设的逻辑关系对接收到的触发信号进行识别判断，在满足逻辑关系条件时，消防联动控制器按照预设的控制时序启动相应自动消防系统（设施），实现预设的消防功能；消防控制室的消防管理人员也可以通过操作消防联动控制器的手动控制盘直接启动相应的消防系统（设施），从而实现相应消防系统（设施）预设的消防功能。消防联动控制接收并显示消防系统（设施）动作的反馈信息。

9.2.3　系统适用范围

《建规》第8.4.1、第8.4.2条：下列建筑或场所应设置火灾自动报警系统，见表3.9-3。

表3.9-3　应设置火灾自动报警系统的建筑场所

建筑分类	条　件
厂房	任一层建筑面积 > 1500m² 或总建筑面积 > 3000m² 的制鞋、制衣、玩具、电子等类似用途的厂房
仓库	（1）每座占地面积 > 1000m² 的棉、毛、丝、麻、化纤及其制品的仓库 （2）占地面积 > 500m² 或总建筑面积 > 1000m² 的卷烟仓库
珍藏库、档案馆	图书或文物的珍藏库，每座藏书超过50万册的图书馆，重要的档案馆
广播电视、邮政电信 电力、交通和防灾	（1）地市级及以上广播电视建筑、邮政建筑、电信建筑 （2）城市或区域性电力、交通和防灾等指挥调度建筑
剧院 剧场、电影院 会堂、礼堂 体育馆	（1）特等、甲等剧场 （2）座位数 > 1500 个的其他等级的剧场或电影院 （3）座位数 > 2000 个的会堂或礼堂 （4）座位数 > 3000 个的体育馆
幼儿园 老年人照料设施 疗养院、旅馆 儿童活动场所 医院	（1）大、中型幼儿园的儿童用房等场所 （2）老年人照料设施（老年人照料设施中的老年人用房及其公共走道，均应设置火灾探测器和声警报装置或消防广播） （3）任一层建筑面积 > 1500m² 或总建筑面积 > 3000m² 的疗养院的病房楼、旅馆建筑和其他儿童活动场所 （4）≥200 个床位的医院门诊楼、病房楼和手术部等

（续）

建筑分类	条　件
歌舞娱乐	歌舞娱乐放映游艺场所
夹层 闷顶	（1）净高 >2.6m 且可燃物较多的技术夹层 （2）净高 >0.8m 且有可燃物的闷顶或吊顶内
机房 设备室、库房	（1）电子信息系统的主机房及其控制室、记录介质库 （2）特殊贵重或火灾危险性大的机器、仪表、仪器设备室、贵重物品库房
公共建筑	（1）二类高层公共建筑内建筑面积 >50m^2 的可燃物品库房和建筑面积 >500m^2 的营业厅 （2）其他一类高层公共建筑
住宅建筑	（1）建筑高度 >100m 的住宅建筑 （2）54m < 建筑高度 ≤100m 的住宅建筑，其公共部位应设置火灾自动报警系统，套内宜设置火灾探测器 （3）建筑高度 ≤54m 的高层住宅建筑，其公共部位宜设置火灾自动报警系统。当设置需联动控制的消防设施时，公共部位应设置火灾自动报警系统 （4）高层住宅建筑的公共部位应设置具有语音功能的火灾声警报装置或应急广播
联锁动作场所	设置机械排烟、防烟系统，雨淋或预作用自动喷水灭火系统，固定消防水炮灭火系统、气体灭火系统等需与火灾自动报警系统联锁动作的场所或部位

9.3　系统设计要求

9.3.1　系统形式选择与设计要求

1. 火灾自动报警系统形式的选择

（1）《自报》第 3.2.1 条：火灾自动报警系统形式的选择，应符合下列规定：

1）仅需要报警，不需要联动自动消防设备的保护对象宜采用区域报警系统。

2）不仅需要报警，同时需要联动自动消防设备，且只设置一台具有集中控制功能的火灾报警控制器和消防联动控制器的保护对象，应采用集中报警系统，并应设置一个消防控制室。

3）设置两个及以上消防控制室的保护对象，或已设置两个及以上集中报警系统的保护对象，应采用控制中心报警系统。

2. 火灾自动报警系统的设计

（1）区域报警系统的设计

《自报》第 3.2.2 条：区域报警系统的设计，应符合下列规定：

1）系统应由火灾探测器、手动火灾报警按钮、火灾声光警报器及火灾报警控制器等组成，系统中可包括消防控制室图形显示装置和指示楼层的区域显示器。

2）火灾报警控制器应设置在有人值班的场所。

3）系统设置消防控制室图形显示装置时，该装置应具有表 3.9-4 规定的有关信息的功能；系统未设置消防控制室图形显示装置时，应设置火警传输设备。

表3.9-4　火灾报警、建筑消防设施运行状态信息

设施名称		内　容
火灾探测报警系统		火灾报警信息、可燃气体探测报警信息、电气火灾监控报警信息、屏蔽信息、故障信息
消防联动控制系统	消防联动控制器	动作状态、屏蔽信息、故障信息
	消火栓系统	消防水泵电源的工作状态，消防水泵的启、停状态和故障状态，消防水箱（池）水位、管网压力报警信息及消火栓按钮的报警信息
	自动喷水灭火系统、水喷雾（细水雾）灭火系统（泵供水方式）	喷淋泵电源工作状态，喷淋泵的启、停状态和故障状态，水流指示器、信号阀、报警阀、压力开关的正常工作状态和动作状态
	气体灭火系统、细水雾灭火系统（压力容器供水方式）	系统的手动、自动工作状态及故障状态，阀驱动装置的正常工作状态和动作状态，防护区域中的防火门（窗）、防火阀、通风空调等设备的正常工作状态和动作状态，系统的启、停信息，紧急停止信号和管网压力信号
	泡沫灭火系统	消防水泵、泡沫液泵电源的工作状态，系统的手动、自动工作状态及故障状态，消防水泵、泡沫液泵的正常工作状态和动作状态
	干粉灭火系统	系统的手动、自动工作状态及故障状态，阀驱动装置的正常工作状态和动作状态，系统的启、停信息，紧急停止信号和管网压力信号
	防烟排烟系统	系统的手动、自动工作状态，防烟排烟风机电源的工作状态，风机、电动防火阀、电动排烟防火阀、常闭送风口、排烟阀（口）、电动排烟窗、电动挡烟垂壁的正常工作状态和动作状态
	防火门及卷帘系统	防火卷帘控制器、防火门监控器的工作状态和故障状态。卷帘门的工作状态，具有反馈信号的各类防火门、疏散门的工作状态和故障状态等动态信息
	消防电梯	消防电梯的停用和故障状态
	消防应急广播	消防应急广播的启动、停止和故障状态
	消防应急照明和疏散指示系统	消防应急照明和疏散指示系统的故障状态和应急工作状态信息
	消防电源	系统内各消防用电设备的供电电源和备用电源工作状态和欠压报警信息

（2）集中报警系统的设计。《自报》第3.2.3条，集中报警系统的设计，应符合下列规定：

1）系统应由火灾探测器、手动火灾报警按钮、火灾声光警报器、消防应急广播、消防专用电话、消防控制室图形显示装置、火灾报警控制器、消防联动控制器等组成。

2）系统中的火灾报警控制器、消防联动控制器和消防控制室图形显示装置、消防应急广播的控制装置、消防专用电话总机等起集中控制作用的消防设备，应设置在消防控制室内。

3）系统设置的消防控制室图形显示装置应具有表3.9-4所规定的有关信息的功能。

（3）控制中心报警系统的设计。《自报》第3.2.4条，控制中心报警系统的设计，应符合下列规定：

1）有两个及两个以上消防控制室时，应确定其中一个为主消防控制室。

2）主消防控制室应能显示所有火灾报警信号和联动控制状态信号，并应能控制重要的消防设备；各分消防控制室内的消防设备之间可以互相传输并显示状态信息，但不应互相控制。

3）系统设置的消防控制室图形显示装置应具有传输表3.9-4所规定的有关信息的功能。

3. 报警区域和探测区域的划分

（1）报警区域的划分。《自报》第3.3.1条，报警区域的划分应符合下列规定：

1）报警区域应根据防火分区或楼层划分；可将一个防火分区或一个楼层划分为一个报警区域，也可将发生火灾时需要同时联动消防设备的相邻几个防火分区或楼层划分为一个报警区域。

2）电缆隧道的一个报警区域宜由一个封闭长度区间组成，一个报警区域不应超过相连的3个封闭长度区间；道路隧道的报警区域应根据排烟系统或灭火系统的联动需要确定，且不宜超过150m。

3）甲、乙、丙类液体储罐区的报警区域应由一个储罐区组成，每个50000m^3及以上的外浮顶储罐应单独划分为一个报警区域。

（2）探测区域的划分。《自报》第3.3.2条，探测区域的划分应符合下列规定：

1）探测区域应按独立房（套）间划分。一个探测区域的面积不宜超过500m^2；从主要入口能看清其内部，且面积不超过1000m^2的房间，也可划为一个探测区域。

2）红外光束感烟火灾探测器和缆式线型感温火灾探测器的探测区域的长度，不宜超过100m；空气管差温火灾探测器的探测区域长度宜为20～100m。

（3）《自报》第3.3.3条：下列场所应单独划分探测区域：

1）敞开或封闭楼梯间、防烟楼梯间。

2）防烟楼梯间前室、消防电梯前室、消防电梯与防烟楼梯间合用的前室、走道、坡道。

3）电气管道井、通信管道井、电缆隧道。

4）建筑物闷顶、夹层。

9.3.2　火灾探测器的选择

1. 火灾探测器选择的一般规定

《自报》第5.1.1条，火灾探测器的选择应符合下列规定：

1）对火灾初期有阴燃阶段，产生大量的烟和少量的热，很少或没有火焰辐射的场所，应选择感烟火灾探测器。

2）对火灾发展迅速，可产生大量热、烟和火焰辐射的场所，可选择感温火灾探测器、感烟火灾探测器、火焰探测器或其组合。

3）对火灾发展迅速，有强烈的火焰辐射和少量烟、热的场所，应选择火焰探测器。

4）对火灾初期有阴燃阶段，且需要早期探测的场所，宜增设一氧化碳火灾探测器。

5）对使用、生产可燃气体或可燃蒸汽的场所，应选择可燃气体探测器。

6）应根据保护场所可能发生火灾的部位和燃烧材料的分析，以及火灾探测器的类型、灵敏度和响应时间等选择相应的火灾探测器，对火灾形成特征不可预料的场所，可根据模拟试验的结果选择火灾探测器。

7）同一探测区域内设置多个火灾探测器时，可选择具有复合判断火灾功能的火灾探测器和火灾报警控制器。

2. 点型火灾探测器的选择

（1）《自报》第5.2.1条：对不同高度的房间，可按表3.9-5、表3.9-6选择点型火灾探测器。

表3.9-5　对不同高度的房间点型火灾探测器的选择

<table>
<tr><th rowspan="2">房间高度h/m</th><th rowspan="2">点型感烟火灾探测器</th><th colspan="3">点型感温火灾探测器</th><th rowspan="2">火焰探测器</th></tr>
<tr><th>A1、A2</th><th>B</th><th>C、D、E、F、G</th></tr>
<tr><td>12<h≤20</td><td>不适合</td><td rowspan="2">不适合</td><td rowspan="3">不适合</td><td rowspan="4">不适合</td><td rowspan="5">适　合</td></tr>
<tr><td>8<h≤12</td><td rowspan="4">适　合</td></tr>
<tr><td>6<h≤8</td><td rowspan="3">适　合</td></tr>
<tr><td>4<h≤6</td><td rowspan="2">适　合</td></tr>
<tr><td>h≤4</td><td>适　合</td></tr>
</table>

注：表中A1、A2、B、C、D、E、F、G为点型感温探测器的不同类别，其具体参数应符合表3.9-6的规定。

表3.9-6　点型感温火灾探测器分类

探测器类别	典型应用温度/℃	最高应用温度/℃	动作温度下限值/℃	动作温度上限值/℃
A1	25	50	54	65
A2	25	50	54	70
B	40	65	69	85
C	55	80	84	100
D	70	95	99	115
E	85	110	114	130
F	100	125	129	145
G	115	140	144	160

（2）《自报》第5.2.2条，下列场所宜选择点型感烟火灾探测器：

1）饭店、旅馆、教学楼、办公楼的厅堂、卧室、办公室、商场、列车载客车厢等。

2）计算机房、通信机房、电影或电视放映室等。

3）楼梯、走道、电梯机房、车库等。

4）书库、档案库等。

（3）《自报》第5.2.3条，符合下列条件之一的场所，不宜选择点型离子感烟火灾探测器：

1）相对湿度经常大于95%。

2）气流速度大于5m/s。

3）有大量粉尘、水雾滞留。

4）可能产生腐蚀性气体。

5）在正常情况下有烟滞留。

6）产生醇类、醚类、酮类等有机物质。

（4）《自报》第5.2.4条，符合下列条件之一的场所，不宜选择点型光电感烟火灾探测器：

1）有大量粉尘、水雾滞留。

2）可能产生蒸汽和油雾。

3）高海拔地区。

4）在正常情况下有烟滞留。

（5）《自报》第 5. 2. 5 条，符合下列条件之一的场所，宜选择点型感温火灾探测器；且应根据使用场所的典型应用温度和最高应用温度选择适当类别的感温火灾探测器：

1）相对湿度经常大于 95%。

2）可能发生无烟火灾。

3）有大量粉尘。

4）吸烟室等在正常情况下有烟或蒸汽滞留的场所。

5）厨房、锅炉房、发电机房、烘干车间等不宜安装感烟火灾探测器的场所。

6）需要联动熄灭“安全出口”标志灯的安全出口内侧。

7）其他无人滞留且不适合安装感烟火灾探测器，但发生火灾时需要及时报警的场所。

（6）《自报》第 5. 2. 6 条，可能产生阴燃火或发生火灾不及时报警将造成重大损失的场所，不宜选择点型感温火灾探测器；温度在 0℃以下的场所，不宜选择定温探测器；温度变化较大的场所，不宜选择具有差温特性的探测器。

（7）《自报》第 5. 2. 7 条，符合下列条件之一的场所，宜选择点型火焰探测器或图像型火焰探测器：

1）火灾时有强烈的火焰辐射。

2）可能发生液体燃烧等无阴燃阶段的火灾。

3）需要对火焰做出快速反应。

（8）《自报》第 5. 2. 8 条，符合下列条件之一的场所，不宜选择点型火焰探测器和图像型火焰探测器：

1）在火焰出现前有浓烟扩散。

2）探测器的镜头易被污染。

3）探测器的“视线”易被油雾、烟雾、水雾和冰雪遮挡。

4）探测区域内的可燃物是金属和无机物。

5）探测器易受阳光、白炽灯等光源直接或间接照射。

（9）《自报》第 5. 2. 9 条，探测区域内正常情况下有高温物体的场所，不宜选择单波段红外火焰探测器。

（10）《自报》第 5. 2. 10 条，正常情况下有明火作业，探测器易受 X 射线、弧光和闪电等影响的场所，不宜选择紫外火焰探测器。

（11）《自报》第 5. 2. 11 条，下列场所宜选择可燃气体探测器：

1）使用可燃气体的场所。

2）燃气站和燃气表房以及存储液化石油气罐的场所。

3）其他散发可燃气体和可燃蒸汽的场所。

（12）《自报》第 5. 2. 12 条，在火灾初期产生一氧化碳的下列场所可选择点型一氧化碳火灾探测器：

1）烟不容易对流或顶棚下方有热屏障的场所。

2）在棚顶上无法安装其他点型火灾探测器的场所。

3）需要多信号复合报警的场所。

(13)《自报》第5.2.13条，污物较多且必须安装感烟火灾探测器的场所，应选择间断吸气的点型采样吸气式感烟火灾探测器或具有过滤网和管路自清洗功能的管路采样吸气式感烟火灾探测器。

3. 线型火灾探测器的选择

(1)《自报》第5.3.1条，无遮挡的大空间或有特殊要求的房间，宜选择线型光束感烟火灾探测器。

(2)《自报》第5.3.2条，符合下列条件之一的场所，不宜选择线型光束感烟火灾探测器：

1）有大量粉尘、水雾滞留。

2）可能产生蒸汽和油雾。

3）在正常情况下有烟滞留。

4）固定探测器的建筑结构由于振动等原因会产生较大位移的场所。

(3)《自报》第5.3.3条，下列场所或部位，宜选择缆式线型感温火灾探测器：

1）电缆隧道、电缆竖井、电缆夹层、电缆桥架。

2）不易安装点型探测器的夹层、闷顶。

3）各种传动带输送装置。

4）其他环境恶劣不适合点型探测器安装的场所。

(4)《自报》第5.3.4条，下列场所或部位，宜选择线型光纤感温火灾探测器：

1）除液化石油气外的石油储罐。

2）需要设置线型感温火灾探测器的易燃、易爆场所。

3）需要监测环境温度的地下空间等场所宜设置具有实时温度监测功能的线型光纤感温火灾探测器。

4）公路隧道、敷设动力电缆的铁路隧道和城市地铁隧道等。

(5)《自报》第5.3.5条，线型定温火灾探测器的选择，应保证其不动作温度符合设置场所的最高环境温度的要求。

4. 吸气式感烟火灾探测器的选择

(1)《自报》第5.4.1条，下列场所宜选择吸气式感烟火灾探测器：

1）具有高速气流的场所。

2）点型感烟、感温火灾探测器不适宜的大空间、舞台上方、建筑高度超过12m或有特殊要求的场所。

3）低温场所。

4）需要进行隐蔽探测的场所。

5）需要进行火灾早期探测的重要场所。

6）人员不宜进入的场所。

(2)《自报》第5.4.2条：灰尘比较大的场所，不应选择没有过滤网和管路自清洗功能的管路采样式吸气感烟火灾探测器。

9.3.3 系统设备的设计及设置

1. 火灾报警控制器和消防联动控制器的设计容量

（1）火灾报警控制器的设计容量。《自报》第3.1.5条，任意一台火灾报警控制器所连接的火灾探测器、手动火灾报警按钮和模块等设备总数和地址总数，均≤3200点，其中每一总线回路连接设备的总数≤200点，且应留有不少于额定容量10%的余量。

（2）消防联动控制器的设计容量。《自报》第3.1.5条，任意一台消防联动控制器地址总数或火灾报警控制器（联动型）所控制的各类模块总数≤1600点，每一联动总线回路连接设备的总数≤100点，且应留有不少于额定容量10%的余量。

2. 总线短路隔离器的设计参数

《自报》第3.1.6条：系统总线上应设置总线短路隔离器，每只总线短路隔离器保护的火灾探测器、手动火灾报警按钮和模块等消防设备的总数≤32点；总线穿越防火分区时，应在穿越处设置总线短路隔离器。

3. 火灾报警控制器和消防联动控制器的设置

（1）《自报》第6.1.1条：火灾报警控制器和消防联动控制器，应设置在消防控制室内或有人员值班的房间和场所。

（2）《自报》第6.1.3条：火灾报警控制器和消防联动控制器安装在墙上时，其主显示屏高度宜为1.5～1.8m，其靠近门轴的侧面距墙≥0.5m，距正面操作距离≥1.2m。

（3）《自报》第6.1.4条：集中报警系统和控制中心报警系统中的区域火灾报警控制器在满足下列条件时，可设置在无人员值班的场所：

1）本区域内无需手动控制的消防联动设备。

2）本区域火灾报警控制器的所有信息在集中火灾报警控制器上均有显示，且能接收集中火灾报警控制器的联动控制信号，并自动启动相应的消防设备。

3）设置的场所只有值班人员可以进入。

4. 火灾探测器的设置

（1）点型感烟、感温火灾探测器的保护面积和半径。《自报》第6.2.2条，点型感烟火灾探测器和A1、A2、B型感温火灾探测器的保护面积和保护半径，应按表3.9-7确定；C、D、E、F、G型感温火灾探测器的保护面积和保护半径，应根据生产企业设计说明书确定，但不应超过表3.9-7的规定。

表3.9-7 点型火灾探测器的保护面积和保护半径

火灾探测器的种类	地面面积 S /m²	房间高度 h /m	一只探测器的保护面积 A 和保护半径 R					
			屋顶坡度 θ					
			$\theta\leq15°$		$15°<\theta\leq30°$		$\theta>30°$	
			A/m²	R/m	A/m²	R/m	A/m²	R/m
感烟火灾探测器	$S\leq80$	$h\leq12$	80	6.7	80	7.2	80	8.0
	$S>80$	$6<h\leq12$	80	6.7	100	8.0	120	9.9
		$h\leq6$	60	5.8	80	7.2	100	9.0
感温火灾探测器	$S\leq30$	$h\leq8$	30	4.4	30	4.9	30	5.5
	$S>30$	$h\leq8$	20	3.6	30	4.9	40	6.3

（2）点型感烟、感温火灾探测器的安装间距要求

1）《自报》第6.2.4条：在宽度小于3m的内走道顶棚上设置点型探测器时，宜居中布置。感温火灾探测器的安装间距≤10m；感烟火灾探测器的安装间距≤15m；探测器至端墙的距离≤探测器安装间距的1/2。

2）《自报》第6.2.5条：点型探测器至墙壁、梁边的水平距离≥0.5m。

3）《自报》第6.2.6条：点型探测器周围0.5m内，不应有遮挡物。

4）《自报》第6.2.8条：点型探测器至空调送风口边的水平距离≥1.5m，并宜接近回风口安装。探测器至多孔送风顶棚孔口的水平距离≥0.5m。

5）《自报》第6.2.9条：当屋顶有热屏障时，点型感烟火灾探测器下表面至顶棚或屋顶的距离，应符合表3.9-8的规定。

表3.9-8　点型感烟火灾探测器下表面至顶棚或屋顶的距离

探测器的安装高度 h/m	点型感烟火灾探测器下表面至顶棚或屋顶的距离 d/mm					
	顶棚或屋顶坡度 θ					
	$\theta \leq 15°$		$15° < \theta \leq 30°$		$\theta > 30°$	
	最小	最大	最小	最大	最小	最大
$h \leq 6$	30	200	200	300	300	500
$6 < h \leq 8$	70	250	250	400	400	600
$8 < h \leq 10$	100	300	300	500	500	700
$10 < h \leq 12$	150	350	350	600	600	800

（3）点型感烟、感温火灾探测器的设置数量

1）《自报》第6.2.2条：①探测区域的每个房间应至少设置一只火灾探测器。

②一个探测区域内所需设置的探测器数量，不应小于式（3.9-1）的计算值：

$$N = \frac{S}{KA} \tag{3.9-1}$$

式中　N——探测器数量（只），N应取整数。

S——该探测区域面积（m^2）。

A——探测器的保护面积（m^2）。

K——修正系数，容纳人数超过1万人的公共场所宜取0.7～0.8；容纳人数为2千～1万人的公共场所宜取0.8～0.9；容纳人数为5百～2千人的公共场所宜取0.9～1.0；其他场所可取1.0。

2）《自报》第6.2.3条，在有梁的顶棚上设置点型感烟火灾探测器、感温火灾探测器时，应符合下列规定：

①当梁凸出顶棚的高度<200mm时，可不计梁对探测器保护面积的影响。

②当梁凸出顶棚的高度为200～600mm时，应按规范要求确定梁对探测器保护面积的影响和一只探测器能够保护的梁间区域的数量。

③当梁凸出顶棚的高度>600mm时，被梁隔断的每个梁间区域应至少设置一只探测器。

④当被梁隔断的区域面积超过一只探测器的保护面积时，被隔断的区域应按规定计算探

测器的设置数量。

⑤当梁间净距小于 1m 时，可不计梁对探测器保护面积的影响。

3）《自报》第 6.2.10 条：锯齿形屋顶和坡度大于 15°的人字形屋顶，应在每个屋脊处设置一排点型探测器，探测器下表面至屋顶最高处的距离，应符合表 3.9-8 的规定。

4）《自报》第 6.2.7 条：房间被书架、设备或隔断等分隔，其顶部至顶棚或梁的距离小于房间净高的 5% 时，每个被隔开的部分应至少安装一只点型探测器。

（4）火焰探测器和图像型火灾探测器的设置。《自报》第 6.2.14 条：

1）应考虑探测器的探测视角及最大探测距离，可通过选择探测距离长、火灾报警响应时间短的火焰探测器，提高保护面积要求和报警时间要求。

2）探测器的探测视角内不应存在遮挡物。

3）应避免光源直接照射在探测器的探测窗口。

4）单波段的火焰探测器不应设置在平时有阳光、白炽灯等光源直接或间接照射的场所。

（5）线型光束感烟火灾探测器的设置。《自报》第 6.2.15 条：

1）探测器的光束轴线至顶棚的垂直距离宜为 0.3～1.0m，距地高度不宜超过 20m。

2）相邻两组探测器的水平距离不应大于 14m，探测器至侧墙水平距离不应大于 7m，且不应小于 0.5m，探测器的发射器和接收器之间的距离不宜超过 100m。

3）探测器应设置在固定结构上。

4）探测器的设置应保证其接收端避开日光和人工光源的直接照射。

5）选择反射式探测器时，应保证在反射板与探测器之间任何部位进行模拟试验时，探测器均能正确响应。

（6）线型感温火灾探测器的设置。《自报》第 6.2.16 条：

1）探测器在保护电缆、堆垛等类似保护对象时，应采用接触式布置；在各种传动带输送装置上设置时，宜设置在装置的过热点附近。

2）设置在顶棚下方的线型感温火灾探测器，至顶棚的距离宜为 0.1m。探测器的保护半径应符合点型感温火灾探测器的保护半径要求；探测器至墙壁的距离宜为 1～1.5m。

3）光栅光纤感温火灾探测器每个光栅的保护面积和保护半径，应符合点型感温火灾探测器的保护面积和保护半径要求。

4）设置线型感温火灾探测器的场所有联动要求时，宜采用两只不同火灾探测器的报警信号组合。

5）与线型感温火灾探测器连接的模块不宜设置在长期潮湿或温度变化较大的场所。

（7）管路采样式吸气感烟火灾探测器的设置。《自报》第 6.2.17 条：

1）非高灵敏型探测器的采样管网安装高度不应超过 16m；高灵敏型探测器的采样管网安装高度可超过 16m；采样管网安装高度超过 16m 时，灵敏度可调的探测器应设置为高灵敏度，且应减小采样管长度和采样孔数量。

2）探测器的每个采样孔的保护面积、保护半径，应符合点型感烟火灾探测器的保护面积、保护半径的要求。

3）一个探测单元的采样管总长不宜超过 200m，单管长度不宜超过 100m，同一根采样管不应穿越防火分区。采样孔总数不宜超过 100 个，单管上的采样孔数量不宜超过 25 个。

4）当采样管道采用毛细管布置方式时，毛细管长度不宜超过4m。

5）吸气管路和采样孔应有明显的火灾探测器标识。

6）在设置过梁、空间支架的建筑中，采样管路应固定在过梁、空间支架上。

7）当采样管道布置形式为垂直采样时，每2℃温差或每3m间隔（取最小者）应设置一个采样孔，采样孔不应背对气流方向。

8）采样管网应按确认的设计软件或方法进行设计。

9）探测器的火灾报警信号、故障信号等信息应传给火灾报警控制器，涉及消防联动控制时，探测器的火灾报警信号还应传给消防联动控制器。

（8）补充规定。《自报》第6.2.18条，感烟火灾探测器在格栅吊顶场所的设置，应符合下列规定：

1）镂空面积与总面积的比例不大于15%时，探测器应设置在吊顶下方。

2）镂空面积与总面积的比例大于30%时，探测器应设置在吊顶上方。

3）镂空面积与总面积的比例为15%~30%时，探测器的设置部位应根据实际试验结果确定。

4）探测器设置在吊顶上方且火警确认灯无法观察到时，应在吊顶下方设置火警确认灯。

5）地铁站台等有活塞风影响的场所，镂空面积与总面积的比例为30%~70%时，探测器宜同时设置在吊顶上方和下方。

5. 手动火灾报警按钮的设置

（1）《自报》第6.3.1条：每个防火分区应至少设置一只手动火灾报警按钮。从一个防火分区内的任何位置到最邻近的手动火灾报警按钮的步行距离≤30m。手动火灾报警按钮宜设置在疏散通道或出入口处。列车上设置的手动火灾报警按钮，应设置在每节车厢的出入口和中间部位。

（2）《自报》第6.3.2条：手动火灾报警按钮应设置在明显和便于操作的部位。当采用壁挂方式安装时，其底边距地高度宜为1.3~1.5m，且应有明显的标志。

6. 区域显示器的设置

（1）《自报》第6.4.1条：每个报警区域宜设置一台区域显示器（火灾显示盘）；宾馆、饭店等场所应在每个报警区域设置一台区域显示器。当一个报警区域包括多个楼层时，宜在每个楼层设置一台仅显示本楼层的区域显示器。

（2）《自报》第6.4.2条：区域显示器应设置在出入口等明显和便于操作的部位。当采用壁挂方式安装时，其底边距地面高度宜为1.3~1.5m

7. 火灾警报器的设置

（1）《自报》第6.5.1条：火灾警报器应设置在每个楼层的楼梯口、消防电梯前室、建筑内部拐角等处的明显部位，且不宜与安全出口指示标志灯具设置在同一面墙上。

（2）《自报》第6.5.2条：每个报警区域内应均匀设置火灾警报器，其声压级≥60dB；在环境噪声大于60dB的场所，其声压级应高于背景噪声15dB。

（3）《自报》第6.5.3条：当火灾警报器采用壁挂方式安装时，其底边距地面高度>2.2m。

8. 消防应急广播的设置

(1)《自报》第 6.6.1 条：消防应急广播扬声器的设置，应符合下列规定：

1）民用建筑内扬声器应设置在走道和大厅等公共场所。每个扬声器的额定功率≥3W，其数量应能保证从一个防火分区内的任何部位到最近一个扬声器的直线距离不大于 25m，走道末端距最近的扬声器距离≤12.5m。

2）在环境噪声大于 60dB 的场所设置的扬声器，在其播放范围内最远点的播放声压级应高于背景噪声 15dB。

3）客房设置专用扬声器时，其功率≥1.0W。

(2)《自报》第 6.6.2 条：壁挂扬声器的底边距地面高度 >2.2m。

9. 消防专用电话的设置

(1)《自报》第 6.7.1 条：消防专用电话网络应为独立的消防通信系统。

(2)《自报》第 6.7.2 条：消防控制室应设置消防专用电话总机。

(3)《自报》第 6.7.3 条：多线制消防专用电话系统中的每个电话分机应与总机单独连接。

(4)《自报》第 6.7.4 条，电话分机或电话插孔的设置，应符合下列规定：

1）消防水泵房、发电机房、配变电室、计算机网络机房、主要通风和空调机房、防排烟机房、灭火控制系统操作装置处或控制室、企业消防站、消防值班室、总调度室、消防电梯机房及其他与消防联动控制有关且经常有人值班的机房，均应设置消防专用电话分机。消防专用电话分机，应固定安装在明显且便于使用的部位，并应有区别于普通电话的标识。

2）设有手动火灾报警按钮或消火栓按钮等处，宜设置电话插孔，并宜选择带有电话插孔的手动火灾报警按钮。

3）各避难层应每隔 20m 设置一个消防专用电话分机或电话插孔。

4）电话插孔在墙上安装时，其底边距地面高度宜为 1.3～1.5m。

5）消防控制室、消防值班室或企业消防站等处，应设置可直接报警的外线电话。

10. 模块的设置

(1)《自报》第 6.8.1 条：每个报警区域内的模块宜相对集中设置在本报警区域内的金属模块箱中。

(2)《自报》第 6.8.2 条：模块严禁设置在配电（控制）柜（箱）内。

(3)《自报》第 6.8.3 条：本报警区域内的模块不应控制其他报警区域的设备。

(4)《自报》第 6.8.4 条：未集中设置的模块附近应有尺寸不小于 100mm×100mm 的标识。

11. 消防控制室图形显示装置的设置

(1)《自报》第 6.9.1 条：消防控制室图形显示装置应设置在消防控制室内，并应符合火灾报警控制器的安装设置要求。

(2)《自报》第 6.9.2 条：消防控制室图形显示装置与火灾报警控制器、消防联动控制器、电气火灾监控器、可燃气体报警控制器等消防设备之间，应采用专用线路连接。

12. 火灾报警传输设备或用户信息传输装置的设置

(1)《自报》第 6.10.1 条：火灾报警传输设备或用户信息传输装置，应设置在消防控制室内；未设置消防控制室时，应设置在火灾报警控制器附近的明显部位。

（2）《自报》第6.10.2条：火灾报警传输设备或用户信息传输装置与火灾报警控制器、消防联动控制器等设备之间，应采用专用线路连接。

（3）《自报》第6.10.3条：火灾报警传输设备或用户信息传输装置的设置，应保证有足够的操作和检修间距。

（4）《自报》第6.10.4条：火灾报警传输设备或用户信息传输装置的手动报警装置，应设置在便于操作的明显部位。

13. 防火门监控器的设置

（1）《自报》第6.11.1条：防火门监控器应设置在消防控制室内，未设置消防控制室时，应设置在有人员值班的场所。

（2）《自报》第6.11.2条：电动开门器的手动控制按钮应设置在防火门内侧墙面上，距门不宜超过0.5m，底边距地面高度宜为0.9～1.3m。

9.3.4　布线设计要求

1. 一般规定

（1）《自报》第11.1.1条：火灾自动报警系统的传输线路和50V以下供电的控制线路，应采用电压等级不低于交流300/500V的铜芯绝缘导线或铜芯电缆。采用交流220/380V的供电和控制线路，应采用电压等级不低于交流450/750V的铜芯绝缘导线或铜芯电缆。

（2）《自报》第11.1.2条：火灾自动报警系统传输线路的线芯截面选择，除应满足自动报警装置技术条件的要求外，还应满足机械强度的要求。铜芯绝缘导线和铜芯电缆线芯的最小截面面积，不应小于表3.9-9的规定。

表3.9-9　铜芯绝缘导线和铜芯电缆线芯的最小截面面积

序　号	类　别	线芯的最小截面面积/mm^2
1	穿管敷设的绝缘导线	1.00
2	线槽内敷设的绝缘导线	0.75
3	多芯电缆	0.50

（3）《自报》第11.1.3条：火灾自动报警系统的供电线路和传输线路设置在室外时，应埋地敷设。

（4）《自报》第11.1.4条：火灾自动报警系统的供电线路和传输线路设置在地（水）下隧道或湿度大于90%的场所时，线路及接线处应做防水处理。

（5）《自报》第11.1.5条：采用无线通信方式的系统设计，应符合下列规定：

1）无线通信模块的设置间距不应大于额定通信距离的75%。

2）无线通信模块应设置在明显部位，且应有明显标识。

2. 室内布线设计

（1）《自报》第11.2.1条：火灾自动报警系统的传输线路应采用金属管、可挠（金属）电气导管、B1级以上的刚性塑料管或封闭式线槽保护。

（2）《自报》第11.2.2条：火灾自动报警系统的供电线路、消防联动控制线路应采用耐火铜芯电线电缆，报警总线、消防应急广播和消防专用电话等传输线路应采用阻燃或阻燃耐火电线电缆。

(3)《自报》第 11. 2. 3 条：线路暗敷设时，宜采用金属管、可挠（金属）电气导管或 B1 级以上的刚性塑料管保护，并应敷设在不燃烧体的结构层内，且保护层厚度不宜小于 30mm；线路明敷时，应采用金属管、可挠（金属）电气导管或金属封闭线槽保护。矿物绝缘类不燃性电缆可明敷。

(4)《自报》第 11. 2. 4 条：火灾自动报警系统用的电缆竖井，宜与电力、照明用的低压配电线路电缆竖井分别设置。如受条件限制必须合用时，应将火灾自动报警系统用的电缆和电力、照明用的低压配电线路电缆分别布置在竖井的两侧。

(5)《自报》第 11. 2. 5 条：不同电压等级的线缆不应穿入同一根保护管内，当合用同一线槽时，线槽内应有隔板分隔。

(6)《自报》第 11. 2. 6 条：采用穿管水平敷设时，除报警总线外，不同防火分区的线路不应穿入同一根管内。

(7)《自报》第 11. 2. 7 条：从接线盒、线槽等处引到探测器底座盒、控制设备盒、扬声器箱的线路，均应加金属保护管保护。

(8)《自报》第 11. 2. 8 条：火灾探测器的传输线路，宜选择不同颜色的绝缘导线或电缆。正极“+”线应为红色，负极“-”线应为蓝色或黑色。同一工程中相同用途导线的颜色应一致，接线端子应有标号。

9. 3. 5　消防联动控制设计要求

1. 一般规定

(1)《自报》第 4. 1. 1 条：消防联动控制器应能按设定的控制逻辑向各相关的受控设备发出联动控制信号，并接受相关设备的联动反馈信号。

(2)《自报》第 4. 1. 2 条：消防联动控制器的电压控制输出应采用直流 24V，其电源容量应满足受控消防设备同时启动且维持工作的控制容量要求。

(3)《自报》第 4. 1. 3 条：各受控设备接口的特性参数应与消防联动控制器发出的联动控制信号相匹配。

(4)《自报》第 4. 1. 4 条：消防水泵、防烟和排烟风机的控制设备，除应采用联动控制方式外，还应在消防控制室设置手动直接控制装置。

(5)《自报》第 4. 1. 5 条：启动电流较大的消防设备宜分时启动。

(6)《自报》第 4. 1. 6 条：需要火灾自动报警系统联动控制的消防设备，其联动触发信号应采用两个独立的报警触发装置报警信号的“与”逻辑组合。

2. 自动喷水灭火系统的联动控制设计

(1) 湿式系统和干式系统的联动控制设计。《自报》第 4. 2. 1 条：

1) 联动控制方式，应由湿式报警阀压力开关的动作信号作为触发信号，直接控制启动喷淋消防泵，联动控制不应受消防联动控制器处于自动或手动状态影响。

2) 手动控制方式，应将喷淋消防泵控制箱（柜）的启动、停止按钮用专用线路直接连接至设置在消防控制室内的消防联动控制器的手动控制盘上，直接手动控制喷淋消防泵的启动、停止。

3) 水流指示器、信号阀、压力开关、喷淋消防泵的启动和停止的动作信号应反馈至消防联动控制器。

（2）预作用系统的联动控制设计。《自报》第4.2.2条：

1）联动控制方式，应由同一报警区域内两只及以上独立的感烟火灾探测器或一只感烟火灾探测器与一只手动火灾报警按钮的报警信号，作为预作用阀组开启的联动触发信号。由消防联动控制器控制预作用阀组的开启，使系统转变为湿式系统；当系统设有快速排气装置时，应联动控制排气阀前的电动阀的开启。湿式系统的联动控制设计应符合本规范第4.2.1条的规定。

2）手动控制方式，应将喷淋消防泵控制箱（柜）的启动和停止按钮、预作用阀组和快速排气阀入口前的电动阀的启动和停止按钮，用专用线路直接连接至设置在消防控制室内的消防联动控制器的手动控制盘，直接手动控制喷淋消防泵的启动、停止及预作用阀组和电动阀的开启。

3）水流指示器、信号阀、压力开关、喷淋消防泵的启动和停止的动作信号，有压气体管道气压状态信号和快速排气阀入口前电动阀的动作信号应反馈至消防联动控制器。

（3）雨淋系统的联动控制设计。《自报》第4.2.3条：

1）联动控制方式，应由同一报警区域内两只及以上独立的感温火灾探测器或一只感温火灾探测器与一只手动火灾报警按钮的报警信号，作为雨淋阀组开启的联动触发信号。应由消防联动控制器控制雨淋阀组的开启。

2）手动控制方式，应将雨淋消防泵控制箱（柜）的启动和停止按钮、雨淋阀组的启动和停止按钮，用专用线路直接连接至设置在消防控制室内的消防联动控制器的手动控制盘，直接手动控制雨淋消防泵的启动、停止及雨淋阀组的开启。

3）水流指示器，压力开关，雨淋阀组、雨淋消防泵的启动和停止的动作信号应反馈至消防联动控制器。

（4）自动控制的水幕系统的联动控制设计。《自报》第4.2.4条：

1）联动控制方式，当自动控制的水幕系统用于防火卷帘的保护时，应由防火卷帘下落到楼板面的动作信号与本报警区域内任一火灾探测器或手动火灾报警按钮的报警信号，作为水幕阀组启动的联动触发信号，并应由消防联动控制器联动控制水幕系统相关控制阀组的启动；仅用水幕系统作为防火分隔时，应由该报警区域内两只独立的感温火灾探测器的火灾报警信号作为水幕阀组启动的联动触发信号，并应由消防联动控制器联动控制水幕系统相关控制阀组的启动。

2）手动控制方式，应将水幕系统相关控制阀组和消防泵控制箱（柜）的启动、停止按钮用专用线路直接连接至设置在消防控制室内的消防联动控制器的手动控制盘，并应直接手动控制消防泵的启动、停止及水幕系统相关控制阀组的开启。

3）压力开关、水幕系统相关控制阀组和消防泵的启动、停止的动作信号，应反馈至消防联动控制器。

（5）自动喷水灭火系统联动控制汇总表

自动喷水灭火系统联动触发、联动控制及联动反馈信号见表3.9-10。

表 3.9-10 自动喷水灭火系统联动触发、联动控制及联动反馈信号

系统名称			联动触发信号	联动控制信号	联动反馈信号
自动喷水灭火系统	湿式和干式系统		报警阀压力开关的动作信号与该报警阀防护区域内任一火灾探测器或手动报警按钮的报警信号	启动喷淋泵	水流指示器动作信号、信号阀动作信号、压力开关动作信号、喷淋消防泵的启停信号
	预作用系统		同一报警区域内两只及以上独立的感烟火灾探测器或一只感烟火灾探测器与一只手动火灾报警按钮的报警信号	开启预作用阀组、开启快速排气阀前电力阀	水流指示器动作信号、信号阀动作信号、压力开关动作信号、喷淋消防泵的启停信号、有压气体管道气压状态信号、快速排气阀前电动阀动作信号
			报警阀压力开关的动作信号与该报警阀防护区域内任一火灾探测器或手动报警按钮的报警信号	启动喷淋泵	
	雨淋系统		同一报警区域内两只及以上独立的感烟火灾探测器或一只感温火灾探测器与一只手动火灾报警按钮的报警信号	开启雨淋阀组	水流指示器动作信号、压力开关动作信号、雨淋阀组和雨淋消防泵的启停信号
			报警阀压力开关的动作信号与该报警阀防护区域内任一火灾探测器或手动报警按钮的报警信号	启动喷淋泵	
	水幕系统	用于防火卷帘的保护	防护卷帘下落到楼板面的动作信号与本报警区域内任一火灾探测器或手动火灾报警按钮的报警信号	开启水幕系统控制阀组	压力开关动作信号、水幕系统相关控制阀组和消防泵的启停信号
			报警阀压力开关的动作信号与该报警阀防护区域内任一火灾探测器或手动报警按钮的报警信号	启动喷淋泵	
		用于防火分隔	报警区域内两只独立的感温火灾探测器的火灾报警信号	开启水幕系统控制阀组	
			报警阀压力开关的动作信号与该报警阀防护区域内任一火灾探测器或手动报警按钮的报警信号	启动喷淋泵	

3. 消火栓系统的联动控制设计

（1）《自报》第4.3.1条：联动控制方式，应由消火栓系统出水干管上设置的低压压力开关、高位消防水箱出水管上设置的流量开关或报警阀压力开关等信号作为触发信号，直接控制启动消火栓泵，联动控制不应受消防联动控制器处于自动或手动状态影响。当设置消火栓按钮时，消火栓按钮的动作信号应作为报警信号及启动消火栓泵的联动触发信号，由消防联动控制器联动控制消火栓泵的启动。

（2）《自报》第4.3.2条：手动控制方式，应将消火栓泵控制箱（柜）的启动、停止按钮用专用线路直接连接至设置在消防控制室内的消防联动控制器的手动控制盘，并应直接手动控制消火栓泵的启动、停止。

(3)《自报》第4.3.3条：消火栓泵的动作信号应反馈至消防联动控制器。

4. 气体（泡沫）灭火系统的联动控制设计

(1)《自报》第4.4.1条：气体（泡沫）灭火系统应由专用的气体（泡沫）灭火控制器控制。

(2)《自报》第4.4.2条：气体（泡沫）灭火控制器直接连接火灾探测器时，气体（泡沫）灭火系统的联动控制设计应符合下列要求：

1）应由同一防护区域内两只独立的火灾探测器的报警信号、一只火灾探测器与一只手动火灾报警按钮的报警信号或防护区外的紧急启动信号，作为系统的联动触发信号，探测器的组合宜采用感烟火灾探测器和感温火灾探测器，各类探测器应按相关规定分别计算保护面积。

2）气体灭火控制器、泡沫灭火控制器在接收到满足联动逻辑关系的首个联动触发信号后，应启动设置在该防护区内的火灾声光警报器，且联动触发信号应为任一防护区域内设置的感烟火灾探测器、其他类型火灾探测器或手动火灾报警按钮的首次报警信号；在接收到第二个联动触发信号后，应发出联动控制信号，且联动触发信号应为同一防护区域内与首次报警的火灾探测器或手动火灾报警按钮相邻的感温火灾探测器、火焰探测器或手动火灾报警按钮的报警信号。

3）联动控制信号应包括下列内容：

①关闭防护区域的送、排风机及送、排风阀门。

②停止通风空调系统及关闭设置在该防护区域的电动防火阀。

③联动控制防护区域开口封闭装置的启动，包括关闭防护区域的门、窗。

④启动气体（泡沫）灭火装置，气体（泡沫）灭火控制器可设定不大于30s的延迟喷射时间。

4）平时无人工作的防护区，可设置为无延迟的喷射，应在接收到满足联动逻辑关系的首个联动触发信号后按本条第3款规定执行除启动气体灭火装置、泡沫灭火装置外的联动控制；在接收到第二个联动触发信号后，应启动气体灭火装置、泡沫灭火装置。

5）气体灭火防护区出口外上方应设置表示气体喷洒的火灾声光警报器，指示气体释放的声信号应与该保护对象中设置的火灾声警报器的声信号有明显区别。启动气体（泡沫）灭火装置的同时，应启动设置在防护区入口处表示气体喷洒的火灾声光警报器；组合分配系统应首先开启相应防护区域的选择阀，然后启动气体（泡沫）灭火装置。

(3)《自报》第4.4.3条：气体（泡沫）灭火控制器不直接连接火灾探测器时，气体（泡沫）灭火系统的自动控制方式应符合下列规定：

1）气体(泡沫)灭火系统的联动触发信号应由火灾报警控制器或消防联动控制器发出。

2）气体（泡沫）灭火系统的联动触发信号和联动控制均应符合本规范第4.4.2条的规定。

(4)《自报》第4.4.4条：气体（泡沫）灭火系统的手动控制方式应符合下列规定：

1）在防护区疏散出口的门外应设置气体灭火装置、泡沫灭火装置的手动启动和停止按钮，手动启动按钮按下时，气体灭火控制器、泡沫灭火控制器应执行符合本规范第4.4.2条第3款和第5款规定的联动操作；手动停止按钮按下时，气体灭火控制器、泡沫灭火控制器应停止正在执行的联动操作。

2）气体灭火控制器、泡沫灭火控制器上应设置对应于不同防护区的手动启动和停止按钮，手动启动按钮按下时，气体灭火控制器、泡沫灭火控制器应执行符合本规范第 4. 4. 2 条第 3 款和第 5 款规定的联动操作；手动停止按钮按下时，气体灭火控制器、泡沫灭火控制器应停止正在执行的联动操作。

（5）《自报》第 4. 4. 5 条：气体（泡沫）灭火装置启动及喷放各阶段的联动控制及系统的反馈信号，应反馈至消防联动控制器。系统的联动反馈信号应包括下列内容：

1）气体（泡沫）灭火控制器直接连接的火灾探测器的报警信号。

2）选择阀的动作信号。

3）压力开关的动作信号。

（6）气体灭火系统联动控制汇总表

气体灭火系统联动触发、联动控制及联动反馈信号见表 3. 9-11。

表 3. 9-11　气体灭火系统联动触发、联动控制及联动反馈信号

系统名称	联动触发信号	联动控制	联动反馈信号
消火栓系统	消火栓按钮的动作信号与该消火栓按钮所在报警区域内任一火灾探测器或手动报警按钮的报警信号	启动消火栓泵	消火栓泵启动信号
气体灭火系统	任一防护区域内设置的感烟火灾探测器、其他类型火灾探测器或手动火灾报警按钮的首次报警信号	启动设置在该防护区内的火灾声光报警器	气体灭火控制器直接连接的火灾探测器的报警信号
	同一防护区域内与首次报警的火灾探测器或手动火灾报警按钮相邻的感温火灾探测器、火焰探测器或手动火灾报警按钮的报警信号	关闭防护区域的送、排风机及送、排风阀门，停止通风空调系统，关闭该防护区域的电动防火阀，启动防护区域开口封闭装置，包括关闭门、窗，启动气体灭火装置，启动入口处表示气体喷洒的火灾声光警报器	选择阀的动作信号，压力开关的动作信号

5. 防烟排烟系统的联动控制设计

（1）《自报》第 4. 5. 1 条：防烟系统的联动控制方式应符合下列规定：

1）应由加压送风口所在防火分区内的两只独立的火灾探测器或一只火灾探测器与一只手动火灾报警按钮的报警信号，作为送风口开启和加压送风机启动的联动触发信号，消防联动控制器在接收到满足逻辑关系的联动触发信号后，联动控制火灾层和相关层前室等需要加压送风场所的加压送风口开启和加压送风机启动。

2）应由同一防烟分区内且位于电动挡烟垂壁附近的两只独立的感烟火灾探测器的报警信号，作为电动挡烟垂壁降落的联动触发信号，并应由消防联动控制器联动控制电动挡烟垂壁的降落。

（2）《自报》第 4. 5. 2 条：排烟系统的联动控制方式应符合下列规定：

1）应由同一防烟分区内的两只独立的火灾探测器的报警信号，作为排烟口、排烟窗或排烟阀开启的联动触发信号，并应由消防联动控制器联动控制排烟口、排烟窗或排烟阀的开启，同时停止该防烟分区的通风空调系统。

2）应由排烟口、排烟窗或排烟阀开启的动作信号，作为排烟风机启动的联动触发信号，并应由消防联动控制器联动控制排烟风机的启动。

（3）《自报》第4.5.3条：防烟系统、排烟系统的手动控制设计应能在消防控制室内的消防联动控制器上手动控制送风口、电动挡烟垂壁、排烟口、排烟窗、排烟阀的开启或关闭及防烟风机、排烟风机等设备的启动或停止，防烟、排烟风机的启动、停止按钮应采用专用线路直接连接至设置在消防控制室内的消防联动控制器的手动控制盘上，并应直接手动控制防烟、排烟风机的启动与停止。

（4）《自报》第4.5.4条：送风口、排烟口、排烟窗或排烟阀开启和关闭的动作信号，防烟、排烟风机启动和停止及电动防火阀关闭的动作信号，均应反馈至消防联动控制器。

（5）《自报》第4.5.5条：排烟风机入口处的总管上设置的280℃排烟防火阀在关闭后应直接联动控制风机停止，排烟防火阀及风机的动作信号应反馈至消防联动控制器。

（6）防排烟系统联动触发、联动控制及联动反馈信号见表3.9-12。

表3.9-12　防排烟系统联动触发、联动控制及联动反馈信号

系统名称	联动触发信号	联动控制	联动反馈信号
防烟系统	加压送风口所在防火分区内的两只独立的火灾探测器或一只火灾探测器与一只手动火灾报警按钮的报警信号	开启送风口、启动加压送风机	送风口、排烟口、排烟窗或排烟阀的开启和关闭信号，防烟、排烟风机启停信号，电动防火阀关闭动作信号
	同一防烟分区内且位于电动挡烟垂壁附近的两只独立的感烟火灾探测器的报警信号	降落电动挡烟垂壁	
排烟系统	同一防烟分区内的两只独立的火灾探测器报警信号或一只火灾探测器与一只手动火灾报警按钮的报警信号	开启排烟口、排烟窗或排烟阀，停止该防烟分区的空气调节系统	
	排烟口、排烟窗或排烟阀开启的动作信号与该防烟分区内任一火灾探测器或手动报警按钮的报警信号	启动排烟风机	

6. 防火门及防火卷帘系统的联动控制设计

（1）《自报》第4.6.1条，防火门系统的联动控制设计，应符合下列规定：

1）应由常开防火门所在防火分区内的两只独立的火灾探测器或一只火灾探测器与一只手动火灾报警按钮的报警信号，作为常开防火门关闭的联动触发信号，联动触发信号应由火灾报警控制器或消防联动控制器发出，并应由消防联动控制器或防火门监控器联动控制防火门关闭。

2）疏散通道上各防火门的开启、关闭及故障状态信号应反馈至防火门监控器。

（2）《自报》第4.6.2条：防火卷帘的升降应由防火卷帘控制器控制。

（3）《自报》第4.6.3条：疏散通道上设置的防火卷帘的联动控制设计，应符合下列规定：

1）联动控制方式，防火分区内任两只独立的感烟火灾探测器或任一只专门用于联动防火卷帘的感烟火灾探测器的报警信号应联动控制防火卷帘下降至距楼板面1.8m处；任一只

专门用于联动防火卷帘的感温火灾探测器的报警信号应联动控制防火卷帘下降到楼板面；在卷帘的任一侧距卷帘纵深0.5～5m内应设置不少于2只专门用于联动防火卷帘的感温火灾探测器。

2）手动控制方式，应由防火卷帘两侧设置的手动控制按钮控制防火卷帘的升降。

(4)《自报》第4.6.4条：非疏散通道上设置的防火卷帘的联动控制设计，应符合下列规定：

1）联动控制方式，应由防火卷帘所在防火分区内任两只独立的火灾探测器的报警信号，作为防火卷帘下降的联动触发信号，并应联动控制防火卷帘直接下降到楼板面。

2）手动控制方式，应由防火卷帘两侧设置的手动控制按钮控制防火卷帘的升降，并应能在消防控制室内的消防联动控制器上手动控制防火卷帘的降落。

(5)《自报》第4.6.5条：防火卷帘下降至距楼板面1.8m处、下降到楼板面的动作信号和防火卷帘控制器直接连接的感烟、感温火灾探测器的报警信号，应反馈至消防联动控制器。

7. 电梯的联动控制设计

(1)《自报》第4.7.1条：消防联动控制器应具有发出联动控制信号强制所有电梯停于首层或电梯转换层的功能。

(2)《自报》第4.7.2条：电梯运行状态信息和停于首层或转换层的反馈信号，应传送给消防控制室显示，轿箱内应设置能直接与消防控制室通话的专用电话。

8. 火灾警报和消防应急广播系统的联动控制设计

(1)《自报》第4.8.1条：火灾自动报警系统应设置火灾声光警报器，并应在确认火灾后启动建筑内的所有火灾声光警报器。

(2)《自报》第4.8.2条：未设置消防联动控制器的火灾自动报警系统，火灾声光警报器应由火灾报警控制器控制；设置消防联动控制器的火灾自动报警系统，火灾声光警报器应由火灾报警控制器或消防联动控制器控制。

(3)《自报》第4.8.3条：公共场所宜设置具有同一种火灾变调声的火灾声警报器；具有多个报警区域的保护对象，宜选用带有语音提示的火灾声警报器；学校、工厂等各类日常使用电铃的场所，不应使用警铃作为火灾声警报器。

(4)《自报》第4.8.4条：火灾声警报器设置带有语音提示功能时，应同时设置语音同步器。

(5)《自报》第4.8.5条：同一建筑内设置多个火灾声警报器时，火灾自动报警系统应能同时启动和停止所有火灾声警报器的工作。

(6)《自报》第4.8.6条：火灾声警报器单次发出火灾警报的时间宜为8～20s，同时设有消防应急广播时，火灾声警报应与消防应急广播交替循环播放。

(7)《自报》第4.8.7条：集中报警系统和控制中心报警系统应设置消防应急广播。

(8)《自报》第4.8.8条：消防应急广播系统的联动控制信号应由消防联动控制器发出。当确认火灾后，应同时向全楼进行广播。

(9)《自报》第4.8.9条：消防应急广播的单次语音播放时间宜为10～30s，应与火灾声警报器分时交替工作，可采取1次声警报器播放、1次或2次消防应急广播播放的交替工作方式循环播放。

(10)《自报》第4.8.10条：在消防控制室应能手动或按预设控制逻辑联动控制选择广播分区、启动或停止应急广播系统，并应能监听消防应急广播。在通过传声器进行应急广播时，应自动对广播内容进行录音。

(11)《自报》第4.8.11条：消防控制室内应能显示消防应急广播的广播分区的工作状态。

(12)《自报》第4.8.12条：消防应急广播与普通广播或背景音乐广播合用时，应具有强制切入消防应急广播的功能。

9. 消防应急照明和疏散指示系统的联动控制设计

(1)《自报》第4.9.1条：消防应急照明和疏散指示系统的联动控制设计，应符合下列规定：

1）集中控制型消防应急照明和疏散指示系统，应由火灾报警控制器或消防联动控制器启动应急照明控制器实现。

2）集中电源非集中控制型消防应急照明和疏散指示系统，应由消防联动控制器联动应急照明集中电源和应急照明分配电装置实现。

3）自带电源非集中控制型消防应急照明和疏散指示系统，应由消防联动控制器联动消防应急照明配电箱实现。

(2)《自报》第4.9.2条：当确认火灾后，由发生火灾的报警区域开始，顺序启动全楼疏散通道的消防应急照明和疏散指示系统，系统全部投入应急状态的启动时间不应大于5s。

10. 相关联动控制设计

(1)《自报》第4.10.1条：消防联动控制器应具有切断火灾区域及相关区域的非消防电源的功能，当需要切断正常照明时，宜在自动喷淋系统、消火栓系统动作前切断。

1）火灾时可立即切断的非消防电源有：普通动力负荷、自动扶梯、排污泵、空调用电、康乐设施、厨房设施等。

2）火灾时不应立即切掉的非消防电源有：正常照明、生活给水泵、安全防范系统设施、地下室排水泵、客梯和Ⅰ~Ⅲ类汽车库作为车辆疏散口的提升机。

3）关于切断点的位置，原则上应在变电所切断，比较安全。当用电设备采用封闭母线供电时，可在楼层配电间切断。

(2)《自报》第4.10.2条：消防联动控制器应具有自动打开涉及疏散的电动栅杆等的功能，宜开启相关区域安全技术防范系统的摄像机监视火灾现场。

(3)《自报》第4.10.3条：消防联动控制器应具有打开疏散通道上由门禁系统控制的门和庭院的电动大门的功能，并应具有打开出入口挡杆的功能。

11. 相关联动控制汇总表

防火门系统、电梯、火灾警报和消防应急广播系统和消防应急照明和疏散指示系统联动触发、联动控制及联动反馈信号汇总见表3.9-13。

表3.9-13 常见联动触发、联动控制及联动反馈信号表

系统名称	联动触发信号	联动控制	联动反馈信号
防火门系统	防火门所在防火分区内的两只独立的火灾探测器或一只火灾探测器与一只手动火灾报警按钮的报警信号	关闭常开防火门	疏散通道上各防火门的开启、关闭及故障状态信号

（续）

系统名称	联动触发信号	联动控制	联动反馈信号
电梯	—	所有电梯停于首层或电梯转换层	电梯运行状态信息和停于首层或转换层的反馈信号
火灾警报和消防应急广播系统	同一报警区域内两只独立的火灾探测器或一只火灾探测器与一只手动火灾报警按钮的报警信号	确认火灾后启动建筑内所有火灾声光警报器、启动消防应急广播	消防应急广播分区的工作状态
消防应急照明和疏散指示系统	同一报警区域内两只独立的火灾探测器或一只火灾探测器与一只手动火灾报警按钮的报警信号	确认火灾后，由发生火灾的报警区域开始，顺序启动全楼消防应急照明和疏散指示系统	—

12. 消防系统中常见连锁触发和连锁控制信号

消防系统中常见连锁触发和连锁控制信号汇总见表 3.9-14。

表 3.9-14 消防系统中常见连锁触发和连锁控制信号表

系统名称		连锁触发信号	连锁控制信号
自动喷水灭火系统	湿式和干式系统	压力开关动作信号	启动喷淋泵
	预作用系统		
	雨淋系统		
	水幕系统		
消火栓系统		系统出水干管上的低压压力开关、高位消防水箱出水管上的流量开关、报警阀压力开关的动作信号	启动消火栓泵
排烟系统		排烟风机入口处总管上设置的280℃排烟防火阀动作信号	关闭排烟风机

9.4 可燃气体探测报警系统

9.4.1 适用场所及工作原理

1. 适用场所

可燃气体探测报警系统适用于使用、生产或聚集可燃气体或可燃液体蒸汽场所可燃气体浓度探测，在泄漏或聚集可燃气体浓度达到爆炸下限前发出报警信号。

2. 系统组成

可燃气体探测报警系统应由可燃气体报警控制器、可燃气体探测器和火灾声光警报器等组成。

3. 系统工作原理

发生可燃气体泄漏时，安装在保护区域现场的可燃气体探测器，将泄漏可燃气体的浓度参数转变为电信号，经数据处理后，将可燃气体浓度参数信息传输至可燃气体报警控制器；

或直接由可燃气体探测器做出泄漏可燃气体浓度超限报警判断，将报警信息传输到可燃气体报警控制器。可燃气体报警控制器在接收到探测器的可燃气体浓度参数信息或报警信息后，经报警确认判断，显示泄漏报警探测器的部位并发出泄漏可燃气体浓度信息，记录探测器报警的时间，同时驱动安装在保护区域现场的声光警报装置，发出声光警报，警示人员采取相应的处置措施；必要时可以控制并关断燃气的阀门，防止燃气的进一步泄漏。

9. 4. 2　系统设计

1. 一般规定

（1）《自报》第 8. 1. 2 条：可燃气体探测报警系统应独立组成，可燃气体探测器不应接入火灾报警控制器的探测器回路；当可燃气体的报警信号需接入火灾自动报警系统时，应由可燃气体报警控制器接入。

2. 可燃气体探测器的设置

（1）《自报》第 8. 2. 1 条：探测气体密度小于空气密度的可燃气体探测器应设置在被保护空间的顶部，探测气体密度大于空气密度的可燃气体探测器应设置在被保护空间的下部，探测气体密度与空气密度相当时，可燃气体探测器可设置在被保护空间的中间部位或顶部。

（2）《自报》第 8. 2. 4 条：线型可燃气体探测器的保护区域长度不宜大于 60m。

3. 可燃气体报警控制器的设置

《自报》第 8. 3. 1 条：当有消防控制室时，可燃气体报警控制器可设置在保护区域附近；当无消防控制室时，可燃气体报警控制器应设置在有人员值班的场所。

9. 5　电气火灾监控系统

9. 5. 1　系统分类

电气火灾监控探测器的分类见表 3. 9-15。

表 3. 9-15　电气火灾监控探测器的分类

分类		特性
按工作方式	独立式	可以自成系统，不需要配接电气火灾监控设备
	非独立式	自身不具有报警功能，需要配接电气火灾监控设备组成系统
按工作原理	剩余电流保护式	当被保护线路的相线直接或通过非预期负载对大地接通，而产生近似正弦波形且其有效值呈缓慢变化的剩余电流，当该电流大于预定数值时即自动报警的电气火灾监控探测器
	测温式	当被保护线路的温度高于预定数值时，自动报警的电气火灾监控探测器
	故障电弧式	当被保护线路上发生故障电弧时，发出报警信号的电气火灾监控探测器

9. 5. 2　系统适用场所

电气火灾监控系统适用于具有电气火灾危险场所，尤其是变电站、石油石化、冶金等不能中断供电的重要供电场所的电气故障探测，在产生一定电气火灾隐患的条件下发出报警信号。

9.5.3 系统组成及工作原理

1. 系统组成

《自报》第 9.1.2 条，电气火灾监控系统应由下列部分或全部设备组成：

1）电气火灾监控器。

2）剩余电流式电气火灾监控探测器。

3）测温式电气火灾监控探测器。

2. 系统工作原理

发生电气故障时，电气火灾监控探测器将保护线路中的剩余电流、温度等电气故障参数信息转变为电信号，经数据处理后，探测器做出报警判断，将报警信息传输到电气火灾监控器。电气火灾监控器在接收到探测器的报警信息后，经报警确认判断，显示电气故障报警探测器的部位信息，记录探测器报警的时间，同时驱动安装在保护区域现场的声光警报装置，发出声光警报，警示人员采取相应的处置措施，排除电气故障、消除电气火灾隐患，防止电气火灾的发生。

9.5.4 系统设计

电气火灾监控系统是一个独立的子系统，属于火灾预警系统，应独立组成。电气火灾监控探测器应接入电气火灾监控器，不应直接接入火灾报警控制器的探测器回路。当电气火灾监控系统接入火灾自动报警系统中时，应由电气火灾监控器将报警信号传输至消防控制室的图形显示装置或集中火灾报警控制器上，但其显示应与火灾报警信息有区别；在无消防控制室且电气火灾监控探测器设置数量不超过 8 个时，可采用独立式电气火灾监控探测器。

1. 剩余电流式电气火灾监控探测器的设置

(1)《自报》第 9.2.1 条：剩余电流式电气火灾监控探测器应以设置在低压配电系统首端为基本原则，宜设置在第一级配电柜（箱）的出线端。在供电线路泄漏电流大于 5300mA 时，宜在其下一级配电柜（箱）上设置。

(2)《自报》第 9.2.2 条：剩余电流式电气火灾监控探测器不宜设置在 IT 系统的配电线路和消防配电线路中。

(3)《自报》第 9.2.3 条：选择剩余电流式电气火灾监控探测器时，应计及供电系统自然漏流的影响，并选择参数合适的探测器；探测器报警值宜为 300～500mA。

(4)《自报》第 9.2.4 条：具有探测线路故障电弧功能的电气火灾监控探测器，其保护线路的长度不宜大于 100m。

2. 测温式电气火灾监控探测器的设置

(1)《自报》第 9.3.1 条：测温式电气火灾监控探测器应设置在电缆接头、端子、重点发热部件等部位。

(2)《自报》第 9.3.2 条：保护对象为 1000V 及以下的配电线路测温式电气火灾监控探测器应采用接触式设置。

(3)《自报》第 9.3.3 条：保护对象为 1000V 以上的供电线路，测温式电气火灾监控探测器宜选择光栅光纤测温式或红外测温式电气火灾监控探测器，光栅光纤测温式电气火灾监控探测器应直接设置在保护对象的表面。

3. 独立式电气火灾监控探测器的设置

(1)《自报》第9.4.1条：独立式电气火灾监控探测器的设置应符合电气火灾监控探测器的设置要求。

(2) 9.4.2条：设有火灾自动报警系统时，独立式电气火灾监控探测器的报警信息和故障信息应在消防控制室图形显示装置或集中火灾报警控制器上显示；但该类信息与火灾报警信息的显示应有区别。

(3)《自报》第9.4.3条：未设火灾自动报警系统时，独立式电气火灾监控探测器应将报警信号传至有人员值班的场所。

4. 电气火灾监控器的设置

(1)《自报》第9.5.1条：设有消防控制室时，电气火灾监控器应设置在消防控制室内或保护区域附近；设置在保护区域附近时，应将报警信息和故障信息传入消防控制室。

(2)《自报》第9.5.2条：未设消防控制室时，电气火灾监控器应设置在有人员值班的场所。

9.6 消防控制室▲

9.6.1 建筑防火设计

(1)《建规》第8.1.7条：设置火灾自动报警系统和需要联动控制的消防设备的建筑(群)应设置消防控制室。消防控制室的设置应符合下列规定：

1) 单独建造的消防控制室，其耐火等级不应低于二级。

2) 附设在建筑内的消防控制室，宜设置在建筑内首层或地下一层，并宜布置在靠外墙部位。

3) 不应设置在电磁场干扰较强及其他可能影响消防控制设备正常工作的房间附近。

4) 疏散门应直通室外或安全出口。

5) 消防控制室内的设备构成及其对建筑消防设施的控制与显示功能以及向远程监控系统传输相关信息的功能，应符合《火灾自动报警系统设计规范》GB 50116和《消防控制室通用技术要求》GB 25506—2010(下面简称《消控》)的规定。

(2)《建规》第6.2.7条：附设在建筑内的消防控制室应采用耐火极限≥2.00h的防火隔墙和1.50h的楼板与其他部位分隔。

(3)《自报》第3.4.5条：消防控制室送、回风管的穿墙处应设防火阀。

(4)《自报》第3.4.6条：消防控制室内严禁穿过与消防设施无关的电气线路及管路。

9.6.2 消防控制室的功能要求

1. 一般规定

(1)《自报》第3.4.2条：消防控制室内设置的消防设备应包括火灾报警控制器、消防联动控制器、消防控制室图形显示装置、消防专用电话总机、消防应急广播控制装置、消防应急照明和疏散指示系统控制装置、消防电源监控器等设备，或具有相应功能的组合设备。

(2)《自报》第3.4.3条：消防控制室应设有用于火灾报警的外线电话。

(3)《自报》第 3.4.4 条：消防控制室应有相应的竣工图纸、各分系统控制逻辑关系说明、设备使用说明书、系统操作规程、应急预案、值班制度、维护保养制度及值班记录等文件资料。

(4)《消控》第 3.4 条：具有两个及两个以上消防控制室时，应确定主消防控制室和分消防控制室。主消防控制室的消防设备应对系统内共用的消防设备进行控制，并显示其状态信息；主消防控制室内的消防设备应能显示各分消防控制室内消防设备的状态信息，并可对分消防控制室内的消防设备及其控制的消防系统和设备进行控制；各分消防控制室内的消防设备之间可以互相传输、显示状态信息，但不应互相控制。

(5)《消控》第 3.5 条：消防控制室内设置的消防设备应为符合国家市场准入制度的产品。消防控制室的设计、建设和运行应符合国家现行有关标准的规定。

(6)《消控》第 3.6 条：消防设备组成系统时，各设备之间应满足系统兼容性要求。

2. 消防控制室资料

《消控》第 4.1 条，消防控制室内应保存下列纸质和电子档案资料：

1）建（构）筑物竣工后的总平面布局图、建筑消防设施平面布置图、建筑消防设施系统图及安全出口布置图、重点部位位置图等。

2）消防安全管理规章制度、应急灭火预案、应急疏散预案等。

3）消防安全组织结构图,包括消防安全责任人、管理人、专职、义务消防人员等内容。

4）消防安全培训记录、灭火和应急疏散预案的演练记录。

5）值班情况、消防安全检查情况及巡查情况的记录。

6）消防设施一览表，包括消防设施的类型、数量、状态等内容。

7）消防系统控制逻辑关系说明、设备使用说明书、系统操作规程、系统和设备维护保养制度等。

8）设备运行状况、接报警记录、火灾处理情况、设备检修检测报告等资料，这些资料应能定期保存和归档。

3. 消防控制室管理及应急程序

(1)《消控》第 4.2.1 条，消防控制室管理应符合下列要求：

1）应实行每日 24h 专人值班制度，每班不应少于 2 人。

2）火灾自动报警系统和灭火系统应处于正常工作状态。

3）高位消防水箱、消防水池、气压水罐等消防储水设施应水量充足，消防泵出水管阀门、自动喷水灭火系统管道上的阀门常开；消防水泵、防排烟风机、防火卷帘等消防用电设备的配电柜开关处于自动（接通）位置。

(2)《消控》第 4.2.2 条，消防控制室的值班应急程序应符合下列要求：

1）接到火灾警报后，值班人员应立即以最快方式确认。

2）在火灾确认后，立即将火灾报警联动控制开关转入自动状态（处于自动状态的除外），同时拨打“119”报警。

3）还应立即启动单位内部应急疏散和灭火预案，同时报告单位负责人。

4. 消防控制室的设备布置

《自报》第 3.4.8 条，消防控制室内设备的布置应符合下列规定：

1）设备面盘前的操作距离，单列布置时≥1.5m；双列布置时≥2m。

2）在值班人员经常工作的一面，设备面盘至墙的距离≥3m。

3）设备面盘后的维修距离≥1m。

4）设备面盘的排列长度大于4m时，其两端应设置宽度不小于1m的通道。

5）与建筑其他弱电系统合用的消防控制室内，消防设备应集中设置，并应与其他设备之间有明显的间隔。

5. 消防控制室的控制与显示功能

（1）《消控》第5.1条：

1）消防控制室图形显示装置应能用同一界面显示建（构）筑物周边消防车道、消防登高车操作场地、消防水源位置，以及相邻建筑的防火间距、建筑面积、建筑高度、使用性质等情况。

2）应能显示消防系统及设备的名称、位置和动态信息；当有火灾报警信号、监管报警信号、反馈信号、屏蔽信号、故障信号输入时，应有相应状态的专用总指示，在总平面布局图中应显示输入信号所在的建（构）筑物的位置，在建筑平面图上应显示输入信号所在的位置和名称，并记录时间、信号类别和部位等信息。

3）应在10s内显示输入的火灾报警信号和反馈信号的状态信息，100s内显示其他输入信号的状态信息。

4）应采用中文标注和中文界面，界面对角线长度≥430mm。

5）应能显示可燃气体探测报警系统、电气火灾监控系统的报警信息、故障信息和相关联动反馈信息。

（2）《消控》第5.2条：

1）火灾报警控制器应能显示火灾探测器、火灾显示盘、手动火灾报警按钮的正常工作状态、火灾报警状态、屏蔽状态及故障状态等相关信息。

2）应能控制火灾声光警报器的启动和停止。

（3）《消控》第5.3条：

1）应能将消防系统及设备的状态信息传输到消防控制室图形显示装置。

2）对自动喷水灭火系统的控制和显示应符合下列要求：应能显示喷淋泵电源的工作状态；应能显示喷淋泵（稳压或增压泵）的启、停状态和故障状态，并显示水流指示器、信号阀、报警阀、压力开关等设备的正常工作状态和动作状态；消防水箱（池）最低水位信息和管网最低压力报警信息；应能手动控制喷淋泵的启、停；并显示其手动启、停和自动启动的动作反馈信号。

3）对消火栓系统的控制和显示应符合下列要求：应能显示消防水泵电源的工作状态；应能显示消防水泵（稳压或增压泵）的启、停状态和故障状态；并显示消火栓按钮的正常工作状态和动作状态及位置等信息；消防水箱（池）最低水位信息和管网最低压力报警信息；应能手动和自动控制消防水泵启、停，并显示其动作反馈信号。

4）对气体灭火系统的控制和显示应符合下列要求：应能显示系统的手动、自动工作状态及故障状态；应能显示系统的驱动装置的正常工作状态和动作状态；并能显示防护区域中的防火门（窗）、防火阀、通风空调等设备的正常工作状态和动作状态；应能手动控制系统的启、停，并显示延时状态信号、紧急停止信号和管网压力信号。

5）对水喷雾、细水雾灭火系统的控制和显示应符合下列要求：水喷雾灭火系统、采用水泵供水的细水雾灭火系统应符合自动喷水灭火系统的要求；采用压力容器供水的细水雾灭火系统应符合气体灭火系统的要求。

6）对泡沫灭火系统的控制和显示应符合下列要求：应能显示消防水泵、泡沫液泵电源的工作状态；应能显示系统的手动、自动工作状态及故障状态；应能显示消防水泵、泡沫液泵的启、停状态和故障状态；并显示消防水池（箱）最低水位和泡沫液罐最低液位信息；应能手动控制消防水泵和泡沫液泵的启、停，并显示其动作反馈信号。

7）对干粉灭火系统的控制和显示应符合下列要求：应能显示系统的手动、自动工作状态及故障状态；应能显示系统的驱动装置的正常工作状态和动作状态，并能显示防护区域中的防火门窗、防火阀、通风空调等设备的正常工作状态和动作状态；应能手动控制系统的启动和停止，并显示延时状态信号、紧急停止信号和管网压力信号。

8）对防烟排烟系统及通风空调系统的控制和显示应符合下列要求：应能显示防烟排烟系统风机电源的工作状态；应能显示防烟排烟系统的手动、自动工作状态及防烟排烟系统风机的正常工作状态和动作状态；应能控制防烟排烟系统及通风空调系统的风机和电动排烟防火阀、电控挡烟垂壁、电动防火阀、常闭送风口、排烟阀（口）、电动排烟窗的动作，并显示其反馈信号。

9）对防火门及防火卷帘系统的控制和显示应符合下列要求：应能显示防火门控制器、防火卷帘控制器的工作状态和故障状态等动态信息；应能显示防火卷帘、常开防火门、人员密集场所中因管理需要平时常闭的疏散门及具有信号反馈功能的防火门的工作状态；应能关闭防火卷帘和常开防火门，并显示其反馈信号。

10）对电梯的控制和显示应符合下列要求：应能控制所有电梯全部降回首层，非消防电梯应开门停用，消防电梯应开门待用，并显示反馈信号及消防电梯运行时所在楼层；应能显示消防电梯的故障状态和停用状态。

11）消防电话总机应符合下列要求：应能与各消防电话分机通话，并具有插入通话功能；应能接收来自消防电话插孔的呼叫，并能通话；应有消防电话通话录音功能；应能显示各消防电话的故障状态，并能将故障状态信息传输给消防控制室图形显示装置。

12）消防应急广播控制装置应符合下列要求：应能显示处于应急广播状态的广播分区、预设广播信息；应能分别通过手动和按照预设控制逻辑自动控制选择广播分区、启动或停止应急广播，并在扬声器进行应急广播时自动对广播内容进行录音；应能显示应急广播的故障状态，并能将故障状态信息传输给消防控制室图形显示装置。

13）消防应急照明和疏散指示系统控制装置应符合下列要求：应能手动控制自带电源型消防应急照明和疏散指示系统的主电工作状态和应急工作状态的转换；应能分别通过手动和自动控制集中电源型消防应急照明和疏散指示系统和集中控制型消防应急照明和疏散指示系统从主电工作状态切换到应急工作状态；受消防联动控制器控制的系统，应能将系统的故障状态和应急工作状态信息传输给消防控制室图形显示装置；不受消防联动控制器控制的系统，应能将系统的故障状态和应急工作状态信息传输给消防控制室图形显示装置。

14）消防电源监控器应符合下列要求：应能显示消防用电设备的供电电源和备用电源的工作状态和欠压报警信息；应能将消防用电设备的供电电源和备用电源的工作状态和欠压报警信息传输给消防控制室图形显示装置。

6. 消防控制室图形显示装置的信息记录要求

《消控》第6.1条：消防控制室图形显示装置应能记录建筑消防设施运行状态信息，记录容量不应少于10000条，记录备份后方可被覆盖。应具有产品维护保养的内容和时间、系统程序的进入和退出时间、操作人员姓名或代码等内容的记录，存储记录容量不应少于10000条，记录备份后方可被覆盖。应记录消防安全管理信息及系统内各个消防设备（设施）的制造商、产品有效期，记录容量不应少于10000条，记录备份后方可被覆盖。应能对历史记录打印归档或刻录存盘归档。

7. 信息传输要求

（1）《消控》第7.1条：消防控制室图形显示装置应能在接收到火灾报警信号或联动信号后10s内将相应信息按规定的通信协议格式传送给监控中心。

（2）《消控》第7.2条：消防控制室图形显示装置应能在接收到建筑消防设施运行状态信息后100s内将相应信息按规定的通信协议格式传送给监控中心。

（3）《消控》第7.3条：当具有自动向监控中心传输消防安全管理信息功能时，消防控制室图形显示装置应能在发出传输信息指令后100s内将相应信息按规定的通信协议格式传送给监控中心。

（4）《消控》第7.4条：消防控制室图形显示装置应能接收监控中心的查询指令并按规定的通信协议格式将信息传送给监控中心。

（5）《消控》第7.5条：消防控制室图形显示装置应有信息传输指示灯，在处理和传输信息时，该指示灯应闪亮，在得到监控中心的正确接收确认后，该指示灯应常亮并保持直至该状态复位。当信息传送失败时应有声、光指示。

（6）《消控》第7.6条：火灾报警信息应优先于其他信息传输。

（7）《消控》第7.7条：信息传输不应受保护区域内消防系统及设备任何操作的影响。

历年真题研究

【2015-9】根据《火灾自动报警系统设计规范》GB 50116—2013的规定，消防控制室内的设备面盘至墙的距离不应小于（　　）m。

A. 1.5　　B. 3　　C. 2　　D. 2.5

【答案】B

【解析】见本章内容。

【2015-19】根据《火灾自动报警系统设计规范》GB 50116—2013的规定，区域报警系统应由火灾探测器、手动火灾报警按钮、火灾报警控制器和（　　）等组成。

A. 消防应急广播　　B. 消防专用电话

C. 气体灭火控制器　　D. 火灾声光警报器

【答案】D

【解析】见本章内容。

【2015年真题32】在某商业建筑的疏散走道上设置的防火卷帘，其联动控制程序应是（　　）。

A. 专门用于联动防火卷帘的感烟火灾探测器动作后，防火卷帘下降至距楼板高1.8m处；专门用于联动防火卷帘的感温火灾探测器动作后，防火卷帘下降到楼板面

B. 专门用于联动防火卷帘的感温火灾探测器动作后，防火卷帘下降至距楼板面 1.8m 处；专门用于联动防火卷帘的感烟火灾探测器动作后，防火卷帘下降到楼板面

C. 专门用于联动防火卷烟的感烟火灾探测器动作后，防火卷帘下降至距楼板面 l.5m 处；专门用于联动防火卷帘的感温火灾探测器动作后，防火卷帘下降到楼板面

D. 专门用于联动防火卷帘的感温火灾探测器动作后，防火卷帘下降至距楼板面 l.5m 处；专门用于联动防火卷帘的感温火灾探测器动作后，防火卷帘下降至楼板面

【答案】A

【解析】见本章内容。

【2015-43】根据《火灾自动报警系统设计规范》GB 50116—2013 的规定，火灾自动报警系统的形式可分为区域报警系统、集中报警系统和（　　）。

A. 消防联动报警系统　　B. 火灾探测报警系统

C. 控制中心报警系统　　D. 集中区域报警系统

【答案】C

【解析】见本章内容。

【2015-56】感烟灭火探测器是响应悬浮在空气中的燃烧或热解产生的固体或液体微粒的探测器，可分为离子感烟、红外光束感烟、吸气型和（　　）等探测器。

A. 火焰探测　　B. 光电感烟　　C. 光纤感烟　　D. 缆式线型

【答案】B

【解析】见本章内容。

【2015-57】某商业综合体建筑，其办公区、酒店区、商业区分别设置消防控制室，并将办公区的消防控制室作为主消防控制室，其他两个作为分消防控制室。下列关于各分消防控制室内的消防设备之间的关系的说法，正确的是（　　）。

A. 不可以互相传输、显示状态信息，不应互相控制

B. 不可以互相传输、显示状态信息，但应互相控制

C. 可以互相传输、显示状态信息，也应互相控制

D. 可以互相传输、显示状态信息，但不应互相控制

【答案】D

【解析】见本章内容。

【2015-69】对于可能散发可燃气体密度小于空气密度的场所，可燃气体探测器应设置在被保护空间的（　　）。

A. 下部　　B. 中间部位　　C. 中间部位或下部　　D. 顶部

【答案】D

【解析】见本章内容。

【2015-74】某设置有中央空调送风系统的建筑，其火灾自动报警系统中的点型火灾探测器至空调送风口和多孔送风顶棚孔口边缘的水平距离，分别不应小于（　　）m。

A. 1.2，1.0　　B. 2.0，1.0　　C. 1.0，1.5　　D. 1.5，0.5

【答案】D

【解析】见本章内容。

【2015-75】用于保护 1kV 及以下的配电线路的电气火灾监控系统，其测温式电气火灾

监控探测器的布置方式应采用（　　）。

A. 非接触式　B. 独立式　C. 接触式　D. 脱开式

【答案】C

【解析】见本章内容。

【2015-86】某单层洁净厂房，设有中央空调系统，用防火墙划分为两个防火区，有一条输送带贯通两个防火分区，在输送带穿过防火墙外的洞口设有专用防火闸门，厂房内设置IG541组合分配灭火系统保护。下列关于该气体灭火系统启动联动控制的说法中，正确的有(　　)。

A. 应联动关闭输送带穿过防火墙处的专用防火闸门

B. 应联动关闭中央空调系统

C. 应由一个火灾探测器动作启动系统

D. 应联动打开气体灭火系统的选择阀

E. 应联动打开空调系统穿越防火墙处的防火阀

【答案】ABD

【解析】见本章内容。

【2015-93】某办公建筑设有火灾自动报警系统、自动喷水灭火系统和防排烟系统。建筑内下列消防系统中，启动联动控制不应受消防联动控制器处于自动或手动状态影响的有(　　)。

A. 预作用式自动喷水灭火系统　B. 湿式自动喷水灭火系统

C. 干式自动喷水灭火系统　D. 湿式室内消火栓系统

E. 防排烟系统

【答案】BCD

【解析】见本章内容。

【2016-26】在有结构梁凸出的顶棚上设置的点型感烟火灾探测器，当梁间净距小于(　　)m时，可忽略梁对探测器保护面积的影响。

A. 2　B. 3　C. 4　D. 1

【答案】D

【解析】见本章内容。

【2016-31】消防控制室图形显示装置与火灾报警控制器、电气火灾监控器、消防联动控制器和（　　）应采用专用线路连接。

A. 区域显示器　B. 消防应急广播扬声器

C. 可燃气体报警控制器　D. 火灾警报器

【答案】C

【解析】见本章内容。

【2016-32】某建筑面积为2000m^2的展厅，层高为7m，设置了格栅吊顶，吊顶距离楼板面6m，镂空面积与吊顶的总面积之比为10%。该展厅内感烟火灾探测器应设置的位置是(　　)。

A. 吊顶上方　B. 吊顶上方和下方

C. 吊顶下方　D. 根据实际实验结果确定

【答案】C

【解析】《自报》第 6.2.18 条规定，镂空面积与总面积的比例不大于 15% 时，探测器应设置在吊顶下方。

【2016-33】某建筑高度为 128m 的民用建筑内设置的火灾自动报警系统，需要配备总数为 1600 点的联动控制模块，故应至少选择（ ）台消防联动控制器或联动型火灾报警控制器。

A. 1 B. 3 C. 2 D. 4

【答案】C

★【陷阱识别】根据《自报》第 3.1.5 条，任一台消防联动控制器地址总数或火灾报警控制器（联动型）所控制的各类模块总数不应超过 1600 点，每一联动总线回路连接设备的总数不宜超过 100 点，且应留有不少于额定容量 10% 的余量。本题中需要配备总数为 1600 点的联动控制模块，考虑到 10% 的余量，故应设置 2 台消防联动控制器。考生往往都会记住 1600 这个数字，很容易选择 A。

根据《自报》第 3.1.7 条，高度超过 100m 的建筑中，除消防控制室内设置的控制器外，每台控制器直接控制的火灾探测器、手动报警按钮和模块等设备不应跨越避难层。因此可将 2 台消防联动控制器设在消防控制室内，故答案为 C。

【2016-40】对于可能散发相对密度为 1 的可燃气体的场所，可燃气体探测器应设置在该场所室内空间的（ ）。

A. 中间高度位置 B. 中间高度位置或顶部

C. 下部 D. 中间高度位置或下部

【答案】B

【解析】探测气体密度与空气密度相当时，可燃气体探测器可设置在被保护空间的中间部位或顶部。

【2016-50】某藏书 60 万册的图书馆，其条形疏散走道宽度为 2.1m，长度为 51m，该走道顶棚上至少应设置（ ）只点型感烟火灾探测器。

A. 2 B. 3 C. 5 D. 4

【答案】D

【解析】在宽度小于 3m 的内走道顶棚上设置点型探测器时，宜居中布置，感烟火灾探测器的安装间距不应超过 15m；探测器至端墙的距离，不应大于探测器安装间距的 1/2。

【2016-58】下列关于火灾自动报警系统组件设置的做法中，错误的是（ ）。

A. 壁挂手动火灾报警按钮的底边距离楼地面 1.4m

B. 壁挂紧急广播扬声器的底边距离楼地面 2.2m

C. 壁挂消防联动控制器的主显示屏的底边距离楼地面 1.5m

D. 墙上安装的消防专用电话插孔的底边距离楼地面 1.3m

【答案】B

【解析】壁挂扬声器的底边距地面高度应大于 2.2m。B 选项错误。

【2016-68】下列关于电气火灾监控系统设置的做法中，错误的是（ ）。

A. 将剩余电流式电气火灾监控探测器的报警值设定为 400mA

B. 对于泄漏电流大于 500mA 的供电线路，将剩余电流式电气火灾监控探测器设置在下

一集配电柜处

C. 将非独立式电气火灾监控探测器接入火灾报警探测器的探测回路

D. 将线型感温火灾探测器接入电气火灾监控器用于电气火灾监控

【答案】C

【解析】非独立式电气火灾监控探测器不应接入火灾报警控制器的探测器回路，C 选项错误。

【2016-88】某建筑高度为 24 m 的商业建筑，中部设置一个面积为 600 m^2，贯穿建筑地上 5 层的中庭，该中庭同时设置线型光束感烟火灾探测器和图像型火灾探测器，中庭的环廊设置点型感烟火灾探测器，环廊与中庭顶部机械排烟设施开启联动的触发信号有（　　）。

A. 中庭任一线型光束感烟火灾探测器和任一图像型火焰探测器的报警信号

B. 中庭两个地址线型光束感烟火灾探测器的报警信号

C. 中庭任一线型光束感火灾烟探测器与环廊任一点型感烟火灾探测器的报警信号

D. 中庭两个地址图像型火烟探测器的报警信号

E. 环廊任一点型感烟火灾探测器及其相邻商铺内任一火灾探测器的报警信号

【答案】ABCD

【解析】见本章内容。

【2016-94】下列关于火灾声警报器的做法中，正确的有（　　）。

A. 火灾自动报警系统能同时启动和停止所有火灾声警报器工作

B. 火灾声警报器采用火灾报警控制器控制

C. 火灾声警报与消防应急广播同步播放

D. 学校阅览室、礼堂等公共场所采用具有同一种火灾变调声的火灾声警报器

E. 教学楼使用警铃作为火灾声警报器

【答案】ABD

【解析】见本章内容。

【2017-1】下列关于火灾探测器的说法，正确的是（　　）。

A. 点型感温探测器是不可复位探测器

B. 感烟型火灾探测器都是点型火灾探测器

C. 既能探测烟雾又能探测温度的探测器是复合火灾探测器

D. 剩余电流式电气火灾监控探测器不属于火灾探测器

【答案】C

【解析】复合火灾探测器就是将多种探测原理集中于一身的探测器，C 正确。

【2017-2】下列关于控制中心报警系统的说法，不符合规范要求的是（　　）。

A. 控制中心报警系统至少包含两个集中报警系统

B. 控制中心报警系统具备消防联动控制功能

C. 控制中心报警系统至少设置一个消防主控制室

D. 控制中心报警系各分消防控制室之间可以相互传输信息并控制重要设备

【答案】D

【解析】控制中心报警系统各分消防控制室内消防设备之间可互相传输、显示状态信息，但不应互相控制，D 错误。

【2017-3】关于火灾自动报警系统组件的说法，正确的是（　　）。

A. 手动火灾报警按钮是手动产生火灾报警信号的器件，不属于火灾自动报警系统触发原件

B. 火灾报警控制器可以接收、显示和传递火灾报警信号，并能发出控制信号

C. 剩余电流式电气火灾监控探测器与电气火灾监控器连接，不属于火灾自动报警系统

D. 火灾自动报警系统备用电源采用的蓄电池满足供电时间要求，主电源可不采用消防电源

【答案】B

【解析】见本章内容。

【2017-4】下列场所中，不宜选择感烟探测器的是（　　）。

A. 汽车库　B. 计算机房　C. 发电机房　D. 电梯机房

【答案】C

【解析】发电机房宜选择点型感温火灾探测器。

【2017-5】某酒店厨房的火灾探测器经常误报火警，最可能的原因是（　　）。

A. 厨房内安装的是感烟火灾探测器　B. 厨房内的火灾探测器编码地址错误

C. 火灾报警控制器供电电压不足　D. 厨房内的火灾探测器通信信号总线故障

【答案】A

【解析】厨房不宜安装感烟火灾探测器。

【2017-19】根据防烟排烟系统的联动控制设计要求，当(　　)时，送风口不会动作。

A. 同一防护区内一只火灾探测器和一只手动报警按钮报警

B. 联动控制器接收到送风机启动的反馈信号

C. 同一防护区内两只独立的感烟探测器报警

D. 在联动控制器上手动控制送风口开启

【答案】B

【解析】防烟系统的联动控制应由加压送风口所在防火分区内的两只独立的火灾探测器或一只火灾探测器与一只手动火灾报警按钮的报警信号，作为送风口开启和加压送风机启动的联动触发信号，并应由消防联动控制器联动控制相关层前室等需要加压送风场所的加压送风口开启和加压送风机启动。

【2017-22】联动型火灾报警控制器的功能不包括（　　）。

A. 显示火灾显示盘的工况　B. 显示系统屏蔽信息

C. 联动控制稳压泵启动　D. 切断非消防电源供电

【答案】C

【解析】稳压泵的启动是由压力开关调节控制，为连锁控制，与火灾报警控制器无直接关系。

【2017-44】根据《火灾自动报警系统设计规范》（GB 50116）要求，剩余电流式电气火灾检测探测器应设置在（　　）。

A. 高压配电系统末端　B. 采用 IT、TN 系统的配电线路上

C. 泄漏电流大于 500mA 的供电线路上　D. 低压配电系统首端

【答案】D

【解析】见本章内容。

【2017-53】下列关于可燃性气体探测报警系统设计的说法，符合规范要求的是(　　)。

A. 可燃气体探测器可接入可燃气体报警器，也可直接接入火灾报警控制器的探测回路

B. 探测天然气的可燃气体探测器应安装在保护空间的下部

C. 液化石油气探测器可采用壁挂及吸顶安装方式

D. 能将报警信号传输至消防控制室时，可燃气体报警控制器可安装在保护区域附近无人值班的场所

【答案】D

【解析】见本章内容。

【2017-87】下列关于防烟排烟系统联动控制的做法，符合规范要求的有（　　）。

A. 同一防烟分区内的一只感烟探测器和一只感温探测器报警，联动控制该防烟分区的排烟口开启

B. 同一防烟分区内的两只感烟探测器报警，联动控制该防烟区及相邻防烟分区的排烟口开启

C. 排烟口附近的一只手动报警按钮报警，控制该排烟口开启

D. 排烟阀开启动作信号联动控制排烟风机启动

E. 通过消防联动控制器上的手动控制盘直接控制排烟风机启动、停止

【答案】ADE

【解析】《自报》第4.5.2条：1）应由同一防烟分区内的两只独立的火灾探测器的报警信号，作为排烟口、排烟窗或排烟阀开启的联动触发信号，并应由消防联动控制器联动控制排烟口、排烟窗或排烟阀的开启，同时停止该防烟分区的空气调节系统，A正确，B、C错；2）应由排烟口、排烟窗或排烟阀开启的动作信号，作为排烟风机启动的联动触发信号，并应由消防联动控制器联动控制排烟风机的启动，D正确。

《自报》第4.5.3条：防烟排烟系统的手动控制方式，应能在消防控制室内的消防联动控制器上手动控制送风口、电动挡烟垂壁、排烟口、排烟窗、排烟阀的开启或关闭及防烟风机、排烟风机等设备的启动或停止，防烟、排烟风机的启动、停止按钮应采用专用线路直接连接至设置在消防控制室内的消防联动控制器的手动控制盘，并应直接手动控制防烟、排烟风机的启动、停止，E正确。

【2017-91】下列关于火灾警报和消防应急广播系统联动控制设计的说法，符合规范要求的有（　　）。

A. 火灾确认后应启动建筑内所有火灾声光警报器

B. 消防控制室应能手动控制选择广播分区、启动和停止应急广播系统

C. 消防应急广播启动后应停止相应区域的声警报器

D. 集中报警系统和控制中心报警系统应设置消防应急广播

E. 当火灾确认后，消防联动控制器应联动启动消防应急广播向火灾发生区域及相邻防火分区广播

【答案】ABD

【解析】见本章内容。

【2018-9】下列关于建筑机械防烟系统联动控制的说法，正确的是（　　）。

A. 由同一防火分区内的两只独立火灾探测器作为相应机械加压送风机开启的联动触发信号

B. 火灾确认后，火灾自动报警系统应能在30s内联动开启相应的机械加压送风机

C. 加压送风口所在防火分区确认火灾后，火灾自动报警系统应仅联动开启所在楼层前室送风口

D. 火灾确认后，火灾自动报警系统应能在20s内联动开启相应的常压加压送风口

【答案】A

【解析】见本章内容。

【2018-13】某商场中庭开口部位设置用作防火分隔的防火卷帘。根据现行国家标准《火灾自动报警系统设计规范》（GB 50116），关于该防火卷帘联动控制的说法，正确的是（　　）。

A. 应由设置在防火卷帘所在防火分区内任一专门联动防火卷帘的感温火灾探测器的报警信号作为联动触发信号，联动控制防火卷帘直接下降到楼板面

B. 防火卷帘下降到楼板面的动作信号和直接与防火卷帘控制器连接的火灾探测器报警信号，应反馈至消防控制室内的消防联动控制器上

C. 应由防火卷帘一侧距卷帘纵深0.5～5m内设置的感温火灾探测器报警信号作为联动触发信号，联动控制防火卷帘直接下降到楼板面

D. 防火卷帘两侧设置的手动控制按钮应能控制防火卷帘的升降，在消防控制室内消防联动控制器上不得手动控制防火卷帘的降落

【答案】B

【解析】见本章内容。

【2018-32】根据现行国家标准《火灾自动报警系统设计规范》（GB 50116），下列关于可燃气体探测器和可燃气体报警控制器设置的说法，正确的是（　　）。

A. 可燃气体探测器少于8只时，可直接接入火灾报警控制器的探测回路

B. 可燃气体报警控制器发出报警信号后，应由消防联动控制器启动防护区的火灾声光警报器

C. 人工煤气探测器可安装在保护区的顶部

D. 天然气探测器可安装在保护区的下部

【答案】C

【解析】人工煤气主要成分为一氧化碳和氢气，比空气轻，可安装在防护区顶部。故C正确。

【2018-33】根据现行国家标准《火灾自动报警系统设计规范》（GB 50116），下列关于探测器设置的说法，正确的是（　　）。

A. 点型感烟火灾探测器距墙壁的水平距离不应小于0.5m

B. 在2.8m宽的内走道顶棚上安装的点型感温火灾探测器之间的间距不应超过15m

C. 相邻两组线型光束感烟火灾探测器的水平距离不应超过15m

D. 管路采样吸气式感烟火灾探测器的一个探测单元的采样管总长不宜超过100m

【答案】A

【解析】见本章内容。

【2018-56】根据现行国家标准《火灾自动报警系统设计规范》（GB 50116），（　　）不应作为联动启动火灾声光警报器的触发器件。

A. 手动火灾报警按钮　B. 红紫外复合火灾探测器

C. 吸气式火灾探测器　D. 输出模块

【答案】D

【解析】联动启动火灾声光警报器的触发器件为各类探测器和手动报警按钮。

【2018-57】根据现行国家标准《火灾自动报警系统设计规范》（GB 50116），（　　）属于线型火灾探测器。

A. 红紫外线复合火灾探测器　B. 红外光束火灾探测器

C. 图像型火灾探测器　D. 管路吸气式火灾探测器

【答案】B

【解析】红外光束火灾探测器属于线型火灾探测器。

【2018-64】根据现行国家标准《火灾自动报警系统设计规范》（GB 50116），关于消防控制室设计的说法，正确的是（　　）。

A. 设有3个消防控制室时，各消防控制室可相互控制建筑内的消防设备

B. 一类高层民用建筑的消防控制室不应与弱电系统中的中央控制室合用

C. 消防控制室内双列布置的设备面板前的操作距离不应小于1.5m

D. 消防控制室内的消防控制室图形显示装置应能显示消防安全管理信息

【答案】D

【解析】见本章内容。

【2018-78】根据现行国家标准《火灾自动报警系统设计规范》（GB 50116），下列关于电气火灾监控探测器设置的说法，正确的是（　　）。

A. 剩余电流式电气火灾监控探测器应以设置在低压配电系统的末端配电柜内

B. 在无消防控制室且电气火灾监控探测器设置数量不超过10只时，非独立式电气火灾监控探测器可接入火灾报警控制器的探测器回路

C. 电气火灾监控探测器发出报警信号后，应在3s内联动电气火灾监控器切断保护对象的供电电源

D. 设有消防控制室时，电气火灾监控器的报警信息应在集中火灾报警控制器上显示

【答案】D

【解析】见本章内容。在设置消防控制室的场所，电气火灾监控器的报警信息和故障信息应在消防控制室图形显示装置或起集中控制功能的火灾报警控制器上显示，但该类信息与火灾报警信息的显示应有区别。故D正确。

【2018-80】根据国家标准《火灾自动报警系统设计规范》（GB 50116），（　　）不属于区域火灾报警系统的组成部分。

A. 火灾探测器　B. 消防联动控制器

C. 手动火灾报警按钮　D. 火灾报警控制器

【答案】B

【解析】见本章内容。

【2018-81】根据现行国家标准《火灾自动报警系统设计规范》（GB 50116），下列关于

火灾自动报警系统线缆选择的说法，正确的有（　　）。

A. 供电线路应选择耐火铜芯电缆

B. 火灾探测报警总线应选择阻燃铜芯导线

C. 消防联动控制线路应选择阻燃铜芯电缆

D. 消防专用电话传输线路应选择耐高温铜芯导线

E. 消防应急广播传输线路应选择耐火铜芯导线

【答案】AB

【解析】见本章内容。火灾自动报警系统的供电线路、消防联动控制线路应采用耐火铜芯电线电缆，报警总线、消防应急广播和消防专用电话等传输线路应采用阻燃或阻燃耐火电线电缆。

【2018-83】根据现行国家标准《火灾自动报警系统设计规范》（GB 50116），消防联动控制器应具有切断火灾区域及相关区域非消防电源的功能。当局部区域发生电气设备火灾时，不可立即切断的非消防电源有（　　）。

A. 客用电梯电源　　B. 空调电源　　C. 生活给水泵电源

D. 自动扶梯电源　　E. 正常照明电源

【答案】ACE

【解析】见本章内容。火灾时不应立即切掉的非消防电源有：正常照明、生活给水泵、安全防范系统设施、地下室排水泵、客梯和Ⅰ～Ⅲ类汽车库作为车辆疏散口的提升机。

第 10 章　防烟排烟系统

助考知识要点

◆防烟系统：自然通风系统、机械加压送风系统

◆排烟系统：机械排烟系统、自然排烟系统

◆机械加压送风系统：机械加压送风机、加压送风口、送风管道、余压阀

◆机械排烟系统：挡烟垂壁、排烟口、排烟防火阀、排烟道、排烟风机、排烟出口

记忆思维导图（图 3. 10-1）

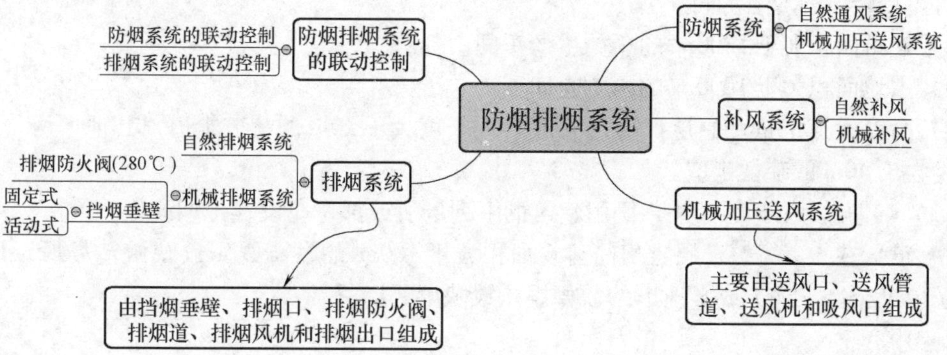

图 3. 10-1　防烟排烟系统记忆思维导图

内容归纳解析

10. 1　防烟排烟设施设置场所

10. 1. 1　防烟排烟系统定义及分类

1. 防烟系统

防烟系统是指通过采用自然通风方式，防止火灾烟气在楼梯间、前室、避难层（间）等空间内积聚，或通过采用机械加压送风方式阻止火灾烟气侵入楼梯间、前室、避难层（间）等空间的系统，防烟系统分为自然通风系统和机械加压送风系统。

2. 排烟系统

排烟系统是指采用自然排烟或机械排烟的方式，将房间、走道等空间的火灾烟气排至建筑物外的系统，分为自然排烟系统和机械排烟系统。

10.1.2 防烟排烟设施设置部位

（1）《建规》第 8.5.1 条，建筑的下列场所或部位应设置防烟设施：

1）防烟楼梯间及其前室。

2）消防电梯间前室或合用前室。

3）避难走道的前室、避难层（间）。

建筑高度≤50m 的公共建筑、厂房、仓库和建筑高度≤100m 的住宅建筑，当其防烟楼梯间的前室或合用前室符合下列条件之一时，楼梯间可不设置防烟系统：

1）前室或合用前室采用敞开的阳台、凹廊。

2）前室或合用前室具有不同朝向的可开启外窗，且可开启外窗的面积能满足自然排烟口的面积要求。

（2）《建规》第 8.5.2 条，厂房或仓库的下列场所或部位应设置排烟设施：

1）人员或可燃物较多的丙类生产场所，丙类厂房内建筑面积大于 300m^2 且经常有人停留或可燃物较多的地上房间。

2）建筑面积大于 5000m^2 的丁类生产车间。

3）占地面积大于 1000m^2 的丙类仓库。

4）高度大于 32m 的高层厂房（仓库）内长度大于 20m 的疏散走道，其他厂房（仓库）内长度大于 40m 的疏散走道。

（3）《建规》第 8.5.3 条，民用建筑的下列场所或部位应设置排烟设施：

1）设置在一、二、三层且房间建筑面积大于 100m^2 的歌舞娱乐放映游艺场所，设置在四层及以上楼层、地下或半地下的歌舞娱乐放映游艺场所。

2）中庭。

3）公共建筑内建筑面积大于 100m^2 且经常有人停留的地上房间。

4）公共建筑内建筑面积大于 300m^2 且可燃物较多的地上房间。

5）建筑内长度大于 20m 的疏散走道。

（4）《建规》第 8.5.4 条，地下或半地下建筑（室）、地上建筑内的无窗房间，当总建筑面积大于 200m^2 或一个房间建筑面积大于 50m^2，且经常有人停留或可燃物较多时，应设置排烟设施。

10.2 防烟系统设计

10.2.1 一般规定

（1）《防排烟》第 3.1.2 条，建筑高度 >50m 的公共建筑、工业建筑和建筑高度大于 100m 的住宅建筑，其防烟楼梯间、独立前室、共用前室、合用前室及消防电梯前室应采用机械加压送风系统。

（2）《防排烟》第 3.1.3 条，建筑高度≤50m 的公共建筑、工业建筑和建筑高度≤100m 的住宅建筑，其防烟楼梯间、独立前室、共用前室、合用前室（除共用前室与消防电梯前室合用外）及消防电梯前室应采用自然通风系统；当不能设置自然通风系统时，应采用机械加压送风系统。防烟系统的选择，尚应符合下列规定：

1）当独立前室或合用前室满足下列条件之一时，楼梯间可不设置防烟系统：

①采用全敞开的阳台或凹廊。

②设有两个及以上不同朝向的可开启外窗，且独立前室两个外窗面积分别不小于 $2.0m^2$，合用前室两个外窗面积分别不小于 $3.0m^2$。

2）当独立前室、共用前室及合用前室的机械加压送风口设置在前室的顶部或正对前室入口的墙面时，楼梯间可采用自然通风系统；当机械加压送风口未设置在前室的顶部或正对前室入口的墙面时，楼梯间应采用机械加压送风系统。

3）当防烟楼梯间在裙房高度以上部分采用自然通风时，不具备自然通风条件的裙房的独立前室、共用前室及合用前室应采用机械加压送风系统，且独立前室、共用前室及合用前室送风口的设置方式应符合本条第2款的规定。

（3）《防排烟》第3.1.4条，建筑地下部分的防烟楼梯间前室及消防电梯前室，当无自然通风条件或自然通风不符合要求时，应采用机械加压送风系统。

（4）《防排烟》第3.1.5条，防烟楼梯间及其前室的机械加压送风系统的设置应符合下列规定：

1）建筑高度≤50m的公共建筑、工业建筑和建筑高度≤100m的住宅建筑，当采用独立前室且其仅有一个门与走道或房间相通时，可仅在楼梯间设置机械加压送风系统；当独立前室有多个门时，楼梯间、独立前室应分别独立设置机械加压送风系统。

2）当采用合用前室时，楼梯间、合用前室应分别独立设置机械加压送风系统。

3）当采用剪刀楼梯时，其两个楼梯间及其前室的机械加压送风系统应分别独立设置。

（5）《防排烟》第3.1.6条，封闭楼梯间应采用自然通风系统，不能满足自然通风条件的封闭楼梯间，应设置机械加压送风系统。当地下、半地下建筑（室）的封闭楼梯间不与地上楼梯间共用且地下仅为一层时，可不设置机械加压送风系统，但首层应设置有效面积不小于 $1.2m^2$ 的可开启外窗或直通室外的疏散门。

（6）《防排烟》第3.1.6条，设置机械加压送风系统的场所，楼梯间应设置常开风口，前室应设置常闭风口。

（7）《防排烟》第3.1.8条，避难层的防烟系统可根据建筑构造、设备布置等因素选择自然通风系统或机械加压送风系统。

（8）《防排烟》第3.1.9条，避难走道应在其前室及避难走道分别设置机械加压送风系统，但下列情况可仅在前室设置机械加压送风系统：

1）避难走道一端设置安全出口，且总长度小于30m。

2）避难走道两端设置安全出口，且总长度小于60m。

10.2.2　自然通风设施

（1）《防排烟》第3.2.1条，采用自然通风方式的封闭楼梯间、防烟楼梯间，应在最高部位设置面积不小于 $1.0m^2$ 的可开启外窗或开口；当建筑高度大于10m时，尚应在楼梯间的外墙上每5层内设置总面积不小于 $2.0\ m^2$ 的可开启外窗或开口，且布置间隔不大于3层。

（2）《防排烟》第3.2.2条，前室采用自然通风方式时，独立前室、消防电梯前室可开启外窗或开口的面积不应小于 $2.0m^2$，共用前室、合用前室不应小于 $3.0m^2$。

(3)《防排烟》第 3. 2. 3 条，采用自然通风方式的避难层（间）应设有不同朝向的可开启外窗，其有效面积不应小于该避难层（间）地面面积的 2%，且每个朝向的面积不应小于 2. 0m^2。

(4)《防排烟》第 3. 2. 4 条，可开启外窗应方便直接开启，设置在高处不便于直接开启的可开启外窗应在距地面高度为 1. 3 ~ 1. 5m 的位置设置手动开启装置。

10. 2. 3 机械加压送风设施

(1)《防排烟》第 3. 3. 1 条，建筑高度大于 100m 的建筑，其机械加压送风系统应竖向分段独立设置，且每段高度不应超过 100m。

(2)《防排烟》第 3. 3. 2 条，采用机械加压送风系统的防烟楼梯间及其前室应分别设置送风井（管）道，送风口（阀）和送风机。

(3)《防排烟》第 3. 3. 4 条，设置机械加压送风系统的楼梯间的地上部分与地下部分，其机械加压送风系统应分别独立设置。当受建筑条件限制，且地下部分为汽车库或设备用房时，可共用机械加压送风系统。

(4)《防排烟》第 3. 3. 5 条，机械加压送风风机宜采用轴流风机或中、低压离心风机，其设置应符合下列规定：

1）送风机的进风口应直通室外，且应采取防止烟气被吸入的措施。

2）送风机的进风口宜设在机械加压送风系统的下部。

3）送风机的进风口不应与排烟风机的出风口设在同一面上。当确有困难时，送风机的进风口与排烟风机的出风口应分开布置，且竖向布置时，送风机的进风口应设置在排烟出口的下方，其两者边缘最小垂直距离不应小于 6. 0m；水平布置时，两者边缘最小水平距离不应小于 20. 0m。

4）送风机宜设置在系统的下部，且应采取保证各层送风量均匀性的措施。

5）送风机应设置在专用机房内。

6）当送风机出风管或进风管上安装单向风阀或电动风阀时，应采取火灾时自动开启阀门的措施。

(5)《防排烟》第 3. 3. 6 条，加压送风口的设置应符合下列规定：

1）除直灌式加压送风方式外，楼梯间宜每隔 2 ~ 3 层设一个常开式百叶送风口。

2）前室应每层设一个常闭式加压送风口，并应设手动开启装置。

3）送风口的风速不宜大于 7m/s。

4）送风口不宜设置在被门挡住的部位。

(6)《防排烟》第 3. 3. 7 条，机械加压送风系统应采用管道送风，且不应采用土建风道。送风管道应采用不燃材料制作且内壁应光滑。当送风管道内壁为金属时，设计风速不应大于 20m/s；当送风管道内壁为非金属时，设计风速不应大于 15m/s。

(7)《防排烟》第 3. 3. 8 条，机械加压送风管道的设置和耐火极限应符合下列规定：

1）竖向设置的送风管道应独立设置在管道井内，当确有困难时，未设置在管道井内或与其他管道合用管道井的送风管道，其耐火极限不应低于 1. 00h 。

2）水平设置的送风管道，当设置在吊顶内时，其耐火极限不应低于 0. 50h；当未设置在吊顶内时，其耐火极限不应低于 1. 00h。

(8)《防排烟》第 3.3.9 条，机械加压送风系统的管道井应采用耐火极限不低于 1.00h 的隔墙与相邻部位分隔，当墙上必须设置检修门时应采用乙级防火门。

(9)《防排烟》第 3.3.10 条，采用机械加压送风的场所不应设置百叶窗，且不宜设置可开启外窗。

(10)《防排烟》第 3.3.11 条，设置机械加压送风系统的封闭楼梯间、防烟楼梯间，尚应在其顶部设置不小于 $1m^2$ 的固定窗。靠外墙的防烟楼梯间，尚应在其外墙上每 5 层内设置总面积不小于 $2m^2$ 的固定窗。

(11)《防排烟》第 3.3.12 条，设置机械加压送风系统的避难层（间），尚应在外墙设置可开启外窗，其有效面积不应小于该避难层（间）地面面积的 1%。

(12)《防排烟》第 3.4.1 条，机械加压送风系统的设计风量不应小于计算风量的 1.2 倍。

(13)《防排烟》第 3.4.4 条，机械加压送风量应满足走廊至前室至楼梯间的压力呈递增分布，余压值应符合下列规定：

1) 前室、封闭避难层（间）与走道之间的压差应为 25 ~ 30Pa。

2) 楼梯间与走道之间的压差应为 40 ~ 50Pa。

3) 当系统余压值超过最大允许压力差时应采取泄压措施。

10.3　排烟系统设计

1. 一般规定

(1)《防排烟》第 4.1.2 条，同一个防烟分区应采用同一种排烟方式。

(2)《防排烟》第 4.1.3 条，建筑的中庭、与中庭相连通的回廊及周围场所的排烟系统的设计应符合下列规定：

1) 中庭应设置排烟设施。

2) 回廊排烟设施的设置应符合下列规定：

①当周围场所各房间均设置排烟设施时，回廊可不设，但商店建筑的回廊应设置排烟设施。

②当周围场所任一房间未设置排烟设施时，回廊应设置排烟设施。

3) 当中庭与周围场所未采用防火隔墙、防火玻璃隔墙、防火卷帘时，中庭与周围场所之间应设置挡烟垂壁。

(3)《防排烟》第 4.1.4 条，下列地上建筑或部位，当设置机械排烟系统时，尚应按《防排烟》第 4.4.14 条 ~ 第 4.4.16 条的要求在外墙或屋顶设置固定窗：

1) 任一层建筑面积大于 $2500m^2$ 的丙类厂房（仓库）。

2) 任一层建筑面积大于 $3000m^2$ 的商店建筑、展览建筑及类似功能的公共建筑。

3) 总建筑面积大于 $1000m^2$ 的歌舞、娱乐、放映、游艺场所。

4) 商店建筑、展览建筑及类似功能的公共建筑中长度大于 60m 的走道。

5) 靠外墙或贯通至建筑屋顶的中庭。

2. 防烟分区

(1)《防排烟》第 4.2.1 条，设置排烟系统的场所或部位应采用挡烟垂壁、结构梁及隔墙等划分防烟分区。防烟分区不应跨越防火分区。

（2）《防排烟》第4.2.2条，挡烟垂壁等挡烟分隔设施的深度不应小于《防排烟》第4.6.2条规定的储烟仓厚度。对于有吊顶的空间，当吊顶开孔不均匀或开孔率小于或等于25%时，吊顶内空间高度不得计入储烟仓厚度。

（3）《防排烟》第4.2.3条，设置排烟设施的建筑内，敞开楼梯和自动扶梯穿越楼板的开口部应设置挡烟垂壁等设施。

（4）《防排烟》第4.2.4条，公共建筑、工业建筑防烟分区的最大允许面积及其长边最大允许长度应符合表3.10-1的规定，当工业建筑采用自然排烟系统时，其防烟分区的长边长度尚不应大于建筑内空间净高的8倍。

表3.10-1　公共建筑、工业建筑防烟分区的最大允许面积及其长边最大允许长度

空间净高 H/m	最大允许面积/m^2	长边最大允许长度/m
$H \leqslant 3.0$	500	24
$3.0 < H \leqslant 6.0$	1000	36
$H > 6.0$	2000	60m；具有自然对流条件时，不应大于75m

注：1. 公共建筑、工业建筑中的走道宽度不大于2.5m时，其防烟分区的长边长度不应大于60m。

2. 当空间净高大于9m时，防烟分区之间可不设置挡烟设施。

3. 汽车库防烟分区的划分及其排烟量应符合现行国家规范《汽车库、修车库、设计防火规范》GB 50067的相关规定。

3. 自然排烟设施

（1）《防排烟》第4.3.1条，采用自然排烟系统的场所应设置自然排烟窗（口）。

（2）《防排烟》第4.3.2条，防烟分区内任一点与最近的自然排烟窗（口）之间的水平距离不应大于30m。当工业建筑采用自然排烟方式时，其水平距离尚不应大于建筑内空间净高的2.8倍；当公共建筑空间净高大于或等于6m，且具有自然对流条件时，其水平距离不应大于37.5m。

（3）《防排烟》第4.3.3条，自然排烟窗（口）应设置在排烟区域的顶部或外墙，并应符合下列规定：

1）当设置在外墙上时，自然排烟窗（口）应在储烟仓以内，但走道、室内空间净高不大于3m的区域的自然排烟窗（口）可设置在室内净高度的1/2以上。

2）自然排烟窗（口）的开启形式应有利于火灾烟气的排出。

3）当房间面积不大于200m^2时，自然排烟窗（口）的开启方向可不限。

4）自然排烟窗（口）宜分散均匀布置，且每组的长度不宜大于3.0m。

5）设置在防火墙两侧的自然排烟窗（口）之间最近边缘的水平距离不应小于2.0m。

（4）《防排烟》第4.3.6条，自然排烟窗（口）应设置手动开启装置，设置在高位不便于直接开启的自然排烟窗（口），应设置距地面高度1.3～1.5 m的手动开启装置。净空高度大于9m的中庭、建筑面积大于2000m^2的营业厅、展览厅、多功能厅等场所，尚应设置集中手动开启装置和自动开启设施。

4. 机械排烟设施

（1）《防排烟》第4.4.1条，当建筑的机械排烟系统沿水平方向布置时，每个防火分区的机械排烟系统应独立设置。

（2）《防排烟》第4.4.2条，建筑高度超过50m的公共建筑和建筑高度超过100m的住宅，其排烟系统应竖向分段独立设置，且公共建筑每段高度不应超过50m，住宅建筑每段高度不应超过100m。

（3）《防排烟》第4.4.3条，排烟系统与通风空调系统应分开设置；当确有困难时可以合用，但应符合排烟系统的要求，且当排烟口打开时，每个排烟合用系统的管道上需联动关闭的通风空调系统的控制阀门不应超过10个。

（4）《防排烟》第4.4.4条，排烟风机宜设置在排烟系统的最高处，烟气出口宜朝上，并应高于加压送风机和补风机的进风口。

（5）《防排烟》第4.4.5条，排烟风机应设置在专用机房内，且风机两侧应有600mm以上的空间。对于排烟系统与通风空调系统共用的系统，其排烟风机与排风风机的合用机房应符合下列规定：

1）机房内应设置自动喷水灭火系统。

2）机房内不得设置用于机械加压送风的风机与管道。

3）排烟风机与排烟管道的连接部件应能在280℃时连续30min保证其结构完整性。

（6）《防排烟》第4.4.6条，排烟风机应满足280℃时连续工作30min的要求，排烟风机应与风机入口处的排烟防火阀连锁，当该阀关闭时，排烟风机应能停止运转。

（7）《防排烟》第4.4.7条，机械排烟系统应采用管道排烟，且不应采用土建风道。排烟管道应采用不燃材料制作且内壁应光滑。当排烟管道内壁为金属时，管道设计风速不应大于20m/s；当排烟管道内壁为非金属时，管道设计风速不应大于15m/s。

（8）《防排烟》第4.4.8条，排烟管道的设置和耐火极限应符合下列规定：

1）排烟管道及其连接部件应能在280℃时连续30min保证其结构完整性。

2）竖向设置的排烟管道应设置在独立的管道井内，排烟管道的耐火极限不应低于0.50h。

3）水平设置的排烟管道应设置在吊顶内，其耐火极限不应低于0.50h；当确有困难时，可直接设置在室内，但管道的耐火极限不应小于1.00h。

4）设置在走道部位吊顶内的排烟管道，以及穿越防火分区的排烟管道，其管道的耐火极限不应小于1.00h，但设备用房和汽车库的排烟管道耐火极限可不低于0.50h。

（9）《防排烟》第4.4.9条，当吊顶内有可燃物时，吊顶内的排烟管道应采用不燃材料进行隔热，并应与可燃物保持不小于150mm的距离。

（10）《防排烟》第4.4.10条，排烟管道下列部位应设置排烟防火阀：

1）垂直风管与每层水平风管交接处的水平管段上。

2）一个排烟系统负担多个防烟分区的排烟支管上。

3）排烟风机入口处。

4）穿越防火分区处。

（11）《防排烟》第4.4.11条，设置排烟管道的管道井应采用耐火极限不小于1.00h的隔墙与相邻区域分隔；当墙上必须设置检修门时，应采用乙级防火门。

（12）《防排烟》第4.4.12条，防烟分区内任一点与最近的排烟口之间的水平距离不应大于30m。排烟口的设置尚应符合下列规定：

1）排烟口宜设置在顶棚或靠近顶棚的墙面上。

2）排烟口应设在储烟仓内，但走道、室内空间净高不大于3m的区域，其排烟口可设置在其净空高度的1/2以上；当设置在侧墙时，吊顶与其最近边缘的距离不应大于0.5m。

3）对于需要设置机械排烟系统的房间，当其建筑面积小于$50m^2$时，可通过走道排烟，排烟口可设置在疏散走道。

4）火灾时由火灾自动报警系统联动开启排烟区域的排烟阀或排烟口，应在现场设置手动开启装置。

5）排烟口的设置宜使烟流方向与人员疏散方向相反，排烟口与附近安全出口相邻边缘之间的水平距离不应小于1.5m。

6）排烟口的风速不宜大于10m/s。

（13）《防排烟》第4.4.13条，当排烟口设在吊顶内且通过吊顶上部空间进行排烟时，应符合下列规定：

1）吊顶应采用不燃材料，且吊顶内不应有可燃物。

2）封闭式吊顶上设置的烟气流入口的颈部烟气速度不宜大于1.5m/s。

3）非封闭式吊顶的开孔率不应小于吊顶净面积的25%，且孔洞应均匀布置。

（14）《防排烟》第4.4.14条，固定窗的布置应符合下列规定：

1）非顶层区域的固定窗应布置在每层的外墙上。

2）顶层区域的固定窗应布置在屋顶或顶层的外墙上，但未设置自动喷水灭火系统的以及采用钢结构屋顶或预应力钢筋混凝土屋面板的建筑应布置在屋顶。

（15）《防排烟》第4.4.15条，固定窗的设置和有效面积应符合下列规定：

1）设置在顶层区域的固定窗，其总面积不应小于楼地面面积的2%。

2）设置在靠外墙且不位于顶层区域的固定窗，单个固定窗的面积不应小于$1m^2$，且间距不宜大于20m，其下沿距室内地面的高度不宜小于层高的1/2。供消防救援人员进入的窗口面积不计入固定窗面积，但可组合布置。

3）设置在中庭区域的固定窗，其总面积不应小于中庭楼地面面积的5%。

4）固定玻璃窗应按可破拆的玻璃面积计算，带有温控功能的可开启设施应按开启时的水平投影面积计算。

（16）《防排烟》第4.4.16条，固定窗宜按每个防烟分区在屋顶或建筑外墙上均匀布置且不应跨越防火分区。

5. 补风系统

（1）《防排烟》第4.5.1条，除地上建筑的走道或建筑面积小于$500m^2$的房间外，设置排烟系统的场所应设置补风系统。

（2）《防排烟》第4.5.2条，补风系统应直接从室外引入空气，且补风量不应小于排烟量的50%。

（3）《防排烟》第4.5.4条，补风口与排烟口设置在同一空间内相邻的防烟分区时，补风口位置不限；当补风口与排烟口设置在同一防烟分区时，补风口应设在储烟仓下沿以下；补风口与排烟口水平距离不应少于5m。

（4）《防排烟》第4.5.5条，补风系统应与排烟系统联动开启或关闭。

（5）《防排烟》第4.5.6条，机械补风口的风速不宜大于10m/s，人员密集场所补风口的风速不宜大于5m/s；自然补风口的风速不宜大于3m/s。

（6）《防排烟》第4.5.7条，补风管道耐火极限不应低于0.50h，当补风管道跨越防火分区时，管道的耐火极限不应小于1.50h。

（7）《防排烟》第4.6.1条，排烟系统的设计风量不应小于该系统计算风量的1.2倍。

（8）《防排烟》第4.6.2条，当采用自然排烟方式时，储烟仓的厚度不应小于空间净高的20%，且不应小于500mm；当采用机械排烟方式时，不应小于空间净高的10%，且不应小于500mm。

（9）《防排烟》第4.6.3条，除中庭外下列场所一个防烟分区的排烟量计算应符合下列规定：

1）建筑空间净高小于或等于6m的场所，其排烟量应按不小于$60m^3/（h·m^2）$计算，且取值不小于$15000m^3/h$，或设置有效面积不小于该房间建筑面积2%的自然排烟窗（口）。

2）当公共建筑仅需在走道或回廊设置排烟时，其机械排烟量不应小于$13000m^3/h$，或在走道两端（侧）均设置面积不小于$2m^2$的自然排烟窗（口），且两侧自然排烟窗（口）的距离不应小于走道长度的2/3。

3）当公共建筑房间内与走道或回廊均需设置排烟时，其走道或回廊的机械排烟量可按$60\ m^3/（h·m^2）$计算且不小于$13000m^3/h$，或设置有效面积不小于走道、回廊建筑面积2%的自然排烟窗（口）。

（10）《防排烟》第4.6.4条，当一个排烟系统担负多个防烟分区排烟时，其系统排烟量的计算应符合下列规定：

1）当系统负担具有相同净高场所时，对于建筑空间净高大于6m的场所，应按排烟量最大的一个防烟分区的排烟量计算；对于建筑空间净高为6m及以下的场所，应按同一防火分区中任意两个相邻防烟分区的排烟量之和的最大值计算。

2）当系统负担具有不同净高场所时，应采用上述方法对系统中每个场所所需的排烟量进行计算，并取其中的最大值作为系统排烟量。

（11）《防排烟》第4.6.5条，中庭排烟量的设计计算应符合下列规定：

1）中庭周围场所设有排烟系统时，中庭采用机械排烟系统的，中庭排烟量应按周围场所防烟分区中最大排烟量的2倍数值计算，且不应小于$107000m^3/h$；中庭采用自然排烟系统时，应按上述排烟量和自然排烟窗（口）的风速不大于0.5m/s计算有效开窗面积。

2）当中庭周围场所不需设置排烟系统，仅在回廊设置排烟系统时，回廊的排烟量不应小于《防排烟》第4.6.3条第3款的规定，中庭的排烟量不应小于$40000m^3/h$；中庭采用自然排烟系统时，应按上述排烟量和自然排烟窗（口）的风速不大于0.4m/s计算有效开窗面积。

10.4　系统控制

1. 防烟系统

（1）《防排烟》第5.1.2条，加压送风机的启动应符合下列规定：

1）现场手动启动。

2）通过火灾自动报警系统自动启动。

3）消防控制室手动启动。

4）系统中任一常闭加压送风口开启时，加压风机应能自动启动。

（2）《防排烟》第 5. 1. 3 条，当防火分区内火灾确认后，应能在 15s 内联动开启常闭加压送风口和加压送风机。并应符合下列规定：

1）应开启该防火分区楼梯间的全部加压送风机。

2）应开启该防火分区内着火层及其相邻上下层前室及合用前室的常闭送风口，同时开启加压送风机。

（3）《防排烟》第 5. 1. 4 条，机械加压送风系统宜设有测压装置及风压调节措施。

（4）《防排烟》第 5. 1. 5 条，消防控制设备应显示防烟系统的送风机、阀门等设施启闭状态。

2. 排烟系统

（1）《防排烟》第 5. 2. 2 条，排烟风机、补风机的控制方式应符合下列规定：

1）现场手动启动。

2）火灾自动报警系统自动启动。

3）消防控制室手动启动。

4）系统中任一排烟阀或排烟口开启时，排烟风机、补风机自动启动。

5）排烟防火阀在 280℃时应自行关闭，并应连锁关闭排烟风机和补风机。

（2）《防排烟》第 5. 2. 3 条，机械排烟系统中的常闭排烟阀或排烟口应具有火灾自动报警系统自动开启、消防控制室手动开启和现场手动开启功能，其开启信号应与排烟风机联动。当火灾确认后，火灾自动报警系统应在 15s 内联动开启相应防烟分区的全部排烟阀、排烟口、排烟风机和补风设施，并应在 30s 内自动关闭与排烟无关的通风空调系统。

（3）《防排烟》第 5. 2. 4 条，当火灾确认后，担负两个及以上防烟分区的排烟系统，应仅打开着火防烟分区的排烟阀或排烟口，其他防烟分区的排烟阀或排烟口应呈关闭状态。

（4）《防排烟》第 5. 2. 5 条，活动挡烟垂壁应具有火灾自动报警系统自动启动和现场手动启动功能，当火灾确认后，火灾自动报警系统应在 15s 内联动相应防烟分区的全部活动挡烟垂壁，60s 以内挡烟垂壁应开启到位。

（5）《防排烟》第 5. 2. 6 条，自动排烟窗可采用与火灾自动报警系统联动和温度释放装置联动的控制方式。当采用与火灾自动报警系统自动启动时，自动排烟窗应在 60s 内或小于烟气充满储烟仓时间内开启完毕。带有温控功能自动排烟窗，其温控释放温度应大于环境温度 30℃且小于 100℃。

（6）《防排烟》第 5. 2. 7 条，消防控制设备应显示排烟系统的排烟风机、补风机、阀门等设施启闭状态。

历年真题研究

【2015-10】下列关于自然排烟的说法，错误的是（　　）。

A. 建筑面积为 800m^2 的地下停车库可采用自然排烟方式

B. 采用自然排烟的场所可不划分防烟分区

C. 防烟楼梯间及其前室不应采用自然排烟方式

D. 建筑高度小于 50m 的公共建筑，宜优先考虑采用自然排烟方式

【答案】C

【解析】见本章内容。

【2015-17】下列关于高层建筑中设置机械加压送风系统的说法，错误的是（　　）。

A. 地下室的楼梯间和地上部分的防烟楼梯间均需设置机械加压送风系统时，机械加压送风系统宜分别独立设置

B. 建筑高度大于50m的公共建筑，其防烟楼梯间、消防电梯前室应设置机械加压送风系统

C. 建筑高度大于50m的住宅建筑，其防烟楼梯间、消防电梯前室应设置机械加压送风系统

D. 建筑高度大于50m的工业建筑，其防烟楼梯间、消防电梯前室应设置机械加压送风系统

【答案】C

【解析】见本章内容。

【2015-83】某建筑高度为23m的5层商业建筑，长度100m，宽度50m，每层建筑面积为5000m^2，设置有自动喷水灭火系统、火灾自动报警系统和防烟排烟系统等消防设施。下列关于机械排烟系统应满足要求的说法中，正确的有（　　）。

A. 与垂直管道连接的每层水平支管上应设置防火阀

B. 排烟风机配电线路的末端自动切换应设置在楼层配电间内

C. 采用的排烟风机应能在280℃时连续工作30min

D. 火灾时应由火灾自动报警系统联动开启排烟口

E. 排烟口应设置现场手动开启装置

【答案】ACE

【解析】见本章内容。

【2016-47】下列建筑中，当其楼梯间的前室或合用前室采用敞开阳台时，楼梯间可不设置防烟系统的是（　　）。

A. 建筑高度为68m的旅馆建筑　　B. 建筑高度为52m的生产建筑

C. 建筑高度为81m的住宅建筑　　D. 建筑高度为52m的办公建筑

【答案】C

【解析】见本章内容。

【2016-61】自然排烟是利用火灾烟气的热浮力和外部风压等作用，通过建筑物的外墙或屋顶开口将烟气排至室外的排烟方式。下列关于自然排烟的说法中，错误的是（　　）。

A. 自然排烟窗的开启方向应采用上悬外开式

B. 具备自然排烟条件的多层建筑，宜采用自然排烟方式

C. 排烟窗应设置在建筑排烟空间室内净高的1/2以上

D. 排烟口的排放速率主要取决于烟气的厚度和温度

【答案】A

【解析】见本章内容。

【2016-71】下列厂房或仓库中，按规范应设置防烟排烟设施的是（　　）。

A. 每层建筑面积为1200m^2的2层丙类仓库

B. 丙类厂房内建筑面积为120m^2的生产监控室

C. 建筑面积为 3000m^2 的丁类生产车间

D. 单层丙类厂房内长度为 35m 的疏散走道

【答案】A

【解析】见本章内容。

【2017-32】机械加压送风系统启动后，按照余压值从大到小排列，排序正确的是(　　)。

A. 走道、前室、防烟楼梯间　　B. 前室、防烟楼梯间、走道

C. 防烟楼梯间、前室、走道　　D. 防烟楼梯间、走道、前室

【答案】C

【解析】见本章内容。

【2017-34】净空高度不大于 6.0m 的民用建筑，采用自然排烟的防烟分区内任一点至最近排烟窗的水平距离不应大于（　　）m。

A. 20　　B. 35　　C. 50　　D. 30

【答案】D

【解析】详见本章内容。

【2017-41】下列民用建筑的场所或部位中，应设置排烟设施的是（　　）。

A. 设置在二层，房间建筑面积为 50m^2的歌舞娱乐放映游艺场所

B. 地下一层的防烟楼梯间前室

C. 建筑面积 120m^2的中庭

D. 建筑内长度为 18m 的疏散走道

【答案】C

【解析】见本章内容。

【2018-15】某建筑高度为 156m 的公共建筑，设有机械加压送风系统。根据现行国家标准《建筑防烟排烟系统技术标准 GB 51251)，该机械加压送风系统的下列设计方案中，错误的是（　　）。

A. 封闭避难层的送风量按避难层净面积不小于 25m^3/（h · m^2）确定

B. 楼梯间与走道之间的压差为 40Pa

C. 前室与走道之间的压差为 25Pa

D. 机械加压送风系统按服务区段高度分段独立设置

【答案】A

【解析】见本章内容。封闭避难层（间）、避难走道的机械加压送风量应按避难层（间）、避难走道的净面积不少于 30m^3/（h · m^2）计算。故 A 错误。

【2018-29】根据现行国家标准《建筑防烟排烟系统技术标准》（GB 51251)，下列民用建筑楼梯间的防烟设计方案中，错误的是（　　）。

A. 建筑高度 97m 的住宅建筑，防烟楼梯间及其前室均采用自然通风方式防烟

B. 建筑高度 48m 的办公楼，防烟楼梯间及其前室均采用自然通风方式防烟

C. 采用自然通风方式的封闭楼梯间，在最高部位设置 1.0m^2的固定窗

D. 采用自然通风的防烟楼梯间，楼梯间外墙上开设的可开启外窗最大布置间隔为 3 层

【答案】C

【解析】见本章内容。采用自然通风方式的封闭楼梯间、防烟楼梯间，应在最高部位设置面积不小于1.0m^2的可开启外窗或开口。故C错误。

【2018-60】某建筑净空高度为5m的商业营业厅，设有机械排烟系统，共划分为4个防烟分区，最小防烟分区面积为500m^2，根据《建筑防烟排烟系统技术标准》（GB 51251），该建筑内机械排烟系统设置的下列方案中，正确的是（　　）。

A. 排烟口与最近安全出口的距离为1.2m

B. 最小防烟分区的排烟量30000m^3/h

C. 防烟分区的最大长边长度为40m

D. 最大防烟分区的建筑面积为1500m^2

【答案】B

【解析】见本章内容。建筑空间净高小于或等于6m的场所，其排烟量应按不小于60m^3/（h·m^2）计算，且取值不小于15000m^3/h，或设置有效面积不小于该房间建筑面积2%的自然排烟窗（口）。故B正确。

【2018-94】某多层商场，每层设有2个防火分区，6个防烟分区。根据现行国家标准《建筑防烟排烟系统技术标准》（GB 51251），该建筑下列排烟系统联动说法中，错误的有（　　）。

A. 将排烟风机入口处设置的排烟防火阀的关闭动作信号作为排烟风机关闭的触发信号

B. 火灾确认后，火灾自动报警系统在20s内联动开启下部防烟分区的活动挡烟垂壁

C. 火灾确认后，火灾自动报警系统在30s内自动关闭与排烟无关的空调系统

D. 每层设一套排烟系统，该层任一排烟阀开启后，该层排烟风机自动开启

E. 火灾确认后，火灾自动报警系统在20s内联动开启下部防烟分区全部排烟口

【答案】BDE

【解析】见本章内容。

（1）排烟防火阀在280℃时应自行关闭，并应连锁关闭排烟风机和补风机。故A正确。

（2）当火灾确认后，火灾自动报警系统应在15s内联动相应防烟分区的全部活动挡烟垂壁，60s以内挡烟垂壁应开启到位。故B错误。

（3）当火灾确认后，火灾自动报警系统应在15s内联动开启相应防烟分区的全部排烟阀、排烟口、排烟风机和补风设施，并应在30s内自动关闭与排烟无关的通风、空调系统。故C正确。E错误。

（4）当火灾确认后，担负两个及以上防烟分区的排烟系统，应仅打开着火防烟分区的排烟阀或排烟口，其他防烟分区的排烟阀或排烟口应呈关闭状态。故D错误。

第 11 章　消防应急照明和疏散指示系统

助考知识要点

◆系统分类：自带电源非集中（集中）控制型系统、集中电源非集中（集中）控制型系统

◆应急照明：疏散照明、备用照明

◆系统应急转换时间：一般区域：≤5s；高危险区域：≤0.25s。

◆系统应急工作时间：≥90min，且不小于灯具本身标称的应急工作时间

记忆思维导图（图 3.11-1）

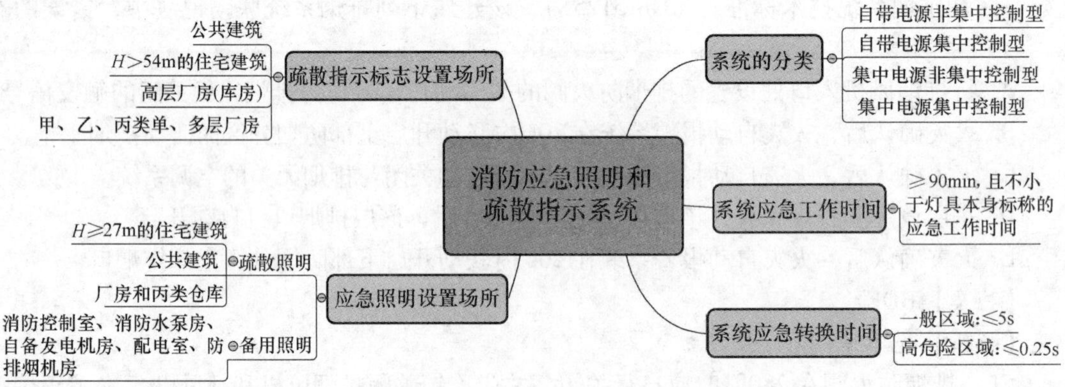

图 3.11-1　消防应急照明和疏散指示系统记忆思维导图

内容归纳解析

11.1　消防应急照明和疏散指示标志设置规定

1. 疏散照明设置部位

（1）《建规》第 10.3.1 条：除建筑高度小于 27m 的住宅建筑外，民用建筑、厂房和丙类仓库的下列部位应设置疏散照明：

1）封闭楼梯间、防烟楼梯间及其前室、消防电梯间的前室或合用前室、避难走道、避难层（间）。

2）观众厅、展览厅、多功能厅和建筑面积大于 200m² 的营业厅、餐厅、演播室等人员密集的场所。

3）建筑面积大于 100m² 的地下或半地下公共活动场所。

4）公共建筑内的疏散走道。

5）人员密集的厂房内的生产场所及疏散走道。

（2）《建规》第10.3.2条：建筑内疏散照明的地面最低水平照度应符合下列规定：

1）对于疏散走道，不应低于1.0lx。

2）对于人员密集场所、避难层（间），不应低于3.0lx；对于老年人照料设施、病房楼或手术部的避难间，不应低于10.0lx。

3）对于楼梯间、前室或合用前室、避难走道，不应低于5.0lx；对于人员密集场所、老年人照料设施、病房楼或手术部内的楼梯间、前室或合用前室、避难走道，不应低于10.0lx。

（3）《建规》第10.3.4条：疏散照明灯具应设置在出口的顶部、墙面的上部或顶棚上；备用照明灯具应设置在墙面的上部或顶棚上。

2. 备用照明设置部位

《建规》第10.3.3条：消防控制室、消防水泵房、自备发电机房、配电室、防排烟机房以及发生火灾时仍需正常工作的消防设备房应设置备用照明，其作业面的最低照度不应低于正常照明的照度。

3. 疏散指示标志设置部位

（1）《建规》第10.3.5条：公共建筑、建筑高度大于54m的住宅建筑、高层厂房（库房）和甲、乙、丙类单、多层厂房，应设置灯光疏散指示标志，并应符合下列规定：

1）应设置在安全出口和人员密集的场所的疏散门的正上方。

2）应设置在疏散走道及其转角处距地面高度1.0m以下的墙面或地面上。灯光疏散指示标志的间距不应大于20m；对于袋形走道，不应大于10m；在走道转角区，不应大于1.0m。

（2）《建规》第10.3.6条：下列建筑或场所应在疏散走道和主要疏散路径的地面上增设能保持视觉连续的灯光疏散指示标志或蓄光疏散指示标志：

1）总建筑面积大于8000m^2的展览建筑。

2）总建筑面积大于5000m^2的地上商店。

3）总建筑面积大于500m^2的地下或半地下商店。

4）歌舞娱乐放映游艺场所。

5）座位数超过1500个的电影院、剧场，座位数超过3000个的体育馆、会堂或礼堂。

6）车站、码头建筑和民用机场航站楼中建筑面积大于3000m^2的候车、候船厅和航站楼的公共区。

4. 备用电源的连续供电时间

《建规》第10.1.5条：建筑内消防应急照明和灯光疏散指示标志的备用电源的连续供电时间应符合下列规定：

1）建筑高度大于100m的民用建筑，不应小于1.5h。

2）医疗建筑、老年人照料设施、总建筑面积大于100000m^2的公共建筑和总建筑面积大于20000m^2的地下、半地下建筑，不应少于1.0h。

3）其他建筑，不应少于0.5h。

11.2　消防应急照明和疏散指示系统的分类与组成

1. 消防应急灯具的分类

消防应急灯具分类见表 3.11-1。

表 3.11-1　消防应急灯具分类

方　式	分类	特　点
按用途	消防应急标志灯具	用于指示疏散出口、疏散路径、消防设施位置等重要信息的灯具，一般均用图形加以标示，有时会有辅助的文字信息
	消防应急照明灯具	为人员疏散、消防作业提供照明的灯具。其中，发光部分为便携式的消防应急照明灯具也称为疏散用手电筒
	消防应急照明标志复合灯具	同时具备应急照明和疏散指示两种功能
按工作方式	持续型消防应急灯具	指光源在主电源或应急电源工作时均处于点亮状态的消防应急灯具
	非持续型消防应急灯具	光源在主电源工作时不点亮，仅在应急电源工作时处于点亮状态
按应急供电方式	自带电源型消防应急灯具	电池、光源及相关电路安装在灯具内部
	子母型消防应急灯具	由子灯具和母灯具组成，子灯具的电源和点亮方式均由母灯具控制
	集中电源型消防应急灯具	电源由应急照明集中电源提供，自身无独立的电池，不能独立工作
按应急控制方式	非集中控制型消防应急灯具	
	集中控制型消防应急灯具	

2. 系统的分类与组成

（1）自带电源非集中控制型系统。自带电源非集中控制型系统由应急照明配电箱和消防应急灯具组成。消防应急灯具由应急照明配电箱供电。自带电源非集中控制系统连接的消防应急灯具均为自带电源型，灯具内部自带蓄电池，工作方式为独立控制，无集中控制功能。

（2）自带电源集中控制型系统。自带电源集中控制型系统由应急照明控制器、应急照明配电箱和消防应急灯具组成。消防应急灯具由应急照明配电箱供电，消防应急灯具的工作状态受应急照明控制器控制和管理。自带电源集中控制型系统连接的消防应急灯具均为自带电源型，灯具内部自带蓄电池，但是消防应急灯具的应急转换由应急照明控制器控制。

（3）集中电源非集中控制型系统。集中电源非集中控制型系统由应急照明集中电源、应急照明分配电装置和消防应急灯具组成。应急照明集中电源通过应急照明分配电装置为消防应急灯具供电。集中电源非集中控制型系统连接的消防应急灯具自身不带电源，工作电源由应急照明集中电源提供，工作方式为独立控制，无集中控制功能。

（4）集中电源集中控制型系统。集中电源集中控制型系统由应急照明控制器、应急照明集中电源、应急照明分配电装置和消防应急灯具组成。应急照明集中电源通过应急照明分配电装置为消防应急灯具供电，应急照明集中电源和消防应急照明灯具的工作状态受应急照明控制器控制。集中电源集中控制型系统连接的消防应急灯具的电源由应急照明集中电源提供，控制方式由应急照明控制器集中控制。

11.3　消防应急照明和疏散指示系统的工作原理与性能要求

1. 系统工作原理

（1）自带电源非集中控制型系统。正常工作状态时，市电通过应急照明配电箱为灯具供电，用于正常工作和蓄电池充电。发生火灾时，相关防火分区内的应急照明配电箱动作，切断消防应急灯具的市电供电线路，灯具的工作电源由灯具内部自带的蓄电池提供，灯具进入应急状态，为人员疏散和消防作业提供应急照明和疏散指示。

（2）自带电源集中控制型系统。正常工作状态时，市电通过应急照明配电箱为灯具供电，用于正常工作和蓄电池充电。应急照明控制器通过实时检测消防应急灯具的工作状态，实现灯具的集中监测和管理。发生火灾时，应急照明控制器接收到消防联动信号后，下发控制命令至消防应急灯具，控制应急照明配电箱和消防应急灯具转入应急状态，为人员疏散和消防作业提供照明和疏散指示。

（3）集中电源非集中控制型系统。正常工作状态时，市电接入应急照明集中电源，用于正常工作和电池充电，通过各防火分区设置的应急照明分配电装置将应急照明集中电源的输出提供给消防应急灯具。发生火灾时，应急照明集中电源的供电电源由市电切换至电池，集中电源进入应急工作状态，通过应急照明分配电装置供电的消防应急灯具也进入应急工作状态，为人员疏散和消防作业提供照明和疏散指示。

（4）集中电源集中控制型系统工作原理。正常工作状态时，市电接入应急照明集中电源，用于正常工作和电池充电，通过各防火分区设置的应急照明分配电装置将应急照明集中电源的输出提供给消防应急灯具。应急照明控制器通过实时检测应急照明集中电源、应急照明分配电装置和消防应急灯具的工作状态，实现系统的集中监测和管理。发生火灾时，应急照明控制器接收到消防联动信号后，下发控制命令至应急照明集中电源、应急照明分配电装置和消防应急灯具，控制系统转入应急状态，为人员疏散和消防作业提供照明和疏散指示。

2. 系统的性能要求

（1）应急转换时间：系统的应急转换时间≤5s；高危险区域使用系统的应急转换时间≤0.25s。

（2）应急工作时间：系统的应急工作时间≥90 min，且不小于灯具本身标称的应急工作时间。

（3）标志灯具的表面亮度

1）仅用绿色或红色图形构成标志的标志灯，其标志表面最小亮度不能小于50cd/ m^2，最大亮度不大于300cd/m^2。

2）用白色与绿色组合或白色与红色组合构成的图形作为标志的标志灯表面最小亮度不小于5cd/m^2，最大亮度不大于300 cd/m^2，白色、绿色或红色本身最大亮度与最小亮度比值不大于10。白色与相邻绿色或红色交界两边对应点的亮度比不小于5且不大于15。

（4）照明灯具的光通量。消防应急照明灯具应急状态下的光通量不能低于其标称的光通量，且不小于50lm。疏散用手电筒的发光色温在2500~2700K之间。

（5）系统自检。系统持续主电工作48h后每隔（30±2）d自动由主电工作状态转入应急工作状态并持续30~180s，然后自动恢复到主电工作状态。系统持续主电工作每隔一年自动由主电工作状态转入应急工作状态并持续至放电终止，然后自动恢复到主电工作状态，持续应急工作时间不少于30min。

（6）应急转换控制。在消防控制室，应设置强制使消防应急照明和疏散指示系统切换和应急投入的手动、自动控制装置。在设置了火灾自动报警系统的场所，消防应急照明和疏散指示系统的切换和应急投入要接受火灾自动报警系统的联动控制。

11.4 消防应急照明和疏散指示系统的选择原则及设计要求

11.4.1 系统选择原则

（1）专业性。消防应急灯具在产品性能、可靠性和防护等级等方面都优于普通的民用灯具，能够在火灾条件下更加可靠地提供照明和疏散指示，因此在工程使用中不能用民用灯具替代消防应急灯具。

（2）节能。选择系统和选用消防应急灯具的时候应选择应用成熟、运行可靠、节能环保的产品。

（3）安全性。疏散走道、楼梯间和建筑空间高度不大于8m的场所，应选择应急供电电压为安全电压的消防应急灯具；采用非安全电压时，外露接线盒和消防应急灯具的防护等级应达到IP54的要求。《消防应急照明和疏散指示系统》（GB 17945）规定了室内地面使用和室外地面使用的消防应急灯具最低防护等级为IP54；安装在室外地面的消防应急灯具最低防护等级为IP67；安装在地面的灯具安装面应能耐受外界的机械冲击和研磨。

11.4.2 系统设计要求

1. 一般要求

（1）应急转换时间。人员密集场所的应急转换时间不应大于1.5s，其他场所的应急转换时间不应大于5s。

（2）蓄电池组初装容量。高度在100m及以下建筑的初始放电时间≥90min；高度在100m以上建筑的初始放电时间≥180min；避难层的初始放电时间≥540 min。

2. 供电设计

（1）平面疏散区域供电。平面疏散区域供电由应急照明总配电柜的主电以树干式或放射式供电，并按防火分区设置应急照明配电箱、应急照明集中电源或应急照明分配电装置；非人员密集场所可在多个防火分区设置一个共用应急照明配电箱，但每个防火分区采用单独的应急照明供电回路；应急照明配电箱的主电源取自于本防火分区的备用照明配电箱；多个防火分区共用一个应急照明配电箱的主电源应取自应急电源干线或备用照明配电箱的供电侧。

大于$2000m^2$的防火分区单独设置应急照明配电箱或应急照明分配电装置；小于$2000m^2$的防火分区可采用专用应急照明回路；应急照明回路沿电缆管井垂直敷设时，公共建筑应急照明配电箱供电范围不宜超过8层，住宅建筑不宜超过16层；一个应急照明配电箱或应急照明分配电装置所带灯具覆盖的防火分区总面积不超过$4000m^2$，地铁隧道内不超过一个区段的1/2，道路交通隧道内不超过500m。

应急照明集中电源和应急照明分配电装置在同一平面层时，应急照明电源采用放射式供电方式；二者不在同一平面层，且配电分支干线沿同一电缆管井敷设时，应急照明集中电源可采用放射式或树干式供电方式。商住楼的商业部分与居住部分应分开，并单独设置应急照明配电箱或应急照明集中电源。

（2）垂直疏散区域及其扩展区域的供电。每个垂直疏散通道及其扩展区可按一个独立的防火分区考虑，并采用垂直配电方式；建筑高度超过50m的每个垂直疏散通道及扩展区宜单独设置应急照明配电箱或应急照明分配电装置。

（3）避难层及航空疏散场所。避难层及航空疏散场所的消防应急照明由变配电所放射式供电。

（4）消防工作区域及其疏散走道的供电。消防控制室、高低压配电房、发电机房及蓄电池类自备电源室、消防水泵房、防烟及排烟机房、消防电梯机房、BAS控制中心机房、电话机房、通信机房、大型计算机房、安全防范控制中心机房等在发生火灾时有人值班的场所，应同时设置备用照明和疏散照明；楼层配电间（室）及其他火灾时无人值班的场所可不设备用照明和疏散照明；备用照明可采用普通灯具，并由双电源供电。

（5）灯具配电回路。AC220V或DC216V灯具的供电回路工作电流不宜大于10A；安全电压灯具的供电回路工作电流不宜大于5A；每个应急供电回路所配接的灯具数量不宜超过64个；应急照明集中电源经应急照明分配电装置配接消防应急灯具；应急照明集中电源、应急照明分配电装置及应急照明配电箱的输入及输出配电回路中不装设剩余电流动作脱扣保护装置。除高大空间场所，疏散区域内的应急工作电压均采用安全电压。

（6）应急照明配电箱及应急照明分配电装置的输出。输出回路不超过8路；采用安全电压时的每个回路输出电流不大于5A；采用非安全电压时的每个回路输出电流不大于16A。

3. 非集中控制型系统的设计

（1）系统的应急转换。未设置火灾自动报警系统的场所，系统在正常照明中断后转入应急工作状态；设置火灾自动报警系统的场所，自带电源非集中控制型系统由火灾自动报警系统联动各应急照明配电箱实现工作状态的转换。集中电源非集中控制型系统由火灾自动报警系统联动各应急照明集中电源和应急照明分配电装置实现工作状态的转换。

（2）应急照明集中电源和分配电装置设计。应急照明集中电源的控制装置设置在消防控制室内，未设置消防控制室的建筑，应急照明集中电源控制装置设置在有人员值班的场所。集中设置蓄电池组的系统，应急照明集中电源能够手动控制消防应急照明分配电装置的工作状态。分散设置蓄电池组的系统，其控制装置能够手动控制各蓄电池组及转换装置的工作状态。

4. 集中控制型系统的设计

（1）集中控制型系统的控制方式。接收到火灾自动报警系统的火灾报警信号或联动控制信号后，应急照明控制器控制相应的消防应急灯具转入应急工作状态。自带电源集中控制型系统，由应急照明控制器控制系统内的应急照明配电箱和相应的消防应急灯具及其他附件实现工作状态转换。集中电源集中控制型系统，由应急照明控制器控制系统内应急照明集中电源、应急照明分配电装置和相应的消防应急灯具及其他附件实现工作状态转换。

（2）应急照明控制器设计。系统内仅有一台应急照明控制器时，应急照明控制器设置于消防控制室或有人员值班的场所；系统内有多台应急照明控制器时，主控制器设置在消防控制室内，其他控制器可设置在配电间等场所内。每台应急照明控制器直接控制的应急照明集中电源、应急照明分配电装置、应急照明配电箱和消防应急灯具等设备总数不大于3200个。应急照明控制器的主电源由消防电源供电，应急照明控制器的备用电源至少应能使控制器在主电源中断后工作3h。

历年真题研究

【2015-60】某高度为120m的高层办公建筑，其消费应急照明备用电源的连接供电时间不应低于（　　）min。

A. 90　　B. 20　　C. 30　　D. 60

【答案】A

【解析】见本章内容。

【2016-39】下列建筑中的消防应急照明备用电源的连续供电时间按1.0h设置，其中不符合规范要求的是（　　）。

A. 医疗建筑、老年人建筑　　B. 总建筑面积大于100000m^2的商业建筑

C. 建筑高度大于100m的住宅建筑　　D. 总建筑面积大于20000m^2的地下汽车库

【答案】C

【解析】见本章内容。

【2017-16】大学生集体宿舍楼疏散走道内设置的疏散照明，其地面水平照度不应低于（　　）lx。

A. 3.0　　B. 1.0　　C. 5.0　　D. 10.0

【答案】A

【解析】见本章内容。

【2017-64】集中电源集中控制型消防应急照明和疏散指示系统不包括（　　）。

A. 分配电装置　　B. 应急照明控制器

C. 输入模块　　D. 疏散指示灯具

【答案】C

【解析】集中电源集中控制型系统由集中控制型消防应急灯具、应急照明控制器、应急照明集中电源、应急照明分配电装置及相关附件组成的消防应急照明和疏散指示系统。

【2018-18】某小型机场航站楼，消防应急照明和疏散指示系统由1台应急照明控制器、1台应急照明集中电源、3台应急照明分配电装置和100只消防应急灯具组成。当应急照明系统由正常工作状态转为应急状态时，发出应急转换控制信号，但消防应急灯具未正常点亮。据此，可以排除的故障原因是（　　）。

A. 应急照明控制器未向系统内应急照明集中电源发出联动控制信号

B. 消防应急灯具电池衰减无法保证灯具转入应急工作

C. 系统内应急照明集中电源未转入应急输出

D. 系统内应急照明分配电装置未转入应急输出

【答案】B

【解析】根据题意，该建筑由应急照明集中电源供电，照明灯具本身不带电源，因此可排除B选项。

第 12 章　城市消防远程监控系统

助考知识要点

◆系统组成：用户信息传输装置、报警传输网络、监控中心、火警信息终端

◆设计原则：实时性、适用性、安全性和可扩展性

◆主要设备：用户信息传输装置、报警受理系统、信息查询系统、用户服务系统、火警信息终端、通信服务器和数据库服务器

记忆思维导图（图 3. 12-1）

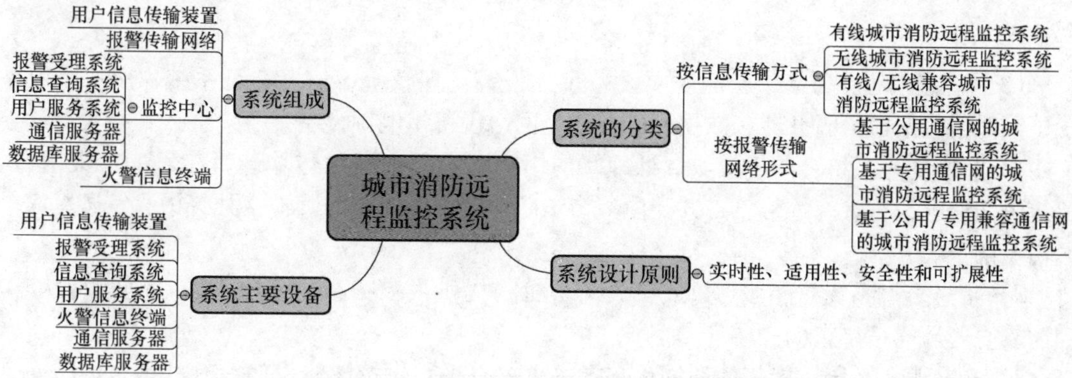

图 3. 12-1　城市消防远程监控系统记忆思维导图

内容归纳解析

12. 1　城市消防远程监控系统的组成和工作原理

1. 系统组成

系统由用户信息传输装置、报警传输网络、监控中心以及火警信息终端等几部分组成，如图 3. 12-2 所示。

（1）用户信息传输装置。作为城市消防远程监控系统的前端设备，设置在联网用户端，对联网用户内的建筑消防设施运行状态进行实时监测，并能通过报警传输网络，与监控中心进行信息传输。

（2）报警传输网络。是联网用户和监控中心之间的数据通信网络，一般依托公用通信网或专用通信网，进行联网用户的火灾报警信息、建筑消防设施运行状态信息和消防安全管理信息的传输。

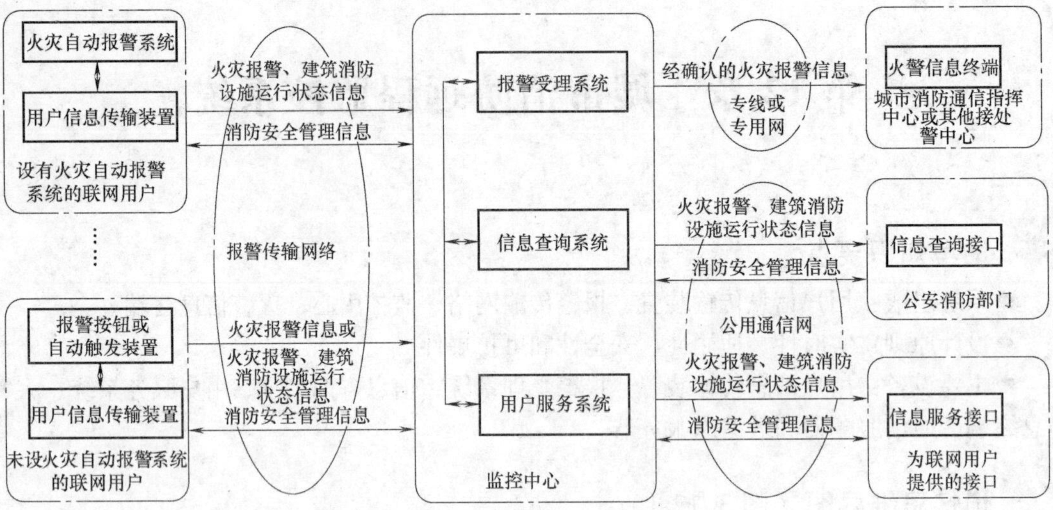

图 3.12-2　城市消防远程监控系统组成

(3) 监控中心。监控中心的主要设备包括报警受理系统、信息查询系统、用户服务系统，同时还包括通信服务器、数据库服务器、网络设备、电源设备。

1) 报警受理系统：用于接收、处理联网用户端的用户信息传输装置传输的火灾报警、建筑消防设施运行状态等信息，并能向城市消防通信指挥中心或其他接处警中心发送火灾报警信息的系统。

2) 信息查询系统：能够为公安机关消防机构提供火灾报警、建筑消防设施运行状态、消防安全管理等信息查询。

3) 用户服务系统：能够为联网用户提供火灾报警、建筑消防设施运行状态、消防安全管理等相关信息服务。

4) 通信服务器：是控中心和用户信息传输装置之间的信息桥梁，能够实现数据的接收转换和信息转发。通信服务器通过配接不同的通信接入设备，可以采用多种有线通信（PSTN、宽带等）及无线通信方式与用户信息传输装置进行信息传输。

5) 数据库服务器：用于存储和管理监控中心的各类信息数据，主要包括联网单位信息数据、消防设施数据、地理信息数据和历史记录数据等，为监控中心内各系统的运行提供数据支持。

(4) 火警信息终端。设置在城市消防通信指挥中心或其他接处警中心，用于接收并显示监控中心发送的火灾报警信息。

2. 系统的分类

城市消防远程监控系统的分类见表 3.12-1。

表 3.12-1　城市消防远程监控系统的分类

方　式	分　类
按信息传输方式	有线城市消防远程监控系统
	无线城市消防远程监控系统
	有线/无线兼容城市消防远程监控系统

（续）

方　式	分　类
按报警传输网络形式	基于公用通信网的城市消防远程监控系统
	基于专用通信网的城市消防远程监控系统
	基于公用/专用兼容通信网的城市消防远程监控系统

3. 系统的工作原理

城市消防远程监控系统能够对系统内各联网用户的火灾自动报警信息和建筑消防设施运行状态等信息进行数据采集、传输、接收、显示和处理，并能为公安机关消防机构和联网用户提供信息查询和信息服务。同时，城市消防远程监控系统也能提供联网用户消防值班人员的远程查岗功能。

（1）数据的采集和传输：通过连接建筑消防设施的状态输出通信接口或开关状态输出接口，用户信息传输装置实时监测所连接的火灾自动报警系统等建筑消防设施的输出数据和状态，通过数据和状态识别，准确获取建筑消防设施的运行工作状态。一旦建筑消防设施发出火警提示或设施运行状态发生改变，用户信息传输装置能够立即进行现场声光提示或信息指示，并按照规定的协议方式，对采集到的建筑消防设施运行状态信息进行信息协议编码，立即向监控中心传输数据。在实际应用中，用户信息传输装置与监控中心的通信传输线路一般设置主、备两路。

（2）信息的接收和显示：报警受理系统在接收到报警监控信息后，按照不同信息类型，将数据存入数据库，同时数据也被传送到监控中心的监控受理座席，由监控受理座席进行相应警情的显示，并提示中心值班人员进行警情受理。监控受理座席的显示信息主要包括：

1）报警联网用户的详细文字信息，包括：报警时间、报警联网用户名称、用户地址、报警点的建筑消防设施编码和实际安装位置、相关负责人、联系电话等。

2）报警联网用户的地理信息，包括：报警联网用户在城市或企业平面图上的位置、联网用户建筑外景图、建筑楼层平面图、消火栓位置、逃生通道位置等，并可以在楼层平面图上定位具体报警消防设施的位置，显示报警消防设施类型等。

（3）信息的处理

1）火灾报警信息处理。监控中心接收到联网用户的火灾报警信息后，由中心值班人员根据警情信息，同联网用户消防控制室值班人员联系，进行警情确认，一旦火灾警情被确认后，监控中心立即向设置在城市消防通信指挥中心的火警信息终端传送火灾报警信息。同时，监控中心通过移动电话、SMS短信息或电子邮件方式发送，向联网用户的消防责任人或相关负责人发送火灾报警信息。城市消防通信指挥中心通过火警信息终端，实时接收监控中心发送的联网单位火灾报警信息，并根据火警信息快速进行灭火救援力量的部署和调度。

2）其他建筑消防设施运行信息的处理。监控中心将接收到建筑消防设施的故障及运行状态等信息通过SMS短信或电子邮件等方式发送给消防设施维护人员处理，同时也发送给联网用户的相关管理人员进行信息提示。

（4）信息查询和信息服务。监控中心在对联网用户的火灾自动报警信息、建筑消防设施运行状态信息和消防安全管理信息进行接收和存储处理后，一般通过Web服务方式，向公安机关消防机构和联网用户提供相应的信息查询和信息服务。公安机关消防机构和联网用户通过登录监控中心提供的网站入口，根据不同人员系统权限，进行相应的信息浏览、检索、查询、统计等操作。

（5）远程查岗。监控中心能够根据不同权限，为公安机关消防机构的监管人员或联网用户安全负责人提供远程查岗功能。监控中心通过信息服务接口收到远程查岗请求后，自动向相应被查询联网用户的用户信息传输装置发出查岗指令，用户信息传输装置立即发出查岗声、光指示，提示联网用户的值班人员进行查岗应答操作，并将应答信息传送至监控中心。监控中心再通过信息接口，向查岗请求人员进行应答信息的反馈。一旦在规定时间内，值班人员无应答，监控中心将向查岗请求人员反馈脱岗信息。

12.2 城市消防远程监控系统的设计

1. 系统设计原则

系统设计原则为实时性、适用性、安全性和可扩展性。

2. 系统主要功能

《监规》第 4.2.1 条，远程监控系统应具有下列功能：

1）接收联网用户的火灾报警信息，向城市消防通信指挥中心或其他接处警中心传送经确认的火灾报警信息。

2）接收联网用户发送的建筑消防设施运行状态信息。

3）为公安机关消防机构提供查询联网用户的火灾报警信息、建筑消防设施运行状态信息及消防安全管理信息。

4）为联网用户提供自身的火灾报警信息、建筑消防设施运行状态信息查询和消防安全管理信息服务。

5）对联网用户发送的建筑消防设施运行状态和消防安全管理信息进行数据实时更新。

3. 系统性能要求

（1）《监规》第 4.2.2 条，远程监控系统的性能应符合下列要求：

1）监控中心应能同时接收和处理不少于 3 个联网用户的火灾报警信息。

2）从用户信息传输装置获取火灾报警信息到监控中心接收显示的响应时间不应大于 20s。

3）监控中心向城市消防通信指挥中心或其他接处警中心转发经确认的火灾报警信息的时间不应大于 3s。

4）监控中心与用户信息传输装置之间通信巡检周期不应大于 2h，并能够动态设置巡检方式和时间。

5）监控中心的火灾报警信息、建筑消防设施运行状态信息等记录应备份，其保存周期不应小于 1 年。当按年度进行统计处理时，应保存至光盘、磁带等存储介质上。

6）录音文件的保存周期不应少于 6 个月。

7）远程监控系统应有统一的时钟管理，累计误差不应大于 5s。

4. 信息传输要求

日常防火巡查信息和消防设施定期检查信息应在检查完毕后的当日内发送至监控中心，其他发生变化的消防安全管理信息应在 3 日内发送至监控中心。

5. 报警传输网络与系统连接

城市消防远程监控系统的信息传输可采用有线通信或无线通信方式。报警传输网络可采用公用通信网或专用通信网构建。

（1）报警传输网络

《监规》第4.4.3条：远程监控系统采用有线通信方式传输时可选择下列接入方式：

1）用户信息传输装置和报警受理系统通过电话用户线或电话中继线接入公用电话网。

2）用户信息传输装置和报警受理系统通过电话用户线或光纤接入公用宽带网。

3）用户信息传输装置和报警受理系统通过模拟专线或数据专线接入专用通信网。

《监规》第4.4.4条：远程监控系统采用无线通信方式传输时可选择下列接入方式：

1）用户信息传输装置和报警受理系统通过移动通信模块接入公用移动网。

2）用户信息传输装置和报警受理系统通过无线电收发设备接入无线专用通信网络。

3）用户信息传输装置和报警受理系统通过集群语音通路或数据通路接入无线电集群专用通信网络。

（2）系统连接与信息传输

《监规》第4.5.1条：联网用户的火灾报警和建筑消防设施运行状态信息的传输应符合下列要求：

1）设有火灾自动报警系统的联网用户应采用火灾自动报警系统向用户信息传输装置提供火灾报警和建筑消防设施运行状态信息。

2）未设火灾自动报警系统的联网用户应采用报警按钮向用户信息传输装置提供火灾报警信息，或通过自动触发装置向用户信息传输装置提供火灾报警和建筑消防设施运行状态信息。

3）用户信息传输装置与监控中心的信息传输应通过报警监控传输网络进行。

《监规》第4.5.2条：联网用户的消防安全管理信息宜通过报警监控传输网络或公用通信网与监控中心进行信息传输。

《监规》第4.5.3条：火警信息终端应设置在城市消防通信指挥中心或其他接处警中心，并应通过专线（网）与监控中心进行信息传输。

《监规》第4.5.4条：监控中心与信息查询接口、信息服务接口的火灾报警、建筑消防设施运行状态信息和消防安全管理信息传输应通过公用通信网进行。

6. 系统设置与设备配置

（1）《监规》第3.0.1条：远程监控系统的设置应符合下列要求：

1）地级及以上城市应设置一个或多个远程监控系统，并且单个远程监控系统的联网用户数量不宜大于5000个。

2）县级城市宜设置远程监控系统，或与地级及以上城市远程监控系统合用。

（2）《监规》第4.1.1条：监控中心应设置在耐火等级为一、二级的建筑中，并宜设置在火灾危险性较小的部位；监控中心周围不应布置电磁场干扰较强或其他影响监控中心正常工作的设备用房。

（3）《监规》第4.1.2条：用户信息传输装置应设置在联网用户的消防控制室内。联网用户未设置消防控制室时，用户信息传输装置宜设置在有人值班的场所。

7. 系统的电源要求

(1)《监规》第 5.3.1 条：监控中心的电源应按所在建筑物的最高等级配置，且不低于二级负荷，并应保证不间断供电。

(2)《监规》第 5.3.2 条：用户信息传输装置的主电源应有明显标识，并应直接与消防电源连接，不应使用电源插头；用户信息传输装置与其外接备用电源之间也应直接连接。

(3)《监规》第 5.2.1 条：用户信息传输装置的功能应符合下列要求：

1）接收联网用户的火灾报警信息，并将信息通过报警传输网络发送给监控中心。

2）接收建筑消防设施运行状态信息，并将信息通过报警传输网络发送给监控中心。

3）优先传送火灾报警信息和手动报警信息。

4）具有设备自检和故障报警功能。

5）具有主、备用电源自动转换功能，备用电源的容量应能保证用户信息传输装置连续正常工作时间不小于 8h。

8. 系统的安全性要求

（1）网络安全要求

《监规》第 4.6.1 条，远程监控系统的网络安全应符合下列要求：

1）各类系统接入远程监控系统时，应保证网络连接安全。

2）对远程监控系统资源的访问应有身份认证和授权。

3）建立网管系统，设置防火墙，对计算机病毒进行实时监控和报警。

（2）应用安全要求

《监规》第 4.6.2 条，远程监控系统的应用安全应符合下列要求：

1）数据库服务器应有备份功能。

2）监控中心应有火灾报警信息接收的应急备份功能。

3）应有防止修改火灾报警信息、建筑消防设施运行状态信息等原始数据的功能。

4）应有系统运行记录。

12.3　城市消防远程监控系统的主要设备

1. 用户信息传输装置

《监规》第 5.2.1 条，用户信息传输装置的功能应符合下列要求：

1）接收联网用户的火灾报警信息，并将信息通过报警传输网络发送给监控中心。

2）接收建筑消防设施运行状态信息，并将信息通过报警传输网络发送给监控中心。

3）优先传送火灾报警信息和手动报警信息。

4）具有设备自检和故障报警功能。

5）具有主、备用电源自动转换功能，备用电源的容量应能保证用户信息传输装置连续正常工作时间不小于 8h。

2. 报警受理系统

《监规》第 5.2.2 条，报警受理系统的功能应符合下列要求：

1）接收、处理用户信息传输装置发送的火灾报警信息。

2）显示报警联网用户的报警时间、名称、地址、联系电话、内部报警点位置、地理信息等。

3）对火灾报警信息进行核实和确认，确认后应将报警联网用户的名称、地址、联系电话、内部报警点位置、监控中心接警员等信息向城市消防通信指挥中心或其他接处警中心的火警信息终端传送，并显示火警信息终端的应答信息。

4）接收、存储用户信息传输装置发送的附录A所列的建筑消防设施运行状态信息，对建筑消防设施的故障信息进行跟踪、记录、查询和统计，并发送至相应联网用户。

5）自动或人工对用户信息传输装置进行巡检测试，并显示巡检测试结果。

6）显示、查询报警信息的历史记录和相关信息。

7）与联网用户进行语音、数据或图像通信。

8）实时记录报警受理的语音及相应时间，且原始记录信息不能被修改。

9）具有系统自检及故障报警功能。

10）具有系统启、停时间的记录和查询功能。

11）具有消防地理信息系统基本功能。

3. 信息查询系统

《监规》第5.2.3条，信息查询系统的功能应符合下列要求：

1）查询联网用户的火灾报警信息。

2）查询联网用户的建筑消防设施运行状态信息。

3）查询联网用户的消防安全管理信息。

4）查询联网用户的日常值班、在岗等信息。

5）对本条第1～4款的信息，能按日期、单位名称、单位类型、建筑物类型、建筑消防设施类型、信息类型等检索项进行检索和统计。

4. 用户服务系统

《监规》第5.2.4条，用户服务系统的功能应符合下列要求：

1）为联网用户提供查询其自身的火灾报警、建筑消防设施运行状态信息及消防安全管理信息的服务平台。

2）对联网用户的建筑消防设施日常维护保养情况进行管理。

3）为联网用户提供消防安全管理信息的数据录入、编辑服务。

4）通过随机查岗，实现联网用户的消防安全负责人对值班人员日常值班工作的远程监督。

5）为联网用户提供使用权限。

6）为联网用户提供消防法律法规、消防常识和火灾情况等信息。

5. 火警信息终端

《监规》第5.2.5条，火警信息终端的功能应符合下列要求：

1）接收监控中心发送的联网用户火灾报警信息，向其反馈接收确认信号，并发出明显的声、光提示信号。

2）显示报警联网用户的名称、地址、联系电话、内部报警点位置、监控中心接警员、火警信息终端警情接收时间等信息。

3）具有设备自检及故障报警功能。

6. 通信服务器

通信服务器能够进行用户信息传输装置传送数据的接收转换和信息转发。能够监视用户信息传输装置、受理座席和其他连接终端设备的通信连接状态，并进行故障报警。具有自检功能及系统启、停时间的记录和查询功能。

7. 数据库服务器

数据库服务器用于存储和管理监控中心的各类信息数据，主要包括联网单位信息数据、消防设施数据、地理信息数据和历史记录数据等，为监控中心内各系统的运行提供数据支持。

历年真题研究

【2016-36】城市消防远程监控系统由用户信息传输装置、报警传输网络、监控中心和（　　）等部分组成。

A. 用户服务系统　B. 火警信息终端　C. 报警受理系统　D. 远程查岗系统

【答案】B

【解析】详见本章内容。

【2017-73】城市消防远程监控系统不包括（　　）。

A. 用户信息传输装置　B. 报警传输网络

C. 火警信息终端　D. 火灾报警控制器

【答案】D

【解析】详见本章内容。

【2018-8】根据现行国家标准《城市消防远程监控系统技术规范》（GB 50440），下列关于城市消防远程监控系统设计的说法，正确的是（　　）。

A. 城市消防远程监控中心应能同时接收不少于 3 个联网用户的火灾报警信息

B. 监控中心的城市消防通信指挥中心转发经确认的火灾报警信息的时间不应大于 5s

C. 城市消防远程监控中心的火灾报警信息、建筑消防设施运行状态信息等记录的保存周期不应少于 6 个月

D. 城市消防远程监控中心录音文件的保存周期不应少于 3 个月

【答案】A

【解析】详见本章内容。监控中心应能同时接收和处理不少于 3 个联网用户的火灾报警信息，故 A 正确。

第 13 章　建筑灭火器配置

助考知识要点

◆灭火器类型：水基型灭火器、干粉灭火器、二氧化碳灭火器、洁净气体灭火器

◆干粉灭火器灭火机理：化学抑制、窒息灭火

◆二氧化碳灭火器灭火机理：窒息作用、冷却作用

◆灭火器配置场所的危险等级：严重危险级、中危险级、轻危险级

记忆思维导图（图 3. 13-1）

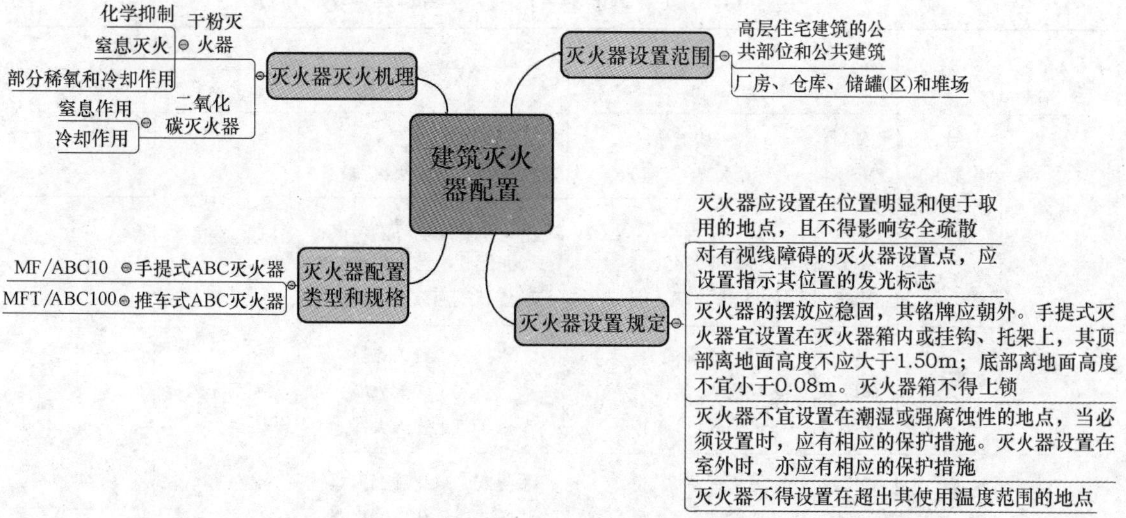

图 3. 13-1　建筑灭火器配置记忆思维导图

内容归纳解析

13. 1　灭火器的分类

13. 1. 1　灭火器概述

1. 灭火器分类

灭火器分类可按以下几种方式进行：

1）按移动方式：可分为手提式灭火器和推车式灭火器。

2）按驱动灭火剂的动力来源：可分为储气瓶式灭火器和储压式灭火器。

3）按所充装的灭火剂可分为水基型灭火器、干粉灭火器、二氧化碳灭火器、洁净气体灭火器。

4）按灭火类型，可分为 A 类灭火器、B 类灭火器、C 类灭火器、D 类灭火器和 E 类灭火器。

2. 灭火器标识

灭火器标识由类、组、特征代号及主要参数几部分组成，用大写汉语拼音字母表示，首位是灭火器本身的代号（“M”表示）；第二位是灭火剂代号（F-干粉灭火剂；T-二氧化碳灭火剂；Y-1211 灭火剂；Q-清水灭火剂）；第三位是灭火器结构特征的代号，有手提式（S）、推车式（T）、鸭嘴式（Y）、舟车式（Z）、背负式（B）五种。最后面的数字代表灭火剂重量或容积（单位为 kg 或 L），如“MF/ABC2”表示 2kgABC 干粉灭火器；“MS/Q9”表示容积为 9L 的手提式清水灭火器；“MFT50”表示灭火剂重量为 50kg 推车式干粉（碳酸氢钠）灭火器。国家标准规定，灭火器型号应以汉语拼音大写字母和阿拉伯数字标于筒体，详见表 3.13-1。

表 3.13-1 灭火器的型号编制方法与符号意义

类	组	代号	特征	代号含义	主要参数	
					名称	单位
灭火器 M（灭）	水 S（水）	MS MSQ	酸碱 清水，Q（清）	手提式酸碱灭火器 手提式清水灭火器	灭火剂充装量	L
	泡沫 P（泡）	MP MPZ MPT	手提式 舟车式，Z（舟） 推车式，T（推）	手提式泡沫灭火器 舟车式泡沫灭火器 推车式泡沫灭火器		L
	干粉 F（粉）	MF MFB MFT	手提式 背负式，B（背） 推车式，T（推）	手提式干粉灭火器 背负式干粉灭火器 推车式干粉灭火器		kg
	二氧化碳 T（碳）	MT MTZ MTT	手提式 鸭嘴式，Z（嘴） 推车式，T（推）	手提式二氧化碳灭火器 鸭嘴式二氧化碳灭火器 推车式二氧化碳灭火器		kg
	1211 Y（1）	MY MYT	手提式 推车式	手提式 推车式 1211 灭火器		kg

3. 已淘汰灭火器

如酸碱型灭火器、化学泡沫灭火器、倒置使用型灭火器以及氯溴甲烷、四氯化碳灭火器应报废处理。

13.1.2 常用灭火器类型

1. 水基型灭火器

常用的水基型灭火器有清水灭火器、水基型泡沫灭火器和水基型水雾灭火器三种。

（1）清水灭火器。指筒体中充装的是清洁的水，并以二氧化碳（氮气）为驱动气体的灭火器。灭火器容器内分别盛装有 6L 和 9L 的水。主要用于扑救固体物质火灾，如木材、棉麻、纺织品等的初期火灾，但不适于扑救油类、电气、轻金属以及可燃气体火灾。清水灭火器的有效喷水时间为1min左右。

（2）水基型泡沫灭火器。装有AFFF水成膜泡沫灭火剂和氮气，是化学泡沫灭火器的更新换代产品。它能扑灭可燃固体、液体的初起火灾，更多用于扑救石油及石油产品等非水溶性物质的火灾（抗溶性泡沫灭火器可用于扑救水溶性易燃、可燃液体火灾）。

（3）水基型水雾灭火器。其具有绿色环保、高效阻燃、抗复燃性强、灭火速度快、渗透性强等特点。它能在3秒钟内将一般火势熄灭，不复燃，并且具有将近千度的高温瞬间降至30～40℃的功效。主要适合配置在具有可燃固体物质的场所，如商场、饭店、写字楼、学校、旅游、娱乐场所、纺织厂、橡胶厂、纸制品厂等场所。

2. 干粉灭火器

干粉灭火器是利用氮气作为驱动动力，将筒内的干粉喷出灭火的灭火器。除扑救金属火灾的专用干粉化学灭火剂外，干粉灭火剂一般分为BC干粉灭火剂和ABC干粉灭火剂两大类。目前有磷酸铵盐、碳酸氢钠、氯化钠、氯化钾干粉灭火剂等。干粉灭火器可扑灭一般可燃固体火灾，还可扑灭油、气等燃烧引起的火灾。主要用于扑救石油、有机溶剂等易燃液体、可燃气体和电气设备的初期火灾，广泛用于油田、油库、炼油厂、化工厂、化工仓库等。

3. 二氧化碳灭火器

容器内充装的是二氧化碳气体，靠自身的压力驱动喷出进行灭火。二氧化碳是一种不燃烧的惰性气体。灭火时具有窒息作用和冷却作用，常用来扑灭图书、档案、贵重设备、精密仪器、600V以下电气设备及油类的初期火灾。

4. 洁净气体灭火器

将洁净气体（如IG541、七氟丙烷、三氟甲烷等）灭火剂直接加压充装在容器中，使用时，灭火剂从灭火器中排出形成气雾状射流射向燃烧物，当灭火剂与火焰接触时发生一系列物理化学反应，使燃烧中断，达到灭火目的。洁净气体灭火器适用于扑救可燃液体、可燃气体和可融化的固体物质以及带电设备的初期火灾，可在图书馆、宾馆、档案室、商场及各种公共场所使用。其中IG541灭火剂的成分为50%的氮气、40%的二氧化碳和10%的惰性气体。

13.2　灭火器的构造

1. 灭火器配件

主要由灭火器筒体、阀门（俗称器头）、灭火剂、保险销、虹吸管、密封圈和压力指示器（二氧化碳灭火器除外）等组成。

灭火器在规定的检修期到期检修或使用后再充装，灭火剂和密封圈必须更换。检修时发现筒体不合格，则整具灭火器应报废；其他配件不合格，须更换经国家认证的灭火器配件生产企业生产的配件。

2. 灭火器构造

（1）手提式灭火器。手提贮压式灭火器主要由筒体、器头阀门、喷（头）管、保险销、灭火剂、驱动气体（一般为氮气，与灭火剂一起充装在灭火器筒体内，额定压力一般在1.2～1.5MPa）、压力表以及铭牌等组成。在待用状态下，灭火器内驱动气体的压力通过压力表显示出来，以便判断灭火器是否失效。

在使用干粉灭火器时，应尽量选择在上风方向。在距燃烧处5m左右，对准火焰根部扫射。

手提式二氧化碳灭火器的结构与其他手提式灭火器的结构基本相似，只是二氧化碳灭火器的充装压力较大，取消了压力表，增加了安全阀。判断二氧化碳灭火器是否失效，利用称重法。标准要求二氧化碳灭火器每年至少检查一次，低于额定充装量的95%就应进行检修。

（2）推车式灭火器。主要由灭火器筒体、阀门机构、喷管喷枪、车架、灭火剂、驱动气体（一般为氮气，与灭火剂一起密封在灭火器筒体内）、压力表及铭牌组成。

13.3 灭火器的灭火机理与适用范围

13.3.1 灭火机理

1. 干粉灭火器

（1）靠干粉中的无机盐的挥发性分解物，与燃烧过程中燃料所产生的自由基或活性基团发生化学抑制和副催化作用，使燃烧的链反应中断而灭火。

（2）靠干粉的粉末落在可燃物表面外，发生化学反应，并在高温作用下形成一层玻璃状覆盖层，从而隔绝氧气，进而窒息灭火。还有部分稀氧和冷却作用。

2. 二氧化碳灭火器：主要依靠窒息作用和部分冷却作用灭火。

13.3.2 灭火器的适用范围▲

1. 灭火器的设置要求

《建规》第8.1.10条：①高层住宅建筑的公共部位和公共建筑内应设置灭火器，其他住宅建筑的公共部位宜设置灭火器；②厂房、仓库、储罐（区）和堆场，应设置灭火器。

2. 灭火器的适用范围

灭火器的适用范围见表3.13-2。

表3.13-2 灭火器的适用范围

火灾类型	灭火器类型
A类火灾（固体物质火灾）	水型灭火器、ABC（磷酸铵盐）干粉灭火器、泡沫灭火器或卤代烷灭火器
B类火灾（液体或可融化的固体物质火灾）	泡沫灭火器、碳酸氢钠（BC）干粉灭火器、ABC干粉灭火器、二氧化碳灭火器、灭B类火灾的水型灭火器或卤代烷灭火器
C类火灾（气体火灾）	ABC干粉灭火器、BC干粉灭火器、二氧化碳灭火器或卤代烷灭火器
D类火灾（金属火灾）	7150灭火剂（主要化学成分为偏硼酸三甲酯）、干沙、土或铸铁屑粉
E类火灾（带电火灾）	ABC干粉灭火器、BC干粉灭火器、卤代烷灭火器或二氧化碳灭火器，但不得选用装有金属喇叭喷筒的二氧化碳灭火器

13.3.3　灭火器配置场所的危险等级

1. 工业建筑

（1）《灭规》3.2.1 条：工业建筑灭火器配置场所的危险等级，应根据其生产、使用、储存物品的火灾危险性，可燃物数量，火灾蔓延速度，扑救难易程度等因素，划分为以下三级（表 3.13-3）：

1）严重危险级：火灾危险性大，可燃物多，起火后蔓延迅速，扑救困难，容易造成重大财产损失的场所。

2）中危险级：火灾危险性较大，可燃物较多，起火后蔓延较迅速，扑救较难的场所。

3）轻危险级：火灾危险性较小，可燃物较少，起火后蔓延较缓慢，扑救较易的场所。

表 13.3-3　灭火器配置场所与危险等级对应关系

配置场所	严重危险级	中危险级	轻危险级
厂房	甲、乙类物品生产场所	丙类物品生产场所	丁、戊类物品生产场所
库房	甲、乙类物品储存场所	丙类物品储存场所	丁、戊类物品储存场所

（2）工业建筑灭火器配置场所的危险等级举例详见表 3.13-4。

表 3.13-4　工业建筑灭火器配置场所的危险等级举例

危险等级	举例	
	厂房和露天、半露天生产装置区	库房和露天、半露天堆场
严重危险级	1. 闪点 < 60℃的油品和有机溶剂的提炼、回收、洗涤部位及其泵房、灌装间	1. 化学危险物品库房
	2. 橡胶制品的涂胶和胶浆部位	2. 装卸原油或化学危险物品的车站、码头
	3. 二硫化碳的粗馏、精馏工段及其应用部位	3. 甲、乙类液体储罐区、桶装库房、堆场
	4. 甲醇、乙醇、丙酮、丁酮、异丙醇、醋酸乙酯、苯等的合成、精制厂房	4. 液化石油气储罐区、桶装库房、堆场
	5. 植物油加工厂的浸出厂房	5. 棉花库房及散装堆场
	6. 洗涤剂厂房石蜡裂解部位、冰醋酸裂解厂房	6. 稻草、芦苇、麦秸等堆场
	7. 环氧氢丙烷、苯乙烯厂房或装置区	7. 赛璐珞及其制品、漆布、油布、油纸及其制品，油绸及其制品库房
	8. 液化石油气灌瓶间	8. 酒精度为 60 度以上的白酒库房
	9. 天然气、石油伴生气、水煤气或焦炉煤气的净化（如脱硫）厂房压缩机室及鼓风机室	
	10. 乙炔站、氢气站、煤气站、氧气站	
	11. 硝化棉、赛璐珞厂房及其应用部位	
	12. 黄磷、赤磷制备厂房及其应用部位	
	13. 樟脑或松香提炼厂房，焦化厂精萘厂房	
	14. 煤粉厂房和面粉厂房的碾磨部位	
	15. 谷物筒仓工作塔、亚麻厂的除尘器和过滤器室	

（续）

危险等级	举例	
	厂房和露天、半露天生产装置区	库房和露天、半露天堆场
严重危险级	16. 氯酸钾厂房及其应用部位	
	17. 发烟硫酸或发烟硝酸浓缩部位	
	18. 高锰酸钾、重铬酸钠厂房	
	19. 过氧化钠、过氧化钾、次氯酸钙厂房	
	20. 各工厂的总控制室、分控制室	
	21. 国家和省级重点工程的施工现场	
	22. 发电厂（站）和电网经营企业的控制室、设备间	
中危险级	1. 闪点≥60℃的油品和有机溶剂的提炼、回收工段及其抽送泵房	1. 丙类液体储罐区、桶装库房、堆场
	2. 柴油、机器油或变压器油灌桶间	2. 化学、人造纤维及其织物和棉、毛、丝、麻及其织物的库房、堆场
	3. 润滑油再生部位或沥青加工厂房	3. 纸、竹、木及其制品的库房、堆场
	4. 植物油加工精炼部位	4. 火柴、香烟、糖、茶叶库房
	5. 油浸变压器室和高、低压配电室	5. 中药材库房
	6. 工业用燃油、燃气锅炉房	6. 橡胶、塑料及其制品的库房
	7. 各种电缆廊道	7. 粮食、食品库房、堆场
	8. 油淬火处理车间	8. 电脑、电视机、收录机等电子产品及家用电器库房
	9. 橡胶制品压延、成型和硫化厂房	9. 汽车、大型拖拉机停车库
	10. 木工厂房和竹、藤加工厂房	10. 酒精度小于60度的白酒库房
	11. 针织品厂房和纺织、印染、化纤生产的干燥部位	11. 低温冷库
	12. 服装加工厂房、印染厂成品厂房	
	13. 麻纺厂粗加工厂房、毛涤厂选毛厂房	
	14. 谷物加工厂房	
	15. 卷烟厂的切丝、卷制、包装厂房	
	16. 印刷厂的印刷厂房	
	17. 电视机、收录机装配厂房	
	18. 显像管厂装配工段烧枪间	
	19. 磁带装配厂房	
	20. 泡沫塑料厂的发泡、成型、印片、压花部位	
	21. 饲料加工厂房	
	22. 地市级及以下的重点工程的施工现场	

（续）

危险等级	举例	
	厂房和露天、半露天生产装置区	库房和露天、半露天堆场
轻危险级	1. 金属冶炼、铸造、铆焊、热轧、锻造、热处理厂房	1. 钢材库房、堆场
	2. 玻璃原料熔化厂房	2. 水泥库房、堆场
	3. 陶瓷制品的烘干、烧成厂房	3. 搪瓷、陶瓷制品库房、堆场
	4. 酚醛泡沫塑料的加工厂房	4. 难燃烧或非燃烧的建筑装饰材料库房、堆场
	5. 印染厂的漂炼部位	5. 原木库房、堆场
	6. 化纤厂后加工润湿部位	6. 丁、戊类液体储罐区、桶装库房、堆场
	7. 造纸厂或化纤厂的浆粕蒸煮工段	
	8. 仪表、器械或车辆装配车间	
	9. 不燃液体的泵房和阀门室	
	10. 金属（镁合金除外）冷加工车间	
	11. 氟利昂厂房	

2. 民用建筑

（1）《灭规》第3.2.2条，民用建筑灭火器配置场所的危险等级，应根据其使用性质、人员密集程度、用电用火情况、可燃物数量、火灾蔓延速度及扑救难易程度等因素，划分为以下三级（表3.13-5）：

1）严重危险级。使用性质重要，人员密集，用电用火多，可燃物多，起火后蔓延迅速，扑救困难，容易造成重大财产损失或人员群死群伤的场所。

2）中危险级。使用性质较重要，人员较密集，用电用火较多，可燃物较多，起火后蔓延较迅速，扑救较难的场所。

3）轻危险级。使用性质一般，人员不密集，用电用火较少，可燃物较少，起火后蔓延较缓慢，扑救较易的场所。

表3.13-5　危险因素与危险等级对应关系

危险等级＼危险因素	使用性质	人员密集程度	用电用火设备	可燃物数量	火灾蔓延速度	扑救难度
严重危险级	重要	密集	多	多	迅速	大
中危险级	较重要	较密集	较多	较多	较迅速	较大
轻危险级	一般	不密集	较少	较少	较缓慢	较小

（2）民用建筑灭火器配置场所的危险等级举例详见表3.13-6。

表3.13-6　民用建筑灭火器配置场所的危险等级举例

危险等级	举　例
严重危险级	1. 县级及以上的文物保护单位、档案馆、博物馆的库房、展览室、阅览室
	2. 设备贵重或可燃物多的实验室

（续）

危险等级	举例
严重危险级	3. 广播电台、电视台的演播室、道具间和发射塔楼
	4. 专用电子计算机房
	5. 城镇及以上的邮政信函和包裹分拣房、邮袋库、通信枢纽及其电信机房
	6. 客房数在50间以上的旅馆、饭店的公共活动用房、多功能厅、厨房
	7. 体育场（馆）、电影院、剧院、会堂、礼堂的舞台及后台部位
	8. 住院床位在50张及以上的医院的手术室、理疗室、透视室、心电图室、药房、住院部、门诊部、病历室
	9. 建筑面积在2000m^2及以上的图书馆、展览馆的珍藏室、阅览室、书库、展览厅
	10. 民用机场的候机厅、安检厅及空管中心、雷达机房
	11. 超高层建筑和一类高层建筑的写字楼、公寓楼
	12. 电影、电视摄影棚
	13. 建筑面积在1000m^2及以上的经营易燃易爆化学物品的商场、商店的库房及铺面
	14. 建筑面积在200m^2及以上的公共娱乐场所
	15. 老人住宿床位在50张及以上的养老院
	16. 幼儿住宿床位在50张及以上的托儿所、幼儿园
	17. 学生住宿床位在100张及以上的学校集体宿舍
	18. 县级及以上的党政机关办公大楼的会议室
	19. 建筑面积在500 m^2及以上的车站和码头的候车（船）室、行李房
	20. 城市地下铁道、地下观光隧道
	21. 汽车加油站、加气站
	22. 机动车交易市场（包括旧机动车交易市场）及其展销厅
	23. 民用液化气、天然气灌装站、换瓶站、调压站
中危险级	1. 县级以下的文物保护单位、档案馆、博物馆的库房、展览室、阅览室
	2. 一般的实验室
	3. 广播电台电视台的会议室、资料室
	4. 设有集中空调、电子计算机、复印机等设备的办公室
	5. 城镇以下的邮政信函和包裹分拣房、邮袋库、通信枢纽及其电信机房
	6. 客房数在50间以下的旅馆、饭店的公共活动用房、多功能厅和厨房
	7. 体育场（馆）、电影院、剧院、会堂、礼堂的观众厅
	8. 住院床位在50张以下的医院的手术室、理疗室、透视室、心电图室、药房、住院部、门诊部、病历室
	9. 建筑面积在2000m^2以下的图书馆、展览馆的珍藏室、阅览室、书库、展览厅
	10. 民用机场的检票厅、行李厅
	11. 二类高层建筑的写字楼、公寓楼
	12. 高级住宅、别墅
	13. 建筑面积在1000m^2以下的经营易燃易爆化学物品的商场、商店的库房及铺面
	14. 建筑面积在200m^2以下的公共娱乐场所
	15. 老人住宿床位在50张以下的养老院
	16. 儿住宿床位在50张以下的托儿所、幼儿园
	17. 学生住宿床位在100张以下的学校集体宿舍

（续）

危险等级	举　例
中危险级	18. 县级以下的党政机关办公大楼的会议室
	19. 学校教室、教研室
	20. 建筑面积在500 m^2 以下的车站和码头的候车（船）室、行李房
	21. 百货楼、超市、综合商场的库房、铺面
	22. 民用燃油、燃气锅炉房
	23. 民用的油浸变压器室和高、低压配电室
轻危险级	1. 日常用品小卖店及经营难燃烧或非燃烧的建筑装饰材料商店
	2. 未设集中空调、电子计算机、复印机等设备的普通办公室
	3. 旅馆、饭店的客房
	4. 普通住宅
	5. 各类建筑物中以难燃烧或非燃烧的建筑构件分隔的并主要存贮难燃烧或非燃烧材料的辅助房间

13.4　灭火器的选择

1. 灭火器选择应考虑的因素

（1）《灭规》第4.1.1条，灭火器的选择应考虑下列因素：

1）灭火器配置场所的火灾种类。

2）灭火器配置场所的危险等级。

3）灭火器的灭火效能和通用性。

4）灭火剂对保护物品的污损程度。

5）灭火器设置点的环境温度。

6）使用灭火器人员的体能。

（2）《灭规》第4.1.2条，在同一灭火器配置场所，宜选用相同类型和操作方法的灭火器。当同一灭火器配置场所存在不同火灾种类时，应选用通用型灭火器。

（3）《灭规》第4.1.3条，在同一灭火器配置场所，当选用两种或两种以上类型灭火器时，应采用灭火剂相容的灭火器。

（4）不相容的灭火剂见表3.13-7。

表3.13-7　不相容的灭火剂举例

灭火剂类型	不相容的灭火剂	
干粉与干粉	磷酸铵盐	碳酸氢钠、碳酸氢钾
干粉与泡沫	碳酸氢钠、碳酸氢钾	蛋白泡沫
泡沫与泡沫	蛋白泡沫、氟蛋白泡沫	水成膜泡沫

2. 灭火器的类型选择

（1）《灭规》第4.2.1条：A类火灾场所应选择水型灭火器、磷酸铵盐干粉灭火器、泡沫灭火器或卤代烷灭火器。

（2）《灭规》第4.2.2条：B类火灾场所应选择泡沫灭火器、碳酸氢钠干粉灭火器、磷酸铵盐干粉灭火器、二氧化碳灭火器、灭 B 类火灾的水型灭火器或卤代烷灭火器。极性溶剂的 B 类火灾场所应选择灭 B 类火灾的抗溶性灭火器。

(3)《灭规》第 4.2.3 条：C 类火灾场所应选择磷酸铵盐干粉灭火器、碳酸氢钠干粉灭火器、二氧化碳灭火器或卤代烷灭火器。

(4)《灭规》第 4.2.4 条：D 类火灾场所应选择扑灭金属火灾的专用灭火器。

(5)《灭规》第 4.2.5 条：E 类火灾场所应选择磷酸铵盐干粉灭火器、碳酸氢钠干粉灭火器、卤代烷灭火器或二氧化碳灭火器，但不得选用装有金属喇叭喷筒的二氧化碳灭火器。

(6)《灭规》第 4.2.6 条：非必要场所不应配置卤代烷灭火器。

13.5 灭火器的设置

1. 灭火器的设置规定

(1)《建规》第 8.1.10 条，高层住宅建筑的公共部位和公共建筑内应设置灭火器，其他住宅建筑的公共部位宜设置灭火器。厂房、仓库、储罐（区）和堆场，应设置灭火器。

(2)《灭规》5.1.1 ~ 5.1.5 条，灭火器的设置应遵循以下规定：

1）灭火器应设置在位置明显和便于取用的地点，且不得影响安全疏散。

2）对有视线障碍的灭火器设置点，应设置指示其位置的发光标志。

3）灭火器的摆放应稳固，其铭牌应朝外。手提式灭火器宜设置在灭火器箱内或挂钩、托架上，其顶部离地面高度不应大于 1.50m；底部离地面高度不宜小于 0.08m。灭火器箱不得上锁。

4）灭火器不宜设置在潮湿或强腐蚀性的地点，当必须设置时，应有相应的保护措施。灭火器设置在室外时，亦应有相应的保护措施。

5）灭火器不得设置在超出其使用温度范围的地点。

2. 灭火器的最大保护距离

(1)《灭规》第 5.2.1 ~ 5.2.2 条：设置在 A、B、C 类火灾场所的灭火器，其最大保护距离应符合表 3.13-8 的规定。

表 3.13-8 A、B、C 类火灾场所的灭火器最大保护距离 （单位：m）

危险等级 \ 灭火器形式	手提式灭火器		推车式灭火器	
	A 类火灾场所	B、C 类火灾场所	A 类火灾场所	B、C 类火灾场所
严重危险级	15	9	30	18
中危险级	20	12	40	24
轻危险级	25	15	50	30

(2)《灭规》第 5.2.4 条：E 类火灾场所的灭火器，其最大保护距离不应低于该场所内 A 类或 B 类火灾的规定。

13.6 灭火器的配置要求

13.6.1 灭火器的基本参数

灭火器的铭牌包含有以下内容：

（1）灭火器的名称、型号和灭火剂类型。

（2）灭火器的灭火种类和灭火级别。

（3）灭火器使用温度范围。

（4）灭火器驱动气体名称和数量。

（5）灭火器水压试验压力（应永久性标志在灭火器上）。

（6）灭火器生产许可证编号或认证标记。

（7）灭火器生产连续序号。应用钢印等永久性方法在灭火器不受内压的底圈上标识。

（8）灭火器生产日期。

（9）灭火器制造厂名称。

（10）灭火器的使用方法，包括一个或多个图形说明，该说明应在铭牌的明显位置，在筒身上应不超过120°弧度。

（11）再充装说明和日常维护说明。

其中，灭火器的灭火级别，表示灭火器能够扑灭不同种类火灾的效能，由表示灭火效能的数字和灭火种类的字母组成，如某推车式干粉灭火器（图3.13-2），MFTZ/ABC35灭火器对A、B类火灾的灭火级别分别为6A和183B。对于建设工程灭火器的配置，灭火器的灭火类别和灭火级别是其主要参数。

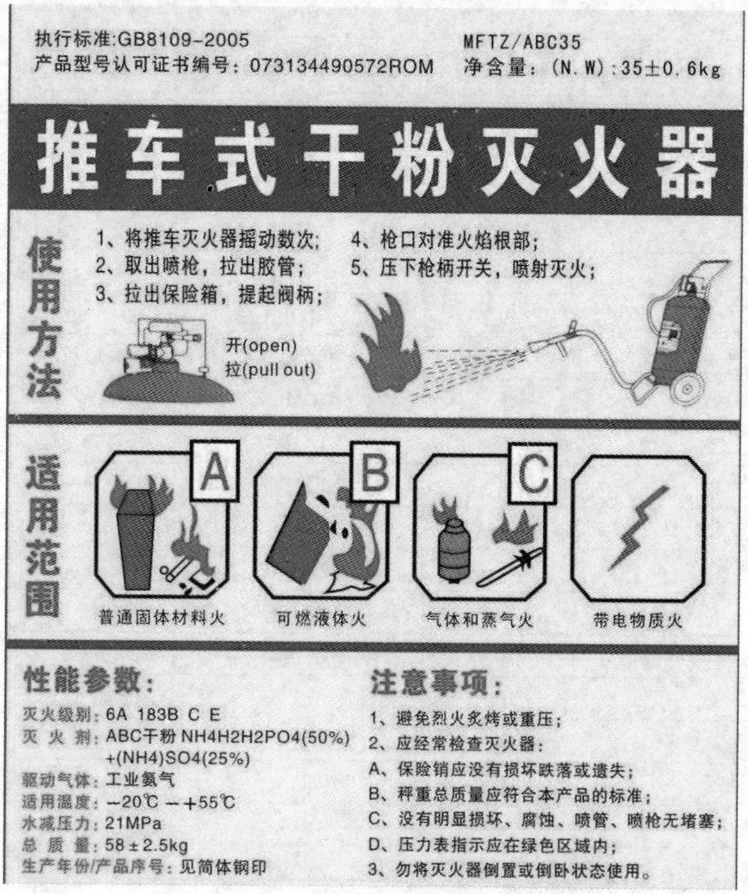

图3.13-2　某推车式干粉灭火器性能参数

13.6.2 灭火器配置类型、规格和灭火级别

建筑灭火器配置类型、规格和灭火级别基本参数详见表 3.13-9 和表 3.17-10。

表 3.13-9 手提式灭火器类型、规格和灭火级别

灭火器类型	灭火剂充装量（规格）		灭火器类型规格代码（型号）	灭火级别	
	L	kg		A类	B类
水型	3	—	MS/Q3	1A	—
			MS/T3		55B
	6	—	MS/Q6	1A	—
			MS/T6		55B
	9	—	MS/Q9	2A	—
			MS/T9		89B
泡沫	3	—	MP3、MP/AR3	1A	55B
	4	—	MP4、MP/AR4	1A	55B
	6	—	MP6、MP/AR6	1A	55B
	9	—	MP9、MP/AR9	2A	89B
干粉（碳酸氢钠）	—	1	MF1	—	21B
	—	2	MF2	—	21B
	—	3	MF3	—	34B
	—	4	MF4	—	55B
	—	5	MF5	—	89B
	—	6	MF6	—	89B
	—	8	MF8	—	144B
	—	10	MF10	—	144B
干粉（磷酸铵盐）	—	1	MF/ABC1	1A	21B
	—	2	MF/ABC2	1A	21B
	—	3	MF/ABC3	2A	34B
	—	4	MF/ABC4	2A	55B
	—	5	MF/ABC5	3A	89B
	—	6	MF/ABC6	3A	89B
	—	8	MF/ABC8	4A	144B
	—	10	MF/ABC10	6A	144B
卤代烷（1211）	—	1	MY1	—	21B
	—	2	MY2	（0.5A）	21B
	—	3	MY3	（0.5A）	34B
	—	4	MY4	1A	34B
	—	6	MY6	1A	55B

（续）

灭火器类型	灭火剂充装量（规格）		灭火器类型规格代码（型号）	灭火级别	
	L	kg		A 类	B 类
二氧化碳	—	2	MT2	—	21B
	—	3	MT3	—	21B
	—	5	MT5	—	34B
	—	7	MT7	—	55B

表 3.13-10 推车式灭火器类型、规格和灭火级别

灭火器类型	灭火剂充装量（规格）		灭火器类型规格代码（型号）	灭火级别	
	L	kg		A 类	B 类
水型	20		MST20	4A	—
	45		MST40	4A	—
	60		MST60	4A	—
	125		MST125	6A	—
泡沫	20		MPT20、MPT/AR20	4A	113B
	45		MPT40、MPT/AR40	4A	144B
	60		MPT60、MPT/AR60	4A	233B
	125		MPT125、MPT/AR125	6A	297B
干粉（碳酸氢钠）	—	20	MFT20	—	183B
	—	50	MFT50	—	297B
	—	100	MFT100	—	297B
	—	125	MFT125	—	297B
干粉（磷酸铵盐）	—	20	MFT/ABC20	6A	183B
	—	50	MFT/ABC50	8A	297B
	—	100	MFT/ABC100	10A	297B
	—	125	MFT/ABC125	10A	297B
卤代烷（1211）	—	10	MYT10	—	70B
	—	20	MYT20	—	144B
	—	30	MYT30	—	183B
	—	50	MYT50	—	297B
二氧化碳	—	10	MTT10	—	55B
	—	20	MTT20	—	70B
	—	30	MTT30	—	113B
	—	50	MTT50	—	183B

13.6.3 灭火器的配置规定

（1）《灭规》第 6.1.1 条：一个计算单元内配置的灭火器数量不得少于 2 具。

（2）《灭规》第 6. 1. 2 条：每个设置点的灭火器数量不宜多于 5 具。

（3）《灭规》第 6. 1. 3 条：当住宅楼每层的公共部位建筑面积超过 $100m^2$ 时，应配置 1 具 1A 的手提式灭火器；每增加 $100m^2$ 时，增配 1 具 1A 的手提式灭火器。

（4）《灭规》第 7. 1. 1 条：灭火器配置的设计与计算应按计算单元进行。灭火器最小需配灭火级别和最少需配数量的计算值应进位取整。

（5）《灭规》第 7. 1. 2 条：每个灭火器设置点实配灭火器的灭火级别和数量不得小于最小需配灭火级别和数量的计算值。

（6）《灭规》第 7. 1. 3 条：灭火器设置点的位置和数量应根据灭火器的最大保护距离确定，并应保证最不利点至少在 1 具灭火器的保护范围内。

13. 6. 4 灭火器的配置计算

1. 计算单元的划分

（1）《灭规》第 7. 2. 1 条，灭火器配置设计的计算单元应按下列规定划分：

1）当一个楼层或一个水平防火分区内各场所的危险等级和火灾种类相同时，可将其作为一个计算单元。

2）当一个楼层或一个水平防火分区内各场所的危险等级和火灾种类不相同时，应将其分别作为不同的计算单元。

3）同一计算单元不得跨越防火分区和楼层。

（2）《灭规》第 7. 2. 2 条，计算单元保护面积的确定应符合下列规定：

1）建筑物应按其建筑面积确定。

2）可燃物露天堆场，甲、乙、丙类液体储罐区，可燃气体储罐区应按堆垛、储罐的占地面积确定。

2. 配置设计计算

（1）《灭规》第 7. 3. 5 条，灭火器配置的设计计算可按下述程序进行：

1）确定各灭火器配置场所的火灾种类和危险等级。

2）划分计算单元，计算各单元的保护面积。

3）计算各单元的最小需配灭火级别。

4）确定各单元内的灭火器设置点的位置和数量。

5）计算每个灭火器设置点的最小需配灭火级别。

6）确定各单元和每个设置点的灭火器的类型、规格与数量。

7）确定每具灭火器的设置方式和要求。

8）在工程设计图上用灭火器图例和文字标明灭火器的类型、规格、数量与设置位置。

（2）《灭规》第 7. 3. 1 条。计算单元的最小需配灭火级别应按下式计算：

$$Q = K\frac{S}{U} \tag{3. 13-1}$$

式中 Q——计算单元的最小需配灭火级别（A 或 B）。

S——计算单元的保护面积（m^2）。

U——A 类或 B 类火灾场所单位灭火级别最大保护面积（m^2/A 或 m^2/B）。

K——修正系数（按表 3. 13-13 的规定取值）。

火灾场所单位灭火级别的最大保护面积依据火灾危险等级、火灾种类从表3.13-11或表3.13-12中选取。

表3.13-11　A类火灾场所灭火器的最低配置基准

危险等级	严重危险级	中危险级	轻危险级
单具灭火器最小配置灭火级别	3A	2A	1A
单位灭火级别最大保护面积/（m^2/A）	50	75	100

表3.13-12　B、C类火灾场所灭火器的最低配置基准

危险等级	严重危险级	中危险级	轻危险级
单具灭火器最小配置灭火级别	89B	55B	21B
单位灭火级别最大保护面积/（m^2/B）	0.5	1.0	1.5

表3.13-13　修正系数取值规定

计算单元	K
未设室内消火栓系统和灭火系统	1.0
设有室内消火栓系统	0.9
设有灭火系统	0.7
设有室内消火栓系统和灭火系统	0.5
可燃物露天堆场甲、乙、丙类液体储罐区可燃气体储罐区	0.3

（3）《灭规》第7.3.3条，歌舞娱乐放映游艺场所、网吧、商场、寺庙以及地下场所等的计算单元的最小需配灭火级别应按下式计算：

$$Q = 1.3K\frac{S}{U} \tag{3.13-2}$$

（4）《灭规》第7.3.4条，计算单元中每个灭火器设置点的最小需配灭火级别应按下式计算：

$$Q_e = \frac{Q}{N} \tag{3.13-3}$$

式中　Q_e——计算单元中每个灭火器设置点的最小需配灭火级别（A或B）。

N——计算单元中的灭火器设置点数（个）。

历年真题研究

【2015-7】地下汽车库配置灭火器时，计算单位的最小需配灭火级别计算应比地上汽车增加（　）。

A. 10%　　B. 20%　　C. 30%　　D. 25%

【答案】C

【解析】见本章内容。

【2015-14】某场所配置的灭火器型号为“MF/ABC10”，下列对该灭火器类型、规格的说明中，正确的是（　）。

A. 该灭火器是 10kg 手提式（磷酸铵盐）干粉灭火器

B. 该灭火器是 10kg 推车式（磷酸铵盐）干粉灭火器

C. 该灭火器是 10L 手提式（碳酸氢钠）干粉灭火器

D. 该灭火器是 10L 手提式（磷酸铵盐）干粉灭火器

【答案】A

【解析】见本章内容。

【2015-21】某白酒罐装车间设置推车式灭火器，应优先选择的是（　　）。

A. 抗溶性泡沫灭火器　　B. 清水灭火器

C. 水雾灭火器　　D. 碳酸氢钠干粉灭火器

【答案】D

【解析】见本章内容。

【2015-78】某多层民用建筑的第二层为舞厅，建筑面积为 $1000m^2$。该场所设有室内消火栓系统、自动喷水灭火系统、火灾自动报警系统及防烟排烟系统，并按严重危险等级配置灭火器。若在该层设置 3 个灭火器设置点，每处设置干粉灭火器 2 具，则每具灭火器的灭火级别应为（　　）。

A. 2A　　B. 21B　　C. 3A　　D. 55B

【答案】C

【解析】见本章内容。

【2016-15】下列灭火器中，灭火剂的灭火机理为化学抑制作用的是（　　）。

A. 泡沫灭火器　　B. 二氧化碳灭火器　　C. 水基型灭火器　　D. 干粉灭火器

【答案】D

【解析】见本章内容。

【2016-24】在对可燃纤维细物加工车间配置灭火器时，除水基型灭火器外，下列灭火器中，应选择的是（　　）。

A. 轻水泡沫灭火器　　B. 卤代烷灭火器

C. 二氧化碳灭火器　　D. 碳酸氢钠干粉灭火器

【答案】B

【解析】A 类火灾场所应选择水型灭火器、磷酸铵盐干粉灭火器、泡沫灭火器或卤代烷灭火器。

【2016-43】与其他手提式灭火器相比，手提式二氧化碳灭火器的结构特点是（　　）。

A. 取消了压力表，增加了虹吸管　　B. 取消了安全阀，增加了虹吸管

C. 取消了安全阀，增加了压力表　　D. 取消了压力表，增加了安全阀

【答案】D

【解析】手提式二氧化碳灭火器的充装压力较大，取消了压力表，增加了安全阀。

【2016-51】某二级耐火等级的 3 层养老院，老人住宿床位数 80 张，总建筑面积 $4000m^2$，设置了室内外消火栓系统、自动喷水灭火系统和火灾自动报警系统等，下列关于该场所配置手提式灭火器的说法中，正确的是（　　）。

A. 单具灭火器的最低配置基准应为 3A，最大保护距离应为 15m

B. 单具灭火器的最低配置基准应为 5A，最大保护距离应为 15m

C. 单具灭火器的最低配置基准应为3A，最大保护距离应为20m

D. 单具灭火器的最低配置基准应为5A，最大保护距离应为20m

【答案】A

【解析】该养老院属于严重危险级场所，火灾种类为A、E类火灾，严重危险级单具灭火器的最低配置基准应为3A，最大保护距离应为15m。

【2017-14】关于灭火器配置计算修正系数的说法，错误的是（　　）。

A. 同时设置室内消火栓系统、灭火系统和火灾自动报警系统时，修正系数为0.3

B. 仅设室内消火栓系统时，修正系数为0.9

C. 仅设有灭火系统时，修正系数为0.7

D. 同时设置室内消火栓系统和灭火系统时，修正系数为0.5

【答案】A

【解析】见本章内容。

【2017-17】灭火器组件不包括（　　）。

A. 筒体、阀门　　B. 压力开关

C. 压力表、保险销　　D. 虹吸管、密封阀

【答案】B

【解析】见本章内容。

【2017-62】下列火灾中，不应采用碳酸氢钠干粉灭火器的是（　　）。

A. 可燃气体火灾　　B. 易燃、可燃液体火灾

C. 可溶化固体火灾　　D. 可燃固体表面火灾

【答案】D

【解析】碳酸氢钠干粉灭火器适用于B类、C类、E类场所，不适用于A类固体火灾，D正确。

【2017-71】下列场所灭火器配置方案中，错误的是（　　）。

A. 商场女装库房配置水型灭火器　　B. 碱金属（钾钠）库房配置水型灭火器

C. 食用油库房配置泡沫灭火器　　D. 液化石油气灌瓶间配置干粉灭火器

【答案】B

【解析】对碱金属（如钾、钠）火灾，不能用水型灭火器去灭火。由于水与碱金属作用后，会生成大量的氢气，氢气与空气中的氯气混合后，容易形成爆炸性的气体混合物，从而有可能引起爆炸事故，B错误。

【2017-98】关于古建筑灭火器配置的说法，错误的有（　　）。

A. 县级以上的文物保护古建筑，单具灭火器最小配置灭火级别是3A

B. 县级以上的文物保护古建筑，单位灭火级别最大保护面积是60m^2/A

C. 县级以下的文物保护古建筑，单具灭火器最小配置灭火级别是2A

D. 县级以下的文物保护古建筑，单位灭火级别最大保护面积是90m^2/A

E. 县级以下的文物保护古建筑，单位灭火级别最大保护面积是75m^2/A

【答案】BD

【解析】县级及以上古建筑属于严重危险等级，县级以下古建筑属于中危险等级。

【2018-17】磷酸铵盐干粉灭火剂不适合扑救（　　）火灾。

A. 汽油　　B. 石蜡　　C. 钠　　D. 木制家具

【答案】C

【解析】ABC 干粉灭火器，不能扑救活泼金属火灾。

【2018-23】某综合楼的变配电室拟配置灭火器，该配电室应配置的灭火器是（　　）。

A. 水基型灭火器　　B. 磷酸铵盐干粉灭火器

C. 泡沫灭火器　　D. 装有金属喇叭筒的二氧化碳灭火器

【答案】B

【解析】E 类火灾场所应选择磷酸铵盐干粉灭火器、碳酸氢钠干粉灭火器、卤代烷灭火器或二氧化碳灭火器，但不得选用装有金属喇叭喷筒的二氧化碳灭火器。故 B 正确。

【2018-36】根据现行国家标准《建筑灭火器配置设计规范》，下列建筑灭火器的配置方案中正确的是（　　）。

A. 某电子游戏厅，建筑面积 150 m^2，配置两具 MF/ABC4 型手提式灭火器

B. 某办公楼，将 1 间计算机房和 5 间办公室，作为一个计算单元配置灭火器

C. 某酒店建筑首层的门厅与二层相通，两层按照一个计算单元配置灭火器

D. 某高校教室，配置 MF/ABC3 型手提式灭火器，最大保护距离为 25m

【答案】A

【解析】建筑面积在 200m^2 以下的公共娱乐场所属于中危险级，单具灭火器最小灭火级别为 2A，单具灭火器最大保护面积 75m^2/A。按照最不利计算，150/75 = 2A。故 A 正确。

【2018-65】某服装加工厂共 4 层，建筑高度 23m，呈矩形布置，长 40m，宽 25m。设有消火栓系统和自动喷水灭火系统，该服装加工厂拟配置 MF/ABC3 型手提式灭火器，每层配置的灭火器数量至少应为（　　）。

A 类火灾场所灭火器的最低配置基准选用表

危险等级	严重危险等级	中危险级	轻危险级
单具灭火器最小配置灭火级别	3A	2A	1A
单具灭火级别最大保护面积/（m^2/A）	50	75	100

A. 6 具　　B. 5 具　　C. 4 具　　D. 3 具

【答案】C

【解析】服装加工厂为丙类厂房，火灾类别为 A 类，灭火器配置场所危险等级为中危险级。每层面积为 1000m^2，每层为一个计算单元，MF/ABC3 灭火器灭火级别为 2A。故 $Q = 0.5 \times 1000/75 = 6.7$A，6.7A/2A = 3.35≈4 具，故每层需要配置 4 具。

【2018-77】根据现行国家标准《建筑灭火器配置设计规范》（GB 50140），下列配置灭火器的场所中，危险等级属于严重危险级的是（　　）。

A. 中药材库房　　B. 酒精度小于 60 度的白酒库房

C. 工厂分控制室　　D. 电脑、电视机等电子产品库房

【答案】C

【解析】工厂分控制室属于严重危险级，其他选项属于中危险级。

第 14 章　消防供配电

助考知识要点

◆消防电源：可靠性、耐火性、有效性、安全性、科学性和经济性
◆消防负荷：一级负荷、二级负荷及三级负荷
◆备用电源：应急发电机组、消防应急电源

记忆思维导图（图 3. 14-1）

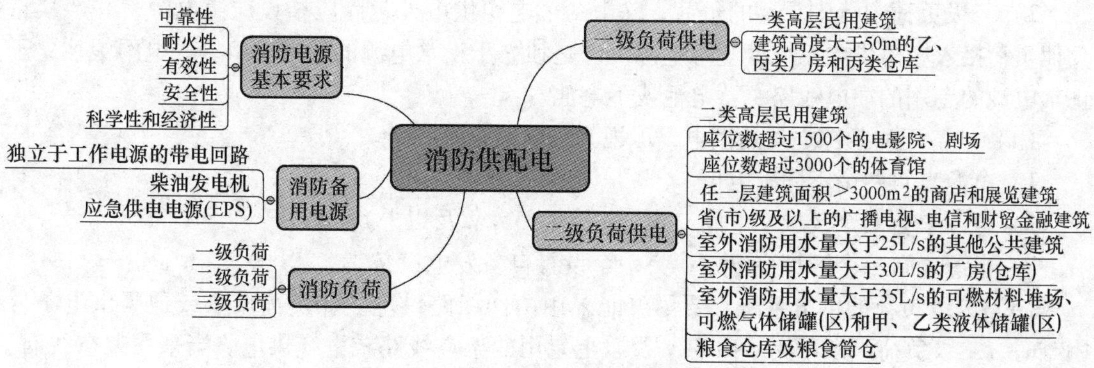

图 3. 14-1　消防供配电记忆思维导图

内容归纳解析

14. 1　消防用电及负荷等级

14. 1. 1　消防用电基本要求

可靠性、耐火性、有效性、安全性、科学性和经济性。

14. 1. 2　消防用电的负荷等级

消防负荷就是指消防用电设备，根据供电可靠性及中断供电所造成的损失或影响的程度，分为一级负荷、二级负荷及三级负荷。

1. 一、二级负荷

(1)《建规》第 10. 1. 1 条，下列建筑物的消防用电应按一级负荷供电：

1）建筑高度大于 50m 的乙、丙类厂房和丙类仓库。

2）一类高层民用建筑。

(2)《建规》第10.1.2条，下列建筑物、储罐（区）和堆场的消防用电应按二级负荷供电：

1）室外消防用水量大于30L/s的厂房（仓库）。

2）室外消防用水量大于35L/s的可燃材料堆场、可燃气体储罐（区）和甲、乙类液体储罐（区）。

3）粮食仓库及粮食筒仓。

4）二类高层民用建筑。

5）座位数超过1500个的电影院、剧场，座位数超过3000个的体育馆，任一层建筑面积大于3000m^2的商店和展览建筑，省（市）级及以上的广播电视、电信和财贸金融建筑，室外消防用水量大于25L/s的其他公共建筑。

(3) 一级负荷供电应由两个电源供电，且应满足下述条件：

1）当一个电源发生故障时，另一个电源不应同时受到破坏。

2）一级负荷中特别重要的负荷，除由两个电源供电外，尚应增设应急电源，并严禁将其他负荷接入应急供电系统。应急电源可以是独立于正常电源的发电机组、供电网中独立于正常电源的专用的馈电线路、蓄电池或干电池。

(4) 具备下列条件之一的供电，可视为一级负荷：

1）电源来自两个不同发电厂。

2）电源来自两个区域变电站（电压一般在35kV及以上)。

3）电源来自一个区域变电站，另一个设置自备发电设备。

(5) 二级负荷的供电系统，要尽可能采用两回线路供电。在负荷较小或地区供电条件困难时，二级负荷可以采用一回6kV及以上专用的架空线路或电缆供电。当采用架空线时，可为一回架空线供电；当采用电缆线路，应采用两根电缆组成的线路供电，其每根电缆应能承受100%的二级负荷。

2. 三级负荷

(1)《建规》第10.1.3条，除《建规》第10.1.1条和第10.1.2条外的建筑物、储罐（区）和堆场等的消防用电，可按三级负荷供电。

(2) 三级消防用电设备采用专用的单回路电源供电，并在其配电设备上设有明显标志。其配电线路和控制回路应按照防火分区进行划分。

(3) 消防水泵、消防电梯、防烟排烟风机等消防设备，应急电源可采用第二路电源、带自启动的应急发电机组或由两者组成的系统供电方式。

(4) 消防控制室、消防水泵、消防电梯、防烟排烟风机等的供电，要在最末一级配电箱处设置自动切换装置。切换部位是指各自的最末一级配电箱，如消防水泵应在消防水泵房的配电箱处切换，消防电梯应在电梯机房配电箱处切换。

14.1.3　消防备用电源

(1) 为消防用电设备应急供电的独立电源称为消防备用电源。

(2) 消防备用电源分类。

1）独立于工作电源的带电回路。

2）柴油发电机。

3）应急供电电源（EPS）。

（3）备用电源的负荷严禁接入应急供电系统。

14.2　消防电源供配电系统

14.2.1　消防用电设备的配电方式

1. 消防负荷的电源设计

消防电源要在变压器的低压出线端设置单独的主断路器，不能与非消防负荷共用同一进线断路器和共用同一低压母线段。消防电源应独立设置，即从建筑物变电所低压侧封闭母线处或进线柜处就将消防电源分出而各自成独立系统。如果建筑物为低压电缆进线，则从进线隔离电器下端将消防电源分开，从而确保消防电源相对建筑物而言是独立的，提高了消防负荷供电的可靠性。

2. 消防备用电源的设计

（1）《建规》第10.1.4条：消防用电按一、二级负荷供电的建筑，当采用自备发电设备作备用电源时，自备发电设备应设置自动和手动启动装置。当采用自动启动方式时，应能保证在30s内供电。

（2）《建规》第10.1.5条：建筑内消防应急照明和灯光疏散指示标志的备用电源的连续供电时间应符合下列规定：

1）建筑高度大于100m的民用建筑，不应小于1.5h。

2）医疗建筑、老年人照料设施、总建筑面积大于100000m^2的公共建筑和总建筑面积大于20000m^2的地下、半地下建筑，不应少于1.0h。

3）其他建筑，不应少于0.5h。

（3）《建规》第10.1.6条：消防用电设备应采用专用的供电回路，当建筑内的生产、生活用电被切断时，应仍能保证消防用电。备用消防电源的供电时间和容量，应满足该建筑火灾延续时间内各消防用电设备的要求。

3. 配电设计

（1）《建规》第10.1.7条：消防配电干线宜按防火分区划分，消防配电支线不宜穿越防火分区。

（2）《建规》第10.1.8条：消防控制室、消防水泵房、防烟和排烟风机房的消防用电设备及消防电梯等的供电，应在其配电线路的最末一级配电箱处设置自动切换装置。

（3）《建规》第10.1.9条：按一、二级负荷供电的消防设备，其配电箱应独立设置；按三级负荷供电的消防设备，其配电箱宜独立设置。

（4）消防水泵、喷淋水泵、水幕泵和消防电梯要由变配电站或主配电室直接出线，采用放射式供电；防、排烟风机、防火卷帘和疏散照明可采用放射式或树干式供电。消防水泵、防烟和排烟风机及消防电梯的两路低压电源应能在设备机房内自动切换，其他消防设备的电源应能在每个防火分区配电间内自动切换；消防控制室的两路低压电源应能在消防控制室内自动切换。

（5）消防水泵、排烟风机和正压送风机等设备不能采用变频调速器作为控制装置。电动机类的消防设备不能采用 EPS/UPS 作为备用电源。

（6）主消防泵为电动机水泵，备用消防泵为柴油机水泵，主消防泵可采用一路电源供电。消防设备的配电箱和控制箱宜安装在配电室、消防设备机房、配电小间或电气竖井内；当必须在其他场所安装时，箱体要采取防火措施，并满足火灾时消防设备持续运行时间的要求。消防负荷的配电线路所设置的保护电器要具有短路保护功能，但不宜设置过负荷保护装置，如设置只能动作于报警而不能用于切断消防供电。

（7）消防负荷的配电线路不能设置剩余电流动作保护和过欠电压保护。

（8）消防设备的配电装置与非消防设备的配电装置宜分列安装；若必须并列安装，分界处应设防火隔断。消防配电设备应设有明显标志，专用消防配电柜宜采用红色柜体。

14.2.2　电线电缆的选择

（1）火灾报警与消防联动控制系统的布线要选择铜芯绝缘电线或铜芯电缆。对于火灾自动报警系统的传输线路和采用 50V 以下电压供电的控制线路，选择的导线电压等级不应低于交流 250V，当线路的额定工作电压超过 50V 时，选择的导线电压等级不应低于交流 50V。

（2）《建规》第 10.1.10 条：消防配电线路应满足火灾时连续供电的需要，其敷设应符合下列规定：

1）明敷时（包括敷设在吊顶内），应穿金属导管或采用封闭式金属槽盒保护，金属导管或封闭式金属槽盒应采取防火保护措施；当采用阻燃或耐火电缆并敷设在电缆井、沟内时，可不穿金属导管或采用封闭式金属槽盒保护；当采用矿物绝缘类不燃性电缆时，可直接明敷。

2）暗敷时，应穿管并应敷设在不燃性结构内且保护层厚度不应小于 30mm。

3）消防配电线路宜与其他配电线路分开敷设在不同的电缆井、沟内；确有困难需敷设在同一电缆井、沟内时，应分别布置在电缆井、沟的两侧，且消防配电线路应采用矿物绝缘类不燃性电缆。

历年真题研究

【2015-68】某建筑高度为 50m 的宾馆，采用一路市政电源供电。柴油发电设备作为备用电源，建筑内的排烟风机采用主备电源自动切换装置。下列关于主备电源自动切换装置的设置中，不合理的是（　　）。

A. 自动切换装置设置在变电站内

B. 自动切换装置设置在排烟风机房的风机控制配电箱内

C. 主备电源自动切换时间为 20s

D. 主备电源自动切换时间为 25s

【答案】A

【解析】见本章内容。消防控制室、消防水泵房、防烟和排烟风机房的消防用电设备及消防电梯等的供电，应在其配电线路的最末一级配电箱处设置自动切换装置。A 错误。

【2015-47】下列场所中，消防用电应按一级负荷供电的是（　　）。

A. 座位数超过 3000 个的体育馆　　B. 建筑高度为 40m 的丙类仓库

C. 建筑高度为30m的乙类生产厂房　　D. 建筑高度为55m的住宅建筑

【答案】D

【解析】见本章内容。

【2016-37】某建筑面积为7000m^2，建筑高度为80m的办公建筑，下列供电电源中，不能满足该建筑消防用电设备供电要求的是（　　）。

A. 由城市一个区域变电站引来2路电源，并且每根电缆均能承受100%的负荷

B. 由城市不同的两个区域变电站引来两路电源

C. 由城市两个不同的发电厂引来两路电源

D. 由城市一个区域变电站引来一路电源，同时设置一台自备发电机组

【答案】A

【解析】见本章内容。

【2016-42】某高层宾馆，下列关于消防设备配电装置的做法中，不能满足消防设备供电要求的是（　　）。

A. 引至消防泵的两路电源在泵房内末端自动切换

B. 消防负荷的配电线路设置短路动作保护装置

C. 消防负荷的配电线路设置过负荷和过、欠电压保护装置

D. 消防负荷的配电线路未设置剩余电流保护装置

【答案】C

【解析】见本章内容。消防负荷的配电线路不能设置剩余电流动作保护和过欠电压保护，C选项错误。

【2017-27】下列消防配电设计方案中，符合规范要求的是（　　）。

A. 消防水泵电源由建筑一层低压分配电室出线

B. 消防电梯配电线路采用树干式供电

C. 消防配电线路设置过负载保护装置

D. 排烟风机两路电源在排烟机房内自动切换

【答案】D

【解析】见本章内容。消防控制室、消防水泵房、防烟和排烟风机房的消防用电设备及消防电梯等的供电，应在其配电线路的最末一级配电箱处设置自动切换装置。D正确。

【2017-39】消防用电应采用一级负荷的建筑是（　　）。

A. 建筑高度为45m的乙类厂房　　B. 建筑高度为55m的丙类仓库

C. 建筑高度为50m的住宅　　D. 建筑高度为45m的写字楼

【答案】B

【解析】见本章内容。

【2018-49】消防用电负荷按供电可靠性及终端供电所造成的损失或影响程度分为一级负荷、二级负荷和三级负荷。下列供电方式中，不属于一级负荷的是（　　）

A. 来自两个不同发电厂的电源

B. 来自两个35kV的区域变电站的电源

C. 来自同一变电站的两个6kV回路

D. 来自一个区域变电站和一台柴油发电机的电源

【答案】C

【解析】见本章内容。

【2018-55】可以安装在消防配电线路上，以保证消防用电设备供电安全性和可靠性的装置是（　　）。

A. 过流保护装置　　B. 剩余电流动作保护装置

C. 欠压保护装置　　D. 短路保护装置

【答案】D

【解析】见本章内容。

第 4 篇　其他建筑、场所防火

第 1 章　石油化工防火

助考知识要点

◆散发火花地点：有飞火的烟囱、室外的砂轮、电焊、气焊（割）、室外非防爆的电气开关等固定地点。

◆火炬系统：通过燃烧方式处理排放可燃气体的一种设施，分高架火炬、地面火炬等。由排放管道、分液设备、阻火设备、火炬燃烧器、点火系统、火炬筒及其他部件等组成。

记忆思维导图（图 4. 1-1）

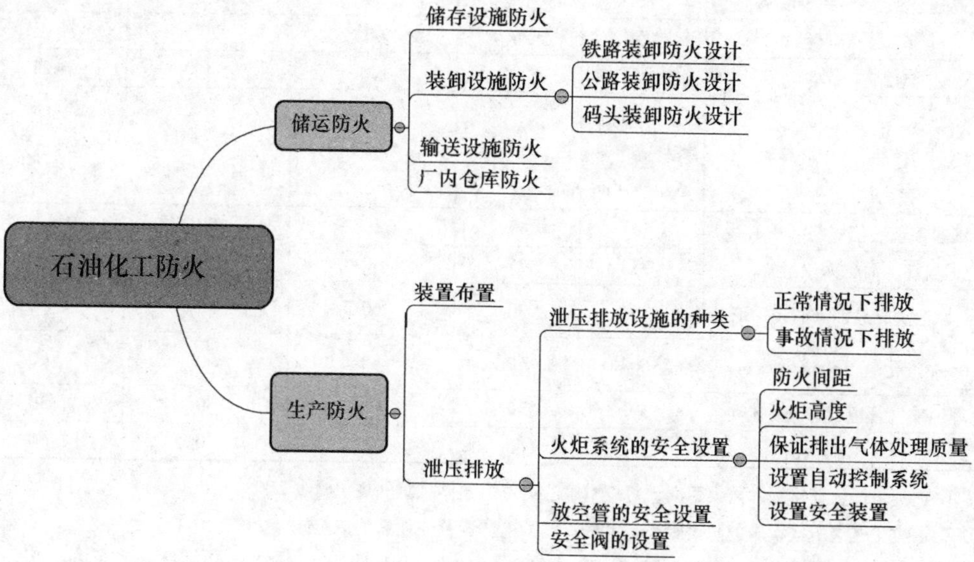

图 4. 1-1　石油化工防火记忆思维导图

内容归纳解析

1. 1　区域规划与总平面布置

1. 区域规划

（1）《石化规》第 4. 1. 2 条，石油化工企业应远离人口密集区，饮用水源地，重要交通枢纽等区域，并宜位于邻近城镇或居民区全年最小频率风向的上风侧。

（2）《石化规》第4.1.6条，公路和地区架空电力线路严禁穿越生产区。

（3）《石化规》第4.1.8条，地区输油（输气）管道不应穿越厂区。

（4）《石化规》第4.1.9条，石油化工企业与相邻工厂或设施的防火间距不应小于表4.1-1的规定。

表4.1-1　石油化工企业与相邻工厂或设施的防火间距　（单位：m）

相邻工厂或设施		防火间距				
		液化烃罐组（罐外壁）	甲、乙类液体罐组（罐外壁）	可能携带可燃液体的高架火炬（火炬筒中心）	甲、乙类工艺装置或设施（最外侧设备外缘或建筑物的最外轴线）	全厂性或区域性重要设施（最外侧设备外缘或建筑物的最外轴线）
居民区、公共福利设施、村庄		300	100	120	100	25
相邻工厂（围墙或用地边界线）		120	70	120	50	70
厂外铁路	国家铁路线（中心线）	55	45	80	35	—
	厂外企业铁路线（中心线）	45	35	80	30	—
国家或工业区铁路编组站（铁路中心线或建筑物）		55	45	80	35	25
厂外公路	高速公路、一级公路（路边）	35	30	80	30	—
	其他公路（路边）	25	20	60	20	—
变配电站（围墙）		80	50	120	40	25
架空电力线路（中心线）		1.5倍塔杆高度且不小于40m	1.5倍塔杆高度	80	1.5倍塔杆高度	—
Ⅰ、Ⅱ国家架空通信线路（中心线）		50	40	80	40	—
通航江、河、海岸边		25	25	80	20	—
地区埋地输油管道	原油及成品油（管道中心）	30	30	60	30	30
	液化烃（管道中心）	60	60	80	60	60
地区埋地输气管道（管道中心）		30	30	60	30	30
装卸油品码头（码头前沿）		70	60	120	60	60

注：1. 丙类可燃液体罐组的防火距离，可按甲、乙类可燃液体罐组的规定减少25%。

2. 丙类工艺装置或设施的防火距离，可按甲乙类工艺装置或设施的规定减少25%。

3. 地面敷设的地区输油（输气）管道的防火距离，可按地区埋地输油（输气）管道的规定增加50%。

4. 当相邻工厂围墙内为非火灾危险性设施时，其与全厂性或区域性重要设施防火间距最小可为25m。

5）表中“—”表示无防火间距要求或执行相关规范。

2. 工厂总平面布置

（1）《石化规》第4.2.2条，可能散发可燃气体的工艺装置、罐组、装卸区或全厂性污水处理场等设施宜布置在人员集中场所及明火或散发火花地点的全年最小频率风向的上风侧。

（2）《石化规》第4.2.5条，空分站应布置在空气清洁地段，并宜位于散发乙炔及其他可燃气体、粉尘等场所的全年最小频率风向的下风侧。

（3）《石化规》第4.2.6条，全厂性的高架火炬宜位于生产区全年最小频率风向的上风侧。

(4)《石化规》第4.2.9条，采用架空电力线路进出厂区的总变电所应布置在厂区边缘。

(5)《石化规》第4.2.10条，消防站宜位于生产区全年最小频率风向的下风侧。

1.2　生产防火

1.2.1　装置布置

(1) 设备、建筑物、构筑物宜布置在同一地平面上；当受地形限制时，应将控制室、机柜间、变配电所、化验室等布置在较高的地平面上；工艺设备、装置储罐等宜布置在较低的地平面上。

(2) 明火加热炉，宜集中布置在装置的边缘，且宜位于可燃气体、液化烃和甲B、$乙_A$类设备的全年最小频率风向的下风侧。

(3) 当同一建筑物内分隔为不同火灾危险性类别的房间时，中间隔墙应为防火墙。人员集中的房间应布置在火灾危险性较小的建筑物一端。

(4) 装置的控制室、机柜间、变配电所、化验室、办公室等不得与设有甲、$乙_A$类设备的房间布置在同一建筑物内。装置的控制室与其他建筑物合建时，应设置独立的防火分区。

(5) 装置的控制室、化验室、办公室等宜布置在装置外，并宜全厂性或区域性统一设置。当装置的控制室、机柜间、变配电所、化验室、办公室等布置在装置内时，应布置在装置的一侧，位于爆炸危险区范围以外，并宜位于可燃气体、液化烃和甲B、$乙_A$类设备全年最小频率风向的下风侧。

(6) 布置在装置内的控制室、机柜间、变配电所、化验室、办公室等的布置应符合下列规定：

1) 控制室宜设在建筑物的底层。

2) 平面布置位于附加2区的办公室、化验室室内地面及控制室、机柜间、变配电所的设备层地面应高于室外地面，且高差不应小于0.6m。

3) 控制室、机柜间面向有火灾危险性设备侧的外墙应为无门窗洞口、耐火极限不低于3h的不燃烧材料实体墙。

4) 化验室、办公室等面向有火灾危险性设备侧的外墙宜为无门窗洞口不燃烧材料实体墙。当确需设置门窗时，应采用防火门窗。

5) 控制室或化验室的室内不得安装可燃气体、液化烃和可燃液体的在线分析仪器。

(7) 高压和超高压的压力设备宜布置在装置的一端或一侧；有爆炸危险的超高压反应设备宜布置在防爆构筑物内。

(8) 甲、乙类物品仓库不应布置在装置内。若工艺需要，储量不大于5t的乙类物品储存间和丙类物品仓库可布置在装置内，并位于装置边缘。

(9) 布置在爆炸危险区的在线分析仪表间内设备为非防爆型时，在线分析仪表间应保持正压通风。

(10) 联合装置视同一个装置，其设备、建筑物的防火间距应按相邻设备、建筑物的防火间距确定，其防火间距应符合表4.1-2的规定。

表 4.1-2　设备、建筑物平面布置的防火间距

（单位：m）

项目				控制室、机柜间、变配电所、化验室、办公室	明火设备	操作温度低于自燃点的工艺设备														操作温度等于或高于自燃点的工艺设备	含可燃液体的污水池、隔油池、酸性污水罐、含油污水罐	丙类物品仓库、乙类物品储存间	备注
						可燃气体压缩机或压缩机房		装置储罐（总容积）					其他工艺设备或其房间										
								可燃气体 200~1000m³		液化烃 50~100m³	可燃液体 100~1000m³		可燃气体		液化烃	可燃液体							
						甲	乙	甲	乙	$甲_A$	$甲_B、乙_A$	$乙_B、丙_A$	甲	乙	$甲_A$	$甲_B、乙_A$	$乙_B、丙_A$						
控制室、机柜间、变配电所、化验室、办公室				—																			—
明火设备				15	—																		—
操作温度低于自燃点的工艺设备	可燃气体压缩机或压缩机房		甲	15	22.5	—																	注1
			乙	9	9	—	—																
	装置储罐（总容积）	可燃气体 200~1000m³	甲	15	15	9	7.5	—	—	—	—	—											注2
			乙	9	9	7.5	7.5	—	—	—	—	—											
		液化烃 50~100m³	$甲_A$	22.5	22.5	15	9	—	—	—	—	—											
		可燃液体 100~1000m³	$甲_B、乙_A$	15	15	9	7.5	—	—	—	—	—											
			$乙_B、丙_A$	9	9	7.5	7.5	—	—	—	—	—											
	其他工艺设备或房间	可燃气体	甲	15	15	9	—	9	7.5	9	9	7.5	—	—	—	—	—						—
			乙	9	9	7.5	—	7.5	—	7.5	7.5	—	—	—	—	—	—						
		液化烃	$甲_A$	15	22.5	9	7.5	9	7.5	9	9	7.5	—	—	—	—	—						
		可燃液体	$甲_B、乙_A$	15	15	9	—	9	7.5	9	9	7.5	—	—	—	—	—						
			$乙_B、丙_A$	9	9	7.5	—	7.5	—	7.5	7.5	—	—	—	—	—	—						
操作温度等于或高于自燃点的工艺设备				15	4.5	9	4.5	9	9	15	9	9	4.5	—	7.5	4.5	—	—					注3
含可燃液体的污水池、隔油池、酸性污水罐、含油污水罐				15	15	9	—	9	7.5	9	9	7.5	—	—	—	—	—	4.5	—		—
丙类物品仓库、乙类物品储存间				15	15	15	9	15	9	15	15	9	9	9	15	9	9	15	9	—	—
装置储罐组（总容积）	可燃气体	>1000~5000m³	甲、乙	20	20	15	15	*	*	20	15	15	15	15	20	15	15	15	15	15	注4
	液化烃	>100~500m³	$甲_A$	30	30	30	25	25	20	*	25	20	25	20	30	26	20	30	25	25	
	可燃液体	>1000~5000m³	$甲_B、乙_A$	25	25	25	20	20	15	25	*	*	20	15	25	20	15	25	20	20	
			$乙_B、丙_A$	20	20	20	15	15	15	20	*	*	15	15	20	15	15	20	15	15	

注：1. 单机驱动功率小于 150kW 的可燃气体压缩机，可按操作温度低于自燃点的“其他工艺设备”确定其防火间距。

2. 装置储罐（组）的总容积应符合《石化规》第 5.2.23 条的规定。当装置储罐的总容积：液化烃储罐小于 50m³、可燃液体储罐小于 100m³、可燃气体储罐小于 200m³ 时，可按操作温度低于自燃点的“其他工艺设备”确定其防火间距。

3. 查不到自燃点时，可取 250℃。

4. 装置储罐组的防火设计应符合《石化规》第 6 章的有关规定。

5. 丙 B 类液体设备的防火间距不限。

6. 散发火花地点与其他设备防火间距同明火设备。

7. 表中“—”表示无防火间距要求或执行相关规范，“*”表示装置储罐集中成组布置。

1.2.2　泄压排放

1. 泄压排放设施种类

（1）泄压排放设施按其功能分：①正常情况下排放；②事故情况下排放。

（2）常用可燃气体或蒸汽的排放系统可以利用专门的设施，或利用通常的工艺管道和容器进行排放。

1）可燃气体、蒸汽或有毒气体经分离罐分离处理，对捕集下来的液滴或污液进行回收或经地下排污管排至安全地点。

2）其气态物经防止回火的密封罐导入火炬系统，焚烧后排放到大气中。

3）中小型企业设置专用火炬进行排放有困难时，可将易燃易爆无毒的气体通过放空管（排气筒）直接排入大气，一般放空管安装在化学反应器、储运容器等设备上。

（3）大型石油化工生产装置都是通过火炬排放易燃易爆气体。

（4）火炬系统是指将气体送至火炬的管线、火炬管（火炬筒）、燃料气管道、惰性气体管道、火炬点火、控制及信号装置等。

2. 火炬系统的安全设置

（1）防火间距：全厂性火炬，应布置在工艺生产装置、易燃和可燃液体与液化石油气等可燃气体的贮罐区、装卸区，以及全厂性重要辅助生产设施及人员集中场所全年最小频率风向上风侧。距火炬筒30m范围内严禁可燃气体放空。

（2）火炬高度：火炬高度设计应充分考虑事故火炬出现最大排放量时热辐射强度对人员和设备的影响。

（3）排放能力：火炬的排放能力应根据正常运转时、停车大检修时、全停电或部分停电时、仪器设备故障或发生火灾时等可能出现的排放量中最大可能的排出气量为准。必须保证火炬燃烧嘴具有能处理其中最大的气体排放量的能力。

（4）保证排出气体处理质量：火炬具有净化、排放并使可燃性气态物质燃烧而消除可燃性的作用。当火焰脱离火炬和熄灭时，会有大量的有毒和可燃气体进入大气，因此火炬的顶部应设长明灯或其他可靠的点火设施。

（5）设置自动控制系统

（6）设置安全装置：为了防止排出的气体带液，可燃气体放空管道在接入火炬前，应设置分液器。为了防止火焰和空气倒入火炬筒，在火炬筒上部应安装防回火装置。

3. 放空管的安全设置

（1）安装要求：放空管一般应设在设备或容器的顶部，室内设备安设的放空管应引出室外，其管口要高于附近有人操作的最高设备2m以上。此外，连续排放的放空管口，还应高出半径20m范围内的平台或建筑物顶3.5m以上；间歇排放的放空管口，应高出10m范围内的平台或建筑物顶3.5m以上；平台或建筑物应与放空管垂直面呈45°。

4. 安全阀的设置▲

（1）《石化规》5.5.1条：在非正常条件下，可能超压的下列设备应设安全阀：

1）顶部最高操作压力≥0.1MPa的压力容器。

2）顶部最高操作压力大于0.03MPa的蒸馏塔、蒸发塔和汽提塔（汽提塔蒸汽通入另一蒸馏塔者除外）。

3）往复式压缩机各段出口或电动往复泵、齿轮泵、螺杆泵等容积式泵的出口（设备本身已有安全阀者除外）。

4）凡与鼓风机、离心式压缩机、离心泵或蒸汽往复泵出口连接的设备不能承受其最高压力时，鼓风机、离心式压缩机、离心泵或蒸汽往复泵的出口。

5）可燃气体或液体受热膨胀，可能超过设计压力的设备。

6）顶部最高操作压力为0.03～0.1MPa的设备应根据工艺要求设置。

(2)《石化规》5.5.2条，单个安全阀的开启压力（定压），不应大于设备的设计压力。当一台设备安装多个安全阀时，其中一个安全阀的开启压力（定压）不应大于设备的设计压力；其他安全阀的开启压力可以提高，但不应大于设备设计压力的1.05倍。

(3)《石化规》5.5.4条，可燃气体、可燃液体设备的安全阀出口连接应符合下列规定：

1）可燃液体设备的安全阀出口泄放管应接入储罐或其他容器，泵的安全阀出口泄放管宜接至泵的入口管道、塔或其他容器。

2）可燃气体设备的安全阀出口泄放管应接至火炬系统或其他安全泄放设施。

3）泄放后可能立即燃烧的可燃气体或可燃液体应经冷却后接至放空设施。

4）泄放可能携带液滴的可燃气体应经分液罐后接至火炬系统。

(4)《石化规》5.5.11条，受工艺条件或介质特性所限，无法排入火炬或装置处理排放系统的可燃气体，当通过排气筒、放空管直接向大气排放时，排气筒、放空管的高度应符合下列规定：

1）连续排放的排气筒顶或放空管口应高出20m范围内的平台或建筑物顶3.5m以上，位于排放口水平20m以外斜上45°的范围内不宜布置平台或建筑物。

2）间歇排放的排气筒顶或放空管口应高出10m范围内的平台或建筑物顶3.5m以上，位于排放口水平10m以外斜上45°的范围内不宜布置平台或建筑物。

3）安全阀排放管口不得朝向邻近设备或有人通过的地方，排放管口应高出8m范围内的平台或建筑物顶3m以上。

1.3 储运防火

1.3.1 储存设施防火

1. 储罐种类

(1) 按储罐的设计内压分类：

1）常压储罐：最高设计内压为6kPa（表压）。

2）低压储罐：最高设计内压为103.4kPa（表压）。

3）压力储罐：设计内压大于103.4kPa（表压）。

(2) 按储罐安装位置不同分类：①地上储罐；②地下储罐；③半地下储罐。

(3) 按储罐的材质分类：①金属储罐；②非金属储罐。

(4) 按储罐结构形状分类：

1）立式圆筒状：立式储罐按罐顶结构又可分为固定顶储罐和活动顶储罐两类。固定顶有锥顶和拱顶两种，活动顶有外浮顶和内浮顶两种。

2）卧式圆筒状。

3）特殊形状：特殊形状的储罐多用于储存高蒸汽压的石油产品，如液化石油气、丙烷、丙烯、丁烷等。

2. 防火设计要求

（1）《建规》4.1.1条：甲、乙、丙类液体储罐区、液化石油气储罐区、可燃、助燃气体储罐区、可燃材料堆场等，应设置在城市（区域）的边缘或相对独立的安全地带，并宜设置在城市（区域）全年最小频率风向的上风侧。甲、乙、丙类液体储罐（区）宜布置在地势较低的地带。当布置在地势较高的地带时，应采取安全防护设施。液化石油气储罐（区）宜布置在地势平坦、开阔等不易积存液化石油气的地带。

（2）《建规》4.1.2条：桶装、瓶装甲类液体不应露天存放。

（3）《建规》4.1.3条：液化石油气储罐组或储罐区的四周应设置高度不小于1.0m的不燃性实体防护墙。

（4）《建规》4.1.4条：应与装卸区、辅助生产区及办公区分开布置。

（5）《石化规》第6.2.8条，罐组内相邻可燃液体地上储罐的防火间距不应小于表4.1-3的规定。

表4.1-3　罐组内相邻可燃液体地上储罐的防火间距

液体类别	储罐形式			
	固定顶罐		浮顶、内浮顶罐	卧罐
	≤1000m³	>1000m³		
甲$_B$、乙类	0.75D	0.6D		
丙$_A$类	0.4D		0.4D	0.8m
丙$_B$类	2m	5m		

注：表中D为相邻较大罐的直径，单罐容积大于1000m³的储罐取直径或高度的较大值。

（6）《石化规》第6.3.3条，液化烃、可燃气体、助燃气体的罐组内，储罐的防火间距不应小于表4.1-4的规定。

表4.1-4　液化烃、助燃气体、可燃气体的罐组内储罐的防火间距

介质	储存方式或储罐类型		球罐	卧(立)罐	全冷冻式储罐		水槽式气柜	干式气柜
					≤100m³	>100m³		
液化烃	全压力式或半冷冻式储罐	有事故排放至火炬的措施	0.5D	1.0D	*	*	*	*
		无事故排放至火炬的措施	1.0D		*	*	*	*
	全冷冻式储罐	≤100m³	*	*	1.5m	0.5D	*	*
		>100m³	*	*	0.5D	0.5D		
助燃气体	球罐		0.5D	0.65D	*	*	*	*
	卧（立）罐		0.65D	0.65D	*	*	*	*
可燃气体	水槽式气柜		*	*	*	*	0.5D	0.65D
	干式气柜		*	*	*	*	0.65D	0.65D
	球罐		0.5D	*	*	*	0.65D	0.65D

注：1. 表中D为相邻较大罐的直径。

2. 液氨储罐间的防火间距要求应与液化烃储罐相同；液氨储罐间的防火间距应按《建筑设计防火规范》（GB 50016）的要求执行。

3. 沸点低于45℃的甲$_B$类液体压力储罐，按全压力式液化烃储罐的防火间距执行。

4. 液化烃单罐容积≤200m³的卧（立）罐之间的防火间距超过1.5m时，可取1.5m。

5. 当助燃气体的卧（立）罐之间的防火间距超过1.5 m时，可取1.5m。

6. “*”表示不应同组布置。

3. 防雷设计要求

《石化规》第9.2.3条，可燃气体、液化烃、可燃液体的钢罐必须设防雷接地，并应符合下列规定：

（1）甲$_B$、乙类可燃液体地上固定顶罐，当顶板厚度小于4mm时，应装设避雷针、线，其保护范围应包括整个储罐。

（2）丙类液体储罐可不设避雷针、线，但应设防感应雷接地。

（3）浮顶罐及内浮顶罐可不设避雷针、线，但应将浮顶与罐体用两根截面面积不小于25mm^2的软铜线作电气连接。

（4）压力储罐不设避雷针、线，但应作接地。

1.3.2　装卸设施防火

1. 铁路装卸防火设计要求及措施

（1）铁路油品装卸线：装卸线一般采用尽头式布置，其车位数根据油品运量的大小确定。装卸作业频繁、收发油品种类较多的企业，一般要设置3股作业线，相邻作业线之间要保持20m以上的缓冲段。

（2）装卸栈桥：在距离装卸栈桥边缘10m以外的油品输入管道上，设有紧急切断阀。

（3）防火间距：

1）两条油品装卸线共用一座栈桥或一排鹤管时，两条装卸线中心线的距离：采用公称直径为100mm的小鹤管时，一般不大于6m；采用公称直径为200mm的大鹤管时，不大于7.5m。

2）相邻两座装卸栈桥之间两条油品装卸线中心线的距离，两者或其中之一用于甲、乙类油品时，一般不小于10m；当两者都用于丙类油品时，一般不小于6m。卸车线中心线至零位罐的距离一般不小于6m。

3）装卸栈桥边缘与油品装卸中心线的距离，自轨面算起，高度3m以下的一般不小于2m，高度3m以上的一般不小于1.85m。装卸栈桥至作业区内其他铁路线的间距一般不小于20m；至主要道路的间距一般不小于15m。

4）油品装卸鹤管至油品生产、仓储企业围墙的铁路大门的距离，一般不小于20m。鹤管的水平伸长不得小于2.6m。鹤管在铁路接近限界之内部分的最多位置距轨顶的高差一般不小于5.5m。

（4）电气防爆：处在爆炸危险区域范围内的电气设备、都要采取相应的防爆措施。电气设备一般选用dIIAT3型；电气线路要采用钢管配线并做好隔离密封。

（5）防雷、防静电：在棚内进行易燃油品灌装作业的，需要装设避雷针（带）予以保护。

（6）消防车道的布置：作业区内需设环形消防车道。受条件限制的，可设置有回车场的尽头式消防车道。

（7）消防设施和灭火器材的设置：装卸栈桥宜设置半固定消防给水系统，供水压力一般≥0.15MPa，消火栓间距≤60m。附近有固定消防设施可利用的装卸栈桥，宜设置消防给水及泡沫灭火设施，泡沫混合液量一般≥30L/s。有顶盖的装卸栈桥消防冷却水量一般≥45L/s；无顶盖的装卸栈桥消防冷却水一般≥30L/s。装卸作业区一般要设置户外手动报警设施，值班室内要设报警电话。要按规定配置石棉板、灭火毯、灭火器等消防器材。

2. 公路装卸防火设计要求及措施

（1）装卸车场的平面布置：装卸车场要设有单独的出入口和能保证消防车辆顺利接近火灾场地的消防车道。当出入口合用时，装卸车场内要设消防车回车场地。

（2）防火间距：装卸车鹤管之间的距离，一般≥4m。装卸车鹤管与缓冲罐之间的距离，一般≥5m。甲乙类油品装卸鹤管与相邻生产设施的防火间距不应小于表4.1-4的规定。

表4.1-4　鹤管与相邻生产设施之间的防火距离　（单位：m）

生产设施	装卸油泵房	生产厂房及密闭工艺设备		
		液化石油气	甲乙类	丙类
甲乙类油品装卸鹤管	8	25	15	10

（3）电气防爆：处在爆炸危险区域范围内的电气设备，都要采取相应的防爆措施。电气设备一般选用dIIAT3型；电气线路要采用钢管配线并做好隔离密封。

（4）防雷防静电。装车棚要装设避雷针予以保护。防雷接地电阻一般不能大于10Ω。

（5）应急设备和消防设施。在距装卸鹤管10m以外的装卸管道上，必须设置事故情况下便于操作的紧急切断阀。

3. 码头装卸防火设计要求及措施

（1）总平面布置。油品码头宜布置在港口的边缘区域。内河港口的油品码头宜布置在港口的下游，当沿线布置确有困难时，可布置在港口上游。海港或河港中位于锚地上游的装卸甲乙类油品泊位与锚地的距离不应小于1000m，装卸丙类油品泊位与锚地的距离不应小于150m，河港中位于锚地下游的油品泊位与锚地的间距不应小于150m。甲、乙类油品码头前沿线与陆上储油罐的防火间距不应小于50m，装卸甲乙类油品的泊位与明火或散发火花地点的防火间距不应小于40m，陆上与装卸作业无关的其他设施与油品码头的间距不应小于40m。油品泊位的码头结构应采用不燃烧材料，油品码头上应设置必要的人行道和检修道，并应采用不燃或难燃性的材料。

（2）装卸工艺系统设计。甲乙类油品以及介质设计输送温度在其闪点以下10℃范围外的丙类油品，不得采用从顶部向油舱口灌装工艺，采用软管时应伸入舱底。管道设计流速不应大于4.5m/s，液化石油气液态安全流速不应大于3.0m/s的规定。

历年真题研究

【2015-20】某房地产开发商拟在石油化工厂附近开发建设一个居住区，石油化工厂设有总容积为10000m^{3}的液化石油气储罐区，根据《石油化工企业设计防火规范》GB 50160—2008的规定，该新建居住区与石油化工厂液化石油气储罐区的防火间距不应小于（　　）m。

A. 50　　B. 100　　C. 200　　D. 150

【答案】D

【解析】根据《石化规》表4.1.9，液化烃储罐外壁与居民区的距离不应小于150m。故D正确。

【2015-27】油品装卸码头设置的装卸甲、乙类油品的泊位，与明火或散发火花地点的防火间距不应小于（　　）m。

A. 30　　B. 40　　C. 50　　D. 100

【答案】B

【解析】见本章内容。

【2015-85】某单位经规划部门许可在一江边新建一座油品装卸码头，委托设计单位进行工程设计。下列关于油品装卸码头防火设计要求的说法中，正确的有（　　）。

A. 油品码头布置在港口边缘区域

B. 装卸甲、乙类油品的泊位与明火或散发火花地点的防火间距不应小于 40m

C. 甲、乙类油品码头前沿线与陆上储油罐的防火间距不应小于 20m

D. 油品泊位的码头结构应采用不燃烧材料

E. 油品码头上应设置人行道和检修道

【答案】ABDE

【解析】见本章内容。甲、乙类油品码头前沿线与陆上储油罐的防火间距不应小于 50m，C 错误。

【2016-8】对于石油化工企业，下列可燃气体，可燃烧体设备的安全阀出口连接方式中，不符合规范要求的是（　　）。

A. 泄放可能携带液滴的可燃气体应接至火炬系统

B. 可燃液体设备的安全阀出口泄放管应接入储罐或其他容器

C. 泄放后可能立即燃烧的可燃气体应经冷却后接至放空设施

D. 可燃气体设备的安全阀出口泄放管应接至火炬系统或其他安全泄放设施

【答案】A

【解析】见本章内容。泄放可能携带液滴的可燃气体应经分液罐后接至火炬系统。

【2016-91】某大型石化储罐区设置外浮顶罐、内浮顶罐、固定顶罐和卧式罐。下列储罐中，储罐的通气管上必须设置阻火器的有（　　）。

A. 储存甘油的地上卧式罐

B. 储存润滑油的地上固定顶罐

C. 储存对二甲苯并采用氨气密封保护系统的内浮顶罐

D. 储存重柴油的地上固定顶罐

E. 储存二硫化碳的覆土式卧式罐

【答案】CDE

【解析】根据《石油库设计规范》第 3.0.3 条说明表 1 可知，甘油-丙$_B$ 类；润滑油-丙$_B$ 类；对二甲苯-甲$_B$ 类；重柴油-丙$_A$ 类；二硫化碳-甲$_B$ 类。根据第 6.4.7 条，下列储罐的通气管上必须装设阻火器：

1）储存甲$_B$ 类、乙类、丙$_A$ 类液体的固定顶储罐和地上卧式储罐；A、B 错误，D 正确。

2）储存甲$_B$ 类和乙类液体的覆土卧式油罐；E 正确。

3）储存甲$_B$ 类、乙类、丙$_A$ 类液体并采用氮气密封保护系统的内浮顶储罐。C 正确。

【2017-47】某单位拟新建一座石油库，下列关于该石油库规划布局方案中，不符合消防安全布局原则的是（　　）。

A. 储罐区布置在本单位地势较低处

B. 储罐区泡沫站布置在罐区防火墙外的非防爆区

C. 铁路装卸区布置在地势高于石油库的边缘地带

D. 行政管理区布置在本单位全年最小频率风向的上风侧

【答案】D

【解析】见本章内容。

【2017-72】下列关于石油化工企业可燃气体放空管设置的说法，错误的是（　　）。

A. 连续排放的放空管口，应高出20m范围内平台或建筑物顶3.5m以上并满足相关规定

B. 间歇排放的放空管口，应高出10m范围内平台或建筑物顶3.5m以上并满足相关规定

C. 无法排入火炬或装置处理排放系统的可燃气体，可通过放空管向大气排放

D. 放空管管口不宜朝向临近有人操作的设备

【答案】D

【解析】见本章内容。安全阀排放管口不得朝向邻近设备或有人通过的地方，D错误。

【2017-95】下列关于甲、乙、丙类液体、气体储罐区的防火要求，错误的有（　　）。

A. 罐区应布置在城市的边缘或相对独立的安全地带

B. 甲乙丙类液体储罐宜布置在地势相对较低的地带

C. 液化石油气储罐区宜布置在地势平坦等不易积存液化石油气的地带

D. 液化石油气储罐区四周应设置高度不高于0.8m的不燃烧性实体防护墙

E. 钢质储罐必须做防雷接地，接地点不应少于1处

【答案】DE

【解析】见本章内容。液化石油气储罐组或储罐区的四周应设置高度不小于1.0m的不燃性实体防护墙，D错误。钢储罐防雷接地引下线不应少于2根，并应沿罐周围均匀或对称布置，其间距不大于30m，E错误。

【2018-79】根据现行国家标准《石油化工企业设计防火规范》（GB 50160），下列石油化工企业总平面布置方案中正确的是（　　）。

A. 对穿越生产区的地区架空电力线路采取加大防火间距的安全措施

B. 厂外国家铁路线中心线与甲类工艺装置最外侧设备边缘的距离为40m

C. 穿越厂区的地区输油管道埋地敷设

D. 空分站布置在散发粉尘场所的全年最小频率风向的上风侧

【答案】B

【解析】见本章内容。厂外国家铁路线中心线与甲类工艺装置最外侧设备边缘的最小距离为35m。B正确。

【2018-92】根据现行国家标准《石油库设计规范》（GB 50074），下列作业场所中，应设消除人体静电装置的有（　　）。

A. 润滑油泵房的门外2m范围内　　B. 轻柴油储罐的上罐扶梯入口处

C. 重柴油储罐的上罐扶梯入口处　　D. 石脑油装卸码头的上下船出入口处

E. 100号重油装卸作业区内操作平台的扶梯入口处

【答案】BCD

【解析】《石油库设计规范》第14.3.14条，下列甲、乙和丙$_A$类液体作业场所应设消除人体静电装置：①泵房的门外；②储罐的上罐扶梯入口处；③装卸作业区内操作平台的扶梯入口处；④码头上下船的出入口处。A选项为丙$_B$类场所，A错误。E选项为丙$_B$类场所，E错误。B选项为乙$_B$类场所，B正确。C选项为丙$_A$类场所，C正确。D选项为甲$_B$类场所，D正确。

第 2 章　地 铁 防 火

助考知识要点

◆地铁的耐火等级：地下车站、区间、变电站等主体工程及出入口通道、风道的耐火等级应为一级

◆地铁的防火分区：地下车站站台和站厅公共区应划为一个防火分区，设备与管理用房区每个防火分区的最大允许使用面积不应大于 $1500m^2$

◆地铁的安全疏散：两个安全出口通道口部之间净距不应小于 10m

记忆思维导图（图 4.2-1）

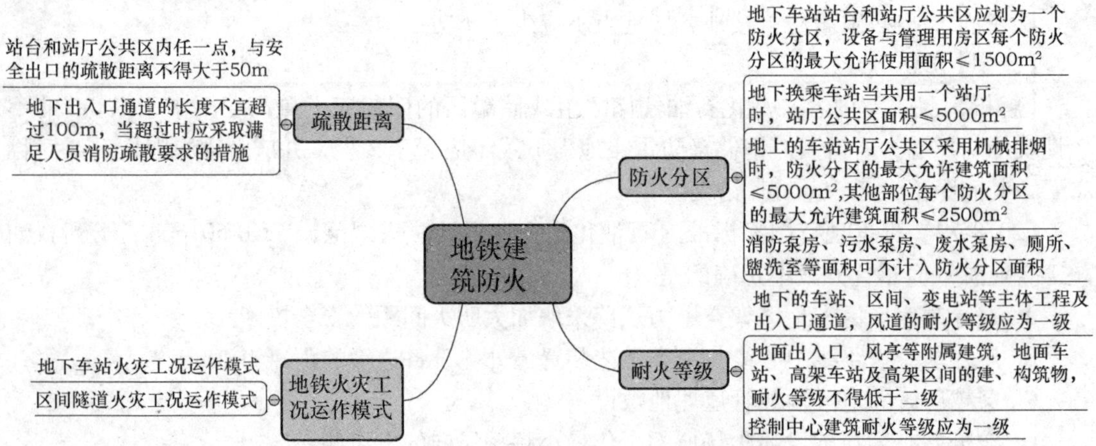

图 4.2-1　地铁防火记忆思维导图

内容归纳解析

2.1　地铁建筑防火设计要求

1. 耐火等级

（1）地下的车站、区间、变电站等主体工程及出入口通道、风道的耐火等级应为一级。

（2）地面出入口、风亭等附属建筑，地面车站、高架车站及高架区间的建、构筑物，耐火等级不得低于二级。

（3）控制中心建筑耐火等级应为一级。

2. 防火分区

（1）地下车站站台和站厅公共区应划为一个防火分区，设备与管理用房区每个防火分

区的最大允许使用面积≤1500m²。

（2）地下换乘车站当共用一个站厅时，站厅公共区面积≤5000m²。

（3）地上的车站站厅公共区采用机械排烟时，防火分区的最大允许建筑面积≤5000m²，其他部位每个防火分区的最大允许建筑面积≤2500m²。

（4）消防泵房、污水泵房、废水泵房、厕所、盥洗室等面积可不计入防火分区面积。

3. 安全出口

（1）车站每个站厅公共区安全出口数量应经计算确定，且应设置不少于2个直通地面的安全出口。

（2）地下单层侧式站台车站，每侧站台安全出口数量应经计算确定，且不应少于2个直通地面的安全出口。

（3）地下车站的设备与管理用房区域安全出口的数量不应少于2个，其中有人值守的防火分区应有1个安全出口直通地面。

（4）安全出口应分散设置，当同方向设置时，两个安全出口通道口部位之间净距不应小于10m。

（5）竖井、爬梯、电梯、消防专用通道，以及设在两侧式站台之间的过轨地道不应作为安全出口。

（6）地下换乘车站的换乘通道不应作为安全出口。

4. 安全疏散

（1）地铁安全疏散应按一条线路、一座换乘车站及其相邻区间同一时间只发生一处火灾事故考虑。

（2）地铁车站安全疏散设计应按在6 min内将必须疏散乘客全部疏散至安全区为原则。

（3）车站站台、站厅、楼梯、自动扶梯、出入口、通道、检票口（机）、员工通道（栅栏门）等部位的规模与通过能力应相互匹配，并应满足当发生火灾时，在6 min内将远期或客流控制期超高峰小时下的必须疏散人员全部疏散到达安全区的要求。

（4）站台列车发生火灾时，必须疏散人员为远期或客流控制期超高峰小时一列进站列车所载的乘客及站台上的候车乘客；站台公共区发生火灾时，必须疏散人员为起火站台上的候车乘客；站厅公共区发生火灾时，必须疏散人员为远期或客流控制期超高峰小时站台上的乘客及站厅上的乘客，共享站厅换乘车站的必须疏散人员包括所有线路站台的乘客及站厅的乘客。

（5）消防专用梯及垂直电梯不应计作疏散设施。换乘车站的换乘通道、换乘楼梯（自动扶梯）不应作为安全出口。

（6）每个区间隧道轨道区均应设置到达站台的疏散楼梯。

（7）两条单线区间隧道间应设联络通道，相邻两个联络通道之间的距离不应大于600m，联络通道内应设并列反向开启的甲级防火门，门扇的开启不得侵入限界。

（8）设备与管理用房区房间单面布置时，疏散通道宽度不得小于1.2m，双面布置时不得小于1.5m。

（9）设备与管理用房直接通向疏散走道的疏散门至安全出口的距离，当房间疏散门位于两个安全出口之间时，疏散门与最近安全出口的距离不应大于40m；当房间位于袋形走道两侧或尽端时，其疏散门与最近安全出口的距离不应大于22m。

（10）站台和站厅公共区内任一点，与安全出口的疏散距离不得大于50m。

（11）地下出入口通道的长度不宜超过100m，当超过时应采取满足人员消防疏散要求的措施。

（12）车站站台公共区的楼梯、自动扶梯、出入口通道，应满足当发生火灾时在6min内将远期或客流控制期超高峰小时一列进站列车所载的乘客及站台上的候车人员全部撤离站台到达安全区的要求。

5. 防火分隔

（1）两个防火分区之间应采用耐火极限不低于3.0h的防火墙和甲级防火门分隔，在防火墙设有观察窗时，应采用甲级防火窗；防火分区的楼板应采用耐火极限不低于1.5h的楼板。

（2）防火卷帘与建筑物之间的缝隙，以及管道、电缆、风管等穿过防火墙、楼板及防火分隔物时，应采用防火封堵材料将空隙填塞密实。

（3）重要设备用房应以耐火极限不低于2.0h的隔墙和耐火极限不低于1.5h的楼板与其他部位隔开。

6. 装修材料

（1）地下车站公共区和设备与管理用房的顶棚、墙面、地面装修材料及垃圾箱，应采用燃烧性能等级为A级的不燃材料。

（2）地上车站公共区的墙面、顶棚的装修材料及垃圾箱，应采用A级不燃材料，地面应采用不低于B_1级的难燃材料。

（3）地上、地下车站公共区的广告灯箱、导向标志、休息椅、电话亭、售检票机等固定服务设施的材料，应采用不低于B_1级难燃材料。装修材料不得采用石棉、玻璃纤维、塑料类等制品。

7. 防烟分区

（1）地下车站的公共区，以及设备与管理用房，应划分防烟分区，且防烟分区不得跨越防火分区。

（2）站厅与站台的公共区每个防烟分区的建筑面积不宜超过2000m^2，设备与管理用房每个防烟分区的建筑面积不宜超过750m^2。

（3）防烟分区可采取挡烟垂壁等措施。挡烟垂壁等设施的下垂高度不应小于500mm。

8. 应急疏散照明和疏散指示标志

（1）下列位置应设置应急疏散照明和疏散指示标志：

1）车站站厅、站台、自动扶梯、自动人行道、楼梯及疏散楼梯间，车站出入口、安全出口。

2）车站附属用房内走道等疏散通道。

3）区间隧道。

4）车辆基地内的单体建筑及控制中心大楼的疏散楼梯间、疏散通道、消防电梯间（含前室）。

（2）疏散指示标志的设置应符合下列要求：

1）车站的站台、站厅、楼梯转角处、疏散通道拐弯处、交叉口、沿通道长向每隔不大于10m处，应设置灯光疏散指示标志，指示标志距地面应小于1m。

2）疏散门、安全出口处应设置灯光疏散指示标志，并宜设置在门洞正上方。

3）车站公共区的站台、站厅乘客疏散路线和疏散通道等人员密集部位的地面上，以及疏散楼梯台阶侧立面，应设蓄光疏散指示标志，并应保持视觉连续。

4）设置在车站的固定式疏散指示标志的指示方向要指向最近的安全出口，设置智能疏散指示系统时，应与火灾自动报警系统实现联动控制，并根据火灾位置和烟气流动方向，指示有效的疏散方向。

5）区间应设置可控制指示方向的灯光疏散指示标志，根据火灾位置和安全出口方向，指示有效的疏散方向。

2.2　地铁消防设施设置要求

1. 灭火设施

（1）地下车站及其相连的地下区间、长度大于20m的出入口通道、长度大于500m的独立地下区间，应设室内消火栓给水系统。

（2）消防给水管道的设置应符合下列要求：

1）地下车站和地下区间的室内消火栓给水系统应设计为环状管网；地下区间上下行线应各设置1根消防给水管，在地下车站端部和车站环状管网应相接。

2）地下区间两条给水干管之间是否设置连通管应经过技术经济比较确定。

3）地面和高架车站室内消火栓超过10个，且室外消防用水量大于15L/s时，应设计为环状管网。

4）车站室内消火栓环状管网应有2根进水管与城市自来水环状管网或消防水泵连接。

5）消防枝状管道上设置的消火栓数量不应超过4个。

（3）消火栓给水系统用水量定额应符合下列规定：

1）地下车站（含换乘车站）应为20L/s。

2）地下车站出入口通道、折返线及地下区间隧道应为10L/s。

（4）地下车站设置的商铺总面积超过500m^2时，应按《自喷》GB 50084的有关规定设置自动喷水灭火系统。

2. 防烟排烟系统

（1）地下车站及区间隧道内必须设置防烟、排烟和事故通风系统。

（2）下列场所应设置机械防烟、排烟设施：

1）地下车站的站厅和站台。

2）连续长度大于300m的区间隧道和全封闭车道。

3）防烟楼梯间和前室。

（3）下列场所应设置机械排烟设施：

1）同一个防火分区内的地下车站设备与管理用房的总面积超过200m^2，或面积超过50m^2且经常有人停留的单个房间。

2）最远点到车站公共区的直线距离超过20m的内走道；连续长度大于60m的地下通道和出入口通道。

（4）连续长度大于60m，但不大于300m的区间隧道和全封闭车道宜采用自然排烟；当无条件采用自然排烟时，应设置机械排烟。

（5）地面和高架车站应采用自然排烟；当确有困难时，应设置机械排烟。

（6）当防烟、排烟和事故通风系统与正常通风空调系统合用时，通风空调系统应采取防火措施，且应符合防烟、排烟系统的要求，并应具备事故工况下的快速转换功能。

3. 火灾自动报警系统

（1）车站、区间隧道、区间变电所及系统设备用房、主变电所、集中冷却站、控制中心、车辆基地，应设置火灾自动报警系统。

（2）火灾自动报警系统的保护对象分级应根据其使用性质、火灾危险性、疏散和扑救难度等确定，并应符合下列规定：

1）地下车站、区间隧道和控制中心，保护等级应为一级。

2）设有集中空调系统或每层封闭的建筑面积超过 $2000m^2$，但面积不超过 $3000m^2$ 的地面车站、高架车站，保护等级应为二级，面积超过 $3000m^2$ 的保护等级应为一级。

4. 消防通信系统

（1）车站车控室（兼消防控制室）、控制中心大楼消防值班室、车辆段信号楼控制室（兼消防控制室）应设消防专用电话总机，宜选择共电式电话总机或对讲通信电话设备。

（2）在车站、控制中心大楼、车辆段的消防泵房、气体灭火钢瓶间及环控电控室、通信设备室、信号设备室、开关柜室、整流变压器室、公网引入室、屏蔽门设备室等所有气体灭火保护的设备用房，建议设置固定消防专用电话分机。

（3）在手动火灾报警按钮、消火栓按钮等处设置电话塞孔。电话塞孔可分区域采用共线方式接入消防专用电话总机。

5. 消防配电

（1）消防用电设备应按一级负荷供电，采用双电源双回路，并在最末一级配电箱处设置自动切换装置。

（2）消防用电设备的配电线路应满足在外部火势作用下，保持线路完整性、维持通电的要求，根据地铁发生火灾的危险性、疏散和扑救难度，其电线电缆的选择和敷设方式应满足下述要求：

1）电线电缆选用时，应按使用场所和敷设条件选择阻燃级别，但同一建筑物内选用的阻燃和阻燃耐火电线电缆，其阻燃级别宜相同。

2）由变配电所（或总配电室）引至消防设备的电源主干线应采用无卤、低烟、阻燃耐火电缆或矿物绝缘电缆，但在地下车站宜采用矿物绝缘电缆。

3）电缆穿管暗敷时可采用耐火电缆；明敷或沿支架、桥架敷设时采用无卤、低烟、阻燃耐火铜芯电缆，矿物绝缘电缆采用支架或沿墙明敷。

2.3　地铁火灾工况运作模式

1. 地下车站火灾工况运作模式

（1）当车站发生火灾时，开启车站通风排烟系统，在 6 min 内控制火灾烟气在起火层，不进入安全区，疏散路径内烟气层应保持在 1.5 m 及以上高度，在疏散楼梯口形成 1.5 m/s 的向下气流，阻止烟气蔓延至起火层以上的楼层，人员迎着新风向疏散。

（2）位于站厅自动检票机门处于常开，同时打开位于非付费区和付费区之间所有栅栏门，使乘客无阻挡地通过出入口疏散到地面。

（3）确认本站火灾后，应通过显示或声讯或人员管理等措施阻挡地面出入口处乘客不再进入车站。

（4）确认本站火灾后，控制中心调度应使其他列车不再进入本站或快速通过不停站。

2. 区间隧道火灾工况运作模式

（1）列车在区间内发生火灾时，在列车完好且未失去动力情况下，应将列车开行至前方车站，在车站组织人员疏散。火灾列车滞留在区间内时，应纵向组织通风排烟，保证疏散路径处于新风区。

（2）在区间隧道火灾时启动通风排烟系统，应能在隧道内控制火灾烟气定向流动，上风方向人员迎着新风向疏散。区间火灾排烟应按单洞区间隧道断面的排烟流速不小于2m/s，且高于计算临界烟气控制流速，但排烟流速不得大于11 m/s设计，并应保证烟气不进入车站隧道区域。

历年真题研究

【2015-37】某城市新建一条地铁线路，其中有多个多线换乘车站。根据《地铁设计规定》GB 50157—2013的规定，地下换乘车站共用一个公共站厅时，站厅公共区域面积不应大于（　）m^2。

A. 2000　　B. 5000　　C. 3000　　D. 4000

【答案】B

【解析】见本章内容。

【2016-29】根据《地铁设计规范》GB 50157—2013，下列关于地铁车站排烟风机耐高温性能的说法中，错误的是（　　）。

A. 地上设施与管理用房，排烟风机保证在280℃时能连续有效工作0. 5h

B. 地下车站公共区，排烟风机保证在250℃时能连续有效工作1h

C. 区间隧道，排烟风机保证在250℃时能连续有效工作1h

D. 高架车站公共区，排烟风机保证在280℃时能连续有效工作1h

【答案】D

【解析】地面及高架车站公共区和设备与管理用房排烟风机应保证在280℃时能连续有效工作0. 5h。D错误。

【2017-20】下列关于地铁车站安全出口设置的说法，错误的是（　　）。

A. 每个站厅公共区应设置不少于2个直通地面的安全出口

B. 安全出口同方向设置时，两个安全出口通道口部位之间净距不应小于5m

C. 地下车站的设备与管理用房区域安全出口的数量不应少于2个

D. 地下换乘车站的换乘通道不应作为安全出口

【答案】B

【解析】安全出口应分散设置，当同方向设置时，两个安全出口通道口部位之间净距不应小于10m。

【2017-28】下列关于地铁防排烟设计的说法，正确的是（　　）。

A. 站台公共区每个防烟分区的建筑面积不宜超过 2000m^2

B. 地下车站的设备用房和管理用房的防烟分区可以跨越防火分区

C. 站厅公共区每个防烟分区的建筑面积不宜超过 3000m^2

D. 地铁内设置的挡烟垂壁等设施的下垂高度不应小于 450mm

【答案】A

【解析】站厅与站台的公共区每个防烟分区的建筑面积不宜超过 2000m^2，设备与管理用房每个防烟分区的建筑面积不宜超过 750m^2。A 正确。

【2018-51】根据《地铁设计规范》GB 50157—2013，下列场所中，可按二级耐火等级设计的是（　　）。

A. 地下车站疏散楼梯间　　B. 控制中心

C. 地下车站风道　　D. 高架车站

【答案】D

【解析】见本章内容。

【2018-59】根据《地铁设计规范》GB 50157—2013，地铁车站发生火灾时，该列车所载的乘客及站台上的候车人员全部撤离至安全区最长时间应为（　　）min。

A. 6　　B. 5　　C. 8　　D. 10

【答案】A

【解析】见本章内容。地铁车站安全疏散设计应按在 6 min 内将必须疏散乘客全部疏散至安全区为原则。

【2018-71】某地铁地下车站消防应急照明和疏散指示系统由一台应急照明控制器、2 台应急照明电箱和 50 只消防应急照明灯具组成。现有 3 只消防应急灯具损坏需要更换，更换消防应急灯具可以选择的类型是（　　）。

A. 集中电源非集中控制型　　B. 自带电源集中控制型

C. 自带电源非集中控制型　　D. 集中电源集中控制型

【答案】B

【解析】系统包括应急照明控制器、应急照明电箱和消防应急照明灯具，属于自带电源集中控制型系统。故 B 正确。

第 3 章　城市交通隧道防火

助考知识要点

◆火灾延续时间：一、二类隧道≥3. 0h；三类隧道≥2. 0h

◆隧道内消火栓：消火栓的间距≤50m；消火栓的栓口距地面高度 1. 1m

◆隧道内灭火器：设置 ABC 类灭火器、设置点间距≤100m

◆隧道供电系统：一级负荷（一、二类隧道）、二级负荷（三类隧道）

记忆思维导图（图 4. 3-1）

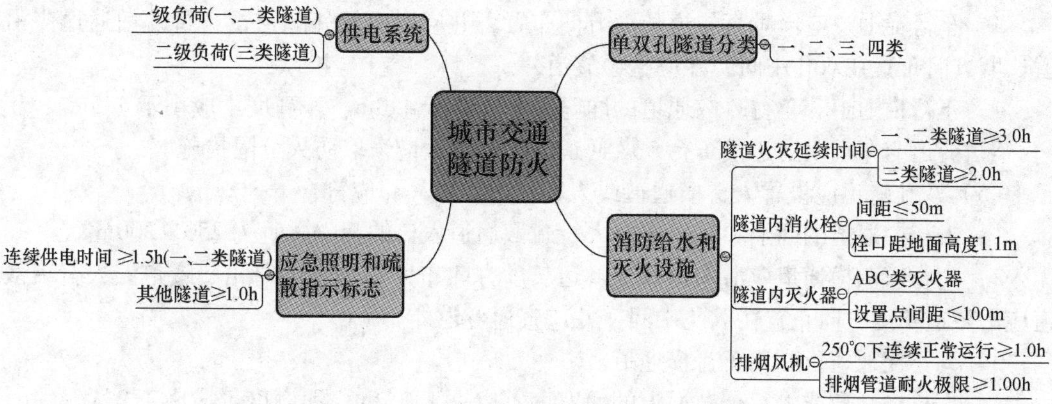

图 4. 3-1　城市交通隧道防火记忆思维导图

内容归纳解析

3. 1　隧道分类

单双孔隧道应按其封闭段长度和交通情况分为一、二、三、四类，并应符合表 4. 3-1 的规定。

表 4. 3-1　单双孔隧道分类

用途	一类	二类	三类	四类
	隧道封闭段长度 L/m			
可通行危险化学品等机动车	$L>1500$	$500<L\leqslant1500$	$L\leqslant500$	
仅限通行非危险化学品等机动车	$L>3000$	$1500<L\leqslant3000$	$500<L\leqslant1500$	$L\leqslant500$
仅限人行或通行非机动车			$L>1500$	$L\leqslant1500$

3.2 隧道建筑防火设计要求

1. 建筑防火

（1）对于一、二类隧道，耐火极限分别不应低于 2.00h 和 1.50h；对于通行机动车的三类隧道，耐火极限不应低于 2.00h。

（2）隧道内的地下设备用房、风井和消防救援出入口的耐火等级应为一级，地面的重要设备用房、运营管理中心及其他地面附属用房的耐火等级不应低于二级。

（3）除嵌缝材料外，隧道的内部装修应采用不燃材料。

（4）通行机动车的双孔隧道，其车行横通道或车行疏散通道的设置应符合下列规定：

1）水底隧道宜设置车行横通道或车行疏散通道。车行横通道的间隔和隧道通向车行疏散通道入口的间隔宜为 1000 ~ 1500m。

2）非水底隧道应设置车行横通道或车行疏散通道。车行横通道的间隔和隧道通向车行疏散通道入口的间隔不宜大于 1000m。

3）车行横通道应沿垂直隧道长度方向布置，并应通向相邻隧道；车行疏散通道应沿隧道长度方向布置在双孔中间，并应直通隧道外。

4）车行横通道和车行疏散通道的净宽度不应小于 4.0m，净高度不应小于 4.5m。

5）隧道与车行横通道或车行疏散通道的连通处，应采取防火分隔措施。

（5）双孔隧道应设置人行横通道或人行疏散通道，并应符合下列规定：

1）人行横通道的间隔和隧道通向人行疏散通道入口的间隔，宜为 250 ~ 300m。

2）人行疏散横通道应沿垂直双孔隧道长度方向布置，并应通向相邻隧道。人行疏散通道应沿隧道长度方向布置在双孔中间，并应直通隧道外。

3）人行横通道可利用车行横通道。

4）人行横通道或人行疏散通道的净宽度不应小于 1.2m，净高度不应小于 2.1m。

5）隧道与人行横通道或人行疏散通道的连通处，应采取防火分隔措施，门应采用乙级防火门。

（6）单孔隧道宜设置直通室外的人员疏散出口或独立避难所等避难设施。

（7）隧道内的变电站、管廊、专用疏散通道、通风机房及其他辅助用房等，应采取耐火极限不低于 2.00h 的防火隔墙和乙级防火门等分隔措施与车行隧道分隔。

（8）隧道内地下设备用房的每个防火分区的最大允许建筑面积不应大于 $1500m^2$，每个防火分区的安全出口数量不应少于 2 个，与车道或其他防火分区相通的出口可作为第二安全出口，但必须至少设置 1 个直通室外的安全出口；建筑面积不大于 $500m^2$ 且无人值守的设备用房可设置 1 个直通室外的安全出口。

2. 消防给水和灭火设施

（1）消防给水系统的设置应符合下列规定：

1）消防用水量应按隧道的火灾延续时间和隧道全线同一时间发生一次火灾计算确定。一、二类隧道的火灾延续时间≥3.0h；三类隧道≥2.0h。

2）隧道内的消防用水量应按同时开启所有灭火设施的用水量之和计算。

3）隧道内宜设置独立的消防给水系统。严寒和寒冷地区的消防给水管道及室外消火栓应采取防冻措施；当采用干式给水系统时，应在管网的最高部位设置自动排气阀，管道的充水时间不宜大于90s。

4）隧道内的消火栓用水量≥20L/s，隧道外的消火栓用水量≥30L/s。对于长度小于1000m的三类隧道，隧道内、外的消火栓用水量可分别为10L/s和20L/s。

5）管道内的消防供水压力应保证用水量达到最大时，最不利点处的水枪充实水柱≥10.0m。消火栓栓口处的出水压力大于0.5MPa时，应设置减压设施。

6）在隧道出入口处应设置消防水泵接合器和室外消火栓。

7）隧道内消火栓的间距≤50m，消火栓的栓口距地面高度宜为1.1m。

8）设置消防水泵供水设施的隧道，应在消火栓箱内设置消防水泵启动按钮。

9）应在隧道单侧设置室内消火栓箱，消火栓箱内应配置1支喷嘴口径19mm的水枪、1盘长25m、直径65mm的水带，并宜配置消防软管卷盘。

（2）隧道内应设置ABC类灭火器，并应符合下列规定：

1）通行机动车的一、二类隧道和通行机动车并设置3条及以上车道的三类隧道，在隧道两侧均应设置灭火器，每个设置点≥4具。

2）其他隧道，可在隧道一侧设置灭火器，每个设置点≥2具。

3）灭火器设置点的间距≤100m。

3. 通风和排烟系统

（1）通行机动车的一、二、三类隧道应设置排烟设施。

（2）隧道内机械排烟系统的设置应符合下列规定：

1）长度大于3000m的隧道，宜采用纵向分段排烟方式或重点排烟方式。

2）长度不大于3000m的单洞单向交通隧道，宜采用纵向排烟方式。

3）单洞双向交通隧道，宜采用重点排烟方式。

（3）机械排烟系统与隧道的通风系统宜分开设置。合用时，合用的通风系统应具备在火灾时快速转换的功能，并应符合机械排烟系统的要求。

（4）隧道内设置的机械排烟系统应符合下列规定：

1）采用全横向和半横向通风方式时，可通过排风管道排烟。

2）采用纵向排烟方式时，应能迅速组织气流、有效排烟，其排烟风速应根据隧道内的最不利火灾规模确定，且纵向气流的速度不应小于2m/s，并应大于临界风速。

3）排烟风机和烟气流经的风阀、消声器、软接等辅助设备，应能承受设计的隧道火灾烟气排放温度，并应能在250℃下连续正常运行不小于1.0h。排烟管道的耐火极限不应低于1.0h。

（5）隧道的避难设施内应设置独立的机械加压送风系统，其送风的余压值应为30~50Pa。

4. 火灾自动报警系统

（1）隧道入口外100~150m处，应设置隧道内发生火灾时能提示车辆禁入隧道的警报信号装置。

（2）一、二类隧道应设置火灾自动报警系统，通行机动车的三类隧道宜设置火灾自动报警系统。火灾自动报警系统的设置应符合下列规定：

1）应设置火灾自动探测装置。

2）隧道出入口和隧道内每隔 100 ~ 150m 处，应设置报警电话和报警按钮。

3）应设置火灾应急广播或应每隔 100 ~ 150m 处设置发光警报装置。

（3）隧道用电缆通道和主要设备用房内应设置火灾自动报警系统。

（4）封闭段长度超过 1000m 的隧道宜设置消防控制室。

5. 供电系统

一、二类隧道的消防用电应按一级负荷要求供电；三类隧道的消防用电应按二级负荷要求供电。

6. 应急照明和疏散指示标志

（1）隧道两侧、人行横通道和人行疏散通道上应设置疏散照明和疏散指示标志，其设置高度不宜大于 1.5m。

（2）一、二类隧道内疏散照明和疏散指示标志的连续供电时间不应小于 1.5h；其他隧道，不应小于 1.0h。

（3）隧道内严禁设置可燃气体管道；电缆线槽应与其他管道分开敷设。当设置 10kV 及以上的高压电缆时，应采用耐火极限不低于 2.00h 的防火分隔体与其他区域分隔。

历年真题研究

【2015-53】某地区有一条城市交通隧道，长度 1500m，按照防火规范要求，隧道内设置了各种消防设施。下列关于隧道设置机械排烟系统的说法中，正确的是（　　）。

A. 采用纵向排烟方式时，排烟风速纵向气流的速度不应小于 2m/s

B. 排烟风机应能在 280°C 下连续正常运行不小于 2.00h

C. 排烟管道的耐火极限不应低于 2.00h

D. 机械排烟系统与隧道的通风系统应共用

【答案】A

【解析】采用纵向排烟方式时，应能迅速组织气流、有效排烟，其排烟风速应根据隧道内的最不利火灾规模确定，且纵向气流的速度不应小于 2m/s，并应大于临界风速。A 正确。

【2016-48】某长度为 1400m 的城市交通隧道，顶棚悬挂有若干射流风机，该隧道的排烟方式属于（　　）方式。

A. 纵向排烟　　B. 重点排烟　　C. 横向排烟　　D. 半横向排烟

【答案】A

【解析】见本章内容。

【2017-45】判定某封闭段长度为 1.5km 的城市交通隧道的类别，正确的是（　　）。

A. 允许通行危险化学品车的隧道，定为一类隧道

B. 不允许通行危险化学品车的隧道，定为二类隧道

C. 仅限通行非危险化学品车的隧道，无论单孔双孔，均定为三类隧道

D. 单孔的隧道定为一类隧道，双孔的隧道定为二类隧道

【答案】C

【解析】见本章内容。

【2018-39】某城市交通隧道，封闭段长度为 1500m，可通行危险化学品车，该隧道的下列防火设计方案中，正确的是（　　）。

A. 隧道内的地下设备用房按二级耐火等级确定构件的燃烧性能和耐火极限
B. 隧道的消防用电按二级负荷要求供电
C. 采用防火墙和甲级防火门将隧道内设置的可燃气体管道与其他区域分隔
D. 采用耐火极限不低于 2.00h 的防火隔墙将隧道内设置的 10kV 高压电缆与其他区域分隔

【答案】D

【解析】见本章内容。

第 4 章　加油加气站防火

助考知识要点

◆加油加气站等级：一级、二级、三级

◆汽车加气站：LPG（液化石油气）、CNG（压缩天然气）和 LNG（液化天然气）

记忆思维导图（图 4.4-1）

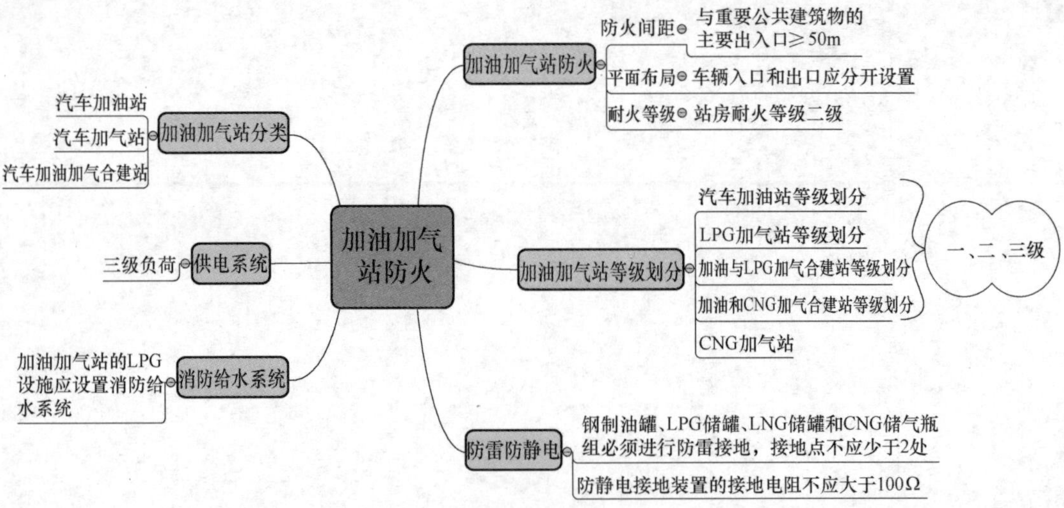

图 4.4-1　加油加气站防火记忆思维导图

内容归纳解析

4.1　加油加气站的分类分级

1. 汽车加油站

其等级划分见表 4.4-1。

表 4.4-1　加油站的等级划分

级　别	油罐容积 V/m^3	
	总容积	单罐容积
一　级	$150 < V \leqslant 210$	$V \leqslant 50$
二　级	$90 < V \leqslant 150$	$V \leqslant 50$
三　级	$V \leqslant 90$	汽油罐 $V \leqslant 30$，柴油罐 $V \leqslant 50$

注：柴油罐容积可折半计入油罐总容积。

2. LPG 加气站

其等级划分见表 4.4-2。

表 4.4-2　LPG 加气站等级划分

级别	LPG 罐容积 V/m^3	
	总容积	单罐容积
一级	$45 < V \leqslant 60$	$\leqslant 30$
二级	$30 < V \leqslant 45$	
三级	$V \leqslant 30$	

3. CNG 加气站

CNG 加气站储气设施的总容积，应根据设计加气汽车数量、每辆汽车加气时间、母站服务的子站的个数、规模和服务半径等因素综合确定。在城市建成区内，CNG 加气站储气设施的总容积应符合下列规定：

（1）CNG 加气母站储气设施的总容积不应超过 $120m^3$。

（2）CNG 常规加气站储气设施的总容积不应超过 $30m^3$

（3）CNG 加气子站内设置有固定储气设施时，站内停放的车载储气瓶组拖车不应多于 1 辆。固定储气设施采用储气瓶时，其总容积不应超过 $18m^3$；固定储气设施采用储气井时，其总容积不应超过 $24m^3$。

4）CNG 加气子站内无固定储气设施时，站内停放的车载储气瓶组拖车不应多于 2 辆。

4. 加油与 LPG 加气合建站等级划分

其等级划分见表 4.4-3。

表 4.4-3　加油和 LPG 加气合建站的等级划分

合建站等级	LPG 储罐总容积$/m^3$	LPG 储罐总容积与油品储罐总容积合计$/m^3$
一级	$V \leqslant 45$	$120 < V \leqslant 180$
二级	$V \leqslant 30$	$60 < V \leqslant 120$
三级	$V \leqslant 20$	$V \leqslant 60$

注：1. 柴油罐容积可折半计入油罐总容积。
2. 当油罐总容积 $> 90\ m^3$ 时，油罐单罐容积 $\leqslant 50\ m^3$；当油罐总容积 $\leqslant 90m^3$ 时，汽油罐单罐容积不应大于 $30m^3$，柴油罐单罐容积不应大于 $50m^3$。
3. LPG 储罐单罐容积不应大于 $30m^3$。

5. LNG 加气站与 CNG 常规加气站或 CNG 加气子站的合建站

其等级划分见表 4.4-4。

表 4.4-4　LNG 加气站与 CNG 常规加气站或 CNG 加气子站的合建站的等级划分

级别	LNG 储罐总容积$/m^3$	LNG 储罐单罐容积$/m^3$	CNG 储气设施总容积$/m^3$
一级	$60 < V \leqslant 120$	$V \leqslant 60$	$V \leqslant 24$
二级	$V \leqslant 60$	$V \leqslant 60$	$V \leqslant 18$（24）
三级	$V \leqslant 30$	$V \leqslant 30$	$V \leqslant 18$（24）

注：表中括号内数字为 CNG 储气设施所采用储气井的总容积。

6. LNG 加气站、L-CNG 加气站、LNG 和 L-CNG 加气合建站

其等级划分见表 4.4-5。

表 4.4-5　LNG 加气站、L-CNG 加气站、LNG 和 L-CNG 加气合建站的等级划分

级　别	LNG 加气站		L-CNG 加气站、LNG 和 L-CNG 加气合建站		
	LNG 储罐总容积/m^3	LNG 储罐单罐容积/m^3	LNG 储罐总容积/m^3	LNG 储罐单罐容积/m^3	CNG 储气设施总容积/m^3
一级	$120<V\leqslant180$	$V\leqslant60$	$120<V\leqslant180$	$V\leqslant60$	$V\leqslant12$
一级*	—	—	$60<V\leqslant120$	$V\leqslant60$	$V\leqslant24$
二级	$60<V\leqslant120$	$V\leqslant60$	$60<V\leqslant120$	$V\leqslant60$	$V\leqslant9$
二级*	—	—	$V\leqslant60$	$V\leqslant60$	$V\leqslant18$
三级	$V\leqslant60$	$V\leqslant60$	$V\leqslant60$	$V\leqslant60$	$V\leqslant9$
三级*	—	—	$V\leqslant30$	$V\leqslant30$	$V\leqslant18$

注：带“*”的加气站专指 CNG 常规加气站以 LNG 储罐作补充气源的建站形式。

7. 加油和 CNG 加气合建站

其等级划分见表 4.4-6。

表 4.4-6　加油和 CNG 加气合建站的等级划分

级别	油品储罐总容积/m^3	常规 CNG 加气站储气设施总容积/m^3	加气子站储气设施/m^3
一级	$90<V\leqslant120$	$V\leqslant24$	固定储气设施总容积≤12（18）可停放 1 辆车载储气瓶组拖车；当无固定储气设施时，可停放 2 辆车载储气瓶组拖车
二级	$V\leqslant90$		
三级	$V\leqslant60$	$V\leqslant12$	固定储气设施总容积≤9（18），可停放 1 辆车载储气瓶组拖车

注：1. 柴油罐容积可折半计入油罐总容积。

2. 当油罐总容积大于 90 m^3 时，油罐单罐容积≤50 m^3；当油罐总容积≤90m^3 时，汽油罐单罐容积不应大于 30m^3，柴油罐单罐容积不应大于 50m^3。

3. 表中括号内数字为 CNG 储气设施采用储气井的总容积。

8. 加油与 LNG 加气、L-CNG 加气、LNG/L-CNG 加气以及加油与 LNG 加气和 CNG 加气合建站

其等级划分见表 4.4-7。

表 4.4-7　加油与 LNG 加气、L-CNG 加气、LNG/L-CNG 加气以及加油与 LNG 加气和 CNG 加气合建站的等级划分

合建站级别	LNG 储罐总容积/m^3	LNG 储罐总容积与油品储罐总容积合计/m^3	CNG 储气设施总容积/m^3
一级	$V\leqslant120$	$150<V\leqslant210$	$V\leqslant12$
	$V\leqslant90$	$150<V\leqslant180$	$V\leqslant24$
二级	$V\leqslant60$	$90<V\leqslant150$	$V\leqslant9$
	$V\leqslant30$	$90<V\leqslant120$	$V\leqslant24$
三级	$V\leqslant60$	$V\leqslant90$	$V\leqslant9$
	$V\leqslant30$	$V\leqslant90$	$V\leqslant24$

注：1. 柴油罐容积可折半计入油罐总容积。

2. 当油罐容积 >90m^3 时，油罐单罐容积≤50m^3；当油罐总容积≤90m^3，汽油罐单罐容积≤30m^3，柴油罐单罐容积≤50m^3。

3. LNG 储罐的单罐容积≤60m^3。

9. 加油加气站可与电动汽车充电设施联合建站

下列加油加气站不应联合建站：

（1）CNG加气母站与加油站。

（2）CNG加气母站与LNG加气站。

（3）LPG加气站与CNG加气站。

（4）LPG加气站与LNG加气站。

10. CNG车载储气瓶组拖车

CNG车载储气瓶组拖车，其单车储气瓶组的总容积≤$24m^3$。

4.2　加油加气站平面布置

1. 站址选择

（1）在城市建成区不宜建一级加油站、一级加气站、一级加油加气合建站、CNG加气母站。在城市中心区不应建一级加油站、一级加气站、一级加油加气合建站、CNG加气母站。

（2）城市建成区内的加油加气站，宜靠近城市道路，但不宜选在城市干道的交叉路口附近。

2. 防火间距

（1）加油加气站与重要公共建筑物的主要出入口（包括铁路、地铁和二级及以上公路的隧道出入口）距离尚不应小于50m。

（2）一、二级耐火等级民用建筑物面向加油站一侧的墙为无门窗洞口的实体墙时，油罐、加油机和通气管管口与该民用建筑物的距离，不应低于规范规定的安全间距的70%，但不得小于6m。

3. 站内平面布置

（1）加油加气作业区内，不得有“明火地点”或“散发火花地点”。

（2）加油加气站内设置的经营性餐饮、汽车服务等非站房所属建筑物或设施，不应布置在加油加气作业区内，其与站内可燃液体或可燃气体设备的防火间距，应符合《加油气规》第4.0.4条至第4.0.9条有关三类保护物的规定。经营性餐饮、汽车服务等设施内设置明火设备时，则应视为“明火地点”或“散发火花地点”。其中，对加油站内设置的燃煤设备不得按设置有油气回收系统折减距离。

（2）加油加气站的变配电间或室外变压器应布置在爆炸危险区域之外，且与爆炸危险区域边界线的距离不应小于3m。变配电间的起算点应为门窗等洞口。

（3）加油加气站内设置的经营性餐饮、汽车服务等非站房所属建筑物或设施，不应布置在加油加气作业区内。

（4）加油加气站内的爆炸危险区域，不应超出站区围墙和可用地界线。

（5）加油加气站的工艺设备与站外建（构）筑物之间，宜设置高度不低于2.2m的不燃烧体实体围墙。面向车辆入口和出口道路的一侧可设非实体围墙或不设围墙。

4.3 建筑防火

4.3.1 加油加气站防火要求

（1）加油加气站内的站房及其他附属建筑物的耐火等级不应低于二级。当罩棚顶棚的承重构件为钢结构时，其耐火极限可为 0.25h。

（2）加油岛、加气岛及汽车加油、加气场地宜设罩棚，罩棚应采用非燃烧材料制作，其有效高度不应小于 4.5m。罩棚边缘与加油机或加气机的平面距离不宜小于 2m。

（3）锅炉宜选用额定供热量不大于 140kW 的小型锅炉。当采用燃煤锅炉时，宜选用具有除尘功能的自然通风型锅炉。锅炉烟囱出口应高出屋顶 2m 及以上，且应采取防止火星外逸的有效措施。当采用燃气热水器采暖时，热水器应设有排烟系统和熄火保护等安全装置。

（4）布置有 LPG 或 LNG 设备的房间的地坪应采用不发生火花地面。

（5）站房的一部分位于加油加气作业区内时，该站房的建筑面积不宜超过 $300m^2$，且该站房内不得有明火设备。

（6）站房可与设置在辅助服务区内的餐厅、汽车服务、锅炉房、厨房、员工宿舍、司机休息室等设施合建，但站房与餐厅、汽车服务、锅炉房、厨房、员工宿舍、司机休息室等设施之间应设置无门窗洞口且耐火极限不低于 3.0h 的实体墙。

（7）当加油加气站内的锅炉房、厨房等有明火设备的房间与工艺设备之间的距离符合《加油气规》表 5.0.13 的规定但小于或等于 25m 时，其朝向加油加气作业区的外墙应为无门窗洞口且耐火极限不低于 3.0h 的实体墙。

（8）加油加气站作业区内不得种植油性植物。LPG 加气站作业区内不应种植树木和易造成可燃气体积聚的其他植物。

（9）加油加气站的电力线路宜采用电缆并直埋敷设。电缆穿越行车道部分，应穿钢管保护。当采用电缆沟敷设电缆时，电缆沟内必须充沙填实。电缆不得与油品、液化石油气和天然气管道、热力管道敷设在同一沟内。

（10）油罐、液化石油气罐和压缩天然气储气瓶组必须进行防雷接地。当加油加气站的站房和罩棚需要防直击雷时，应采用避雷带（网）保护 。地上或管沟敷设的油品、液化石油气和天然气管道的始、末端和分支处应设防静电和防感应雷的联合接地装置。加油加气站的汽油罐车和液化石油气罐车卸车场地，应设罐车卸车时用的防静电接地装置。

4.3.2 加油站的防火要求

（1）除橇装式加油装置所配置的防火防爆油罐外，加油站的汽油罐和柴油罐应埋地设置，严禁设在室内或地下室内。

（2）汽车加油站的储油罐应采用卧式钢制油罐。一、二级加油站的油罐宜设带有高液位报警功能的液位计。油罐车卸油必须采用密闭卸油方式。汽油罐车卸油宜采用卸油油气回收系统。汽油罐与柴油罐的通气管，应分开设置。管口应高出地面 4m 及以上。沿建筑物的墙（柱）向上敷设的通气管管口，应高出建筑物的顶面 1.5m 及以上。通气管管口应安装阻火器。

（3）加油机不得设在室内。加油站内的工艺管道应埋地敷设，且不得穿过站房等建、构筑物。当油品管道与管沟、电缆沟和排水沟相交叉时，应采取相应的防渗漏措施。

4.3.3　LPG加气站防火要求

（1）LPG储罐严禁设在室内或地下室内。在加油加气合建站和城市建成区内的加气站，液化石油气罐应埋地设置，且不宜布置在车行道下。当LPG加气站采用地下储罐池时，罐池底和侧壁应采取防渗漏措施。地上储罐的支座应采用钢筋混凝土支座，其耐火极限不应低于5.00h。加气机不得设在室内。

（2）LPG储罐的进液管、液相回流管和气相回流管上应设止回阀。出液管和卸车用的气相平衡管上宜设过流阀。止回阀和过流阀宜设在储罐内。储罐必须设置全启封闭式弹簧安全阀。安全阀与储罐之间的管道上应装设切断阀。地上储罐放散管管口应高出储罐操作平台2m及以上，且应高出地面5m及以上。地下储罐的放散管管口应高出地面5.0m及以上。放散管管口应垂直向上，底部应设排污管。放散管管口应设有防雨罩。在储罐外的排污管上应设两道切断阀，阀间宜设排污箱。对储罐内未设置控制阀门的出液管道和排污管道，应在储罐的第一道法兰处配备堵漏装置。储罐应设置检修用的放散管，其公称直径不应小于40mm，并宜与安全阀接管共用一个开孔。

（3）储罐必须设置就地指示的液位计、压力表和温度计以及液位上、下限报警装置。储罐宜设置液位上限限位控制和压力上限报警装置。

（4）液化石油气压缩机进口管道应设过滤器。出口管道应设止回阀和安全阀。进口管道和储罐的气相之间应设旁通阀。连接LPG槽车的液相管道和气相管道上应设安全拉断阀。加气机的液相管道上宜设事故切断阀或过流阀。

（5）加气站和加油加气合建站应设置紧急切断系统。液化石油气罐的出液管道和连接槽车的液相管道上应设紧急切断阀。紧急切断阀宜为气动阀。紧急切断系统至少应能在距卸车点5m以内、在控制室或值班室内和在加气机附近工作人员容易接近的位置启动。

4.3.4　CNG加气站防火要求

（1）CNG加气站的储气瓶（储气井）间宜采用开敞式或半开敞式钢筋混凝土结构或钢结构。屋面应采用非燃烧轻质材料制作。压缩天然气加气站的压缩机房宜采用单层开敞式或半开敞式建筑，净高不宜低于4m；屋面应为不燃烧材料的轻型结构。

（2）压缩机出口与第一个截断阀之间应设安全阀，压缩机进、出口应设高、低压报警和高压越限停机装置。压缩机组的冷却系统应设温度报警及停车装置。压缩机组的润滑油系统应设低压报警及停机装置。压缩机的卸载排气不得对外放散。压缩机排出的冷凝液应集中处理。

（3）加气站内压缩天然气的储气设施宜选用储气瓶或储气井。储气瓶组或储气井与站内汽车通道相邻一侧，应设安全防撞栏或采取其他防撞措施。

（4）加气机不得设在室内。加气机的进气管道上宜设置防撞事故自动切断阀。加气机的加气软管上应设拉断阀。加气机附近应设防撞柱（栏）。

（5）天然气进站管道上应设紧急切断阀。可手动操作的紧急切断阀的位置应便于发生事故时能及时切断气源。储气瓶组（储气井）进气总管上应设安全阀及紧急放散管、压力表及超压报警器。每个储气瓶（井）出口应设切断阀。储气瓶组（储气井）与加气枪之间应设储气瓶组（储气井）截断阀、主截断阀、紧急截断阀和加气截断阀。

（6）加气站内的天然气管道和储气瓶组应设置泄压保护装置，泄压保护装置应采取防塞和防冻措施。不同压力级别系统的放散管宜分别设置。放散管管口应高出设备平台及以管口为中心半径 12m 范围内的建（构）筑物 2m 及以上，且应高出所在地面 5m 及以上。

4.3.5 LNG 和 L-CNG 加气站防火要求

（1）在城市中心区内，各类 LNG 加气站应采用埋地 LNG 储罐、地下 LNG 储罐或半地下 LNG 储罐。

（2）非 LNG 罐装设备的地上 LNG 储罐等设备的设置，应符合下列规定：

1）LNG 储罐之间的净距不应小于相邻较大罐的直径的 1/2，且不应小于 2m。

2）LNG 储罐组四周应设防护堤，堤内的有效容量不应小于其中 1 个最大 LNG 储罐的容量。防护堤内地面应至少低于周边地面 0.1m，防护堤顶面应至少高于堤内地面 0.8 m，且应至少高出堤外地面 0.4 m。防护堤内踢脚线至 LNG 储罐的外壁净距不应小于 2 m。

3）防护堤内不应设置其他可燃液体储罐、CNG 储气瓶（组）或储气井。非明火汽化器和 LNG 泵可设置在防护堤内。

（3）箱式 LNG 灌装设备应符合下列规定：

1）LNG 灌装设备的主箱体内侧应设拦蓄池，拦蓄池的有效容量不应小于 LNG 储罐的容量，且拦蓄池侧板的高度不应小于 1.2m，LNG 储罐外壁至拦蓄池侧板的净距不应小于 0.3m。

2）地下或半地下 LNG 储罐宜采用卧式储罐，并应安装在罐池中。罐池应为不燃烧实体防护结构，能承受所容纳液体的静压及温度变化的影响，且不应渗漏。储罐的外壁到罐池内壁的距离不应小于 1m，同池内储罐的间距不应小于 1.5m。罐池深度≥2m 时，池壁顶高出罐池外地面不应小于 1m，当池壁顶高出罐池外地面 1.5m 及以上时，池壁可设置用不燃烧材料制作的实体门。半地下 LNG 储罐的池壁顶应至少高出罐顶 0.2m。储罐基础的耐火极限不应低于 3.00h。

（4）加气机不得设置在室内。

（5）当 LNG 管道需要采用封闭管沟敷设时，管沟应采用中性沙子填实。

4.4 消防设施

4.4.1 灭火器材配置

加油加气站工艺设备应配置灭火器材，并应符合下列规定：

（1）每 2 台加气机应配置不少于 2 具 4kg 手提式干粉灭火器，加气机不足 2 台应按 2 台配置。

（2）每 2 台加油机应配置不少于 2 具 4kg 手提式干粉灭火器，或 1 具 4kg 手提式干粉灭火器和 1 具 6L 泡沫灭火器。加油机不足 2 台应按 2 台配置。

（3）地上 LPG 储罐、地上 LNG 储罐、地下和半地下 LNG 储罐、CNG 储气设施，应配置 2 台不小于 35kg 推车式干粉灭火器。当两种介质储罐之间的距离超过 15m 时，应分别配置。

（4）地下储罐应配置1台不小于35kg推车式干粉灭火器。当两种介质储罐之间的距离超过15m时，应分别配置。

（5）LPG泵和LNG泵、压缩机操作间（棚），应按建筑面积每$50m^2$配置不少于2具4kg手提式干粉灭火器。

（6）一、二级加油站应配置灭火毯5块、沙子$2m^3$；三级加油站应配置灭火毯不少于2块、沙子$2m^3$。加油加气合建站应按同级别的加油站配置灭火毯和沙子。

4.4.2　消防给水设施

（1）加油加气站的LPG设施应设置消防给水系统。

（2）设置有地上LNG储罐的一、二级LNG加气站和地上LNG储罐总容积大于$60m^3$的合建站应设消防给水系统，但符合下列条件之一时可不设消防给水系统：

1）LNG加气站位于市政消火栓保护半径150m以内，且能满足一级站供水量不小于20 L/s或二级站供水量不小于15 L/s时。

2）LNG储罐之间的净距不小于4m，且在LNG储罐之间设置耐火极限不低于3.00h的钢筋混凝土防火隔墙。防火隔墙顶部高于LNG储罐顶部，长度至两侧防护堤，厚度不小于200mm。

3）LNG加气站位于城市建成区以外，且为严重缺水地区；LNG储罐、放散管、储气瓶组、卸车点与站外建（构）筑物的安全间距，不小于《加油气规》表4.0.8和表4.0.9规定的安全间距的2倍；LNG储罐之间的净距不小于4m。

（3）加油站、CNG加气站、三级LNG加气站和采用埋地、地下和半地下LNG储罐的各级LNG加气站及合建站，可不设消防给水系统。合建站中地上LNG储罐总容积不大于$60m^3$时，可不设消防给水系统。

（4）LPG设施的消防给水设计应符合下列规定：

1）LPG储罐采用地上设置的加气站，消火栓消防用水量不应小于20 L/s；总容积大于$50m^3$的地上LPG的储罐还应设置固定式消防冷却水系统，其冷却水供给强度不应小于$0.15L/m^2 \cdot s$，着火罐的供水范围应按其全部表面积计算，距着火罐直径与长度之和0.75倍范围内的相邻储罐的供水范围，可按相邻储罐表面积的一半计算。

2）采用埋地LPG储罐的加气站，一级站消火栓消防用水量不应小于15 L/s；二级站和三级站消火栓消防用水量不应小于10 L/s。

3）LPG储罐地上布置时，连续给水时间不应少于3h；LPG储罐埋地敷设时，连续给水时间不应少于1h。

（5）按《加油气规》第10.2.2条规定，应设消防给水系统的LNG加气站及加油加气合建站，其消防给水设计应符合下列规定：

1）一级站消火栓消防用水量不应小于20 L/s，二级站消火栓消防用水量不应小于15 L/s。

2）连续给水时间不应少于2h。

（6）消防水泵宜设2台。当设2台消防水泵时，可不设备用泵。当计算消防用水量超过35L/s时，消防水泵应设双动力源。

（7）LPG 设施的消防给水系统利用城市消防给水管道时，室外消火栓与 LPG 储罐的距离宜为 30 ~ 50m。三级站的 LPG 储罐距市政消火栓不大于 80m，且市政消火栓给水压力大于 0.2MPa 时，站内可不设消火栓。

（8）固定式消防喷淋冷却水的喷头出口处给水压力不应小于 0.2MPa。移动式消防水枪出口处给水压力不应小于 0.2MPa，并应采用多功能水枪。

4.4.3 火灾报警系统

（1）加气站、加油加气合建站应设置可燃气体检测报警系统。

（2）加气站、加油加气合建站内设置有 LPG 设备、LNG 设备的场所和设置有 CNG 设备（包括罐、瓶、泵、压缩机等）的房间内、罩棚下，应设置可燃气体检测器。

（3）可燃气体检测器一级报警设定值应小于或等于可燃气体爆炸下限的 25%。

（4）LPG 储罐和 LNG 储罐应设置液位上限、下限报警装置和压力上限报警装置。

（5）报警控制器宜集中设置在控制室或值班室内。

（6）报警系统应配有不间断电源。

（7）加油加气站应设置紧急切断系统，该系统应能在事故状态下迅速切断加油泵、LPG 泵、LNG 泵、LPG 压缩机、CNG 压缩机的电源和关闭重要的 LPG、CNG、LNG 管道阀门。紧急切断系统应具有失效保护功能。

4.4.4 供配电

（1）加油加气站的供电负荷等级可分为三级，信息系统应设不间断供电电源。

（2）加油站、LPG 加气站、加油和 LPG 加气合建站的供电电源，宜采用电压为 380/220V 的外接电源；CNG 加气站、LNG 加气站、L-CNG 加气站、加油和 CNG（或 LNG 加气站、L-CNG 加气站）加气合建站的供电电源，宜采用电压为 6/10kV 的外接电源。加油加气站的供电系统应设独立的计量装置。

（3）加油站、加气站及加油加气合建站的消防泵房、罩棚、营业室、LPG 泵房、压缩机间等处，均应设事故照明。

（4）当引用外电源有困难时，加油加气站可设置小型内燃发电机组。内燃机的排烟管口，应安装阻火器。排烟管口至各爆炸危险区域边界的水平距离，应符合下列规定：

1）排烟口高出地面 4.5m 以下时不小于 5m。

2）排烟口高出地面 4.5m 及以上时不小于 3m。

（5）加油加气站的电力线路宜采用电缆并直埋敷设。电缆穿越行车道部分，应穿钢管保护。

（6）当采用电缆沟敷设电缆时，加油加气作业区内的电缆沟内必须充沙填实。电缆不得与油品、LPG、LNG 和 CNG 管道以及热力管道敷设在同一沟内。

（7）加油加气站内爆炸危险区域以外的照明灯具，可选用非防爆型。罩棚下处于非爆炸危险区域的灯具，应选用防护等级不低于 IP44 级的照明灯具。

4.4.5 防雷、防静电

（1）钢制油罐、LPG 储罐、LNG 储罐和 CNG 储气瓶（组）必须进行防雷接地，接地点不应少于两处。CNG加气母站和CNG加气子站的车载CNG储气瓶组拖车停放场地，应设两处临时用固定防雷接地装置。

（2）加油加气站的电气接地应符合下列规定：

1）防雷接地、防静电接地、电气设备的工作接地、保护接地及信息系统的接地等，宜共用接地装置，其接地电阻应按其中接地电阻值要求最小的接地电阻值确定。

2）当各自单独设置接地装置时，油罐、LPG储罐、LNG储罐和CNG储气瓶组的防雷接地装置的接地电阻、配线电缆金属外皮两端和保护钢管两端的接地装置的接地电阻，不应大于10Ω，电气系统的工作和保护接地电阻不大于4Ω，地上油品、LPG、CNG和LNG管道始、末端和分支处的接地装置的接地电阻不大于30Ω。

（3）当LPG储罐的阴极防腐符合下列规定时，可不另设防雷和防静电接地装置：

1）LPG储罐采用牺牲阳极法进行阴极防腐时，牺牲阳极的接地电阻不大于10Ω，阳极与储罐的铜芯连线横截面面积不应小于16mm^2。

2）LPG储罐采用强制电流法进行阴极防腐时，接地电极应采用锌棒或镁锌复合棒，其接地电阻≤10Ω，接地电极与储罐的铜芯连线横截面面积不应小于16mm^2。

（4）埋地钢制油罐、埋地LPG储罐和埋地LNG储罐，以及非金属油罐顶部的金属部件和罐内的各金属部件，应与非埋地部分的工艺金属管道相互作电气连接并接地。

（5）加油加气站内油气放散管在接入全站共用接地装置后，可不单独做防雷接地。

（6）当加油加气站内的站房和罩棚等建筑物需要防直击雷时，应采用避雷带（网）保护。

（7）加油加气站的信息系统应采用铠装电缆或导线穿钢管配线。配线电缆金属外皮两端、保护钢管两端均应接地。

（8）加油加气站信息系统的配电线路首、末端与电子器件连接时，应装设与电子器件耐压水平相适应的过电压（电涌）保护器。

（9）380/220V供配电系统宜采用TN—S系统，当外供电源为380V时，可采用TN—C—S系统。供电系统的电缆金属外皮或电缆金属保护管两端均应接地，在供配电系统的电源端应安装与设备耐压水平相适应的过电压（电涌）保护器。

（10）地上或管沟敷设的油品管道、LPG管道、LNG管道和CNG管道，应设防静电和防感应雷的共用接地装置，其接地电阻不大于30Ω。

（11）加油加气站的汽油罐车、LPG罐车和LNG罐车卸车场地和CNG加气子站内的车载储气瓶组的卸气场地，应设卸车或卸气时用的防静电接地装置，并应设置能检测跨接线及监视接地装置状态的静电接地仪。

（12）在爆炸危险区域内工艺管道上的法兰、胶管两端等连接处，应用金属线跨接。当法兰的连接螺栓不少于5根时，在非腐蚀环境下可不跨接。

（13）采用导静电的热塑性塑料管道时，导电内衬应接地；采用不导静电的热塑性塑料管道时，不埋地部分的热熔连接件应保证长期可靠的接地，也可采用专用的密封帽将连接管件的电熔插孔密封，管道或接头的其他导电部件也应接地。

（14）防静电接地装置的接地电阻不大于100Ω。

（15）油品罐车、LPG罐车、LNG罐车卸车场地内用于防静电跨接的固定接地装置，不应设置在爆炸危险1区。

历年真题研究

【2015-42】某加油站设置了 1 个容积为 $30m^3$ 的 93#汽油罐，1 个容积为 $30m^3$ 的 95#汽油罐。1 个容积为 $20m^3$ 的 97#汽油罐，1 个容积为 $50m^3$ 的柴油罐。按照《汽车加油加气站设计与施工规范》（2014 年版）的规定，该加油站的等级应是（　　）。

A. 一级　　B. 三级　　C. 四级　　D. 二级

【答案】D

【解析】见本章内容。

【2015-63】某新建的汽车加油、加气合建站，设置消防设施时，下列说法中，错误的是（　　）。

A. 在 LNG 储存和加气站应设置可燃气体检测报警系统

B. 设置 2 台消防水泵时，可不设备用消防水泵

C. 在加油站的罩棚下应设置事故照明灯

D. 可燃气体检测器的一级报警值应设定为天然气爆炸下限的 30%

【答案】D

【解析】可燃气体检测器一级报警设定值应小于或等于可燃气体爆炸下限的 25%。D 错误。

【2015-98】下列城市汽车加油加气站中，应设消防给水系统的有（　　）。

A. 一级加油站　　B. 压缩天然气储罐埋地设置的加气站

C. 二级液化石油气加气站　　D. 加油和液化石油气加气合建站

E. 压缩天然气储罐埋地设置的加油加气合建站

【答案】CD

【解析】见本章内容。

【2016-11】下列关于汽车加油加气站的消防设施设置和灭火器材配置的说法中，错误的是（　　）。

A. 加气机应配置手提干粉灭火器

B. 合建站中地上 LPG 设施应设置消防给水系统

C. 二级加油站应配置灭火毯 3 块、沙子 $2m^3$

D. 合建站中地上 LNG 储罐总容积不大于 $60m^3$ 时，可不设置消防给水系统

【答案】C

【解析】一、二级加油站应配置灭火毯 5 块、沙子 $2m^3$，C 错误。

【2016-23】某汽车加油站 2 个单罐容积为 $30m^3$ 的汽油罐，1 个单罐容积为 $50m^3$ 柴油罐。该加油站的等级是（　　）。

A. 一级　　B. 二级　　C. 三级　　D. 四级

【答案】C

【解析】该加油站油罐总容积 $V=2\times30+50/2=85(m^3)$，应为三级加油站。

【2016-82】下列汽车加油加气站中，不应在城市中心建设的有（　　）。

A. 一级加油站　　B. LNG 加气站

C. CNG 常规加气站　　D. 一级加气站

E. 一级加油加气站

【答案】ADE

【解析】在城市中心区不应建一级加油站、一级加气站、一级加油加气合建站、CNG 加气母站。

【2017-38】下列加油加气站组合允许联合建站的是（　　）。

A. LPG 加气站与加油站　B. CNG 加气母站与加油站

C. CNG 加气母站与 LNG 加气站　D. LPG 加气站与 CNG 加气站

【答案】A

【解析】见本章内容。

【2018-16】根据现行国家标准《汽车加油加气站设计与施工规范》（GB 50156），LPG 加气站内加气机与学生人数为 560 人的中学教学楼的最小安全间距应为（　　）m。

A. 18　B. 25　C. 100　D. 50

【答案】C

【解析】重要公共建筑与 LPG 加气站内加气机的最小安全距离不应小于 100m。

第 5 章 发电厂与变电站防火

助考知识要点

◆火力发电厂：耐火等级二级，丁类

◆变电站的火灾危险性：电力变压器火灾，油断路器火灾、电缆火灾

◆油浸变压器室：耐火等级一级，丙类

记忆思维导图（图 4. 5-1）

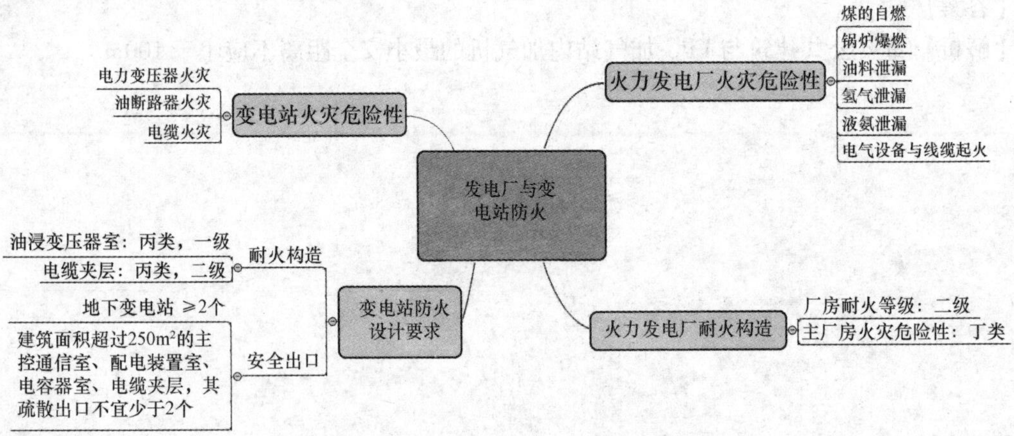

图 4. 5-1 发电厂与变电站防火记忆思维导图

内容归纳解析

5.1 火力发电厂的防火设计

1. 火力发电厂耐火构造

（1）火力发电厂主厂房（包括汽轮发电机房、除氧间、煤仓间和锅炉房），其生产过程中的火灾危险性为丁级，要求厂房的建筑构件的耐火等级为二级。

（2）对钢结构，在容易发生火灾的部位需采取必要的防火保护措施，以达到防火要求。建筑构件允许采用难燃烧材料（难燃烧体），但耐火极限不应低于 0. 75h。

（3）管道井、电缆井、排气道、垃圾道等竖向管井必须独立建造，其井壁应为耐火极限不低于 1. 0h 的不燃烧体。

（4）根据防火分区划分，合理设置防火墙，在防火墙上不应设门窗洞口；如必须开设，则应设耐火极限不低于 1. 5h 的防火门窗。

2. 安全疏散设计要求

（1）主厂房各车间（汽机房、除氧间、煤仓间、锅炉房、集中控制楼）的安全出口均不应少于 2 个。上述安全出口可利用通向相邻车间的门作为第二安全出口。但每个车间地面层至少必须有 1 个直通室外的出口。主厂房内最远工作地点到外部出口或楼梯的距离不应超过 50m。

（2）集中控制楼内控制室的疏散出口不应少于 2 个，当建筑面积小于 $60m^2$ 时可设 1 个。

（3）集中控制楼至少应设置 1 个通至各层的封闭楼梯间。

（4）配电装置室内最远点到疏散出口的直线距离不应大于 15m。

（5）碎煤机室、转运站及筒仓带式输送机层至少应设置 1 个安全出口。安全出口可采用敞开式钢楼梯。其净宽不应小于 0. 8m、坡度不应大于 45°。与其相连的运煤栈桥不应作为安全出口。当运煤栈桥长度超过 200m 时，应加设中间安全出口。

（6）主控制楼、屋内配电装置楼各层及电缆夹层的安全出口不应少于 2 个，其中 1 个安全出口可通往室外楼梯。当屋内配电装置楼长度超过 60m 时，应加设中间安全出口。

（7）电缆隧道两端均应设通往地面的安全出口；当其长度超过 100m 时，安全出口的间距不应超过 75m。

（8）卸煤装置的地下室两端及运煤系统的地下建筑物尽端，应设置通至地面的安全出口。

当地下室的长度超过 200m 时，安全出口的间距不应超过 100m。

3. 室内消火栓设置场所

（1）下列建筑物或场所应设置室内消火栓

1）主厂房（包括汽机房和锅炉房的底层、运转层；煤仓间各层；除氧器层；锅炉燃烧器各层平台）。

2）集中控制楼，主控制楼，网络控制楼，微波楼。继电器室，屋内高压配电装置（有充油设备），脱硫控制楼。

3）屋内卸煤装置，碎煤机室，转运站，筒仓皮带层，室内贮煤场。

4）解冻室，柴油发电机房。

5）生产、行政办公楼，一般材料库，特殊材料库。

6）汽车库。

（2）下列建筑物或场所可不设置室内消火栓

脱硫工艺楼，增压风机室，吸收塔，吸风机室，屋内高压配电装置（无油），除尘构筑物，运煤栈桥，运煤隧道，油浸变压器检修间，油浸变压器室，供、卸油泵房，油处理室，岸边水泵房、中央水泵房，灰浆、灰渣泵房，生活消防水泵房，稳定剂室、加药设备室，进水、净水构筑物，冷却塔，化学水处理室，循环水处理室，启动锅炉房，供氢站，推煤机库，消防车库，贮氢罐，空气压缩机室（有润滑油），热工、电气、金属实验室，天桥，排水、污水泵房，各分场维护间，污水处理构筑物，电缆隧道，材料库棚，机车库，警卫传达室。

4. 防烟排烟系统防火设计要求

（1）合理选用排烟风机（用于排烟的风机主要有离心风机和轴流风机两种，必要时选用耐高温的专用轴流风机）。

（2）计算机室、控制室、电子设备间，应设排烟设施，机械排烟系统的排烟量可按房间换气次数每小时不小于6次计算。

（3）防烟、排烟设备的电气控制，应包括对排烟口、送（排）风机和活动式挡烟垂壁等的控制，同时对与防烟排烟有关的防火门、防火阀等联动设备等进行控制。

5. 火灾自动报警系统设计要求

（1）消防控制室应与单元控制室或主控制室合并设置。

（2）200MW机组及上容量的发电厂的火灾报警区域的设置是：每台机组为一个火灾报警区域；网络控制楼、微波楼和通信楼为一个火灾报警区域；运煤系统为一个火灾报警区域，且火灾探测器及相关连接件应为防水型；点火油罐区为一个火灾报警区域，且火灾探测器及相关连接件应为防爆型。

（3）选择火灾探测器时应注意高频电磁干扰、粉尘积聚和热、湿等，以免在火灾发生时探测器拒报或平时误报。

（4）事故广播通过语音广播向火灾及临近场所发出信号，引导建筑内人员迅速撤离火灾危险区域，应按规范要求合理设置，当火灾确认后，应能够将生产广播切换到火灾应急广播。

6. 灭火系统设计要求

（1）除建设消防站、配备消防车辆、设置消火栓并配置移动式灭火器外，还需为火灾危险性较大的部位和设施设置固定灭火系统。

（2）对于机组容量为300MW及以上的燃煤电厂，其火灾危险性较大的重点部位和设施以及对发电至关重要的场所通常所采用的灭火系统形式如下：

1）自动喷水与水喷雾灭火系统。适用于汽轮机油箱、电液装置（抗燃油除外）、氢密封油装置汽机运转层下及中间层油管道 、给水泵油箱（抗燃油除外）、汽机贮油箱（主厂房内）、锅炉本体燃烧器、磨煤机润滑油箱、回转式空气预热器（本体内消防，由其制造厂提供）、电缆夹层、主变压器、启动/备用变压器、高压厂用变压器、封闭式运煤栈桥或运煤隧道（燃用褐煤或易自燃高挥发分煤种）、煤仓间带式输送机层、柴油发电机室及油箱。水喷雾灭火系统在设计中应考虑设置场所环境条件，管道、阀门、喷头锈蚀和寒冷地区的冰冻以及杂质进入等均会影响系统的有效性。

2）气体灭火系统。集中控制楼内的单元控制室、电子设备间、电气继电器室、DCS工程师站房或计算机房、原煤仓、煤粉仓（无烟煤除外）（惰化），宜采用组合分配气体灭火系统，灭火剂宜设100%备用。

3）泡沫灭火系统。点火油罐区宜采用低倍数或中倍数泡沫灭火系统，其中，单罐容量大于200m^3的油罐应采用固定式泡沫灭火系统，单罐容量小于200m^3的油罐可采用移动式泡沫灭火系统。

7. 消防供电系统设计要求

（1）自动灭火系统、与消防有关的电动阀门及交流控制负荷，当单台发动机容量为200MW及以上时应按保安负荷供电。

（2）当单台发动机容量为200MW以下时应按Ⅰ类负荷供电。

（3）消防水泵是全厂消防水系统的核心，单机容量为25MW以上的火力发电厂应按Ⅰ类负荷供电，单机容量为25MW及以下的火力发电厂应按Ⅱ类负荷供电。

（4）上级电源某段母线发生故障时，为保证消防用电设备仍能保持一路电源供电，当消防用电设备采用双电源或双回路供电时，它应在最末一级配电箱处切换。

（5）消防用电设备配线宜采用耐火配线或耐热配线。当采用双电源或双回路供电有困难时，应采用柴油发电机作备用电源。

8. 消防应急照明系统设计要求

（1）人员疏散的应急照明，在主要通道地面上的最低照度值，不应低于1.0lx。

（2）单机容量为200MW及以上的发电厂，由于有交流事故保安电源，因此发生交流厂用电停电事故时，除有蓄电池组对照明负荷供电外，还有条件利用交流事故保安电源供电。

（3）为了尽量减少事故照明回路对直流系统的影响，保证大机组控制、保护、自动装置等回路安全可靠地运行，对200MW及以上机级的应急照明，根据生产场所的重要性和供电的经济合理性，采用不同的供电方式。

（4）远离主厂房生产车间的应急照明设计推荐采用带有备用电源的应急照明方式。

5.2　变电站的防火设计要求

1. 建筑防火设计要求

（1）设置带油电气设备的建（构）筑物与贴邻或靠近该建（构）筑物的其他建（构）筑物之间应设置防火墙，控制室室内装修应采用不燃材料。

（2）地下变电站每个防火分区的建筑面积不应大于1000m^2。设置自动灭火系统的防火分区，其防火分区面积可增大1.0倍；当局部设置自动灭火系统时，增加面积可按局部面积的1.0倍计算。

（3）当变电站内建筑的火灾危险性为丙类且建筑的占地面积超过3000m^2时，变电站内的消防车道宜布置成环形；当为尽端式车道时，应设回车场地或回车道。

2. 电气设备与电缆敷设防火设计要求

（1）总油量超过100kg的室内油浸变压器，应设置单独的变压器室。

（2）35kV及以下室内配电装置当未采用金属封闭开关设备时，其油断路器，油浸电流互感器和电压互感器，应设置在两侧有不燃烧实体墙的间隔内；35kV及以上室内配电装置应安装在有不燃烧实体墙的间隔内，不燃烧实体墙的高度不应低于配电装置中带油设备的高度。

（3）室内单台总油量为1000kg以上的电气设备，应设置贮油或挡油设施。挡油设施的容积宜按油量的20%设计，并应设置将事故油排至安全处的设施；当不能满足上述要求且变压器未设置水喷雾灭火系统时，应设置能容纳全部油量的贮油设施。地下变电站的变压器应设置能贮存最大一台变压器油量的事故贮油池。当设置有油水分离措施的总事故贮油池时，其容量宜按最大一个油箱容量的60%确定。贮油或挡油设施应大于变压器外廓每边各1m。贮油设施内应铺设卵石层，其厚度不应小于250mm，卵石直径宜为50~80mm。

（4）电缆从室外进入室内的入口处、电缆竖井的出入口处、电缆接头处、主控制室与电缆夹层之间以及长度超过100m的电缆沟或电缆隧道，均应采取防止电缆火灾蔓延的阻燃或分隔措施。

（5）220kV及以上变电站，当电力电缆与控制电缆或通信电缆敷设在同一缆沟或电缆隧道内时，宜采用防火槽盒或防火隔板进行分隔。地下变电站电缆夹层宜采用 C 类或 C 类以上的阻燃电缆。

3. 安全疏散设计要求

（1）变压器室、电容器室、蓄电池室、电缆夹层、配电装置室的门应向疏散方向开启；当门外为公共走道或其他房间时，该门应采用甲级防火门。

（2）建筑面积超过 250m^2 的主控通信室、配电装配室、电容器室、电缆夹层，其疏散出口不宜小于两个，楼层的第二个出口可设在固定楼梯的室外平台处。当配电装置室的长度超过 60m 时，应增设一个中间疏散出口。

（3）地下变电站安全出口数量不应少于 2 个。地下室与地上层不应共用楼梯间，当必须共用楼梯间时，应在地上首层采用耐火极限不低于 2.00h 的不燃烧体隔墙和乙级防火门，将地下或半地下部分与地上部分的连通部分完全隔开，且应有明显标志。地下变电站楼梯间应设乙级防火门，并向疏散方向开启。

4. 消防给水及消防设施设计要求

（1）消防给水系统。变电站的规划和设计，应同时设计消防给水系统，消防水源应有可靠的保证；变电站同一时间内的火灾次数应按一次确定。当室内消防用水总量大于 10L/s 时，地下变电站外应设置水泵接合器及室外消火栓。水泵接合器和室外消火栓应有永久性的明显标志。变电站消防给水量应按火灾时一次最大室内和室外消防用水量之和计算。设有消防给水的地下变电站，必须设置消防排水设施。变电站户外配电装置区域（采用水喷雾的主变压器除外）可不设消火栓。

（2）灭火系统。单台容量为 125MW 及以上的主变压器应设置水喷雾系统、合成型泡沫喷雾系统或其他固定式灭火装置。其他带油点电气设备，宜采用干粉灭火器。地下变电站的油浸变压器，宜采用固定式灭火系统。

（3）火灾自动报警系统。变电站中的以下场所和设备应采用火灾自动报警系统：

1）主控通信室、配电装置室、可燃介质电容器室、继电器室。

2）地下变电站、无人值班的变电站，其主控通信室、配电装置室、可燃介质电容器室、继电器室应设置火灾自动报警系统，无人值班变电站应将火警信号上传至上级有关单位。

3）采用固定灭火系统的油浸变压器。

4）地下变电站的油浸变压器。

5）220kV 及以上变电站的电缆夹层及电缆竖井。

6）地下变电站、户内无人值班的变电站的电缆夹层及电缆竖井。

5. 采暖、通风和空气调节系统防火设计要求

（1）所有采暖区域严禁采用明火取暖。

（2）电气配电装置室应设置机械排烟装置，其他房间的排烟设计应符合《建规》的规定。

（3）当火灾发生时，送、排风系统和空调系统应能自动停止运行。当采用气体灭火系统时，穿过防护区的通风或空调风道上的防火阀应能立即自动关闭。

6. 消防供电设计要求

（1）消防水泵、电动阀门、火灾探测报警与灭火系统、火灾应急照明应按Ⅱ类负荷供电。

(2) 当消防用电设备采用双电源或双回路供电时，应在最末一级配电箱处自动切换。

(3) 应急照明可采用蓄电池作为备用电源，其连续供电时间不应少于 20min。

(4) 消防用电设备应采用单独的供电回路，当发生火灾切断生产、生活用电时，仍应保证消防用电，其配电设备应设置明显标志。

(5) 消防用电设备的配电线路应满足发生火灾时连续供电的需要。

7. 消防应急照明设计要求

(1) 户内变电站和户外变电站的主控通信室、配电装置室、消防水泵房和建筑疏散通道应设置应急照明。

(2) 地下变电站的主控通信室、配电装置室、消防水泵房和建筑疏散通道和楼梯间应设置应急照明。

(3) 地下变电站的疏散通道和安全出口应设置发光疏散指示标志。

(4) 人员疏散时使用的应急照明的照度不应低于 0.5lx，继续工作应急照明不应低于正常照明照度值的 10%。

(5) 应急照明灯宜设置在墙面或顶棚上。

历年真题研究

【2016-79】某燃煤火力发电厂，单机容量为 200MW，总容量为 1000MW。下列关于该电厂消防设施的做法中，错误的是（　　）。

A. 消防控制室与主控制室合并设置　　B. 贮煤场的室外消防用水量采用 15L/s

C. 设置控制中心火灾自动报警系统　　D. 主厂房周围采用环状消防给水管网

【答案】B

【解析】贮煤场的消防用水量不应少于 20L/s，B 错误。

【2017-60】某机组容量为 350MW 的燃煤发电厂的下列灭火系统设置中，不符合规范要求的是（　　）。

A. 汽机房电缆夹层采用自动喷水灭火系统

B. 封闭式运煤栈桥采用自动喷水灭火系统

C. 电子设备间采用气体灭火系统

D. 点火油罐区采用低倍数泡沫灭火系统

【答案】A

【解析】汽机房电缆夹层应采用水喷雾、细水雾或气体灭火系统。

【2017-82】某地下变电站，主变压器容量为 150MV·A，该变电站的下列防火设计方案中，不符合规范要求的有（　　）。

A. 继电器室设置感温火灾探测器

B. 主控通信室设计火灾自动报警系统及疏散应急照明

C. 变压器设置水喷雾灭火系统

D. 电缆层设置感烟火灾探测器

E. 配电装置室采用火焰探测器

【答案】AE

【解析】变电站继电器室应设置感烟或吸气式感烟火灾探测器，电缆层设置线型感温、感烟或吸气式感烟火灾探测器，配电装置室采用感烟、线型感烟或吸气式感烟火灾探测器，A、E 不符合规范要求。

【2018-10】根据现行国家标准《火力发电厂与变电站设计防火规范》，下列燃煤电厂内的建筑物或场所中，可以不设置室内消火栓的是（　　）。

A. 网络控制楼　　B. 脱硫工艺楼　　C. 解冻室　　D. 集中控制楼

【答案】B

【解析】脱硫工艺楼可不设置室内消火栓。

【2018-38】某 35kV 地下变电站，设有自动灭火系统，根据现行国家标准《火力发电厂与变电站设计防火规范》，该变电站最大防火分区建筑面积为（　　）m^2。

A. 600　　B. 2000　　C. 1000　　D. 1200

【答案】B

【解析】地下变电站每个防火分区的建筑面积不应大于 $1000m^2$。设置自动灭火系统的防火分区，其防火分区面积可增大 1.0 倍。B 正确。

【2018-47】根据现行国家标准《火力发电厂与变电站设计防火规范》，变电站内的总事故贮油池与室外油浸变压器的最小安全距离应为（　　）m。

A. 10　　B. 15　　C. 5　　D. 18

【答案】C

【解析】参见《火电规》表 11.1.4 中规定。

第 6 章　飞机库防火

助考知识要点

◆防火间距：两座相邻飞机库之间的防火间距≥13.0m

◆消防车道：设环形消防车道，消防车道净宽度≥6.0m

◆防火分区：Ⅰ类飞机库 $50000m^2$、Ⅱ类飞机库 $5000m^2$、Ⅲ类飞机库 $3000m^2$

◆安全疏散：2 个安全出口；最远点到安全出口≤75.0m

◆电气设计：Ⅰ、Ⅱ类飞机库，一级负荷；Ⅲ类飞机库，二级负荷

记忆思维导图（图 4.6-1）

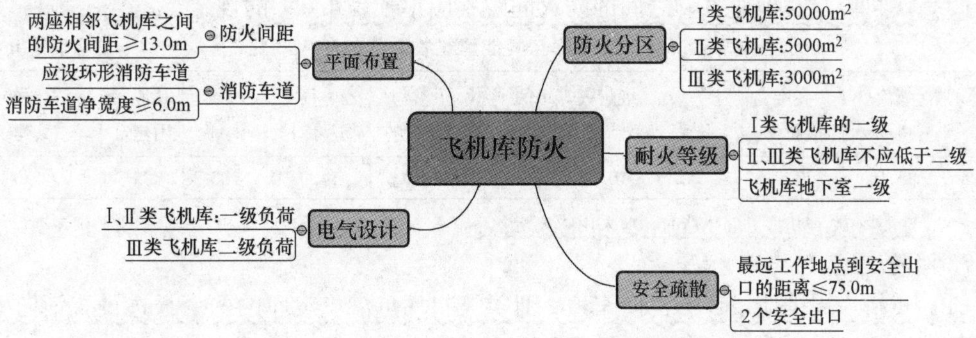

图 4.6-1　飞机库灭火系统记忆思维导图

内容归纳解析

6.1　总平面布局和平面布置

1. 一般规定

（1）危险品库房、装有油浸电力变压器的变电所不应设置在飞机库内或与飞机库贴邻建造。

（2）飞机停放和维修区与其贴邻建筑的生产辅助用房之间的防火分隔措施，应根据生产辅助用房的使用性质和火灾危险性确定：与办公楼、飞机部件喷漆间、飞机座椅维修间、航材库、配电室和动力站等生产辅助用房应隔开，防火墙上的门应采用甲级防火门或耐火极限不低于 3.00h 的防火卷帘；与单层维修工作间、办公室、资料室和库房等应采用耐火极限不低于 2.00h 的隔墙隔开，隔墙上的门应采用乙级防火门窗或耐火极限不低于 2.00h 的防火卷帘。

(3) 飞机库内不宜设置办公室、资料室、休息室等用房，需设置少量这些用房时，宜靠外墙设置，并应有直通安全出口或疏散走道的措施，办公室、资料室、休息室等用房与飞机停放和维修区之间应采用耐火极限不低于2.00h的不燃烧体隔墙和1.50h的顶板隔开，隔墙上的门窗应为甲级防火门窗。

(4) 甲、乙、丙类火灾危险性的使用场所和库房不得设在飞机库地下或半地下室内。甲、乙、丙类物品暂存间不应设置在飞机库内。当设置在贴邻飞机库的生产辅助用房区内时，应靠外墙设置并应设置直接通向室外的安全出口，与其他部位之间必须用防火隔墙和耐火极限不低于1.50h的不燃烧体楼板隔开。甲、乙、丙类物品暂存量应按不超过一昼夜的生产用量设计，并应采取防止可燃液体流淌扩散的措施。

2. 防火间距

(1) 一般情况下，两座相邻飞机库之间的防火间距≥13.0m。但当两座飞机库相邻的较高一面的外墙为防火墙时，其防火间距不限。

(2) 当两座飞机库相邻的较低一面外墙为防火墙，且较低一座飞机库屋面结构的耐火极限不低于1.00h时，其防火间距≥7.5m。

(3) 飞机库与其他建筑物之间的防火间距不应小于表4.6-1的规定。

表4.6-1　飞机库与其他建筑物之间的防火间距　(单位：m)

建筑物名称	喷漆机库	高层航材库	一、二级耐火等级的丙、丁、戊类厂房	甲类物品库房	乙、丙类物品库房	机场油库	其他民用建筑	重要的公共建筑
飞机库	15.0	13.0	10.0	20.0	14.0	100	25	50

注：当飞机库与喷漆机库贴邻建造时，应采用防火墙隔开。

3. 消防车道

(1) 飞机库周围应设环形消防车道，Ⅲ类飞机库可沿飞机库的两个长边设置消防车道。当设置尽头式消防车道时，应设置回车场。

(2) 飞机库的长边长度大于220.0m时，应设置进出飞机停放和维修区的消防车出入口，消防车出入飞机库的门净宽≥车宽加1.00m，门净高度≥车高加0.5m，且门的净宽度和净高度均≥4.5m。

(3) 消防车道的净宽度≥6.0m，消防车道边线距飞机库外墙≥5.0m，消防车道上空4.5m以下范围内不应有障碍物。

(4) 供消防车取水的天然水源地或消防水池处，应设置消防车道和回车场。

6.2　飞机库的防火分区和耐火等级

1. 防火分区

(1) 飞机库可分为Ⅰ、Ⅱ、Ⅲ类，各类飞机库内飞机停放和维修区的防火分区允许最大建筑面积应符合表4.6-2规定。

表4.6-2　防火分区允许最大建筑面积　(单位：m^2)

类别	Ⅰ类飞机库	Ⅱ类飞机库	Ⅲ类飞机库
防火分区允许最大建筑面积	50000	5000	3000

（2）飞机库内的防火分区之间应采用防火墙分隔，确有困难的局部开口可采用耐火极限不低于 3.00h 的防火卷帘。防火墙上的门应采用在火灾时能自行关闭的甲级防火门，门或卷帘应与其两侧的火灾探测系统连锁关闭，并应同时具有手动和机械操作的功能。

2. 耐火等级：分为一级和二级

（1）Ⅰ类飞机库的耐火等级应为一级，Ⅱ、Ⅲ类飞机库的耐火等级不应低于二级，飞机库地下室的耐火等级应为一级。

（2）飞机库建筑构件的燃烧性能均应为不燃烧体，其耐火极限不应低于表 4.6-3 规定。

表 4.6-3　建筑构件的耐火极限　（单位：h）

构件名称		耐火等级	
		一级	二级
防火墙		3.00	3.00
墙	承重墙	3.00	2.50
	楼梯间、电梯井的墙	2.00	2.00
	非承重墙、疏散走道两侧的隔墙	1.00	1.00
	房间隔墙	0.75	0.50
柱	支承多层的柱	3.00	2.50
	支承单层的柱	2.50	2.00
	柱间支撑	1.50	1.00
梁		2.00	1.50
楼板、疏散楼梯、屋顶承重构件		1.50	1.00
吊顶		0.25	0.25

（3）在飞机停放和维修区内，支承屋顶承重构件的钢柱和柱间钢支撑应采取防火隔热保护措施，并达到相应耐火等级建筑要求的耐火极限。

（4）飞机库飞机停放和维修区屋顶金属承重构件采取外包防火隔热板或喷涂防火隔热涂料等措施进行防火保护，当采用泡沫-水雨淋系统或采用自动喷水灭火系统后，屋顶可采用无防火保护的金属构件。

6.3　飞机库的耐火构造

（1）飞机库的防火墙应设置在基础上或相同耐火极限的承重构件上。

（2）飞机库的外围结构、内部隔墙和屋面保温隔热层均应采用不燃烧材料。飞机库大门及采光材料应采用不燃烧或难燃烧材料。

（3）输送可燃气体和甲、乙、丙类液体的管道严禁穿过防火墙。其他管道不宜穿过防火墙，当确需穿过时，应采用防火封堵材料将空隙填塞密实。

（4）飞机停放和维修区的工作间壁、工作台和物品柜等均应采用不燃烧材料制作。

（5）飞机停放和维修区的地面应采用不燃烧体材料。飞机库地面下的沟、坑均应采用不渗透液体的不燃烧材料建造。

6.4 飞机库的安全疏散

（1）飞机停放和维修区的每个防火分区至少应有两个直通室外的安全出口，其最远工作地点到安全出口的距离≤75.0m。当飞机库大门上设有供人员疏散用的小门时，小门的最小净宽不应小于0.9m。

（2）飞机停放和维修区内的地下通行地沟应设有不少于两个通向室外的安全出口。

（3）在防火分隔墙上设置的防火卷帘门应设逃生门，当同时用于人员通行时，应设疏散用的平开防火门。

（4）当飞机库内供疏散用的门和供消防车辆进出的门为自控启闭时，均应有可靠的手动开启装置，飞机库大门应设置使用拖车、卷扬机等辅助动力设备开启的装置。

（5）飞机停放和维修区的疏散通道和疏散方向应在地面上设置永久性标志线，并应标明疏散通道的宽度和通向安全出口的疏散方向，在安全出口处应设置明显指示标志。

6.5 飞机库的消防用电

（1）飞机库消防用电设备的供电电源应符合《供配电系统设计规范》GB 50052 的规定。

（2）Ⅰ、Ⅱ类飞机库的消防电源负荷等级应为一级，Ⅲ类飞机库消防电源等级应为二级。

（3）当飞机库设有变电所时，消防用电的正常电源宜单独引自变电所；当飞机库远离变电所或难以设置单独的电源线路时，应接自飞机库低压电源总开关的电源侧。

（4）消防用电设备的双路电源线路应分开敷设。

（5）当电线、电缆成束集中敷设时，应采用阻燃型铜芯电线、电缆。

（6）飞机停放和维修区内电源插座距地面安装高度≥1.0m。

（7）飞机停放和维修区内疏散用应急照明的地面照度不应低于1.0lx。当应急照明采用蓄电池作电源时，其连续供电时间≥30min。

6.6 飞机库的消防设施

1. 消防给水

（1）消防给水和排水

1）消防水源及消防供水系统必须满足《飞规》规定的连续供给时间内室内外消火栓和各类灭火设备同时使用的最大用水量。

2）消防给水必须采取可靠措施，防止泡沫液回流污染公共水源和消防水池。

3）在飞机停放和维修区内应设排水系统。排水系统宜采用口径地漏、排水沟等，地漏、排水沟的设置应采用防止外泄燃油流淌扩散的措施。

4）排水系统采用地下管道时，进水口的连接管处应设水封。排水管宜采用不燃材料。

（2）消防泵和消防泵房

1）飞机库消防水泵应采用自灌式引水方式，泵体最高处宜设自动排气阀，消防水泵的吸水口处宜设置过滤网，并应采取防止吸入空气的措施，水泵吸水管上应设置明杆式闸阀；消防泵出水管上的阀门应为明杆式闸阀或带启闭指示标志的蝶阀，消防水泵及泡沫液泵的出水管上应安装流量计及压力表装置。

2）泡沫炮及泡沫-水喷淋系统等功率较大的消防泵宜由内燃机直接驱动，当消防泵功率较小时，宜由电动机驱动。

3）消防泵房宜采用自带油箱的内燃机，其燃油料储备量不宜小于内燃机4h的用量，并不大于8h的用量。当内燃机采用集中的油箱（罐）供油时，应设置储油间。消防泵房可设置自动喷水灭火系统或其他灭火设施。

2. 灭火设备的选择

（1）Ⅰ类飞机库飞机停放和维修区内灭火系统的设置应符合下列规定之一：

1）应设置泡沫-水雨淋灭火系统和泡沫枪；当飞机机翼面积大于280m²时，尚应设翼下泡沫灭火系统。

2）应设置屋架内自动喷水灭火系统，远控消防泡沫炮灭火系统或其他低倍数泡沫自动灭火系统，泡沫枪；当符合《飞规》第3.0.5条的规定时，可不设屋架内自动喷水灭火系统。

（2）Ⅱ类飞机库飞机停放和维修区内灭火系统的设置应符合下列规定之一：

1）应设置远控消防泡沫炮灭火系统或其他低倍数泡沫自动灭火系统，泡沫枪。

2）应设置高倍数泡沫灭火系统和泡沫枪。

（3）Ⅲ类飞机库飞机停放和维修区内应设置泡沫枪灭火系统。

（4）在飞机停放和维修区内设置的消火栓宜与泡沫枪合用给水系统。消火栓的用水量应按同时使用两支水枪和充实水柱≥13m的要求，经计算确定。消火栓箱内应设置统一规格的消火栓、水枪和水带，可设置2条长度不超过25m的消防水带。

3. 泡沫-水雨淋灭火系统

（1）在飞机停放和维修区内的泡沫-水雨淋灭火系统应分区设置，一个分区的最大保护地面面积≤1400m²，每个分区应由一套雨淋阀组控制。

（2）泡沫-水雨淋灭火系统的喷头宜采用带溅水盘的开式喷头或吸气式泡沫喷头，开式喷头宜选用流量系数$K=80$或$K=115$的喷头。

（3）喷头应设置在靠近屋面处，每只喷头的保护面积≤12.1m²，喷头的间距≤3.7m，喷头距墙及机库大门内侧≤1.8m。

（4）系统的泡沫混合液的设计供给强度应符合下列规定：

1）当采用氟蛋白泡沫液和吸气式泡沫喷头时，≥8.0L/（min·m²）。

2）当采用水成膜泡沫液和开式喷头时，≥6.5L/（min·m²）。

3）经水力计算后的任意四个喷头的实际保护面积内的平均供给强度不应小于设计供给强度。

（5）泡沫-水雨淋灭火系统的用水量应满足以火源点为中心，30m半径水平范围内所有分区系统的雨淋阀组同时启动时的最大用水量。当屋面板最大高度小于23m时，半径可减为22m。

（6）泡沫-水雨淋灭火系统的连续供水时间不应小于45min。不设翼下泡沫灭火系统时，连续供水时间不应小于 60min。泡沫液的连续供给时间不应小于 10min。

4. 翼下泡沫灭火系统

（1）翼下泡沫灭火系统宜采用低位消防泡沫炮、地面弹射泡沫喷头或其他类型的泡沫释放装置。低位消防泡沫炮应具有自动或远控功能，并应具有手动及机械应急操作功能。

（2）系统的泡沫混合液的设计供给强度应符合下列规定：

1）当采用氟蛋白泡沫液时，≥6.5L/（$min \cdot m^2$）。

2）当采用水成膜泡沫液时，≥4.1L/（$min \cdot m^2$）。

（3）泡沫混合液的连续供给时间≥10min，连续供水时间≥45min。

5. 远控消防泡沫炮灭火系统

（1）远控消防泡沫炮灭火系统应具有自动或远控功能，并应具有手动及机械应急操作功能。

（2）泡沫混合液的最小供给速率为：Ⅰ类飞机库应为泡沫混合液的设计供给强度乘以 $5000m^2$；Ⅱ类飞机库应为泡沫混合液的设计供给强度乘以 $2800m^2$。

（3）泡沫液的连续供给时间不应小于 10min，连续供水时间Ⅰ类飞机库≥45min、Ⅱ类飞机库≥20min。

（4）消防泡沫炮的配置应使不少于两股泡沫射流同时到达飞机停放和维修区内飞机机位的任一部位。

6. 泡沫枪

（1）一支泡沫枪的泡沫混合液流量应符合下列规定：

1）当采用氟蛋白泡沫液时，≥8.0L/s。

2）当采用水成膜泡沫液时，≥4.0L/s。

（2）飞机停放和维修区内任一点应能同时得到两支泡沫枪保护，泡沫液连续供给时间≥20min。

（3）泡沫枪宜采用室内消火栓接口，公称直径应为 65mm，消防水带的总长度≥40m。

7. 高倍数泡沫灭火系统

（1）高倍数泡沫灭火系统的设置应符合下列规定：

1）泡沫的最小供给速率（m^3/min）应为泡沫增高速率（m/min）乘以最大一个防火分区的全部地面面积（m^2），泡沫增高速率应大于 0.9m/min。

2）泡沫液和水的连续供给时间应大于 15min。

3）高倍数泡沫发生器的数量和设置地点应满足均匀覆盖飞机停放和维修区地面的要求。

（2）移动式高倍数泡沫灭火系统的设置应符合下列规定：

1）泡沫的最小供给速率应为泡沫增高速率乘以最大一架飞机的机翼面积，泡沫增高速率应大于 0.9m/min。

2）泡沫液和水的连续供给时间应大于 12min。

3）为每架飞机设置的移动式泡沫发生器不应少于 2 台。

8. 自动喷水灭火系统

（1）飞机停放和维修区内的自动喷水灭火系统宜采用湿式或预作用灭火系统。

（2）飞机停放和维修区设置的自动喷水灭火系统，其设计喷水强度≥7.0L/（min ·

m^2)，Ⅰ类飞机库作用面积≥1400m^2，Ⅱ类飞机库作用面积≥480m^2，一个报警阀控制的面积不应超过5000m^2。喷头宜采用快速响应喷头，公称动作温度宜采用79℃，周围环境温度较高区域宜采用93℃。Ⅱ类飞机库也可采用标准喷头，喷头公称动作温度宜为162～190℃。

（3）自动喷水灭火系统的连续供水时间≥45min。

9. 火灾自动报警系统

（1）飞机库内应设火灾自动报警系统，在飞机停放和维修区内设置的火灾探测器应符合下列要求：

1）屋顶承重构件区宜选用感温探测器。屋顶承重构件区设感温探测器的目的主要是保护钢屋架。鉴于飞机维修库内空间高大，宜采用缆式感温探测器以便于安装、修护。

2）在地上空间宜选用火焰探测器和感烟探测器。火焰探测器可采用红外-紫外复合式、多频段式火焰探测器或双波段图像式火焰探测器以减少误报。在建筑高度大于20.0m的飞机库，可采用吸气式感烟探测器。

3）在地面以下的地下室和地面以下的通风地沟内有可燃气体聚集的空间、燃气进气间和燃气管道阀门附近应选用可燃气体探测器。

（2）泡沫-水雨淋系统、翼下泡沫灭火系统、远控泡沫炮灭火系统和高倍数泡沫灭火系统宜由2个独立且不同类型的火灾信号组合控制启动，并应具有手动功能。

（3）泡沫-水雨淋系统启动时，应能同时联动开启相关的翼下泡沫灭火系统。

（4）泡沫枪、移动式高倍数泡沫发生器和消火栓附近应设置手动启动消防泵的按钮，并应将反馈信号引至消防控制室。

（5）在Ⅰ、Ⅱ类飞机库的飞机停放和维修区内，应设置手动启动泡沫灭火装置，并应将反馈信号引至消防控制室。

第 7 章　汽车库、修车库防火

助考知识要点

◆汽车库分类：Ⅰ类（>300 辆），Ⅱ类（151~300 辆），Ⅲ类（51~150 辆），Ⅳ类（≤50 辆）

◆修车库分类：Ⅰ类（>15 辆），Ⅱ类（6~15 辆），Ⅲ类（3~5 辆），Ⅳ类（≤2 辆）

◆汽车库疏散距离：45m，60m（设置自动灭火系统）

◆汽车库防火分区：地下：2000m^2，4000m^2（设置自动灭火系统）

记忆思维导图（图 4.7-1）

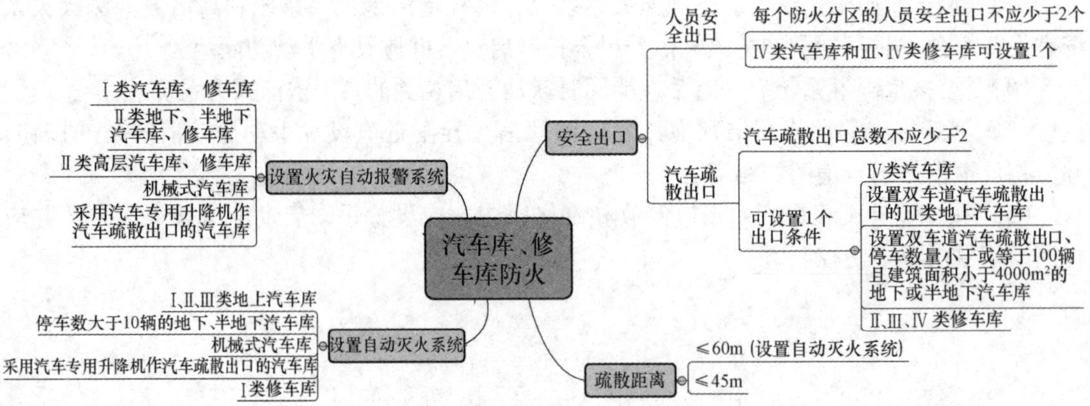

图 4.7-1　汽车库、修车库防火记忆思维导图

内容归纳解析

7.1　汽车库、修车库的分类和耐火等级

1. 汽车库、修车库的分类

汽车库、修车库的分类应根据停车（车位）数量和总建筑面积确定，并应符合表 4.7-1 的规定。

表 4.7-1　汽车库、修车库的分类

名称		Ⅰ	Ⅱ	Ⅲ	Ⅳ
汽车库	停车数量/辆	>300	151~300	51~150	≤50
	总建筑面积 S/m^2	$S>10000$	$5000<S\leqslant10000$	$2000<S\leqslant5000$	$S\leqslant2000$
修车库	车位数/个	>15	6~15	3~5	≤2
	总建筑面积 S/m^2	$S>3000$	$1000<S\leqslant3000$	$500<S\leqslant1000$	$S\leqslant500$

2. 汽车库、修车库的耐火等级

汽车库和修车库的耐火等级应符合下列规定：

1）地下、半地下和高层汽车库应为一级。

2）甲、乙类物品运输车的汽车库、修车库和Ⅰ类汽车库、修车库，应为一级。

3）Ⅱ、Ⅲ类汽车库、修车库的耐火等级不应低于二级。

4）Ⅳ类汽车库、修车库的耐火等级不应低于三级。

7.2　汽车库、修车库的防火设计要求

7.2.1　总平面布局

1. 一般规定

（1）汽车库、修车库、不应布置在易燃、可燃液体或可燃气体的生产装置区和贮存区内。

（2）汽车库不应与火灾危险性为甲、乙类的厂房、仓库贴邻或组合建造。

（3）汽车库不应与托儿所、幼儿园，老年人照料设施，中小学校的教学楼，病房楼等组合建造。当符合下列要求时，汽车库可设置在托儿所、幼儿园，老年人照料设施，中小学校的教学楼，病房楼等的地下部分：

1）汽车库与托儿所、幼儿园，老年人照料设施，中小学校的教学楼，病房楼等建筑之间，应采用耐火极限不低于2.00h的楼板完全分隔。

2）汽车库与托儿所、幼儿园，老年人照料设施，中小学校的教学楼，病房楼等的安全出口和疏散楼梯应分别独立设置。

（4）甲、乙类物品运输车的汽车库、修车库应为单层建筑，且应独立建造。当停车数量不大于3辆时，可与一、二级耐火等级的Ⅳ类汽车库贴邻，但应采用防火墙隔开。

（5）Ⅰ类修车库应单独建造；Ⅱ、Ⅲ、Ⅳ类修车库可设置在一、二级耐火等级建筑的首层或与其贴邻，但不得与甲、乙类厂房、仓库，明火作业的车间或托儿所、幼儿园、中小学校的教学楼，老年人照料设施，病房楼及人员密集场所组合建造或贴邻。

（6）为汽车库、修车库服务的下列附属建筑，可与汽车库、修车库贴邻，但应采用防火墙隔开，并应设置直通室外的安全出口：

1）贮存量不大于1.0t的甲类物品库房。

2）总安装容量不大于5.0m^3/h的乙炔发生器间和贮存量不超过5个标准钢瓶的乙炔气瓶库。

3）1个车位的非封闭喷漆间或不大于2个车位的封闭喷漆间。

4）建筑面积不大于200m^2的充电间和其他甲类生产场所。

（7）地下、半地下汽车库内不应设置修理车位、喷漆间、充电间、乙炔间和甲、乙类物品库房。

（8）汽车库和修车库内不应设置汽油罐、加油机、液化石油气或液化天然气储罐、加气机。

（9）停放易燃液体、液化石油气罐车的汽车库内，不得设置地下室和地沟。

（10）燃油或燃气锅炉、油浸变压器、充有可燃油的高压电容器和多油开关等，不应设置在汽车库、修车库内。当受条件限制必须贴邻汽车库、修车库布置时，应符合《建规》的有关规定。

2. 防火间距

（1）汽车库、修车库之间及汽车库、修车库与除甲类物品仓库外的其他建筑物的防火间距，不应小于表4.7-2的规定。其中，高层汽车库与其他建筑物，汽车库、修车库与高层建筑的防火间距应按表4.7-2的规定值增加3m；汽车库、修车库与甲类厂房的防火间距应按表4.7-2的规定值增加2m。

表4.7-2 汽车库、修车库之间及汽车库、修车库与除甲类物品仓库外的其他建筑物的防火间距 （单位：m）

名称和耐火等级		汽车库、修车库		厂房、仓库、民用建筑		
		一、二级	三级	一、二级	三级	四级
汽车库、修车库	一、二级	10	12	10	12	14
	三级	12	14	12	14	16

（2）汽车库、修车库之间或汽车库、修车库与其他建筑之间的防火间距可适当减少，但应符合下列规定：

1）当两座建筑相邻较高一面外墙为无门、窗、洞口的防火墙，或当较高一面外墙比较低一座一、二级耐火等级建筑屋面高15m及以下范围内的外墙为无门、窗、洞口的防火墙时，其防火间距可不限。

2）当两座建筑相邻较高一面外墙上，同较低建筑等高的以下范围内的墙为无门、窗、洞口的防火墙时，其防火间距可按《汽车库、修车库、停车场设计防火规范》表4.2.1的规定值减小50%。

3）相邻的两座一、二级耐火等级建筑，当较高一面外墙的耐火极限不低于2.00h，墙上开口部位设置甲级防火门、窗或耐火极限不低于2.00h的防火卷帘、水幕等防火设施时，其防火间距可减小，但不应小于4m。

4）相邻的两座一、二级耐火等级建筑，当较低一座的屋顶无开口，屋顶的耐火极限不低于1.00h，且较低一面外墙为防火墙时，其防火间距可减小，但不应小于4m。

5）甲、乙类物品运输车的汽车库、修车库与民用建筑的防火间距≥25m，与重要公共建筑的防火间距≥50m。甲类物品运输车的汽车库、修车库与明火或散发火花地点的防火间距≥30m，与厂房、仓库的防火间距应按表4.7-3的规定值增加2m。

7.2.2 防火分隔

1. 防火分区

（1）汽车库防火分区的最大允许建筑面积应符合表4.7-3的规定。其中，敞开式、错层式、斜楼板式汽车库的上下连通层面积应叠加计算，每个防火分区的最大允许建筑面积不应大于表4.7-3规定的2.0倍；室内有车道且有人员停留的机械式汽车库，其防火分区最大允许建筑面积应按表4.7-3的规定减少35%。

表4.7-3　汽车库防火分区的最大允许建筑面积　（单位：m^2）

耐火等级	单层汽车库	多层汽车库、半地下汽车库	地下汽车库、高层汽车库
一、二级	3000	2500	2000
三级	1000	不允许	不允许

（2）设置自动灭火系统的汽车库，其每个防火分区的最大允许建筑面积不应大于表4.7-3规定的2.0倍。

（3）室内无车道且无人员停留的机械式汽车库，应符合下列规定：

1）当停车数量超过100辆时，应采用无门、窗、洞口的防火墙分隔为多个停车数量不大于100辆的区域，但当采用防火隔墙和耐火极限不低于1.00h的不燃性楼板分隔成多个停车单元，且停车单元内的停车数量不大于3辆时，应分隔为停车数量不大于300辆的区域。

2）汽车库内应设置火灾自动报警系统和自动喷水灭火系统，自动喷水灭火系统应选用快速响应喷头。

3）楼梯间及停车区的检修通道上应设置室内消火栓。

4）汽车库内应设置排烟设施，排烟口应设置在运输车辆的通道顶部。

（4）甲、乙类物品运输车的汽车库、修车库，每个防火分区的最大允许建筑面积不应大于$500m^2$。

（5）修车库每个防火分区的最大允许建筑面积不应大于$2000m^2$，当修车部位与相邻使用有机溶剂的清洗和喷漆工段采用防火墙分隔时，每个防火分区的最大允许建筑面积不应大于$4000m^2$。

2. 防火分隔要求

（1）汽车库、修车库与其他建筑合建时，应符合下列规定：

1）当贴邻建造时，应采用防火墙隔开。

2）设在建筑物内的汽车库（包括屋顶）、修车库与其他部位之间，应采用防火墙和耐火极限不低于2.00h的不燃性楼板分隔。

3）汽车库、修车库的外墙门、洞口的上方，应设置耐火极限不低于1.00h、宽度不小于1.0m、长度不小于开口宽度的不燃性防火挑檐。

4）汽车库、修车库的外墙上、下层开口之间墙的高度，不应小于1.2m或设置耐火极限不低于1.00h、宽度不小于1.0m的不燃性防火挑檐。

（2）汽车库内设置修理车位时，停车部位与修车部位之间应采用防火墙和耐火极限不低于2.00h的不燃性楼板分隔。

（3）修车库内使用有机溶剂清洗和喷漆的工段，当超过3个车位时，均应采用防火隔墙等分隔措施。

（4）附设在汽车库、修车库内的消防控制室、自动灭火系统的设备室、消防水泵房和排烟、通风空气调节机房等，应采用防火隔墙和耐火极限不低于1.50h的不燃性楼板相互隔开或与相邻部位分隔。

7.2.3 人员安全疏散

1. 人员安全出口

（1）汽车库、修车库的人员安全出口和汽车疏散出口应分开设置。设置在工业与民用建筑内的汽车库，其车辆疏散出口应与其他场所的人员安全出口分开设置。

（2）除室内无车道且无人员停留的机械式汽车库外，汽车库、修车库内每个防火分区的人员安全出口不应少于2个，Ⅳ类汽车库和Ⅲ、Ⅳ类修车库可设置1个。

2. 疏散楼梯规定

（1）汽车库、修车库的疏散楼梯应符合下列规定：

1）建筑高度大于32m的高层汽车库、室内地面与室外出入口地坪的高差大于10m的地下汽车库应采用防烟楼梯间，其他汽车库、修车库应采用封闭楼梯间。

2）楼梯间和前室的门应采用乙级防火门，并应向疏散方向开启。

3）疏散楼梯的宽度不应小于1.1m。

（2）室外疏散楼梯可采用金属楼梯，并应符合下列规定：

1）倾斜角度不应大于45°，栏杆扶手的高度不应小于1.1m。

2）每层楼梯平台应采用耐火极限不低于1.00h的不燃材料制作。

3）在室外楼梯周围2m范围内的墙面上，不应开设除疏散门外的其他门、窗、洞口。

4）通向室外楼梯的门应采用乙级防火门。

（3）与住宅地下室相连通的地下汽车库、半地下汽车库，人员疏散可借用住宅部分的疏散楼梯；当不能直接进入住宅部分的疏散楼梯间时，应在汽车库与住宅部分的疏散楼梯之间设置连通走道，走道应采用防火隔墙分隔，汽车库开向该走道的门均应采用甲级防火门。

（4）室内无车道且无人员停留的机械式汽车库可不设置人员安全出口，但应按下列规定设置供灭火救援用的楼梯间：

1）每个停车区域当停车数量大于100辆时，应至少设置1个楼梯间。

2）楼梯间与停车区域之间应采用防火隔墙进行分隔，楼梯间的门应采用乙级防火门。

3）楼梯的净宽不应小于0.9m。

3. 疏散距离要求

汽车库室内任一点至最近人员安全出口的疏散距离不应大于45m，当设置自动灭火系统时，其距离不应大于60m。对于单层或设置在建筑首层的汽车库，室内任一点至室外最近出口的疏散距离不应大于60m。

4. 消防电梯设置

除室内无车道且无人员停留的机械式汽车库外，建筑高度大于32m的汽车库应设置消防电梯。

7.2.4 汽车疏散出口

1. 疏散出口规定

（1）汽车库、修车库的汽车疏散出口总数不应少于2个，且应分散布置。

（2）当符合下列条件之一时，汽车库、修车库的汽车疏散出口可设置1个：

1）Ⅳ类汽车库。

2）设置双车道汽车疏散出口的Ⅲ类地上汽车库。

3）设置双车道汽车疏散出口、停车数量小于或等于 100 辆且建筑面积小于 4000m^2的地下或半地下汽车库。

4）Ⅱ、Ⅲ、Ⅳ类修车库。

（3）Ⅰ、Ⅱ类地上汽车库和停车数量大于 100 辆的地下、半地下汽车库，当采用错层或斜楼板式，坡道为双车道且设置自动喷水灭火系统时，其首层或地下一层至室外的汽车疏散出口不应少于 2 个，汽车库内其他楼层的汽车疏散坡道可设置 1 个。

（4）Ⅳ类汽车库设置汽车坡道有困难时，可采用汽车专用升降机作汽车疏散出口，升降机的数量不应少于 2 台，停车数量少于 25 辆时，可设置 1 台。

（5）除室内无车道且无人员停留的机械式汽车库外，相邻两个汽车疏散出口之间的水平距离≥10m；毗邻设置的两个汽车坡道应采用防火隔墙分隔。

7.3　消防设施

7.3.1　消防给水

（1）汽车库、修车库应设置消防给水系统。消防给水可由市政给水管道、消防水池或天然水源供给。利用天然水源时，应设置可靠的取水设施和通向天然水源的道路，并应在枯水期最低水位时，确保消防用水量。

（2）符合下列条件之一的汽车库、修车库，可不设置消防给水系统：

1）耐火等级为一、二级且停车数量≤5 辆的汽车库。

2）耐火等级为一、二级的Ⅳ类修车库。

（3）当室外消防给水采用高压或临时高压给水系统时，汽车库、修车库、消防给水管道内的压力应保证在消防用水量达到最大时，最不利点水枪的充实水柱不小于 10m；当室外消防给水采用低压给水系统时，消防给水管道内的压力应保证灭火时最不利点消火栓的水压不小于 0.1MPa（从室外地面算起）。

（4）汽车库、修车库的消防用水量应按室内外消防用水量之和计算。其中，汽车库、修车库内设置消火栓、自动喷水、泡沫等灭火系统时，其室内消防用水量应按需要同时开启的灭火系统用水量之和计算。

7.3.2　室内外消火栓

1. 室外消火栓系统

（1）汽车库、修车库应设置室外消火栓系统，其室外消防用水量应按消防用水量最大的一座计算，并应符合下列规定：

1）Ⅰ、Ⅱ类汽车库、修车库≥20L/s。

2）Ⅲ类汽车库、修车库≥15L/s。

3）Ⅳ类汽车库、修车库≥10L/s。

（2）室外消火栓的保护半径不应大于 150m，在市政消火栓保护半径 150m 范围内的汽车库、修车库，市政消火栓可计入建筑室外消火栓的数量。

2. 室内消火栓系统

（1）汽车库、修车库应设置室内消火栓系统，其消防用水量应符合下列规定：

1）Ⅰ、Ⅱ、Ⅲ类汽车库及Ⅰ、Ⅱ类修车库的用水量不应小于 10L/s，系统管道内的压力应保证相邻两个消火栓的水枪充实水柱同时到达室内任何部位。

2）Ⅳ类汽车库及Ⅲ、Ⅳ类修车库的用水量不应小于 5L/s，系统管道内的压力应保证一个消火栓的水枪充实水柱到达室内任何部位。

（2）室内消火栓水枪的充实水柱不应小于 10m。同层相邻室内消火栓的间距不应大于 50m，高层汽车库和地下汽车库、半地下汽车库室内消火栓的间距不应大于 30m。

（3）室内消火栓应设置在易于取用的明显地点，栓口距离地面宜为 1.1m，其出水方向宜向下或与设置消火栓的墙面垂直。

（4）汽车库、修车库的室内消火栓数量超过 10 个时，室内消防管道应布置成环状，并应有两条进水管与室外管道相连接。

（5）室内消防管道应采用阀门分成若干独立段，每段内消火栓不应超过 5 个。高层汽车库内管道阀门的布置，应保证检修管道时关闭的竖管不超过 1 根，当竖管超过 4 根时，可关闭不相邻的 2 根。

（6）4 层以上的多层汽车库、高层汽车库和地下、半地下汽车库，其室内消防给水管网应设置水泵接合器。水泵接合器的数量应按室内消防用水量计算确定，每个水泵接合器的流量应按 10 ~ 15L/s 计算。水泵接合器应设置明显的标志，并应设置在便于消防车停靠和安全使用的地点，其周围 15 ~ 40m 范围内应设室外消火栓或消防水池。

（7）设置高压给水系统的汽车库、修车库，当能保证最不利点消火栓和自动喷水灭火系统等的水量和水压时，可不设置消防水箱。

（8）设置临时高压消防给水系统的汽车库、修车库，应设置屋顶消防水箱，其容量不应小于 $12m^3$。消防用水与其他用水合用的水箱，应采取保证消防用水不作他用的技术措施。

（9）采用消防水池作为消防水源时，其有效容量应满足火灾延续时间内室内外消防用水量之和的要求。

（10）火灾延续时间应按 2.00h 计算，但自动喷水灭火系统可按 1.00h 计算，泡沫灭火系统可按 0.50h 计算。当室外给水管网能确保连续补水时，消防水池的有效容量可减去火灾延续时间内连续补充的水量。

（11）供消防车取水的消防水池应设置取水口或取水井，其水深应保证消防车的消防水泵吸水高度不大于 6m。消防用水与其他用水共用的水池，应采取保证消防用水不作他用的技术措施。严寒或寒冷地区的消防水池应采取防冻措施。

7.3.3　自动灭火系统

（1）除敞开式汽车库、屋面外，下列汽车库、修车库应设置自动灭火系统：

1）Ⅰ、Ⅱ、Ⅲ类地上汽车库。

2）停车数大于 10 辆的地下、半地下汽车库。

3）机械式汽车库。

4）采用汽车专用升降机作汽车疏散出口的汽车库。

5）Ⅰ类修车库。

（2）下列汽车库、修车库宜采用泡沫—水喷淋系统。

1）Ⅰ类地下、半地下汽车库。

2）Ⅰ类修车库。

3）停车数大于100辆的室内无车道且无人员停留的机械式汽车库。

（3）地下、半地下汽车库可采用高倍数泡沫灭火系统。停车数量不大于50辆的室内无车道且无人员停留的机械式汽车库，可采用二氧化碳等气体灭火系统。

（4）环境温度低于4℃时间较短的非严寒或寒冷地区，可采用湿式自动喷水灭火系统，但应采取防冻措施。

（5）设置在汽车库、修车库内的自动喷水灭火系统，其设计除应符合《自喷》的有关规定外，喷头布置还应符合下列规定：

1）应设置在汽车库停车位的上方或侧上方，对于机械式汽车库，尚应按停车的载车板分层布置，且应在喷头的上方设置集热板。

2）错层式、斜楼板式汽车库的车道、坡道上方均应设置喷头。

7.3.4　火灾自动报警系统

1. 设置范围

除敞开式汽车库、屋面外，下列汽车库、修车库应设置火灾自动报警系统：

（1）Ⅰ类汽车库、修车库。

（2）Ⅱ类地下、半地下汽车库、修车库。

（3）Ⅱ类高层汽车库、修车库。

（4）机械式汽车库。

（5）采用汽车专用升降机作汽车疏散出口的汽车库。

2. 设置要求

设置火灾自动报警系统和自动灭火系统的汽车库、修车库，应设置消防控制室，消防控制室宜独立设置，也可与其他控制室、值班室组合设置。

7.3.5　排烟系统

1. 设置范围

（1）除敞开式汽车库、建筑面积小于1000m²的地下一层汽车库和修车库外，汽车库、修车库应设置排烟系统，并应划分防烟分区。防烟分区的建筑面积不宜大于2000m²，且防烟分区不应跨越防火分区。防烟分区可采用挡烟垂壁、隔墙或从顶棚下凸出不小于0.5m的梁划分。

2. 设置要求

（1）排烟系统可采用自然排烟方式或机械排烟方式。机械排烟系统可与人防、卫生等的排气、通风系统合用。

（2）当采用自然排烟方式时，可采用手动排烟窗、自动排烟窗、孔洞等作为自然排烟口，并应符合下列规定：

1）自然排烟口的总面积不应小于室内地面面积的2%。

2）自然排烟口应设置在外墙上方或屋顶上，并应设置方便开启的装置。

3）房间外墙上的排烟口（窗）宜沿外墙周长方向均匀分布，排烟口（窗）的下沿不应低于室内净高的1/2，并应沿气流方向开启。

（3）每个防烟分区应设置排烟口，排烟口宜设在顶棚或靠近顶棚的墙面上。排烟口距该防烟分区内最远点的水平距离不应大于30m。

（4）排烟风机可采用离心风机或排烟轴流风机，并应保证280℃时能连续工作30min。

（5）在穿过不同防烟分区的排烟支管上应设置烟气温度大于280℃时能自动关闭的排烟防火阀，排烟防火阀应联锁关闭相应的排烟风机。

（6）机械排烟管道的风速，采用金属管道时不应大于20m/s；采用内表面光滑的非金属材料风道时，不应大于15m/s。排烟口的风速不宜大于10m/s。

（7）汽车库内无直接通向室外的汽车疏散出口的防火分区，当设置机械排烟系统时，应同时设置补风系统，且补风量不宜小于排烟量的50%。

7.3.6　疏散指示标志和应急照明

1. 设置范围

除停车数量不大于50辆的汽车库，以及室内无车道且无人员停留的机械式汽车库外，汽车库内应设置消防应急照明和疏散指示标志。用于疏散走道上的消防应急照明和疏散指示标志，可采用蓄电池作备用电源，但其连续供电时间不应小于30min。

2. 设置要求

消防应急照明灯宜设置在墙面或顶棚上，其地面最低水平照度不应低于1.0lx。安全出口标志宜设置在疏散出口的顶部；疏散指示标志宜设置在疏散通道及其转角处，且距地面高度1m以下的墙面上。通道上的指示标志，其间距不宜大于20m。

7.3.7　灭火器的配置

除室内无车道且无人员停留的机械式汽车库外，汽车库、修车库均应配置灭火器。灭火器的配置设计应符合《建筑灭火器配置设计规范》的有关规定。

历年真题研究

【2015-13】某修车库设有7个修车位，根据《汽车库、修车库、停车场设计防火规范》的规定，该修车库的防火分类应为（　　）类修车库。

A. Ⅰ　　B. Ⅱ　　C. Ⅲ　　D. Ⅳ

【答案】B

【解析】6~15个车位数时应为Ⅱ类修车库

【2015-28】新建一座地下汽车库，建筑面积为15000m²，停车300辆，汽车库按规定设置了消防设施。该汽车库内任一点至最近人员安全出口的疏散距离不应大于（　　）m。

A. 45　　B. 50　　C. 60　　D. 80

【答案】C

【解析】见本章内容。

【2015-92】新建一座大型的商业建筑，地下一层为汽车库，可停车300辆。下列设施和房间中，不应设置在该地下汽车库内的有（　　）。

A. 汽油灌　B. 加油机　C. 修理车位　D. 丙类库房　E. 充电间

【答案】ABCE

【解析】见本章内容。

【2016-54】某设置110个停车位的室内无车道且无人员停留的机械式地下汽车库，下列自动灭火系统中不适用于该车库的是（　　）。

A. 湿式自动喷水灭火系统　B. 二氧化碳灭火系统

C. 泡沫—水喷雾灭火系统　D. 高倍数泡沫灭火系统

【答案】B

【解析】地下、半地下汽车库可采用高倍数泡沫灭火系统。停车数量不大于50辆的室内无车道且无人员停留的机械式汽车库，可采用二氧化碳等气体灭火系统。

【2016-69】某汽车库的建筑面积为5100m^2，停车数量为150辆，该汽车库的防火分类应为（　　）类。

A. Ⅰ　B. Ⅲ　C. Ⅳ　D. Ⅱ

【答案】D

【解析】见本章内容。

【2016-85】下列汽车库、修车库、停车场中，可不设置自动喷水灭火系统的有（　　）。

A. Ⅳ类地上汽车库　B. 机械式汽车库

C. Ⅰ类汽车库　D. 屋面停车场

E. 停车数量为10辆的地下停车库

【答案】ADE

【解析】见本章内容。

【2017-37】根据《汽车库、修车库、停车场设计防火规范》，下列关于室外消火栓用水量的说法，正确的是（　　）。

A. Ⅱ类汽车库、修车库、停车场室外消火栓用水量不应小于15L/s

B. Ⅰ类汽车库、修车库、停车场室外消火栓用水量不应小于20L/s

C. Ⅲ类汽车库、修车库、停车场室外消火栓用水量不应小于10L/s

D. Ⅳ类汽车库、修车库、停车场室外消火栓用水量不应小于5L/s

【答案】B

【解析】Ⅰ、Ⅱ类汽车库、修车库的室外消防用水量不应小于20L/s。Ⅲ类汽车库、修车库室外消火栓用水量不应小于15L/s。Ⅳ类汽车库、修车库室外消火栓用水量不应小于10L/s。

【2017-75】下列场所中，不需要设置火灾自动报警系统的是（　　）。

A. 高层建筑首层停车数为200辆的汽车库

B. 采用汽车专用升降机作为汽车疏散出口的汽车库

C. 停车数为350辆的单层汽车库

D. 采用机械设备进行垂直或水平移动形式停放汽车的敞开汽车库

【答案】D

【解析】见本章内容。

【2017-79】下列关于汽车库防火设计的做法中，不符合规范要求的是（　　）。

A. 社区幼儿园与地下车库之间采用耐火极限不低于 2. 00h 的楼板完全分隔，安全出口和疏散楼梯分别独立设置

B. 地下二层设置汽车库、设备用房、存放丙类物品的工具库和自行车库

C. 地下一层汽车房附设一个修理车位，一个喷漆间

D. 地下二层设置谷物运输车、大巴车和垃圾运输车间

【答案】C

【解析】见本章内容。

【2018-11】下列汽车、修车库中应设置 2 个汽车疏散出口的是（　　）。

A. 总建筑面积 3500m^2，设 14 个修车位的修车库

B. 总建筑面积 1500m^2，停车位 45 个的汽车库

C. 设有双车道汽车出口，总建筑面积 3000m^2，停车位 90 个的地上汽车库

D. 设有双车道汽车疏散出口，总建筑面积 3000m^2，停车位 90 个的地下汽车库

【答案】A

【解析】见本章内容。

【2018-21】根据现行国家标准《汽车库、修车库、停车场设计防火规范》，汽车库的下列防火设计方案中，正确的是（　　）。

A. 汽车库外墙上、下层开口之间设置宽度为 1. 0m 的防火挑檐

B. 汽车库与商场之间采用耐火极限为 3. 00h 的防火隔墙分隔

C. 汽车库与商场之间采用耐火极限为 1. 50h 的楼板分隔

D. 汽车库外墙上、下层开口之间设置高度为 1. 0m 的实体墙

【答案】A

【解析】见本章内容。

【2018-25】根据现行国家标准《汽车库、修车库、停车场设计防火规范》关于汽车库排烟设计的说法，错误的是（　　）。

A. 建筑面积为 1000m^{2}的地下一层汽车库应设置排烟系统

B. 自然排烟口的总面积不应小于室内地面面积的 1%

C. 防烟分区的建筑面积不宜大于 2000m^2

D. 用从顶棚下凸出 0. 5m 的梁来划分防烟分区

【答案】B

【解析】见本章内容。当采用自然排烟方式时，可采用手动排烟窗、自动排烟窗、孔洞等作为自然排烟口，自然排烟口的总面积不应小于室内地面面积的 2%。

【2018-45】根据现行国家标准《汽车库、修车库，停车场设计防火规范》，附设在幼儿园建筑地下部分的汽车库的下列设计方案中，正确的是（　　）。

A. 汽车库与幼儿园的疏散楼梯在首层采用耐火极限为 3. 00h 的防火隔墙和甲级防火门分隔

B. 汽车库与幼儿园的疏散楼梯在首层采用耐火极限为 2. 00h 的防火隔墙和乙级防火门分隔

C. 汽车库内设置一个面积为 100m^{2}的充电间

D. 汽车库与幼儿园之间采用耐火极限为 2. 00h 的楼板完全分隔

【答案】D

【解析】见本章内容。汽车库与托儿所、幼儿园、老年人建筑，中小学校的教学楼，病房楼等建筑之间，应采用耐火极限不低于2.00h的楼板完全分隔。

【2018-61】某公建建筑的地下一层至地下三层为汽车库，每层建筑面积为2000m²，每层设50个车位，根据现行国家标准《汽车库、修车库、停车场设计防火规范》，该汽车库属于（　　）类。

A. Ⅰ　　B. Ⅲ　　C. Ⅱ　　D. Ⅳ

【答案】C

【解析】见本章内容。

【2018-75】为修车库服务的下列附属建筑中，可与修车库贴邻，但应采用防火墙隔开，并应设置直通室外的安全出口的是（　　）。

A. 贮存6个标准钢瓶的乙炔气瓶库　　B. 存量为1t的甲类物品库房

C. 3个车位的封闭喷漆间　　D. 总安装流量为6m³/h的乙炔发生器间

【答案】B

【解析】见本章内容。

第 8 章　洁净厂房防火

助考知识要点

- ◆火灾危险性分类：甲、乙、丙、丁、戊类
- ◆厂房的耐火等级：不应低于二级
- ◆厂房的防火分区：甲、乙类单层厂房 3000m^2，多层厂房 2000m^2。
- ◆厂房的安全出口：每一生产层、每一防火分区或每一洁净区安全出口≥2 个

记忆思维导图（图 4. 8-1）

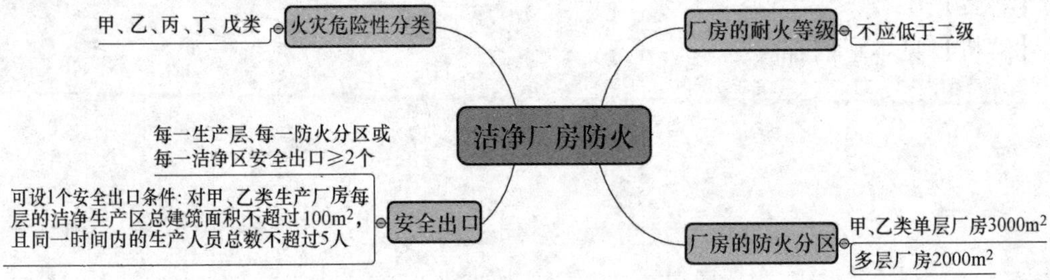

图 4. 8-1　洁净厂房防火记忆思维导图

内容归纳解析

8. 1　洁净厂房火灾危险性分类

洁净厂房火灾危险性分类见表 4. 8-1。

表 4. 8-1　洁净厂房生产工作间的火灾危险性分类

生产类别	举　例
甲	微型轴承装配的精研间、装配前的检查间 精密陀螺仪装配的清洗间 磁带涂布烘干工段 化工厂的丁酮、丙酮、环乙酮等易燃溶剂的物理提纯工作间、光致抗蚀剂的配制工作间 集成电路工厂使用闪点小于 28℃的易燃液体的化学清洗间、外延间 常压化学气相沉积间和化学试剂贮存间
乙	胶片厂的洗印车间
丙	计算机房记录数据的磁盘贮存间 显像管厂装配工段烧枪间 磁带装配工段 集成电路工厂的氧化、扩散间，光刻间

（续）

生产类别	举　例
丁	液晶显示器件工厂的溅射间、彩膜检验间 光纤预制棒的 MCVD、OVD 沉淀间，抛光间、芯棒烧缩及拉伸间、拉纤间 彩色荧光粉厂的蓝粉、绿粉、红粉制造间
戊	半导体器件、集成电路工厂的切片间、磨片间、抛光间 光纤、光缆工厂的光纤筛选

8.2　洁净厂房建筑材料及其燃烧性能

（1）洁净厂房的耐火等级不应低于二级。

（2）洁净室的顶棚和壁板（包括夹芯材料）应为不燃烧体，且不得采用有机复合材料。顶棚的耐火极限不应低于0.4h，疏散走道顶棚的耐火极限不应低于1.00h。

（3）在一个防火区内的综合性厂房，其洁净生产与一般生产区域之间应设置非燃烧体隔墙封闭到顶。隔墙及其相应顶板的耐火极限不应低于1.00h，隔墙上的门窗耐火极限不应低于0.60h。穿过隔墙或顶板的管线周围空隙应采用非燃烧材料紧密填塞。

（4）技术竖井井壁应为非燃烧体，其耐火极限不应低于1.00h。井壁上检查门的耐火极限不应低于0.60h；竖井内在各层或间隔一层楼板处，应采用相当于楼板耐火极限的非燃烧体作水平防火分隔；穿过水平防火分隔的管线周围空隙，应采用非燃烧材料紧密填塞。

（5）洁净厂房的地面材料的燃烧性能应符合《装修规》的规定：甲、乙类生产区应采用A级材料，同时应满足不发火、防静电的要求。丙、丁类厂房应采用不低于B_2级的材料。

8.3　洁净厂房的防火分区

生产类别为甲、乙类生产的洁净厂房宜为单层厂房，其防火分区最大允许建筑面积，单层厂房宜为3000m^2，多层厂房宜为2000m^2。丙、丁、戊类生产的洁净厂房的防火分区最大允许建筑面积应符合《建规》的有关规定。

8.4　洁净厂房的安全疏散设施

1. 安全出口

（1）洁净厂房每一生产层，每一防火分区或每一洁净区的安全出口数量≥2个。当符合下列要求时可设1个：

1）对甲、乙类生产厂房每层的洁净生产区总建筑面积不超过100m^2，且同一时间内的生产人员总数不超过5人。

2）对丙、丁、戊类生产厂房，应按《建规》的有关规定设置。

（2）安全出入口应分散布置，从生产地点至安全出口不应经过曲折的人员净化路线，并应设有明显的疏散标志，安全疏散距离应符合《建规》的有关规定。

（3）洁净区与非洁净区、洁净区与室外相通的安全疏散门应向疏散方向开启，并应加闭门器。安全疏散门不应采用吊门、转门、侧拉门、卷帘门以及电控自动门。

2. 专用消防口

（1）洁净厂房同层洁净室（区）外墙应设可供消防人员通往厂房洁净室（区）的门窗，其门窗洞口间距大于80m时，应在该段外墙的适当部位设置专用消防口。

（2）专用消防口的宽度≥750mm，高度≥1800mm，并应有明显标志。楼层的专用消防口应设置阳台，并从二层开始向上层架设钢梯。

（3）洁净厂房外墙上的吊门、电控自动门以及装有栅栏的窗，均不应作为火灾发生时提供消防人员进入厂房的入口。

8.5 洁净厂房的消防设施配置

1. 室内外消火栓系统

（1）洁净厂房室、内外消防给水可采用高压、临时高压或低压给水系统，如采用高压或临时高压给水系统，管道的压力应保证用水量达到最大且水枪在任何建筑物的最高处时，水枪的充实水柱仍不小于10m；如采取低压给水系统，管道的压力应保证灭火时最不利点消火栓的水压不小于10m水柱（从地面算起）。

（2）洁净厂房的消火栓的设置尚应符合下列规定：

1）洁净室（区）的生产层及上下技术夹层（不含不通行的技术夹层），应设置室内消火栓。

2）室内消火栓的用水量≥10L/s，同时使用水枪数≥2支，水枪充实水柱≥10m，每只水枪的出水量≥5L/s。

3）洁净厂房室外消火栓的用水量≥15L/s。

2. 自动喷水灭火系统

洁净厂房内设有贵重设备、仪器的房间设置固定灭火设施时，除应符合《建规》的有关规定外，还应符合下列规定：

1）当设置自动喷水灭火系统时，宜采用预作用式自动喷水灭火系统。

2）当设置气体灭火系统时，不应采用卤代烷1211以及能导致人员窒息和对保护对象产生二次损害的灭火剂。

3. 火灾自动报警系统

（1）硅烷储存、分配间（区）应设置红外线-紫外线火焰探测器。

（2）洁净生产区、走道和技术夹层（不包括不通行的技术夹层）应设置手动报警按钮和声光报警装置。

4. 防烟排烟

（1）防烟设施

1）当疏散楼梯间布置在建筑的外墙侧，可以采用可开启外窗进行自然排烟。

2）当疏散楼梯布置在建筑内部或楼梯间有洁净要求但不具备自然排烟条件时，应设置机械加压送风系统。

（2）排烟系统。洁净厂房每个防烟分区的排烟支管上均应设置排烟防火阀，排烟口采用常开型风口。排烟风机入口处设置280°C关闭的排烟防火阀，并与排烟风机联锁。

5. 灭火器配置

洁净厂房内各场所应配置灭火器，并应符合《灭规》的有关规定。

6. 疏散标志和应急照明

在安全出口、疏散口和疏散通道转角处应按现行国家标准设置疏散标志，在专用消防扑救口处应设置红色应急照明灯。

7. 气体管道的安全措施

（1）可燃气体报警装置和事故排风装置。下列部位应设可燃气体报警装置和事故排风装置，报警装置应与相应的事故排风机联锁：

1）甲类火灾危险生产的气体入口室。

2）管廊，上、下技术夹层或技术夹道内有可燃气体管道的易积聚处。

3）洁净室内使用可燃气体处。

（2）管道安全技术措施

1）可燃气体管道应设下列安全技术措施：

①接至用气设备的支管和放散管，应设置阻火器。

②引至室外的放散管，应设防雷保护设施。

③应设导除静电的接地设施。

2）氧气管道应设下列安全技术措施：

①管道及其阀门、附件应经严格脱脂处理。

②应设导除静电的接地设施。

历年真题研究

【2016-28】洁净厂房内洁净室和疏散走道的顶棚的耐火极限分别不应低于（　　）。

A. 0. 25h 和 1. 00h　B. 0. 40h 和 1. 00h　C. 0. 50h 和 0. 50h　D. 1. 00h 和 0. 50h

【答案】B

【解析】洁净室的顶棚、壁板及夹芯材料应为不燃烧体。顶棚和壁板的耐火极限不应低于0. 40h，疏散走道顶棚的耐火极限不应低于1. 00h。

【2018-30】根据现行国家标准《洁净厂房设计规范》，下列关于洁净厂房室内消火栓设计的说法，错误的是（　　）。

A. 消火栓的用水量不应小于10L/s

B. 可通行的上、下技术夹层应设置室内消火栓

C. 消火栓同时使用水枪数不应少于2只

D. 消火栓水枪充实水柱长度不应小于7m

【答案】D

【解析】洁净室的生产层及可通行的上、下技术夹层应设置室内消火栓。消火栓的用水量不应小于10L/s，同时使用水枪数不应少于2只，水枪充实水柱长度不应小于10m，每只水枪的出水量应按不小于5L/s计算。D错误。

第 9 章　信息机房防火

助考知识要点

◆机房分级：A、B、C 三级

◆耐火等级：不应低于二级

◆安全出口：面积 > 100m^2 的主机房安全出口≥2 个，面积≤100m^2 的主机房可设置 1 个

◆消防设施：A 级机房的主机房应设置洁净气体灭火系统

记忆思维导图（图 4. 9-1）

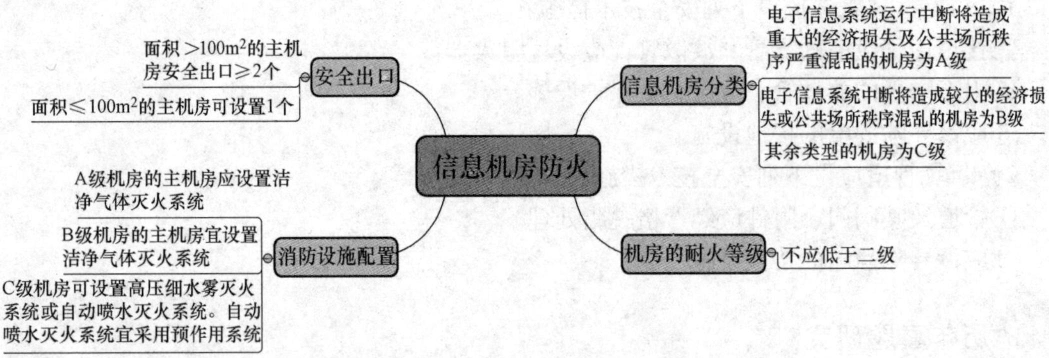

图 4. 9-1　信息机房防火记忆思维导图

内容归纳解析

9. 1　信息机房分级

（1）根据机房的使用性质、管理要求及重要数据丢失或网络中断在经济或社会上造成的损失或影响程度，可将电子信息机房分为 A、B、C 三级。

（2）电子信息系统运行中断将造成重大的经济损失及公共场所秩序严重混乱的机房为 A 级。如：国家气象台、国家级信息中心、计算中心、重要的军事指挥部门、大中城市的机场、广播电台、电视台、应急指挥中心、银行总行等的电子信息系统机房和重要的控制室。

（3）电子信息系统中断将造成较大的经济损失或公共场所秩序混乱的机房为 B 级。如：科研院所、高等院校、三级医院、大中城市的气象台、信息中心、疾病预防和控制中心、电力调度中心、交通指挥调度中心；国际会议中心、省部级以上政府办公楼等的电子信息系统机房和重要的控制室。

（4）其余类型的机房为C级。

9.2　信息机房的防火设计要求

9.2.1　建筑防火构造及分隔

（1）电子信息系统机房的耐火等级不应低于二级。当A级或B级电子信息系统机房位于其他建筑物内时，在主机房与其他部位之间应设置耐火极限不低于2.00h的隔墙，隔墙上的门应采用甲级防火门。

（2）附设在其他建筑内的A、B级信息机房应避免设置在建筑物地下室，以及用水设备的下层或隔壁，不应布置在燃油、燃气锅炉房、油浸电力变压器室、充有可燃油的高压电容器和多油开关室等易燃、易爆房间的上下层或贴邻。

（3）主机房、基本工作间及辅助房间与其他建筑物合建时，应单独设置防火分区。主机房、终端室、网络设备室与磁介质、纸介质的存放间、备件库等仓储用房，以及维修室、电源室、蓄电池室、发电机室、空调系统用房、灭火钢瓶间等设备房间之间应进行防火分隔，并独立设置防火分区。

（4）设有技术夹层和技术夹道的电子信息系统机房，建筑设计应满足各种设备和管线的安装和维护要求。当管线需穿越楼层时，宜设置技术竖井。

（5）电子计算机产生的记录应当按其重要性和补充难度的不同加以保护，信息储存设备要安装在单独的房间，室内应配有金属柜或其他采用非燃材料制成能防火的资料架和资料柜存放记录介质，如果有备份记录，备份记录应当放置在具有同样防火要求的另一间房间。

（6）面积大于100m^2的主机房，安全出口不应少于2个，并宜设于机房的两端，面积≤100m^2的主机房，可设置1个安全出口，并可通过其他相邻房间的门进行疏散。门应向疏散方向开启，且应自动关闭，并应保证在任何情况下均能从机房内开启。走廊、楼梯间应畅通并有明显的疏散指示标志。

（7）计算机房建筑的入口至主机房应设通道，通道净宽不应小于1.5m。

（8）在主机房出入口处或值班室，应设置应急电话和应急断电装置，机房应设置应急照明和安全出口指示灯。

9.2.2　室内装修

（1）计算机房的室内装修（包括吊顶、装修墙裙等）材料均应采用不燃或难燃材料，应能防潮、吸声、不起尘、抗静电等，机房及媒体存放间的防火墙或隔板应从建筑物的楼、地板起直至梁板底部，将其完全封闭。

（2）机房内活动地板应采用导电性能好、具有足够的力学强度、具有耐腐蚀、耐潮湿和防火等特点的抗静电铝合金活动地板。具体要求应符合国家标准《计算机房用活动地板技术条件》的规定。

（3）规模大的电子计算机中心，宜采用分区空调方式，避免风管穿过楼层和水平隔墙太多，防止火势蔓延扩大。空调系统的送、回风总管在穿过主机房和其他重要机房或火灾危险性大的房间的隔墙、楼板以及垂直风管与每层水平风管交接处的水平支管上均应设置防火阀。空调系统的风管及其保温、消声材料（包括黏结剂）应采用不燃材料。

（4）机房内要事先开设电缆沟，做到分层铺设电源电缆、信号线和接地线。电缆、电线沟要采取防潮湿和防鼠咬的措施，在机房吊顶和活动地板内铺设的电线，宜采用穿金属管布线或采用阻燃电缆。

（5）新建机房如采用下送风方式，机房活动地板距地面净高不小于400mm。

9.2.3 静电防护及接地

1. 静电防护

（1）主机房和辅助区的地板或地面应有静电泄放措施和接地构造，防静电地板。

（2）主机房和辅助区不使用防静电活动地板的房间，可铺设防静电地面。

（3）电子信息系统机房内所有设备的金属外壳、各类金属管道、金属线槽、建筑物金属结构等必须进行等电位联结并接地。

（4）计算机系统的接地应采用单点接地并宜采取等电位措施。

2. 接地

保护性接地和功能性接地宜共用一组接地装置，其接地电阻应按其中最小值确定。主机房内的导体必须与大地作可靠的连接，不得有对地绝缘的孤立导体。具体接地电阻取值如下：

（1）交流工作接地：接地电阻小于4Ω。

（2）安全保护接地：接地电阻小于4Ω。

（3）直流工作接地：接地电阻小于1Ω。

（4）防雷接地：接地电阻小于10Ω。

（5）综合接地系统：接地电阻小于1Ω。

（6）接地体引出线截面面积应不小于16mm^2。

（7）UPS输出接地电压应小于1V。

（8）机房活动地板下须设置静电泄漏洞。

（9）机房活动地板须选用静电地板，且与静电泄漏网可靠连接。

9.2.4 消防设施

1. 灭火系统

（1）A级电子信息系统机房的主机房应设置洁净气体灭火系统。

（2）B级电子信息系统机房的主机房，以及A级和B级机房中的变配电、不间断电源系统和电池室，宜设置洁净气体灭火系统，也可设置高压细水雾灭火系统。

（3）C级电子信息系统机房及其他区域，可设置高压细水雾灭火系统或自动喷水灭火系统。自动喷水灭火系统宜采用预作用系统。

2. 室内消火栓系统

当机房进深大于25m时，应在机房两侧设置公共走道，并在走道上设置室内消火栓系统。

3. 气体灭火系统

（1）卡片穿孔室、纸带穿孔室、已记录的磁介质库和已记录的纸介质库、高低压配电室、变压器室、变频机室、稳压稳频室、发电机房等不能用水扑救的房间，应设置除二氧化碳以外的气体灭火系统。

（2）当单个防护区面积小于 800m^2、体积小于 3600m^3 时，可考虑采用气体灭火系统。

（3）控制系统应具有三路供电，即消防电源主、备用供电和蓄电池供电，当消防电源被切断时，控制系统蓄电池可保证供电 24h。

采用管网式洁净气体灭火系统或高压细水雾灭火系统的主机房，应同时设置两种火灾探测器，且火灾报警系统应与灭火系统联动。

4. 其他规定

（1）采用管网式洁净气体灭火系统或高压细水雾灭火系统的主机房，应同时设置两种火灾探测器，且火灾报警系统应与灭火系统联动。

（2）灭火系统控制器应在灭火设备动作之前，联动控制关闭机房内的风门、风阀，并应停止空调机和排风机、切断非消防电源等。

（3）机房内应设置警笛，机房门口上方应设置灭火显示灯。灭火系统的控制箱（柜）应设置在机房外便于操作的地方，且应有防止误操作的保护装置。

（4）电子信息系统机房内的自动喷水灭火系统，应设置单独的报警阀组。

历年真题研究

【2016-86】某地市级电力调度中心大楼内设置了电子信息系统机房，下列关于该机房的防火措施中，正确的是（　　）。

A. 主机房与其他部位之间采用 200mm 厚加气混凝土砌块墙分隔，隔墙上的门采用甲级防火门

B. 主机房、辅助区和支持区采用 200mm 厚加气混凝土砌块墙与其他区域分隔成独立的防火分区

C. 建筑面积为 500m^2 的主机房设置 2 个净宽度均为 1.6m，感应式自动启闭的推拉门通向疏散走道

D. 主机房设置高压细水雾灭火系统

E. 主机房设置点式光电感烟火灾探测器，并由其中的 2 只火灾探测器的报警信号作为自动灭火系统的联动信号

【答案】ABD

【解析】当 A 级或 B 级信息系统机房位于其他建筑物内时，在主机房和其他部分之间应设置耐火极限不低于 2.00h 的隔墙，隔墙上的门应采用甲级防火门。A、B 选项正确。A 级和 B 级机房中的变配电、不间断电源系统和电池室，宜设置洁净气体灭火系统，也可设置高压细水雾灭火系统，D 选项正确。

第 10 章　古建筑防火

助考知识要点

◆防火安全措施：做好消防专项规划，改善消防安全环境；改善耐火性能，提高耐火等级；开辟防火隔离带，打通消防通道；拆除违章搭建房屋，消除火灾隐患；安装防雷设施；配置消防设施；严格控制火源和各种易燃易爆物品的管理

◆消防灭火设施：固定消防水炮灭火系统，自动喷淋灭火系统，气体灭火系统，灭火器、移动式高压水雾灭火装置

记忆思维导图（图 4. 10-1）

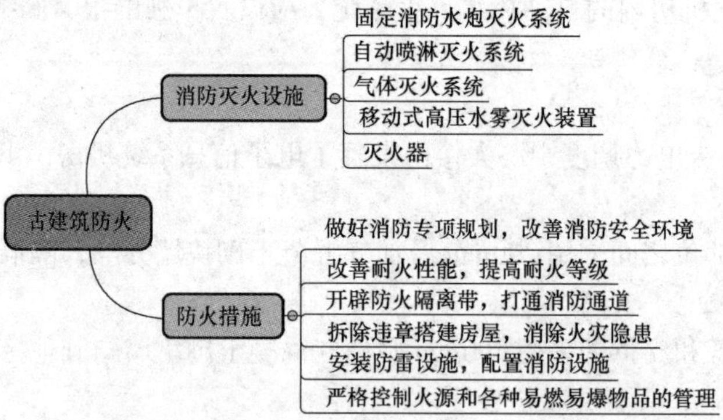

图 4. 10-1　古建筑防火记忆思维导图

内容归纳解析

10. 1　古建筑防火安全措施

1. 做好消防专项规划，改善消防安全环境

（1）建立多种形式的消防站

（2）配备实用有效的消防器材

（3）因地制宜地设置消防供水设施

（4）科学合理地进行消防安全布局

2. 改善耐火性能，提高耐火等级

（1）阻燃处理

1）对可燃构件进行阻燃处理。直接采用防火涂料进行防火处理，涂刷防火涂料时要求不能改变古建筑的可燃构件及装饰物等的色彩质地和尺度。

2）对吸水性装饰织物，如窗帘、地毯等棉、麻、毛、丝绸、混纺针织品，可用织物专用型阻燃液处理，降低其燃烧性能。

3）电线电缆应采用防火涂料刷涂、喷涂，以达到防火阻燃的要求。

（2）替换可燃构件

对不在保护范围内的建筑结构可以用耐火极限较高的现代建筑材料来替代。

3. 开辟防火隔离带，打通消防通道

4. 拆除违章搭建房屋，消除火灾隐患

5. 安装防雷设施

6. 配置消防设施

（1）消火栓系统

（2）自动灭火系统

1）重要的砖木结构和木结构的古建筑内，宜设置湿式自动喷水灭火系统。

2）寒冷地区需防冻或需防误喷的古建筑宜采用预作用自动喷水灭火系统。

3）缺水地区和珍宝库、藏经楼等重要场所宜采用水喷雾灭火系统、细水雾、超细水雾灭火系统。

4）对性质重要，不宜用水扑救的古建筑，如收藏珍贵文物的古建筑，可结合实际情况设置固定、半固定干粉、气体灭火系统或悬挂式自动干粉灭火装置、二氧化碳自动灭火装置、七氟丙烷自动灭火装置。

（3）火灾自动报警系统

1）古建筑内大殿，可以选用红外线光束感烟探测器、缆式线型定温探测器及火焰探测器。

2）佛像体上和壁挂、经书、文物较密集的部位可采用缆式线型定温探测器。

3）对于人员住房、库房等其他建筑，可采用感烟探测器和火焰探测器的组合。

4）收藏陈列珍贵文物的古建筑，宜选择吸气式早期火灾探测器或线型光纤感温探测器。

5）火焰图像探测器宜与图像监控系统相结合。

（4）设置消防安全标志

古建筑内应设置消防安全疏散指示标志和“严禁烟火”“禁止吸烟”等消防安全警示标志。

（5）配置灭火器

7. 严格控制火源和各种易燃易爆物品的管理

（1）禁止在古建筑保护范围内堆存柴草、木料等的易燃可燃物品。

（2）严禁将煤气、液化石油气等引入古建筑内。

（3）禁止在古建筑的主要殿屋进行生产、生活用火。在厢房、走廊、庭院等处需设置生活用火时，必须有防火安全措施。

（4）古建筑内严禁使用卤钨灯等高温照明灯具和电炉等电加热器具，不准使用日光灯和大于 60W 的白炽灯。如确需安装照明灯具和电气设备，应严格执行有关电气安装使用的技术规范和规程。灯饰材料的燃烧性能不应低于 B_1 级，且不得靠近可燃物。

（5）古建筑内的电气线路，一律采用铜芯绝缘导线，并采用阻燃聚氯乙烯穿管保护或穿金属管敷设，不得直接敷设在梁、柱、枋等可燃构件上。严禁乱拉乱接电线。配线方式应以一座殿堂为一个单独的分支回路，控制开关、熔断器均应安装在专用的配电箱内，配电箱设在室外，严禁使用铜丝、铁丝、铝丝等代替熔丝。

（6）古建筑内燃灯、点烛、烧香、焚纸等宗教活动用火，应在室外固定位置，并由专人负责看管。神佛像前的长明灯，应设固定的灯座，灯座应为不燃材料。蜡烛应有固定的烛台，以防倾倒，发生意外。香炉应用不燃材料制作。放置香、烛、灯的木制供桌上，应铺盖金属薄板或涂防火材料。

规范条文链接

《文物建筑防火设计导则（试行）》，以下简称《文则》。

《文则》第 5. 5. 1 条：文物建筑宜采取室内消火栓室外设置。当必须设置在文物建筑内部时，应减少对被保护对象的明显影响。有传统彩画、壁画、泥塑等的文物建筑内部，不得设置室内消火栓。

《文则》第 6. 1. 1 条：适用于不同场所的消防灭火设施，可按表 4. 10-1 选用。

表 4. 10-1　消防灭火设施参考选用表

消防灭火设施	适用场所	限制场所
静水水源（如太平池、水缸等储水设施、容器）	无结冻地区，且未设室内消火栓的文物建筑	—
固定消防水炮灭火系统	室外，且室外场所具备作用空间，火灾危险性较高的文物建筑，且文物建筑能满足固定消防水炮的适用范围和使用要求，水炮对保护对象危害小	室内空间
自动喷淋灭火系统	有较大火灾危险的近现代砖石结构的文物建筑和用于住宿、餐饮等经营性活动的民居类文物建筑	有传统彩画、壁画、泥塑、藻井、天花等的文物建筑
气体灭火系统	空间密闭、用作文物库房，且库藏文物适宜使用气体灭火系统的文物建筑	其他场所
灭火器、移动式高压水雾灭火装置	所有文物建筑	—

《文则》第 6. 2. 1 条：文物建筑在条件允许时，可采用对保护对象无损坏的自动灭火系统或自动灭火装置。

《文则》第 6. 2. 2 条：文物建筑采用自动灭火系统时，优先采用无管网式系统。在有人值守的情况下，启动装置应为手动控制。

《文则》第 6. 2. 4 条：自动喷淋灭火系统设计应按中危险级Ⅰ级，喷水强度 6L/（min · m^2），作用面积 160m^2。自动喷水灭火系统宜与室内消火栓系统分开设置。当合用消防泵时，给水管路应在报警阀前分开设置。

《文则》第 6. 2. 5 条：气体灭火系统设计参数应按 A 类火灾场所选取。喷头的布置应使气体灭火剂喷放后在防护区内均匀分布；喷头出口射流方向离文物、文物建筑表面的距离不宜小于 0. 5m。

《文则》第 6. 3. 1 条：文物建筑应按严重危险级配备灭火器。

《文则》第 7. 2. 8 条：文物建筑的火灾自动报警设备与消防控制室报警总线采用有线方

式连接有困难时，应设置人工火灾警报装置及独立式火灾探测器，报警信号应通过无线方式与消防控制室联网。

《文则》第7.2.9条：在文物建筑防火保护区和控制区，宜在其周边选择适当的高位，设置能完全覆盖保护区、基本覆盖控制区的图像型火灾探测器。

《文则》第8.0.2条：备用电源采用柴油发电机组时，柴油发电机房设置应满足下列要求：

（1）机房不应设于文物建筑内，且应与文物建筑保持安全距离。

（2）机房应靠近消防泵房设置，且便于机组运输及安装。

（3）机房内应设置储油间，总存储量不超过1m^3。

（4）机组的烟气排放、噪声污染应达到环保要求。

《文则》第9.1.1条：文物建筑内应严格用电管理。元代以前早期建筑和具有极其重要价值的文物建筑内部，除展示照明和监测报警等用电外，不宜进行其他用电行为。

《文则》第9.1.3条：配电线路应装设短路保护和过负荷保护。

《文则》第9.1.4条：有电气火灾危险的文物建筑应设置电气火灾监控系统，且应将报警信息和故障信息传入消防控制室。

《文则》第9.1.5条：配电线路的保护导体或保护接地中性导体应在进入文物建筑时接地，进入文物建筑后的配电线路N线与PE线应严格分开。

《文则》第9.1.6条：文物建筑的配电箱外壳应为金属外壳，箱体电气防护等级室内不应低于IP54，室外不应低于IP65。

《文则》第9.1.7条：文物建筑的照明光源宜使用冷光源，且灯具附件无危险高温。各种开关应采用密闭型。

《文则》第9.2.1条：设备和管线宜明装，配电线路应穿金属导管保护。

《文则》第9.2.2条：室内配电线路埋地敷设时，应穿壁厚不小于2.0mm的热镀锌金属导管保护。管线应敷设在夯实的基础土层，并采取固定措施。

《文则》第9.2.3条：室外配电线路宜采用埋地敷设，在进入室内时，应优先利用原有金属管路采用小口径顶管作业进入室内。

《文则》第9.2.5条：设备和管线的安装应避开潮湿部位和炉灶、烟囱等高温部位。配电线路不宜直接敷设在可燃物上；当必须敷设在可燃物上或在有可燃物的吊顶内敷设时，应穿金属管敷设。

《文则》第9.2.6条：文物建筑室内、外设置的管线和设备安装时，应避免在清水墙面或梁、檩、柱、枋等大木构件上钉钉、钻眼、打洞，安装位置宜隐蔽、安全。管线和设备安装不应影响文物建筑的维修、保养和使用。

《文则》第9.2.8条：有彩画、壁画、雕刻、石刻、隔扇、多宝阁、落地罩、室内外各类装饰以及题名、题记等的建筑构件上，不应设置管线和设备。

《文则》第9.2.12条：室内明敷设管线安装时，应横平竖直、排列整齐。管路与终端、弯头中点、接线盒或过路盒、电气器具等的边缘距离应在15~50cm范围内固定。

《文则》第9.2.14条：导线与导线、导线与电气设备的连接应牢固可靠。配电线路接头两侧、箱盒两侧的金属导管以及金属导管与箱盒的跨接宜为焊接，明火焊接不应在文物建筑室内进行。

《文则》第 9. 2. 17 条：1kV 及以上等级的架空电力线路不应跨越文物建筑防火保护区和控制区。

历年真题研究

【2015-90】为预防古建筑发生火灾，必须加强对古建筑的消防安全管理。下列对古建筑消防安全管理措施中，正确的有（　　）。

A. 禁止使用大于 40W 的白炽灯

B. 禁止在建筑保护范围内堆存和使用易燃易爆物品

C. 禁在古建筑内私接乱拉电气线路

D. 禁止在古建筑的主要殿屋内进行炊煮

E. 不应在古建筑内烧香

【答案】BCD

【解析】见本章内容。

【2017-94】室外消火栓射流不能抵达室内且室内无传统彩画、壁画、泥塑的文物建筑，宜考虑设置室内消火栓系统或（　　）。

A. 加大室外消火栓设计流量

B. 设置消防水箱

C. 配置移动高压水喷雾灭火设备

D. 加大火灾持续时间

E. 设置预作用自动喷水灭火系统

【答案】CE

【解析】室外消火栓射流不能抵达室内且室内无传统彩画、壁画、泥塑的文物建筑，宜考虑设置室内消火栓系统或配置移动高压水喷雾灭火设备，设置预作用自动喷水灭火系统。

第 11 章　人民防空工程防火

助考知识要点

◆平面布局：不应设置哺乳室、托幼、游乐厅等儿童活动场所和残疾人活动场所

◆防火分区：防火分区面积：500m^2，1000m^2（设自动灭火系统）

◆疏散距离：房间内最远点至房间门≤15m，房间门至安全出口的距离：医院 24m，旅馆 30m，其他 40m

记忆思维导图（图 4. 11-1）

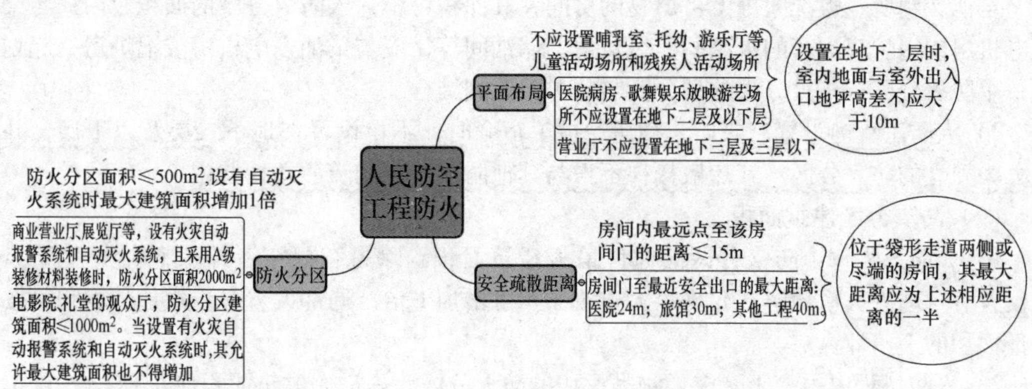

图 4. 11-1　人民防空工程防火记忆思维导图

内容归纳解析

11. 1　人民防空工程总平面布局和平面布置

（1）人防工程内不得使用和储存液化石油气、相对密度（与空气密度比值）大于或等于 0. 75 的可燃气体和闪点小于 60℃的液体燃料。人防工程内不得设置油浸电力变压器和其他油浸电气设备。

（2）人防工程内不应设置哺乳室、托儿所、幼儿园、游乐厅等儿童活动场所和残疾人员活动场所。

（3）医院病房不应设置在地下二层及以下层，当设置在地下一层时，室内地面与室外出入口地坪高差不应大于 10m。

（4）歌舞厅、卡拉 OK 厅（含具有卡拉 OK 功能的餐厅）、夜总会、录像厅、放映厅、桑拿浴室（除洗浴部分外）、游艺厅（含电子游艺厅）、网吧等歌舞娱乐放映游艺场所（以

下简称歌舞娱乐放映游艺场所)，不应设置在人防工程内地下二层及以下层；当设置在地下一层时，室内地面与室外出入口地坪高差不应大于10m。

(5) 人防工程内地下商店不应经营和储存火灾危险性为甲、乙类储存物品属性的商品；营业厅不应设置在地下三层及三层以下；当地下商店总建筑面积大于20000m^{2}时，应采用防火墙进行分隔，且防火墙上不得开设门窗洞口，相邻区域确需局部连通时，应采取可靠的防火分隔措施。

11.2 人民防空工程的防火分隔措施

1. 防火分区

(1) 防火分区的划分

1) 人防工程内采用防火墙划分防火分区，当采用防火墙确有困难时，可采用防火卷帘等防火分隔设施分隔。防火分区应在各安全出口处的防火门范围内划分；水泵房、污水泵房、水池、厕所、盥洗间等无可燃物的房间，其面积可不计入防火分区的面积之内；与柴油发电机房或锅炉房配套的水泵间、风机房、储油间等，应与柴油发电机房或锅炉房一起划分为一个防火分区；防火分区的划分宜与防护单元相结合。

2) 人防工程内设置有旅店、病房、员工宿舍时，不得设置在地下二层及以下层，并应划分为独立的防火分区，其疏散楼梯不得与其他防火分区的疏散楼梯共用。

(2) 防火分区建筑面积

1) 人防工程每个防火分区的允许最大建筑面积，除另有规定者外，不应大于500m^2。当设置有自动灭火系统时，允许最大建筑面积可增加1倍；局部设置时，增加的面积可按该局部面积的1倍计算。

2) 人防工程内丙、丁、戊类物品库房的防火分区允许最大建筑面积应符合表4.11-1的规定。当设置有火灾自动报警系统和自动灭火系统时，允许最大建筑面积可增加1倍；局部设置时，增加的面积可按该局部面积的1倍计算。

表4.11-1 丙、丁、戊类物品库房防火分区允许最大建筑面积

储存物品类别		防火分区最大允许建筑面积/m^2
丙	闪点≥60℃的可燃液体	150
	可燃固体	300
丁		500
戊		1000

3) 人防工程内商业营业厅、展览厅、电影院和礼堂的观众厅、溜冰馆、游泳馆、射击馆、保龄球馆等防火分区建筑面积：

①设置有火灾自动报警系统和自动灭火系统的商业营业厅、展览厅等，当采用A级装修材料装修时，防火分区允许最大建筑面积不应大于2000m^2。

②电影院、礼堂的观众厅，防火分区允许最大建筑面积不应大于1000m^2。当设置有火灾自动报警系统和自动灭火系统时，其允许最大建筑面积也不得增加。

③溜冰馆的冰场、游泳馆的游泳池、射击馆的靶道区、保龄球馆的球道区等，其面积可

不计入溜冰馆、游泳馆、射击馆、保龄球馆的防火分区面积内。溜冰馆的冰场、游泳馆的游泳池、射击馆的靶道区等，其装修材料应采用A级。

2. 其他防火分隔要求

（1）消防控制室、消防水泵房、排烟机房、灭火剂储瓶室、变配电室、通信机房、通风和空调机房、可燃物存放量平均值超过30kg/m² 火灾荷载密度的房间等，应采用耐火极限不低于2.00h的隔墙和1.50h的楼板与其他场所隔开，墙上如设门应设置常闭的甲级防火门。

（2）柴油发电机房的储油间，墙上应设置常闭的甲级防火门，并应设置高150mm的不燃烧、不渗漏的门槛，地面不得设置地漏。

（3）同一防火分区内厨房、食品加工等用火用电用气场所，墙上应设置不低于乙级的防火门，人员频繁出入的防火门应设置火灾时能自动关闭的常开式防火门。

（4）歌舞娱乐放映游艺场所，且一个厅、室的建筑面积不应大于200m²，采用耐火极限不低于2.00h的隔墙和1.50h的楼板与其他场所隔开，隔墙上如设门，应设置不低于乙级的防火门。

（5）电影院、礼堂的观众厅与舞台之间的墙，耐火极限不应低于2.50h，电影院放映室（卷片室）应采用耐火极限不低于1.00h的隔墙与其他部位隔开，观察窗和放映孔应设置阻火闸门。

（6）人防工程中允许使用的可燃气体和丙类液体管道，除可穿过柴油发电机房、燃油锅炉房的储油间与机房间的防火墙外，严禁穿过防火分区之间的防火墙；当其他管道需要穿过防火墙时，应采用防火封堵材料将管道周围的空隙紧密填塞。

3. 防火门、窗和防火卷帘

（1）人防工程位于防火分区分隔处安全出口的门应为甲级防火门；当使用功能上确实需要采用防火卷帘分隔时，应在其旁设置与相邻防火分区的疏散走道相通的甲级防火门。公共场所的疏散门应向疏散方向开启，并在关闭后能从任何一侧手动开启；人员频繁出入的防火门，应采用能在火灾时自动关闭的常开式防火门；平时需要控制人员随意出入的防火门，应设置火灾时不需使用钥匙等任何工具即能从内部易于打开的常闭防火门，并应在明显位置设置标识和使用提示；其他部位的防火门，宜选用常闭的防火门；用防护门、防护密闭门、密闭门代替甲级防火门时，其耐火性能应符合甲级防火门的要求且不得用于平战结合公共场所的安全出口处。常开的防火门应具有信号反馈功能。

（2）人防工程中使用防火墙划分防火分区有困难时，可采用防火卷帘分隔。当防火分隔部位的宽度不大于30m时，防火卷帘的宽度不应大于10m；当防火分隔部位的宽度大于30m时，防火卷帘的宽度不应大于防火分隔部位宽度的1/3，且不应大于20m。防火卷帘的耐火极限不应低于3.00h。当防火卷帘的耐火极限符合《门和卷帘耐火试验方法》有关背火面温升的判定条件时，可不设置自动喷水灭火系统保护；当防火卷帘的耐火极限符合《门和卷帘耐火试验方法》有关背火面辐射热的判定条件时，应设置自动喷水灭火系统保护，其火灾延续时间不应小于3.00h。

（3）防火卷帘应具有防烟性能，与楼板、梁和墙、柱之间的空隙应采用防火封堵材料封堵。在火灾时能自动降落的防火卷帘，应具有信号反馈的功能。

11.3　人民防空工程的安全疏散设施

1. 安全出口形式

（1）疏散楼梯间。设有下列公共活动场所的人防工程，当底层室内地面与室外出入口地坪高差大于10m时，应设置防烟楼梯间；当地下为两层，且地下第二层的室内地面与室外出入口地坪高差不大于10m时，应设置封闭楼梯间：

1）电影院、礼堂。

2）建筑面积大于$500m^2$的医院、旅馆。

3）建筑面积大于$1000m^2$的商场、餐厅、展览厅、公共娱乐场所（礼堂、多功能厅、歌舞娱乐放映游艺场所等）、健身体育场所（溜冰馆、游泳馆、体育馆、保龄球馆、射击馆等）等。

（2）避难走道。避难走道是走道两侧为实体防火墙，并设置有效防烟等设施，仅用于人员安全通行至室外的走道，人防工程中的避难走道的设置要求：

1）避难走道直通地面的出口不应少于2个，并应设置在不同方向；当避难走道只与一个防火分区相通时，其直通地面的出口可设置1个，但该防火分区至少应有1个不通向该避难走道的安全出口。

2）通向避难走道的各防火分区人数不等时，避难走道的净宽不应小于设计容纳人数最多一个防火分区通向避难走道各安全出口最小净宽之和。

3）避难走道的装修材料燃烧性能等级应为A级。

4）防火分区至避难走道入口处应设置前室，前室面积不应小于$6m^2$，前室的门应为甲级防火门。

5）避难走道应设置消火栓、火灾应急照明、应急广播和消防专线电话。

2. 安全出口设置要求

（1）人防工程每个防火分区的安全出口数量不应少于2个。当有2个或2个以上防火分区相邻，且将相邻防火分区之间防火墙上设置的防火门作为安全出口时，防火分区安全出口应符合下列规定：

1）防火分区建筑面积大于$1000m^2$的商业营业厅、展览厅等场所，设置通向室外、直通室外的疏散楼梯间或避难走道的安全出口个数不得少于2个。

2）防火分区建筑面积不大于$1000m^2$的商业营业厅、展览厅等场所，设置通向室外、直通室外的疏散楼梯间或避难走道的安全出口个数不得少于1个。

3）在一个防火分区内，设置通向室外、直通室外的疏散楼梯间或避难走道的安全出口宽度之和，不宜小于规范规定的安全出口总宽度的70%。

（2）建筑面积不大于$500m^2$，且室内地面与室外出入口地坪高差不大于10m，容纳人数不大于30人的防火分区，当设置有仅用于采光或进风用的竖井，且竖井内有金属梯直通地面、防火分区通向竖井处设置有不低于乙级的常闭防火门时，可只设置一个通向室外、直通室外的疏散楼梯间或避难走道的安全出口；也可设置一个与相邻防火分区相通的防火门。

（3）建筑面积不大于$200m^2$，且经常停留人数不超过3人的防火分区，可只设置一个通向相邻防火分区的防火门。房间建筑面积不大于$50m^2$，且经常停留人数不超过15人时，可设置一个疏散出口。

3. 安全疏散距离

（1）房间内最远点至该房间门的距离不应大于15m。

（2）房间门至最近安全出口的最大距离：医院应为24m；旅馆应为30m；其他工程应为40m。位于袋形走道两侧或尽端的房间，其最大距离应为上述相应距离的一半。

（3）观众厅、展览厅、多功能厅、餐厅、营业厅和阅览室等，其室内任意一点到最近安全出口的直线距离不宜大于30m；当该防火分区设置有自动喷水灭火系统时，疏散距离可增加25%。

4. 疏散宽度

人防工程每个防火分区安全出口的总宽度，应按该防火分区设计容纳总人数乘以疏散宽度指标计算确定。人防工程安全出口、疏散楼梯和疏散走道的最小净宽应符合表4.11-2的规定。

表4.11-2　安全出口、疏散楼梯和疏散走道的最小净宽　（单位：m）

工程名称	安全出口和疏散楼梯净宽	疏散走道净宽	
		单面布置房间	双面布置房间
商场、公共娱乐场所、健身体育场所	1.4	1.5	1.6
医院	1.3	1.4	1.5
旅馆、餐厅	1.10	1.2	1.3
车间	1.10	1.2	1.5
其他民用工程	1.10	1.2	—

11.4　人民防空工程的消防设施配置

1. 灭火设备

（1）人防工程消防用水可由市政给水管网、水源井、消防水池或天然水源供给。利用天然水源时，应确保枯水期最低水位时的消防用水量，并应设置可靠的取水设施。采用市政给水管网直接供水，当消防用水量达到最大时，其水压应满足室内最不利点灭火设备的要求。

（2）室内消火栓系统设置范围：

1）建筑面积大于300m^{2}的人防工程。

2）电影院、礼堂、消防电梯间前室和避难走道。

（3）下列人防工程和部位应设置自动喷水灭火系统：

1）除丁、戊类物品库房和自行车库外，建筑面积大于500m^{2}丙类库房和其他建筑面积大于1000m^{2}的人防工程。

2）大于800个座位的电影院和礼堂的观众厅，且吊顶下表面至观众席室内地面高度不大于8m时；舞台使用面积大于200m^{2}时；观众厅与舞台之间的台口宜设置防火幕或水幕分隔。

3）歌舞娱乐放映游艺场所。

4）建筑面积大于500m² 的地下商店和展览厅。

5）燃油或燃气锅炉房和装机总容量大于300kW 柴油发电机房。

（4）人防工程中建筑面积大于100m²，小于或等于500m²的地下商店和展览厅；建筑面积大于100m²，且小于或等于1000m² 的影剧院、礼堂、健身体育场所、旅馆、医院等；建筑面积大于100m²，且小于或等于500m² 的丙类库房宜设置自动喷水灭火系统，当有困难时，也可设置局部应用系统。

（5）人防工程中图书、资料、档案等特藏库房，重要通信机房和电子计算机机房，变配电室和其他特殊重要的设备房间应设置气体灭火系统或细水雾灭火系统。

（6）人防工程应配置灭火器。

2. 火灾自动报警系统

（1）人防工程中建筑面积大于500m² 的地下商店、展览厅和健身体育场所；建筑面积大于1000m² 的丙、丁类生产车间和丙、丁类物品库房；重要的通信机房和电子计算机机房，柴油发电机房和变配电室，重要的实验室和图书、资料、档案库房等；歌舞娱乐放映游艺场所应设置火灾自动报警系统。

（2）火灾自动报警系统和火灾应急广播系统的设计应按《自报》的规定执行。

3. 消防疏散照明和消防备用照明

消防疏散照明和消防备用照明在工作电源断电后，应能自动投合备用电源。消防疏散照明和消防备用照明可用蓄电池作备用电源，其连续供电时间不应少于30min。

（1）消防疏散照明

1）消防疏散照明灯应设置在疏散走道、楼梯间、防烟前室、公共活动场所等部位的墙面上部或顶棚下，地面的最低照度不应低于5 lx。

2）在人防工程有侧墙的疏散走道及其拐角处和交叉口处的墙面上、无侧墙的疏散走道的上方、疏散出入口和安全出口的上部应设置消防疏散标志灯。

3）歌舞娱乐放映游艺场所、总建筑面积大于500m² 的商业营业厅等公众活动场所的疏散走道的地面上，应设置能保持视觉连续发光的疏散指示标志，并宜设置灯光型疏散指示标志。

4）当地面照度较大时，可设置蓄光型疏散指示标志。沿地面设置的灯光型疏散方向标志的间距不宜大于3m，蓄光型发光标志的间距不宜大于2m。

（2）消防备用照明

1）人防工程避难走道、消防控制室、消防水泵房、柴油发电机室、配电室、通风空调室、排烟机房、电话总机房以及发生火灾时仍需坚持工作的其他房间应设置消防备用照明。

2）建筑面积大于5000m² 的人防工程，其消防备用照明照度值宜保持正常照明的照度值。

3）建筑面积不大于5000m² 的人防工程，其消防备用照明的照度值不宜低于正常照明照度值的50%。

4. 防烟排烟系统

（1）人防工程下列部位应设置机械加压送风防烟设施：

1）防烟楼梯间及其前室或合用前室。

2）避难走道的前室。

（2）丙、丁、戊类物品库房宜采用密闭防烟措施。

（3）下列场所应设置机械排烟设施：

1）总建筑面积大于200m^2的人防工程。

2）建筑面积大于50m^2，且经常有人停留或可燃物较多的房间。

3）丙、丁类生产车间。

4）长度大于20m的疏散走道。

5）歌舞娱乐放映游艺场所。

6）中庭。

（4）人防工程每个防烟分区内必须设置排烟口，排烟口应设置在顶棚或墙面的上部。

（5）排烟口宜在该防烟分区内均匀布置，并应与疏散出口的水平距离大于2m，且与该分区内最远点的水平距离不应大于30m。

（6）排烟口可单独设置，也可与排风口合并设置；排烟口的总排烟量应按该防烟分区面积每平方米不小于60m^3/h计算。

（7）排烟口的开闭状态和控制应符合下列要求：

1）单独设置的排烟口，平时应处于关闭状态；其控制方式可采用自动或手动开启方式；手动开启装置的位置应便于操作。

2）排风口和排烟口合并设置时，应在排风口或排风口所在支管设置自动阀门；该阀门必须具有防火功能，并应与火灾自动报警系统联动；火灾时，着火防烟分区内的阀门仍应处于开启状态，其他防烟分区内的阀门应全部关闭。

（8）排烟口的风速不宜大于10m/s。

（9）排烟风机可采用普通离心式风机或排烟轴流风机，排烟风机可单独设置或与排风机合并设置；当排烟风机与排风机合并设置时，宜选用变速风机。排烟风机的安装位置，宜处于排烟区的同层或上层。排烟风机应与排烟口联动，当任何一个排烟口、排烟阀开启或排风口转为排烟口时，系统应转为排烟工作状态，排烟风机应自动转换为排烟工况；当烟气温度大于280℃时，排烟风机应随设置于风机入口处防火阀的关闭而自动关闭。

（10）机械加压送风防烟管道、排烟管道、排烟口和排烟阀等必须采用不燃材料制作。排烟管道与可燃物的距离不应小于0.15m，或应采取隔热防火措施。

（11）机械加压送风防烟管道和排烟管道不宜穿过防火墙。当需要穿过时，过墙处应符合下列规定：

1）防烟管道应设置温度大于70℃时能自动关闭的防火阀。

2）排烟管道应设置温度大于280℃时能自动关闭的防火阀。

（12）人防工程内厨房的排油烟管道宜按防火分区设置，且在与垂直排风管连接的支管处设置动作温度为150℃的防火阀。

历年真题研究

【2015-50】根据现行《人民防空工程设计防火规范》的规定，人防工程设置有火灾自动报警系统和自动灭火系统时，人防工程中电影院的观众厅一个防火分区允许最大面积为（　）m^2。

A. 500　　B. 1000　　C. 1500　　D. 2000

【答案】B

【解析】见本章内容。

【2015-99】新建一座大型城市商业综合体，根据有关规定，需要在该综合体设置人民防空工程。下列关于该人防工程中避难走道的做法中，正确的有（　　）。

A. 设置 2 个直通地面出口

B. 防火分区至避难走道入口处设置面积为 $6m^2$ 的前室

C. 设置室内消火栓

D. 设置火灾应急照明和应急广播

E. 采用燃烧性能等级为 B_1 级的装修材料进行装修

【答案】ABCD

【解析】见本章内容。

【2016-76】某人防工程设置在地下一层，其室内地面与室外出入口地坪的高差为 8m。下列场所中，不能设置在该人防工程内的是（　　）。

A. 歌舞娱乐放映游艺场所　　B. 医院病房

C. 儿童游乐厅　　D. 百货商店

【答案】C

【解析】人防工程内不应设置哺乳室、托儿所、幼儿园、游乐厅等儿童活动场所和残疾人员活动场所，C 选项错误。

【2016-93】下列设置在人防工程内的场所中，疏散门应采用甲级防火门的有（　　）。

A. 厨房　　B. 消防控制室　　C. 柴油发电机的储油间

D. 歌舞厅　　E. 消防水泵房

【答案】BCE

【解析】见本章内容。

【2017-31】人防工程的采光窗井与相邻一类高层民用建筑主体出入口的最小防火间距是（　　）m。

A. 6　　B. 9　　C. 10　　D. 13

【答案】D

【解析】见《人防规》第 3. 2. 2 条表 3. 2. 2 的规定。

【2017-85】某平战结合的人防工程，地下 3 层，下列防火设计中，符合《人民防空工程设计防火规范》要求的有（　　）。

A. 地下一层靠外墙部位设油浸电力变压器室

B. 地下一层设卡拉 OK 厅、室内地坪与室外出入口地坪高差 6m

C. 地下三层设沉香专卖店

D. 地下一层设员工宿舍

E. 地下一层设 $400m^2$ 儿童游乐场，游乐场下层设汽车库

【答案】BD

【解析】见本章内容。

【2018-50】某平战结合的人防工程，地下 3 层，每层建筑面积 $30000m^2$，地下一层为商业和设备用房，地下二层和地下三层为车库、设备用房和商业用房，该人防工程的下列防火

设计方案中，错误的是（　　）。

A. 地下一层设置的下沉式广场疏散区域的面积为 180m^2

B. 地下二层设置销售各种啤酒的超市

C. 地下一层防烟楼梯间及前室的门为火灾时能自动关闭的常开式甲级防火门

D. 地下一层防火隔间的墙为耐火极限 3.00h 的实体防火隔墙

【答案】D

【解析】见本章内容。防火隔间的墙应为实体防火墙，故 D 错误。

【2018-58】根据现行国家标准《人民防空工程设计防火规范》，人防工程疏散指示标志的下列设计方案中，正确的是（　　）。

A. 沿墙面设置的疏散标志灯下边缘距地面的垂直距离为 1.2m

B. 沿地面设置的灯光型疏散方向标志的间距为 10m

C. 设置在疏散走道上方的疏散标志灯下边缘距离室内地面的垂直距离为 2.2m

D. 沿地面设置的蓄光型发光标志的间距为 10m

【答案】C

【解析】设置在疏散走道上方的疏散标志灯下边缘距室内地面不应大于 2.5m，C 正确。

第5篇　消防安全评估

第1章　火灾风险识别

助考知识要点

◆火灾发生发展过程：起火、增长、充分发展、衰退直至最终熄灭

◆被动防火：防火间距、耐火等级、防火分区、消防扑救条件、防火分隔设施

◆主动防火：灭火器材、消防给水、火灾自动报警系统、防排烟系统、自动灭火系统、疏散设施

◆人员状况：人员荷载、人员素质、人员熟知度、人员体质

记忆思维导图（图5.1-1）

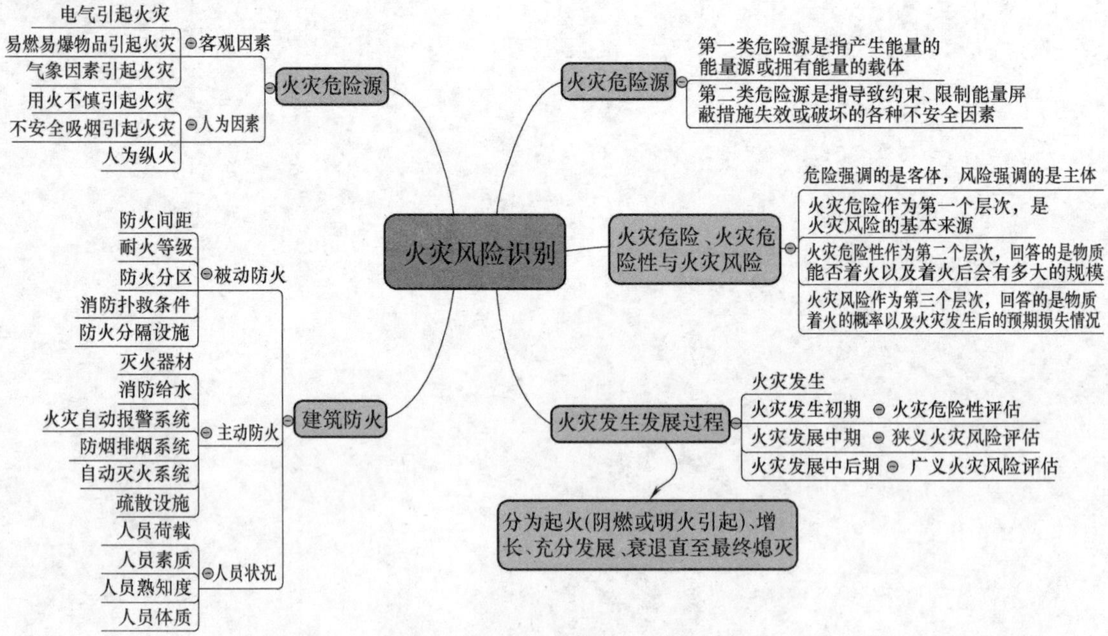

图5.1-1　火灾风险识别记忆思维导图

内容归纳解析

1.1　火灾风险评估概念辨析

1. 火灾危险源与火灾风险源

（1）早期的关于消防安全的著作将影响系统安全的因素统称为危险源，分为第一类危险源和第二类危险源。

（2）第一类危险源是指产生能量的能量源或拥有能量的载体。它的存在是事故发生的前提，它决定着事故后果的严重程度。

（3）第二类危险源是指导致约束、限制能量屏蔽措施失效或破坏的各种不安全因素。它是第一类危险源导致事故的必要条件，第二类危险源出现的难易决定了事故发生可能性的大小。根据上述危险源分类，火灾中的第一类危险源包括可燃物、火灾烟气及燃烧产生的有毒、有害气体成分；第二类危险源是人们为了防止火灾发生、减小火灾损失所采取的消防措施中的隐患。

2. 火灾危险、火灾危险性与火灾风险

（1）危险强调的是客体，是客观存在的随机现象；而风险表达的则是人们采取了某种行动后所可能面临的有害后果，它强调的是主体，说的是人们将遭受的危害或需要承担的责任。

（2）火灾危险作为第一个层次，是火灾风险的基本来源，关心的是目标对象是否会着火的问题。如果不存在火灾危险，则火灾风险就不会存在。

（3）火灾危险性作为第二个层次，回答的是物质能否着火以及着火后会有多大的规模。

（4）火灾风险作为第三个层次，回答的是物质着火的概率以及火灾发生后的预期损失情况。

（5）火灾危险、火灾危险性和火灾风险之间的关系如图5.1-2所示。采用这三个层次的界定，可以解释火灾危险源评估、火灾危险性评估和火灾风险评估之间的区别。

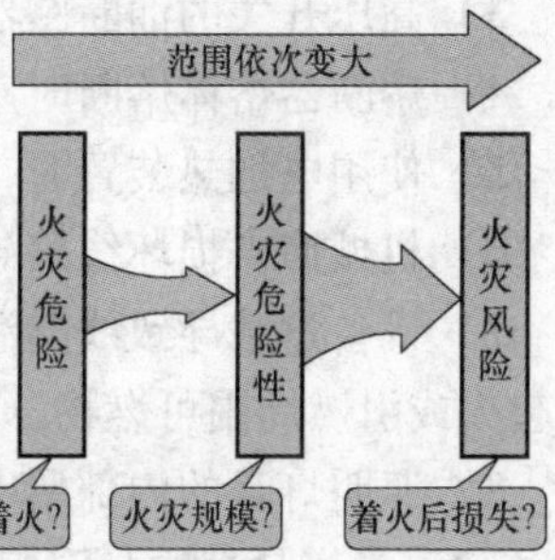

图5.1-2　火灾危险、火灾危险性和火灾风险关系示意图

1.2　火灾风险来源

1. 火灾发展过程与火灾风险评估

火灾发生发展过程可以分为起火（阴燃或明火引起）、增长、充分发展、衰退直至最终熄灭等阶段。

（1）火灾发生

（2）火灾发生初期：这一阶段称为火灾危险性评估。

（3）火灾发展中期：这一阶段称为狭义火灾风险评估。

（4）火灾发展中后期：这一阶段称为广义火灾风险评估。

根据上述火灾发生发展的四个阶段，建筑防灭火工作大体上也可以划分为四个主要环节，即火灾预防、火灾报警、人员疏散和灭火救援，其中防止火灾发生是消防工作的首要任务。

2. 影响火灾发生的因素

可燃物、助燃剂（主要是氧气）和火源是物质燃烧三个要素。可燃物、助燃剂、火源、时间和空间是火灾的五个要素。消防工作的主要对象就是围绕着这五个要素进行控制。控制可分为两类：对于存在生产生活用燃烧的场所，即将燃烧控制在一定的范围内，控制的对象是时间和空间；对于除此之外的任何场所，控制不发生燃烧，控制的对象是燃烧三要素，即控制这三要素同时出现的条件。

1.3　火灾风险源分析

1.3.1　火灾危险源

1. 客观因素

（1）电气引起火灾：电气火灾原因主要有以下几种：

1）接头接触不良导致电阻增大，发热起火。

2）可燃油浸变压器油温过高导致起火。

3）高压开关的油断路器中由于油量过高或过低引起气体爆炸起火。

4）熔断器熔体熔断时产生电火花，引燃周围可燃物。

5）使用电加热装置时，不慎放入高温时易爆物品导致爆炸起火。

6）机械撞击损坏线路导致漏电起火。

7）设备过载导致线路温度升高，在线路散热条件不好时，经过长时间的过热，导致电缆起火或引燃周围可燃物。

8）照明灯具的内部漏电或发热引起燃烧或引燃周围可燃物。

（2）易燃易爆物品引起火灾：爆炸一般是由易燃易爆物品引起。

（3）气象因素引起火灾：影响火灾的气象因素主要有大风、降水、高温以及雷击。

2. 人为因素

（1）用火不慎引起火灾

（2）不安全吸烟引起火灾

（3）人为纵火

1.3.2　建筑防火

1. 被动防火

（1）防火间距。防火间距是两栋建（构）筑物之间，保持适应火灾扑救、人员安全疏散和降低火灾时热辐射等的必要间距。影响防火间距的主要因素有：①热辐射；②热对流；③建筑物外墙开口面积；④建筑物内可燃物的性质、数量和种类；⑤风速；⑥相邻建筑物的高度；⑦建筑物内消防设施的水平；⑧灭火时间的影响。

（2）耐火等级。为了保证建筑物的安全，必须采取必要的防火措施，使之具有一定的耐火性，通常用耐火等级来表示建筑物所具有的耐火性。一座建筑物的耐火等级不是由一两个构件的耐火性决定的，是由组成建筑物的所有构件的耐火性决定的，即是由组成建筑物的墙、柱、梁、楼板等主要构件的燃烧性能和耐火极限决定的。

（3）防火分区。防火分区是指采用防火分隔措施划分出的、能在一定时间内防止火灾向同一建筑的其余部分蔓延的局部区域（空间单元），主要通过涵盖面积来确定。防火分区主要是通过能在一定时间内阻止火势蔓延，且能把建筑内部空间分隔成若干较小防火空间的防火分隔设施来实现的。

（4）消防扑救条件。建筑的消防扑救条件可根据消防通道和消防扑救面的实际情况进行衡量。消防通道是指包括有无穿越建筑的消防通道、环形消防车道以及消防电梯等。消防车道一般可与交通道路、桥梁等结合布置。消防扑救面是指登高消防车能靠近主体建筑，便于消防车作业和消防人员进入建筑进行抢救人员和扑灭火灾的建筑立面。

（5）防火分隔设施。常用的防火分隔设施有防火墙、防火门以及防火卷帘等。

2. 主动防火

（1）灭火器材。灭火器材的配置是否符合要求，以及是否能够及时维护，保持其完好可用性，都将决定着潜在火势的发展状况。根据《建筑灭火器配置设计规范》，民用建筑灭火器配置场所的危险等级，应根据其使用性质、火灾危险性、可燃物数量、火灾蔓延速度以及扑救难易程度等因素，划分为以下三级：

严重危险级：功能复杂、用电用火多、设备贵重、火灾危险性大、可燃物多、起火后蔓延迅速或容易造成重大火灾损失的场所。

中危险级：用电用火较多、火灾危险性较大、可燃物较多、起火后蔓延迅速的场所。

轻危险级：用电用火较少、火灾危险性较小、可燃物较少、起火后蔓延较慢的场所。

（2）消防给水。消防给水系统完善与否，直接影响火灾扑救的效果。

（3）火灾自动报警系统。火灾自动报警系统是一套不需要人工操作的智能化系统，一旦建筑物内某个部位发生火灾，火灾探测器就可以检测到现场的火焰、烟雾、高温和特有气体等信号，并转换成电信号，经过与正常状态阈值比较后，给出火灾的报警信号，通过自动报警控制器上的报警显示器显示出来，告知值班人员某个部位失火。同时通过自动报警控制器启动报警装置报警。火灾探测器是火灾自动报警系统的重要组成部分，它分为感烟火灾探测器、感温火灾探测器、气体火灾探测器、感光火灾探测器等四种。

（4）防烟排烟系统。防烟、排烟的目的是要及时排除火灾产生的大量烟气，阻止烟气向防烟分区外扩散，确保建筑物内人员的顺利疏散和安全避难，并为消防救援创造有利条件。建筑内的防烟、排烟是保证建筑内人员安全疏散的必要条件。排烟方式主要有机械排烟和自然排烟两种；防烟方式主要有固体防烟、加压送风防烟和空气流防烟三种。在进行排烟的同时还必须进行补风，因为排烟过程是烟气与空气对流置换过程。

（5）自动灭火系统。水自动灭火系统包括自动喷水灭火系统、水喷雾灭火系统、细水雾灭火系统和水炮灭火系统。

（6）疏散设施。安全疏散设施的目的主要是使人能从发生事故的建筑中，迅速撤离到安全部位（室外或避难层、避难间等），及时转移室内重要的物资和财产。同时，尽可能地减少火灾造成的人员伤亡与财产损失，也为消防人员提供有利的灭火救援条件等。建筑物中的安全疏散设施，如楼梯、疏散走道和门等，是依据建筑物的用途、人员的数量、建筑物面积的大小以及人们在火灾时的心理状态等因素综合考虑的。此外，应急照明和疏散指示标志的设置是否合理，对人员安全疏散也具有主要作用。

3. 人员状况

确保在火灾发生时人员安全疏散是实现建筑物功能和活动举办的基本前提，对风险评估结果影响最大的因素之一就是建筑物或活动场地人员的安全疏散。为了确保人员能够在紧急情况下的安全疏散，消防法规中规定应设置消防照明、消防指示、消防广播等消防设施。然而，评估建筑或活动场地内人员是否能够安全疏散，除了上述消防设施，还需要考虑人员荷载、人员素质、人员熟知度和人员体质几个方面。

(1) 人员荷载。人员荷载是决定疏散分析结论的基础，是评估建筑疏散安全性的前提条件。一般情况下，建筑物内人员数量越多，造成拥堵的可能性越高。

(2) 人员素质。此处所指人员素质包括人的心理承受能力、应急反应能力和遵守纪律能力。人员素质越高，就会拥有越好的组织纪律性和判断力。定期的人员疏散逃生训练能够显著提高人的心理承受能力、应急反应能力和遵守纪律能力。

(3) 人员熟知度。对于不同的建筑物而言，其使用人群通常是不同的。例如住宅、办公楼、写字楼等，其使用人员是基本固定的。这些人员对建筑物内结构布局、出口数量及位置、疏散通道和疏散楼梯位置等都非常熟悉，在紧急情况下能够第一时间找到正确的疏散逃生通道，及时疏散到安全区域。而对于影院、剧场、商场等建筑，由于人员流动非常频繁，这些人员对建筑物的消防疏散设施不熟悉，紧急情况下容易慌乱，找不到疏散通道，不能及时疏散到安全区域。

(4) 人员体质。由于不同人群的身体状况不同，其行动能力也存在显著差异。不同的建筑物由于健康的老人、儿童、成年人及残障人员所占比例不同，紧急情况下人员安全疏散逃生的风险也会不同，评估时需要综合考虑建筑物中使用人员中不同人群比例不同时出现的差异。

4. 消防安全管理

(1) 单位内部管理

1) 消防安全责任制。消防工作的基本制度是消防安全责任制。这一制度的基本要求是：从各级政府到社会各单位以及每个公民，都应当对所管辖工作范围内的消防工作负责，切实做到“谁主管，谁负责；谁在岗，谁负责”。

2) 消防设施维护管理。

3) 管理人员及员工消防安全培训。社会单位应当采用理论授课、现场参观、实地操作、火灾事故案例分析等多种方式，定期对全体管理人员和员工进行消防安全培训，系统地开展消防安全法规和消防知识教育，使消防安全责任人、消防安全管理人和部门负责人完全具备检查消除火灾隐患、组织扑救初期火灾、组织人员疏散逃生以及开展消防宣传教育四项能力；使特殊岗位人员全员参加监管部门组织进行的消防案例培训，直至通过考核获得上岗证；使全体员工认识到火灾对生命和财产的危害以及防火安全的重要性，了解单位建筑的火灾易发部位、灭火器材的位置和疏散出口的方向等消防常识，基本掌握上述四项能力，自觉防火并维护消防安全设施的有效性。

4) 隐患检查整改机制。火灾隐患的整改，按发生火灾的危险性和整改的难易程度，可以采用当场整改和限期整改两种办法。如果发现单位内部存在违章使用和存放易燃易爆危险物品，违章使用明火作业，在具有火灾、爆炸危险的场所吸烟等容易诱发火灾的隐患，以及锁闭、遮挡、占用安全出口和疏散通道，遮挡或挪用消防器材，常闭式防火门敞开，防火卷帘下方堆放物品，消防设施管理和值班人员脱岗，违章关闭消防设施和切断消防电源等火灾隐患，单位及消防机构应当责成有关人员当场整改，并做好记录。

（2）消防监督管理

1）消防宣传。消防宣传不仅要利用报刊、书籍、广播、电视等传统的宣传方法，而且要充分利用互联网、手机短信、地铁和楼宇电视、户外大屏幕、社区电子显示屏等新型信息化手段，拓展消防宣传的范围。

2）消防培训。公众可以在消防培训中了解常见火灾的规律，掌握正确的逃生方法以及简单消防器材的使用和处置方法。各类特殊工种人员，尤其是消防控制室、发电机房、锅炉房以及燃气厨房等特别重要的岗位，必须参加消防机构统一组织的消防安全培训，并经考核合格后持证上岗，杜绝违法违规操作，防止误操作。

3）监督检查。

5. 消防力量

（1）消防站。

（2）消防员。

（3）消防装备。

（4）到场时间。火灾发展过程一般分为起火、增长、充分发展、衰退直至最终熄灭等阶段。通常情况下，从消防队接警出动至到达火灾现场，这段时间称为到场时间。消防队的到场时间主要取决于以下两个因素：

1）出警距离。出警距离是指消防队与火灾现场之间最近的道路交通距离。

2）道路交通状况。

（5）应急预案。

1）预案制定。应急预案是筹划灭火救援作战准备与实施的作战文书，是消防队平时业务建设的一项重要工作。其主要意义在于使消防员熟悉场地情况，进行新的战术研究，以及给指挥员提供辅助决策。

2）预案演练。在完成应急预案之后，还需要进行定期演练，以检验和完善指挥流程的科学性和实用性，加深消防员对角色和职能的理解，提高实战操作的成效以及查找其中的不足，并在此基础上加以修订完善。

（6）后勤保障。

1）心理保障。

2）食宿保障。

3）医疗保障。

历年真题研究

【2015-80】进行火灾风险识别中，需判定火灾危险源。下列火灾危险源因素中，属于人为因素的是（　　）。

A. 人员应急反应能力　　　　B. 吸烟起火

C. 消防安全责任　　D. 可燃油浸变压器油温过高导致起火

【答案】B

【解析】见本章内容。

【2016-44】对某石油库进行火灾风险评估，辨识火灾危险源时，下列因素中，应确定为第一类危险源的是（　　）。

A. 雷电　　B. 油罐呼吸阀故障

C. 操作人员在卸油时打手机　　D. 2000m^3的柴油罐

【答案】D

【解析】第一类危险源是指产生能量的能量源或拥有能量的载体。它的存在是事故发生的前提。火灾中的第一类危险源包括可燃物、火灾烟气及燃烧产生的有毒、有害气体成分。

【2017-65】影响公共建筑疏散设计指标的主要因素是（　　）。

A. 人员密度　　B. 人员对环境的熟悉度

C. 人员心理承受能力　　D. 人员身体状况

【答案】A

【解析】影响疏散设计指标的因素有人员载荷（人员密度）、人员素质、人员熟知度和人员体质，其中人员载荷是决定疏散分析结论的基础，也是评估建筑物疏散安全性的前提条件，A 正确。

【2017-100】基于热辐射影响，在确定建筑防火间距时应考虑的主要因素有（　　）。

A. 相邻建筑的生产和使用性质

B. 相邻建筑外墙燃烧性能和耐火极限

C. 相邻建筑外墙开口大小及相对位置

D. 建筑高差小于 15m 的相邻较低建筑的建筑层高

E. 建筑高差大于 15m 的较高建筑的屋顶天窗开口大小

【答案】ABC

【解析】影响防火间距的因素很多，火灾时建筑物可能产生的热辐射强度是确定防火间距应考虑的主要因素。热辐射强度与消防扑救力量、火灾延续时间、可燃物的性质和数量、相对外墙开口面积的大小、建筑物的长度和高度以及气象条件等有关。

第 2 章　火灾风险评估方法概述

助考知识要点

◆常用火灾风险评估方法：安全检查表法、预先危险性分析法、事件树分析法和事故树分析法

◆国外火灾风险评估方法：FRAME 方法、Entec 消防风险评估法、火灾风险指数法、基于抵御和破坏能力的建筑火灾风险评价、火灾风险评估和性能化防火设计、火灾风险评估的试验方法

记忆思维导图（图 5. 2-1）

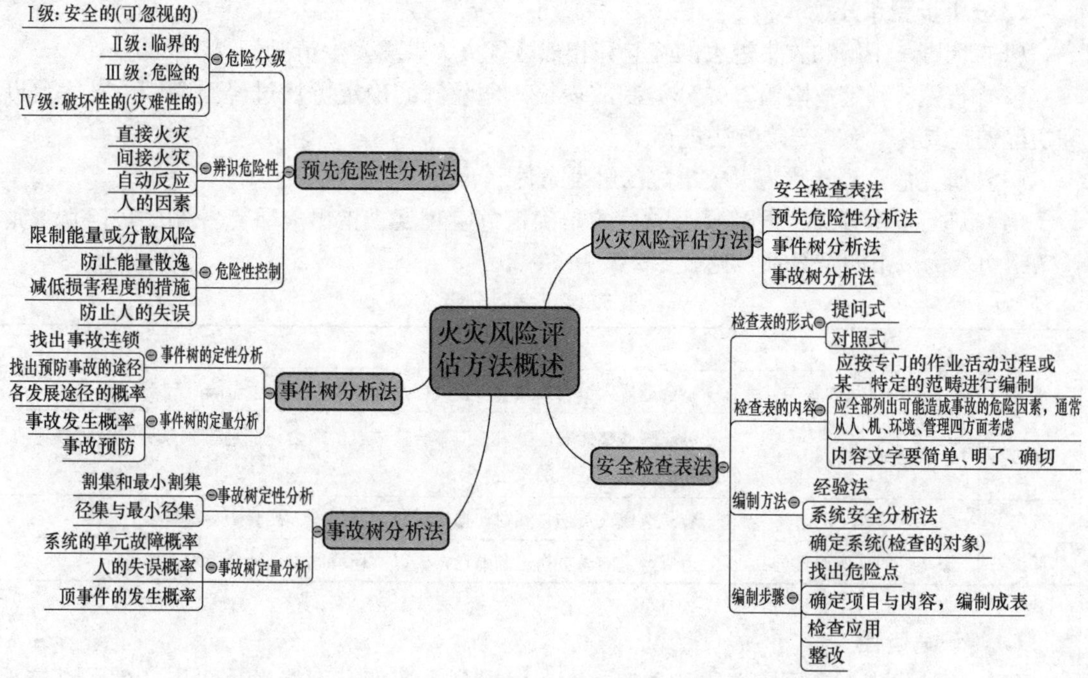

图 5. 2-1　火灾风险评估方法记忆思维导图

内容归纳解析

2. 1　安全检查表法

安全检查表的内容，见表 5. 2-1。

表 5.2-1　安全检查表的内容

<table>
<tr><td colspan="2">检查表的形式</td><td>提问式，对照式</td></tr>
<tr><td colspan="2">检查表的内容和要求</td><td>1. 应按专门的作业活动过程或某一特定的范畴进行编制
2. 应全部列出可能造成事故的危险因素，通常从人、机、环境、管理四方面考虑
3. 内容文字要简单、明了、确切</td></tr>
<tr><td rowspan="2">编制方法</td><td>经验法</td><td>三结合的方式（工人、工程技术人员、管理人员）</td></tr>
<tr><td>系统安全分析法</td><td>通过事故树进行定性分析，求出事故树最小割集，按最小割集中基本事件的多少，找出系统中薄弱环节，以这些薄弱环节作为安全检查的重点对象，编制成安全检查表</td></tr>
<tr><td colspan="2">编制步骤</td><td>（1）确定系统（检查的对象）；（2）找出危险点；（3）确定项目与内容，编制成表；（4）检查应用；（5）整改</td></tr>
</table>

2.2　预先危险性分析法

1. 分析步骤和分级

（1）调查、了解和收集过去的经验和相似区域火灾事故发生情况。

（2）辨识、确定危险源，并分类制成表格。危险源的确定可通过经验判断、技术判断和实况调查或安全检查表等方法进行。

（3）研究危险源转化为火灾事故的触发条件。

（4）进行危险分级，危险分级的目的是确定危险程度，指出应重点控制的危险源。危险等级可分为以下四个级别，见表 5.2-2。

表 5.2-2　危险分级

危险等级	危险性	特征
Ⅰ级	安全的（可忽视的）	不会造成人员伤亡和财产损失以及环境危害、社会影响等
Ⅱ级	临界的	可能降低整体安全等级，但不会造成人员伤亡，能通过采取有效消防措施消除和控制火灾危险的发生
Ⅲ级	危险的	容易造成人员伤亡和财产损失以及环境危害、社会影响等
Ⅳ级	破坏性的（灾难性的）	造成严重的人员伤亡和财产损失以及环境危害、社会影响等

2. 辨识危险性

（1）直接火灾。当可燃物质和氧气共存时，遇到火源就有可能发生火灾，称作直接火灾。但是应该注意某些物质发生直接火灾的可能性，如各类粉尘，包括有机塑料粉尘、染料粉尘、某些金属如铁、铝等粉尘、煤尘及谷物粉尘等，它们能和空气充分结合，有些还有吸附空气的能力，特别是在加工、运输、贮藏过程中，容易造成粉尘爆炸，产生严重后果。

在石油和易燃液体加工过程中，液体本身很少和空气接触。但应该注意到某些设备提供了易燃液体必须和空气接触的条件，如贮罐的呼吸阀，当环境温度高时（中午时）排出多余的蒸汽，环境温度低时（夜间或雨后），则又吸入周围的空气，因而就会在贮罐空间形成爆炸性的气体，遇到火花或静电就会发生爆炸。

（2）外来事故的波及，易燃物质外泄，遇火源发生事故。

（3）自动反应。有些化学物质本身带有含氧分子团，不需外部供氧就能发生氧化反应。如炸药、过氧化物等，性质极不稳定，遇到冲击震动或其他刺激因素，就能发生火灾爆炸。另外，有一些化合物本身能聚合（不饱和烃类）和分解（如乙炔），受到温度、压力或贮存时间的影响，就会自动发生反应，造成火灾爆炸。

（4）人的因素。

3. 危险性控制

（1）限制能量。

（2）防止能量散逸。

（3）减低损害程度的措施。

（4）防止人的失误。

2.3　事件树分析方法

1. 事件树分析法的作用

（1）可以事前预测事故及不安全因素，估计事故的可能后果，寻求最经济的预防手段和方法。

（2）事后用事件树分析事故原因，十分方便明确。

（3）事件树的分析资料既可作为直观的安全教育资料，也有助于提供类似事故的预防对策。

（4）当积累了大量事故资料时，可采用计算机模拟，使事件树对事故的预测更为有效。

（5）在安全管理上用事件树对重大问题进行决策，具有其他方法所不具备的优势。

2. 事件树的编制程序

（1）确定初始事件。

（2）判定安全功能。

（3）绘制事件树。

（4）简化事件树。

3. 事件树的定性分析

（1）找出事故连锁。

（2）找出预防事故的途径。

4. 事件树的定量分析

（1）各发展途径的概率。

（2）事故发生概率。

（3）事故预防。

2.4　事故树分析方法

事故树分析是一种演绎推理法，这种方法是把系统可能发生的某种事故与导致事故发生的各种原因之间的逻辑关系用一种称为事故树的树形图来表示，通过对事故树的定性与定量分析，找出事故发生的主要原因，从而为确定安全对策提供可靠依据。

2.5 FRAME 方法

FRAME 方法是在 SIA81 法的基础上发展起来的，是一种计算建筑火灾风险的综合方法。它不仅以保护生命安全为目标，而且会考虑对建筑物本身、室内物品及室内活动的保护，同时也考虑了间接损失或业务中断等火灾风险因素。FRAME 方法属于半定量分析法，用于新建或者已建建筑物的防火设计，也可以用来评估当前火灾风险状况以及替代设计方案的等效性。

（1）FRAME 方法基于以下五个基本观点：

1）在一个受到充分保护的建筑物中存在着风险与保护之间的平衡。

2）风险的可能严重程度和频率可以用许多影响因素的结果来表示。

3）防火水平也可以表示为不同消防技术参数值的组合。

4）建筑风险评估对财产（建筑物以及室内物品）、居住者和室内活动分别进行。

5）分别计算每个隔间的风险及保护。

（2）FRAME 方法中对火灾风险的定义为潜在风险与接受标准和保护水平的商。需要分开计算潜在风险、接受标准和保护水平。其主要用途有：指导消防系统的优化设计；检查已有消防系统的防护水平；评估预期火灾损失；折中方案的评审；控制消防工程的质量。

2.6 Entec 消防风险评估法

英国 Entec 公司研发的“消防风险评估工具箱”解决了两个问题：一是评估方法的现实性，即能否在一定的时限内达到最初设定的目标。二是建立了社会对生命安全风险可接受程度的指标。

历年真题研究

【2015-87】某化工企业拟采用安全监测表法对甲醇合成车间进行火灾风险评估。编制安全检查表的主要步骤应包括（　　）。

A. 确定检查对象　　B. 找出危险点　　C. 预案演练

D. 确定检查内容　　E. 编制检查表

【答案】ABDE

【解析】见本章内容。

【2016-100】在进行火灾风险评估中采用事件树分析法进行分析时，确定初始事件的方法有（　　）。

A. 根据系统设计确定

B. 根据系统危险性评价确定

C. 根据系统运行经验或事故经验确定

D. 根据系统事故树分析，从其中间事件或初始事件中选择

E. 根据结果时间确定

【答案】ABCD

【解析】事件树分析是一种系统地研究作为危险源的初始事件如何与后续事件形成时序逻辑关系而最终导致事故的方法。可以用两种方法确定初始事件：

（1）根据系统设计、系统危险性评价、系统运行经验或事故经验等确定。

（2）根据系统重大故障或事故树分析，从其中间事件或初始事件中选择。

【2018-27】关于火灾风险评估方法的说法，正确的是（　　）。

A. 在评估对象运营之前，采用表格方式对潜在火灾危险性进行评估的方法属于安全检查表法

B. 运用安全检查表法进行火灾风险评估时，可通过事故树进行定性分析，找出评估对象的薄弱环节，将其作为安全检查的重点

C. 运用安全检查表法进行火灾风险评估时，每一个事件的可能的后续事件只能取完全对立的两种状态

D. 运用运筹学原理，对火灾事故原因和结果进行逻辑分析的方法属于事件树分析方法

【答案】B

【解析】见本章内容。

第3章　建筑性能化防火设计评估

助考知识要点

◆火灾发展类型：慢速（584），中速（292），快速（146），极快（73）
◆确定性火灾模型：经验模型、区域模型、场模型和场区混合模型
◆人员安全疏散性能判定标准：可用疏散时间（ASET）>必需疏散时间（RSET）
◆人员疏散时间计算方法：$R_{SET} = T_d + T_{pre} + kT_t$
◆影响建筑结构耐火性能因素：结构类型、荷载比、火灾规模、结构及构件温度场

记忆思维导图（图5.3-1）

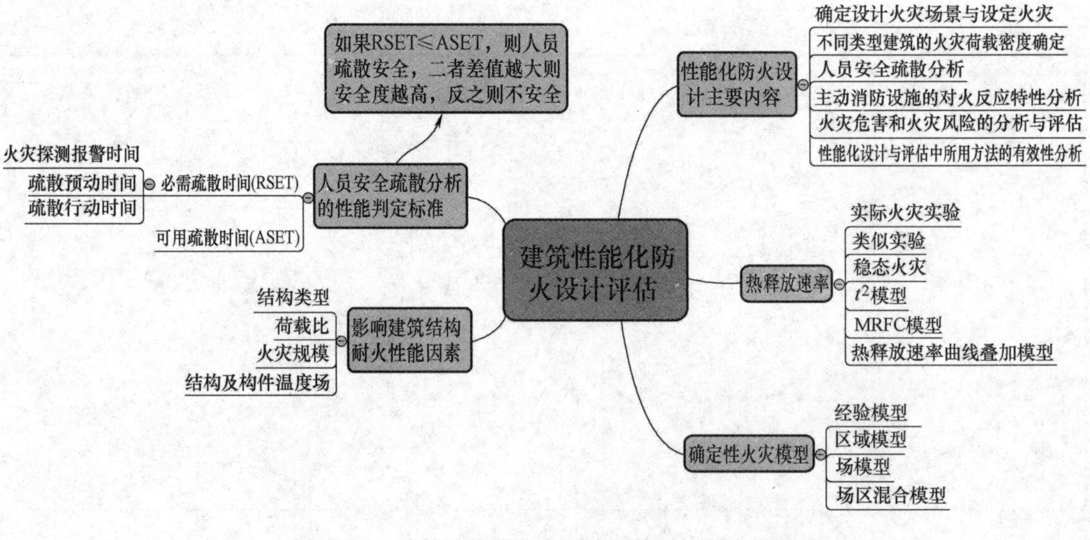

图5.3-1　建筑性能化防火设计评估记忆思维导图

内容归纳解析

3.1　概　述

1. 概念

所谓性能化防火设计，是指根据建设工程使用功能和消防安全要求，运用消防安全工程学原理，采用先进适用的计算分析工具和方法，为建设工程消防设计提供设计参数、方案，或对建设工程消防设计方案进行综合分析评估，完成相关技术文件的工作过程。

2. 性能化防火设计与传统的规范做法对比

性能化防火设计与传统的规范做法对比见表5.3-1。

表5.3-1　性能化防火设计与传统的规范做法对比

传统规范做法	特点	(1) 没有细化的设计目标 (2) 所使用的方法是确定的 (3) 不需要再对设计的结果进行评估确认
	不足	(1) 无法给出一个统一、清晰的整体安全度水准 (2) 是经验及科研技术的总结，难以跟上新技术、新工艺和新材料的发展 (3) 限制了设计人员主观创造力的发展 (4) 无法充分体现人的因素对整体安全度的影响
性能化防火设计	特点	(1) 加速技术革新 (2) 提高设计的经济性 (3) 加强设计人员的责任感
	不足	(1) 性能评判标准尚未得到一致认可 (2) 设计火灾的选择过程确定性不够 (3) 对火灾中人员的行为假设的成分过多 (4) 预测性火灾模型中存在未得到很好证明或者没有被广泛理解的局限性 (5) 火灾模型的结果是点值，没有将不确定性因素考虑进去 (6) 设计过程常常要求工程师在超出他们专业之外的领域工作

3. 性能化防火设计核心内容

(1) 整体评估

建筑物的性能化防火设计应包括设计、消防安全性能评估和方案改进与完善，设计与消防安全性能评估是一个相互有机结合的整体。

(2) 专业人员

建筑物性能化防火设计是一门专业要求较高的技术性工作，是火灾科学和消防安全工程涉及的多门学科知识的综合运用。

(3) 程序控制

建筑物性能化防火设计的一般程序为：

1) 确定建筑物的使用功能、建筑设计的适用标准。

2) 检查为实现建筑师的设计思想与业主的要求，现行标准中哪些规定无法按规定要求实施，从而确定需要采用性能化设计方法进行设计的问题。

3) 进行性能化试设计和评估验证。

4) 修改完善设计并进一步评估验证确定是否满足所确定的消防安全目标。

5) 提交审查与批准。

4. 性能化防火设计主要内容

(1) 确定设计火灾场景与设定火灾

火灾场景的特征必须包括对火灾引燃、增长和熄灭的描述，同时伴随烟和火蔓延的可能途径以及任何灭火设施的作用。此外，还要考虑每一个火灾场景的可能后果。描述火灾增长的模型目前主要有火灾模型的温度描述和火灾模型的热释放速率描述两类。

(2) 不同类型建筑的火灾荷载密度确定

火灾荷载密度是可以比较准确地衡量建筑物室内所容纳可燃物数量多少的一个参数，是研究火灾全面发展阶段性状的基本要素。火灾荷载密度直接决定着火灾持续时间的长短和室内温度的变化情况。建筑物内的可燃物可分为固定可燃物和容载可燃物两类。

（3）烟气运动的分析方法

在一定的建筑空间和火灾规模条件下，烟气的生成量主要取决于羽流的质量流量，它是进行火灾模拟、火灾及烟气发展评价和防烟排烟设计的基础。

（4）人员安全疏散分析

（5）主动消防设施的对火反应特性分析

（6）火灾危害和火灾风险的分析与评估

火灾风险与评估的主要目标是准确辨识系统中存在的火灾危险因素，对这些因素的影响程度做出恰当的评价，并在此基础上对火灾的发生和发展过程及其危害做出预测，提出控制与处理事故的措施和方案。

（7）性能化设计与评估中所用方法的有效性分析。

5. 性能化防火设计问题

（1）研究各类常见公共建筑内的人员荷载和人在火灾中的行为特征与心理，研究人员的疏散过程。

（2）研究灭火系统对火灾蔓延、烟气运动的影响，建立定量分析灭火系统对火反应模型。

（3）研究结构耐火性能化设计的方法。

（4）培训专业技术人员，规范性能化防火设计与评估人员的资质和职业道德。

3.2　火灾场景设计

1. 火灾场景

火灾场景是对一次火灾整个发展过程的定性描述，该描述确定了反映该次火灾特征并区别于其他可能火灾的关键事件。火灾场景通常要定义引燃、火灾增长阶段、完全发展阶段、衰退阶段以及影响火灾发展过程的各种消防措施和环境条件。

2. 设定火灾

（1）在设定火灾时，可采用用热释放速率描述的火灾模型和用温度描述的火灾模型。

（2）在设定火灾时，需分析和确定建筑物的基本情况，包括：建筑物内的可燃物、建筑结构、平面布置、建筑物的自救能力与外部救援力量等。

（3）在进行建筑物内可燃物的分析时，应着重分析以下因素：

1）潜在的引火源。

2）可燃物的种类及其燃烧性能。

3）可燃物的分布情况。

4）可燃物的火灾荷载密度。

（4）在分析建筑的结构和平面布置时，应着重分析以下因素：

1）起火房间的外形尺寸和内部空间情况。

2）起火房间的通风口形状及分布、开启状态。

3）房间与相邻房间、相邻楼层及疏散通道的相互关系。

4）房间的围护结构构件和材料的燃烧性能、力学性能、隔热性能、毒性性能及发烟性能。

（5）在分析和确定建筑物的自救能力与外部救援力量时，应分析以下因素：

1）建筑物的消防供水情况和建筑物室内外的消火栓灭火系统。

2）建筑内部的自动喷水灭火系统和其他自动灭火系统（包括各种气体灭火系统、干粉灭火系统等）的类型与设置场所。

3）火灾报警系统的类型与设置场所。

4）消防队的技术装备、到达火场的时间和灭火控火能力。

5）烟气控制系统的设置情况。

（6）在确定火灾发展模型时，应至少分析下列因素：

1）初始可燃物对相邻可燃物的引燃特征值和蔓延过程。

2）多个可燃物同时燃烧时热释放速率的叠加关系。

3）火灾的发展时间和火灾达到轰燃所需时间。

4）灭火系统和消防队对火灾发展的控制能力。

5）通风情况对火灾发展的影响。

6）烟气控制系统对火灾发展蔓延的影响。

7）火灾发展对建筑构件的热作用。

（7）对于建筑物内的初期火灾增长，可根据建筑物内的空间特征和可燃物特性采用下述方法之一确定：

1）实验火灾模型。

2）t^2火灾模型。

3）MRFC 火灾模型。

4）按叠加原理确定火灾增长的模型。

3. 火灾增长分析

建筑物内的火灾荷载密度用室内单位地板面积的燃烧热值表示。

4. 热释放速率

（1）t^2模型。t^2模型用来描述火灾过程中火源热释放速率随时间的变化关系。根据火灾发展系数，火灾发展阶段可分为极快、快速、中速和慢速四种类型，表5.3-2给出了火灾发展系数α与美国消防协会标准中示例材料的对应关系。

表5.3-2　火焰水平蔓延速度参数值

可燃材料	火焰蔓延分级	α/（kJ/s^3）	Q=1MW 时所需的时间/s
没有注明	慢速	0.0029	584
无棉制品 聚酯床垫	中速	0.0117	292
塑料泡沫 堆积的木板 装满邮件的邮袋	快速	0.0469	146
甲醇 快速燃烧的软垫座椅	极快	0.1876	73

（2）MRFC 模型。MRFC 模型是火灾与烟气在建筑物内蔓延的多室区域模拟软件。该软件中运用可燃物火焰蔓延速度及其燃烧特性参数计算热释放速率。

3.3 烟气流动与控制

1. 烟气流动的驱动作用

（1）烟囱效应。当外界温度较低时，在诸如楼梯井、电梯井、垃圾井、机械管道、邮件滑运槽等建筑物中的竖井内，与外界空气相比，由于温度较高而使内部空气的密度比外界小，便产生了使气体向上运动的浮力，导致气体自然向上运动，这一现象就是烟囱效应。当外界温度较高时，则在建筑物中的竖井内存在向下的空气流动，这也是烟囱效应，可称之为逆向烟囱效应。

（2）浮力作用。着火区产生的高温烟气由于其密度降低而具有浮力。

（3）气体热膨胀作用。燃料燃烧释放的热量会使气体明显膨胀并引起气体运动。

（4）外部风向作用。在许多情况下，外部风可在建筑的周围产生压力分布，这种压力分布可能对建筑物内的烟气运动及其蔓延产生明显影响。一般，风朝着建筑物吹过来会在建筑物的迎风侧产生较高的滞止压力，这可增加建筑物内的烟气向下风方向流动。

2. 烟气流动分析

（1）火羽流的形成

1）在火灾中，火源上方的火焰及燃烧生成的烟气通常称为火羽流。

2）火焰的下部为持续火焰区，因而温度较高且几乎维持不变。

3）火焰的上部为间歇火焰区，从此温度开始降低。

4）火焰区的上方为燃烧产物（烟气）的羽流区，其流动完全由浮力效应控制，一般称其为浮力羽流，或称烟气羽流。火羽流中心线上的速度在平均火焰高度以下逐渐趋于最大值，然后随高度的增加而下降。

（2）顶棚射流

顶棚射流是一种半无限的重力分层流，当烟气在水平顶棚下积累到一定厚度时，它便发生水平流动。在十分贴近顶棚的薄层内，烟气的流速较低。随着垂直向下离开顶棚距离的增加，其速度不断增大，而超过一定距离后，速度便又逐步降低为零。

研究表明，许多情况下顶棚射流的厚度为顶棚高度的5%～12%，而在顶棚射流内最大温度和速度出现在顶棚以下顶棚高度的1%处。烟气顶棚射流中的最大温度和速度是估算火灾探测器和洒水喷淋头响应的重要基础。

（3）大空间窗口羽流。从墙壁上的开口（如门、窗等）流出而进入其他开放空间中的烟流通常被称为“窗口羽流”。一般情况下，在房间起火之后，火灾全面发展的性状（即可燃物的燃烧速度、热释放速率等）是墙壁上的门窗等通风开口的空气流速控制的，即热释放速率与通风口的特性有关。

3. 确定性火灾模型

（1）经验模型。经验模型则是指以实验测定的数据和经验为基础，通过将实验研究的一些经验性模型或是将一些经过简化处理的半经验模型加上重要的热物性数据编制成的数学模型。经常被称为“局部模型”，常用的经验模型有美国标准与技术研究院（NIST）开发的

FPETOOL 模型、计算烟羽流温度的 Alpert 模型和计算火焰长度的 Hasemi 模型。

（2）区域模型。20 世纪 70 年代，美国哈佛大学的 Emmons 教授提出了区域模拟思想：把所研究的受限空间划分为不同的区域，并假设每个区域内的状态参数是均匀一致的，而质量、能量的交换只发生在区域与区域之间、区域与边界之间以及它们与火源之间。常用的区域模型有 ASET 和 ASET-B、HARVARD-V 和 FIRST、CFAST 和 HAZARD 1 模型。

（3）场模型。火灾的场模拟研究是利用计算机求解火灾过程中各参数（如速度、温度、组分浓度等）的空间分布及其随时间的变化，是一种物理模拟。场模型是通过把一个房间划分为几千甚至上万个控制体，计算得出室内各局部空间的有关参数的变化。计算时通常所使用的场模拟方法有有限差分法、有限元法及边界元法等。

3.4　人员疏散分析

1. 人员安全疏散分析的目的及性能判定标准

（1）人员安全疏散分析的目的

人员安全疏散分析的目的是通过计算可用疏散时间（ASET）和必需疏散时间（RSET），从而判定人员在建筑物内的疏散过程是否安全，如图 5.3-2 所示。

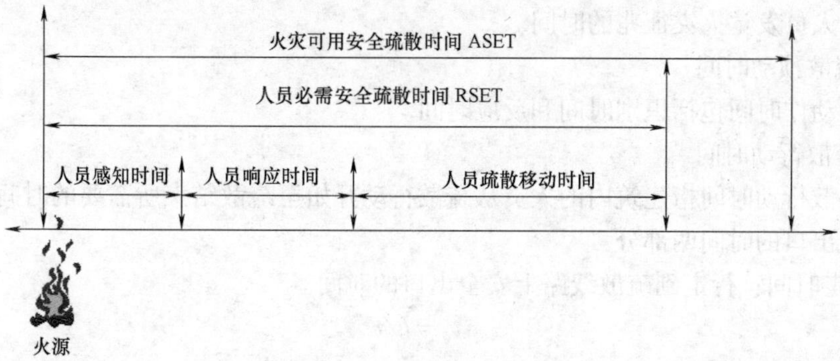

图 5.3-2　必需疏散时间与可用疏散时间

（2）人员安全疏散分析的性能判定标准

人员安全疏散分析的性能判定标准为：可用疏散时间（ASET）＞必需疏散时间（RSET）。

（3）在计算 RSET 时，可按以下三种情况考虑：

1）如果能够将火灾和烟气控制在着火房间内，则可只计算着火房间内人员的 RSET。

2）如果火灾及其产生的烟气只在着火楼层蔓延，则可只计算着火楼层内人员的 RSET。

3）如果火灾及其产生的烟气可能在垂直方向蔓延至其他楼层（例如，建筑内存在连通上下层的中庭），则需计算整个建筑内人员的 RSET。当建筑存在坍塌的危险时，也需要计算整个建筑内人员的 RSET。

2. 人员疏散时间计算方法与分析参数

人员的疏散过程与火灾探测、警报措施、人员逃生行为特性和运动等因素有关。必需疏散时间按火灾报警时间、人员的疏散预动时间和人员从开始疏散至到达安全地点的行动时间之和计算：

$$RSET = T_d + T_{pre} + kT_t \tag{5.3-1}$$

式中 T_d——火灾探测报警时间，指从火灾发生到触发火灾探测与报警装置而发出报警信号，使人们意识到有异常情况发生，或者人员通过本身的味觉、嗅觉及视觉系统察觉到火灾征兆的时间；

T_{pre}——疏散预动时间，指人员从接到火灾警报之后到疏散行动开始之前的这段时间，包括识别时间和反应时间；

T_t——疏散行动时间，指建筑内的人员从疏散行动到疏散结束所需要的时间；

k——安全系数，考虑到场景预测中的不确定性，需要考虑足够的安全余量，安全系数一般取1.5~2，采用水力模型计算时的安全系数取值，宜比采用人员行为模型计算时的安全系数取值要大。

（1）火灾探测报警时间

对于安装了点式火灾探测报警装置以及安装了闭式自动喷水灭火系统的场所，火灾探测报警时间应根据建筑内所采用的火灾探测与报警装置的类型及其布置、火灾的发展速度及其规模、着火空间的高度等条件，考虑设计火灾场景下火灾探测报警装置或自动喷水装置对火灾烟气的反应时间。对于日常有人停留的房间并且人员处于清醒状态，可以采用特定经验公式算法预测人员发觉火灾征兆的时间。

（2）疏散预动时间

疏散预动作时间包括识别时间和反应时间。

（3）疏散行动时间

人员疏散行动时间指建筑内的人员从疏散行动开始至疏散结束所需要的时间，包含行走时间和通过出口的时间两部分：

1）行走时间：行走到疏散线路上安全出口的时间。

$$t_w = L/v \tag{5.3-2}$$

式中 t_w——行走时间（s）；

L——人员从初始位置行走至疏散安全出口的距离（m）；

v——人的行走速度（m/s）。

2）通过时间：人流通过出口或通道的时间。

通过时间由出口的通行人数和出口的通行能力决定，出口的通行能力则与出口有效宽度和出口流量有关。用下式计算：

$$t_p = P/F \tag{5.3-3}$$

式中 t_p——通过出口或通道的时间（s）；

P——在出口或通道处排队通过的总人数；

F——通过出口或通道的人流量（人/s）。

通过出口或通道的人流量可用下式计算：

$$F = f \times W_e = DvW_e \tag{5.3-4}$$

式中 f——通过出口或通道的比流量［人/（m·s）］，为单位时间内通过出口或通道单位宽度上的人数；

W_e——出口或通道最窄处的有效宽度；

D——出口或通道处排队人员单位面积上的人员密度（人/m^2）；

v——人员通过出口或通道的行走速度（m/s）。

3）当计算建筑内某区域的疏散行动时间时，需要考虑行走时间 t_w 和通过时间 t_p 之间的关系。

①当 $t_w < t_p$ 时，说明人员行走到达出口时，人员并没有全部通过出口，因此人员将会在出口处出现滞留现象，此时该区域内疏散行动时间由通过出口的通过时间 t_p 决定。

②当 $t_w > t_p$ 时，说明区域内人员在到达出口时，其他人员已经通过了出口，因而不必再在出口处排队等候，因此疏散行动时间由最远点的人员行走时间 t_w 决定。

（4）疏散分析参数

在对人员疏散时间预测计算时必须确定人员疏散时关于人数、行走速度、比流量、有效宽度等相关参数。

1）人员数量的确定。在确定起火建筑内需要疏散的人数时，通常根据建筑的使用功能首先确定人员密度，其次确定该人员密度下的空间使用面积，由人员密度与使用面积的乘积得到需要计算的人员数目。在有固定座椅的区域，则可以按照座椅数来确定人数。在业主和设计师能够确定未来建筑内的最大人数时，则按照该值确定疏散人数。

2）人员的行走速度。人员自身的条件、人员密度和建筑的情况均对人员的行走速度有一定的影响。通常情况下，人员的疏散速度随人员密度的增加而减小，人流密度越大，人与人之间的距离越小，人员移动越缓慢；反之密度越小，人员移动越快。国外研究资料表明：一般人员密度小于0.54人/m^{2}时，人群在水平地面上的行走速度可达70m/min并且不会发生拥挤，下楼梯的速度可达48～63m/min。当人员密度超过3.8人/m^{2}时，人群将非常拥挤，基本上无法移动。

3）出口处人流的比流量。比流量是指建筑物出口在单位时间内通过单位宽度的人流数量。比流量反映了单位宽度的通行能力。比流量在水平出口、通道处和在楼梯处不同，而不同的人员密度也将影响比流量。随着人员密度的增大，单位时间内通过单位宽度疏散走道的人员数量也不断增大，当人员密度增大到一定程度，疏散走道内的人员由于过分拥挤，限制了人员行走速度，从而导致比流量的减少。

4）通道的有效宽度。大量的火灾演练实验表明人群的流动依赖于通道的有效宽度，而不是通道实际宽度，也就是说在人群和侧墙之间存在一个“边界层”。对于一条通道来说，每侧的边界层大约是0.15m。常见边界层厚度可参考表5.3-3。

表5.3-3　常见边界层厚度

类型	边界层厚度/cm	类型	边界层厚度/cm
楼梯间的墙	15	其他的障碍物	10
扶手栏杆	9	宽通道处的墙	46
剧院座椅	0	门	15
走廊的墙	20		

在工程计算中应从实际通道宽度中减去边界层的厚度，得到有效宽度。疏散走道或出口的净宽度应按下列要求计算：

1）对于走廊或过道，为从一侧墙到另一侧墙之间的距离。

2）对于楼梯间，为踏步两扶手间的宽度。

3）对于门扇，为门在其开启状态时的实际通道宽度。

4）对于布置固定座位的通道，为沿走道布置的座位之间的距离或两排座位中间最狭窄处的距离。

（5）人员疏散安全性评估

火灾中人员的安全疏散指的是在火灾烟气未达到危害人员生命状态之前，建筑内的所有人员安全地疏散到安全区域的行动。在人员疏散的安全评估中，关于建筑内的消防安全性能判定的主要原则是：在建筑某火灾危险区域内发生火灾时，如人的可用疏散时间（ASET）足以超过必需疏散时间（RSET），即 ASET > RSET，则建筑疏散设计方案可行；否则需对该设计方案进行调整，直至其满足人员安全疏散的要求。人员疏散安全性评估方法及流程见图5.3-3。

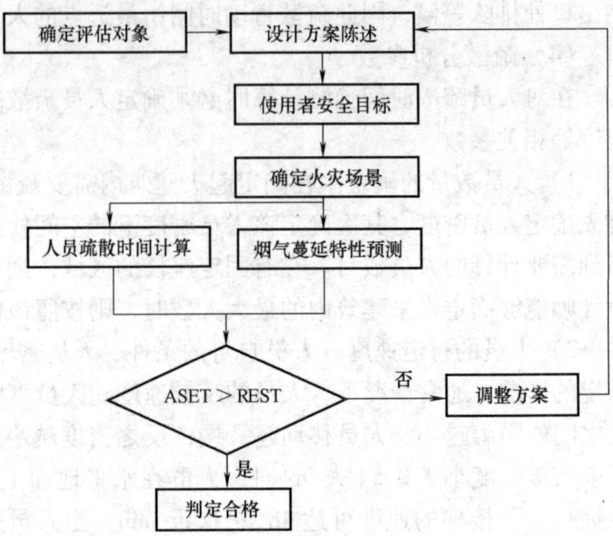

图 5.3-3　人员疏散安全性评估方法及流程

对于评估后需要改进，提高疏散安全性的场所，可以通过以下几方面来解决：

1）增加疏散出口的数量，缩短独立疏散出口间距离；增加疏散出口及疏散通道的宽度，提高疏散通道通行能力。

2）改善区域烟气控制措施，如提高排烟量、改变排烟方式、改进防烟分区设置等。

3）改善火灾探测、报警系统设计，改善应急通知和广播系统设计，提高早期报警速度、改善火灾警报通知效果。

4）完善疏散指示系统设计，包括：出口标志、导流标志以及加强应急照明，提高疏散通道使用效率。

3.5　建筑结构耐火性能分析

1. 影响建筑结构耐火性能的因素

（1）结构类型。

（2）荷载比。荷载比为结构所承担的荷载与其极限荷载的比值。荷载比越大，构件的耐火极限越小，荷载比是影响结构及构件耐火性能的主要因素之一。

（3）火灾规模。火灾规模包括火灾温度和火灾持续时间。

（4）结构及构件温度场：温度越高，材料性能劣化越严重，结构及构件的温度场是影响其耐火性能的主要因素之一。

2. 结构耐火性能分析的目的及判定标准

结构耐火性能分析的目的就是验算结构和构件的耐火性能是否满足现行规范要求。结构的耐火性能分析一般有两种方法：第一种验算结构和构件的耐火极限是否满足规范的要求；第二种即在规范规定的耐火极限时的火灾温度场作用下，结构和构件的承载能力是否大于荷载效应组合。这两种方法是等效的。

（1）耐火极限要求：构件的耐火极限要求应符合《建规》及与其他相关国家标准的要求一致。

（2）构件抗火极限状态设计要求。构件的承载能力极限状态包括以下几种情况：

1）轴心受力构件截面屈服。

2）受弯构件产生足够的塑性铰而成为可变机构。

3）构件整体丧失稳定。

4）构件达到不适于继续承载的变形。

3. 计算分析模型

抗火验算时建筑结构耐火性能计算（一般也可称为抗火验算）一般采取三种方法：第一种采取整体结构的计算模型；第二种采取子结构的计算模型；第三种采取单一构件计算模型。

历年真题研究

【2015-97】对建筑进行性能化防火设计评估中，在计算人员安全疏散时间时，应确定人员密度、疏散宽度、行走速度等相关参数。行走速度的确定需要考虑影响行走速度的因素。影响行走速度的因素主要包括（　　）。

A. 灭火器设置　　B. 人员自身条件　　C. 报警时间

D. 建筑情况　　E. 人员密度

【答案】BDE

【解析】见本章内容。

【2016-60】下列情形中，有利于火灾时缩短人员疏散时间的是（　　）。

A. 正常照明转换为应急照明　　B. 背景音乐转为火灾应急广播

C. 疏散通道上的防火卷帘落下　　D. 自动喷水灭火系统喷头启动洒水

【答案】B

【解析】背景音乐转为火灾应急广播，会使人员反应时间缩短，有利于火灾时缩短人员疏散时间，B 选项正确。

【2016-72】在开展建筑消防性能化设计与评估时，预测自动喷水灭火系统洒水喷头的启动时间，主要应考虑火灾的（　　）。

A. 阻燃　　B. 增长　　C. 全面发展　　D. 衰退

【答案】B

【解析】预测自动喷水灭火系统洒水喷头的启动时间时，主要应考虑火灾的增长。

【2017-21】将计算空间划分为众多相互关联的体积元，通过求解质量、能量和动量方程，获得空间热参数在设定时间步长内变化情况的预测，以描述火灾发展过程的模型属于（　　）。

A. 经验模型　　B. 区域模型　　C. 不确定模型　　D. 场模型

【答案】D

【解析】见本章内容。

【2017-58】采用 t^2 模型描述火灾发展过程时，装满书籍的厚布邮袋火灾是（　　）t^2 火灾。

A. 超快速　　B. 中速　　C. 慢速　　D. 快速

【答案】D

【解析】塑料泡沫、堆积的木板、装满邮件的邮袋属于快速火焰蔓延等级。

【2017-61】按下图估算，200 人按疏散指示有序通过一个净宽度为 2m 且直接对外的疏散出口疏散至室外，其最快疏散时间约为（　　）s。

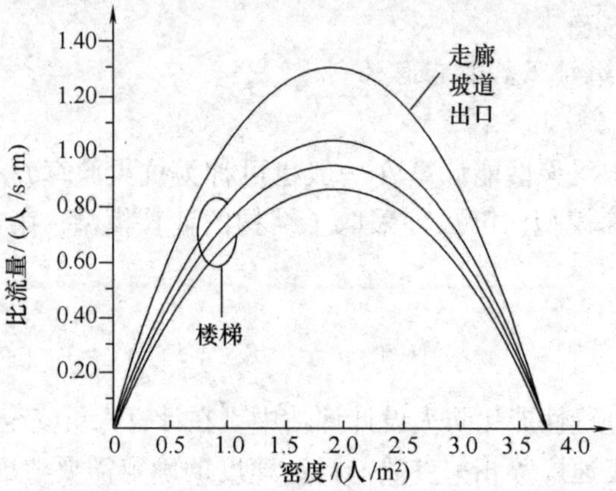

A. 40　　B. 60　　C. 80　　D. 100

【答案】C

【解析】比流量反映了单位宽度的通行能力。也就是比流量越大疏散时间越短。根据所给图示，疏散出口对应的曲线顶点纵坐标值为约 1.3，即通行能力最大时的比流量约为 $f=1.30$ 人/（m·s），根据题干给定的条件，总人数 $P=200$ 人，出口宽度 $W_e=2$m，按照公式 $t_p=P/f_xW_e$，经计算最短时间为 76s，约等于 80s。

【2017-66】净高 6m 以下的室内空间，顶棚射流的厚度为室内净高的 5%～12%，而在顶棚射流内最大温度和速度一般出现在顶棚以下室内净高的（　　）处。

A. 5%　　B. 1%　　C. 3%～5%　　D. 5%～10%

【答案】B

【解析】见本章内容。

附　　录

附录一　本科目历年考试各篇章分值分析

《消防安全技术实务》考试总计120分，其中单选题80道，每小题1分，多选题20道，每小题2分，共计120分。经统计可知，2015～2018年《消防安全技术实务》科目每个章节考试分值构成详见附表1和附图1所示。

附表1　2015～2018年《消防安全技术实务》考试真题分值构成

篇	章	2015年	2016年	2017年	2018年
第1篇 消防基础知识	第1章　燃烧基础知识	1	2	0	3
	第2章　火灾基础知识	2	0	2	0
	第3章　爆炸基础知识	1	2	1	0
	第4章　易燃易爆危险品消防安全知识	0	0	1	0
	合计（占比）	4（3.3%）	4（3.3%）	4（3.3%）	3（2.5%）
第2篇 建筑防火	第1章　概述	0	0	0	0
	第2章　生产和储存物品的火灾危险性分类	2	4	5	5
	第3章　建筑分类与耐火等级	4	3	5	4
	第4章　总平面布局和平面布置	11	6	4	8
	第5章　防火防烟分区与分隔	5	5	7	1
	第6章　建筑安全疏散	8	6	3	10
	第7章　建筑电气防火	0	2	2	0
	第8章　建筑防爆	1	1	2	3
	第9章　建筑设备防火防爆	1	3	2	0
	第10章　建筑装修、保温材料防火	4	4	3	6
	第11章　灭火救援设施	2	4	4	2
	合计（占比）	38（31.7%）	38（31.7%）	37（30.8%）	39（32.5%）
第3篇 建筑消防设施	第1章　概述	0	0	0	0
	第2章　室内外消防给水系统	7	7	7	10
	第3章　自动喷水灭火系统	10	7	5	11
	第4章　水喷雾灭火系统	4	6	1	1
	第5章　细水雾灭火系统	1	0	1	1
	第6章　气体灭火系统	6	6	7	5
	第7章　泡沫灭火系统	4	3	5	4
	第8章　干粉灭火系统	1	1	0	1

（续）

篇	章	2015 年	2016 年	2017 年	2018 年
第 3 篇 建筑消防设施	第 9 章　火灾自动报警系统	10	12	11	12
	第 10 章　防烟排烟系统	5	3	5	7
	第 11 章　消防应急照明和疏散指示系统	2	1	2	2
	第 12 章　城市消防远程监控系统	0	1	1	1
	第 13 章　建筑灭火器配置	4	4	6	4
	第 14 章　消防供配电	4	2	2	2
	合计(占比)	58(48.3%)	53(44.2%)	53(44.2%)	61(50.8%)
第 4 篇 其他建筑、场所防火	第 1 章　石油化工防火	1	3	4	1
	第 2 章　地铁防火	1	2	2	2
	第 3 章　城市交通隧道防火	0	0	1	1
	第 4 章　加油加气站防火	4	4	1	1
	第 5 章　发电厂与变电站防火	0	1	3	3
	第 6 章　飞机库防火	0	0	0	0
	第 7 章　汽车库、修车库防火	3	4	3	5
	第 8 章　洁净厂房防火	0	1	0	1
	第 9 章　信息机房防火	0	2	0	0
	第 10 章　古建筑防火	2	0	2	0
	第 11 章　人民防空工程防火	3	3	3	2
	合计(占比)	14(11.7%)	20(16.7%)	19(15.8%)	16(13.3%)
第 5 篇 消防安全评估	第 1 章　火灾风险识别	1	1	3	0
	第 2 章　火灾风险评估方法概述	2	2	0	1
	第 3 章　建筑性能化防火设计评估	3	2	4	0
	合计(占比)	6(5.0%)	5(4.2%)	7(5.8%)	1(0.9%)

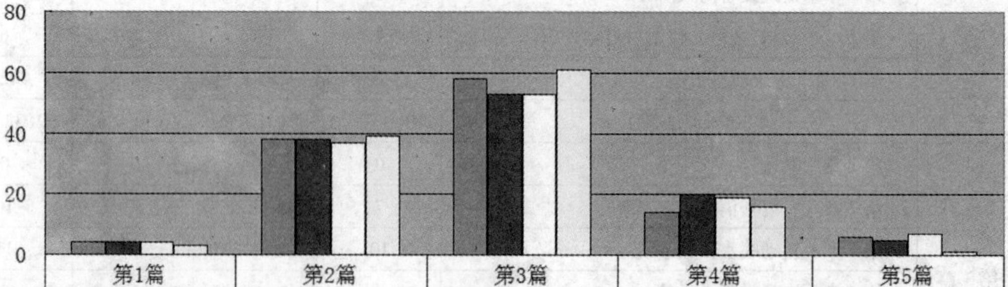

	第1篇	第2篇	第3篇	第4篇	第5篇
2015年	4	38	58	14	6
2016年	4	38	53	20	5
2017年	4	37	53	19	7
2018年	3	39	61	16	1

附图 1　2015 ~ 2018 年消防安全技术实务真题分值构成

附录二　2019年消防工程考试复习参考标准及图集

1. 重点掌握标准

(1)《建筑设计防火规范》(2018年版)(GB 50016—2014)，简称《建规》

(2)《消防给水及消火栓系统技术规范》(GB 50974—2014)，简称《消规》

(3)《自动喷水灭火系统设计规范》(GB 50084—2017)，简称《自喷》

(4)《火灾自动报警系统设计规范》(GB 50116—2013)，简称《自报》

(5)《建筑内部装修设计防火规范》(GB 50222—2017)，简称《装修规》

(6)《建筑防烟排烟系统技术标准》(GB 51251—2017)，简称《防排烟》

(7)《气体灭火系统设计规范》(GB 50370—2005)，简称《气规》

(8)《泡沫灭火系统设计规范》(GB 50151—2010)，简称《泡规》

(9)《建筑灭火器配置设计规范》(GB 50140—2005)，简称《灭规》

2. 基本熟悉标准

(1)《水喷雾灭火系统技术规范》(GB 50219—2014)，简称《水喷雾》

(2)《细水雾灭火系统技术规范》(GB 50898—2013)，简称《细水雾》

(3)《二氧化碳灭火系统设计规范》(2010年版)(GB 50193—1993)，简称《碳规》

(4)《干粉灭火系统设计规范》(GB 50347—2004)，简称《粉规》

(5)《石油化工企业设计防火标准》(2018年版)(GB 50160—2008)，简称《石化规》

(6)《地铁设计规范》(GB 50157—2013)

(7)《汽车加油加气站设计与施工规范》(2014年版)(GB 50156—2012)

(8)《飞机库设计防火规范》(GB 50284—2008)

(9)《汽车库、修车库、停车场设计防火规范》(GB 50067—2014)，简称《汽修规》

(10)《洁净厂房设计规范》(GB 50073—2013)

(11)《火力发电厂与变电站设计防火标准》(GB 50229—2019)

(12)《人民防空工程设计防火规范》(GB 50098—2009)，简称《人防规》

(13)《装卸油品码头防火设计规范》(JTJ 237—99)

(14)《城市消防远程监控系统技术规范》(GB 50440—2007)，简称《监规》

(15)《爆炸危险环境电力装置设计规范》(GB 50058—2014)

(16)《供配电系统设计规范》(GB 50052—2009)

(17)《消防应急照明和疏散指示系统技术标准》(GB 51309—2018)

(18)《建筑钢结构防火技术规范》(GB 51249—2017)，简称《建钢规》

(19)《消防控制室通用技术要求》(GB 25506—2010)，简称《消控》

3. 必备图集

(1)《〈建筑设计防火规范〉图示》(18J811-1)

(2)《〈消防给水及消火栓系统技术规范〉图示》(15S909)

(3)《〈火灾自动报警系统设计规范〉图示》(14X505-1)

(4)《〈建筑防烟排烟系统技术标准〉图示》(15K606)

后　记

每年注册消防工程师考试结束后，都会碰到一些熟悉的面孔，听着重复的故事。特别是一些年长的考生，常常是上一年差几分未通过，第二年又信心十足地来参加考试，结果又是差一两分。他们实际工作经验很丰富，但记忆力和考试能力都不如年轻人。还有一些考生自认为已把规范学透，书本也看了好几遍，但总是离成功差一步之遥，只能抱怨自己运气不好。实际上大部分的考生不是不会做题，而是没有掌握考试技巧，在较短时间内快速地答完题目，对一些似是而非的选项，特别是多项选择题，无法准确判定对错，白白浪费了宝贵时间。参加过考试的考生都知道，注册消防工程师考试知识点覆盖广，数字繁杂，记忆量大，专业性强，考题灵活，特别是案例分析题量大，难度深。数据显示，2015 年一级消防工程师考试报考人数为 587961 人，三科全部合格的考生通过率约为 0.92%（其中《消防安全技术实务》的通过率为 2.08%、《消防安全技术综合能力》的通过率为 2.13%、《消防安全案例分析》的通过率为 1.92%）。2016 年通过率有所提升，也仅为 2.59%。由此可见难度不小。

1. 知识点广、数字繁杂、记忆量大

消防考试大纲规定的考点内容覆盖面广，辅导教材厚（公安部编写的三本教材近 1300 页），加上需要重点掌握的四大规范《建规》《消规》《自喷》《自报》，共计 2000 多页的内容。需要掌握的知识点非常庞杂，因此能否记得住是注册消防考试通过的关键。许多考生年龄较大，靠机械记忆肯定已不能和学生时代相比，那么就需要掌握一些简单记忆方法和考试技巧。

2. 专业性强、注重实操、学用结合

消防考试内容包括建筑防火、消防设施、消防安全评估、消防安全管理、消防法及相关法律法规等五大块，涵盖了消防设计、安装、调试、检测、维保整个生命周期，消防设施部分技术实务重点是设计规范，综合能力重点是施工验收及维护保养规范，案例是二者的综合应用。对于大多数非相关专业考生来说，对于各种消防设施的安装调试和检测维保，平时根本接触不到，更别说能熟练掌握，灵活应用了。这就只能靠日常多注意积累实践经验，进行自主的演练。

3. 出题灵活，题量较大，难度偏深

许多考生平时学得明白，考试就犯糊涂，一方面是考生应试能力需要加强，学会和答题之间还有一段距离；另一方面是消防考试出题灵活，难度大。技术实务和综合能力考题很多是需要在记忆的基础上理解，将教材内容结合实际操作才能解出。案例分析虽然在这两年开始增加了多选题，但由于题量大，考题非常灵活，很多考生还是不能在规定时间内答完试卷。

鉴于消防考试上述特点，本套辅导书之一的《技术实务》里面概括了消防的基础原理和与考点相关的几乎所有知识，精简了一些原教材无关考试的内容，章节清晰，讲解全面透彻。在每个章节，对重要考点采用了大量的记忆思维导图和联想记忆口诀，例如，有关封闭楼梯间的设置规定，《建规》第 3.7.6 条、3.8.7 条、5.5.13 条、6.4.4.1 条规定了很多内容，如果单靠机械记忆，费时又容易搞混，但若采用本书编写的口诀，考试时则不会答错，而且永远记住。

商图会展老医旅，歌舞娱乐6公建；

甲乙丙类高厂库，地下10米2层限。

另外针对一些规范数字不容易记住的问题，本书采用数字口诀记忆法，可起到很好的记忆效果。如民用建筑之间防火间距规定：6913(一、二级)和8711(三级)。通过两组数记住了《建规》第5.5.2条中多、高层建筑在一、二、三级情况下所有的防火间距。再如针对考生比较头痛的丙类厂房防火分区面积：丙6384232，单一不限，记住此数据相当于掌握了丙类厂房在一、二、三级耐火等级所有的防火分区面积，这就是口诀记忆的魅力所在，这样的口诀在本书中俯拾皆是，考生可以慢慢体会其中的奥妙。

古人云：大道至简，知易行难，知行合一，得到功成。只要考生们能认真掌握书中的方法和记忆口诀，踏踏实实认真复习，从现在开始，坚持不懈，相信一定会成功。

最后祝愿考生都取得满意的成绩！

编者

2019年2月1日

参 考 文 献

[1] 中国消防协会. 消防安全技术实务[M]. 北京：中国人事出版社，2018.

[2] 公安部天津消防研究所. 建筑设计防火规范：GB 50016—2014[S]. 2018 年版. 北京：中国计划出版社，2018.

[3] 中国建筑科学研究院. 建筑内部装修设计防火规范：GB 50222—2017[S]. 北京：中国计划出版社，2017.

[4] 中华人民共和国公安部. 消防给水及消火栓系统技术规范：GB 50974—2014[S]. 北京：中国计划出版社，2014.

[5] 公安部四川消防研究所. 建筑防烟排烟系统技术标准：GB 51251—2017[S]. 北京：中国计划出版社，2017.

[6] 公安部天津消防研究所. 自动喷水灭火系统设计规范：GB 50084—2017[S]. 北京：中国计划出版社，2017.

[7] 中华人民共和国公安部. 水喷雾灭火系统技术规范：GB 50219—2014[S]. 北京：中国计划出版社，2014.

[8] 中华人民共和国公安部. 气体灭火系统设计规范：GB 50370—2005[S]. 北京：中国计划出版社，2005.

[9] 中华人民共和国公安部. 二氧化碳灭火系统设计规范：GB 50193—1993[S](2010 年版). 北京：中国计划出版社，2010.

[10] 中华人民共和国公安部. 干粉灭火系统设计规范：GB 50347—2004[S]. 北京：中国计划出版社，2004.

[11] 中华人民共和国公安部. 火灾自动报警系统设计规范：GB 50116—2013[S]. 北京：中国计划出版社，2013.

[12] 中华人民共和国公安部. 建筑灭火器配置设计规范：GB 50140—2005[S]. 北京：中国计划出版社，2005.

[13] 中华人民共和国公安部. 石油化工企业设计防火标准：GB 50160—2008[S]. 2018 年版. 北京：中国计划出版社，2008.

[14] 北京城建设计研究总院. 地铁设计规范：GB 50157—2013[S]. 北京：中国计划出版社，2013.

[15] 中华人民共和国交通部. 公路隧道设计规范：JTG D70—2004[S]. 北京：人民交通出版社，2004.

[16] 中国石油化工集团公司. 汽车加油加气站设计与施工规范：GB 50156—2012[S]. 北京：中国计划出版社，2012.

[17] 住房和城乡建设部. 飞机库设计规范：GB 50284—2008[S]. 北京：中国计划出版社，2009.

[18] 中华人民共和国公安部. 汽车库、修车库、停车场设计防火规范：GB 50067—2014[S]. 北京：中国计划出版社，2015.

[19] 总参工程兵第四设计研究院. 人民防空工程设计防火规范：GB 50098—2009[S]. 北京：中国计划出版社，2009.

[20] 中国建筑标准设计研究院. 建筑设计防火规范图示[M]. 北京：中国计划出版社，2018.

[21] 中国建筑标准设计研究院. 火灾自动报警系统设计规范图示[M]. 北京：中国计划出版社，2018.

[22] 中元国际工程设计研究院. 气体消防系统选用、安装与建筑灭火器配置[M]. 北京：中国计划出版

社，2007.
［23］ 公安部政治部. 消防燃烧学［S］. 北京：中国人民公安大学出版社，1996.
［24］ 李亚峰，蒋白懿，刘强. 建筑消防工程师实用手册［M］. 北京：化学工业出版社，2008.
［25］ 郭树林，孙英男. 建筑消防工程设计手册［M］. 北京：中国建筑工业出版社，2012.
［26］ 李钰，王春青. 建筑消防工程学［M］. 北京：中国矿业大学出版社，2011.